KB155030

최신

무기
체계학

WEAPON SYSTEM

정동윤 · 김건인 · 조성식 · 황은성
이장형 · 유상준 · 백승원 · 김제용 지음

교문사
청문각이 교문사로 새롭게 태어납니다.

머리말

과거의 전쟁이 새로운 전술 및 전략에 따라 새로운 무기체계의 개발을 요구한 반면, 현대전에서는 급속한 군사과학기술의 발전으로 인하여 개발된 무기체계에 따라 새로운 전술 및 전략이 요구되는 경우가 많다. 즉, 무기체계가 전술 및 전략의 수립에 영향을 주며, 이로 인해 전쟁의 승패에 중요한 요소로 작용함을 알 수 있다. 따라서 현대전을 효율적으로 수행하기 위해서는 전술과 전략은 물론, 무기 자체에 대한 충분한 이해를 바탕으로 모든 전쟁 요소를 시스템으로 이해할 줄 아는 능력이 필요하다.

이러한 이유로 육군사관학교에서는 1980년 초부터 현재까지 생도들이 무기체계에 대해 체계적으로 이해할 수 있도록 『무기체계학』 교재를 편찬하여 교육에 활용해 왔다. 그러나 과학기술의 발달과 전투수행방법의 진화로 인해 새로운 설계 개념에 의한 신무기체계가 끊임없이 개발되고, 개별 무기체계의 발전 방향이 빠르게 변화하는 것이 최근의 추세이다. 그리하여 수년간의 강의를 통하여 고려해 왔던 많은 부분을 새롭게 편집하고, 최근 발행된 국방과학기술조사서 등 다수의 문서를 참고하여 기존의 책에서 다루지 못한 부분을 추가하고, 무기체계 발전 방향의 변화 추세를 반영하여 이 책을 출간하게 되었다.

이 책은 현대 무기체계의 정의, 특성 및 효과 요소, 무기체계와 전술·전략을 비롯하여 화력 무기체계, 기동 무기체계, 방공 무기체계, 항공 무기체계, 공병 무기체계, 미래전 무기체계, 해군 무기체계, 공군 무기체계, 무기체계 소요 제기 절차 등의 순으로 구성되었다. 각 장은 개별 무기체계에 대한 체계 특성, 운용 개념, 발전 방향 및 개발 추세 그리고 주요 구성 기술 등을 다루었으며, 가능한 한 최신 자료를 활용하고자 노력하였다.

이 책은 무기공학 및 무기체계에 관심을 가지고 공부하려는 학생과 일반인, 무기 연구개발에 종사하는 군 및 방위산업체의 실무자 그리고 실무 부대에서 무기를 운용하는 이들이 무기체계를 이해하는 데 도움이 되도록 쓰여진 것이다. 이 책이 군에서 장병들의 교육, 훈련과 군 운영에 도움이 되고, 방위산업체 실무자들에게 군사기술의 발전과 무기체계의 특성을 이해하는 데 도움이 될 수 있기를 바라며, 앞으로도 이 책의 발전을 위하여 여러분들의 많은 지도와 고견을 바라마지 않는다.

끝으로, 이 책이 출간될 수 있도록 소중한 자료를 제공해 주신 국방기술품질원과 편집 및 출판에 힘써주신 교문사에 진심으로 감사드린다.

2014. 2.
화랑대에서 저자 일동

Contents

제8장 해군 무기체계

제9장 공군 무기체계

제10장 무기체계 소요제기 절차

제1장 서론

1.1 무기체계의 정의

무기체계(weapon system)는 개념상으로 명확하게 구분하기는 어렵지만, 협의로는 무기 자체만을 의미하고, 광의로는 무기와 이에 관련된 물적 요소와 인적 요소의 종합체계를 의미한다. 무기체계는 그 범위가 넓고 복잡하여 사전이나 문헌들에도 여러 가지 내용으로 기술되고 있다.

군사학 대사전에는 무기체계를 군수지원적 용어와 무기분석적 용어로 정의하고 있다. 군수지원적 용어에서 보면, 폭격기, 미사일과 같은 하나의 전투용 기구와 이 기구를 표적이나 표적 상공에 운반하는데 동원되는 모든 부수장비, 지원시설 및 근무 등을 포함하는 하나의 총체적인 체계라 할 수 있다. 반면 무기분석적 용어에서 보면, 기능을 가진 구성요소가 복잡하게 결합되어 있는 하나의 전투용 기구를 의미한다.

한편 합동참모본부에서 발행한 합동무기체계에서는 '무기체계란 전투수단을 형성하는 장비와 그의 조작 및 운용기술을 망라한 복합체를 말한다'라고 정의하고 있다. 또한 미공군 규정에 의하면 '무기체계란 장비와 숙련기술로 이루어진 하나의 완전한 전투도구로서 부여된 작전상황 하에서 독자적으로 타격력을 발휘할 수 있는 기본 단위이며, 무기 자체뿐만 아니라 무기를 보관, 운용 및 유지하는데 소요되는 제반시설, 보조지원장비, 보급물자, 서비스 그리고 일정 수준의 기준을 가지고 이들을 운용·조작하는 인적 자원 등을 총망라한 것이다'라고 정의하고 있다.

이상의 여러 가지 참고 자료로부터 공통된 특징을 찾아 무기체계를 정의하면 '무기체계란 무기와 이에 관련된 물적 요소와 인적 요소의 종합체계로서, 전투 수행 과정에서 무기의 사용 목적을 달성하는데 필요한 도구, 물자, 시설, 인원, 보급 그리고 전술, 전략 및 훈련 등으로 이루어진 전체의 체계'라 할 수 있다.

무기체계의 예로 전술 전투기를 들 수 있다. 여기서 전투기 자체는 물론 활주로, 관제시설, 연료, 주유시설, 무장, 사격통제장치, 조종사 및 정비사의 기술수준까지를 종합하여 하나의 무기체계로 보아야 한다. 왜냐하면 이 중에서 어느 한 가지가 미흡하여도 전술 전투기가 본래의 임무를 수행하는데 지장을 초래하기 때문이다. 현대 무기체계는 다양하고 복잡하기 때문에 효과적인 운용과 체계성의 유기적인 상호관계 유지가 중요하다.

무기체계 구성요소의 상호관계를 클레멘트(clement)는 다음과 같이 설명하고 있다. '표적을 직접 파괴하는 화력에는 탄환, 포탄, 폭탄 등이 있다. 그런데 이들 화력은 소총, 야포, 전차, 차량, 미사일 발사대, 항공기 등의 기계적 수단이 있어야 표적으로 운반되고, 이를 위한 소총병, 조종사, 항해사, 무전사 등의 운용인원이 있어야 그 기능을 발휘할 수 있다. 그러므로 이들 각각을 개별적인 단위로 보면 전혀 무용지물이 될 것'이라고 무기의 체계성을 강조하였다.

무기체계의 연구개발이나 선정 및 획득관리 분야에 있어서도 유기적인 체계성이 요구되고 있다. 특히 무기체계를 국내에서 연구, 개발, 생산할 때 무기의 체계성은 반드시 고려할 요소이다. 만일 주임무 수행을 위한 완성장비만을 고려한 나머지 절대 성능만을 고려하여 설계, 생산된 장비가 정비에 불편하고 조작이 어려워 수리 및 교육훈련 비용이 많이 든다면, 그 장비는 훌륭한 것이라고 할 수 없을 것이다. 무기체계를 해외에서 구입할 때도 마찬가지로 주임무 수행 완성장비 하나만을 구입하고, 수리부속품 및 부대시설을 획득하지 않는다면 그 완성장비는 무용지물이 되고, 관련 부속장비 등을 뒤늦게 별도로 획득하려면 무기를 하나의 체계로 보고 획득할 때보다 훨씬 많은 비용이 들게 된다. 또한 무기의 체계성은 획득무기를 운용할 요원의 확보가 필수적이며, 이들의 기술과 지식이 절실히 요구된다.

1.2 현대 무기체계의 특성

재래식 무기로 전투를 했던 과거의 전쟁 양상과는 달리 제2차 세계대전을 종결시킨 원자폭탄과 아프가니스탄전, 걸프전 및 이라크전 등에서의 최신 전차와 정밀유도무기는 현대 무기체계가 고도의 과학기술 무기체계임을 보여 주고 있다. 현대 무기체계는 체계라는 접미어를 꼭 붙여야 설명이 될 정도로 기술적으로 복잡 다양한 전투도구가 되고 있다. 더구나 무기체계가 사용될 전쟁의 형태 및 상황은 더욱 더 복잡하고, 불확실하게 변화되고 있어 무기체계를 효과적으로 구상하고 획득, 관리하는 것을 어렵게 하고 있다. 현대 무기체계의 일반적이며 공통적인 특성을 열거하면 다음과 같다.

1) 무기체계의 다양성

과거에는 무기가 무기 자체의 고유한 특성 임무 하나만을 수행할 수 있도록 연구, 개발되었다. 그래서 주어진 군사목표를 어떤 무기를 사용하여 그 목적을 달성할 것인가를 깊게 고려할 필요가 많지 않았다. 그러나 최근 급속하게 발달해 온 현대 과학기술이 군사 목적에 적극적으로 응용되자, 한 무기체계의 기능과 역할이 다양화되었다. 또한 특정 군사적 임무를 수행할 수 있는 대체 무기체계 또는 이들의 조합의 수가 현저히 증가되었다.

예를 들면, 과거에는 적 전선의 후방에 위치한 군사목표를 파괴하는 임무는 폭격기에만 할당될 수밖에 없었으나, 오늘날에는 폭격기 외에도 지대지 미사일, 함대지 미사일 등의 중장거리 미사일이나 헬리콥터에 의한 공중기동, 상륙작전 등의 방법으로 수행할 수 있게 되었다.

2) 무기체계의 복잡성

과학기술의 발전은 무기체계의 성능과 형태에 혁신을 초래하여 무기의 사거리, 정확도, 파괴력 등을 발전시켰고, 이에 대한 대응 무기체계도 경쟁적으로 발전되었다. 이러한 경쟁적인 발전 관계는 무기체계를 확장시키고 복잡성을 한층 더 야기시키고 있다. 이들 무기체계의 복잡성은 항공기, 미사일, 핵무기, 우주항공, 전자통신 및 전장감시 수단 등의 분야에서 획기적으로 발전하였다.

최근 전자기술의 비약적인 발전은 무기체계의 복잡성을 더욱 촉진시키고 있다. 전자기술은 정찰, 조기경보장치, 지휘통제장치에 응용되는 것은 물론, 표적을 획득 및 식별하고, 화력을 배분하고, 표적에 유도하는데 이용되고 있으며, 최신 항법장치로 정밀도를 향상시키고 있다. 예를 들어, C-141 수송기는 약 25만 개의 부품으로 구성되어 있고, 기술도면만 하여도 약 2만 가지 이상이나 되는 복잡 다양한 구조를 가지고 있다. 육군 무기체계인 전차도 개량 사격통제장치나 자동 송탄 및 장전장치와 같은 고도의 과학장치를 구비하고 있기 때문에 그 체계가 대단히 복잡하다.

무기체계의 기술적인 복잡성을 자본집약형과 노동집약형으로 표현하기도 한다. 자본집약형 무기체계는 병사 1인당 무장도가 높은 복잡한 고가무기이며, 노동집약형 무기체계는 병사 1인당 무장도가 낮은 단순무기로서 무기운용에 많은 병력을 요구한다.

일반적으로 현대 무기체계가 점차 자본집약형으로 발전되어 감에 따라 군사계획자들에게 다음과 같은 문제가 제기되고 있다.
① 정비의 곤란성과 정비요원의 전문화
② 운용요원의 교육 및 훈련
③ 무기체계의 전술적 운용에 있어서 제병과 협조
④ 전후방 병력구조의 재편성

위와 같은 문제는 무기체계를 최초로 구상할 때부터 정비, 조작 및 훈련이 용이하도록 설계되어야 한다는 것을 의미하고 있으며, 기술적 복잡성에 따른 운용 인력의 전문화 및 장기복무관리 등 인사관리문제로도 파급된다.

3) 무기체계의 고가성

현대 무기체계는 복잡 다양하고 질적 수준이 지속적으로 향상되고 있다. 무기의 질적 향상 추세는 무기체계의 획득비용 및 부수장비, 시설비용, 운용유지비, 운용요원의 훈련비 등을 증가시키고 있다.

4) 무기체계의 가속적 진부화

과학기술 발전 속도의 가속화는 무기체계의 평균유효수명을 대폭 단축시키고 있다. 극단적인 경우 어떤 무기체계는 실전에 배치되기까지 수년간의 긴 기간과 많은 비용이 투입되었으나, 신기술의 도입으로 인하여 불과 수개월 만에 도태되는 예가 허다하다. 이것은 적국 또는 잠재 적국의 군사과학기술 수준을 파악하지 못한 채 몇 년 후에 실용화할 무기를 개발하거나, 현재 개발 중인 무기가 실전 배치되기도 전에 차기세대의 무기가 구상되기 때문이다.

특히 현대전에서는 전쟁이 발발된 이후에 적의 무기와 비교하면서 실전무기를 개선하거나, 신무기를 개발할 시간적 여유가 없다. 그러므로 무기체계의 진부화 문제는 군사기획자들이 항상 염두에 두고 충분히 검토해야 할 특성이다.

5) 무기체계 개발기간의 장기화 및 개발 실패의 위험성

무기체계를 선진국으로부터 직접 구입한다면 그 무기체계의 소요제기에서부터 획득에 이르기까지 경과된 기간, 즉 획득기간이 짧다. 하지만 자체 생산을 할 경우에는 연구-개발-시제생산-평가-생산-배치 및 운용하는데 긴 기간이 소요된다. 일반적으로 표준 개발기간은 일반무기는 2~3년이 소요되는데 비해 첨단무기는 10년 이상이 소요된다.

그런데 통상 군사적 소요는 시간적으로 제약된 상태에서 긴급하게 제기되므로, 시한충족성이 큰 문제가 된다. 또한 많은 경우 군사소요는 질적 우선 주의에 의해 과잉 요구를 하게되고, 장기간의 연구사업으로 도중에 규격 및 계획을 자주 변경하기도 하며, 연구개발비용의 증대로 자금조달이 지연되기도 하여 획득기간을 지연시키게 된다. 따라서 군사기획자들은 무기체계의 질, 시간 그리고 비용간의 상관관계를 분석해야 한다. 또한 무기체계의 연구개발은 장기간이 소요되므로 연구개발의 실패 위험성도 높게 된다.

6) 무기체계의 비밀성

무기는 적을 제압하는 목적을 달성하기 위하여 적에게 기습적인 충격효과를 가할 수 있어야 한다. 기습적인 충격 효과를 가하기 위해서는 무기체계의 구상부터 배치에 이르기까지 비밀을 유지해야 하는데, 이 비밀 유지는 적에게 뿐만 아니라 동맹국에게까지도 적용하는 경우가 많다. 예를 들어, 제2차 세계대전을 종식시킨 원자폭탄은 'Manhattan 계획'이라는 베일에 싸여 일본 히로시마에 투하될 때까지 아무도 몰랐다. 또한 무기체계의 비밀성은 무기의 추가적인 획득 및 획득능력이 군비경쟁을 자극한다는 점에서도 통제되어야 할 것이다.

7) 무기체계 수요의 제한성

무기체계는 국가가 유일한 수요자이다. 이와 같이 수요의 한정은 경제적인 양산체제의 생산 규모를 갖출 수 없게 하고, 이로 인한 생산단가를 높이며, 많은 공장기계 시설을 유휴화시켜 기업의 채산성을 잃게 만든다. 뿐만 아니라 무기소요는 간헐적으로 긴박하게 제기되므로 생산시설의 적정 규모의 책정이 어렵게 된다. 이에 부가하여 앞에서 기술한 무기체계의 진부화와 연구개발의 실패 위험성은 방산기업의 위험 부담을 가중시키고 있다. 따라서 국방당국의 입장에서는 무기체계의 수요 제한에 따른 방위수익률 보상에 대한 방안을 고려해야한다는 어려움이 있다.

일반적으로 유도탄, 전차, 화포, 핵무기, 잠수함 등과 같이 전적으로 군수품인 자본집약형의 무기체계일수록 수요의 제한성이 높고, 민수품과 같이 노동집약형의 무기체계일수록 제한성이 낮다. 노동집약형 무기는 비교적 시장기구에 의한 경쟁제도 하에서 어느 정도는 합리적으로 가격이 결정되지만, 자본집약형 무기는 수요자가 국가로 한정되어 있고, 공급자도 무기체계가 지니고 있는 기술수준의 고도성, 자본 규모의 거대성으로 소수기업에 한정되는 경향이므로 시장가격기구에 의한 무기획득이 사실상 어렵게 된다. 따라서 군사정책의 책임자는 이와 같은 특성을 고려하여 무기체계의 획득방안을 수립해야 한다.

8) 무기체계의 파급효과

무기체계를 연구, 개발, 생산하는 과정은 소요무기체계를 획득할 뿐만 아니라, 기술적·경제적 파급효과 등의 부차적으로 얻는 이익도 많다.

일반적으로 자본집약형의 무기는 복잡다양하고, 비용이 많이 들며, 위험부담률도 높은 반면에, 고급무기일수록 최신 기술을 개척할 수 있는 기회를 많이 갖게 되므로 군사과학기술뿐만 아니라 민간산업의 기술 향상에도 크게 기여한다. 또한 연구개발 및 생산체계가 거대하여 많은 과학자, 기술자, 노동자를 흡수하게 되어 고용 증대의 효과를 거두게 되고, 기업이 만들어낼 수 있는 부가가치도 크게 된다.

무기체계의 연구개발로 인한 기술 및 경제적인 파급효과는 무기체계의 획득관리를 국방 차원에서 국가 차원의 과제로 발전시키는 요인이 된다. 군사적 요구만을 충족시키는 수준에서는 무기를 외국에서 직수입하는 것이 보다 효율적일 수도 있다. 그러나 상기한 기술 및 경제적 파급효과를 고려하여 무기체계의 자체 개발 및 생산은 새로운 기술분야를 개척하고, 제품의 품질을 향상시키며, 기술혁신에 의한 비용절감 및 수출을 증대시킨다는 견지에서 더욱더 유리할 수도 있다.

1.3 무기체계의 효과 요소

지휘관들은 자주 '전쟁의 승패는 화력, 기동력 및 지휘통신능력에 달려 있다'고 말한다. 이들 3가지는 생존성, 가용성 및 신속성과 더불어 무기체계의 전투능력을 결정하는 주요 효과 요소가 되기 때문이다. 중요한 것은 이들 효과 요소들이 균형있게 조화되어 기대하는 전투효과를 얻을 수 있도록 노력해야 된다. 이와 같은 무기체계의 기본 요소들을 열거하면 다음과 같다.

1) 화 력

화력은 기동성과 함께 전투의 핵심적인 요소이다. 일반적으로 대전차전에서 전차의 주포화력은 전투에서 승리의 주요 요소이며, 주포의 화력은 구경에 비례한다.

화력의 크기는 흑색화약이 도입된 이후 기동성을 무력화시켰으나, 전차와 수륙양용전차가 출현하여 다시 기동성이 제기되었다. 그러나 최근 핵무기의 초대화력은 다시 기동장비를 지하에 고착시켰으나 핵무기의 확산 및 다변화 현상이 정치적·전략적 위협무기로 변질되어 감에 따라 화력과 기동성이 공존하는 시대에 놓여 있다. 즉, 기동성의 향상으로 부대는 소단위로 분할하여 분산 운용하고, 화력은 점차 실용적인 소위력의 전술적인 무기로 발전되고 있다.

2) 기동성

기동성은 화력과 함께 무기의 기본적인 효과 요소이다. 특히 기동성은 병력 집중 및 분산의 기본 수단이기 때문에 전투에서 매우 중요하다. 일반적으로 기동성이 없는 군대는 화력이 월등하게 우세하지 않는 한 기동성이 우수한 군대에게 패하기 마련이다. 예를 들면, 프랑스가 쌓은 마지노선은 인류 최대의 값비싼 정치적 차원의 방어무기였으나, 기동성이 없는 방어무기였다. 따라서 전투 초기에는 훌륭한 방어선이었으나, 일단 Verdan 숲이 독일의 기동성 있는 전차군단에게 돌파되자 이 방어선은 무용지물이 되어버렸다. 기동성은 전투에서 병력 절약의 효과를 주며, 동시에 병력 집중과 분산의 수단이 된다.

3) 생존성

무기는 전쟁상황 하에서 적을 제압하기 위한 것이기 때문에, 적의 제압에 앞서서 자신이 보호되어야 한다. 따라서 모든 무기는 절대 성능과 함께 생존성을 고려하여 개발되고 운용되어야 한다. 보병의 헬멧과 위장, 기사의 갑옷과 방패, 전차의 장갑 그리고 항공기의 방어적 전자전(ECCM) 장비 등이 모두 자신을 방호하기 위한 조치이며, 수단이다.

현대무기는 전자기술의 발전으로 대응무기 간에 서로 먼저 탐지하려고 경쟁하고 있다. 일반적으로 공산권의 무기는 무기의 안전도보다도 절대 성능을 강조하고 있지만, 미국제 무기는 무기성능에 못지 않게 생존성을 강조하고 있다. 그러나 생존성을 너무 강조하면 무기에 불필요한 장비나 장치가 많아져서 중량이 증가되고, 전투 효율이 감소하기 때문에 신중을 기해야 한다.

4) 지휘 및 통신

현대전은 입체전이다. 현대전의 모습은 해저에서는 잠수함, 해상에서는 전함 및 기동함대, 육상에서는 전차 및 야포로 장비된 기동부대, 공중에서는 헬리콥터, 공중기동부대 및 공수부대가 있는 가운데, 전투기와 폭격기가 비행하고 수륙양용 전투차량이 바다에서 육지로 상륙하는 등 공간적 입체전이다. 이 거대한 장비와 부대의 입체적 전투를 지휘·통솔하는 수단으로서의 지휘 및 통신시설은 대단히 중요하다.

현대 과학기술의 발달은 무전기, 레이더, 컴퓨터 및 인공위성을 발명하여 군사적 목적에 많이 기여하고 있으며, 특히 조기경보체제의 도입은 전선에서 적의 징후를 사전포착하는데 많은 도움을 주고 있다. 따라서 앞으로의 현대 무기체계는 화력, 기동성 및 통신수단이 조화가 되는 상태에서 발전되도록 구상해야 할 것이다.

5) 가용성 및 신뢰성

무기체계는 일단 계획되어 완성된 후에 실전단계에서는 개선이 어렵고, 개발단계에서만 개선될 수 있기 때문에 무기개발에 있어 가용성 및 신뢰성(availability & reliability)은 반드시 확보되어야 할 요소이다. 무기체계가 화력이 좋고, 기동성이 우수하며, 통신력이 양호하고, 생존성이 높도록 설계되었다 하더라도 주어진 성능을 제대로 발휘하지 못하고 고장빈도가 높다거나, 고장 수리시간이 많이 소요되어 사용할 수 있는 기간이 제약된다면 우수한 무기라 할 수 없다. 즉, 정비시간이 많이 소요되면 무기의 가용성에 제한을 받으며, 고장빈도가 높으면 신뢰성이 낮아진다.

1.4 무기체계와 전술·전략

무기와 전투는 밀접한 관계가 있다. 어떠한 무기를 선택하느냐에 따라서 어떻게 전투를 수행할 것인지가 결정되고, 또 어떠한 작전을 전개할 것인가에 따라서 어떠한 무기를 사용할 것인가도 결정된다. 어떠한 작전에 있어서는 무기체계의 약간의 변경으로 그 작전을 가장 효과적으로 수행할 수 있는 경우도 있으며, 또한 약간의 작전변경으로 기존 무기를 가장 효과적으로 이용할 수도 있는 것이다. 따라서 무기체계에 관한 연구는 필수적으로 전술 및 전략에 관한 연구가 병행되어야 한다.

1) 고대전쟁에서 현대전쟁까지 무기체계와 전술

프랑스는 1346년 Crecy 전투에서 영국보다 2배나 되는 병력 우세에 있었음에도 불구하고 패하였다. 그 원인은 영국의 긴 활(long bow)은 프랑스의 짧은 활(cross bow)보다 사거리나 정확도 면에서 훨씬 우세한데, 프랑스는 병력수의 우세만을 믿고 상대방의 무기 특성을 고려한 적절한 전술을 개발하지 않았기 때문이었다. 또 다른 예는 영국의 전차를 들 수 있다. 영국은 전차를 최초로 개발하였으며, 전차를 이용한 전술 및 전략을 처음으로 발전시켰는데도 불구하고 독일 전차에게 유린당하였다. 그 이유는 영국은 전차를 방어전용으로 사용하였는데 반해 독일은 영국이 개발한 전차와 전술을 도입한 후 이를 발전시켜 PANZER 부대를 편성하여 전격전에 사용하였기 때문이었다.

고대전쟁에서부터 현대전에 이르기까지 무기체계와 전술의 변천 과정을 표 1.4.1에 도시하였다. 표 1.4.1에서는 무기체계의 변천 과정을 4개 기로 나누었는데, 무기 제1기는 고대전쟁에서 사용된 창, 칼, 화살 그리고 방패 등이고, 제2기는 중세전쟁의 화승총과 화포를 포함하고 있으며, 제3기는 현대전쟁에서 사용하는 기관총, 야포, 전차, 항공기 그리고 잠수함까지를 포함한다. 최근의 현대전의 냉전과 비정규전에 사용되는 핵무기, 전자무기 그리고 유도무기 등은 제4기로 분류할 수 있다.

2) 전쟁 수행 개념의 변화와 미래전투체계

제2차 세계대전 이전에는 소모전과 전격전을 기본으로 하는 대량살상 및 파괴중심의 전쟁이 보편적이었다. 하지만 과학기술의 발전으로 미국은 이라크전에서 기존의 전쟁 수행 방식을 탈피하여 신속 결정전 및 효과 중심전을 통한 조기 작전 종결 개념을 도입하였다.

이러한 작전 개념이 형성되면서 이를 충족시키기 위한 새로운 형태의 전투수단이 필요하게 되었고, 이를 위해 미국을 비롯한 군사선진국은 미래전투체계(FCS : Future Combat System)에 대한 연구개발을 진행 중에 있다.

(1) 전쟁 수행 개념의 변화

미래 전쟁 수행 개념은 그림 1.4.1과 같이 변화하고 있으며 주요 내용은 다음과 같다.

표 1.4.1 무기체계와 전술의 변천 과정

전 쟁	무 기 체 계	전 술
고대전쟁 (BC 490~249)	무기 제 1 기 • 공격용 : 창, 칼, 화살, 투석기 • 방호용 : 갑주, 방패	집단전투 종대대형
중세전쟁	무기 제 2 기 화승총, 화포	선전투(1차원) 횡대대형
근대전쟁 (1775~1913)	총검	종대대형 내선작전
	철도, 전신	외선작전
현대전쟁 (1914~현재)	무기 제 3 기 기관총, 야포, 전차, 항공기, 잠수함	평면전투(2차원) 후티어 돌파전술*, 구로우 종심방어**
	무기 제 4 기 핵폭탄	전격전, 입체전투(3차원) 냉전
	전자무기, 회전익 항공기 대테러전 무기	비정규전
	정밀 유도무기	공세 이전

 * 후티어(Hutier) 돌파전술(독일) : 공격부대가 포병 탄막사격을 후속하면서 공격을 실시, 신속한 전과확대로 적을 포위, 섬멸하는 전술개념
** 구로우(Gouraud) 종심방어전술(프랑스) : 후티어 전술에 대응하기 위한 종심방어전술로, 조직적인 경계지대를 형성, 진지를 기만하고, 적의 돌파를 저지할 수 있는 종심 깊은 방어편성

① 비접적, 비선형, 원거리 전투

첨단 정보기술(첨단 정보수집 수단 및 장거리 정밀유도무기, 첨단 지휘통제체계)을 바탕으로 감시정찰, 지휘통제, 정밀타격의 융합을 통해 접적, 선형, 근거리 전투 개념은 비접적, 비선형, 원거리 전투로 변화되었다. 이러한 결과로 인해 군사작전의 결정적인 속도와 작전템포로 적의 핵심노드만 선별 공격할 수 있게 되었다. 또한 소모전 양상이 정밀파괴 및 인명중시, 효과 위주의 전쟁양상으로 전환되었다.

② 네트워크 중심작전(NCW : Network Centric Warfare)

기존의 플랫폼 중심 작전환경에서 각각의 플랫폼 및 다양한 작전요소들이 상호 연결되어 실시간에 정보공유가 가능한 네트워크 중심 작전 환경으로 변화되었다. 이는 지휘 속도뿐 아니라 양질의 정보가 행위로 전환되는 과정을 가속화시키고 공간적으로 산개되어 있는 개별 전력들이 전장공간을 동일한 시점과 관점에서 인식할 수 있게 되었다. 또한 신속한 작전 전개 및 타작전으로 신속·정확하게 전환할 수 있는 유연성을 제공한다.

③ 동시·통합·병렬 작전

동시·통합·병렬 작전은 네트워크, 상호 운용성, 유관기관과의 협조 체계를 바탕으로 다차원 시·공간상에서 제반 능력과 활동을 유기적으로 연동시켜 전력 운용의 승수효과를 추구하는 개념이다. 그러므로 각 군 무기체계의 통합적인 운용과 지상 및 해상, 항공작전이 상호 지정된 방식으로 진행되도록 합동교리의 개발이 필요한 실정이다.

④ 효과중심작전(EBO : Effects Based Operation)

지형 목표를 확보하거나 물리적으로 군사력을 파괴하여 전쟁 종결을 시도하기보다는 정밀타격능력을 기반으로 하는 작전으로 적의 급소(핵심노드) 또는 중심을 타격함으로써 전쟁 목표 달성을 추구하는 개념이다. 산술적 전투력 통합보다 전투력의 승수효과 달성에 중점을

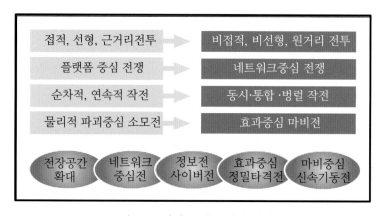

그림 1.4.1 전쟁 수행 개념의 변화

둔 효과중심 사고에 의한 전쟁 수행 방식이 보편화되면서 단순한 물리적 파괴보다 최소 교전을 통한 적의 사고 및 행동의 변화를 추구하고 있다. 효과중심 작전은 적 중심을 선별적으로 직접 타격하고, 적의 결정적 취약점에 대한 비대칭전을 수행하며, 신속한 기동과 원거리 정밀타격을 결합하여 목적을 달성할 수 있다.

(2) 미래전투체계(FCS : Future Combat System)

① 개요

전장공간이 지상·해양·공중의 3차원에서 우주공간과 사이버공간이 추가된 5차원 공간으로 확대됨에 따라 5개의 전장공간을 1개의 전장과 같이 통합 운용하여 개별 전력을 효과적으로 투사해야 하는 필요성이 제기되었다. 정보통신 기술은 각각의 전장에 배치된 다수의 단위 무기체계들을 상호 연동시킴으로써 1개의 단일 무기체계와 같은 시스템 복합체계로 통합 운용을 가능하게 함으로써 이러한 요구를 충족할 수 있게 되었다.

미래전투체계는 미래의 모든 군사작전 영역에서 어떠한 위협에도 대응할 수 있는 다양한 수단과 능력을 보유한 무기체계로서, 그 요소는 그림 1.4.2에서 보는 바와 같이 유인 무기체계 8종, 무인 무기체계 7종으로 총 15종의 유인 및 무인 플랫폼으로 구성된다. 기존의 개별 무기체계 개발방법을 지양하고 네트워크 중심 전투가 가능하도록 복합된 하나의 시스템으로 동시에 개발되는 것이 특징이며, 공통의 기술로 개발된 동력장치와 동체를 사용하여 군수지원소요를 최소화하는 것을 목표로 한다. 각 체계의 무게는 16톤에서 20톤 이내로 공중수송이 가능하도록 개발 중이다.

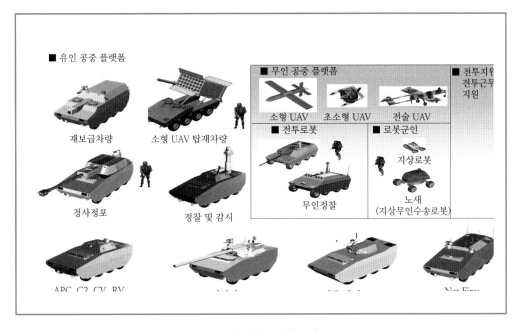

그림 1.4.2 미래전투체계 구성 요소

② 운용 개념(미국)

그림 1.4.3 미래전투체계 운용 개념

1) 지휘 플랫폼이 교전행위를 지시
2) 로봇센서가 가시선상 표적을 식별
3) 무인지상 센서가 접근로 감독
4) 직접무기 가시선상 표적과 교전
5) LAM(Loitering Attack Missile)이 표적 식별 및 공격
6) 간접무기 비가시선상 표적과 교전
7) 무인 비행체 센서 원거리 작전 감독
8) 소형 무인 비행체 근접감시

③ 미국의 미래전투체계

미국의 미래전투체계는 기존의 기계화부대의 개념을 초월하여 포병의 기능까지도 포함하는 다목적용의 무기체계이다. 전투선단의 지상 무인차량, 공중의 무인항공기 그리고 유인형의 지휘통제 및 각종 다양한 기능차량이 함께 네트워크로 연결되어 정보 및 상황공유와 네트워크 기반의 지휘통제를 통하여 통합되어 전투하는 개념으로 운용된다.

분산네트워크에 속한 유·무인 무기체계가 지상 및 공중에서 마치 하나의 통합전력처럼 움직이고, FCS 자체적으로 내장 훈련과 군수지원을 포함하여 다양한 고유 전투력을 보유하며, 새로운 전투임무를 위해 신속하게 조직되어 독자적으로 전투가 가능한 가장 작은 기본

전투단위라는 것이 특징이다.

체계는 유인체계와 무인체계로 구성되어 있다. 유인체계는 ICV(Infantry Carrier Vehicle), C2V(Command and Control Vehicle), 포탑형 전투차량(다목적탄 발사), 감시·정찰차량, 비가시선 화력차량, 비가시선 박격포차량, 정비 및 구난차량, 의무 및 수송차량이 있고, 무인체계로 무인비행체, 무인지상차량, 무인지상센서(UGS : Unmanned Ground Sensor)가 있다.

기동기술은 기존의 추진방식을 기본적으로 연료전지와 전기식을 복합화하여 제공하는 기술이 요구되고, 지형을 감응하는 능동형 현수장치 기술과 험지지형의 장애물을 극복하고 기동을 가능하게 하는 다관절 현수장치 기술도 요구된다. 화력기술은 직사, 준직사, 곡사 및 미사일 발사가 가능한 다기능 무장기술을 필요로 한다. 생존성 분야 기술은 기본적으로 능동방호 개념으로 C4ISR을 보강하여 적을 먼저 보고 적의 유효사거리 밖에서 적을 파괴하는 개념으로 설계되고 있다.

④ 한국의 무인 전투체계

한국의 무인 전투체계는 네트워크 기반으로 전투의 선단에 무인차량과 소형 무인항공기를 투입하고, 후방의 안전한 곳에서 지휘통제차량이 무인차량을 원격 통제하는 개념으로 운용되는 유·무인 기반의 전투체계이다.

미국의 FCS처럼 하나의 시스템 복합체(system of systems)가 되는 것을 목표로 하여 몇 개의 기능차량을 결합한 방식으로 하나의 무기체계로 개발 중에 있다.

체계 구성은 유인체계와 무인체계로 구성된다. 유인체계는 다목적 화력차량(다기능 화력발사), 지휘통제차량(무인차량 지휘/통제), 경전차, 박격포차량, 자주포차량, 의무 및 공병차량이 있다. 무인체계는 무인감시·정찰차량, 무인전투차량, 근접무인헬기, 다목적 로봇(장비 수송, 감시, 경전투), UGS가 있다.

기동기술은 유인차량의 경우 20~25톤 급의 엔진 및 변속기 공용화가 요구되고, 무인차량의 경우 GIS 기반 자율주행과 원격제어가 가능하도록 개발되고 있다.

화력기술은 지휘통제차량의 경우 자체방호가 가능한 수준으로, 무인전투차량은 경장갑차량을 대응할 수 있는 수준으로, 다목적 화력차량은 직사, 곡사, 미사일을 발사할 수 있는 수준으로, 경전차는 직사에서 곡사까지 사격이 가능하도록 개발되고 있다.

생존성 분야 기술은 유인차량은 능동방호를 적용하고, 저가 무인차량은 소모품 개념으로 사용되며, 고가 무인차량은 능동방호 개념으로 개발되고 있다. 무엇보다도 적의 공격원을 미리 제거하여 생존성을 확보하는 방향으로 개발 중에 있다.

3) 현대 무기체계 특성을 고려한 무기체계 획득 및 전술·전략

일반적으로 무기체계에 대한 거대한 투자는 전술 및 전략을 그 무기체계에 고착시키는 경향이 있다. 만일 한 국가가 어떤 무기체계를 획득하기 위하여 많은 예산을 투자하였다면,

투자된 비용을 고려하여 자연히 그 무기체계를 사용하지 않을 수 없으며, 그 무기체계에 따른 특유한 전술을 선택하지 않을 수 없게 된다. 더구나 현대 무기체계는 핵무기를 비롯하여 그 획득비용이 한층 더 거액화되고 있으며, 현대 과학기술의 급속한 발전으로 군 및 민간기업에서도 무기체계 개발에 많은 노력을 기울이고 있다. 따라서 군은 새롭게 개발되고 배치되는 현대 무기체계 특성을 잘 이해해야 하며, 이 특성이 군사적 전술과 전략에 미치는 영향을 면밀히 분석하여 적합한 무기를 선정하고, 적합한 전술을 발전시켜 무기체계가 전략과 전술 및 부대구조와 병행하여 발전되도록 해야 한다.

전문용어 및 약어

C2V : Command and Control Vehicle
EBO : Effects Based Operation
ECCM : Electronic Counter Counter Measures
ECM : Electronic Counter Measures
FCS : Future Combat System
GIS : Geographic Information System
ICV : Infantry Combat Vehicle
LAM : Loitering Attack Missile
NCW : Network Centric Warfare
UGS : Unmanned Ground Sensor

참고문헌

1. 육군사관학교, 신편무기체계학, 교문사, 2005.
2. 국방기술품질원, 2007 국방과학기술조사서, 2008.
3. 국방과학연구소, 이라크전에 등장한 무기체계 분석, 2003.
4. 육군사관학교, 세계전쟁사, 일신사, 1989.
5. 합동참모대, 지상무기체계, 2001.
6. 방위산업진흥회, 국방과 기술(제303호), 2004.
7. 국방부, 획득관리규정(국방부훈령 제727호), 2003.
8. 최석철, 무기체계@현대·미래전, 21세기 군사연구소, 2003.
9. 김철환, 육춘택, 전쟁 그리고 무기의 발달, 양서각, 1997.

제 2 장 화력 무기체계

2.1 　　　서론

화력 무기체계는 소화기, 보병용 대전차무기, 화포, 박격포, 로켓 그리고 이들 화기의 탄약체계와 같은 단위 무기체계들로 구성된다. 이 중에서 소화기에는 권총, 기관단총, 소총, 기관총, 유탄발사기 등이 포함된다. 이들 무기체계는 각 체계별로 새로운 투발수단을 개발하고 첨단 사격통제장치 및 탄약을 적용함으로써, 사거리, 명중률 및 살상 위력의 증대를 추구하여 무기체계 자체의 성능향상을 기할 뿐만 아니라, 화력체계를 네트워크로 상호 연동하여 전투효율의 향상을 구현하는 방향으로 계속 발전하고 있다. 이 장에서는 화력 무기체계를 이들 단위 무기체계인 소화기, 보병용 대전차무기, 화포, 박격포, 로켓 분야별로 구분하여 각 무기체계의 특성 및 운용 개념과 무기체계의 개발 현황 및 발전 추세를 소개하고, 이들 무기체계의 주요 구성 기술에 대하여 알아보고자 한다.

2.2 　　　소화기

소화기의 근원은 과거 바람총에서부터 활과 화살, 석궁 등에서 찾아볼 수 있으며, 이는 원거리에서 적 또는 사물을 타격할 수 있는 능력을 요구하면서 개발되기 시작한 것이다. 구체적으로 소화기는 1040년 중국에서 화약을 발명하면서부터 본격적인 개발이 이루어졌고, 중국에서 비화창(飛火槍), 화룡창(火龍槍), 돌화창(突火槍), 이화창(梨火槍) 등 대나무나 종이를 통으로 만든 화기가 등장하였다. 원나라에 이르러 동화창(銅火槍)이라는 금속제 통형 화기로 개량되었으며, 이러한 기술이 아라비아 상인을 통해 유럽으로 전해져 14세기 경에는 소형 화포인 핸드캐넌의 형태로 발전하였다.

이러한 총통의 형태에서 15세기 중엽 방아쇠가 달린 화승총의 형태로 발전하였으나, 이때까지도 총의 비효율성으로 인해 활과 석궁은 개인화기로 사용되었다. 16세기에 이르러 기술발전에 따른 신뢰성, 편의성 향상으로 머스킷, 칼리버 등의 총이 활과 석궁을 완전히 대체

  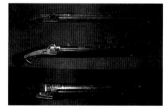

(a) 화총(동화창)　　　　　　(b) 10연발 핸드캐넌　　　　　　(c) 화승총

그림 2.2.1 초기 소화기

하였다. 이후 소화기의 격발장치가 화승식 격발장치에서 차륜식 격발장치, 수석식 격발장치로 개량되면서 17세기 초에는 1분에 1 ~ 2발을 발사할 수 있었으며, 불발률도 감소하였다. 18세기에는 수석식 격발장치가 일반화되고 종이탄피가 개발되면서 숙련된 사수의 경우에는 15초당 1발을 발사할 정도로 발전하게 된다. 여기에 총검이라는 발명품이 추가되면서 전장에서 장창병은 완전히 사라지게 되고, 총미장전식 소화기가 개발되면서 총구장전식 소화기보다 엄폐물 뒤나 말의 등 또는 엎드려서 장전하기가 쉬워지고, 개인의 생존율 또한 증가시켰다. 또한 라이플(강선이 있는 총)이 일반화되었다.

19세기에는 유럽 공업기술의 발달과 미국 남북전쟁의 영향 등으로 소화기가 급격히 발전하였다. 1823년 영국에서 금속탄피(cartridge)가 발명 되었는데, 장전의 편리성과 연발사격의 가능성을 열어주었다. 근대 말기에는 구경의 축소, 선조에 의한 명중률 향상, 연발식에 의한 발사속도 증가 등으로 소화기의 위력이 증대되었다. 제1차 세계대전을 거치면서 더 큰 화력을 위해 기관총이 등장하였고, 이후 필요와 편의성에 의하여 유탄발사기, 복합화기, 특수화기가 개발되어 사용되었다.

소화기는 개인 기본화기 또는 2 ~ 3인이 운용하는 공용화기로서, 권총과 같은 개인방호용화기, 소총으로 대표되는 개인휴대화기, 기관총, 유탄발사기 등의 지원화기 그리고 특수화기로 구분된다. 소화기는 부여된 전술임무를 수행함에 있어 전투원 자신을 보호하고, 그 임무의 종결을 확인하는데 필요한 최후의 무기이다. 그러므로 적 인원, 적 경장갑차량 및 장갑차와 테러 행동을 제압하기 위하여 그리고 최종 돌격사격 지원과 저격수의 임무수행 등을 위하여 사용된다.

최근 미국과 NATO 국가들은 다양한 형태로 운용되고 있는 소화기 무기체계를 효율적으로 운용하기 위하여 차기 개인방호화기, 차기 소총, 차기 공용화기의 3종류의 무기체계로 통

(a) 화승식 격발장치   (b) 차륜식 격발장치   (c) 수석식 격발장치

그림 2.2.2 격발장치

>> 참고 : 라이플의 탄생

라이플이 긴 사정거리(약 300 m)와 높은 정확도를 가지고 있다는 것을 알면서도 보편화되지 못한 것은 총탄과 강선이 맞물려야 하는 특성상 당시 총구장전식 소총으로는 장전이 매우 어려웠기 때문이다. 또한 당시 사용되었던 흑색화약의 연기와 그을음이 심해서 사격을 할수록 장전이 어려워졌기 때문에 라이플은 사용하기 힘들었다. 이는 총탄과 화약의 개량, 총미장전식 소총, 탄피(cartridge)류의 개발 등으로 극복되었고, 현재 대부분의 소화기는 강선을 가지고 있다. 따라서 현대 대부분의 소총은 라이플로 불리운다.

합 및 체계화하여 운용하는 새로운 소화기 체계 개발계획을 활발히 진행하고 있다. 특히 소총 및 공용화기 분야에서는 기존 소화기의 실제 전투상황에서의 명중률과 전투효율을 획기적으로 향상시키기 위하여 소형화 및 경량화를 시도하고, 첨단 사격통제장치를 적용하고, 지능형 신관을 장착한 공중 폭발탄의 개념 등을 도입하여 소화기 무기체계의 획기적인 변화를 추구하고 있다.

2.2.1 체계 특성 및 운용 개념

1) 체계 특성

(1) 분류

소화기는 개인 및 공용화기로 운용되는 무기체계로서, 적 인원 또는 경장갑차량을 제압하기 위하여 사용되는데, 그 용도와 특성에 따라 다음과 같이 분류하고 있다.

① 권총(handgun)
- 리볼버(revolver) : 탄창 회전식 권총
- 권총(pistol) : 반자동식 권총
- 기관권총(machine pistol) : 전자동식 사격기능을 부가한 권총

② 기관단총(SMG : submachine gun)
- 소총보다 짧으며, 권총탄을 자동소총처럼 발사할 수 있는 화기

③ 소총(rifle)
- 돌격소총(assault rifle) : 일반적인 소총
- 저격소총(sniper rifle) : 정밀 사격용 소총
- 카빈소총(carbine, short rifle) : 휴대성이 강화된 경량 소형화된 소총

④ 기관총(machine gun)
- 경(輕)기관총(LMG : Light Machine Gun, SAW : Squad Automatic Weapon) : 소총과 동일한 구경인 7.62 mm 미만의 탄약과 양각대를 사용하는 화기
- 범용기관총(GPMG : General Purpose Machine Gun) : 소총보다 약간 큰 구경인 7.62 mm 이상 12.7 mm 미만의 탄약과 삼각대를 사용하는 화기
- 중(重)기관총(HMG : Heavy Machine Gun) : 12.7 mm 이상의 탄약과 삼각대 혹은 거치대를 사용하는 화기

⑤ 유탄발사총(grenade launcher)
- 유탄기관총 : 차량탑재 및 지상 겸용으로 연속 사격이 가능한 화기

인 S & T모티브와 국방과학연구소가 이러한 결함을 보완하여 2013년 11월 육군에 298정 보급을 시작으로 재배치하고 있다.

(6) 북 한

러시아의 7.62 mm AK-47 소총을 모방 개발하여 1968년부터 배치 운용해 오고 있었으나, 세계적인 구경 축소화의 추세에 따라 1992년부터 러시아의 5.45 mm AK-74 소총을 모방 개발하여 운용하기 시작한 것으로 알려지고 있다.

2) 발전 추세

현재까지 소화기는 권총, 기관단총, 소총, 기관총, 유탄발사기 및 유탄기관총, 특수화기(저격총) 등으로 구분되어 발전되어 왔다. 이러한 소화기의 발전 추세를 기술적 측면에서 소총을 중심으로 살펴본다.

(1) 표준화

대량생산을 통한 생산원가의 저렴화와 보급의 용이성을 목적으로 각 화기별로 대표적인 규격탄으로의 표준화를 지향하고 있다. NATO는 연합작전 시 탄약을 공통으로 사용할 수 있도록 하기 위하여, 1953년 7.62 × 51 mm탄을 제1차 NATO 표준탄으로 채택하여 이 탄약에 맞는 구경의 소총 및 기관총을 개발, 보급하였다. 그러나 베트남전에서 미국이 5.56 mm M16 소총을 사용하고 NATO에 배속된 미군에서도 이 소총을 보급함에 따라, 서방 각국도 이러한 추세에 맞추어 5.56 mm, 4.85 mm, 4.75 mm 및 4.35 mm 등의 여러 가지 소구경 소총을 개발하였다. 그리하여 NATO는 1979년 제2차 표준화를 시도하여 5.56 × 45 mm SS109탄을 표준탄으로 선정하였으나, 현재는 각국의 이해관계 때문에 5.56 × 45 mm의 M193과 SS109탄을 혼용하여 사용하고 있는 실정이다.

한편으로 구소련을 위시한 동구권 국가들도 서방측과 같이 7.62 × 39 mm M1943탄을 표준탄으로 채택하였으나, 1977년부터 5.45 × 39 mm의 소구경 소총을 개발하여 보급하고 있다.

(2) 소구경화

미국은 1952년부터 수행된 Salvo 연구에서 제2차 세계대전 당시 소화기와 화포에 의한 사상자수의 불균형을 지적하고, 한 명의 사상자에 대해 과도한 소총탄이 소요된 것을 알게 되었다. 이에 기존 7.62 mm 소총에 대한 명중률 문제를 제기하여 소총 구경을 5.56 mm로 축소함으로써 소총의 명중률 향상과 전술적 운용능력의 증대를 시도하였다. 그후 NATO에서도 제2차 NATO 표준탄으로서 M193보다 성능이 향상된 5.56 × 45 mm SS109탄을 선정하게 되었다. 또한 권총도 Cal. 45(11.43 mm)에서 9 mm로 소구경화가 이루어졌다. 영국은 4.85 mm 소총, 독일은 4.6 mm HK36 소총과 4.75 mm G11 소총을 개량하였다. 한편 구소련에서도 종전의 7.62 mm 소총으로부터 소구경용인 5.45 mm AK-74 소총을 개발하였다.

최근 소총과 기관총의 구경을 5.56 mm의 소구경으로 단일화하려는 추세로 발전하고 있는데, 이러한 경향은 발사용 화약의 성능향상과 그 제조기술의 향상으로 살상에 필요한 에너지를 소형화해서도 얻을 수 있기 때문이다.

(3) 경량화 및 소형화

소화기 무기체계는 총열이 소구경화됨에 따라 탄약과 화기도 소형화되고 있다. 이러한 소형화는 무기체계의 경량화에 기여할 뿐만 아니라 탄알집 용량의 증가와 반동력의 감소로 명중률을 향상시키는 효과를 달성할 수 있으며, 병사의 피로 감소를 통해 임무 수행능력을 증대시킬 수 있기 때문에 매우 중요하다. 이에 미래전투체계(FCS：Future Combat System)에서는 소화기의 기본적인 개발 목표로 현재 운용중인 총기 및 탄약의 휴대 중량을 최소화하면서 성능 및 작전 수행능력을 증대시키면서도 군수지원요소를 최소화하는 개념으로 발전되고 있다.

이를 위하여 화기분야에서는 Bullpup형 설계를 포함한 다양한 설계와 총열길이 감소, 복합 재료를 적용한 탄약 장전집 적용, 경금속 소재 개발 등 화기의 중량을 경량화시키는 연구들이 지속적으로 진행되고 있다. 소화기의 길이를 결정하는 요소는 총열, 몸통 및 개머리판이다. 총 몸통은 사용탄약의 길이에 따라 결정되며, 소총길이(전장)를 단축하는 방법은 총열길이의 단축, 접이식 또는 신축식 개머리판의 사용, 노리쇠를 포함하는 작동기구와 탄알집을 방아쇠 후방에 위치시킴으로써 동일한 총열장을 유지하면서도 전장을 축소시킬 수 있는 설계방식인 Bullpup형 구조설계 등을 이용하여 이루어지고 있다.

탄약분야에서는 최근 미국 및 유럽 각국에서는 금속탄피나 약포를 소진탄피로 대체, 활용하는 것이 보편화되었고, 소진탄피, 무탄피 탄약, 소진 기폭장치 등 여러 가지 형태의 제품이 사용되고 있다. 소진탄피는 금속탄피와 비교하여 생산비가 저렴하고, 발사 후 탄피의 제거 필요성이 없으므로 자동장전이 용이하며, 추진에너지의 활용도를 높일 수 있을 뿐만 아니라 총신 마모 및 부식이 감소되는 장점이 있는 반면에, 기계적 특성이 부족하여 탄약이 외적환경요인으로 손상을 입기 쉽고, 불발탄의 제거가 어렵다. 현재 소화기탄으로의 이용은 계속 연구 중에 있으나, 화포탄약, 전차포탄 및 박격포탄에서 주로 이용되고 있다.

(4) 반동력 감소

소화기용 탄약은 테러 진압, 차량 제압, 정찰 등 요구된 운용 특성에 적합한 기능을 보유한 다양한 탄약들이 개발되고 있는 추세이며, 그 종류는 다음과 같다.

- 엄·은폐 표적, 경공격기 등에 대해 효과적으로 제압하기 위한 공중폭발 기능(Air Burst) 탄약, 건물 내부에 있는 표적제압을 위해서 창문 관통 후 폭발하는 지연기능 탄약
- 탄이 벽과 같은 장애물과 부딪치면 선단 장약이 벽을 관통하고 탄저에 위치한 탄두가 뚫고 들어가서 폭발하는 이중탄두 폭발기능 탄약
- 경장갑차량 제압을 위해 관통능력이 향상된(2 km에서 RHA 2인치 관통 수준) 장갑관통

(AP : Armor Piercing) 탄약

- 각종 분규 및 폭동 진압용으로 음향, 전자기파, 특수 분말, 섬광 등을 이용하여 인마를 살상하지 않고 순간 실명, 뇌 기능 마비, 근육 등을 마비시키는 비살상 탄약
- 탄두에 소형 렌즈가 부착된 카메라 모듈 및 무선 데이터 송수신 장치를 장착하여 공격하고자 하는 목표물 상공에 전장 상황을 사전에 정찰할 수 있는 정찰 탄약

(5) 신개념 / 기술의 적용

기존 소화기의 제한사항을 극복하기 위하여 새로운 개념의 기술이 다양하게 적용되고 있다. 직사화기가 갖는 은폐 또는 엄폐된 표적에 대한 살상능력을 갖기 위하여 적외선 센서의 채택, 정확한 사거리 측정에 의한 탄도계산을 실시하여 정확한 조준 위치를 제공해 주는 사격통제장치의 적용, 공중폭발탄의 도입 및 지연신관의 적용으로 도시전에서 건물 내부에서 폭발하도록 하는 다양한 탄약의 개발, 도시전에서 직면하는 코너 지역에서 적에게 노출되지 않으며 사격이 가능하도록 굴절형 소총이 등장하고 있다. 최근에는 무인화 로봇에 기관총을 탑재하여 제한된 가시 환경에서 지상군의 노출을 줄이면서 사전 정보 식별 및 공격, 지상군의 안전제공 등 다양한 목적으로 활용하기 위해 소화기와 무인화 로봇을 조합하는 기술개발이 진행되고 있다.

이상과 같은 발전 추세와 더불어 최근 선진국에서는 소화기를 미래 목적화기로 개발하고 있다. 미국과 유럽을 중심으로 알아보면 다음과 같다.

가. 미국의 SAMP(Small Arms Master Plan)

미국의 SAMP의 개념은 표 2.2.11과 같이 기존의 다양한 소화기 체계를 7종류의 화기로 축소하여 제공하고자 하는 1단계 단기 개발계획과 표적효과, 명중률(정확도), 사거리, 운용성, 전투지속능력, 휴대성 등을 향상시킬 수 있는 3종류의 소화기 목적군(Objective Family of Small Arms)으로 통합하여 개발하고자 하는 2단계 장기 개발계획이다.

표 2.2.11 미국의 소화기 개발계획

구 분	1단계 단기 개발계획	2단계 장기 개발계획
목표화기	• M9 9 mm 권총 • M4 카빈 • M24 저격용 소총 • M16A2 소총/ · M203 유탄발사기 • M249 분대급 기관총 • MK19 Mod3 자동기관총 • M2 중기관총	• 개인 방어화기 목적군 (Objective Personal Defense Weapon) • 개인 전투화기 목적군 (Objective Individual Combat Weapon) • 공용화기 목적군 (Objective Crew Served Weapon)

1단계 개발계획은 완료되었으며, 현재 2단계 장기 개발계획이 종료되어 양산을 준비 중에 있다. 미래 목적화기는 개인 방어화기 목적군(OPDW), 개인 전투화기 목적군(OICW) 및 공용화기 목적군(OCSW)으로 구성된다.

미국의 미래 소화기의 기본적인 발전 전략은 다양한 소화기체계를 축소하여 미래 전장에서 요구되는 성능을 만족시킬 수 있도록 소화기 목적군으로 통합하는 것이다. 각 소화기의 구성과 특징을 살펴보면 다음과 같다.

① 개인 방어화기 목적군(OPDW : Objective Personal Defense Weapon)

OPDW는 미래의 권총으로 사거리 50 m 내에서 치명적으로 방탄복을 관통할 수 있는 능력과 100 m 이상에서 높은 명중률을 가져야 한다. 중량은 0.68 kg 이하의 경량으로 신속한 사격이 요구되는 개인 휴대화기이다.

② 개인 전투화기 목적군(OICW : Objective Individual Combat Weapon)

OICW의 목표 성능은 전투상황에서의 높은 명중률, 사거리 500 m에서 높은 살상능력 및 우수한 표적 제압능력을 갖는 것이다. 기본개념은 공중폭발탄에 의한 지역표적 제압과 운동에너지탄에 의한 점표적 사격을 통합한 이중능력을 갖추고, 사격통제장치에 의해 탄도학적 해결, 레이저 거리 측정기, 주야간 교전능력 등을 부여하는 것이다.

개인 전투화기의 대상 목표는 적 병사 개인, 집단 병사, 비무장 차량, 참호 속의 움직이는 병사이다.

③ 공용화기 목적군(OCSW : Objective Crew Served Weapon)

OCSW는 사거리 2000 m에서 높은 명중률을 갖고 적의 집단, 경장갑 전투차량을 제압하기 위한 소화기이다. 공용화기로 임무수행이 가능하도록 모듈화된 정밀사격통제장치를 장착하고 공중폭발탄 또는 높은 총구에너지를 갖는 운동에너지탄을 사용할 수 있는 공용화기이다. 기본적으로 2인으로 도수운반 및 운용이 가능하도록 경량화가 요구된다.

한편 소화기용 탄약은 현재 운용중인 5.56 mm, 40 mm, XM1022 등을 성능 개량하고, 엄폐·은폐 표적 및 경공격기 등에 대한 효과적인 제압을 위한 공중폭발탄약, 경장갑차량 제압을 위해 관통기능을 보유한 25 mm, 30 mm, 40 mm 탄약, 폭동 진압용 비살상 탄약 등 다양한 기능의 탄약들을 개발하고 있다. 이때 추진제는 LSATP(Lightweight Small Arms Technology Program)를 통해 탄약의 휴대 중량을 획기적으로 감소(50% 수준)할 수 있는 CTA 기술 및 소진형 탄피와 뇌관만을 사용하는 무탄피 탄약이 개발 중에 있다.

그림 2.2.13 미국의 소화기체계 발전 전략(출처: Joint Service Small Arms System Annual Syposium, 2007)

나. 유럽

최근 유럽연합은 소화기, 중구경 총기 및 탄약에 대한 NATO 표준을 확정하였으며, 미래 병사체계 개념을 보다 구체화할 수 있도록 전문 조직을 갖추고 연구개발을 추진하고 있다.

이와는 별도로 유럽에서는 40 mm급에 CTWS(Cased Telescoped Weapon System)를 적용하여 개발하였다. CTWS는 CTA(Cased Telescoped Ammunition) 기술과 회전식 약실 개념을 적용하여 화기의 중량을 감소시키고 자동장전이 가능한 체계이다. 1990년대부터 개발을 시작하여 현재는 영국의 BAE System사와 프랑스의 Giat사가 공동으로 개발을 완료하였다. CTA GUN의 자동장전 시스템을 활용한 전술차량 및 장갑차량 등 다양한 차량에 탑재하여 무인 및 유인으로 운용할 수 있도록 개발되었다. CTWS는 그림 2.2.14와 같이 CTA GUN, CTA탄약, 자동 탄약장전장치 등으로 구성된다.

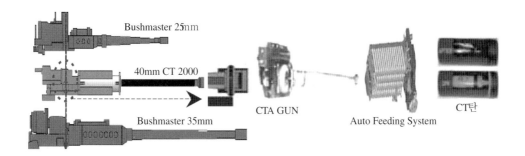

그림 2.2.14 영국과 프랑스의 40 mm CTWS 체계 구성(출처 : Gun & Ammunition Missiles & Rockets Annual Conference, 2004)

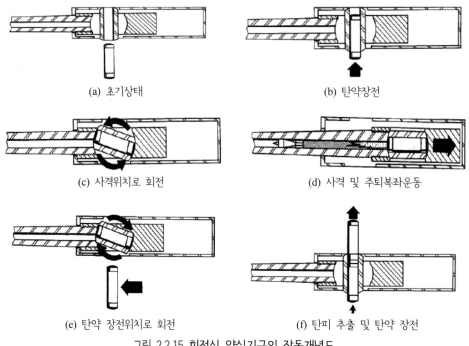

(a) 초기상태	(b) 탄약장전
(c) 사격위치로 회전	(d) 사격 및 주퇴복좌운동
(e) 탄약 장전위치로 회전	(f) 탄피 추출 및 탄약 장전

그림 2.2.15 회전식 약실기구의 작동개념도

　　CTA GUN의 회전식 약실기구는 기존의 폐쇄기에 해당하는 부분을 없애고, 폐쇄기에 장착되었던 격발장치와 추진가스의 밀폐기능은 포미환으로 옮긴 상태에서 그림 2.2.15과 같이 포미환에 회전 중심축을 갖는 포열의 약실에 해당하는 부분이 탄약장전을 위해 일정 각도로 회전하는 구조로 되어있다. 이 회전식 약실기구의 작동개념을 살펴보면, 그림 2.2.15의 (a)는 초기상태로 회전식 약실기구가 탄약 장전위치에 정렬되어 있는 상태이다. (b)에서처럼 탄약이 약실 내로 장전되면 약실은 사격위치로 (c)처럼 회전하여 포열과 일직선상에 정렬하게 된다. 사격을 실시하면 포열, 약실기구 및 약실기구를 둘러싼 포미환이 주퇴복좌운동을 (d)처럼 하게 된다. 복좌완료 후 약실기구는 탄피추출과 새로운 탄약의 장전을 위해 장전위치로 (e)처럼 회전하여 (f)처럼 이탈하게 된다.

　　CTA와 결합된 회전식 약실기구는 탄약 장전시스템을 단순화시켜 발사속도 증대에 기여할 뿐만 아니라, 탄약의 크기가 작아 탄 적재 시 적재효율이 높고, 간단한 탄약의 저장, 이동 및 장전시스템이 가능하다. 그리고 송탄로나 장전기구의 과정이 단축되어 더욱 짧아진 포신 몸체의 구성이 가능하다. 그러나 약실부를 포열로부터 분리함으로써 포미환이 기존보다 크게 설계되어야 하며, 사용하고자 하는 탄약이나 포발사 유도탄 등이 회전식 약실보다 길게 설계될 수 없는 제한이 있다.

　　CTWS는 영국의 차기 전투장갑체계인 FRES(Future Rapid Effect System), 프랑스의 VBCI, EBRC 전투장갑차 및 미국의 Bradley 장갑차 성능 개량체계에 적용될 것으로 보인다. 앞으로는 앞의 유인 포탑뿐만 아니라, 무인용 포탑을 개발하여 다양한 차량에 탑재되어 운용될 것이다. 또한 유도기능을 보유한 탄의 개발이 진행될 것으로 보이며, 105 mm 구경에 CTWS 기술을 접목할 수 있도록 다양한 연구들이 진행될 것으로 예상된다.

다. 한국

한국군의 소화기체계는 미국과의 군수지원 등을 고려하여 미국과 유사한 소화기 무기체계로 운용해 오고 있다. 최근 미국의 소화기 종합발전계획을 참고하여 국내에서는 운용 중인 소화기 중 소총과 유탄발사기를 대체하기 위한 단일형 소총 및 차기 복합형 소총(K11)이 개발되었다. 또한 권총은 필요성에 의해 계속 유지될 것이며, 특수전용 소총의 성능 향상 및 저격용 소총에 대한 요구가 증가하고 있다. 소총과 기관총 분야에서는 기술발전에 따라 획기적인 성능향상을 위한 공중폭발탄 및 정밀사통장치 장착이 요구되고 있으며, 이러한 기능을 보유한 차기 경기관총 및 중기관총의 개발이 진행될 예정이다.

2.2.3 소화기 탄약

1) 체계 특성

소화기 탄약은 권총, 기관단총, 소총, 기관총, 유탄발사기 및 특수화기 등에 사용되는 탄약으로, 화기, 탄약, 조준장치 및 사수로 구성되는 소화기 체계의 한 구성요소이다. 그러므로 사용화기별로 구분하는 것이 일반적이나, 활용도에 따라 실전용탄(보통탄, 예광탄, 소이탄, 철갑탄), 훈련탄(공포탄, 모의탄), 특수탄 등으로 분류할 수도 있다.

소화기 탄약은 탄자, 탄피, 뇌관, 추진제가 결합되어 있으나, 공포탄이나 총류탄은 탄자 대신에 지환으로 덮여 있으며, 훈련탄은 탄피와 탄자로만 구성되어 있다.

소화기탄은 일반적으로 화기 자체에 관심이 집중되고 있으나 실제적으로 소화기체계를 결정하는 것은 탄약이며, 이는 사거리, 살상률, 화기의 크기 및 구조, 사통장치, 사수 훈련방법 등을 결정하는 요인이 된다. 한편으로 소화기체계의 무기효과는 소화기 자체의 성능뿐만 아니라, 화기를 사용하는 운용자의 심리상태, 신체상태 및 환경조건 등에 따라서도 직접적으로 영향을 받는 특성이 있다.

소화기에 사용되는 탄약은 작고 가벼워서 단순하게 보이나, 5.56 mm 구경 표준 소화기탄의 경우 1000분의 1초의 작동시간에 최고 50000 psi의 압력과 1800마력을 발휘하는 큰 위력을 가지고 있다. 또한 −55℃에서부터 75℃까지의 환경조건에서 완벽하게 작동되도록 되어 있다.

소화기탄약과 소화기는 상호 밀접한 관계를 갖고 있어서 분리해서 평가하기는 곤란하며, 탄약과 화기를 하나의 체계로 간주하여 그 유효성, 취급성 및 정확도를 평가해야 한다.

2) 개발 현황 및 발전 추세

(1) 개발 현황

① 권총 탄약

미국이 권총을 Cal. 45(11.43 × 23 mm)로부터 9 mm M9 PDW(9 × 19 mm)로 변경함에 따라 세계 주요국들도 이에 따라 거의 대체를 완료하였다. 이러한 소구경화에 의하여 탄약의 총구속도가 약 60% 증가되어 탄자 비행시간의 단축과 비교적 평탄도를 얻을 수 있어서 명중도가 크게 향상되었다.

② 소총 탄약

소총의 구경이 7.62 mm에서 5.56 mm급으로 소구경화됨으로써 탄약의 중량과 크기의 감소 및 병사의 기동성 및 전투지속능력을 크게 향상시켰다. 또한 기존에 보유하고 있는 소화기의 재고로 인하여 일부 국가에서는 이들 4종류의 탄을 혼용하여 소화기탄으로 사용하고 있는 실정이다. 탄종으로는 보통탄, 철갑탄, 예광탄 및 공포탄 등이 개발되어 사용되고 있으며, 보통탄은 그림 2.2.16과 같은 형상과 규격으로 제작되고 있다.

소총의 보통탄(ball 탄)은 FMJ(Full Metal Jacketed)탄이며, 일반적으로 납−안티몬 합금에 구리합금이 씌워진 형태로만 생각하기 쉬우나, 탄 관통력을 증대시키기 위하여 강심을 사용하는 보통탄도 생산, 보급되고 있다. 예를 들면, 벨기에 FN Herstal사에서 개발한 5.56 × 45 mm SS109탄이나 한국의 5.56 × 45 mm K100탄은 M193탄과 길이는 같으며 유사한 형태이나, 탄자

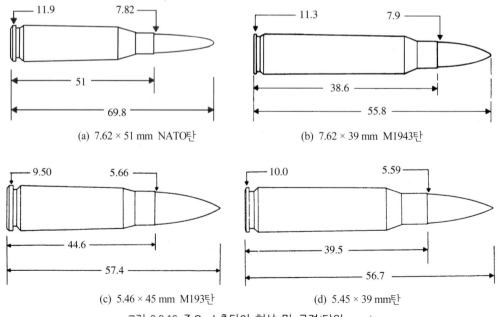

(a) 7.62 × 51 mm NATO탄   (b) 7.62 × 39 mm M1943탄

(c) 5.46 × 45 mm M193탄   (d) 5.45 × 39 mm탄

그림 2.2.16 주요 소총탄의 형상 및 규격(단위: mm)

가 강심과 납 기판의 2부분으로 구성되어 있으며, 탄두가 뾰족하고 약간 무거운 편이다. M193 탄보다 관통력이 향상되어 600 m에서 NATO 강판(SAE 1010강, RHB 55~70) 3.5 mm를 관통할 수 있도록 설계되어 있다.

물론 이 탄은 M193탄용 소총을 사용할 수 있으나 요구하는 관통력을 얻기 위해서는 강선의 기울기가 178 mm당 1회전이 되어야 한다. 미국에서는 SS109탄을 M855 모델로 생산하고 있으며, 이 모델들은 K100탄과 같은 형상으로 되어 있다. 국내에서는 5.56 mm 보통탄으로 납-안티몬 합금심의 K193탄, 강심의 K100탄이 생산되고 있으며, K100탄은 K2 소총 및 K3 기관총에 사용하도록 설계되어 있다.

한편 구공산권 국가들이 사용하는 AK-47 소총용 M1943탄은 물론, AK-74 소총용 5.45 × 39 mm탄도 보통탄은 FMJ 형태이나 연질심과 강심탄 2종류가 병행하여 생산되고 있다.

③ 기관총 탄약

기관총탄은 7.62 mm, 12.7 mm, 14.5 mm 구경의 탄이 주종을 이루고 있다. 5.56 mm NATO 기관총탄은 5.56 mm로 소구경화된 범용 기관총 탄약으로 사용된다. 12.7 mm 탄약은 FMJ 보통탄, WC(탄화텅스텐) 탄심의 철갑(AP)탄, 경장갑 관통 후 폭발물을 폭발시키는 철갑소이(AP I : Armor Piercing and Incendiary)탄, 텅스텐 관통자를 내장한 SLAP(Saboted Light Armor Penetrator)탄 등이 사용되고 있다. 14.5 mm 러시아 기관총탄은 강심이 들어있는 API탄이 표준탄이며, 강 공동(hollow)에 폭발물을 충전하고 기폭관을 삽입한 강 탄두를 결합하고 FMJ 형태의 HEI(High Explosive Incendiary)탄이 있다. 또한 미국의 소화기 종합개발계획(SAMP)에 따른 개인전투화기와 공용화기 목적군에서는 주탄종인 공중폭발탄을 사용하며, 이는 정밀한 사통장치와 연동하여 주·야간에 엄폐된 표적을 정밀 타격할 수 있도록 탄약을 개발하고 있다.

④ 중구경 탄약

중구경 탄약은 20~40 mm 구경의 기관포 탄약 및 대공포 탄약으로, 운용 개념에 따라 구경과 탄종이 매우 다양하다. 대공표적에 대해서는 HEI, API 탄종이 주로 사용되며, 지상의 장갑표적에 대해서는 AP, APC, APDS, APFSDS 등의 탄종을 사용한다. 그러나 탄종의 단순화 및 다목적화가 이루어지고 있다.

전투장갑차용 탄약은 1960년대에 20 mm 구경의 HE탄에서 출발하여 최근에는 CTA 기술이 적용된 40 mm APFSDS(Armour Piecing Fin Stabilized Discarding Sabot)탄 및 다목적탄과 근접·시한기능 등의 다양한 기능을 보유한 40 mm 3P(Prefragmented Programmable Proximity) 탄약이 실용화되고 있다. 대공포 탄약은 35 mm AHEAD(Advanced Hit Efficiency and Destruction) 탄과 35 mm/40 mm APFSDS탄, FAPDS(Frangible Armour Piercing Discarding Sabot)탄, PFHE탄 및 3P 탄약 등이 주종을 이루고 있다.

(a) 40 × 46 mm HW921 저속 유탄   (b) 40 × 53 mm KM 383 고속 유탄

그림 2.2.17 유탄 발사기 탄약(한국)

⑤ 유탄발사기 탄약

유탄발사기 탄약은 유탄발사기총이나 특별히 고안된 탄약통에 의해 발사하는 회전 안정식 유탄과 어댑터가 부착된 소총으로 발사하는 유탄(Rifle-Grenade : 총류탄)으로 구분된다.

회전안정식 유탄은 세계적으로 구경이 40 mm로 통일되어 있으며, 반자동 유탄발사기용 탄약인 40 × 46 mm 저속용 유탄과 유탄기관총용 탄약인 40 × 53 mm 고속 유탄 두 종류가 있다(그림 2.2.17 참조). 저속 유탄은 포구속도가 76 m/s로 최대 사거리는 400 m인데, HE, HEDP, HEAT, Smoke, Flame, Fragmentation 탄약 등 여러 종류가 있다. 고속 유탄은 저속 유탄과 같은 형상이나 좀 더 길고 견고하여 더 많은 추진제를 장입할 수 있게 하여 포구속도가 244 m/s, 최대 사거리 2200 m를 제공하는데, 미국의 40 mm MK19 Mod3 유탄기관총은 M384(HE), M430(HEDP) 탄약을 사용한다. 그림 2.2.17의 한국의 유탄발사기 탄약도 미국과 동일한 성능을 보이고 있다.

한편으로 어댑터 부착식 유탄발사기 탄약은 이탈 후 로켓모터에 의해 추진되는 형태이다. 벨기에 FN Herstal사 유탄발사기는 최대 사거리가 5.56 mm 소총을 사용한 경우는 300 m, 7.62 mm 소총을 사용한 경우는 400 mm이고, 살상반지름은 10 m이다.

(2) 발전 추세

소화기탄의 발전 추세를 기술적인 측면에서 정리하면 다음과 같다.

① 소구경화 추구

소총탄은 유효사거리 400 m에서 살상에 필요한 에너지를 가지는 범위에서 탄자를 소형화시키려고 한다. 이러한 경향은 소화기의 작동부분의 소형화를 포함하여 소화기체계의 소형경량화를 가져온다. 19세기 말엽까지 11 mm이었던 탄자가 20세기 초에는 7.62 mm로 감소하고, 1950년대 초에 5.56 mm까지 감소하였다. 이러한 소구경화로 영국은 4.85 mm, 독일은 4.3 mm, 미국은 3 ~ 5 mm 구경의 초소구경탄을 제작하였다. 현재 고려되는 구경은 미국의 1.78 mm, 벨기에의 3.5 mm, 독일의 4.3 mm와 4.6 mm, 스웨덴의 4 mm탄, 러시아에는 4.85 mm, 5.45 mm탄 등이 개발된 상태이다. 그러나 일반적으로 채택하고 있는 소총은 미국을 비롯한 우방국들은 5.56 mm 구경을, 러시아 등의 구공산권 국가들은 5.45 mm 구경을 표준화기로 채택하고 있다.

② 관통효과의 증대

소화기탄은 일반적으로 동합금의 탄자외피와 납-안티몬 심 또는 철심으로 제작된다. 관통력을 증가시키기 위해 탄자에 고강도 강을 사용한 5.56 mm SS109탄/M855탄과 고밀도의 WC 탄심을 사용한 철갑탄이 개발되었다. 또한 장갑 침투능력을 크게 한 열화우라늄탄자가 개발되어 사용되고 있는데, 이 탄은 탄착점에서 탄자의 운동에너지가 열에너지로 전환되며, 발열반응이 일어나 순간적으로 초고온으로 상승되어 장갑을 용해시켜 관통구를 형성하고, 관통된 우라늄탄자가 장갑의 후면 공간에서 공기와 접촉되어 폭발적인 산화반응을 일으키도록 되어 있다.

③ 무탄피탄의 개발

무탄피탄은 탄피가 소진되도록 탄자 및 뇌관제를 용착제로 성형한 고체화약에 압입시킨 탄이다. 화약외부는 방수 및 방염처리하고 외부의 충격에 변형되지 않도록 충분한 강도와 경도를 갖게 만든다. 이 탄은 중량을 약 40% 감소시켜 경량화를 기할 수 있고, 생산가격도 약 40% 감소된다. 또한 탄피가 소진되므로 차량탑재화기의 발사탄피 처리문제를 해결하고, 화기의 추출부품이 필요 없게 되어 탄약의 이동거리가 짧아 자동화장치가 간단하게 된다. 그러나 완전연소성, 약실 잠금의 완전성, 점화에 대한 확실한 신뢰성, 휴대 및 운반 시의 강도의 유지성, 열이나 충격으로 인한 우발점화에 의한 연쇄폭발, 불발탄의 제거 등 많은 문제가 남아 있어서 실용화되기에는 연구가 더 필요한 실정이다.

무탄피탄은 제2차 세계대전 중 독일에서 개발하기 시작하여 1960년대부터 미국과 독일에서 활발하게 연구되고 있다. 가장 잘 알려진 무탄피탄은 독일의 Dynamit Novel사가 Heckler & Koch사와 1970년경 공동개발한 G-11 소총의 4.73 × 33 mm DM11 무탄피탄이 있다.

④ 군수의 간편성 추구

현재 세계 각국은 소총탄으로 5.56 mm탄을, 기관총탄으로 7.62 mm탄을 사용하고 있으나, 소총, 경기관총, 기관단총 및 가능하면 중기관총에 이르기까지 한 가지 탄종으로 사용하는 방향으로 탄종수를 줄이려고 노력하고 있다. 한국군이 5.56 mm K100 보통탄을 K2 소총과 K3 기관총에 같이 사용하는 것이 대표적인 예이다.

2.2.4 주요 구성 기술

개발 현황과 발전 추세에서 언급하였듯이 현대의 소화기는 단순히 무기 하나로 존재하는 것이 아니라 체계(system)로 볼 수 있다. 이러한 소화기체계의 구성 기술은 크게 소화기 기술과 사격통제장치 기술 및 탄약 기술로 구성되어 있으며, 부가적으로 야간탐지 기술과 거리 측정 기술 및 경량화 기술이 필요하다.

1) 소화기 기술

현대의 소화기는 사격 시 탄의 폭발력에 의해 발생되는 주퇴 및 복좌력을 이용하여 각 작동기구들을 연동하여 작동시켜 송탄, 장전, 폐쇄, 격발, 추출 등의 동작을 연속적으로 일어나게 하는 자동화기(automatic gun)이다. 이러한 소화기의 기술은 총열 설계 기술, 사격충격력 제어 기술, 송탄장치 설계 기술 등으로 구성된다.

총열 설계 기술은 총열강도 설계 기술, 자동화 송탄/격발 기술과 관련된 작동기구 설계 기술 및 거치대 설계기술 등으로 구성된다. 총열강도 설계 기술은 탄의 폭발압력에 견딜 수 있는 강도설계와 연속적인 폭발열에 견딜 수 있는 구조설계가 우선적이므로, 약실 및 강내 압력의 분포와 발생열을 고려하여 총열 재질, 두께 등을 설계하는 기술이다. 작동기구 설계 기술은 화기가 연속적으로 작동되기 위해서는 모든 작동기구가 작동시퀀스에 의해 서로 연동되어 움직여야 하므로, 탄의 폭발압력에 의해 발생되는 주퇴 및 복좌운동 동안에 캠 또는 링크 등에 의해 각 작동기구들이 기구적으로 연동하여 움직이도록 하는 기술이다. 거치대 기술은 사격 시의 안정성, 운용편의성, 휴대성, 정비성을 고려하여 사격충격력에 견딜 수 있도록 거치대를 강성 구조로 설계하는 기술이다.

사격충격력 제어 기술은 사격 시 발생되는 충격력을 분석하여 주퇴 및 복좌운동(질량, 속도 등)을 고려하여 주퇴 뭉치의 운동을 적절히 조절해 줄 수 있는 완충장치(스프링, 댐퍼 등)를 설계하는 기술이다.

송탄장치 설계 기술은 화기의 연속 발사 시 재밍(jamming) 등의 기능장애 없이 탄을 이송시켜주며 링크 및 탄피의 방출과 관련된 설계 기술이다.

2) 사격통제장치 기술

소화기의 사격방법은 가늠자와 가늠쇠를 이용한 조준사격에서 광학조준경을 이용한 정밀 조준사격이 가능하도록 발전해 왔다. 최근에 전자광학장치의 발달로 조준장치의 소형 경량화가 가능해지고, 프로세서의 계산능력, 레이저의 소형화가 가능하게 됨으로써, 1990년대 이후에는 소화기에도 전차와 같이 직사화기 사격통제장치 개념이 도입되기 시작하였다. 소화기 사격통제장치는 기본적으로 거리를 측정하여 탄도해를 구하고 조준점을 표시하여 탄도를 보상한다. 또한 엄폐된 표적을 제압하기 위해 공중폭발탄에 정확한 작동 시간을 제공하는 기능을 갖고 있다. 야간전투를 위한 야시능력의 향상을 위해 영상증폭관이나 비냉각 열상검출기를 사용한다.

이러한 소화기 사격통제장치의 구성에 필요한 기술로는 표적획득 및 조준을 위한 주야간 영상획득 및 전시기술, 조준점 전시를 위한 복합광학계 설계 기술, 소형 거리측정기 설계 기술이 필요하다. 또한 거리정보 및 자세, 온도 등 사격제원계산 입력정보를 사용하여 정확한 조준점과 위치에서 공중폭발이 가능하도록 시한값을 포함하는 정밀한 사격제원을 계산하고 처리할 수 있는 소형 프로세서보드의 개발 기술이 소요된다. 이러한 기술들은 기능과 성능을 달성하면서 휴대장비의 특성상 소형, 경량화와 저전력 소모를 추구하는 방향으로 발전되고 있다.

현재까지 개발된 소화기 사격통제장치의 기술 수준은 미국의 경우 레이저 성능은 1000 m 까지 ±1 m의 정확도로 측정가능한 수준으로, 반도체여기 고체레이저(DPSS Laser)나 반도체 레이저(LD)를 이용한 레이저를 후보로 하고 있다. 반도체여기 고체레이저는 발진기 자체의 크기와 소모전력을 줄이는 방향으로 개발되고 있으며, 반도체레이저를 이용한 거리측정기는 빠른 아날로그디지털 변환기 소자와 메모리를 활용한 데이터 처리기술을 개발하고 있다. 무게는 기술수준의 중요한 지표가 되는데, 레이저 측정거리와 야간탐지거리에 대치되어 trade off로 평가되고 있다.

3) 야간탐지 기술

표적획득 및 조준을 위해 운용자가 관측하는 방법으로는 직접영상으로 관측하는 방법과 간접영상으로 관측하는 방법으로 구분할 수 있다. 직접영상은 순수한 광학계를 통하여 직접 보는 실제 영상을 의미하고 간접영상은 영상센서를 사용하여 영상을 전기적인 신호로 바꾸어 전시기(display)를 통하여 보는 것을 의미한다. 주간에는 주간조준광학계를 이용하여 직접 영상관측이 가능하고, 야간에는 영상증폭관을 이용한 간접영상관측이 가능하다. 간접영상을 획득하기 위해서는 주간카메라(CCD : Charge Coupled Device 혹은 CMOS : Complementary Metal Oxide Semiconductor)나 열상검출기를 필요로 한다. 간접영상은 헬멧장착전시기(HMD : Helmet Mounted Display)나 별도의 전시기를 보고 사격하도록 구성된다.

야간탐지를 위해서는 열상검출기나 영상증폭관을 이용하고 있다. 열상검출기는 물체에서 발산되는 적외선을 감지하여 영상신호로 바꿔 전시기에 전시하는 방법이며, 영상증폭관은 미세한 빛을 수만 배 증폭시켜 직접 광학적으로 운용자가 볼 수 있도록 하는 방법이다. 열상검출기를 이용한 시스템의 성능은 검출기의 감도가 높을수록, 픽셀(pixel)의 크기가 작을수록 같은 성능을 내는 장비를 가볍게 설계할 수 있다. 영상증폭관을 이용한 시스템은 증폭관 자체의 감도와 광학계의 크기에 따라 탐지성능이 결정된다. 어느 방식을 사용하더라도 검출기나 영상증폭관 자체의 감도와 신호처리회로의 소형 경량화, 저전력화가 요구되며, 최적화된 광학계 설계가 수반되어야 한다.

야간탐지거리는 검출기의 성능에 따라 크게 좌우된다. 소화기와 같이 소형 경량이 요구되는 열상장치에는 초점면 배열 비냉각 열상검출기(UIR FPA : Uncooled IR Focal Plane Array)를 이용하며, 성능수준은 현재 320 × 240의 해상도에 50 μm 피치, 60 mK 이하의 열분해능(NETD : Noise Equivalent Temperature Difference)을 갖는 검출기를 사용하고 있으나 동일한 감도를 가지며 피치가 25 μm의 검출기를 사용한 소형화도 가능해졌다. 이 기술은 전천후 탐지성능을 지녀 정밀한 조준이 요구되지 않은 공중폭발탄을 사용하는 소화기에 적합하다.

야간모듈의 대안으로 영상증폭관을 활용할 수도 있으나, 이는 저격용 소총과 같이 높은 해상도가 요구되는 화기에서는 적합한 기술이나 특성상 조명, 기상조건에 따라 성능이 제한된다.

4) 거리측정 기술

거리측정 방법은 기존의 스테디아 선(stadia line)을 이용한 목측방법과 레이저를 이용한 전자광학적 방법이 사용되고 있다. 소화기에 적용하기 위해서는 소형화·경량화를 달성해야 하므로 레이저 발생장치와 수신광학계의 크기를 줄이는 것이 기술발전의 방향이다. 1000 m 수준의 거리측정을 위한 레이저 거리측정기(LRF : Laser Range Finder)로는 반도체레이저나 고체레이저를 사용하는 방법이 있다. 반도체레이저를 사용하는 방법은 연속적으로 레이저 펄스를 보내어 받아들인 여러 번의 신호를 누적하여 실제 신호를 잡음보다 크게 하는 원리를 이용하며, 레이저의 세기와 누적 횟수가 최대 측정거리를 결정한다. 고체레이저 방법은 1개의 펄스를 사용하며 여기방식에 따라 섬광여기(flash pumping)와 반도체여기(diode pumping) 방식이 있다. 최대 측정거리에 따라 반도체레이저 방식과 고체레이저 방식의 장단점이 있으며, 소화기와 같이 1000 m 이하의 성능을 가지는 경우에는 시스템의 다른 구성요소(야간모듈의 방식, 주간광학계의 크기 등)에 따라 유리한 방식이 결정된다. 차세대 소총에서는 아직까지 두 방식 모두를 후보로 하고 있으며 차세대 공용화기와 같은 원거리 목적의 레이저거리측정기(LRF)는 반도체여기 고체레이저(DPSS Laser : Diode Pumped Solid State Laser)를 사용하고 있다.

5) 경량화 기술

병사의 운용성에 영향을 주는 경량화는 사용부품의 소형화·경량화에 의해 달성이 가능하다. 차세대 복합기능 소총의 경우 티타늄 합금 총열, 특수 경량 플라스틱 몸통, 경량 내마모 아세탈 등의 소재를 적용하는 등 소재 경량화 기술이 주요 과제이다.

또한 사격통제를 위한 통제보드는 탄도계산, 운용자 인터페이스, 영상의 검출 및 전시를 위한 영상처리, 신호 입출력 및 연산기능, 정보 저장기능 등 종합적인 사통기능을 포함해야 하는데, 이의 경량화도 필수적이다. 현재 민수분야에서는 영상전시기능을 포함하는 모바일 기기들의 발달로 소형·경량의 프로세서보드들이 많이 개발되고 있어서 소화기용 통제장치로의 적용도 이루어질 것으로 예상되나, 군사 환경에 부합되는 부품의 선정과 견고화 설계가 요구된다. 한편으로 소형 레이저용 레이저 발진기와 전원공급기의 소형화·경량화 기술도 개발되고 있다.

2.3　　보병용 대전차무기

2.3.1 체계 특성 및 운용 개념

1) 체계 특성

(1) 정의 및 분류

일반적으로 대전차무기는 적 전차를 파괴하거나, 무력화 또는 기동을 방해함으로써 적의 기동화력을 상실 또는 저지시키기 위하여 사용되는 무기들을 통칭한 것이다. 제1차 세계대전에서 고착된 전선을 타개하는 방법으로 리틀윌리, MK-1 전차가 처음 사용된 이후 이러한 전차에 대응하기 위해 대전차소총, 총류탄, 고폭탄 등의 수단이 사용되었다.

대전차무기는 초기에는 텅스텐 철심이 들어있는 기관총탄이 사용되었고, 그후 13 mm 대전차총이 개발되었으며, 1930년대에 들어 37 mm, 57 mm 대전차포가 개발되기에 이르렀다. 이후 무반동총, 대전차 로켓에 이어 현재의 대전차 유도미사일이 등장하게 되었다. 대전차무기는 사용 제대별로 보병용, 기갑용, 포병용, 항공용, 공병용 대전차무기로 분류되나, 이 절에서는 보병용 대전차무기만을 다루고자 한다.

보병용 대전차무기는 보병이 전투 전단에서 적의 주력 전차와 조우하였을 경우 적 전차를 공격하거나 적 전차로부터 방어하기 위하여 운용되는 근접 대전차 전용 무기체계이므로, 기타 대전차전에 활용할 수 있는 무기체계와 구분하며 다음과 같이 분류할 수 있다.

　① 운용 중량에 따른 분류
- 경(輕)대전차무기(LAW : Light Antitank Weapon)
- 중(中)대전차무기(MAW : Medium Antitank Weapon)
- 중(重)대전차무기(HAW : Heavy Antitank Weapon)

　② 운용 전투종심에 따른 분류
- 단거리 대전차무기
- 중거리 대전차 유도무기
- 장거리 대전차 유도무기

　③ 화기종류에 따른 분류
- 무반동총
- 대전차 로켓무기
- 대전차 유도무기

- 대물 저격총

④ 운반수단에 의한 분류
- 휴대용 대전차무기
- 차량탑재형 대전차무기
- 헬기탑재형 대전차무기

(2) 성능특성

보병용 대전차무기는 대부분 장갑을 관통할 수 있는 성형장약탄두(shaped charge warhead) 또는 전차 상부공격을 위하여 개발된 폭발성형관통자(EFP : Explosively Formed Penetrator) 또는 자기단조파편탄두(SFF : Self Forging Fragment)라고 하는 탄체를 장착한 무기이다. 단거리 및 중거리 대전차무기는 보병 대대급 이하에서 휴대하여 운용하므로 경량화 및 우수한 파괴력이 요구되는 반면에, 장거리 대전차무기는 차량 및 헬기에 탑재하여 운용하므로 운용사거리를 증대시키는 추세이고, 비가시선(NLOS : Non Line of Sight) 운용 및 정밀타격 유도무기화가 요구된다.

휴대용 대전차무기에 있어서 무반동을 얻기 위한 수단으로 무반동총 또는 로켓발사관을 사용한다. 무반동총은 총미에 부착한 다수의 노즐에서 추진장약 가스를 분출시켜 반동이 0이 되도록 한다. 한편 로켓발사관은 로켓이 발사관 내 이동 중에 연소가 끝나도록 하는 것이다. 그러나 무반동총과 로켓 발사관은 후미에 후폭풍과 후방화염이 발생하여 엄폐된 호나 건물 내에서 발사가 불가능하고, 적에게 발사위치가 발견되기 쉽다. 개인 휴대용 대전차무기가 시가전이나 근접전에서의 역할이 증대됨에 따라 후폭풍을 없애는 방안이 강구되었는데, 다음과 같은 2가지 방법이 가능하다. 한 방법은 2중관의 복합재료 내부관이 미끄러져 발사가스를 탄두가 총구에서 빠져나갈 때까지 저장하는 방법과 반동매질(counter mass)을 탄이 발사되는 반대방향, 즉 후폭풍이 나가는 방향으로 방출하는 방법(Davis Gun 원리-반동보상원리)이다.

Panzerfaust-3 대전차무기는 무반동과 함께 후폭풍을 감소시키기 위하여 Davis Gun 원리를 이용하여 반동물질로 미세한 철가루를 사용하여 추진장약 가스의 화염과 함께 후폭풍이 분출되는 방향으로 철가루를 배출하여 후폭풍을 형성하지만, 철가루는 방출 후 공중으로 비산되어 후방 위험 한계범위를 현저히 줄여 실내사격이 가능하다. 이 대전차무기는 발사관 끝과 벽 사이의 최소 거리가 2 m 이상이면 사격이 가능하다.

현재의 보병용 대전차무기는 일부 무반동총 혹은 대전차 로켓발사관을 사용하고 있으나, 대부분 대전차 유도무기로 전환되고 있다. 여기서 대전차 로켓과 대전차 유도무기의 차이는 발사탄을 유도할 수 있느냐 없느냐이다. 즉, 대전차 유도무기는 발사 후 목표에 명중될 때까지 계속적으로 유도되지만 로켓은 유도가 되지 않기 때문에 발사되기 전에 탄자를 정확히 목표에 조준시켜야만 한다. 그러므로 대전차 유도무기는 사거리가 수 km 정도이나 대전차

로켓은 500 m 내외 정도이다. 그러나 사거리도 짧고 파괴력도 상대적으로 약한 대전차 로켓이 아직까지도 널리 사용되는 이유는 구조가 간단하고, 저렴하며, 근접전에서 사용이 간편하며, 아직도 운용되고 있는 전차의 2/3 이상인 1∼2세대 전차에는 충분한 효과를 발휘하기 때문이다.

(3) 대전차 유도무기의 유도방식

대전차 유도무기는 유도방식에 따라서 1, 2, 2.5 및 3세대로 구분할 수 있다. 제 1세대 대전차 유도무기는 그림 2.3.1처럼 수동 시선유도(MCLOS∶Manual Command to Line of Sight) 방식으로서, 조작자가 조준경을 통하여 목표를 추적하고 동시에 유선유도방식을 이용하여 수동으로 유도탄을 조작한다. 따라서 조작자에 대하여 많은 훈련이 필요하고 명중도가 낮은 단점이 있다. 대표적인 무기로는 러시아의 Sagger와 프랑스의 SS-11 등이 있다.

2세대 대전차 유도무기는 반자동 시선유도(SACLOS∶Semi-Automatic Command to Line of Sight) 방식으로, 그림 2.3.2처럼 조작자가 조준경을 통하여 목표를 추적하면 자동적으로 컴퓨터에 의하여 유도신호가 유도탄으로 보내져 목표에 유도되는 방식이다. 대표적인 무기로는 미국의 TOW, Dragon과 프랑스의 Milan, HOT, 러시아의 AT-5 등이 있다.

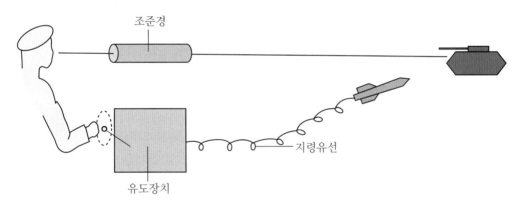

그림 2.3.1 수동 시선유도 방식

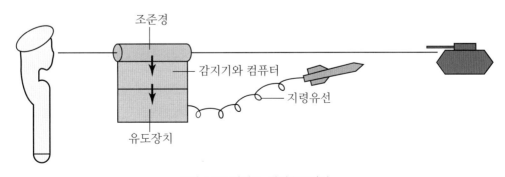

그림 2.3.2 반자동 시선유도방식

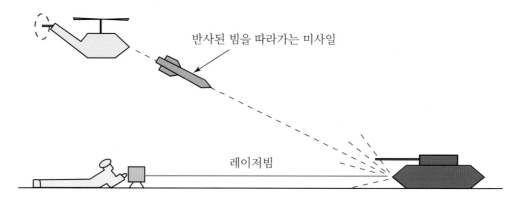

반사된 빔을 따라가는 미사일

레이저빔

그림 2.3.3 반능동 레이저 호밍유도방식

2세대 대전차 유도무기보다 발전된 형태의 2.5세대 레이저빔 편승 유도방식은 반능동 레이저 호밍유도 방식(Semi-Active Laser Homing System)이라고도 부른다. 이 방식은 그림 2.3.3처럼 관측자가 레이저 지시기로 목표를 지시하면 대전차 유도무기는 목표로부터 반사된 빔을 편승하여 목표로 유도되는 빔편승 레이저 호밍유도방식이다. 이러한 형태의 대표적인 유도무기로는 미국의 Hellfire, 러시아의 Kornet 등이 있다.

3세대 대전차 유도무기로는 발사 후 망각형(F & F : Fire and Forget) 유도방식으로 호밍유도 혹은 자율유도라고도 한다. 1세대 및 2세대 유도무기에서는 조작자가 유도무기를 목표에 유도하는 동안 계속 집중해야 하므로 정신적으로 압박감을 주거나 주의가 산만하게 되면 실패할 우려가 있으며, 2.5세대 유도무기는 상대적으로 조작이 쉽지만 레이저 빔을 조사하는 보병, 전투차량 또는 헬기가 조사 도중 노출될 수밖에 없어서 공격당할 위험이 크다. 그러나 발사 후 망각개념을 도입한 3세대 자율유도 무기는 발사 후 자율적으로 미사일이 목표를 찾아가기 때문에 실패하거나 공격당할 우려가 매우 낮다.

3세대 유도무기는 탐색기의 종류 및 동작방식에 따라 능동형 호밍방식과 수동형 호밍방식으로 구분할 수 있다. 능동형 호밍유도는 유도탄이 목표에 적외선, 레이더, 밀리미터파, 레이저 등의 신호를 보내고, 반사되어 되돌아오는 신호를 이용하여 유도되는 형태이다. 수동형 호밍유도는 목표 자체가 가진 열, 외형 등의 특성을 추적하는 방식으로 적외선, 영상 등의 신호를 이용하여 추적한다. 3세대 유도무기는 대표적으로 미국의 Javelin, 유럽의 Trigat-LR 등을 예로 들 수 있다.

대전차 유도무기의 또 다른 방식인 광섬유(fiber optic) 유도방식은 유도무기 후미에 연결된 광섬유선(fiber optic line)을 이용하여 유도무기에서 보내온 영상을 보고 조정자가 비행 중인 유도무기를 다시 조정하여 아주 정확하게 충격점으로 유도하는 방식이다(그림 2.3.4 참조). 즉, 발사(fire), 관측(observe), 최신화(update)하는 방법으로, 표적 장입후 발사하는 방식(LOBL : Lock-On-Before-Launch)이 아닌 발사 후 장입(LOAL : Lock-On-After-Launch) 방식이다. 이 유도방식은 표적을 직접 관측하지 않고 은폐된 위치에서 표적 근처로 유도무기를

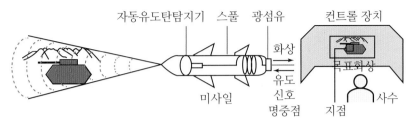

FOG-M의 원리

자동유도탄탐지기   스풀   광섬유   컨트롤 장치

화상

미사일   유도
신호
명중점   지점   사수

목표화상

그림 2.3.4 광섬유 유도방식(FOG-M)의 원리

발사 후 탐색기가 자동 추적하여 영상이미지를 광통신으로 전송하여 이를 기반으로 정확한 타격점을 찾게 한다. 미국의 FOG-M(Fiber Optic Guided Missile), 이스라엘의 Spike, 스페인의 MACAM 등이 이 방식을 이용하고 있다.

2) 운용 개념

대전차무기는 일반적으로 전술운용 효과의 최대화를 기하기 위하여 통합 대전차무기 운용교리에 따라 각종 대전차무기를 통합 운용해야 한다. 보병의 경우 전통적으로 대전차무기 통합운용 교리에 의거 중량별, 전투종심별, 운용제대에 따라 LAW-MAW-HAW가 상호보완적으로 혼합운용되어 왔으며, 운용사거리별로 단거리, 중거리 및 장거리용으로 구분하여 운용될 것으로 예측된다.

단거리 대전차무기는 기존의 LAW 범주에서 운용되는 소형·경량인 무기체계로서 개인 또는 지정사수에 의해 휴대 운용되는 보병 중대급 이하의 전차에 대한 최종 방어무기여서 배치밀도가 높다. 또한 최근접거리인 500 m 내외에서 대전차 임무 이외에도 장갑, 벙커 또는 견고한 요새 등의 경질 표적을 공격하는 영압력탄 또는 구조물 파괴탄 등을 활용하는 다목적무기로 운용된다. 따라서 비교적 염가로서 체계 경량화 및 신속한 운용성이 요구되는 무기이다.

중거리 대전차 유도무기는 보병에 의한 대전차 방어 및 공격의 핵심이 되는 무기체계로서, 중(中)대전차무기에 대응한 대대 편제무기이며, 운용사거리는 1~2 km 내외이다. 체계 경량화, 높은 명중률 및 파괴력이 요구되며, 생존성 향상을 위하여 제한된 공간 내 사격이 가능하고, 발사 흔적의 최소화가 요구된다. 일반적으로 단거리 대전차무기와 중거리 대전차 유도무기는 보병 휴대형 근접(약 2 km 이내) 전투무기로서 2~3명으로 구성된 대전차 공격조를 편성하여 운용된다.

장거리 대전차 유도무기는 HAW에 대응하는 대전차무기체계로서 연대 및 사단 지역 격멸지대 범위인 2 km 이상의 사거리에서 적 전차를 파괴하거나 저지하기 위하여 연대나 사단급에 편제된 대전차무기이며, 차량과 헬기에 탑재하여 운용된다. 탑재장비의 생존성을 향상시키기 위하여 운용사거리의 확대가 요구되며, 사거리 확대에 따라 전장정보 획득기능과 전장 정보통신을 통한 비가시선 운용 개념이 도입되는 추세이다.

2.3.2 개발 현황 및 발전 추세

1) 개발 현황

(1) 단거리 대전차무기

현대 전차는 장갑 두께가 크게 증가하여 과거의 개인휴대용 단거리 대전차무기로 사용하였던 57 mm, 90 mm급 무반동총이나 대전차 로켓무기는 주력전차의 전면 장갑을 공격하기보다는 경질 표적 및 콘크리트 구조물(벙커, 도시형 건물 등)을 공격할 수 있는 다목적무기 또는 벙커파괴무기로 활용하고 있다. 일반적으로 장갑 관통력이 450 mm 이하인 경우를 대장갑무기, 450 mm 이상인 경우를 대전차무기로 분류하고 있는데, 현재 세계적으로 주로 생산 및 운용하고 있는 대장갑 다목적무기 및 단거리 대전차무기는 표 2.3.1 및 표 2.3.2과 같다.

표 2.3.1 보병 휴대형 대장갑 다목적무기

제원 및 성능		M72A6	WASP	Armbrust	B-300	AT-4 (M136)	C-90	RPG7	RPG 26	RPG 27	RPG 75
개발국		미국	프랑스	독일	이스라엘	스웨덴	스페인	러시아	러시아	러시아	체코
구경(mm)		66	70, 58	67	82	84	90	85	72.5	105	66
중량 (kg)	체계	3.27	3.0	6.3	8.0	6.72	5.0	8.88	2.9	8.0	3.1
	탄	1.5	0.615	1.0	3.5	3.1	3.65	1.98	2.1	7.63	2.33
길이 (cm)	체계	77, 98	80	85.1	135	101	98.4	95.3	76.3	115	63.3
	탄	40.8	38	42.5	72.5	62.5	82.5	95	71.3	−	62.7
탄속(m/s)		198	250	210	295	290	180	294	308	300	189
유효사거리 (m)		220	250	300	250	350	300	500	250	200	300
탄두형식		HEAT	HEAT	HEAT	HEAT	HEAT	HEAT	Tandem	HEAT	HEAT	HEAT
관통력(mm)		355	300	300	550	420	480	377	440	650	302
체계 특성		소모성	소모성 실내사격	소모성 실내사격	비 소모성	소모성 무반동	소모성	비 소모성	소모성	소모성	비 소모성
개발년도		1993	1991	1979	1980	1983	1985	1960	1991	1994	1975

표 2.3.2 보병 휴대형 단거리 대전차무기

제원 및 성능		Predator	Apilas	Eryx	LAW80	Panzerfaust-3T	Alcotan-100	FT 5	RPG29
개발국		미국	프랑스	프랑스	영국	독일	스페인	남아공	러시아
구경(mm)		140	112	136	94	110	100	99	105.2
중량 (kg)	체계	9.09	8.9	13	10	12.1	13.98	11.3	18.2
	탄	—	4.3	9.5	4.6	3.9	9.02	5.4	6.7
길이 (cm)	체계	88.9	127	90.5	100, 150	135	135	162	100
	탄	—	92.5	90	82.7	67.2	127	78	—
탄속(m/s)		300	293	300	245	250	265	275	300
유효사거리(m)		600	400	600	500	400	600	400	500
탄두형식		EFP	HEAT	Tandem	HEAT	Tandem	Tandem	HEAT	HEAT
관통력(mm)		—	680	900	700	693	632	580	750
체계 특성		소모성 관성유도 상부공격 실내사격	소모성	SACLOS 실내사격	소모성	비소모성 실내사격	소모성	비소모성	비소모성
개발년도		2002	1982	1989	1987	1987	2001	1988	1994

미 육군은 개인휴대형 단거리 대전차무기체계의 후속개발은 하지 않고 주력전차 이외에 장갑차나 벙커 등의 견고한 콘크리트 구조물을 파괴하는 다목적무기로 발전시키고 있다. 대표적인 무기가 1960년대 개발한 M72계열 LAW로서 M72A4, A5, A6까지 생산되었다. 최근에는 미 해병대가 단거리 대전차무기계획에 의하여 전차 상부 공격이 가능한 단거리 관성유도무기인 Predator를 개발하였다(그림 2.3.5 참조).

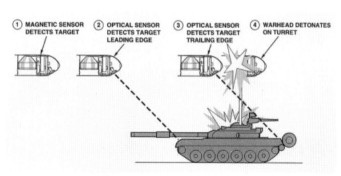

① MAGNETIC SENSOR DETECTS TARGET ② OPTICAL SENSOR DETECTS TARGET LEADING EDGE ③ OPTICAL SENSOR DETECTS TARGET TRAILING EDGE ④ WARHEAD DETONATES ON TURRET

그림 2.3.5 미국의 Predator

프랑스를 비롯한 유럽국가들은 대전차 방어전의 중요성을 강조하여 전통적인 LAW－MAW－HAW(Light – Medium – Heavy antitank Weapon) 통합운용 전술개념을 유지하고 있으며, 과도한 중량의 부담은 있으나, 주력전차를 파괴할 수 있는 관통력을 가진 단거리 대전차무기를 개발하여 운용하고 있다. 프랑스의 Eryx는 유선 반자동 시선(SACLOS) 유도무기로서 5초 내에 재장전할 수 있으며, 600 m를 4.2초간 비행하는 간단하고, 정확도가 극히 우수한 대전차무기로서, Tandem HEAT탄의 경우 RHA[2]는 900 mm, 콘크리트는 2.5 m를 관통할 수 있다.

이스라엘은 6차에 걸친 중동전쟁을 경험하였으며, 현재도 준전시상태로서 대전차무기의 필요성에 의하여 고성능 대전차무기를 운영하고 있으며, 지속적으로 개발하고 있다.

러시아는 RPG(Ruchnoy Protivotankoviy Granatomet: 휴대용 대전차발사기) 계열의 다양한 대전차무기를 개발, 운용하고 있는데, 1962년 소개된 RPG-7(그림 2.3.6 참조)은 발사기 앞에 장착한 대전차 고폭탄 탄두가 흑색화약의 추진으로 일단 발사된 후 사수로부터 안전한 거리에 도달하면 로켓이 점화되어 수백 미터까지 비행한다. 대전차 세계에서 가장 널리 사용되는 보병무기 중의 하나로서 동구권 국가에서 표준 휴대용 단거리 대전차무기로 운용하고 있다.

한편, 우리나라와 일본은 독일의 Panzerfaust-3를 도입, 운용하고 있다(그림 2.3.7 참조).

그림 2.3.6 로켓이 장착된 RPG－7 LAW

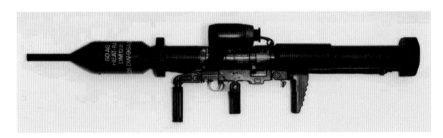

그림 2.3.7 독일의 Panzerfaust－3T LAW

---

2) 균질압연강(RHA : Rolled Homogeneous Armor) : 방탄재로 많이 쓰임.

(2) 중거리 대전차 유도무기

전차의 방호력이 증대됨에 따라 기존 MAW로 분류되었던 90 mm 무반동총, 106 mm 무반동총 및 B-10 비반충포 등과 같은 무기체계는 대전차무기로서의 기능이 미흡하고, 다목적 대장갑무기로도 부적합하여 도태되고 있는 추세이다. 또한 MAW는 개인 휴대운용 보병 대대급 편제무기로 운용됨에 따라 휴대성 및 생존성 향상을 위하여 경량화가 요구되어 이 개념의 유도무기가 개발되어 운용되고 있다. 중거리 대전차무기 범주에서 운용되고 있는 대전차 유도무기는 표 2.3.3과 같다.

1970년대초 1세대 수동 시선유도무기보다 명중률과 운용성이 향상된 2세대 반자동 시선유도무기인 미국의 Dragon과 프랑스 및 독일이 공동개발한 Milan이 운용되어 왔으나, 전차 방호기술의 발전에 대응하여 지속적인 성능 개량으로 관통력이 증대되고 이중성형장약탄두가 개발되어 왔다. 그러나 다양한 유도조종기법 및 각종 감지센서 기술을 적용한 전차의 취약 부위인 상부공격형 중거리 대전차 유도무기가 1980년대 후반부터 개발되어 운용되었으며, 1990년대에는 열영상 탐색기 소형화 기술이 실현되어 능동유도방식으로서 발사 후 망각 운용으로 전차 상부 및 정면 공격이 선택적으로 가능한 3세대 중거리 대전차 유도무기가 개발되어 운용되고 있다.

표 2.3.3 중거리 대전차무기

제원 및 성능		Dragon-2A	Javelin	Milan-2T	Bill-2	Spike-MR
개발국		미국	미국	프랑스	스웨덴	이스라엘
용도		대전차	대전차	대전차	대전차	대전차
중량 (kg)	체계	27.7	22.4	36.7	−	26.1
	탄	14.8	11.8	7.1	10.7	13
길이 (cm)	체계	−	120	120	−	120
	탄	115	108	91.8	90	−
구경(mm)		120	127	125	150	115
탄속(m/s)		174	−	220	200	−
유효사거리(m)		1500	2500	2000	2000	2500
탄두형식		Tandem	Tandem	Tandem	Tandem	Tandem
관통력(mm)		890	750	970	600	900
체계 특성		유선 SACLOS	I&R Seeker 상부/전면공격	유선 SACLOS	유선 SACLOS 상부공격	I&R Seeker 상부/전면공격
개발년도		1989, 1972(기본형)	1996	1991, 1972(기본형)	1988, 1985(기본형)	1999

(3) 장거리 대전차 유도무기

장거리 대전차 유도무기는 기존의 HAW를 포함하는 개념으로서 대전차 공격조에 의한 휴대운반 운용 개념도 있으나, 주로 차량 및 헬기 탑재무기로 운용되고 있다. 대부분의 장거리 대전차 유도무기는 2세대 SACLOS 유도무기로서 1970년대 전후에 개발된 이후 중거리 대전차 유도무기와 같이 지속적으로 성능이 향상되어 다양한 모델이 혼용되고 있으며, 현재 생산 운용되고 있는 무기체계는 표 2.3.4와 같다.

장거리 대전차 유도무기의 경우 TOW 및 HOT과 같은 유선 SACLOS 유도방식 이외에 능동/반능동 레이저빔 편승 호밍(Active/Semi-Active Laser Homing) 유도방식 등을 다양하게 적용하여 개발되었으나, 대부분 2세대로 분류되는 유도무기였다. 1990년대 이후 소형화된 적외선(IR) 탐색기를 적용한 3세대급 능동유도 무기가 개발되어 발사 후 망각 운용 및 선택적인 전차 상부·정면 공격이 가능해지고, 탑재 장비 생존성 향상을 위하여 운용사거리가 증대됨에 따라 비시선(NLOS) 운용이 가능하도록 발사대와의 전장정보 통신을 통한 발사 후 표적장입(LOAL : Lock-On-After Launch) 유도방식을 적용하여 장거리 대전차 유도무기의 운용성능을 향상시킴으로써 미래전장 환경에 대응하고 있다.

미국은 최근들어 운동에너지 탄을 이용하는 LOSAT(Line-of-Sight Anti-Tank Weapon)을 개발하여 중형 전술차량에 탑재하여 운용하고 있다(그림 2.3.8 참조).

그림 2.3.8 미국의 장거리 대전차 무기 LOSAT

표 2.3.4 장거리 대전차 유도무기

제원 및 성능		Hellfire Ⅱ	TOW-2A/B	HOT-2T	Kornet	Spike-LR/ER
개발국		미국	미국	유럽 공동	러시아	이스라엘
용 도		대전차	대전차	대전차	대전차	대전차
중량 (kg)	체계	−	93	−	−	26.1
	탄	45.75	21.55	27.5	59	13/25
길이 (cm)	체계	−	−	−	−	
	탄	162.5	140	130	121	120
구경(mm)		177.8	152.4	150	152	/−145
탄속(m/s)		초음속	200	250	−	115/150
유효사거리(m)		7500	3750	4000	5500	4000/6000
탄두형식		HEAT	Tandem/EFP	Tandem	HEAT	Tandem
관통력(mm)		1400	900	1250	1200	900/1000
체계 특성		반능동 Laser Seeker 헬기탑재용	유선SACLOS 2A: Tandem 2B: EFP/ 상부공격	유선 SACLOS	레이저빔 편승 유도	IR CCD Seeker 상부/전면공격
개발년도		1993, 1987(기본형)	1991, 1968(기본형)	1992, 1976(기본형)	1994	1999

2) 발전 추세

대전차무기와 관련된 전차의 방호장갑은 균질압연강판(RHA) → 복합재료장갑 → 반응형 장갑으로 발전해 왔으며, 최근에는 능동방호체계까지 개발, 적용하여 전차의 생존성을 획기 적으로 향상시키고 있다. 이러한 전차의 생존성 향상은 보병이 사용하는 대전차무기의 발전 을 유도하여 대전차무기의 다양화 및 고성능화를 촉진시키는 요인이 되었으며, 이러한 수단 과 대응수단 간의 부단한 기술경쟁은 앞으로도 더욱 첨단화·가속화될 전망이다. 그리하여 장차전에서 대전차무기는 확장된 전투 종심에서도 유효한 무기로서 운용될 수 있도록 사거 리 연장, 명중률 및 생존성 향상을 위하여 첨단기술을 적용하고, 확대되는 전장정보 획득, 분 석 및 통제능력과의 연계를 위한 쌍방향 정보통신능력을 가지도록 개발될 것이며, 점진적으 로 기존의 무기체계를 대체하게 될 것이다. 또한 각종 대전차 유도무기를 통합하여 운용하기 위한 방안으로 통합 표적획득장치를 운용하여 획득된 표적에 대하여 적당한 화기를 지정하 여 운용하는 방안을 강구하고 있다.

오늘날의 대전차무기는 체계중량 구분 개념에서 운용사거리 구분 개념으로의 개념이 발 전해 가고 있다. 이에 따라 사거리별로 대전차무기의 운용 개념 및 특성을 고려한 무기체계 개발 현황 및 발전 추세를 세분하였다.

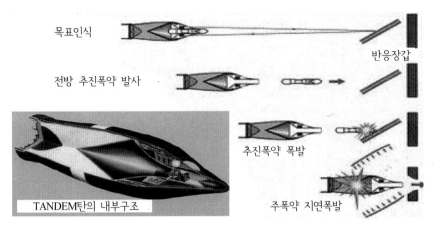

목표인식

전방 추진폭약 발사

반응장갑

추진폭약 폭발

TANDEM탄의 내부구조

주폭약 지연폭발

그림 2.3.9 Tandem 탄의 작동원리

(1) 단거리 대전차무기

단거리 대전차무기는 1990년대까지 장갑 방호력 중심의 전차 방호기술 발전에 대응하여 개인용 다목적 대장갑무기, 휴대형 단거리 대전차무기, 휴대형 중·단거리 대전차무기로 구분하여 발전하였다. 그러나 구공산권의 붕괴 및 경제위기로 러시아의 미래전차(FST : Future Soviet Tank)의 성능향상에 대한 개발이 지연되고, 세계적으로 전차는 기동력을 저해시키는 수동형 장갑 방호개념에서 광역 전장감시능력과 능동방호체계를 적용하는 방호개념으로 변화되는 추세에 있다. 이러한 추세에 대응하여 대전차무기는 Tandem 탄두기술 개발과 주 성형작약의 장갑관통능력을 8CD(Caliber Diameter : 관통력 수준의 단위로 사용) 이상으로 향상시키고자 하고 있다. 또한 정밀사격통제장치를 적용하여 명중률을 개선한 무유도 단거리 대전차무기와 소형의 표적감지장치 및 유도조종장치를 적용한 단거리 대전차 유도무기의 실용화 개발이 이루어지고 있다.

한편으로 단거리 대전차무기는 보병 중대급의 기본 편제무기이므로 소요량이 많아서 생산비가 낮고, 소형·경량이며, 높은 명중률을 요구하고 있다. 따라서 비교적 저렴한 무유도 방식을 채택하고, 재사용 및 공통사용이 가능한 정밀사격통제장치를 개발하는 추세이다. 또한 Tandem 성형장약탄두를 적용하여 반응장갑에 대응하며(그림 2.3.9 참조), 대벙커 탄두 및 대인 탄두를 병행 개발함으로써 보병 휴대용 다목적무기로 활용하는 방안과 소형·경량으로서 휴대 및 조작이 용이한 개인용 다목적·대장갑 무기를 개발하는 방안으로 발전되고 있다.

(2) 중·장거리 대전차 유도무기

기존 대전차무기체계의 MAW 및 HAW에 대응하는 대전차무기체계로서 기술 발전이 가장 활발하게 이루어지는 분야이다. 제2차 세계대전 말기인 1944년 독일이 수동식 유선유도 대전차 유도탄을 개발한 이후, 세계 각국은 대전차 유도탄의 개발을 경쟁적으로 수행해 왔다. 이러한 대전차 유도무기의 유도기술 발전에 있어서 유도방식은 수동시선유도(MCLOS) → 반자동시선유도(SACLOS) → 레이저 호밍유도 → 발사 후 망각형 유도(호밍유도)로 발전되고 있다.

중거리 대전차 유도무기는 일반적으로 개인휴대 및 대전차 공격조에 의하여 2 km 내외의 근접전투에서 운용되므로 휴대 운용성능을 향상시키기 위한 체계 경량화, 조작 간편성과 신속성이 요구되며, 명중률과 생존성의 향상이 요구된다. 그러므로 영상소자(CCD : Charge Coupled Device)나 열영상 감지 탐색기, 수동 또는 능동형 밀리미터파 탐색기 등을 복합 적용한 발사 후 망각형의 3세대급 능동유도무기화 및 연식 발사에 의한 제한된 공간 내 실내 사격이 가능하며, 발사 흔적이 최소화되도록 개발되고 있는 추세이다.

한편 기존의 HAW를 대체하는 개념의 장거리 대전차 유도무기는 차량 및 공격헬기에 탑재하여 운용하며, 탑재장비의 생존성을 향상시키고 확대된 전투종심에서의 대전차 전투를 수행하기 위하여 운용사거리 및 운용방식을 대폭 확장시키고 있다. 헬기 탑재용으로 개발된 미국의 Hellfire 대전차 유도무기 및 2000년대에 개발된 장거리 대전차 유도무기(예; 이스라엘의 Spike-ER)는 운용사거리가 6~10 km에 이르고 있다. 또한 운용사거리가 증대됨에 따라 전차를 효과적으로 공격하기 위하여 전장감시능력(C4ISR)과 연계된 비시선(NLOS) 운용 개념이 도출되었다. 또한 기존의 지원화력과 연계된 합동전장 운영교리의 발전이 요구된다.

장거리 대전차 유도무기의 경우에도 열영상 탐색기를 비롯한 적용가능한 탐색기를 탑재하여 3세대급 능동유도로 무기화하는 추세이며, 비시선 운용이 가능하도록 fiber optic wire 등의 정보통신수단을 이용하여 유도탄과 발사대 간에 구성되는 Data link를 이용한 발사 후 표적장입(LOAL) 유도기법이 일반적으로 적용될 것으로 예측되며, 표적 존재 예상지역을 선회 비행하여 표적을 탐색하여 공격하는 운용 개념이 도출되고 있다.

한편 적 전차와 조우·교전하는 시간을 단축함으로써 생존성을 향상시킬 수 있도록 고기동성을 가지는 장거리 대전차 유도무기도 개발되고 있으며, 미국에서는 초고속 운동 에너지를 가지는 유도무기(초속 1500 m 이상)의 기술시범을 성공적으로 수행하였으며, 체계개발

표 2.3.5 대전차 유도무기 유도기술 발전 추세

구 분	1세대	2세대	2.5세대	3세대	
				발사 후 망각	광통신 방식
유도 방식	수동 시선유도 (MCLOS)	반자동시선유도 (SACLOS)	레이저 호밍유도 (레이저 지시기)	수동형 탐색기 호밍유도, LOBL	수동형 탐색기 LOAL 기능
공격 방식	정면 직접	정면 직접 상부 비월	상부 경사 정면 직접	상부 경사 정면 직접	상부 경사 정면 직접
체계명/ 개발국	AT-3/ 러시아 SS-10/ 프랑스	Dragon, TOW/미국 Milan, OT/프랑스 AT-5, Metis/러시아 Bil/스웨덴 RedArrow/중국	Trigat/유럽4개국 Konkurs/러시아 Helfire/미국	Javelin/미국 Gil/이스라엘 NAG/인도 Trigat-LR/유럽 XATM/일본	Spike, Dandy/ 이스라엘 EFOG-M/미국 MACAM/스페인

을 진행하고 있다.

이들 유도기술의 발전 추세를 요약하면 표 2.3.5와 같다.

2.3.3 주요 구성 기술

보병용 대전차무기에 적용되는 구성 기술은 크게 전체 체계, 비행체, 탄두, 발사추진 기관, 유도 등 구성품별로 구분할 수 있다.

1) 체계설계 및 성능예측 기술

대장갑무기체계의 설계 및 무기 성능을 예측하는 소프트웨어 기술과 개발된 무기를 시험 평가하는 기법이다.

2) 정밀 성형장약 탄두 기술

대전차무기의 관통력을 향상시키기 위해 8CD 이상의 관통력이 있는 정밀 성형장약 탄두 기술과 Tandem 탄두기술이 적용되며, 전차 상부공격용의 정밀 폭발성형관통자(EFP)의 설계 기술도 연구되고 있다.

>> 참고 : 성형장약탄의 폭발

전차의 장갑을 관통하기 위한 대전차 고폭탄(HEAT : High Explosive Anti Tank)의 원리는 성형장약 효과, 깔대기 효과 혹은 Munroe 효과라는 것으로, 폭발물의 형상과 표적과의 거리에 따라 관통력이 달라진다는 것이다. Munroe박사가 수행한 실험을 보면 아래의 그림과 같이 1 kg의 TNT를 ①에서는 그대로 철판에 두고 폭발시켜 관통된 부분을 관측하였고, ②에서는 똑같은 1 kg의 TNT를 원추형 홈을 가진 형태로 제작하여 폭발시켰더니 ①보다 더 깊은 관통력을 관측할 수 있었다. ③에서는 ②와 동일하게 실험하되 철판과 폭발물 사이에 거리를 두었더니 ②보다 더 깊은 관통력을 관측할 수 있었다.

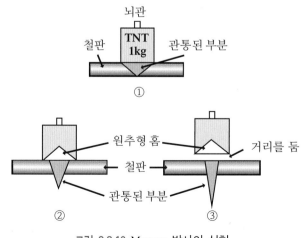

그림 2.3.10 Monroe 박사의 실험

이를 응용한 대전차 고폭탄은 탄저신관에 의해 후부로부터 폭발하여, 원추형 라이너의 정점부분부터 붕괴되어 고압의 가스와 용융된 금속입자가 3000 m/s ~ 15250 m/s로 분사되어 약 25000기압의 압력이 접촉점에 발생하게 된다.

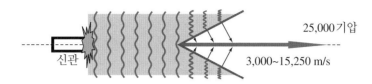

25,000기압

신관

3,000~15,250 m/s

그림 2.3.11 성형장약탄의 폭발 시 분사물의 형성

이때에 침투에 영향을 주는 요소는 크게 폭약, 초첨거리, 라이너의 형태 등 세 가지가 있다. 폭약은 폭약의 밀도와 폭발속도가 클수록 장약의 밀폐가 좋을 경우 침투력이 우수하며, 장약의 길이는 직경의 4배가 되어야 한다. 초첨거리는 원추부분의 저부로부터 표적표면까지의 거리를 뜻하는데, 초첨거리의 증가는 침투 깊이를 증가시키나, 어느 정도를 넘으면 분사의 확산으로 침투의 깊이가 감소하는 경향이 있다. 따라서 많은 연구를 통하여 초점거리를 정해야 하며, 포병이 사용하는 성형장약탄의 경우는 높은 타격속도에 의한 탄모가 붕괴되어 초점거리가 감소하는 경향까지 고려해야 한다. 라이너는 밀도가 큰 재료가 우수한 침투력을 보이고, 형태는 반구형일 경우에 분사속도는 원추형의 반밖에 되지 않지만 분사물의 질량은 3 ~ 4배를 분사한다.

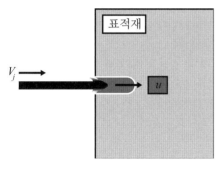

표적재

V_j

u

분사에 의해서 발생되는 압력은 대체로 표적재의 항복강도보다 훨씬 크기 때문에 표적재와 분사물은 모두 유동체로서 간주할 수 있다. 이를 ρ_j : 분사 밀도, ρ_t : 표적재의 밀도, V_j : 분사물 속도, u : 슬러그 속도, L_j : 분사길이라고 놓고 유체의 동압력 $P = \frac{1}{2}\rho V^2$을 이용하면 분사물의 동압력은 $P_j = \frac{1}{2}\rho_j(V_j - u)^2$이고 슬러그의 동압력은 $P_t = \frac{1}{2}\rho_t u^2$이다. 이 두 동압력은 같아야 하므로 분사물의 속도는 $V_j = u\left(1 + \sqrt{(\rho_t/\rho_j)}\right)$가 된다. 한편 분사길이에 따른 침투깊이는 $T = L_j\sqrt{(p_j/p_t)}$가 된다.

3) 발사추진 기술

장차전에 대비한 제한된 공간 내의 발사 기술로서 반동보상원리(Davis Gun 원리)에 의한 발사 기술은 생존성 향상 기술로서, 최첨단 휴대용 대전차무기에 적용되고 있다.

4) 비행체 설계 기술

날개 안정형 비행체의 최적 설계기술로 외형과 공력의 관계를 분석한 설계 기술과 이의 시험평가 기술이다.

5) 유도 기술

유도 기술로는 유도조종 및 구동 기술, 유도선 전개 기술, 소형화된 IR 표적탐색 및 추적

기술(예를 들면, 비냉각 열상 초점면 평면배열(FPA : Focal Plane Array) 소자, 표적 획득 및 고정 기술, 유도 알고리즘, 영상정보 전송 및 처리 기술, 광섬유선 전개 기술 등이 포함된다.

2.4   화포

화포란 화약을 사용하는 병기로 탄두를 발사하는 포신 및 이를 지지하는 구성품이 자체 운반장치 또는 기타 기동장비에 견인 또는 결합되어 이동이 가능하도록 만들어진 크기 및 중량이 큰 화기이다. 과거 기병 위주의 전투에서 화포를 운용하게 되면서 멀리서부터 타격이 가능해지자 이러한 기병을 중심으로 한 전투의 의미가 점차 사라지게 되었으며, 화포의 살상력이 전장에서 큰 효과를 발휘하게 되면서 제2차 세계대전까지 전장에 있어 지상화력의 주체로 인식되었다. 이러한 화포는 전후 등장한 핵무기, 로켓, 유도탄의 출현으로 효용성이 저평가되기도 하였으나, 핵무기 사용의 제한성과 로켓 및 유도탄의 비용 대 효과 분석을 통하여 화포가 가장 경제적인 투발수단으로 인식하게 되었다. 오늘날에도 견인포, 자주포 및 박격포와 같은 화포류와 다련장로켓, 유도탄 등의 로켓류 등으로 구성되는 화포체계는 제병협동작전에 통합 운용하여 적을 제압, 무력화 또는 파괴하는 지상작전의 화력지원 주체로서 운용되고 있다. 이러한 화포 무기체계는 표적에 요구되는 효과를 달성하기 위하여 표적획득, 포술, 화기 및 탄약, 지휘 및 통제 등의 요소로 구성되어 있다.

이러한 화포는 다양한 형태로 개발되어 왔지만, 주로 서구권(미국)과 동구권(러시아)의 두 가지 발전유형으로 변천되어 왔다. 미국은 곡사포 위주로, 러시아는 평사포 위주로 개발해 왔으며, 과거의 견인포 형태에서 최근에는 자주포 형태로 전환되고 있다.

이 절에서는 육군의 간접사격화력 및 근접지원화력으로 많이 사용하는 야포체계에 대하여 체계 특성 및 운용 개념, 개발 현황 및 발전 추세와 소요되는 핵심 기술에 대하여 살펴보고자 한다. 한편 박격포와 다련장로켓체계는 화포와 특성이 다소 상이하고 운용면에서 차이가 있어 별도로 구분하여 다음 절에서 다루고자 하였다.

2.4.1 체계 특성 및 운용 개념

1) 체계 특성

(1) 정의 및 분류

화포는 넓은 의미로는 권총, 소총 등의 소화기에서부터 곡사포, 평사포 등의 대구경화기에 이르기까지의 모든 화기를 포함하나, 일반적으로는 그 크기 및 중량 때문에 한 사람이 다룰 수 없는 포열을 가진 화기로 정의한다. 현재 화포는 그 용도 및 주요 특성에 따라 다음과 같이 구분한다.

① 형태에 따른 분류

- 평사포(gun) : 장(長)포열(30구경장 이상), 저(低)사각, 고(高)포구속도의 포
- 곡사포(howitzer) : 중(中)포열(20~30구경장), 고(高)사각, 중간 포구속도의 포
- 박격(mortar) : 단(短)포열(10~20구경장), 고(高)사각, 저(低)포구속도의 포
- 무반동총 : 주퇴장치가 없는 포
- 다연장로켓 : 여러 개의 비유도로켓 발사기
- 유도탄 : 지대지 미사일

② 용도에 따른 분류

- 야포 : 포병포
- 대공포 : 대공용포
- 해안포 : 해안에 설치하여 해상 표적을 파괴할 목적으로 사용되는 화포류
- 대전차포 : 대전차 파괴용포
- 박격포 : 보병 지휘관의 판단으로 운용되는 단(短)포열, 고(高)사각포
- 함포 : 함정에 장착하여 사용되는 포

③ 전술에 따른 분류

- 경(輕)포 : 120 mm 이하 구경 포
- 중간포 : 121~160 mm 구경 포
- 중(重)포 : 161~210 mm 구경 포
- 초중(重)포 : 210 mm 초과 구경 포

④ 수송수단에 따른 분류

- 견인포 : 차량에 의하여 견인되는 포
- 자주포 : 자체의 기동장치로 이동되는 포 및 발사대

현재 평사포라는 명칭은 거의 사용하지 않고 구경장에 관계없이 곡사포로 부르고 있으며, 자주포도 곡사포를 기동차체에 장착한 상태이다. 그러므로 이 절에서는 지상 무기체계에서 사용하는 화포로 견인포와 자주포로 구분하여 취급하고자 한다.

(2) 성능 특성

화포는 포병에서 운용 중이며 각국의 포병부대에서 지형조건 및 임무에 맞는 화포체계를 적용하여 견인포부터 자주포까지 복합적으로 편성하여 운용 중이다. 최근에 인공지능, 로봇 기술 등의 최첨단 기술들이 장비에 적용되면서 획기적인 성능 향상이 자주포를 중심으로 이루어지고 있다. 이러한 화포의 주요 임무는 적 종심공격, 대포병전, 적 전투차량 제압, 보병

부대 직접 지원을 들 수 있으며, 이와 같은 임무수행을 위해 일반적으로 '보다 멀리, 보다 정확하게, 보다 신속하게, 보다 강력하게, 보다 적은 인력으로, 보다 생존성이 높게' 등 6대 성능이 요구되고 있다.

이러한 화포의 요구 성능을 고려할 때 화포 무기체계의 여러 가지 요소 중 가장 많은 관심을 받아온 분야는 화기 및 탄약이었다. 그러나 실제 전투에 있어서의 화포 무기체계는 그것보다도 훨씬 복잡하고 여러 가지 요소가 유기적인 관계를 가지고 있음을 알 수 있다. 나아가 화포체계의 중요성은 현대에서도 매우 중요하며, 재래식 야포가 갖고 있는 한계성을 극복할 수 있는 많은 가능성을 보여 주고 있다. 2000년대 기본전투 개념인 공지전투(air-land battle)에 의거하여 화포는 탄 보급차, 표적획득, 사격지휘, 탄약 등을 일괄 개념에 의거해 개발하여 실시간 운영 위주로 발전하고 있다.

2) 운용 개념

화포 운용의 기본 개념은 전방관측자(FO : Forward Observer)로부터 사격지휘소(FDC : Fire Direction Center)로 표적제원 및 사격요구가 통보되고 FDC에서 사격제원을 산출하여 포반에 사격제원을 통보하는 과정으로 이루어진다. 이러한 화포운용에 빼놓을 수 없는 것이 표적을 획득하는 수단이다. 표적을 획득하는데 과거에는 관측자들을 보내서 이들이 쌍안경 등을 통해 관측된 표적의 지도좌표 및 확인점을 통해 표적이 요구되었다면 오늘날에는 관측자들의 별도의 조치없이 사격해야 할 곳의 표적위치만 레이저로 지정하는 것만으로도 실시간으로 정확한 데이터가 산출되어 사격지휘소로 전송할 수 있는 다양한 주야관측장비들이 개발되어 운용 중이다. 이러한 장비 중 대표적인 것은 TAS-1K 장비가 있다. 또한 인공위성, TPQ-36/37, Arthur-k 등과 같은 대포병 탐지레이더, 무인항공기, 인공위성 등을 통해서도 표적을 획득할 수 있고 지속적인 성능 개량이 이루어지고 있다. 과거에는 이렇게 획득된 표적을 별도의 팀들에게 보내진 후 다시 이를 검증하고 분석한 뒤 사격제원 계산이 이루어지는 절차가 진행되어 실제 사격이 실시되는 시간적 소요가 발생했으나, 최근에는 전방관측자들이 보내는 표적을 자주포에서 그대로 실시간으로 전송받을 수 있을 뿐만 아니라 동시에 전송된 표적정보 및 형상, 좌표를 통해 사격지휘소에서 최적화된 표적공격방법을 선정하고 제원을 산출하는 것이 가능해졌으며, 임무목적에 부합된 표적처리를 위해 재반복 타격을 위한 사격 결과도 포함하여 평가할 수 있는 체계가 구축되어 운용 중이다.

최근에는 전방관측자(FO)를 비롯한 다양한 표적획득 수단으로부터 동시다발적인 수많은 표적사격요구를 사격지휘로 운용되는 사격지휘장갑차(K77장갑차) 및 사격지휘용 박스카에 장착된 BTCS(Battalion Tactical Command System)컴퓨터에 의해 자동적으로 제원이 산출되고 분배되는 시스템이 갖추어지고 있으며, 동시에 각 화포가 구성된 포반에도 이러한 사격제원을 디지털 장비를 통해 알려주도록 하여 실시간대 사격이 가능해지도록 향상되고 있다. 이러한 즉응성 있는 화력지원의 주체로서 화포의 역할은 지휘, 통제, 통신 및 정보(C4I)체계가 더욱 강화되어 가면서 그 중요성과 시스템적 효율성을 더욱 높여가고 있다. 이러한 화포는 자주포를 중심으로 적 표적획득 초기에 대량사격으로 살상효과를 높이고 신속하게 이동하여 재배치할 수 있는, 즉 사격 후 신속한 진지 변환(shoot and scoot)이라는 전술적 운용을 중심으로 기동성과 효율성을 높여가고 있다.

2.4.2 개발 현황 및 발전 추세

1) 개발 현황

화포 무기체계는 화력지원 무기체계의 하나로서 앞절의 분류에서 언급한 것처럼 다양한 형태로 구분되나, 여기서는 화포의 근간을 이루는 견인포 및 자주포를 중심으로 개발 현황을 각 국가별로 알아보고자 한다.

(1) 견인포(howitzer)

견인포는 1313년경 독일에서 흑색화약을 개발하고 이를 추진장약으로 사용하는 청동포신의 화포가 발명된 후 전장에서 주요화력무기로 새롭게 조명되기 시작하였다. 그후 15세기 초에 철제구조포가 출현하여 15세기말 유효사거리 200 ~ 500 m의 75 ~ 100 mm포가 개발되었으며, 1693년 포미장전식포, 1815년에는 150 ~ 300 mm 포가 사용되었다. 1879년에 최초로 오늘날의 포 형태의 주퇴복좌기가 부착된 75 mm 강선포가 프랑스에서 개발되었다.

① 미 국

미 육군은 지역, 기계화 임무 등에 맞도록 견인식과 자주식 모두 155 mm 구경으로 표준화하였으며, 신속 배치군 작전용으로는 경량급 화포로 효과적이고 기동성 있는 105 mm 화포를 사용하고 있다.

1. 105 mm M119 곡사포

M119 곡사포는 M102 곡사포를 대체하기 위하여 영국의 L119 곡사포를 면허생산한 포이며, 1989년 12월에 배치되었다(그림 2.4.1 참조). M119 곡사포는 중량이 약 2톤으로 정규 경보병사단과 공정부대용이며, CH-47 또는 UH-60과 같은 헬리콥터를 이용하여 공중수송 및 공중투하가 가능하다. 최대 사거리는 M102 곡사포보다 더 긴 14 km이며, RAP(Rocket Assisted Projectile)탄을 사용할 경우 19.5 km에 이른다. 최초 3분간은 분당 8발 발사가 가능하며, 지속발사속도는 이후 30분 동안 분당 3발이다.

그림 2.4.1 105 mm M119 견인곡사포

그림 2.4.2 155 mm FH－70 곡사포

2. 155 mm M198 곡사포

　M198 곡사포는 155 mm M114/M114A1 곡사포의 대체를 목적으로 1978년부터 생산이 시작된 화포이다. 군단급 포병부대와 경사단 및 특수여단의 직접 및 일반지원용으로 표준화 되었으며, 중량은 7163 kg으로 CH-47 헬리콥터에 의해 공수가 가능하다. M107 탄두를 사용한 경우 최대 사거리는 18.15 km이나 M549A1 RAP탄의 경우는 30 km이다. 지속발사속도는 최초 30분간 분당 2발이고, 최대 발사속도는 분당 4발이다. 탄약은 모든 NATO 국가에서 사용하고 있는 155 mm 곡사포용 표준탄과 FH70, M109 자주포용 탄과 호환성이 있고, ICM탄, 핵탄, M712 CLGP(포발사 유도포탄) 등을 사격할 수 있다.

　② 러시아

　러시아는 76 mm로부터 180 mm까지 다양한 구경의 포를 사용하고 있는데, 사용 중인 기본 야포는 122 mm, 130 mm, 152 mm포이며, 군단급의 일반지원용으로 180 mm급이 사용되고 있다. 러시아 화포의 특성은 단순하고 견고하며, 사거리가 길며 대전차 능력이 있고, 상이

한 구경의 탄약까지도 사용이 가능하다.

1. 122 mm D-30 곡사포

이 포는 1960년 초에 소련군에 공급되었으며, 122 mm M-30 곡사포의 대체 화포로 사거리를 증가시키고 360도 빠른 회전이 가능하도록 개선되었다. 중량 3210 kg에 최대 사거리는 15.4 km이며, RAP탄의 경우 21.9 km이다. 분당 발사속도는 7~8발이다. 적어도 2종류의 화학탄두를 사용할 수 있다. 122 mm 2S1 자주포의 무장과 동일하며, 중국, 이집트, 이라크, 유고슬라비아에서 생산되고 있다.

2. 130 mm M46 평사포

1950년 초에 개발되어 1954년 5월의 날 퍼레이드에서 최초 선보인 화포로서 122 mm M1921/37 야전포를 대체한 것이다. 세계에서 효율성이 가장 높은 화포 중의 하나로 알려져 있으며, 중동전, 베트남전에 사용되었다. 중량은 8450 kg이며, 분당 5~6발 발사가 가능하며, 최대 27.15 km의 사격이 가능하다. 북한, 중국을 비롯한 30여 국가에 보급되었다.

3. 152 mm 2A36(M1976) 곡사포

소련연방의 신형 152 mm 견인포로 1981년 소련군에 배치된 것으로 보이며, 1985년 첫 선을 보였다. 중량 9800 kg에 최대 사거리는 표준탄으로 27 km, RAP탄으로 40 km이다. 분당 발사속도는 5~6발이다.

4. 180 mm S-23 평곡사포

1950년 초에 개발되고 1955년 5월의 날 처음 공개된 화포로서 서방에는 203 mm M1955 곡사포로 알려졌으나 중동전에서 180 mm급으로 판명되었다. 이 포는 중량이 21450 kg로 군단 포병에 배치되어 최대 사거리 30.4 km, RAP탄은 43.8 km로 단기간에는 분당 1발, 지속사격은 분당 2발 사격이 가능하다.

③ 중 국

중국도 러시아와 유사하게 85, 100, 122, 130, 152, 155, 203 mm 등 다양한 구경의 포를 China North Industries Corporation에서 제작하여 보급하고 있다. 모든 포에 NORINCO라는 명칭을 사용하고 있으며, 대부분이 러시아의 모델을 중국에서 복제 생산한 것으로 성능도 원래의 모델과 유사하다.

중국에서 보유하고 있는 주요 화포로는 NORINCO 85 mm Type 56 평사포, NORINCO 100 mm 평사포, NORINCO 122 mm D-30 곡사포, NORINCO 152 mm Type 66 곡사포, NORINCO 155 mm Type WA021 곡사포 및 NORINCO 203 mm(8 in) 곡사포 등이 있다. 이들 포 중에서 일부는 북한에 공급되었다.

④ 다국적

1967년 독일과 영국은 FH-70으로 알려진 신형 155 mm 곡사포를 개발하기로 하고, 영국 주도 하에 개발에 착수하였다. 시제품의 시험평가를 수행하던 중 1970년 이탈리아가 합류하였고, 1978년에 포를 완성하였다. 이 화포는 영국은 L121, 독일은 FH155-1로 명명하여 각각 생산하였다. 일본도 1983년부터 면허생산하였고, 별도로 신형 MICV 섀시를 사용하여 신형 자주포에 장착하였다. 그리고 오스트리아, 브라질, 캐나다, 인도, 노르웨이, 예멘, 말레이시아 등 세계 각국에 수출되었다. 이 화포의 중량은 9.3톤, 최대 사거리는 표준탄두의 경우 24.7 km이며, BB(Base Bleed) 탄두의 경우 31.5 km이고, 발사속도는 분당 6발이다.

⑤ 한국

한국은 고려말엽 최무선이 흑색화약을 개발하는데 성공하고, 1377년 화통도감을 설치하여 1555년에는 구경 130 mm의 천자총통을 제조해낸 역사를 가지고 있다. 근시대적인 화포가 생산·개발된 것은 1970년대로 자주국방의 기치 아래 군의 기본병기인 총포를 국산화하기 시작하면서 본격적으로 양산되었다. 1970년대 초 한국은 미국의 화포제작 기술자료를 토대로 먼저 105 mm 견인곡사포 KM101A1과 155 mm 견인곡사포 KM114A2를 모방개발하여 생산하였으며, 1978～1980년대 초에는 105 mm 견인 경곡사포 KH178와 155 mm 견인곡사포 KH179를 국내 독자기술로 개발하는 데 성공하였다.

1. 105 mm KH178 경곡사포

1978년 개발에 착수한 후 1984년에 배치된 화포이다. KH178의 KH는 Korean Howitzer의 약자로 한국형 견인포를 의미하며, 1은 최초로 개발됐다는 뜻이고, 78은 개발에 착수한 1978년을 가리킨다. 실제 배치는 1개 대대 규모만 보급되었으며, 해외수출화포로 이름이 나 있다. 주요 제원은 34구경장으로 중량은 2650 kg, 최대 사거리는 고폭탄은 14.7 km, RAP탄은 18 km이다. 최대 발사속도는 분당 15발이다.

그림 2.4.3 155 mm KH179 곡사포

2. 155 mm KH179 곡사포

미국의 155 mm M198 곡사포와 유사한 성능을 목표로 1982년에 개발이 완료되어 1983년 초부터 군에 공급되었다. 포신은 39구경장이고, 각 부에 경량화가 이루어져 중량이 6890 kg로 CH-47C/D 헬기나 C-130 수송기로 공수가 가능하다. KH179 곡사포는(그림 2.4.3 참조) 기존의 NATO에서 운용 중인 155 mm탄을 사격할 수 있으며, 최대 사거리는 표준 고폭탄은 22 km, RAP탄은 30 km이며, 최대 발사속도는 분당 4발이며, 지속사격은 분당 2발이 가능하다.

(2) 자주포(self-propelled gun : SP)

1920년 독일에서 전차 차체에 야포를 장착한 최초의 자주포가 등장하였으며, 1959년 미국은 155 mm 자주포를, 1960년에는 8인치 자주포를 개발한 이후 세계 각국에서는 자주포를 포병의 주력무기체계로 채택하여 개발하고 있다.

최근에 자주포는 급속히 발전하고 있는 전자, 통신, 신소재, 광학, 인공지능, 로봇기술 등의 첨단기술이 적용되어 획기적으로 성능이 향상되고 있다. 자동화와 컴퓨터가 적용되어 기동 중 표적제원을 통보받으면 즉시 정지하여 탑재된 위치확인 장치를 이용하여 자신의 위치를 확인하고, 탄도계산기로 사격제원을 계산하여 포신을 자동으로 사격위치로 지향시키고 탄을 자동으로 장전하여 1분 이내에 초탄을 발사할 수 있다. 군사기술의 발전으로 자주포의 발사속도가 분당 10발 수준으로 증대됨에 따라 포 1문이 종전의 포 3~6문의 역할을 수행할 수 있게 되었다.

① 미 국

미국은 제2차 세계대전 말기 M7 105 mm 자주포 개발을 시작하여 105, 155, 175, 203 mm 등 다양한 구경으로 생산해 왔으나, 현재는 155 mm M109 계열 자주포로 단일화하였으며, 성능 개량 사업을 통하여 확보된 기술을 활용하여 생존성을 향상시키고, 사격통제장치를 자동화시킨 M109A6 자주포를 주력포로 배치하고 있다.

1. M109계열 자주포

미국은 1953년부터 T196이라는 이름으로 신형 자주포를 개발하여 운용해 왔으며, 1963년 155 mm M109 자주곡사포를 편제화기로 정식채택하였다. 이러한 M109계열의 자주포는 8000여문이 생산 및 개조되어 32개국에서 사용하고 있으며, 전 세계적으로 가장 많이 운용되고 있는 기종이다. 그러나 1963년에 등장한 M109 자주곡사포는 30년이 지나자 속도, 가속, 장애물 극복능력이 다른 기동장비와 기동성에서 차이가 나타나게 되었고, 지난 수십 년간 이러한 필요성에서 1973년 M109A1, 1979년 M109A2/A3, 1990년 M109A4/5로 성능 개량이 이루어졌으며 1992년에는 팔라딘(Paladin)으로 불리는 M109A6 최신 자주포(그림 2.4.4 참조)가 개발되어 운용되고 있다. 외관면에서도 기존의 M109 자주포와는 확연히 구별된다. M109A6 자주포는 기존의 39구경장 포신을 52구경장 포신으로, 뇌관 격발식을 레이저 격발

그림 2.4.4 미국의 팔라딘 M109A6 자주포

식으로 교체하였으며, 최대 발사속도가 분당 4발인 유압식 장전장치를 분당 6발이 가능한 급속장전장치(flick rammer)로 교체하고, GPS를 포함한 경량의 복합 위치확인장치와 32비트 컴퓨터의 탄도계산기를 갖춘 자동사격통제장치(AFCS : Automatic Fire Control System) 및 새로운 지능탄을 적용하는 등의 성능향상을 이루었다. 또한 약포장약 뿐만 아니라 모듈장약 까지 적용할 수 있도록 하였으며, 포구속도측정기(muzzle velocity system)를 추가로 장착하여 포구속도를 측정하고 사격제원 산출 시 활용함으로써 정확한 사격이 가능하도록 하였다.

기존의 M109 자주포를 보유한 각 나라는 M109A6 자주포를 표준으로 하여 성능을 개량하였거나 성능 개량계획을 추진하고 있으며, 한국도 K-55 자주곡사포 개발에 많은 영향을 받았다. 미국은 이러한 M109A6 팔라딘 자주포를 크루세이더로 교체할 계획이었으나, 여러 사정으로 크루세이더 개발이 중단됨에 따라 현 M109A6 팔라딘을 2025년까지 운용하고, 미래전투체계(FCS)의 화포 시스템으로 전환할 예정이다.

2. 크루세이더(Crusader : 십자군의 개혁기사) 체계

미 육군은 차기 포병 무기체계로 팔라딘 M109A6 자주포를 크루세이더로 교체할 계획으로 개발을 추진해 왔다. 그러나 냉전시대의 선형, 대칭적 전면전투에서 전 세계 분쟁지역에 원정 신속배치군으로의 미 육군의 전략환경이 변화함에 따라 2002년 4월 26일 크루세이더 사업이 전면 취소되었다. 그러나 크루세이더는 현재 근접화력지원을 수행하는 포신 무기체계의 부족한 점들을 기술적 혁신을 통하여 획기적으로 개선한 사업으로, 많은 시간과 예산을 투자하여 연구한 내용은 자주포 분야에서 많은 기술적 의미를 가지고 있어서 그 내용을 간단히 살펴보기로 한다.

크루세이더 자주포는 그림 2.4.5처럼 자주포 1문과 탄약 재보급차로 구성되어 있다. 크루세이더 사업에서 가장 기술적인 혁신을 이루려는 분야는 무장 체계로서 초기에는 저장용적이 작고, 저렴하며, 피탄 시 차량폭발의 위험성이 적은 액체 추진제(산화제 60.8%, 물 20%, 연료 19.2%로 구성)를 사용하려 하였으나, 과도한 약실압력, 포신온도의 급상승, 사격 시 포신의 심한 진동, 기온에 따른 운용제한, 빈번한 불발 등 해결하기 어려운 기술적인 문제로, 고체 추진장약인 단위 장약기술을 이용한 모듈형 야포장약체계(MACS : Modular Artillery Charge System)로 전환하여 사거리 40 km를 달성하였다.

또한 포신에 강제순환 냉각장치를 채용하여 분당발사속도를 높이고, 포신마모를 줄이고, 사격 정확도를 높이고자 하였다. 포신 수명을 연장하기 위하여 약실과 포강에 크롬도금을 하였으며, 54구경장과 뇌관이 필요 없는 레이저 격발장치와 미끄럼 블록형 포미장치 등을 사용하는 등 많은 신기술을 채택하고자 하였다.

탄과 추진장약은 모두 자동으로 장전하고, 포구속도 측정기를 장착하여 매 사격 발수마다 포구속도를 측정하여 탄도계산 컴퓨터에 입력시켜 보다 정확한 탄도계산과 탄도 실시간 분석 폐쇄루프를 사용하고 각 포마다 실제 탄도를 측정하여 기상에 따른 탄도오차를 감소시켜 무기체계의 정확도를 향상시키고자 하였다.

크루세이더의 또 다른 개선은 엔진출력을 2000마력 또는 2600마력까지 증대시키며 기동장비와 자주포의 기동성의 차이를 줄여 미래 전투에서, 특히 사격 후 신속한 진지 변환이 요구되는 전장상황에서 생존성을 크게 높이고 전투기동장비와 대등한 기동성능을 유지하게 하였다.

한편으로 모듈화한 복합재료와 반응형 장갑을 장착하여 방호력을 향상시키고, 파괴력이 높은 DPICM(Dual-Purpose Improved Conventional Munitions)탄 파편으로부터 방호되고, 탑재된 전자장비들을 적 전자파 공격으로부터 보호받을 수 있도록 전자파 수신경고장치 및 감소장치가 개발될 계획이었다.

특히 크루세이더는 자주포와 탄약운반차가 1 대 1 짝으로 운용, 탄을 컨베이어를 이용하여 자동으로 공급하여 12분 동안 60발의 탄약을 적재하고, 1회에 130발을 적재할 수 있게 할 계획이었다. 또한 표적획득 및 지휘, 통제 분야에서도 전방관측자들이 보내는 표적을 받을 수 있을 뿐만 아니라, 공격목표를 비디오 영상탄(VIP : Video Image Projectile)과 표적확인

그림 2.4.5 미국의 크루세이더 체계(자주포, 탄약운반차(트럭형, 궤도형))

및 전장손상평가(BDA : Battle Damage Assesment) 체계를 이용하여 탄이 적 진영을 비행하면서 적 진영을 비디오 영상으로 아군의 수신기에 송신하는 방식을 채택하여 적 상황을 평가할 수 있는 체계를 개발할 예정이었다.

이상에서 살펴본 바와 같이 미국은 차세대 자주포체계를 개발하면서 자주포, 탄약운반차, 탄약, 표적획득 및 사격지휘 분야를 개발하여 전반적인 운용체계의 극대화를 기하고자 하였다. 또한 크루세이더 개발에서 획득된 기술은 NLOS-C 개발에 많이 활용되고 있다.

3. 비가시선 포(NLOS-C: Non Line Of Sight-Canon)

비가시선 포는 신속한 이동이 가능하고, 빨리 정지하여 표적에 대하여 짧은 시간 안에 정밀한 초탄을 발사할 수 있으며, MRSI(Multiple Rounds Simultaneous Impact : 다중탄두동시탄착) 능력과 함께 월등한 지속발사능력은 적은 수량의 화포로 표적에 치명적인 영향을 줄 수 있는 장비이다.

모든 유인 지상차량과 같이 NLOS-C는 빠른 시간 내에 탄약 및 연료를 재보급할 수 있고, 가벼운 전투중량은 배치성을 향상시키고, 완전 자동화된 탄약 공급, 장전장치 및 발사장치를 구비한다. 또한 타 부대와 기동속도에서 대등하여 보조를 맞출 수 있는 뛰어난 전략적 기동성, 네트워크화된 통신장치, 상황인식능력을 향상시키기 위한 실시간 디지털 운용환경을 갖추고 승무원을 최적으로 방호하기 위해 기본적으로 능동방호시스템을 설치하고, 2명의 승무원이 운용한다. 더 나아가 지금의 포체계와는 다르게 그림 2.4.6의 NLOS-C는 전장에서 병사들과 공유하는 진보된 전자네트워크와 통합되는데, 이것은 NLOS-C가 병사들의 임무 요구에 대한 적응능력을 한층 향상시킬 것으로 예상된다.

미 육군은 FCS 프로그램 내의 하드웨어 및 소프트웨어를 공용화하여 수명주기비용과 작전부대(UA : Unit of Action)의 병참선을 줄이기 위해 NLOS-C 시스템을 FCS 유인 지상차량의 대표 장비로 설정하였다.

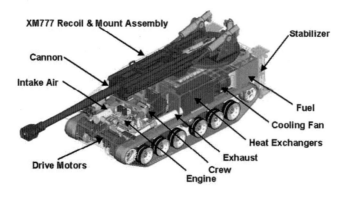

그림 2.4.6 NLOS-C 개략도

현재 NLOS-C 개발은 BAE System사에서 수행 중이며, 시간과 경비를 절약하기 위하여 크루세이더에서 개발된 탄약, 소프트웨어 및 상황식별 등 많은 기술을 활용하고 있다.

155 mm 포가 완전 궤도형 차체에 장착됨에도 C-130 수송기로 운반이 가능하며, 사격은 원격제어로 작동되고, FCS C4ISR시스템에 연결되고, 개선된 NBC시스템에 Titanium/Ceramic 방탄재와 능동방호시스템으로 개발된다. 자동공급장치에 의해 24발의 탄두와 80개의 MACS 장약이 적재되고, 신관은 원격장치에 의해 세팅되며, 레이저 점화에 의해 사격된다. 현재의 사격발수는 6발/분 수준이나 개발목표는 10발/분이며, MRSI 사격능력과 직접 사격임무 수행이 가능하고, 정확도 향상을 위한 탄두 추적시스템을 갖출 것이다. 탄종의 선택, 장전 및 사격은 전방부 방호된 조종실의 2명에 의해 원격으로 작동되며, 최대사거리는 30 km이나 XM982 Excalibur 탄두로 45 km까지 사거리가 연장된다.

② 러시아

러시아는 서방진영과는 달리 지상군에 있어서 자주포 분야에 대한 중요성을 더욱 강조하여 수적인 면에서 미국의 약 10배인 30000문을 보유하고 있다. 구경도 서방진영이 105, 155, 8인치인데 반하여, 120, 122, 130, 152, 180, 203 mm 등 다양한 무기체계를 가지고 있다. 또한 서방측이 155 mm 화포가 주력기종인 반면, 러시아는 152 mm 화포가 주력기종이다.

1989년부터 운용되고 있는 러시아의 최신형 152 mm 2S19 자주포는 T-80 전차의 현수장치와 구동기어를, T-72 전차의 동력장치를 채택한 완전궤도형 자주포로서 차체와 포탑은 장갑강판으로 제작되었다. 현수장치는 토션바를 적용하였고, 후륜구동으로 장애물을 제거하기 위한 도져삽이 장착되어 있다. 주 무장은 구경 152 mm 포신에 제연기와 제퇴기가 장착되어 있다. 최대 사거리는 사거리 연장탄의 경우 36 km이며, 분당 8발 사격이 가능하다. 50발을 적재하며, 신관이 결합된 탄을 자동으로 장전한다. 장약은 반자동으로 장전된다. 3개의 81 mm 연막탄발사기를 장착하였으며, 승무원은 5명이다.

2000년 중반 러시아 육군은 2S19에 152 mm 47구경장의 무장에 자동사격통제장치를 장착한 2S19M으로 성능을 개량하였다. 1995년 이후 동구권은 152 mm에서 155 mm로 포병무기체계를 전환하고 있어서, 러시아도 2S19에 유럽의 표준 155 mm/52구경장 포신을 장착하였으며, 탄약은 46발 적재가 가능하다.

③ 중국

중국은 122, 130, 152, 155, 203 mm 구경의 자주포를 보유하고 있으며, 1988년 155 mm 45구경장 PLZ45 자주포를 개발하였다. 이 자주포는 포탑과 차체가 장갑강판으로 제작된 완전궤도형으로, 주 무장은 155 mm 45구경장이며, 포신에 제연기와 제퇴기가 부착되어 있다. 최대 사거리는 사거리 연장탄으로 39 km이며, 분당 5발 사격이 가능하다. 탄은 반자동으로 장전된다. 포탑은 360° 회전이 가능하나 사격 시에는 전방 기준으로 좌, 우 30°에서 임무를 수행하며, 자동으로 포를 방열한다. 장갑판재 두께는 11 mm이며 전투중량은 32톤이다. 엔진은 525마력으로 최대 주행속도는 55 km/h이다. 30발의 탄약을 적재할 수 있으며, 외형상으로는 미국의 M109A2 자주포와 유사한 형태이다.

중국은 PLZ45의 성능향상을 시도하고 있는데, 레이저 거리측정기를 포함한 열상장비, GPS 등 센서를 탑재시킬 계획이며, 차체도 중국의 YW 534 APC 차체를 개량하여 적용할 계획이다. 그리고 90발의 탄약을 적재할 수 있는 탄약운반차를 개발할 계획이다.

④ 영국

영국은 1993년에 28년간 운용해 오던 105 mm 자주포를 독자 개발한 155 mm AS-90 자주포로 교체하기 시작하였다. 이 자주포는 모듈형 구조물로 큰 개조없이 요구성능의 변화에 적용할 수 있도록 고려하였다. 차체와 포탑구조물은 장갑강판으로 제작하여 7.62 mm와 14.5 mm 철갑탄과 152 mm탄 파편에 방호될 수 있도록 하였다. 유기압식 현수장치를 적용하여 내부공간을 넓게 활용하였으며, 조종수를 포함하여 승무원은 5명이다.

화력은 39구경장 포신으로 360° 전 방향 사격이 가능하며, 재래식 탄으로 24.7 km, 보조추진탄으로 30 km까지 투발이 가능하다. 화포는 자동으로 방열할 수 있으며, 고각과 방향은 전기구동 방식을 채택하였다. 10초에 3발 급속사격이 가능하고, 분당 6발로 3분 동안 사격이 가능하다. 기동성은 엔진출력은 660마력, 최고속도 55 km/h, 순항거리 420 km 주행이 가능하다. 탄은 48발 적재가 가능하며, 인력보조장치를 이용하여 탄장전이 가능하다.

영국은 1998년 말 AS-90의 성능향상으로 52구경장의 무장과 모듈장약을 개발하여 적용하기로 발표하였다.

⑤ 독일

독일은 1990년도부터 2000년대 전장상황에 부합될 신 자주포 개발이라는 목표로 정부주도사업으로 본격적인 개발에 착수하여, 1995년 155 mm PzH2000 자주포 개발에 성공하였으며 1998년 초도배치와 함께 종전의 155 mm M109A3G 자주포를 대체하였다. 이 자주포는 155 mm 52구경장 포신과 새로운 모듈형 장약을 사용하여 표준탄으로 30 km, 보조추진탄으로 40 km의 사거리를 달성할 수 있다. 자동장전장치를 사용하여 10초에 3발의 급속사격과 분당 8발의 최대 발사가 가능하다. 이동 중에도 목표가 정해지면 30초 안에 초탄을 사격할 수 있으며, 사격 후에도 신속한 이동이 가능하다. 자동화된 적재장치를 사용하며, 수동모드 작동도 가능하고 차체의 탄 적재함에 50발의 탄과 포탑적재함에 288개의 모듈형 장약을 탑재할 수 있다.

우수한 기동성과 신속한 진지변환을 위하여 8기통의 M881 디젤엔진을 탑재하고, 레오파드 전차에서 입증된 현수장치를 사용했으며, 최대 주행속도는 60 km/h 이상이며, 항속거리는 420 km이다. 균질압연장갑재로 차체를 제작하였으며, 부가장갑과 스폴라이너(spall liner)를 설치하였다.

관성 항법시스템이 도입되어 스스로 위치를 측정할 수 있으며, 방향, 포위치, 포신고각을 자동적으로 측정하고 탄도계산기로 표적별로 독자적인 포반별 표적처리가 가능하다. 전기구동식 포구구동과 함께 자동화된 방열능력을 갖추고 있다. 5명의 승무원으로 운용된다.

⑥ 남아프리카공화국

1982년 9월에 공개된 G6 자주포는 주 전략진지에서 1000 km 떨어진 지역에서의 작전을 수행해야 하는 남아프리카공화국의 특수한 지형을 고려하여 연료소모가 적고, 군수지원이 유리한 차륜형(그림 2.4.7 참조)으로 제작되었다.

G6 자주포는 완전 자동방열과 항법장치를 장착한 최초의 자주포로서, 주 무장은 45구경장의 자주 평곡사포이며, 155 mm 구경의 포를 장착하고 있다. 최대 사거리는 탄저공기항력 감소탄으로 39.3 km이고, 베이스블리드와 로켓모터 기술을 결합한 신형 복합추진탄인 V-LAP (Velocity enhanced Long range Artillery Projectile)과 신형 M64 Bi-Modular 장약을 사용하여 53.6 km까지 사격이 가능하다. 포탑은 좌우로 각각 40° 회전이 가능하며, 특히 곡사사격 이외에 직사사격을 위한 별도의 망원 조준기를 갖추고 있고, 이를 이용해 3000m 이내의 목표에 대한 사격을 할 수 있다. 특히 G6 자주포의 자동화시스템을 통해 포 정렬 시 별도의 측정이나 정렬과정이 없으며 차량정지 후 1분 이내에 초탄발사가 가능하고 연속발사 시 30초 마다 사격이 가능하다. 발사속도는 분당 4발이며 공냉식 518마력의 디젤엔진과 토션바 현수장치를 장착하여 최대 주행속도는 90 km/h이고 항속거리는 700 km이다. 고강도 장갑판을 부착하고 81 mm 연막탄을 8발 장착하여 승무원의 생존성을 높인 것이 특징이다.

⑦ 한국

한국은 1970년대 초 견인포를 차량에 탑재한 무포탑 175 mm 자주포와 8인치 자주포를 인수받아 운용하였으며, 1980년대 중반 KM109A2를 한·미 공동으로 생산, 야전에 배치하였다. 이러한 자주포 생산기술을 바탕으로 1989~1998년 동안 10년에 걸쳐 K-9 자주포(그림 2.4.8 참조)를 개발하게 되었다.

그림 2.4.7 남아프리카공화국 155 mm G6 자주포

그림 2.4.8 한국의 155 mm/52 구경장 K-9 Thunder 자주포

K-9 자주포는 최대 사거리가 40 km에 달하여 적지종심(20 ~ 40 km)에 대한 화력지원과 대화력전에서 우수한 성능을 발휘하여 적 포병을 제압할 수 있다는 점이 가장 큰 특징이다. 자동화된 사격통제장비와 포탄 이송·장전장비를 탑재해 사격명령을 접수한지 30초 이내에 초탄을 발사할 수 있으며, 15초 이내에 최대 3발을, 3분 동안 연속 18발을 사격할 수 있다. 이는 초기에 적을 무력화할 수 있는 요소가 되며, 화력집중을 위하여 분당 2발씩의 지속적인 사격이 가능하다.

이와 같은 K-9 자주포의 성능은 미군의 주력인 155 mm M109A6 팔라딘 자주포보다 사거리, 발사속도, 생존성, 탄약 적재량, 기동성 등 전 부문에서 우위를 보이고 있다. 또한 영국의 AS90보다는 사거리, 반응성, 기동성 면에서 앞선다. 독일의 PzH2000 자주포와 비교할 때 탄약적재량(60발)과 발사속도(1분에 8발)에서 미미한 차이가 있을 뿐 사거리, 반응성에서 대등하며, 기동성을 나타내는 최대 주행속도, 가속성능, 등판능력과 톤당 마력면에서는 상대적으로 우수하다. 또한 유기압 현수장치로 승차감이 우수하여 승무원의 전투피로도가 감소하며, 장시간의 지속적인 전투수행이 용이하다. 이러한 K-9 자주포는 모든 성능면에서 세계 최정상 수준에 오른 자주포로 인정받고 있으며, 터키 등으로의 해외수출도 활발히 이루어지고 있다.

현재 한국은 K-9 자주포로 체제를 개편하면서 기존의 K-55 자주포 개량사업도 동시에 진행 중이다. K-55A1 자주포로의 개량화사업은 2006년부터 착수되었으며, 2010년부터 초도양산 이후 약 50대의 K-55A1 자주포가 최초 배치되었고 주로 기존의 견인포 부대를 중심으로 재래식 화포를 대체하여 배치되고 있다. 개량화를 통해 최대사거리는 23.5 km에서 32 km로 8.5 km가 늘어났으며, K-9 자주포가 사용하는 항력감소탄 사격이 가능하고 관성항법 및 GPS방식이 결합된 위치방식시스템 적용으로 자동화된 표적처리 및 운용이 가능하다.

2) 발전 추세

미래의 전장환경은 다양한 위협, 전천후 환경 및 전방위 작전 수행능력 확보로 운용 개념이 변화되고 있으며, 네트워크 기반의 입체정보에 의한 지휘통제와 표적에 대한 입체적 대응이 가능한 화력 무기체계의 개발이 요구되고 있다. 화포는 군사정책 및 운용 개념에 따라 다소 차이는 있지만, 일반적으로 곡사포 무기체계는 견인식, 자주식을 불문하고 포구경을 표준화시키고, 사격통제장치의 자동화, 포구에너지 증가에 의한 사거리 증대, 에너지 목표 집중에 의한 정밀발사능력 보유, 발사속도 증대 등의 화력성능 외에 경량화에 의한 기동성 확보와 조준의 자동화, 탄의 자동이송 및 장전 등 조작상의 개량이 시도되고 있다. 또한 표적 획득 수단의 발달, 탄약운반차량의 개발 등이 이루어지고 있다.

자주포의 효율적인 전투수행, 훈련, 교리 및 편제를 과학적으로 해결하기 위하여 워게임 및 전투 시나리오를 개발하여 대처하고 있다.

(1) 포구경의 표준화

화포의 구경은 견인포의 경우 지금까지 서방국가는 구경이 90, 105, 155, 175, 203 mm 등으로 제작되었으나, 미국을 중심으로 90, 175, 203 mm 구경의 화포는 도태되고 105 mm와 155 mm 화포가 주로 운용되고 있으며, 점차 155 mm 구경으로 표준화되고 있는 추세이다. 자주포의 경우도 견인포와 같은 155 mm포로 단일화되고 있다. 특히 현재 각국의 포병부대의 주요장비로 성능 개량 및 신규개발을 추진하고 있는 화포의 주류는 155 mm포이다. 이것은 화포의 기동성을 고려하여 중량 증가가 제한되고, 여러 종류의 화포 체계를 관리하기가 어려우며, 군사기술의 발달로 구경 증가가 아닌 다른 방법에 의해서 사거리를 증가시키는 방법이 보다 효율적이라고 판단하였기 때문이다. 그러나 보유 중인 화포와 탄약의 재고량 때문에 당분간은 혼용되고 있는 실정이다.

여기에 비하여 러시아를 비롯한 구공산권 국가에서는 152 mm 구경을 주력화포로 삼고 있으나, 서방국가들에 비해 아직도 다양한 화포를 보유하고 있는 실정이다.

(2) 사거리 연장

화포의 사거리 연장은 적 화력에 최소로 노출되면서 충분한 억제력을 발휘하고, 소수의 화포로 넓은 지역을 방어하거나 분산된 진지에서 집중적으로 화력 지원이 가능하고, 적의 공격으로부터 보호되는 후방에 화포가 위치하기 위해 필요하다.

사거리 연장 기술은 견인포나 자주포의 구분 없이 포신의 길이 연장, 추진장약의 추진력 증대, 탄의 유선형 및 탄저부 항력 감소와 보조추진 등이 복합적으로 적용되고 있다. 이들 화포의 사거리 연장 기술은 다음과 같다.

① 포구속도 증대에 의한 사거리 연장

화포의 사거리를 증대시키는 방안으로 가장 쉽게 고려할 수 있는 것이 포탄의 포구속도를 증가시키는 방법이며, 포구속도에 영향을 주는 요소로는 포의 구경, 포신의 길이와 약실의 압력을 들 수 있다.

포 구경이 증가하면 일정한 추진제 압력에 대하여 탄이 받는 힘이 증가하여 포구속도가 증가하게 된다. 이러한 이유에서 화포는 소구경에서 점차 대구경으로 변천되었고 서방지역은 포의 구경이 90, 105, 155, 175 mm, 203 mm 등으로 제작되었다. 그러나 앞서 언급한 것처럼 현재는 105, 155 mm 구경 화포가 주로 운용되고 있으며, 점차 155 mm 구경으로 표준화되고 있다.

한편으로 포신의 길이가 증가하면 강내탄도학적으로 포구를 떠나는 순간에 탄이 받는 에너지가 증가하여 포구속도가 증가하게 된다. 지난 40년 동안 포신 길이는 최초 23 → 39 → 45 → 52구경장으로 크게 증가해 왔으며, 최근에 제작되는 포는 52구경장이 주종을 이루고 있다. 또한 연구개발되고 있는 화포는 포신길이가 62~68구경장으로 점차 길어지고 있는 추세이다.

다른 한편으로 약실의 압력을 증가시키면 포강 내에서 탄에 작용하는 힘이 증가되어 포구속도가 증가하게 된다. 그러므로 고체 추진제의 형상과 성분을 개량하거나, 액체 추진제를 사용하여 약실 압력을 증가시키려는 노력이 진행되고 있으며, 한편으로 전자기적인 힘을 이용하여 탄체를 추진하려는 방법도 연구되고 있다. 또한 장약의 형태를 단위 모듈형으로 하여 포구속도의 증대를 꾀하고 있다. 차세대 화포의 포구의 속도는 약 2500~3000 m/s 수준까지를 목표로 하고 있다. 그러나 일반적으로 포신압력을 증가시키면 포신의 내구도가 감소되고, 포신이 두꺼워지므로 기동성에 제한을 받게 된다.

② 보조 추진에 의한 사거리 연장

탄체가 공기 중에 비행하는 동안 추가적으로 추진시키기 위해 탄체를 가속시켜 사거리를 연장시키는 방법으로, 로켓보조추진탄(RAP : Rocket Assisted Projectile)과 램제트추진탄이 있다.

RAP탄은 포탄 속에 로켓 모터를 장착하여 발사 후 수초 내에 로켓모터를 점화시켜 포탄을 가속하게 하여 사거리를 증가시키는 방식이다. 보조로켓의 종류로는 고체연료 또는 액체연료를 사용하며, 고체연료를 사용할 때는 사거리를 약 25%까지 연장할 수 있으며, 액체연료로는 25~100% 범위 내에서 연장할 수 있다고 알려지고 있다. 1970년대 말에 39구경장의 포에 RAP탄으로 최대 사거리를 30 km까지 연장시켰다. RAP탄은 재래식 포탄에 비하여 가격이 더 비싸지만, 사거리가 크게 증가되었고, 동일한 사거리를 고려하는 경우 화포의 무게를 약 1/3 정도까지 경량화시킬 수 있다. 그러나 로켓 모터가 차지하는 공간만큼 작약을 충전하지 못하기 때문에 그만큼 탄 효력을 저하시키는 단점이 있다.

램제트추진탄은 탄저부에 램제트엔진을 조립하여 탄을 추진시키는 방법으로 구조가 간단하고, 추진효율이 양호하다.

③ 공기항력 감소에 의한 사거리 연장

탄의 사거리를 감소시키는 항력은 탄체 앞부분의 형상에 의해 생성되는 압력항력과 탄저부에서 공기의 후류 유동(wake flow)의 재순환과 박리에 의해 형성되는 부분 진공에 의한 탄저항력으로 분류된다.

압력항력을 감소시키기 위해서는 포탄의 형상을 공기역학적 측면에서 재설계하는 방법을 주로 사용한다. 대표적인 예로서 미 우주연구소에서 개발한 155 mm SRC(Space Research Corporation)탄이 있는데, 이 탄을 사용할 경우 사거리가 10% 정도 증가하는 것으로 알려져 있다.

다른 한편으로 탄저부에 공기항력 감소장치(BB : Base Bleed)를 부착하여 가스를 발생시켜 전체 항력의 50% 정도를 차지하는 탄저부 항력을 감소시키는 방법이다. 탄저 공기항력 감소탄은 탄저부 항력을 70 ~ 80% 정도 감소시켜 사거리를 25 ~ 30% 연장시킬 수 있다. BB 탄을 사용할 때 155 mm 화포의 경우 39구경장 포로는 30 km, 52구경장 포로 40 km의 사거리를 획득할 수 있다. 최근 오자이브쪽에는 RAP을, 탄미에는 Base Bleed를 부착한 복합추진탄이 연구되고 있는데, 155 mm 포의 경우 복합추진탄을 사용하는 경우 최대 사거리를 50 km까지 증대시킬 수 있을 것으로 예상하고 있다. 그러나 이러한 복합설계는 구조적 결함 때문에 분산도가 큰 것으로 알려져 있다.

(3) 정확도 향상

포병은 지역타격을 목표로 많은 화력을 지원하여 적을 무력화시키는 선형 대칭적 전투에서 큰 위력을 발휘해 왔다. 그러면서도 적은 양의 탄약으로 파괴하고자 하는 목표물만을 정확히 파괴시키거나, 점표적인 전차나 장갑차 등과 같은 고정표적을 정확히 타격할 수 있기를 간절히 희망해 왔다. 이러한 탄의 정확도를 증가시키는 방법으로 다음과 같은 수단들이 이용되고 있다.

① 표적획득장치

초탄 명중을 보장하는 가장 중요한 요소는 사격제원 산출과정에서 발생하는 각종 오차를 제거하는 것으로서, 표적의 종류와 표적까지의 거리, 방향 등 표적에 대한 정확하고 신뢰성 있는 자료를 획득하는 것이다. 실제로 현대 포병의 효과적인 사용에 제한을 주는 가장 주요한 요소는 표적탐지이며, 지상 관측자의 관측선을 어떻게 연장하는가 하는 것이다. 이러한 표적획득방법을 정리하면 다음과 같다.

첫째, 목표탐지 레이더를 이용하는 방법으로, 레이더는 비교적 장파를 사용하기 때문에 다른 탐지수단에 비하여 표적까지의 거리를 측정할 수 있을 뿐만 아니라 표적의 이동속도를 측정할 수 있는 이점이 있다. 야간탐지장비로는 열영상측정기와 영상증폭기가 사용되나, 가시거리가 짧다는 단점이 있다.

둘째, 무인항공기(RPV : Remotely Piloted Vehicle)를 이용하는 방법으로 정찰, 레이저를 이용한 표적지시, 표적획득 및 사격의 조정까지 이용될 수 있다.

셋째, 제공권이 확보되지 못한 상황에서 사용이 가능한 방법으로, 탄에 GPS 신관기술과 비디오 영상탄(VIP) 기능을 조합한 정찰탄을 사용하는 차세대 신기술이다. 이 포탄은 목표지점의 영상을 획득하여 송신하는데 필요한 기계, 광학, 전자 구성품들을 탑재한 것으로서, GPS 수신기와 비디오 영상기를 장착한 무선 조절이 가능한 자탄이 비행하면서 탄의 비행위치와 전장상황을 비디오 영상으로 송신하여 지상 수신기에서 자료를 재생시켜 전시하게 한다. 탄이 약 5분 동안 체공할 수 있어서 그동안 표적탐지, 식별 및 사격, 표적지역의 손상 정도를 평가할 수 있는 실시간 운용이 가능한 장점이 있다.

넷째, 인공위성을 이용하는 방법으로, 군사 강대국들은 대부분의 정보 및 표적획득에 인공위성을 이용하고 있다.

다섯째, 대포병 레이더를 사용하여 대포병 표적을 획득하는 방법이다. 초전 대응능력을 향상시키기 위하여 현대전에서 가장 중요한 기능의 하나이다.

② 탄도오차의 감소

탄의 정확도를 증대시키는 다른 방법은 탄도오차를 감소시키는 것으로, 요구하는 탄도에 따라 탄이 목표까지 비행하도록 하는 수단이다. 이는 정해진 탄의 포구속도 변화를 최소화하여 탄의 분산도를 줄이는 방법, 기상오차를 줄이기 위하여 풍향과 풍속을 매시간 측정하여 사격에 반영하는 방법과 탄발사 시 발생하는 포의 진동을 방지하여 탄 분산을 감소시키는 방법 등에 의해 가능하다. 이들 중 가장 큰 영향을 미치는 것은 포구속도에 의한 것으로, 실제 포구속도에 의한 정확한 탄도를 예측하여 포의 정확도를 구하는 것이다. 이를 개선하기 위하여 최근에는 포구속도 측정기를 각 포에 설치하여 매 사격 발수마다 포구속도를 측정하여 탄도 계산 컴퓨터에 입력시켜 보다 정확한 탄도계산을 하도록 한다.

또 다른 탄도오차의 감소는 탄도 실시간 분석 폐쇄회로(TRAC : Trajectory Real-time Analysis Closed loop)를 사용하여 각 포마다 실제 탄도를 측정하여 기상에 따른 탄도오차를 감소시키는 것이다. 미래 자주포 체계에서는 탄도오차를 감소시키는 이러한 방안이 크게 고려되고 있다.

③ 유도포탄의 사용

일반적으로 사거리가 증가하면 사탄산포율이 크게 증가하게 된다. 이 사탄산포를 최소화하기 위하여 최근에는 앞서 설명한 방법 이외에도 탄도수정탄을 개발하고 있다. 이 방법은 지상에서 탄의 위치를 추적할 수 있는 PTS(Projectile Tracking System)나 비행 중 자기 위치를 계산할 수 있는 GPS(Global Positioning System)를 탑재하여 실탄도를 계측하고, 이를 표준 탄도와 비교하여 오차가 발생할 경우에 그 오차를 사격제원을 수정하는데 사용하거나 직접 포탄에 지령을 주어 수정하는 방법으로 정확도를 향상시키는 것이다. 영국에서 개발한 탄도수정탄의 경우는 50 km 사거리에서의 사탄분포가 재래식 탄의 24 km에서의 사탄분포의 59% 이하인 것으로 알려져 있다.

(4) 반응성의 증대

화포의 성능에서는 사격명령을 접수하고 나서 초탄을 발사하는데까지 소요되는 시간을 중요하게 고려하고 있다. 1980년대까지는 포반에서 사격제원을 적용하여 초탄을 발사하는데 많은 시간이 소요되었다. 모든 화포가 측지반을 이용하여 화포가 사격해야 할 위치를 측지해야 하였고, 측지된 위치로 화포를 이동시키고 나침반이 있는 방향틀로 화포의 방향과 포구경을 정렬하여 사격방향을 맞추고 화포를 사각으로 구동시켜야 하였다. 또한 수정사격을 해야 하고 최초의 방향을 유지하기 위해 화포로부터 4 m 떨어진 위치에 겨냥틀을 설치하거나 50 m와 100 m 위치에 겨눔대를 설치하는 등 일련의 절차로 많은 시간이 소요되었다.

1980년대 중반에 화포의 사격 충격력에 견딜 수 있는 자이로가 개발됨에 따라 화포의 위치(고도, 좌표)를 자동으로 인식하고, 가속도계가 같이 장착됨으로써 고각과 측면경사각이 자동으로 파악되어 사각을 자동으로 장입할 수 있고 사격방위각을 장입할 수 있게 되었다. 이는 실질적인 화포의 자동화가 이루어져 초탄발사 소요시간을 획기적으로 단축하는 계기가 되었다. 최신의 자주포의 경우 기동 중에 표적제원을 통보받은 후 1분 이내에 초탄을 발사할 수 있는 포의 반응성을 요구하고 있다.

미래에는 디지털화된 사격통제체계가 적용되어 영상으로 표적정보를 받고 처리속도가 빨라지고, 위치 확인장치도 GPS기능을 추가하고, 탄과 추진장약이 자동장전되고 레이저 격발장치가 적용되면 보다 빠른 사격이 이루어지게 될 것이다.

(5) 발사속도의 증대

발사속도는 현대전에 있어서 분산의 필요성과 밀접한 관계가 있다. 화포가 분산된 상황에서 화력을 증가시키기 위해서는 화포 1문당 발사속도를 높여 제한된 시간에 많은 탄을 발사하여 운용효과를 높이는 방법이 가장 효과적이다.

이는 포탄 장전방법, 발사장치 및 포미폐쇄장치 등 포 자체의 능력을 개선하여 달성할 수 있을 뿐만 아니라 사격통제장치, 포 방열장치 및 격발장치 등을 개선해서도 가능하다. 통상 발사속도는 포구경에 반비례하지만, 실제로 포탄을 자동 또는 반자동으로 장전함으로써 발사속도를 높일 수 있다.

자주포의 경우 탄약을 취급, 장전하는 보조장치가 없는 경우는 일반적으로 분당 4발의 발사속도를 유지할 수 있었다. 1990년대에 들어서면서 탄의 자동장전과 탄 적치대, 이송장치를 적용하고 포미밀폐기구의 자동화, 뇌관 자동 삽입장치를 사용하여 발사속도가 분당 6 ~ 8발로 증가하였다.

군사과학기술이 발전함에 따라 자주포의 경우 포신과 주퇴복좌기에 냉각장치를 적용하여 발사속도 증대에 따른 무장부위의 온도상승을 억제하고, 탄과 추진장약을 자동으로 장전시키고 신관도 다기능(착발, 지연, 근접, 시한)을 갖도록 개발하고, 신관의 기능장입도 탄의 이송 중 수행하며, 뇌관의 빈번한 교체에 따른 사격 중단을 해결하기 위하여 뇌관을 사용하지 않고 레이저로 점화시켜 전체적인 발사속도를 분당 10발 수준으로 발전시키고 있다. 이는 화포의 질적 수준을 높여 포 1문이 기존의 여러 문의 화포와 같은 화력을 제공할 수 있게 되어 예산과 인력을 절감하는 효과를 얻고 있다.

(6) 탄두 위력의 증대

① 분산탄 개념의 도입

분산탄은 대상표적이 넓은 지역에 산재하거나, 탄의 정확도가 고폭탄의 유효살상반경보다 커서 단일 고폭탄으로 목표물을 효과적으로 제압할 수 없는 경우와 연막탄이나 살포지뢰탄과 같이 다양한 탄종의 필요에 의해서 설계되었다. 초기에는 대체로 곡사포체계에 단순한 고폭자탄을 내장한 형태였으나, 개인 및 경장비도 효과적으로 공격할 수 있도록 이중목적탄이 개발되었다.

② 포탄 유효면적의 증대

넓은 면적에 소수의 포탄을 산포하는 방식은 유효파편의 명중률이 매우 낮기 때문에 탄의 파열 시 적당한 크기의 파편으로 만들어지도록 선가공하여 포탄의 효력면적을 증대시킬 수 있다. 또한 기체폭약(FAE : Fuel Air Explosion)과 같이 탄이 폭발할 때 큰 폭발성 구름을 발생시켜 넓은 지역에 퍼지게 한 후 폭발시켜 폭발면적을 증가시킬 수 있다.

(7) 기동성의 향상

화포의 기동성을 향상시키기 위해서는 포의 무게를 감소시키거나, 자주화를 추진하거나, 단거리 이동을 위하여 보조동력장치 등을 설치하는 방법들이 개발되어 왔다. 이는 생존성을 향상시키는 중요한 수단 중의 하나이다.

① 화포 중량의 감소

화포의 중량을 감소시키는 방안으로는 무엇보다도 먼저 새로운 재료를 사용한 설계기술의 향상을 들 수 있다. 최근 포의 무거운 부분인 포신, 포가를 복합재료를 사용함으로써 경량화를 추구하고 있다. 또한 연식주퇴장치를 사용하여 주퇴부의 중량을 줄임으로써 화포의 중량을 감소시킬 수 있다. 미래포병 전투체계에서는 수송기로 수송이 가능한 중량 20톤 이하를 최대 허용중량으로 삼고 있으며, 이러한 이유로 거의 개발이 종료된 50톤급의 미국의 크루세이더 자주포체계가 중단되었다.

② 화포의 자주화

제2차 세계대전 후 기갑사단의 편성과 더불어 전차나 장갑차와 기동하면서 화력지원하는 포병의 기동성 향상이 요구되어 자주포의 필요성이 대두되었다. 미국은 제2차 세계대전 이후 급속한 자주화 개발을 추진하여 1950년 이래 각종 야포를 자주화해 왔다. 러시아도 제2

차 세계대전 중에 대전차화기로서 자주화된 포를 배치하였으나, 주로 로켓을 탑재한 자주포의 개발에 중점을 두었으나, 1970년대에 들어 화포의 자주화를 시작하였다.

화포 자주화는 기동성의 향상과 더불어 화포의 융통성을 향상시키기 위하여 방향사계가 한정된 범위에서 360° 사격이 가능하게 회전포탑 방식으로 개발되었으며, 초기의 자주포는 사격 중 인원이 노출되었으나, 최근에 개발되는 자주포는 인원을 적의 총탄이나 화생방으로부터 보호하기 위하여 장갑으로 보호된 포탑 안에서 사격임무를 수행할 수 있도록 설계하고 있으며, 궤도형으로 발전해 왔다. 그러나 지역적 특성 때문에 남아프리카공화국은 예외적으로 차륜형을 채택하고 있다.

자주포의 기동성에 있어서도 현재까지는 엔진이 1000마력 수준이었으나, 앞으로는 1500마력 수준으로 기동군단의 기동수단들의 최고속도 67 km/h, 평균야지 주행속도 48 km/h 수준으로 높일 계획이다.

③ 보조동력장치

견인포의 기동성을 높이기 위하여 곡사포에 보조동력장치를 설치하여 제한된 근거리의 이동은 견인차에 의존하지 않고 자력으로 이동이 가능하도록 하였다. 이러한 장치는 포탄의 자동장전용 동력으로 사용되고, 가신을 올리고 내려주는 기능까지 수행해 포 배치시간을 단축시키고 인력절감을 가져오게 하였다. 이러한 장치는 러시아의 85 mm SD-44 보조추진 평사포, 다국적의 FH-70 및 FH-77 곡사포의 보조동력장치를 예로 들 수 있다.

(8) 사격통제장치의 자동화

간접사격체계로부터 최대의 효과를 얻기 위해서는 사격의 우선순위 평가와 정확한 판단을 할 수 있는 통제방법이 있어야 한다. 현재까지는 전방관측자에 의해 제공된 자료가 통상적인 지휘체계에 보고되고 모든 계산이 수동으로 이루어져 사격이 이루어졌다. 그러나 최근에는 컴퓨터를 이용하여 사격제원, 기상제원을 계산함은 물론, 각 포대의 위치와 탄약의 재고량, 표적의 위치와 형태의 정보가 입력되면, 컴퓨터는 포대에 표적할당과 우선순위를 계산해 주며, 어떤 종류의 포탄을 얼마만큼 어떤 사격률로 사격해야 할 것인가를 알려준다. 장차에는 컴퓨터의 속도가 더 빨라져 다수표적의 획득 및 통제도 가능해져 효과적인 사격통제가 이루어질 것이다.

(9) 생존성 향상

현대의 전장에서 화포는 다양한 무기체계로부터 집중적인 공격을 받게 되어 있다. 그러므로 화포 자체는 물론 운용자의 생존성 향상을 위한 노력이 끊임없이 발전되어 왔으며 자주포의 배치가 날로 증대되고 있다.

포병의 생존성은 1970~1980년대는 소화기로부터의 방호가 주였지만, 1990년대에는 적포탄이 공중에서 폭발할 때 파편으로부터 장갑이 방호되고 화학전에서 임무를 수행할 수 있도록 하였다. 그러나 21세기에는 주력 탄종이 이중목적 대인개량탄(DPICM)이 됨에 따라 장갑방호력도 부가장갑을 추가하여 주력 탄종에 대하여 장갑을 방호하고, 적의 레이더로부터 탐지되지 않도록 스텔스 기능을 부여하고 있다.

자주포의 경우는 승무원의 생존성을 높이기 위하여 장갑판재 위에 부가장갑을 적용하고 있으며, 전자펄스파로부터 전자장비를 보호하기 위하여 전자파 수신 경고장치와 전자파 감소장치를 개발하고 있다.

(10) 조작인원의 감소화

조작인원을 감소시키기 위해서는 탄약의 자동장전, 자동조준 및 주행 시 포신고정(gun lock)의 원격조작 등이 이루어져야 하는데, 이와 같은 자동화에 의하여 자주포의 승무원은 1970년에는 6명, 1990년대에는 4명에서 조종수를 포함하여 3명으로 축소시키는 추세이다. 또한 미래에는 조종수가 포탑 내에서 조종하면서 사격 시에는 포수의 역할을 하는 것을 연구 중에 있다.

곡사포에 있어서의 조작 인원은 전투양상, 보급정비 등 실제 운용면을 고려하여 결정된다. 기술의 발달과 연구개발로 종전의 장비품과 인력을 가능한 줄이고, 병사의 피로를 경감하고, 안전을 도모하는 방향으로 발전되고 있다.

2.4.3 화포 탄약

1) 체계 특성 및 운용 개념

화포 탄약은 포병에서 운용하는 견인 곡사포용 또는 자주포용 탄약으로서, 야포 탄약 또는 포병 탄약이라고도 부르는데, 일반적으로 구경이 20 mm 이상인 화기의 탄약을 포함하나, 주로 105 mm부터 8인치까지 주로 대구경 탄약이다. 화포 탄약은 소화기 탄약과 마찬가지로 탄두, 뇌관, 추진장약 및 약협으로 구성되어 있다.

야포 탄약은 주로 탄체 내의 폭약의 폭발에 의해 형성되는 폭풍효과와 탄체의 파편효과에 의해 목표에 피해를 주는 개념으로 설계되며, 가장 기본적인 탄은 고폭탄이다. 그러나 고폭탄의 특성을 개량하면서 베이스블리드탄, 로켓보조추진탄, 유도포탄, 장갑감응파괴탄, 이중목적 대인개량탄, IR 발연탄, 센서감응형 상부공격 지능탄, 종말유도형 상부공격 지능탄 등이 있고, 최근에는 지능화기술 및 활강기술을 이용하여 사거리 연장과 정확도가 획기적으로 개선된 신탄약의 개발에 주력하고 있다.

화포 탄약은 자주포 및 견인 곡사포로 사격하며, 표적까지의 거리가 측정되면 사격 제원표를 이용하여 장약과 고각 등의 사격제원을 화포에 장입하고, 포탄을 장전·발사하여 적 종심지역 내의 적 밀집부대 또는 적 기계화부대에 대한 화력지원을 수행하는 것이 기본적인 운용 개념이다.

장차 개발될 지능탄의 운용 개념은 그림 2.4.9처럼 인공위성의 GPS 신호를 수신하여 탄도

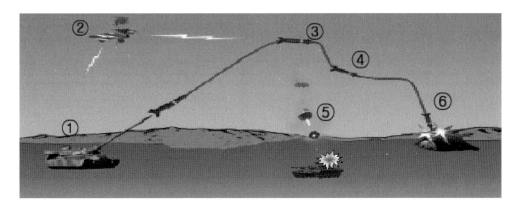

그림 2.4.9 센서감응 지능(SADARM)탄의 운용 개념

비행 중 포탄의 위치를 확인하고, 포탄의 예상지점과 목표물과의 차이를 컴퓨터로 계산하여 비행탄도를 수정함으로써 표적을 정밀하게 타격한다. GPS 위성항법과 관성측정장치(IMU : Inertial Measurement Unit)에 의한 관성항법이 연동된 시스템에 의해 탄두가 표적지역까지 유도되며, 비행탄도를 수정하기 위해서는 탄도수정용 신관이나 유도조종장치를 부착한다. 한편 센서감응형 지능탄은 표적지역 상공에서 지능자탄을 방출·분리하고, 방출된 지능 자탄에 내장된 센서는 회전, 하강하면서 표적을 탐색·식별한다. 표적이 식별되면 일련의 신호처리 과정을 거쳐 탄두는 즉시 기폭하여 초고속으로 성형단조 파편탄두(EFP)를 발사하여 장갑표적의 취약부인 상부를 타격한다.

① 사격 탄종 선정 및 GPS 신관에 표적지역 좌표입력 후 발사, ② GPS 위성항법 시스템에 의해 탄두를 표적지역까지 유도, ③ 센서감응형 상부공격 지능자탄 방출 및 목표물 탐색·식별, ④ 탄도 수정용 신관이나 유도조종장치에 의해 비행탄도 수정, ⑤ EFP를 발사함으로써 표적의 상부 타격, ⑥ 유도조종된 고폭탄두에 의한 표적의 상부를 타격한다.

2) 개발 현황 및 발전 추세

(1) 개발 현황

화포 탄약은 견인포나 자주포 모두 동종의 탄약을 사용하고 있는데, 현재 주로 사용되거나 개발 중인 탄약은 다음과 같다.

① 고폭탄(HE : High Explosive)

고폭탄은 화포 탄약 중에서 가장 기본적인 탄약으로 목표에 명중시키거나 목표 상공에서 폭발시켜 생성되는 폭풍 및 탄체의 파편효과에 의해 표적을 손상시킨다. 탄체는 단조 강재로 파편이 최적 상태로 분쇄되며, 발사 시의 높은 압력과 가속도에 견딜 수 있도록 충분한 강도 및 두께여야 한다. 고폭탄은 여러 가지 방법으로 사거리를 연장시키기 위해 다음에 소개하는 여러 가지 신탄약이 출현하였다.

② 탄저 공기항력 감소탄(BB : Base Bleed)

비행 탄체의 탄저부의 wake에 의한 항력은 전체 항력의 1/2 ~ 1/3로서 이 공기저항을 감소시킴으로써 사거리를 연장시킬 수 있다. BB탄은 탄저부에 항력감소장치(base bleed unit)를 부착하여 탄저부의 wake 저항을 제거하거나 축소시켜서 사거리를 연장시킨다. BB탄은 현재 여러 국가에서 장비되어 있으며 최대 사거리가 1.2 ~ 1.3배 증가되고 있다.

③ 로켓보조 추진탄(RAP : Rocket Assisted Projectile)

RAP도 BB탄과 같이 곡사포용 탄약의 사거리 연장을 위하여 탄저부에 보조추진장치를 부착한 것으로, BB탄과 다른 점은 탄저부의 공기저항력을 감소시키는 것 뿐만 아니라 로켓모터에 의한 추진력을 부여한다는 점이다. 그러나 사거리 연장능력은 BB탄과 거의 같다. 최근에는 미국, 남아공 등에서 BB탄과 RAP탄의 기능을 혼합한 복합추진탄(Hybrid형 탄)을 개발하고 있다.

④ 램제트탄(Ramjet)

램제트 추진장치를 장착한 가속탄으로, 공기는 첨단부에 있는 공기흡입구에서 흡입되어 연소실 내에 있는 고체연료의 내부를 통하여 흐르며, 고체연료는 공기에 접촉된 부분으로부터 분해 연소한다. 노즐과 고체연료 사이의 공간은 체류시간을 증가시켜 연소효율을 향상시키는데, 공간체적이 클수록 연소효율은 증대하나 필요한 연소효율을 얻을 수 있는 최소한의 크기가 필요하다.

⑤ 감지 대장갑탄(SADARM : Sense And Destroy ARMmor)

감지 대장갑탄은 원거리에 있는 장갑차량이나 전차의 상부를 공격하여 파괴하는 원거리 대장갑탄이다. 감지 대장갑탄은 모탄 탄체에 2 ~ 3발의 자탄을 내장한 구조로 모탄은 탄체, 시한신관, 방출기구로 구성되고, 자탄은 목표감지용의 IR 또는 MMW센서, 성형단조파편탄두(EFP), 회전 낙하산 등으로 구성되어 있다. 감지 대장갑탄은 시한신관 및 방출기구에 의하여 적정고도에 도달하면 자탄을 목표 상공에서 방출하며, 방출된 자탄은 연직방향에 대해 약 30°의 경사를 유지하며 회전낙하산에 의하여 안정하게 회전하여 낙하한다. 이 회전운동을 이용하여 활성화된 센서가 목표를 주사, 감지하면 목표 상공 100 ~ 150 m에서 SFF 탄두를 기폭시켜 폭발물의 폭발력에 의하여 중금속의 라이나(liner)를 압착하여 2000 m/s 이상의 속도로 목표의 상부장갑을 관통하여 파괴시킨다.

⑥ 이중목적 대인개량탄(DPICM : Dual Purpose Improved Conventional Munition)

DPICM탄은 대장갑 및 대인에 대하여 유효한 수십 개의 자탄을 목표 지역에 살포하여 지역제압을 목적으로 한 탄약이다. 탄체에 내장되어 운반된 수십 개의 자탄이 시한신관 및 방출장약에 의하여 목표상공에서 방출, 낙하하며 타원형의 형태로 살포되는 것이다. 자탄이 목표 또는 지상에 탄착하면 그 충격에 의하여 자탄신관이 기폭하면서 HEAT 탄두의 성형장약을 폭발시켜, 금속 라이나가 붕괴되면서 하방으로 제트를 분산하여 장갑차량의 상부장갑을 관통한다. 동시에 탄체의 파편에 의하여 대인효과를 얻는다.

⑦ IR 발연탄

IR 발연탄은 원거리에 있어서의 우군의 장갑차량 집단을 적 IR 유도화기로부터 보호하기 위하여 IR파를 흡수 또는 난반사하는 연막을 발연·살포하는 탄이다. IR 발연탄은 자탄을 모탄 탄체에 내장하여 운반, 시한신관 및 방출기구에 의하여 목표지역의 상공에서 방출한다. 방출된 자탄은 낙하 안정기구에 의하여 안정되게 감속 강하하여 착지한다. 이때 IR 발연통을 점화시켜 IR파를 흡수 또는 난반사하는 연막을 수 분간에 걸쳐 발연, 살포함으로써 IR 방해차장을 형성, 적 IR 유도화기의 사용을 방해한다.

⑧ 유도포탄

유도포탄은 원거리의 장갑차량 집단 또는 전차를 파괴하는 탄으로, 위성항법장치(GPS)를 활용한 탄도수정용 신관을 장착한 탄을 사용하여 목표 가까이 비행 중 탄도를 수정함으로써 개별목표 파괴능력을 향상시킨 탄이다. 현재 각국에서는 발사 후 망각방식인 원거리 대장갑탄을 개발 중이다. 발사한 탄의 탄도와 목표와의 오차를 발견하면 탄도 수정기구를 작동시켜 탄도를 수정해 목표에 명중하게 한다. 목표명중 시에는 성형장약 탄두를 기폭시켜 생성된 제트에 의하여 목표를 파괴한다. 유도포탄으로는 일반적으로 155 mm 곡사포용 탄약에 적용하고 있다.

⑨ 전자방해탄

전자방해탄은 적 통신망 방해용 전파를 발산하는 자탄을 적 부대 내에 살포하여 적부대의 지휘통제를 혼란시키는 탄이다. 먼저 모탄 탄체에 방해전파를 발산하는 자탄을 여러 개 내장하여 운반하고, 시한신관 및 방출장약에 의하여 적 부대 내 또는 침공이 예상되는 범위의 수백 m 상공에서 자탄을 방출한다. 방출된 자탄은 낙하산 및 감속회전날개 등에 의하여 감속, 감회전하면서 낙하하여 지상에 착지 후 용수철에 의해 안테나 부위를 위쪽으로 세워 방해전파의 발신을 시작한다.

⑩ 전자포탄(EMP : Electro Magnetic Pulse projectile)

EMP탄이란 203 mm 곡사포탄 등의 대구경포탄 내부에 초기 전류용 콘덴서, 폭약발전기 및 방전부가 결합되어 있는 탄약이다. 그 원리는 자계 농축형(magnetic cumulation) 폭약 발전기를 사용한 경우 초기 전류용 콘덴서의 전원을 평행 금속판의 회로에 흘려 평형 금속판을 폭약의 힘에 의하여 연속적으로 접합시켜, 회로의 인덕턴스를 순식간에 감소시키므로 평행 금속판 내부의 자장강도와 회로 중의 전류 증대를 꾀한다. 이 전기에너지를 방전부에서 EMP로서 복사하는 것이다. EMP의 효과는 일시적 장해와 영구적 장해로 분류된다. 일시적 장해의 대표적인 것은 EMP에 의하여 금속에 유기된 서지(surge) 전압에 의하여 회로에 영향을 주는 오동작에 의한 것으로, 회로장해의 정도는 EMP 대책의 정도 이외에 시한장치, 회로의 저항 및 바이어스 전압 등의 크기에도 관계한다. 또한 영구적 장해란 전자부품의 소실이나 회로교란에 의한 기능정지를 말한다.

⑫ 감시포탄

감시포탄이란 CCD 카메라 또는 각종 센서 등에 의하여 목표지역의 정보수집 또는 전투지역에서의 우군 탄약효과 파악을 위한 탄약으로, 전자기술의 급속한 발전을 기초로 하여 이들 첨단기술을 포탄에 적용한 탄으로, TV탄, 센서탄이 있다.

TV탄은 가시광 또는 적외선 CCD 카메라를 탑재한 자탄을 모탄 탄체에 내장한 채로 운반하여 시한신관 및 방출장약으로 적 부대 또는 전투지역 상공에서 방출시킨 후, 낙하산에 의하여 서서히 강하하면서 지상의 상황을 CCD 카메라로 촬영하여 영상정보를 실시간(real time)으로 송신하는 탄약이다.

센서탄은 장갑차량의 접근을 감지하는 센서를 가지고 있는 여러 개의 자탄을 모탄 탄체에 내장, 운반하여 적 장갑부대의 침공이 예상되는 지역에 살포하여 적 부대의 전개 상황을 파악하기 위한 탄약이다. 모탄에서 방출된 자탄은 낙하산 등에 의해 감속되면서 지상에 착지한 후 신호송신용 안테나를 펼침과 동시에 목표감시센서를 활성화시킨다. 그후 목표의 근접을 센서로 감지하여 감지신호를 우군의 화포부대에 송신함으로써 지형상의 제약으로 전방감시병을 배치할 수 없을 경우에도 확실한 사격을 가능하게 한다. 목표감지 센서용으로 음향, 진동, 광 및 전파방식 등이 이용된다.

⑬ ASX탄(AeroSol Explosive projectile)

ASX탄은 원통형 통(canister)에 에틸렌 산화물 혹은 프로필렌 산화물과 같은 액체연료를 주입하고 중심부에 원추형의 폭약을 배치한 형태인 기체폭탄(FAE 폭탄 : Fuel Air Explosive bomb)이다. 기본 단위의 캐니스터가 여러 개 내장된 포탄이 목표지역 상공에서 산포되면 일정한 자세를 취하면서 서서히 하강한다. 일정고도에 도달하였을 때 탄침에 의하여 폭약이 기폭되어 캐니스터가 파괴되면 액체연료가 공중에 살포된다. 그리고 적절한 지연시간 후 입자상태의 에어로졸(aerosol) 구름이 형성되면 방출된 기폭제에 의해 기폭되어 에어로졸 구름이 폭발하게 한다. 이 탄은 폭풍압력효과를 이용하는 것으로 도달하는 최고 압력이 고체폭약에 비하여 낮으나 넓은 영역에 균일한 폭풍압력을 형성시킬 수 있다. 따라서 단단한 목표 자체를 파괴하기에는 부적절하나 연한 목표(레이더 및 통신시설/설비 등)의 파괴, 지뢰지대처리에 대해서 대단히 유효한 파괴수단이 될 수 있다. 또한 금속미세분말을 혼합한 ASX를 광범위한 지역에 균일하게 살포하여 고온의 열원을 형성함으로써 기만탄으로 사용할 수도 있다. 미군이 걸프전에서 지뢰지대처리를 목적으로 대지역공격용으로 사용한 경우가 있다.

⑭ 단위장약 추진제

곡사포용 탄약은 목표의 사거리에 적합한 초속 및 사각을 결정하기 위해 추진장약의 추진제량을 조정한다. 현재는 장약량이 들어있는 장약포를 결합하는 것으로 장약량을 단계적으로 변화시켜 장약량이 적은 순으로 1호에서 7호 내지 8호의 명칭을 붙여 초속도를 조정하고 있다. 그러나 이 경우 일반적으로 최대 장약량으로 운반하여 사격 시 재조절하기 때문에 잔여 장약포가 생기게 된다. 최근에는 단위장약(unit charge)으로 추진장약을 일정량의 동일한 크기로 분할하여 이를 임의로 결합하여 초속도를 조정하도록 하는 추진제가 개발되었다.

(2) 발전 추세

화포 탄약은 최대 사거리 증대, 탄의 위력증대에 주안점을 두고, 소량의 탄약으로 표적을 정밀 타격하는 지능탄 체계로 발전되고 있는 추세이다.

① 최대 사거리의 증대

화포 무기체계에 있어서 세계 각국의 공통적 발전 방향으로, 다음과 같은 방법으로 사거리 증대를 추진하고 있는 추세이다.

차세대 화포용 추진제는 2000 m/s 이상의 높은 포구속도가 요구되는데, 이 높은 포구속도는 비행시간의 감소, 사거리 증대, 명중률 향상 및 목표물에 대한 종말 효과를 극대화시켜 준다. 그래서 새로운 에너지 물질들을 이용한 고에너지 추진제 개발이 이루어지고 있다. 또한 높은 포구속도를 얻기 위해 액체 추진제, 전자포, 전자열(화학)포 등에 대한 연구도 추진되고 있다. 액체 추진제의 경우 평균압력 대 최대압력의 비율이 커서 고체 추진제보다 약 10% 증가된 포구속도의 획득이 가능하며, 이동장약 개념을 이용한 결과 2350 m/s의 포구속도를 얻었다. 전자열포 개념을 이용한 CAP Gun을 120 mm에 적용한 결과는 3000 m/s의 포구속도를 얻을 수 있는 것으로 알려지고 있다. 이 속도들은 추진방식에 의하여 도달할 수 있는 최고속도로 알려져 있다.

다른 방법으로는 로켓보조추진과 탄저부 항력감소장치의 혼합형인 복합추진탄을 개발 중이며. 로켓보조추진 기술, 항력감소 기술과 고도의 탄도비행기술인 활강 기술을 접목하여 60 km 이상의 초 장사정탄의 개발에 주력하고 있다.

② 탄 위력의 증대

화포 탄약의 탄두 위력을 증대시키기 위한 방법들은 다음과 같다. 첫째, 고파편 소재를 사용하여 살상위력을 증대시키거나, 기존 고폭탄에서 자탄을 내장한 DPICM탄을 사용한다.

둘째, 사거리 증가에 따라 일어나는 탄의 분산도 오차를 감소시키기 위해 정확도 향상에 주력하여, 포 발사용 유도포탄이나 사거리 및 편의 수정이 가능한 2차원 탄도수정 장치를 부착한 탄을 개발 중에 있다. 셋째, 요구표적만을 정밀타격하기 위해서 최신 센서 기술, 유도제어 기술, 초소형(MEMS) 기술 등을 이용하여 특정 표적을 선별 타격할 수 있는 지능탄(brilliant munition) 개발에 대한 연구도 활발히 진행되고 있다.

③ 명중도 향상

사거리 증가에 따른 탄의 분산도를 개선하기 위해서는 위성항법장치(GPS)를 활용한 탄도수정용 신관이 장착된 탄과 포 발사용 유도포탄을 사용하여 정확도를 획기적으로 개선한 탄의 개발에 주력하고 있다. 최근에는 지능화 기술 및 활강 기술을 이용하여 사거리 연장과 정확도가 획기적으로 개선된 탄의 개발에 주력하고 있다.

④ 지능화 탄약(guided munition or SMART munition) 개발

지능화 탄약은 감응기폭탄과 유도포탄으로 구분할 수 있다. 감응기폭탄의 대표적인 예는 감지 대장갑탄(SADARM)을 들 수 있는데, 이는 원거리에 있는 전투장갑차나 전차를 파괴하는 탄으로서 주로 155 mm 포탄의 경우 탄체 내부에 2~3개의 SADARM 자탄을 운반할 수 있다. 감응기폭탄의 운용 측면에서 고려되어야 할 사항은 점표적의 존재가 의심나는 지역에 정확히 분산되는 것이 요구되며, 이동 중에 있는 차량과 같이 신속히 움직이는 장갑표적에 대해서는 실제로 적합하지 않다는 단점이 있다. 유도포탄은 탄이 목표물의 상공에 도달하면 센서에 의해 목표 주사를 시작하고, 탄도와 목표와의 오차를 발견하면 탄도수정기구를 작동하여 탄도를 수정하여 목표에 명중하게 한다. 유도포탄은 감응기폭탄의 10배 거리에서 표적을 탐지할 수 있고, 탄도변경이 가능하여 이동 중에 있는 장갑차량이나 전차를 효율적으로 파괴할 수 있다.

SMART 탄약을 개발 및 운용하고 있는 대표적인 국가로는 미국, 영국, 독일, 프랑스 등이 있다. 현재 개발 중인 대표적인 지능화 탄약으로는 미국의 155 mm Excalibur, WAM(Wide Area Mine), 120 mm PGMM(Precision Guided Mortar Munition) 및 120 mm TERM-KE (Tank Extended Range Munition-Kinetic Energy), 프랑스 및 스웨덴의 155 mm BONUS, 독일의 155 mm SMArt 155 및 영국의 155 mm CCS(Course Corrected Shells) 등이 있다.

⑤ 정밀 탄약(PGM : Precision Guided Munition)의 개발

정밀 탄약은 비가시선 지역(BLOS : Beyond Line-of-Sight)에 대한 정밀타격능력으로 표적을 선별 타격하여 군사 표적 이외의 주변 피해를 최소화하는 능력을 보유하고 있다. 그러므로 저강도 분쟁이나 평화유지 작전 시 특정 임무에 적합한 무력 사용을 용이하게 한다. 그러나 우수한 전장감시 및 표적획득장비를 통하여 표적의 위치를 정확히 알아야 하고, 표적으로 정확히 유도하는 시스템이 갖추어져야 한다.

정밀 탄약은 초기 조달비용은 재래식 탄에 비하여 크게 소요되나, 1개 표적에 타격을 가하는데 필요한 소요비용은 상대적으로 낮다. 또한 탄 소요량이 재래식 탄에 비교하여 약 5~100배 정도 적게 소요되어 탄이 차지하는 전체 중량 및 용적에 영향을 미쳐 조달단계에서부터 보급단계까지 이르는 전 군수지원체계에 영향을 미친다. 이와 같은 이유로 정밀 탄약의 기술개발 및 확대활용이 계속 추진되고 있다.

3) 주요 구성 기술

화포 탄약은 주요 구성품인 탄두, 신관, 추진제, 약협들의 기술개발이 조합된 탄약체계의 개발로 이어진다. 또한 부가적으로 지능성을 부여하고 있는데, 이에 소요되는 주요 구성 기술은 다음과 같이 정리될 수 있다.

(1) 탄두 기술

탄두 구조물은 구조설계 기술의 발달과 함께 파편탄, 폭풍효과탄, 분산탄, 성형장약탄, 철갑탄, 견고한 표적 파괴탄 등 목표물에 따라 각각 전혀 다른 다양한 형상과 구조로 발전되었다. 이러한 각종 탄체 구조물은 발사 및 비행 중에 안전성을 확보하고, 목표물 파괴 시 최대의 성능을 발휘할 수 있도록 구조가 설계되고 있다. 탄두에 관련된 주요 세부 기술은 정밀 구조해석 기술, 탄두 형상, 파괴기구 설계 및 제작 기술, 탄두위력 해석 기술 등이 있다.

(2) 추진제 기술

화포 추진 주요 기술인 추진제의 조성설계, 형상설계, 추진제 점화 기술, 전열화학 추진 및 특수추진 분야로 구분된다. 추진제 조성설계 기술은 고에너지 고체 추진제, 저취약성 추진제, 액체 추진제 등의 설계를 중점적으로 행하고 있다. 추진제 형상 설계 기술은 추진제의 에너지를 가장 효율적으로 이용하여 최대 성능을 내기 위한 추진제 형상 연구를 수행하고 있다. 화포 추진제 점화 기술은 화학에너지 점화, 레이저 점화, 플라스마 점화 방식을 추진하고 있다. 또한 전열화학(ETC) 추진 기술은 추진제에 내포된 화학에너지를 전기에너지인 플라스마를 이용하여 에너지 방출속도를 조절하는 방식으로 개발 중에 있다.

(3) 신관 기술

신관은 탄약의 종류와 용도에 부응하여 원하는 최적의 시기와 장소에서 탄약을 작동시켜 파괴효과를 극대화하는 장치로서, 사용탄약, 사용조건, 사용목적 등에 따라 적합한 각종 신관이 제작되어 사용되고 있다. 작동형태에 따라 충격, 시한, 근접, 명령 그리고 이들 기능 중 두 가지 이상을 가지는 복합기능 신관으로 구분되나, 최근에는 여러 기능이 복합적으로 혼합된 다기능 또는 다목적 신관으로 진화해가는 경향을 보이고 있다. 화기, 탄약의 발전과 더불

표 2.4.1 신관 기술의 발전 추세

2003년	2010년	2020년

• 충격, 시한, 지연신관
• 전파형, 광학식 근접신관
• 지능(smart)신관
• 다기능 신관
   − programmable 신관
	• 지능(brilliant)신관
	   − 침투형 지능신관
	• MEMS 신관
	   − 소형, 저내충격화
	• 고정밀 다기능 신관
	• GPS 신관
		• 지능(brilliant)신관
		• 차세대 MEMS 신관
		   − 초소형, 내고충격화
		• 차세대 다기능신관
		• 모듈화, 복합화 신관
		• 정밀 GPS 신관

어 신관은 전술환경의 다양화·정밀화의 요구가 증대함에 따라 표 2.4.1과 같이 소형화·지능화 및 다목적화하는 추세로 기술발전을 거듭하고 있다.

(4) 지능탄 기술

지능화된 정밀탄약(precision munitions)은 탄의 조달비용 절감과 무기효과의 지대한 성장 잠재력을 제공한다. 지능화 탄약은 최근에 급속히 발전되고 있는 화력 무기체계로서 서구권 구가들이 동구권의 대규모 전차 및 보병전투차량 등과 같은 장갑차량에 의한 위협 가능성이 증대되던 때부터 개발이 시작되었다. 또한 현재는 군의 현대화와 효율성을 제고하기 위한 노력으로 소규모이면서도 저비용으로 전력 향상을 도모할 수 있고, 전장에서 우위를 확보할 수 있는 고도의 기술집약형 무기로서 지능화 탄약 개발을 추진하고 있다.

지능탄 기술 분야의 대표적인 구성 기술로는 사거리연장 기술, 유도조종 기술, 신관 지능화 기술 및 파괴력 증대 기술 등이 있는데, 이 기술들의 현황 및 발전 추세를 요약하면 표 2.4.2와 같다.

2.4.4 주요 구성 기술

새로운 화포를 설계할 때 다루어야 할 주요 구성 기술로는 화포의 형상, 성능분석, 정확

표 2.4.2 지능탄 기술 현황 및 발전 추세

구 분	현재(2003년)	차세대(2020년대)
사거리 연장	• RAP, BB 및 Hybrid 운용 • 활공비행 연구(날개, RAP)	• 활공비행탄 운용 : 150 km급
유도 조종	• 레이저 조사 및 빔편승 기술 운용 • GPS/IMU, 2-D 탄도수정 기술 연구	• 탄도수정 및 종말추력 관통탄 운용
신관 지능화	• 표적감지탄 운용(MMW, IR) • 도약자탄 운용	• 복합기능자탄 운용
파괴력 증대	• KE탄 관통력 : 700 mm • 성형장약탄 관통력 : 8CD • EFP탄 관통력 : 135 mm	• KE탄 관통력 : 1000 mm • 다종 EFP탄 운용

도 분석 및 조립 가능성 등을 설계하는 화포역학을 이용한 설계기술과 강내탄도, 천이탄도, 강외탄도, 최종탄도를 연구하는 탄도학 부분, 신관, 탄체, 추진장약 분야의 탄약에 관한 기술, 사격통제에 필요한 표적획득기술, 표적제원 처리, 저장 및 운용 기술 그리고 화포의 운반수단에 관한 기술 등이 있다. 이들 구성 기술 중에서 현재 화포의 연구개발에 주로 거론되는 기술인 포신 기술, 주퇴제어 기술, 자동 송탄 및 장전 기술, 사격통제장치 기술에 대하여 살펴보고자 하며, 탄약에 대한 부분은 별도로 취급한다.

1) 포신 기술

견인포 및 자주포의 포신은 탄두 또는 포발사 미사일을 목표지점까지 비행하도록 발사하는 기능을 수행하여 화력이라는 총체적인 개념으로 성능이 나타난다. 이 화력에 관계되는 기술은 포신만으로 기여할 수 있는 기술 뿐만 아니라 타구성품과의 복합적 성능으로 나타나는 기술이 있다.

이 포신에 적용되는 소요기술을 종합하여 정리하면 표 2.4.3과 같이 분야별로 주요 기술을 세분할 수 있다.

(1) 경량화 기술

포신의 경량화는 포열인 강 라이너 위에 복합소재를 감거나, 별도로 제작한 후 재킷을 덧씌우는 방식으로 가능한데, 현재 고려되는 복합소재는 티타늄기지 복합재와 알루미늄 기지 복합재이다. 또한 강 라이너를 세라믹 복합소재로 대체하는 것도 병행하여 연구되고 있다.

표 2.4.3 포신의 주요 세부기술

화력 구성요소	포신 기술 분야	주요 세부 기술	
반응성	경량화	복합소재	
		고강도 소재	
지속성	내구도 증대	포강 도금	
		포열 강재 냉각	
생존성	자동화	회전식 약실기구	
		점화장치	레이저 점화장치
			전열화학 점화장치
치명성	포구에너지 증대	대구경 및 장포신	
		추진방식	전열화학포
			전기포
	진동제어	능동 소재	
		포구 진동 제어기구	

미국의 미래전투체계(FCS)에서 다목적 발사장치 설계의 경우를 예를 들면 포 거치대의 경우, 티타늄만으로 제작된 중량보다 티타늄 및 복합소재를 이용한 경우 중량의 1/3 수준으로 경량화가 가능하며, 포열 전체 중량은 약 25% 수준으로 감소될 수 있는 것으로 연구되었다.

(2) 내구도 증대 기술

대구경 화포의 경우 사격 시 포강은 추진가스의 연소에 의하여 약 10 m/sec 동안 2600°C 이상의 고온 및 수만 psi의 압력상태로 된다. 이러한 고온·고압과 추진가스의 화학적 작용 및 탄자의 이동시 발생하는 마찰 등으로 포강의 마모를 촉진시키게 된다.

현재까지 포강에 대한 내마모 증가를 위하여 HC(High Concentration) 크롬도금 표면처리 기술을 적용하고 있으나, 이 도금은 배출폐수 및 대기오염에 대한 환경규제로 사용이 억제되고 있다. 또한 반복적인 기계적·화학적 및 온도의 영향으로 크롬 도금층에 실크랙이 발생, 성장하여 도금층이 탈락하면서 급격한 마모가 진행된다고 알려져 있다. 따라서 LC(Light Concentration) 크롬도금에 의한 내마모 성능개선이 연구되고 있으며, 기타 첨단 코팅기술의 적용이 검토되고 있다.

(3) 자동화 기술

자동화 및 무인화에 대한 요구에 따라 중구경에서 성능이 입증된 바 있는 회전식 약실기구를 대구경에 적용할 수 있는지에 대한 연구와 추진제의 점화에 사용하는 뇌관을 포함한 포미장치의 개념 변화에 대한 연구가 주를 이루고 있다.

기존의 폐쇄기는 포미환에 폐쇄기를 나사식으로 잠그고, 뇌관은 매 사격 시 수작업으로 한발씩 삽입한다. 그러나 발사속도의 증대가 요구되어 쇄전식 폐쇄기가 채택되었는데, 이 장치는 추진가스의 밀폐는 금속밀폐링으로 하고 병행하여 20~30발의 뇌관을 뇌관집에 한번에 장전하고 뇌관집을 교체하게 하였다. 이 방식은 한국의 155 mm 신형 자주포 K-9과 독일의 PzH2000 자주포에서 채택하고 있다. 또한 크루세이더 자주포의 경우는 자동화된 시스템으로 격발하며 뇌관을 대체하여 레이저 점화장치를 적용하였다.

한편으로 새로운 포미장치의 작동방식은 회전식 약실기구로서, 기존의 폐쇄기에 해당하는 부분을 없애고 폐쇄기에 장착되었던 격발장치와 추진가스의 밀폐기능은 포미환으로 옮긴 상태에서 포미환에 회전 중심축을 갖는 포열의 약실에 해당하는 부분이 탄약의 장전을 위해

표 2.4.4 자주포의 자동화에 따른 포미장치의 개념 변화

구 분	기 존	개선된 방식	자동화
폐쇄기	나사식	쇄전식	회전식 약실가구
격발장치	• 뇌관 사용 • 단발 수동식 • 타격식	• 뇌관집(약 30발 뇌관 장착) • 뇌관집 교체 수동식 • 타격식	• 레이저 점화 • 전열화학 점화

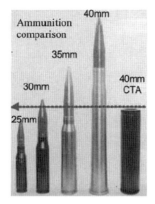
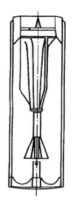

(a) 기존탄약과 CTA의 크기 및 형상 비교　　　　　(b) CTA 단면도

그림 2.4.10 CTA(Cased Telescoped Ammunition) 개념도

일정 각도로 회전할 수 있도록 되어 있다. 그림 2.4.10은 회전식 약실기구의 적용을 위해 개발된 CTA(Cased Telescoped Ammunition)의 개념도를 나타낸 것으로, 기존 탄약의 테이퍼 형상과는 달리 단순한 곧은 원통형 형상으로 설계되어 있다. 또한 탄자가 탄피 내에 묻혀 있으므로 보통탄보다 포신의 전장을 줄일 수 있다.

한편으로 레이저 점화방식과 전열화학포의 입력에너지를 소형화한 전열화학 점화방식이 연구되고 있다. 레이저 점화방식은 기존의 뇌관을 제거함으로써 격발지연이나 불발 가능성을 제거하고, 뇌관 취급에 따른 무인화 장애요소를 극복하게 한다.

2) 주퇴제어 기술

주퇴제어 기술은 주퇴복좌기를 이용하여 사격충격력 및 주퇴장 등을 제어하는 기술과 포구제퇴기를 사용하여 충격량을 감소시키는 기술로 구분할 수 있다.

(1) 주퇴복좌기 기술

주퇴복좌기는 사격 시 짧은 시간 동안 발생하는 높은 사격충격량을 비교적 긴 시간 동안 흡수하는데 주퇴장치, 복좌장치 및 완충장치의 3가지 기능에 의해 주퇴복좌 운동을 제어한다.

견인곡사포는 구조물에 작용하는 사격충격력이 낮아야 하므로, 주퇴기와 복좌기가 연결되는 종속형 주퇴복좌기 형태로 설계하여 주퇴력을 낮추어야 하므로, 구조 및 형태가 다소 복잡한 단점이 있다. 자주포는 주퇴기와 복좌기가 별도로 분리된 독립형 주퇴복좌기 형태로 설계한다.

사격에서 발생하는 충격량은 일정 수준 이하로 설계해야 하는데, 미국 FCS의 경우 체계 목표 중량을 20톤 이하로 하기 위해서 사격충격력을 1/3 수준 이하로 낮추어야 한다.

이는 기존의 주퇴제어 기술로는 한계가 있어서 새로운 주퇴제어 기술의 도입이 필요하며, 현재까지는 기존 기술에 비교하여 주퇴력을 40% 정도 감소시킬 수 있는 연식주퇴기법이 가장 유력한 대안으로 고려되고 있으며, 각국에서 활발히 연구되고 있다.

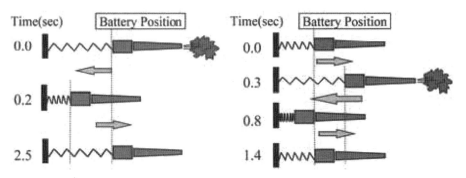

그림 2.4.11 연식주퇴기법 개념도

(2) 포구제퇴기 기술

포구제퇴기(muzzle brake)는 포구 끝에 장착되어 포강 내부에서 팽창하여 포구 바깥으로 나오는 추진가스의 일부를 제퇴기 벽면에서 편향시켜 주퇴력의 일부를 줄여줌으로써 사격충격력을 감소시킨다. 즉, 포구제퇴기는 사격충격량을 주퇴복좌기와 분담하도록 하는 장치인데, 그 종류별 형상은 그림 2.4.12와 같다.

배플(baffle)형 제퇴기는 포신의 측면으로 노즐이 편향되어 있는데, 단면적이 커서 제퇴기 효율은 약 30~40%로 높은 편이나 압력이 과도하여 일일 사격 가능 발수가 제한되어 사용이 점차 감소하고 있는 추세이다. 이러한 단점을 보완하기 위해 노즐에서 나오는 가스를 순차적으로 배출시키는 다단(multi-slot)형 제퇴기는 제퇴기 효율이 20~30%이며, 곡사포나 자주포에 자주 사용되고 있다. 한편으로 원주방향 대칭의 소형 노즐로 된 다공형 제퇴기는 제퇴기 효율은 낮으나 폭압 감소가 커서 점차 사용이 증가되고 있는 실정이다.

앞으로 포구에너지 증대 추세로 높은 폭압으로 인하여 배플형 제퇴기나 다단형 제퇴기는 사용이 제한될 것으로 예상되며, 다공형 제퇴기 개발이 주류를 이룰 것으로 판단된다. 또한

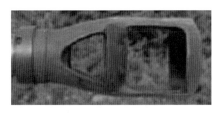

(a) 배플형

(b) 다단형

(c) 다공형

그림 2.4.12 포구제퇴기의 종류별 형상

연식주퇴기법 등의 주퇴력 감소 기술과 다공형 제퇴기 기술을 복합적으로 적용하여 주퇴력 제어 효과를 극대화시키는 방안도 검토될 것이다.

3) 자동송탄 및 장전기술

자동송탄 및 장전 기술은 중구경(20 ~ 40 mm) 무장을 탑재한 장갑차, 대공무기를 비롯한 전차, 자주포 등과 같은 모든 지상 무기체계에 적용되는 기술로서 전투차량 내에 일정수준 이상의 탄약을 안정적으로 적재하고 승무원의 요구에 따라 원하는 탄을 자동으로 선택하여 장전하는 기술이다. 이를 통해 화력을 증대시키고 체계의 공간을 축소시켜 생존성을 향상시킬 수 있는 장점이 있다. 아울러 단순히 취급이 어려운 중량의 탄약을 사람 대신 기계를 이용한다는 개념을 넘어 무인화를 가능하게 해준다는 측면에서 무인전투차량과 같은 미래 전력의 핵심이 되는 기술분야이다. 국내에서는 K-10 탄약운반 장갑차와 K56 탄약운반장갑차가 개발되어 K-9 자주포와 K-55A1 자주포에 적합하게 사용되도록 개발운용되고 있다. 이러한 자동송탄 및 장전기술은 체계설계의 효율화 및 성능 극대화 차원에서 시스템 설계가 선행되어야 하며, 이를 바탕으로 탄약적재 메커니즘 설계 기술, 이송메커니즘 설계 기술, 장전 메커니즘 설계 기술 및 제어장치 설계 기술 등과 같은 구성품 설계가 이루어진다.

4) 자주포용 사격통제장치 기술

지난 1990년대 초반까지 화포에 대한 사격통제는 겨냥대, 조준틀, 나침반 등으로 이루어진 수동광학식 기재에 의한 사격통제장치를 이용하였으나, 1990년대 이후 자동화된 사격통제장치를 갖춘 자주포가 개발되고 있다.

미국의 M109A6 자주포는 위치확인장치를 적용하여 자동위치 확인, 기동간 1분 이내 초탄발사, 자체 탄도계산, 자동방열 및 자동장전 제어, 포병지휘통제시스템인 AFATDS(Army Field Artillery Tactical Data System)와 무선디지털 통신, 실시간 포구초속측정 및 포구초속 오차 보상 등이 이루어지고 있다. 과거에는 16비트 마이크로프로세서를 채택하였으나 현재는 32비트 마이크로프로세서를 그리고 보드 단위의 공동 모듈화를 구현하였다.

독일의 PzH2000 자주포는 자동방열 시스템을 갖추고 있으며, GPS와 연계한 자동항법과 자동 탄도계산이 가능하다. 이 포의 사통장치는 전체 능력을 최적으로 발휘할 수 있는 통합된 시스템으로 평가받고 있다.

크루세이더의 사격통제장치는 완전 디지털화 및 로봇화된 자주포를 통합, 제어하며, 외부의 디지털 지휘통제 및 상황인식 시스템과 통합되는 시스템이다. 현재 최신 자주포들이 갖는 자동방열, 자동장전, 자동위치확인, 디지털 무선통신 등의 특성들은 모두 포함하고 있다. 전술 상황은 사격지휘 소프트웨어와 통합되어 전시기를 통하여 전시되며, 자주포의 운용상황이 실시간으로 판단되어 전시된다. 또한 표적 획득을 위한 비디오 영상탄을 이용하여 송신한 영상을 수신하여 전시기에 영상과 위치를 전시한다. 탄도추적시스템(PTS : Projectile Tracking

System)은 발사된 탄을 레이더로 추적하여 탄도계산 시 예측된 비행궤도와 실제 비행궤도를 비교하여 오차를 반영하여 차후 탄을 사격할 수 있게 한다.

미국의 미래포병전투체계는 조준선으로 화포를 방렬하지 않고 포탄을 발사하면 탄을 목적지까지 유도하는 방향으로 개발되고 있다. 크루세이더에 적용된 사격통제장치의 성능을 모두 포함하며, 탄을 유도하는 기능이 포함될 것이다.

이러한 사격통제장치에 필요한 기술로는 사격제어 기술, 지휘통제 기술, 운용통제 기술로 나눌 수 있다.

(1) 사격제어 기술

사격제어 기술은 정확한 탄도계산과 자동항법 기능으로 구성된다. 견인포 및 기존의 자주포는 최초 사격을 위하여 UTM 좌표계상에서 미리 알려진 위치로 포를 이동시키거나 나침반이나 겨냥대, 겨냥틀 등을 이용하여 화포 위치를 계산하였으며, 탄도계산은 계산병에 의하여 이루어졌다. 그러나 현대의 자주포는 탄도계산 컴퓨터 및 정밀항법장치를 적용하여 탄도계산이 자동화되고, 초탄 사격 이후 효력사를 위한 탄도 수정의 자동화, 신 탄종에 대한 사격제원 계산 등도 자동으로 이루어진다.

자주포에서 가장 진보된 기술로서 탄도계산은 표준탄도계산 프로그램을 통해 통합적으로 운용하고 있다. 이러한 탄도계산 소프트웨어는 계속 개발될 것이고, 새로운 탄종이 개발되면 이에 따른 계산능력을 추가하는 방향으로 발전되고, 탄도 획득 및 영상정보 획득 기능이 추가될 것이다. 또한 탄도추적 레이더와 인터페이스되어 사격한 탄의 탄도를 실시간으로 계측하여 탄착오차를 보정한 탄도로 사격할 수 있도록 발전할 것이다.

(2) 지휘통제 기술

화포의 지휘통제 단계는 기존에는 음성으로 이루어졌으나, 1990년대에는 포병사격 지휘체계와 무선 디지털 통신을 연동한 자동화로 신속한 화력지원이 가능하다. 미래에는 전차, 장갑차, 자주포 등 모든 전투체계가 C4ISR(Command, Control, Communication, Computer, Intelligence, Surveillance and Reconnaissance) 장비와 연계하여 전술정보 처리 및 상황인식 등이 소프트웨어에 의해 통합되어 이루어질 것이다.

(3) 운용통제 기술

운용통제 기술은 소프트웨어적인 통합과 운용자 인터페이스에 대하여 제어하는 기술이다. 이 기술은 마이크로프로세서 성능 향상과 소프트웨어 기술의 발전에 따라 다양한 방식으로 발전하고 있다. 미국의 크루세이더와 FCS-C는 사격과 관련된 모든 절차를 완벽한 자동화로 구현하였으며, 운용병은 단지 그래픽 전시기를 통하여 장비의 원격제어를 수행할 수 있도록 설계되었는데, 이런 방식으로 기술이 발전할 것이다.

2.5 박격포

박격포는 단위 보병부대의 공격 및 방어 시 전투현장에 있는 보병 지휘관의 판단에 따라, 다양한 탄종으로 즉각적이고 융통성 있는 화력지원을 제공해 주는 지휘관의 권총과 같은 화기이다. 대부분의 박격포는 인력으로 운반되므로 험준한 지형에서도 간접화기로서의 역할이 가능하며, 이러한 특성 때문에 보병의 간접지원용으로 대단히 유용한 화기이다. 특히 박격포는 구조가 단순하여 제작, 유지 및 운용이 용이하기 때문에 다양한 첨단무기체계의 홍수 속에서도 첨단기술을 보유한 선진국으로부터 낙후한 후진국에 이르기까지 여전히 화력지원 화기로서의 그 중요성은 동일하게 평가받고 있다.

2.5.1 체계 특성 및 운용 개념

1) 체계 특성

(1) 정의 및 분류

박격포는 고각으로 사격하고 포판을 통하여 주퇴력을 직접 지면으로 전달, 흡수하게 하는 포를 말한다. 현재 널리 사용되고 있는 재래식 박격포는 포구장전식이고, 활강 포열을 사용하며, 날개안정탄을 아음속으로 발사하고, 장약량의 가감과 사각의 변화로 사거리를 조정할 수 있다. 박격포는 탄두를 발사하여 비행시키는 포신, 포신을 일정한 위치로 조절하고 고정시켜 주는 포다리, 사격 시에 발생하는 충격력을 지면에 전달해 흡수하게 하는 포판 그리고 포의 자세를 나타내는 조준구로 구성된다.

박격포는 분류기준에 따라 다음과 같이 구분된다.

① 이동수단에 따른 분류
• 휴대 운반형 박격포
• 차량 견인형 박격포
• 자주형 박격포

② 탄약 장전방식에 따른 분류
• 포구장전식 박격포
• 포미장전식 박격포

③ 포열의 강선 유무에 따른 분류
• 활강식 박격포

• 강선식 박격포

④ 중량 및 구경에 따른 분류

구 분	구경(mm)	포중량(kg)	탄중량(kg)	최대사거리(km)
소구경 박격포	60 이하	25 이하	2 이하	5 이하
중구경 박격포	60 ~ 100	30 ~ 70	3 ~ 5	3 ~ 7
대구경 박격포	100 이상	100 이상	10 이상	5 이상

(2) 성능 특성

박격포의 최대 장점인 45° 이상의 고사각 탄도특성은 화포에 비해 상대적으로 월등한 고사계 사격을 가능하게 하여 고지 후방 및 참호와 고층 건물 사이에서 벌어지는 현대의 시가전에서 효과적인 공격능력을 제공하며, 지면에 거의 수직으로 낙하하는 탄두에 비해 보다 넓은 살상면적을 제공한다. 그러므로 120 mm 구경의 박격포탄으로 최신형 155 mm 곡사포 탄두의 65 ~ 85% 수준의 살상위력을 발휘할 수 있다. 또한 81 mm 이하 중・소구경 박격포는 운용병이 휴대하여 운반함으로써 우수한 기동성을 발휘하며, 일반 야포에 비해 빠른 발사속도는 단시간 내에 집중 화력을 제공한다.

그러나 구경이 커질수록 기동성 및 생존성을 강조하는 현대전 특성에 부합하게 차량에 장착하는 형태로 다양하게 발전하고 있는데, 최근에는 자동화된 사격통제장치를 보유한 자주 박격포가 출현하였다.

한편 박격포 체계는 포강내의 강선 유무에 따라 활강형과 강선형으로 구별될 수 있다. 활강식 박격포는 날개 안정탄을 사용하므로 비행탄도가 안정적이고, 85° 고각까지 사격이 가능하여 산악전투 및 시가전에서 유리하고, 최소 사거리가 약 200 m 수준으로서 근접 화력지원능력을 제공할 수 있다. 그러나 날개 안정탄의 특성상 비행 중 공기의 영향을 상대적으로 많이 받으므로 강선식 박격포보다 분산도가 큰 단점이 있으나, 고사계 사격이 많아 탄착시 낙각이 크므로 탄두 위력은 강선식과 거의 대등하다.

(a) 활강형   (b) 강선형

그림 2.5.1 박격포탄의 형상 비교

강선식 박격포는 회전 안정탄을 사용함으로써 분산도가 상대적으로 낮으므로 초탄 명중률이 높다. 또한 상대적으로 탄두의 크기가 날개 안정탄보다 크므로 동일 낙각의 경우 탄두위력이 날개 안정탄보다 다소 클 수 있다. 반면에 탄두비행 특성상 65° 고각까지만 사격이 가능하므로 산악전투 및 시가전에서 불리하고 최소 사거리가 약 1100 m 수준으로 근접 화력지원에 제한을 받는 단점이 있다.

2) 운용 개념

박격포는 주로 각 보병 단위부대에 편제되어 화력지원을 담당한다. 그러므로 화력지원 무기체계 특성상 박격포는 일반 야포와 그 운용 개념이 아주 흡사하다. 즉, 전방관측병(FO)이 적 표적을 탐지하여 적 좌표를 사격지휘소(FDC)에 보내면, 사격지휘소는 기상제원, 각 박격포 진지 좌표 등을 통합하여 사거리, 탄종, 고각 및 편각 등의 사격제원을 산출하여 각 박격포에 통보하며 사격임무를 할당한다. 그러면 각 박격포는 사격제원에 따라 탄약을 준비하고 포를 방열·조준하여 사격을 실시한다.

최근에는 현대전의 특성인 기동성 및 생존성 증대에 따라 박격포도 자주화되어 단독 사격임무도 가능하도록 발전되었다. 즉, 전방관측병 혹은 무인정찰기가 적 표적을 탐지하여 기동중인 박격포에 적 좌표를 전달한다. 그러면 박격포는 GPS 및 관성항법장치를 이용하여 기동 진로 및 자기위치를 식별하고, 아울러 입력된 적 좌표와 더불어 탄도계산을 실시하여 초탄 명중이 가능하도록 탄종, 장약, 사각, 편각 등의 사격제원을 박격포 단독으로 산출한다.

산출된 사격제원은 전시기를 통하여 운용병에게 제공되며, 전시된 사각 및 편각에 따라 관성항법장치를 이용하여 포신을 조준한다. 그후 선정된 탄약을 준비하여 단독으로 사격을 실시한다.

2.5.2 개발 현황 및 발전 추세

1) 개발 현황

제2차 세계대전에서 지상군 사상자의 약 절반이 박격포에 의해 발생했다는 통계가 발표되자 세계 각국은 박격포의 중요성을 인식하게 되었다. 1970년대 이후에는 사거리의 연장 및 박격포의 경량화를 중심으로 성능개선이 이루어지면서 박격포는 급속한 발전을 거듭해 왔다. 또한 전장환경의 변화로 표적획득 초기단계에서 대량으로 공격하고 신속하게 진지를 변환할 수 있는 능력이 요구되어 차량 탑재형 및 포탑형 자주 박격포가 출현하기에 이르렀다.

박격포는 초기의 보병휴대 운반형인 구경 60, 81 mm(동구권 82 mm)급에서 1980년대 이후 120, 160 mm 대구경 박격포로 전환되었고, 현재에는 4.2인치(207 mm), 240 mm, 420 mm 까지 출현하였다. 그러나 전 세계적으로 주력체계는 점차 120 mm급으로 전환되어 견인형 및 탑재형으로 운용되고 있다.

현재 각국에서 운용 중이거나 개발 중인 박격포의 현황은 표 2.5.1과 같다. 표에 나타난 것처럼 최근 박격포의 성능은 크게 향상되어 60 mm급 박격포는 사거리가 1.5 ~ 2.0 km에서 3.5 ~ 4.0 km 수준으로, 81 mm급 박격포는 3.5 ~ 5.0 km에서 5.5 ~ 7.0 km 수준으로 연장되었다. 이들 박격포의 개발 현황을 각 국가별로 구분하여 살펴보면 다음과 같다.

(1) 미 국

미국은 베트남전에서 81 mm 경량 박격포(무게 30 kg)가 보병이 휴대하기에는 과도하게 무거워서 폐기된 60 mm M19 박격포를 다시 사용해야 했다. 그래서 1970년대 연구개발을 시작하여 보병중대용 화력지원 화기인 사거리 3.5 km의 60 mm M224 경량 중대 박격포를 개발 완료하여 배치하였는데, 이 박격포는 경량화를 위해 알루미늄을 대폭 사용하였으며, 탄두위력 증가를 위해 M734 전자 신관을 채택하였다.

표 2.5.1 각국의 박격포 개발 현황 및 특성 비교

국가	대표 모델	배치 년도	주요 특성 및 성능				
			사거리(km)	중량(kg)	사각(°)	사통 장치	운반형태
미국	60 mm M224	1977	3.5	21.1	45 ~ 85	광학식	휴대 운반
	81 mm M252	1984	5.7	42.3	45 ~ 85	광학식	휴대 운반
	120 mm M120	1994	7.2	사격 시 : 145 이동시 : 321	45 ~ 85	광학식	견인 (HMMWV)
	120 mm M121	1994	7.2	—	45 ~ 85	광학식	장갑차 탑재형
	120 mm FCS	개발 중	12 이상	—	-3 ~ 85	전자식	장갑차 탑재형
러시아	82 mm 2B14	—	4.1	41.9	45 ~ 85	광학식	휴대 운반
	120 mm NONA SVK-M	—	8.8 RAP : 12.8	390	—	광학식	견 인
	120 mm 2S31	—	7.2 RAP : 18	19500	-4 ~ 85	—	장갑차 포탑형
프랑스	TDA 60 mm Light	1963	2.0	14.8	45 ~ 85	광학식	휴대 운반
	TDA 81 mm Light	1961	5.0	42.5	45 ~ 85	광학식	휴대 운반
	TDA 120 mm RT	1973	8.1 RAP : 13	627	45 ~ 85	광학식	견 인
	TDA 120 mm 2R2M	2003	8.1 RAP : 13	탑재장치 : 1500	45 ~ 85	전자식	장갑차 탑재형
스웨덴	120 mm AMOS	2002	10 RAP : 13	포탑 : 3300	-5 ~ 85	전자식	장갑차 탑재형
한국	60 mm KM181	1987	3.6	18	—	광학식	휴대 운반
	81 mm KM187	1995	6.3	42	—	광학식	휴대 운반
	4.2인치 KM30	1977	5.6	303	—	광학식	장갑차 탑재형

그후 1980년대 초에 보병대대용 화력지원 화기인 사거리 4.7 km의 81 mm M29A1 박격포를 대체하기 위해 사거리 5.7 km인 영국의 81 mm L16A1을 일부 개조하여 M252로 명명한 후 배치하였다. 또한 1990년대 초에는 보병연대용 화력지원 화기인 사거리 5.7 km의 4.2인치 박격포 M30을 대체하기 위해 사거리 7.2 km인 이스라엘 Soltam사의 활강식 120 mm K-6 경량박격포를 채택하여 견인형은 M120으로, M113 장갑차 탑재형은 M121로 명명하였는데, 120 mm 박격포를 탑재한 장갑차는 M1064A3이다. 1994년 복합재를 대폭 사용하고, 사격 시 포판에 전달되는 충격력을 50% 이하로 감소시키기 위해 포신과 포판 사이에 완충장치를 삽입하여 중량을 대폭 감량한 총 중량 62.6 kg의 120 mm 경 박격포체계를 개발하였으나, 전력화 및 양산은 아직 착수하지 못하고 있다.

최근에 들어서는 초탄발사 소요시간 단축 및 정확도 증대를 위한 전자식 사격통제장치를 개발 중인데, 단기적으로는 M1064A3 장갑차에, 장기적으로는 120 mm 박격포를 미래전투체계(FCS)에 장착하여 운용할 계획으로 개발하고 있다. 또한 사거리 및 살상위력을 증대하기 위하여 활강 박격포용 날개안정 로켓보조 이중목적 분산탄(사거리 10 km 이상)과 초탄 명중을 위한 날개안정 정밀유도 박격포탄(사거리 15 km)을 연구개발 중에 있다.

(2) 러시아

러시아를 비롯한 동구권 국가들은 전통적으로 박격포의 전술적 가치를 높이 평가하여, 보병의 주요 화력지원화기로 박격포를 매우 선호하며 박격포의 개발과 전술 발전에 주력해 왔다.

러시아는 82 mm 구경을 제외한 모든 박격포를 대구경화하여 107, 120, 160 mm 등은 물론, 유일하게 240, 420 mm를 갖추고 있으며, 전 세계에서 가장 다양하고 많은 박격포를 개발한 국가이다. 또한 160 mm 이상의 박격포는 핵 투발능력도 갖추고 있는 것으로 알려져 있다. 한편 곡사포의 개념과 혼용된 형태의 박격포(mortar / howitzer)까지 사용하고 있다.

현재 보유 중인 82 mm 2B14 Podnos 경량박격포는 현대적인 재료와 제작방법을 사용하였지만 전통적인 형상을 유지하고 있는 휴대 운반형으로, 중량이 42 kg, 최대 사거리가 4.27 km이다. 또한 1971년 배치된 82 mm Vasilek 2B9 자동박격포(그림 2.5.2(a) 참조)는 스프링식 주퇴장치가 장착되어 있으며, 고사각에서는 포구에서 장전하나 저사각에서는 포미에서 장전한다. 이 박격포는 자동사격에서 분당 170발, 지속사격에서 분당 120발을 사격할 수 있는 화력이 우수한 무기이다. 러시아에서 초기 제작된 것은 견인포 형태였으나, 최근 미국에서 그림 2.5.2(b)처럼 HMMWV에 이 박격포를 탑재한 상태로 운용시험을 행한 것으로 알려져 있다.

120 mm 2S11 박격포는 중량이 280 kg, 최대 사거리 5.7 km인 120 mm M-43 박격포를 중량 210 kg, 최대 사거리 7.1 km로 경량화시키면서 개량한 것으로, 전통적인 구조의 견인형 활강식 형태이다.

한편 1981년경 선보인 박격포로 하나의 무기에 곡사포와 박격포의 특징을 합친 포(mortar/howitzer)는 견인형으로, 120 mm 2B16(NONA-K) 조합포(combination gun, 그림 2.5.3(a) 참조)

(a) 견인형

(b) 차량 탑재형

그림 2.5.2 82 mm Vasilek 자동 박격포

(a) NONA-K Combination Gun

(b) NONA-S 자주 Howitzer/Mortar

그림 2.5.3 120 mm 조합형 박격포

와 이 포를 궤도형 장갑차에 장착한 포탑형 자주 박격포 120 mm 2S9 (NONA-S, 그림 2.5.3(b) 참조)가 있다. 이 120 mm 곡사포/박격포 조합형은 1990년대에는 차륜형 BTR-80 장갑차에 장착한 자주 박격포 NONA-SVK(2S23), 궤도형 BMP-3 장갑차에 장착한 자주 박격포 Vena(2S31) 등 다양한 변종이 출현하였는데, 사거리가 증대되고 직접사격으로 HEAT탄을 사격할 수 있다.

(3) 프랑스

현재의 박격포 가운데 가장 복잡한 TDA MO 120 RT 120 mm 강선 박격포는 서방국가에서 유일한 강선식 박격포로서, 어떤 면에서는 포와 비슷하다. 이 박격포는 강선식 포강에 포구장전식이다. 강선 홈이 파진 회전대가 부착된 회전 날개안정 탄약을 사용하여 탄도특성상 탄착분산도가 활강식 박격포에 비해 우수한 장점을 갖고 있다. 반면에 사격 시 발생하는 회전 우력을 지지하기 위해 포다리와 견인장치가 일체형으로 되어 있어 박격포 중량이 582 kg이며, 탄도특성상 사격 고각이 65°까지 제한됨으로써 1100 m 이내의 근접지원 사격이 불가한 단점을 갖고 있다. 고폭탄의 사거리가 약 8.1 km, RAP탄의 사거리가 13 km이며, 1970년대 초에 양산을 착수한 이래 약 22개 국가에 이 박격포를 수출하였다.

한편 MO 120 RT 박격포의 포신과 탄약을 공용하면서 자동화된 선회, 고저 장전장치와 전자식 사격통제장치를 갖춘 경장갑차 탑재용 TDA 120 2R2M 박격포가 1990년대 후반에 개발되었으며, VAB 6 × 6 차륜형 장갑차에 탑재된 2R2M 박격포의 초도양산이 이루어진 것으로 알려져 있다. 미 해병대에서 2R2M 박격포를 도입하여 무인화 원격조종 120 mm 강선형 박격포인 Dragon Fire 시제품을 개발하여 기술적인 검증을 실시하고 있다.

(4) 스웨덴

스웨덴은 1990년 후반에 업체 자체 개발로 자주 포탑형 쌍열 120 mm 박격포(일명 AMOS : Armored Mortar System)를 개발하였다. 이 포탑형 자주 박격포는 직사능력 및 사격 간 NBC 방호능력과 선회, 고저, 장전이 자동화되고 전자식 사격통제장치가 갖추어짐에 따라 표적획득 후 단시간에 화력 집중이 가능한 능력을 가지고 있다. 최초에는 포구 장전형과 포미 장전형으로 2종의 시제품을 개발하였으나 최종적으로 포미장전식 형태로 단일화하였으며, 궤도형 또는 장륜형 섀시에 장착하였다. AMOS는 3 m의 장포신을 포탑 위에 2개 장착하고 있는데, 사거리는 고폭탄 10 km, RAP탄 13 km이다. 특히 포신마다 각기 부착된 자동장전장치에 의해 각 포신의 발사속도가 12발/분으로써 총 24발/분의 발사속도와 6발/12초라는 급속사격능력을 갖고 있다.

(5) 한 국

1970년대 초 미국 박격포인 60 mm M19, 81 mm M29A1 및 4.2인치 M30을 국내에서 모방 개발하였으며, 1980년대에 들어서 사거리 3.6 km인 60 mm KM181 박격포와 사거리 6.3 km인 81 mm KM187 박격포를 국내에서 독자 개발하였다(그림 2.5.4 참조).

한편 4.2인치 박격포 대체를 위한 120 mm 박격포 체계 개발의 필요성이 제기되어 연구개발 중에 있는데, 그림 2.5.4(c)와 같이 장갑차에 장착한 자주 박격포 형태로 지능탄약을 사용하여 전차까지 파괴할 수 있는 화력지원 능력을 보유하도록 구상하고 있다.

(a) 60 mm KM181

(b) 81 mm KM187

(c) 120mm 자주 박격포 모듈

그림 2.5.4 한국의 박격포

(6) 북한

북한은 한국전쟁 당시 러시아와 중국에서 도입한 60, 82, 120 mm 박격포를 보유하였고, 모방생산하여 점차 대체하였으며, 대구경화 계획의 일환으로 160 mm 박격포를 러시아로부터 도입하여 모방생산하고 있다. 한편 러시아에서 보유하고 있는 240 mm 박격포도 야전에 배치할 것으로 예상되며, 120 mm급 이상의 박격포에 대한 자주화를 추진할 것으로 예상된다.

2) 발전 추세

1910년경 박격포가 출현한 이후로 수십 년 동안 구조에서는 큰 변화가 없으면서도 대구경화, 사거리 증대, 경량화, 발사속도의 증대, 탄 위력의 증대 등 지속적인 성능향상이 이루어졌다. 최근에는 전투 개념의 변화에 따라 기동성, 생존성, 화생방 능력을 갖춘 자주 박격포와 다련장 박격포 등이 출현하고 있는 추세이다.

(1) 대구경화 및 단일화

보병이 신속하고도 충분한 포병의 화력지원을 받을 수 있었던 과거에는 보병이 무거운 대구경 박격포를 운용할 필요가 없었으나, 오늘날에는 포병의 주력화포가 155 mm 구경으로 바뀌고 종심 깊은 적 표적 제압을 대상으로 운용 개념이 변화하고 있어서, 보병의 자구적인 측면에서 화력이 큰 대구경 박격포가 요구되는 것이 세계적인 추세이다.

박격포 구경의 발전 추세를 살펴보면 서구권 국가들은 60, 81 mm, 4.2인치 및 120 mm 등을, 러시아를 비롯한 동구권 국가들은 보병부대의 주요 화력지원화기로 박격포체계를 매우 선호하여 82, 120, 160, 240 mm를 개발하여 운용해 왔다. 그러나 최근에 들어 동서양을 막론하고 박격포체계의 주력 구경은 120 mm로 통합되고 있는 추세이다.

(2) 사거리 증대

일반적으로 사거리를 증대시키는 방법으로는 포열 길이를 증가시키거나, 탄두에 작용하는 약실압력을 증가시켜 포구속도를 증대시킴으로써 가능하다. 그러나 박격포의 포열 길이는 인간공학적 측면과 탑재형의 경우 장갑차 내부공간 측면에서 약 2 m 수준으로 제한되며, 약실압력도 사격 시의 충격력 등과 같은 기술적 요소에 의해 제한을 받아서 고폭탄으로 달성 가능한 120 mm 박격포의 최대 사거리는 8.5 km 내외가 한계이다.

사거리를 연장시키는 또 다른 방법으로는 로켓보조추진탄(RAP)을 사용하는 것으로, 최대 사거리를 50% 정도 증가시킬 수 있다. 그러나 보조로켓을 탄 후미에 장착해야 하므로 폭약충전공간이 줄어들어 탄 위력이 감소하고, 보조로켓의 추진력이 일정하지 않아서 정확도가 저하되는 경향이 있다. 미국에서 개발 중인 로켓보조 분산탄인 XM984는 최대 사거리 12 km를 목표로 하고 있다.

최근 미국에서 개발 중인 정밀유도 박격포탄인 XM395 PGMM(Precision Guided Mortar

Munition)과 같이 일정 고도 이상에서 탄두의 날개를 이용한 낙하비행을 통해 최대 사거리를 15 km까지 연장하면서 탄착 원형 공산오차(CEP : Circular Error Probable)를 1 m까지 정밀 유도하고자 하고 있다.

(3) 발사속도의 증대

박격포의 발사속도를 증가시키는 한 방법으로 다수의 포탄을 동시에 발사하는 방식으로, 스위스의 쌍열 박격포와 이라크의 다련장 박격포가 제작되었다. 그러나 대부분의 국가에서는 장갑차량에 탑재하고 자동장전장치를 부착하여 탄 발사속도를 증가시키는 방향으로 개발을 추진 중에 있다.

(4) 살상위력 증대

살상력의 증대는 다목적 근접신관을 이용하여 일정한 지상높이에서 공중폭발시키거나, 탄체의 파편효과를 증대시키는 재질을 사용하거나, 위력이 큰 충전폭약을 사용하는 방법 등으로 가능하다. 또한 탄체 내에 수십 개의 자탄을 넣은 분산탄을 사용하는 경우 살상위력을 약 2배 이상 증대시키고, 자탄이 갖는 성형장약에 의한 장갑판 관통능력도 보유하고 있다.

(5) 경량화 추구

박격포는 운용 목적상 보병이 휴대운반을 해야 하는 60 mm 및 81 mm급 박격포와 필요시 단·중거리 휴대운반을 필요로 하는 특수부대용 120 mm 박격포는 중량을 대폭 감소시킨 경량 박격포로 발전하고 있다.

박격포의 주요 구성품인 포열, 포다리, 포판 자체를 현재 사용하고 있는 강철 대신 알루미늄 합금, 마그네슘 합금, 복합재료 등과 같은 경량소재를 사용하고, 포다리의 구조 개선, 포신두께의 최적화 등을 통하여 경량화를 추구하는 추세이다. 또한 포신과 포판 사이의 완충 장치를 사용하여 포판을 소형화하는 방법으로 경량화를 추진하고 있다.

(6) 자주화

기동성 제공을 통한 생존성 증대 측면에서 장갑차를 중심으로 한 자주화가 이루어지고 있는데, 일반적으로 차체는 타 무기체계 차체와 공용하면서 차량 탑재형과 포탑형 자주 박격포 두 가지 형태의 구조를 갖고 있다.

포탑형 자주 박격포는 NBC(Nuclear Biological and Chemical) 방호가 가능하고 필요시 탄약을 자동장전하며, 직사 사격도 구현할 수 있는 형태로 발전되는 추세이다. 한편으로 탑재형 자주 박격포는 직사 사격이 불가하고 사격간 NBC 방호가 어렵다는 제한이 있으나 생산 및 정비유지 비용이 저렴한 경제적 이점이 있어서 현재 상태로 운용될 것이다.

(7) 사격통제장치의 자동화

미래의 박격포는 사격통제장치가 자동화되어 사격임무가 하달되면 GPS 및 관성항법장치를 이용하여 자기 위치를 식별하고, 입력된 적의 좌표를 이용하여 디지털 탄도계산을 실시함으로써 초탄 명중이 가능하도록 탄종, 장약, 사각, 편각 등의 사격제원이 산출되어 포신이 조준되도록 할 것이다. 한편 탄약장전은 일반적으로 포구장전이지만 포탑형의 경우는 포미로 자동장전하고, 탑재형은 포신의 하단 부위의 탄약 트레이(tray)에 올려놓은 탄약이 포구위치로 상승되어 포강에 삽입될 것이다.

이러한 개념을 이용하여 미국은 무인화 원격조정 120 mm 자주형 박격포인 Dragon Fire를 시험 중에 있다.

2.5.3 박격포 탄약

1) 체계 특성 및 운용 개념

박격포탄은 보병이 운용하는 무기체계로서 높은 포물선의 탄도 특성을 이용하여 넓은 범위에 피해를 주는 목적으로 고폭탄을 주로 사용해 왔다. 그러나 최근에는 전차나 장갑차를 공격할 수 있는 고도의 기술집약형 무기인 스마트탄을 사용하는 추세로 발전되고 있다. 박격포탄은 기본적으로는 지역표적 제압용 보병지원 무기체계이나, 미래전에서는 전술표적과 장갑표적을 무력화하는 체계로 보병이 운용할 것이다.

2) 개발 현황 및 발전 추세

(1) 개발 현황

현재 개발하여 사용하고 있는 박격포용 탄약은 다음과 같은 탄약이 사용되고 있다.

① 고폭탄

박격포용 탄약은 탄피가 없이 날개 결합체에 증가추진 장약을 끼우는 탄약으로, 포신의 구분에 따라 회전안정탄과 날개안정탄이 있다.

② 대장갑 유도포탄

곡사포용 유도포탄과 유사한 구조 및 기능이 필요하고 소요기술도 같다. 박격포용 탄약을 위한 가속도는 필요 없다.

③ DPICM탄 및 IR 발연탄

곡사포용 탄약과 유사한 구조와 기능을 가지고 있다.

④ RAP탄

박격포용 탄약의 최대 사거리는 통상 6~8 km이나 적의 근접전투화기의 사거리 밖에서 공격하기 위해서는 사거리 연장이 요망된다. 박격포용 탄약은 초속이 비교적 늦기 때문에 사거리 연장을 위해서는 RAP을 부여하는 것이 유효한 수단으로 이용된다.

국가별 개발 현황은 다음과 같다.

① 미국

미 육군은 현재 60, 81, 120 mm 등 3개 구경의 박격포를 운용하고 있으며, 각각의 경우 고폭탄, 연막탄 및 조명탄 등을 사용하고 있다. 120 mm 박격포체계는 활강형으로서 최대 운용사거리는 7200 m이고, 최소 사거리는 탄종에 따라 170~300 m이다. 현재 사거리 10 km의 사거리 연장탄에 대한 연구가 진행 중에 있으며, 정밀유도 박격포탄, 사거리 연장 이중목적 분산탄도 개발 중에 있다.

② 프랑스

프랑스는 120 mm 박격포의 경우 활강포 및 강선포 체계를 동시에 연구하였으며, 근년에 들어 120 mm MO-12-RT 및 2R2M 강선포로 120 mm 로켓보조고폭탄 발사 시 사거리는 13 km에 달한다. 또한 13 km 사거리의 강선박격포용 장갑표적 감지 파괴포탄인 120 mm ACED탄을 개발 중에 있는데, 이 탄은 이중모드의 적외선·밀리미터파 센서와 2발의 성형 파편탄두(EFP) 자탄을 탑재하고 있다.

③ 이스라엘

이스라엘은 일찍이 120 mm 구경의 활강 박격포체계에 대한 연구를 활발하게 수행하여 고폭탄 등 기본 탄종은 물론이고, 최대 운용사거리 10.5 km의 120 mm 활강용 RAP탄을 개발한 바 있다. 현재 100 mm 감소구경탄을 결합한 120 mm DS M120HE 이탈피 부착탄을 개발 중이며, A-4 또는 A-7 장포신 박격포로 발사 시 사거리가 12 km에 이른다. 또한 IMI사는 사거리 5.75 km의 이중목적 분산탄 M971/1을 개발 완료한 바 있다.

④ 스웨덴

스웨덴 육군의 120 mm M/41C 박격포에 사용할 목적으로 적외선 표적추적장치에 의해 유도되는 120 mm 종말유도 박격포탄을 개발하였다. STRIX라고 명명된 이 탄은 정상적인 탄도궤적을 그리며, 필요할 경우 로켓 모터를 부착한다. 탄 비행의 마지막 단계에서 적외선 탐색장치와 유도부가 작동하여 탄을 표적의 가장 취약한 상부표면으로 향하게 한다. STRIX 탄은 전차의 상부장갑을 공격하는데, 수직에 가까운 최종 탄도로 인해 장착된 적외선 탐색장치는 위장 및 연막차장과 같은 적의 은폐를 극복할 수 있다. 현재 이 탄은 개발이 완료되어 1994년부터 스웨덴 육군에 공급되고 있다.

(2) 발전 추세

박격포용 탄약체계의 발전 추세는 다음과 같다.

① 탄 위력의 증대

탄체 재질은 고파편 소재인 고강력 합금이나 주조탄체를 사용하여 파편효과 증대를 기하고 있다. 또한 충전폭약을 TNT에서 Composition B로 전환하여 살상력을 증대시키고, 대구경 박격포를 보유함으로써 탄 위력을 증가시키고 있다.

② 분산탄의 개발

탄체 내에 약 20개 정도의 자탄을 넣은 120 mm 박격포용 분산탄은 기존 탄에 비해 2 ~ 3배의 살상효과를 낼 수 있다. 그래서 많은 수의 자탄으로 피탄지역이 확대되는 방향으로 DPICM 탄약이 개발되고 있다.

③ 탄종 다양화

오늘날에는 전자부품·장치의 가격이 현저하게 저렴해졌고, 쉽게 구할 수 있으며, 휴대용 사통장치의 발달로 시한신관을 박격포탄에도 장착할 수 있게 되었다. 또한 전장 환경변화에 따라 박격포체계의 대전차전 수행을 위한 이중목적 분산탄 및 정밀유도 박격포탄이 개발되고 있다.

④ 정밀유도 박격포탄의 개발

고각과 낙각이 큰 박격포의 탄도특성을 이용하여 전차의 취약 부위인 상부를 공격하기 위해서 대전차 유도 박격포탄을 개발하는 추세이다. 최근 세계 각국에서 개발 또는 장비하고 있는 대표적인 스마트 탄종으로는 미국의 120 mm 활강포용 정밀유도 박격포탄(PGMM), 스웨덴의 120 mm 활강포용 유도 박격포탄(STRIX), 프랑스의 120 mm 강선포용 표적감지·파괴 분산탄(ACED), 독일의 120 mm 활강포용 유도 박격포탄(Bussard, 미국 PGMM과 공동개발로 전환) 등이 있다.

2.5.4 주요 구성 기술

박격포체계는 화포체계와 거의 동일한 표적을 파괴 대상으로 삼고 있어서 사격통제장치, 자주화된 박격포의 자동장전장치, 탄의 명중도 향상 및 위력의 증대에 소요되는 구성 기술은 큰 차이가 없다. 그러므로 화포와 구분되는 분야에 대한 것만 언급한다.

1) 경량화 기술

박격포의 경량화를 위한 노력으로 포열을 기존의 합금강 소재 위에 복합소재 와인딩 혹은 티타늄 보강 튜브를 열박음하는 기술이 개발 중에 있으며, 포다리는 각종 부품을 기존의 합금강에서 고강도 알루미늄 혹은 티타늄 합금으로 설계 및 제작하는 기술이 필요하다. 포판의 경우도 복합소재를 이용한 경량화 개발기술이 연구되고 있다. 특히 120 mm 박격포의 경우는 이러한 주요 구성품 자체의 경량화 설계뿐만 아니라, 포판에 전달되는 충격력을 50% 이하로 감소시키기 위해 포신과 포판 사이에 완충장치를 삽입하는 기술이 사용되고 있다.

2) 무인화 원격조정 기술

차세대 자주 박격포는 무인 원격조정에 의해 사격제원에 의한 포신의 조정 및 탄의 장전 및 발사 등의 시스템 기술이 적용될 것이다.

3) Gun/Mortar Combination Gun 설계 기술

곡사포와 박격포의 장점을 조합하여 하나로 합친 조합포(combination gun)의 설계 기술이다.

2.6 로켓

연료를 연소시켜 생성된 고압가스로 추진력을 얻는 장치를 로켓기관이라 한다. 로켓기관은 크기에 비해 가장 큰 힘을 내는 엔진으로서 같은 크기의 자동차 엔진보다 3000배 이상의 힘을 낸다. '로켓(rocket)'이라는 말은 로켓기관으로 추진되는 비행체를 뜻하며, 매우 큰 힘을 내는 만큼 연료를 빨리 연소시키므로 짧은 시간 동안에 많은 연료를 소모하고, 높은 온도를 발생시킨다. 따라서 로켓기관은 높은 온도와 압력 그리고 강한 힘에 견디면서도 가벼워야 하기 때문에 매우 복잡하고 어려운 기술을 필요로 한다.

풍선에 공기를 불어넣은 후 손을 떼면 풍선은 움직이기 시작한다. 로켓의 원리도 풍선처럼 작용과 반작용의 원리로 작동하게 된다. 로켓의 연소실에서 연료와 산화제로 구성된 추진제(propellant)가 연소되면 매우 빠르게 팽창하는 가스가 생성된다. 이 팽창가스의 압력은 로켓 안의 모든 방향으로 똑같이 작용하고, 어떤 한 방향으로 가해지는 압력은 그 반대 방향으로 가해지는 압력과 균형을 이룬다. 그러나 로켓 뒤쪽으로 흐르는 가스는 노즐을 통해 배출되어 로켓 앞쪽의 압력과 균형을 이루지 못하게 되고, 이때 발생되는 압력차로 인하여 로켓이 앞으로 추진된다. 노즐을 통해 배출되는 가스가 뉴턴의 운동 법칙에서 말하는 '작용'이고,

배출가스의 반대쪽인 앞쪽으로 로켓을 미는 추진력이 '반작용'이다.

뉴턴의 운동 제2법칙에 의하면 힘은 질량과 가속도의 곱으로 나타낼 수 있으며, 이때 질량이 일정한 경우 힘은 가속도에 비례한다. 만약 로켓의 질량이 일정할 때 추력이 일정하다면 가속도도 일정하게 되어 로켓의 속도는 분사시간에 비례하여 증가하게 된다. 그러나 로켓의 추진제가 전체 무게의 70～80%를 차지하므로 추력이 일정하더라도 질량이 줄어들어 가속도는 커지게 된다. 결국 로켓의 속도는 추진제가 전부 소모될 때까지 계속 증가하게 된다. 그러므로 로켓 추진의 기본 원리는 뉴턴의 운동 제2법칙과 제3법칙을 응용한 것이다. 이 절에서는 이러한 로켓의 원리와 기술을 중심으로 개발된 다련장 로켓과 지대지 유도탄에 대해 살펴보고 핵심적인 주요 구성 기술을 다루고자 한다.

2.6.1 다련장 로켓(MLRS)

다련장 로켓체계(MLRS : Multiple Launch Rocket System)는 미군이 1976년 바르샤바 조약군과의 전력격차를 줄이기 위해 개발에 착수한 것이 시초이다. 이후 NATO 가맹국들이 이 병기에 관심을 가지고 개발에 참가하여 1979년 미국, 독일, 영국, 프랑스 4개국이 참여한 NATO의 표준 로켓 시스템으로 채용되면서 MLRS로 개칭하였으며, 고성능 사격통제장치와 이동식 발사대를 하나의 시스템으로 통합한 혁신적인 포병 무기체계가 되었다.

1) 체계 특성 및 운용 개념

다련장(多聯裝) 로켓체계는 동서 냉전시대에 막강한 화력을 보유하고 있던 소련 포병화력에 대응하기 위해 미국에서 GSRS(General Support Rocket System)이라는 이름으로 개발에 착수하여, 미국·영국·프랑스·독일·이탈리아 등에 의해 공동 개발된 무기체계이다. 개발 초기에는 정확도가 미흡한 단점을 빠른 발사속도와 대량화력 집중이 가능한 장점으로 보완하여 적 집결지, 경장갑 및 물자, 인원표적 등에 대한 제압용으로 포병을 보완하는 일반 화력지원 무기로 운용되었다. 1990년대 이후 300 km급의 전술유도탄(ATACMS : Army TACtical Missile System)이 개발됨에 따라 다련장 로켓은 단순한 대량화력 무기체계가 아닌 정밀 화력 무기체계의 역할을 담당하게 되어 지상화력의 주력 무기체계로 발전되고 있다.

최근의 다련장 로켓은 고기동, 장사정, 고위력화되는 추세로 화력집중에 의한 대량파괴와 더불어 치명타를 가할 수 있는 정밀파괴능력을 보유하고 있으며, 다련장 로켓의 특성은 다음과 같다.

무반동 특성을 이용한 경량 발사관 설계가 가능하여 단시간 내에 빠른 발사속도로 화력의 집중이 가능하며, 낮은 가속의 로켓 비행특성으로 전자장비 탑재 시 작동 신뢰도가 높아 정밀타격 무기의 탑재가 용이하다. 또한 로켓 대형화로 사거리 50 km 이상으로 장사정화가 용이할 뿐만 아니라, 발사 충격이 작기 때문에 각종 이중목적자탄, 살포지뢰자탄, 종말유도자탄 등의 분산자탄 및 정밀유도자탄의 적재가 가능하다.

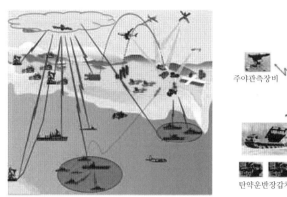

주야관측장비 사격지휘소 탐지레이더

탄약운반장갑차 탄약운반장갑차 탄약운반장갑차

그림 2.6.1 다련장 로켓체계 운용 개념

다련장 로켓체계의 운용 개념은 그림 2.6.1과 같이 무인기(UAV), 대포병탐지레이더(AN/TPQ-37 등) 및 전방 정찰대로부터 실시간으로 획득한 상급부대의 정보를 C4I 시스템을 통해 혹은 대포병탐지레이더와 직접 연동되어 사격제원을 확보하고 공격할 수 있도록 사격지휘체계와 연동되어 운용된다. 또한 생존성 확보(shoot & scoot), 작전시간 및 장전시간 단축 등을 위하여 탄약운반차를 운용하고, 로켓 탑재차량 혹은 탄약운반차에 크레인을 장착하여 포드화된 탄약을 자동으로 장전할 수 있도록 자동화되고 있다. 탑재차량에 저공 기상측정 장비를 장착하여 환경변화(기상측정 정보)에 따른 사격제원의 자동보정이 가능하며, 통합항법장치(GPS/INS/VMS)를 장착하여 신속한 자기위치식별과 발사대의 자동 위치제어(방위각, 고각)를 통해 신속하고 정확한 타격이 가능하도록 운용되고 있다.

2) 개발 현황 및 발전 추세

다련장 로켓체계는 소련에서 개발된 구경이 122 mm인 BM21이 세계 최초이다. 다련장 로켓체계는 비교적 가벼운 장비로서 짧은 시간에 원거리에서 다량의 화력을 제공하는 지역 제압무기로서, 기존의 어떠한 야포체계보다 효과적이고 인력의 효율성이 높기 때문에 세계 각국에서는 이 분야에 대한 연구를 지속적으로 수행해 왔으며, 현재는 20여 개국에서 이 무기를 자체 개발하거나 도입하여 배치하고 있다. 우리나라도 1980년대 초에 구룡이라는 이름으로 130 mm 다련장 로켓을 최초로 개발하여 운용 중에 있고, 227 mm MLRS를 도입하여 운용하고 있다.

표 2.6.1은 미국을 비롯한 세계 주요 국가에서 보유하고 있는 다련장 로켓체계의 개략적인 현황을 나타내고 있다.

(1) 미국

다련장 로켓체계는 냉전시대에 막강한 화력을 보유하고 있던 소련의 포병화력에 대응하기, 위해 1979년 GSRS(General Support Rocket System) 계획으로 미국·영국·프랑스·독일·

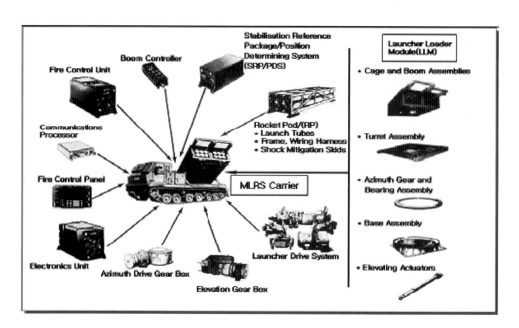

그림 2.6.2 미국의 M270A1 다련장 로켓체계 구성

표 2.6.1 각국의 다련장 로켓 제원

국 가	체계명(모델)	구경 (mm)	최대 사거리 (km)	장전 탄약	자체 장전	유도 로켓	겸용 포드
미 국	M270A1	227	45(65)	12	O	O	O
		607	150 ~ 300	2	O	O	
	HIMARS	227	45(65)	6	O	O	O
		607	150 ~ 300	2	O	X	
러시아	BM9K57	220	35	16	O	X	X
	BM9A52(SMERCH)	300	90	30	X	O	X
중 국	TYPE-83	227	45(65)	6	O	O	X
	WM-80	273	40	8	O	X	X
북 한	BM-11	122	20	30	-	X	X
	BM-24	240	60 ~ 70	12	X	X	X
한 국	구룡	130	30	36	X	X	X

이탈리아 등이 공동으로 개발하였으며, 미국은 1983년, 유럽은 1989년에 양산하여 현재 미 육군을 비롯한 14개국에서 운용 중인 무기체계이다. 걸프전에서 최초로 실전에 사용되면서 그 성능을 세계적으로 인정받았으나 사거리 연장의 필요성, 자탄의 불발률 개선 및 탄의 정확도 향상 등 개선점이 제시되었다. 이에 따라 M270A1은 기존 M270체계에 INS/GPS를 통

그림 2.6.3 미국의 HIMARS 다련장 로켓체계

합한 지상항법장치를 탑재하여 사격통제장치에 의해 발사대의 자동 위치제어(방위각, 고각)가 가능하며, 발사대 구동 제어 방식을 개선하여 탄의 정확도를 향상시켰으며, 사격 반응시간을 약 93초에서 16초로 단축시킨 성능 개량장비이다.

M270A1은 Bradley 장갑차체에 로켓발사관(rocket pod) 2개 포드와 사격통제장치를 탑재한 형태로, 로켓발사관은 사격통제장치와 연결되어 360° 모든 방향에 대해 급속사격이 가능하며, MLRS 계열탄종(MFOM : MLRS Family Of Munition)을 효과적으로 운용할 수 있도록 ILMS(Improved Launcher Mechanical System) 및 IFCS(Improved Fire Control System)를 적용하고 있다. 탑재차량은 장갑으로 보호되어 있으며 전차·장갑차와 같이 무한궤도를 적용하여 야지에서도 신속한 기동이 가능하다. 사용 탄약은 무유도 기본탄(MLRS), 사거리연장탄(Extended Range-MLRS), 유도탄(Guided-MLRS), 전술 미사일(ATACMS : Army Tactical Missile System) 등이다. M270A1은 그림 2.6.2와 같이 탑재차량, 사격통제장치, 발사대 및 포드 등으로 구성되어 있으며, 지상 통합항법장치(INS/GPS)를 갖추고 자기위치 확인이 가능하며, 사통장치와 연동되어 발사대를 자동으로 제어하고 급속 사격이 가능한 로켓체계이다.

장갑, 난방, 환기, 방음 및 NBC 방호장치를 완비하고 승무원은 3명이며, 탑재차량 내에는 로켓발사용 사격제어 컴퓨터가 장착되어 있어, 포수는 전술디스플레이를 보면서 조준, 사격, 재조준 등을 수행할 수 있다. 탄약 적재량은 로켓발사관 1문당 6발씩 총 12발 장전이 가능하며, DPICM탄의 경우 로켓탄 내부에 장착된 수백 발의 자탄이 표적에 집중됨으로써 화력은 155 mm 곡사포 8문이 동시에 사격하는 것과 동일한 것으로 알려지고 있다. 적용탄약은 사거리가 32 km인 M26 기본탄(basic), 45 km까지 사거리를 연장시킨 ER-MLRS 탄이 있으며, 현재 60 km 이상의 G-MLRS 탄도 개발되어 있다. M270A1은 로켓탄뿐만 아니라 사거리 300 km 급인 전술 미사일(ATACMS) 발사도 가능하여 적 후방 핵심 표적을 효과적으로 타격이 가능한 로켓체계이다.

한편 HIMARS(HIgh Mobility Artillery Rocket System)는 미 해병대에서 신속배치군의 요구에 부합하기 위하여 기술시험 사업으로 개발된 장비로, M270A1과 동일한 체계로 구성되어 있다. 발사대 탑재차량을 C-130 수송기에 적재 및 공수할 수 있도록 궤도형에서 차륜형으로 변경(경량화)하여 전 세계의 모든 지역에서 신속하게 운용될 수 있는 무기체계이다.

그림 2.6.4 러시아의 BM 9A52

(2) 러시아

① BM 9A52 Smerch

BM 9A52 Smerch는 러시아가 1980년대 초부터 SPLAV 국립연구소에서 구소련 내의 20 여 개 연구소와 공동연구로 개발하여 러시아 육군에 배치한 다련장 로켓체계로, 적의 기갑전력을 주목표로 대포병사격과 밀집된 전차부대에 대한 공격을 최우선 순위로 하는 종심타격용 장거리 다련장 로켓체계이다.

1988년 구소련 육군에 배치되었으며, 현재는 러시아, 우크라이나, 벨라루스, 쿠웨이트와 아랍에미레이트 등의 국가에서 운용되고 있다. 최대 사거리는 70 km이며 대상표적은 인원, 장갑표적, 요새 및 통제소 등이다.

Smerch 발사대는 4축 MAZ-543M 차체 혹은 개량형의 경우 6축 TATRA 816 차체에 2조 회전레일이 장착되었으며, 12연장의 발사관이 장착된 발사대 조립체로 구성된다. 9T243-2 재장전 차량은 탄 취급용 크레인 및 장전용 레일을 MAZ-543A 차체에 장착하여 12발의 로켓탄을 운반하며, 재장전 시간은 약 36분이 소요된다. 돌풍(tornado)을 의미하는 Smerch 로켓탄은 서방진영의 동급 로켓탄에 비해 높은 정확도를 주장하는데, 이는 발사 직후 탄두 끝에 위치한 스핀 모터를 점화하여 발사대에서 부여된 탄회전성을 증대시키고 일종의 방향제어(directional control) 기능을 탄에 부여하여 정확도를 증가시키는 것으로 추정된다. BM 9A52 Smerch의 로켓탄두는 단일 고폭, 대소형 분산자탄, SADARM형 sensor fuzed 대장갑탄, 기화폭탄 등 7종의 탄두가 있다.

② BM 9K57

BM 9K57은 사단급 이상의 부대가 운용하는 장거리 공격능력을 갖춘 대형 다련장 로켓체계이다. 1970년대 개발이 시작되어 1977년부터 실전 배치되었으며, 구형의 BM-24과 BMD-20 장거리 다련장 로켓을 대체하는 무기체계이다.

BM 9K57은 BM-27의 제식명칭으로 16연장의 220 mm 구경 로켓발사대를 Zil-135LM 차체에 탑재하고 있다. BM 9K57 다련장 로켓시스템의 차체는 앞서 언급한 8 × 8의 Zil-135LM

그림 2.6.5 러시아의 BM 9K57

대형 트럭으로 차체의 전방에는 캐빈과 엔진데크가 자리 잡고 있으며, 구동 제3축과 제4축의 사이에 BM-21과 비슷한 회전대가 있으며 발사대에 연결되어 있다.

BM 9K57은 이동 시에는 발사대의 발사구가 뒤로 향했다가 발사 시에는 전방으로 되돌려지는 형태로, 발사대의 왼쪽에는 조준기와 발사대 조작 핸들이 있으며 사격각도는 차체 전방으로 270° 범위이다. 220 mm 로켓탄은 최대사거리가 35 km로서 목표 상공에서 탑재한 자탄을 살포시키는 클러스터형 탄이 기본형이다. 자탄의 탑재량은 100 kg이며 자탄 종류는 HE탄, 화학탄, 지뢰 살포탄이 있다. 로켓탄 재장전은 Zil-135LM 차체를 기초로 개발한 전용 재장전차량을 사용하여 반자동식으로 장전하며, 재장전시간은 15분 정도로 알려지고 있다.

다련장 로켓체계의 발전 추세를 요약하면 다음과 같다.

(1) 사거리 연장

전장의 광역화에 따른 화력의 통제권을 확대하기 위하여 사거리는 연장되는 추세에 있다. 따라서 러시아의 BM9A52와 미국의 G-MLRS 등은 고성능 추진기관을 채택하여 사거리를 60 km 이상으로 연장시켰으며, 이를 통하여 전장차단 등 종심사격이 가능하도록 하고 있다.

(2) 화력 향상

MLRS는 다음의 네 가지 방법으로 화력을 향상시키고 있다.

① 대구경화

로켓의 장사정화와 병행하여 다양한 탄두의 탑재가 가능하도록 구경 200 mm 이상의 중형 다련장 로켓으로 개발하고 있으며, 구경의 증대에 따라 발사관수를 줄이면서 차량의 대형화와 궤도차량 탑재형으로 개발, 기동성을 증대시키고 있다. 또한 탄 추적레이더 장치와 발사대의 사격통제 전산화 등 조작의 단순화에 역점을 두고 있다.

② 탄의 정밀도 향상

최근 전자통신 기술의 발전으로 위성을 이용한 위성항법장치(GPS : Global Positioning

System)나 관성유도 항법장치를 이용하고, 소형 조종날개를 부착하여 공력제어로써 탄의 정확도를 향상시키고 있다.

③ 다양한 탄두의 개발

구경 200 mm 이상의 중형 다련장 로켓이 개발됨에 따라 이중목적 대인개량탄(DPICM), 살포식지뢰탄(FASCAM : FAmiliy of SCAtterable Mines), 종말유도탄두(TGW : Terminally Guided Weapon), 장갑감응파괴탄(SADARM), BAT(Brilliant Antitank Munition), LOCAAS (LOw-Cost Autonomous Attack System) 등 분산탄두 개발과 화학탄두 탑재가 가능해지고 있으며, 분산탄두 장착에 따른 원격전자신관이 개발되고 있다.

④ 발사속도 증대

일시에 대량의 화력을 집중시키기 위해 자동 및 반자동 장전장치와 발사대를 개선하여 발사속도를 증대시키며, 운용 인원수를 감소시키기 위한 노력을 계속하고 있다. 예를 들어, MLRS는 6발 POD형 자동장전식으로 조작이 간편하고 발사속도는 현저히 증가되었으며, 4인치 두께의 장갑파괴 효과와 대인살상의 동시 효과를 얻을 수 있는 644개의 자탄으로 구성된 DPICM을 장전한 12개의 로켓탄이 1분 이내에 발사되었을 때 7,728개의 자탄으로 분리되어 약 $0.24 km^2$의 면적을 초토화시킬 수 있다.

(3) 통합 로켓 무기체계화

미국의 MLRS는 동일한 발사대(M270, M270A1)에서 발사가능한 육군 전술유도탄 시스템(ATACMS : Army TACtical Missile System)을 장착하여 6발 1조의 로켓탄 포드를 수납하는 부분에 ATACMS 1발씩 1대당 2발을 장전하여 발사할 수 있게 하여, MLRS와 호환성을 추구함으로써 무기체계의 단순화 및 효용성을 높일 수 있도록 하고 있다. ATACMS 미사일은 1986년부터 개발된 사정거리가 25~300 km에 이르는 전술 미사일로서, 적 후방의 사령부나 각종 시설을 공격할 수 있다. ATACMS 미사일은 지름이 610 mm, 길이가 3.962 m로서 M74 자탄 950발을 탑재한다.

2.6.2 지대지 유도탄

1) 체계 특성 및 운용 개념

미래전은 전장감시 수단과 정보화기술의 발전 및 장거리 타격능력의 발전으로 광범위한 작전지역에서 신속하게 전개될 것이고, 적의 주력부대 및 군사시설을 선제 타격하여 무력화시키기 위한 종심 정밀타격능력이 매우 중시되며, 이를 위한 무기체계가 대지 유도탄이다.

대지 유도탄은 사거리에 따라 단거리 전술유도탄과 중·장거리 대륙간 전략유도탄으로 구분되며, 비행 형태에 따라 로켓 모터에 의하여 초기 비행속도를 얻어 포물선 궤적으로 비행하는 탄도탄과 제트엔진으로 순항비행을 하는 순항 유도탄으로 구분된다.

(1) 탄도탄

아군의 피해를 최소화하고 효과적인 승리를 쟁취하기 위해서는 아군의 주력부대가 적과 조우하여 근접전투를 하기 전에 가능한 원거리에서 화력을 집중하여 적에게 심대한 타격을 입혀야 한다. 이와 같은 목적으로 전술 지대지 유도탄이 필요하며, 걸프전 이후 지상군의 종심타격 수단으로 각광을 받았던 미 육군의 ATACMS가 좋은 예이다.

일반적으로 전술유도탄 체계는 유도탄과 지상장비로 구분하며, 유도탄은 기체, 추진기관, 유도조종장치 및 탄두로 구성되고, 주로 이동식 발사대에서 발사된다. 탄두는 분산탄, 고폭탄 및 지하침투탄 등을 다양하게 탑재할 수 있다.

이러한 탄도탄은 수내지 수십 m 단위의 정확도로 표적지역에 위치한 적 기지, 지하벙커 등과 같은 점표적을 타격하며, 그림 2.6.7과 같이 부스트 단계(boost phase), 중기유도 단계(midcourse phase), 종말 단계(terminal phase)로 운용된다.

탄도 유도탄은 부스트 단계에서 초기 유도를 하고, 장거리 미사일의 경우 정확도를 개선시키기 위하여 중기 유도를 하는 것이 일반적이며, 장거리 유도탄의 경우 2단 이상의 로켓을 연결하여 추진시스템을 구성하고 있다. 탄도 유도탄에 적용되는 항법시스템에는 자이로와 가속도계를 이용하여 사거리, 고도 및 방위각을 측정하여 유도하는 관성유도방식과 항성과 태양을 기준으로 항법을 수행하는 천체유도방식이 있다.

탄도 유도탄은 발사명령 하달 시 발사통제장치로부터 유도탄에 사격제원이 입력된 후 주로 이동식 발사대에서 발사되며, 핵탄두 등 다양한 탄두의 탑재가 가능하다.

미국의 경우 탄도탄을 사거리별로 4가지 종류로 분류하고 있으며, 잠수함발사 탄도탄(SLBM : Submarine Launched Ballistic Missile)의 경우는 이에 포함되지 않는다.

• 단거리 탄도탄(SRBM : Short-Range Ballistic Missile) : 사거리 600 km 이하

그림 2.6.6 ATACMS의 발사장면

- 준중거리 탄도탄(MRBM : Medium-Range Ballistic Missile) : 사거리 600 ~ 1300 km
- 중거리 탄도탄(IRBM : Intermediate-Range Ballistic Missile) : 사거리 1300 ~ 5500 km
- 대륙간 탄도탄(ICBM : Intercontinental Ballistic Missile) : 사거리 5500 km 이상

(2) 순항 유도탄

순항 유도탄은 공기역학적 양력(aerodynamic lift)을 사용하여 주로 흡입된 공기를 압축한 뒤 연료를 태워 얻은 제트 추진력으로 비행하며, 무인으로 유도조종되면서 주 임무가 표적에 폭탄이나 생화학탄두와 같은 특별한 탑재물을 운반하는 항공기와 유사한 특성을 갖는 비행체이다.

미국의 공중발사 순항 유도탄(air launched cruise missile, AGM-86)과 토마호크(Tomahawk, BGM-109)와 같은 순항 유도탄은 기동거리가 길게 되면 많은 연료가 소모되므로 장거리 비행을 위하여 일반적으로 아음속(subsonic) 또는 천음속(transonic)으로 지면에 근접하여 저공 비행하는 방식을 채택하고 있다.

따라서 대공 유도탄의 요격을 피하기 위하여 지형지물을 이용한 비행이나 스텔스(stealth) 기법으로 상대편의 대공방어망의 탐지, 추적 및 요격을 피하는 방식을 사용한다. 최근에 개발되어 배치되고 있는 램제트(ramjet) 혹은 스크램제트(scramjet) 엔진을 사용하는 초음속 또는 극초음속(hypersonic) 순항 유도탄은 대기권에서 고도 약 10 km에서 25 km에 이르는 성층권 상층 부분으로 순항 비행하므로, 스텔스(stealth) 기법으로 노출을 최소화하며 궁극적으로는 빠른 속도와 높은 고도로 적의 요격을 피하는 방식을 채택하고 있다.

이러한 순항 유도탄은 침투 대상의 대공방어망을 포함한 각종 위협요소에 대한 대응책과 표적에서의 종말 임무비행 등을 종합적으로 고려하고, 각종 항공기의 공격계획과 조화를 이루어 통합작전을 위한 상위개념의 작전계획도 포함하여 임무계획을 세운다. 이후 그림 2.6.9 와 같이 유도탄을 탑재한 발사 플랫폼에서 발사되어 일정 고도를 유지하는 순항비행에 이르기까지의 천이비행을 거쳐, 본격적인 순항비행으로 표적에 도달한 후 특정임무를 수행하기 위하여 계획된 종말비행으로 임무를 마친다.

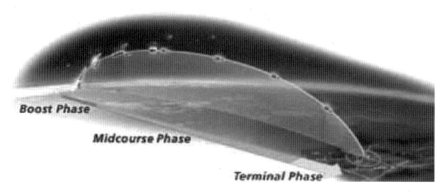

그림 2.6.7 지대지 탄도탄의 운용 개념

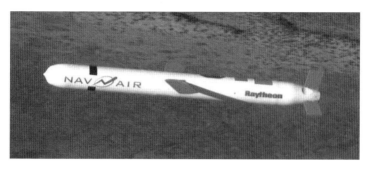

그림 2.6.8 토마호크

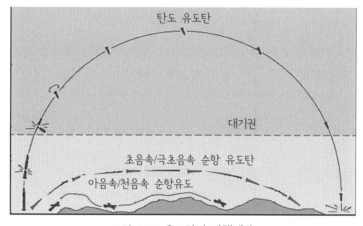

그림 2.6.9 유도탄의 비행궤적

　각 단계별로 살펴보면 발사 후 순항고도에 이르기까지의 천이비행 단계에서는, 아음속 혹은 천음속 순항 유도탄은 탑재한 가스터빈 엔진이 대부분 대류권에서 작동하고 저공침투가 유리하므로, 위협 정도에 따라 적당한 고도로의 천이비행이 필요하다. 그러나 초음속 또는 극초음속 순항 유도탄은 탑재한 램제트 혹은 스크램제트 엔진의 효율이 좋은 성층권 고도까지 무조건 상승비행을 한 후 순항하도록 계획되어야 한다.

　순항비행 단계에서도 초음속 혹은 극초음속 순항 유도탄은 생존능력이 비행 고도 및 속도에 의해 보장되므로 목표를 향한 직선비행을 유지하는 것이 유리하다. 아음속 및 천음속 순항 유도탄은 위협이 없는 곳에서는 긴 사거리를 얻기 위하여 비행할 수 있는 최고 고도의 비행이 바람직하며, 위협이 증대된 곳에서는 적의 탐지, 추적 및 요격을 피하기 위하여 저공비행을 기반으로 지형지물을 이용한 여러 가지 비행방법을 사용해야 한다. 지형지물을 이용한 비행으로는 위협지역을 지그재그 식으로 피해가는 회피기동 비행과 지형지물의 높이를 따라 비행하는 지형추적 비행 등이 있는데, 표적에 도달할 때까지 지나가야 할 여러 개의 비행경로점(waypoint)을 선택해야 하므로 주어진 연료량으로 임무를 완수할 수 있도록 초기 운용 시나리오를 잘 선정해야 한다.

　종말비행에서도 초음속 혹은 극초음속 순항 유도탄은 고고도에서 하강하므로 중력에 의한 가속과 빠른 속도에 의한 항력의 증가라는 상반된 요인이 있으나, 대체로 종말속도가 빠를 것으로 예상된다. 따라서 운동에너지 증가에 따른 표적 침투능력을 기대할 수는 있으나 분산효과는 아음속 및 천음속 순항 유도탄에 비해 떨어진다.

순항 유도탄 개발초기에는 관성유도방식과 지형등고선 대조(TERCOM：TERrain COntour Matching)형 유도체계만 채용함으로써 재래식 탄두의 정확도가 30 m 정도로 오차범위가 대단히 컸으나, BGM109C형 TLAM-C는 표적에 근접하면서 디지털 영상대조형(DSMAC： Digitial Scene Matching Area Correlators) 유도체계를 채택하여 정확도를 크게 향상시켰다. 이 유도방식은 미리 정해진 항로를 준비된 디지털 지도를 연속적으로 대조하면서 비행해 목표에 명중하는 것이다. 즉, DSMAC 유도방식은 디지털 지도만 정확하면 비행시간과 비행패턴에 관계없이 수 m 이내로 정확하게 목표에 명중시킬 수 있다.

이 방식은 미사일의 발사 전에 목표의 영상을 수치화하여 입력시킨 후 목표의 수 km 전부터 입력된 영상과 미사일의 기수에 장착된 적외선 센서가 탐지한 영상이 일치하도록 미사일을 유도하는 개념이다.

2) 개발 현황

(1) 탄도탄

최신예 전술지대지 유도탄에는 미국의 ATACMS, 중국의 동풍 DF-15(M-9) 및 러시아의 이스칸더-E(ISKANDER-E) 유도탄 등이 있다. 표 2.6.2에 각국의 전술지대지 유도탄의 성능 및 제원 비교를 나타내었다.

미국의 ATACMS는 MLRS와 동일한 발사대를 사용하며, 기본형과 사거리 연장형이 있다. 또한 표 2.6.2에 언급한 것 외에도 현재 블록-III, 블록-IVA의 개발이 진행 중이거나 계획 중에 있다. 블록-III는 지하벙커와 같은 견고한 표적을 목표로 침투탄두를 사용하고, 블록-IVA는 단일탄두와 향상된 GPS/INS 통합항법시스템을 사용한다.

러시아도 현재 이스칸더(ISKANDER, SS-26, SPIDER-B) 유도탄을 개발하여 Tochka (SS-21)

그림 2.6.10 DF-15(중국)

그림 2.6.11 ISKANDER-E(러시아)

표 2.6.2 전술지대지 유도탄 성능 및 제원 비교

구 분	미국 ATACMS					중국	러시아
	블록 Ⅰ 기본형	블록 Ⅰ A 사거리 연장형	블록 Ⅱ 종말유도 지능자탄	블록 ⅡA 종말유도 지능자탄	블록 ⅢB 종말유도 지능자탄	DF-15 (CSS-6/ M-9)	ISKANDER-E (수출용) M(내수용)
사거리 (km)	25 ~ 165	70 ~ 300	35 ~ 140 (+)	100 ~ 300 (+)	100~300(+)	200~600	280(400)
자탄두 중량 (kg)	560	183	260	120	—	500 재진입체	480(700)
자탄두	APAM 950발	APAM 300발	BAT 13발 :음향/IR 센서	P3I-BAT 6발: mm파/IR 센서	침투탄두	—	고폭, HE자탄 FAE, 관통
항법 장치	링레이저 INS (LINS)	LINS + GPS	LINS + GPS	LINS + GPS	LINS + D-GPS	기본형:LINS 개량형:LIN S＋GPS	GPS/GLONASS/ IR 호밍 (레이더 회피기동)
정확도 (CEP)	1 mil (추정)	30 m (추정)	고정/ 기동표적	고정/기동	3 m 급	기본형 300 ~ 600 m 개량형 30 ~ 45 m	200 m 50 m(GPS) 10 ~ 30 m (종말호밍센서)
중량 (kg)	1662	1321 (추정)	1492	1350(추정)	←	6200	3800(4020)
길이/ 지름(m)	3.975/0.6	←	←	←	←	9.1/1.0	7.2/0.92
추진기관	고체 1단	←	←	←	←	고체 1단	고체 1단
반응 시간	1 ~ 5분 이내	←	←	←	←	30분	30분 이내
발사대	M270A1 HIMARS	←	←	←	←	이동식 수직발사	이동식 수직발사
배치년도	'90	'99(추정)	'00(추정)	개발중	개발 예상	'90	'07

를 대체할 계획이며, 이스칸더-E의 사거리(280 km)와 탄두중량(480 kg)이 미사일 기술통제제도 (MTCR : Missile Technology Control Regime)에 벗어나지 않으므로 이 시스템의 해외 수출도 가능할 것으로 기대된다.

중국의 DF-15는 M-9로도 더 잘 알려져 있으며, 고체 1단 이동식 유도탄으로서 미국의 퍼싱 I-A와 유사한 급이다. DF-15는 다양한 탄두를 탑재할 수 있을 것으로 예상된다.

(2) 순항 유도탄

순항 유도탄에 대한 선진국의 개발 추세는 아음속 혹은 천음속 순항 유도탄은 이미 개발되어 여러 가지 임무를 수행할 수 있도록 성능 개량이 진행 중에 있고, 관련 기술이 확산 추세에 있으므로, 이에 대비하여 새로운 기술이 필요한 초음속 및 극초음속 순항 유도탄의 개발에 중점을 두고 있다. 다른 한편으로 선진국은 확산 일로에 있는 순항 유도탄에 대한 방어 대책 마련에도 많은 노력을 기울이고 있다.

아음속 혹은 천음속 유도탄은 일부 부품이 주어지면 쉽게 생산이 가능하기 때문에 선진국 외에 산업화된 국가들도 대함순항 유도탄으로 개발하였거나 개발 중에 있는 국가가 많다. 이와 같은 대함용 순항 유도탄은 저가의 위성항법기술이나 차량 유도용 항법기술로도 대지용으로 전환할 수 있으나 현재 대지용 순항 유도탄을 보유한 나라는 선진국 뿐이다. 대표적인 대지형 순항 유도탄은 미국의 토마호크, 전술토마호크, CALCM(Conventional Air Launched Cruise Missile), JASSM(Joint Air to Surface Standoff Missile) 등과 프랑스와 영국의 아파쉐(Apache), 스칼프(Scalp), 스톰쉐도우(Storm Shadow) 계열, 독일의 타우러스(Taurus) 계열, 러시아의 AS-15 계열, 중국의 HN 계열, 이스라엘의 가브리엘(Gabriel) 등을 들 수 있다.

램제트 및 스크램제트 엔진을 사용하는 초음속 및 극초음속 순항 유도탄 계열은 일찍이 제2차 세계대전 직후 미국 및 소련에서 개발된 적이 있으나, 당시에는 효율성면에서 탄도 유도탄보다 못하다고 판단되어 지속적인 개발이 중단되었다. 이후로 미국으로 대표되는 서방 국가에서는 초음속 순항 유도탄의 효율이 아음속 또는 천음속 순항 유도탄보다 떨어진다는 것이 통념이 되어 개발에 소극적이었으나, 구소련과 중국에서는 터보제트 엔진에 의한 초음속 유도탄을 실용화한 이후로 램제트 엔진의 적용을 계속적으로 연구하여 몇 개의 순항 유도탄을 배치하였다. 이런 종류의 순항 유도탄은 대함용으로서 최종 공격에는 저공비행을 요하므로 아음속 및 천음속 유도탄의 운용 개념과 유사하며, 마하 2~3의 초음속으로 비행하게 된다. 이런 계열의 유도탄으로는 중국의 HY-3 계열과 구소련의 최신 야혼트(yakhont)를 들 수 있다. 서방 국가에서는 프랑스가 ASMP 계열로 연구를 계속하다 중단하였으나 2000년대에 들어 개발에 박차를 가하고 있다.

1990년 후반부터 『즉시 대응이 요구되는 표적(time critical target)』에 대한 운용 개념이 등장하면서 고속화된 정밀 유도탄의 필요성이 대두되어, 최근에는 서방 국가에서도 초음속 혹은 극초음속 순항 유도탄에 대한 개발이 진행 중에 있다. 이런 종류의 순항 유도탄은 궁극적으로 극초음속 비행을 목표로 하고 있으며, 따라서 추진기관으로 스크램제트 엔진을 탑재하도록 계획하고 있다. 이런 계열의 순항 유도탄은 지금까지 알려진 바로는 미국의 패스트호크(fast hawk)와 JSSCM(Joint SuperSonic Cruise Missile)이 있다.

표 2.6.3 각국의 대표적인 아음속 · 천음속 순항 유도탄

국가명	무기체계명	전장 (m)	지름 (mm)	중량 (kg)	사거리 (km)	순항 마하수	탄두	추진기관	유도방식
미 국	Tomahawk	5.56	518	1193	1100	0.7	고폭	터보팬	INS/TERCOM
	TACTOM	5.56	518	—	—	0.7	침투	터보제트	INS/GPS
	CALCM	6.32	693	1950	1100	0.8	고폭	터보팬	INS/GPS
	JASSM	4.26	550	1023	450	0.8	침투	터보제트	INS/GPS/IIR
프랑스 영국	SCALP-EG	5.10	630	1230	200	0.8	침투	터보제트	INS/GPS/IIR
독 일	Taurus	5.00	—	1400	350	0.8	침투	터보팬	INS/GPS/IIR
러시아	AS-15B	6.04	514	1250	280	0.7	고폭	터보팬	INS/GPS
중 국	HN-3	6.40	700	1400	1800	0.7	고폭	터보팬	INS/terrain
이스라엘	Gabriel 4LR	4.70	440	960	200	0.8	고폭	터보제트	INS/radar

표 2.6.4 각국의 대표적인 초음속 · 극초음속 순항 유도탄

국가명	무기체계명	전장 (m)	지름 (mm)	중량 (kg)	사거리 (km)	순항 마하수	탄두	추진기관	유도방식
미 국	FastHawk	4.27	525	900	1100	7.0	침투	스크램제트	GPS
	JSSCM	6.50	538	1035	2700	6.0	고폭	스크램제트	INS/GPS
러시아	Yakhont	8.30	670	2550	200	3.0	고폭	램제트	INS/radar
중 국	HY-3	9.85	—	3400	180	2.0	고폭	램제트	INS/radar
프랑스	ASMP	5.38	380	860	300	3.0	고폭	램제트	INS/radar

3) 발전 추세

(1) 탄도 유도탄

지대지 유도탄 분야는 유도탄의 위력 증대를 위한 명중 정확도 향상, 사거리 증가 및 탄두 다양화 기술의 발전에 중점을 두고 있으며, 유도탄의 생존성 증대 및 운용능력 향상을 위한 발사대의 기동성과 신속발사 기술의 발전도 추진되고 있다. 특히 미국은 전술지대지 유도탄에 정밀 위성항법장치를 보조항법장치로 적용하여 수 m 단위의 명중 정확도를 갖는 획기적인 정밀타격 유도탄 개발에 역점을 두고 있다. 또한 종말제어는 표적을 선별하여 공격하는 것을 가능하게 하고, 대공 미사일 위협을 피하기 위한 종말 회피비행도 가능하게 한다. 세부적인 발전 추세는 다음과 같다.

① 정확도 향상

관성항법장치의 고정밀도, 신속반응, 고신뢰도, 경량화, 저가화를 추구하고 있으며, 보정항법 및 종말유도방식이 적용되고 있다. 링레이저 자이로와 GPS의 통합 적용이 일반적인 추세이며, 미국의 전술 유도탄인 ATACMS에 적용 중이고, 중국의 DF-15에서도 시도 중이다. GPS는 재밍 방지기능과 센서 자체의 정확도가 개량되어 ATACMS 블록(Block)-Ⅲ 유도탄 이후에 실용화될 전망이다. 이 유도탄은 침투탄두를 장착하여 벙커, 유도탄이나 항공기 격납고를 비롯한 강화된 군사 목표물을 효과적으로 공격할 수 있다.

유도탄 보정항법에 적용되었던 항성센서와 퍼싱Ⅱ 유도탄의 종말유도에 적용되었던 레이더 탐색기도 계속 연구되고 있다. BAT는 음향센서와 적외선센서를 이용하여 기동표적을 명중시키는 것으로 미국에서 개발 중이다. 보다 개선된 P3I(Pre-Planned Product Improvement)-BAT 자탄은 음향센서를 밀리미터 웨이브 센서로 대체하여 탱크 등 기동표적과 야포, 로켓, 유도탄 등 견고표적을 모두 전천후 주야간으로 제압할 수 있는 능력을 보유하고 있다. 중국도 관성항법장치 성능개선을 위해 광학식 정렬을 적용하고 있다.

② 사거리 증대

고성능 추진제와 복합소재 경량화 추진기관이 개발되고 있다. 공력저항 최소화를 위한 외형설계와 공력가열에 대한 내열기능을 갖는 기체구조에 대한 연구가 중요하며, 최적 에너지 소요 비행궤도 설계가 중요한 과제로 대두되고 있다.

③ 탄두위력 증대

대상 표적별로 탄종 및 크기의 선정이 가능한 고성능 탄두를 탑재할 수 있도록 발전되고 있다. 표적을 효과적으로 제압하기 위하여 영상, 적외선, 초고주파 탐색기를 사용하여 자탄을 종말 유도한다. 전술 유도탄에서는 민간표적의 피해를 최소화하면서 견고한 군사표적만을 무력화시키는 능력이 요구되므로, 넓이보다 깊이 방향의 탄두효과가 중시되고 있다.

④ 운용 개념의 발전

신속한 발사가 가능하도록 C4I와 연동된 사격통제기술이 발전하고 있으며, 유도탄은 지상 이동용, 함상용, 잠수함용 등으로 다양한 발사 플랫폼에서 운용이 가능하도록 발전되고 있다. 전술 유도탄은 보증탄 개념의 발사관 일체형으로 궤도식 장갑차량에 탑재하여 기동성을 향상시키고 있으며, 별도의 전원공급차량 및 사격통제차량 없이 발사대 1대로 운용하고 있다. 체계 생존성을 위하여 유도탄을 스텔스화하고 무연추진제를 사용하며, 대공방어를 위하여 레이더 신호를 추적하여 방어 레이더를 파괴하거나 대공방어 유도탄을 탐지하여 조우 직전에 회피기동을 하여 위협을 피한 후 지상표적을 명중시키는 능동방호도 강구 중이다. 발사대 역시 스텔스화 및 장갑화와 더불어 능동방호체계를 겸비하는 추세이다.

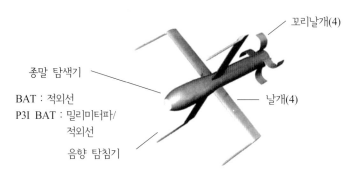

꼬리날개(4)

종말 탐색기

BAT : 적외선
P3I BAT : 밀리미터파/
적외선

날개(4)

음향 탐침기

그림 2.6.12 지능자탄(BAT탄)

(2) 순항 유도탄

대지용 순항 유도탄 중 아음속 및 천음속 순항 유도탄은 다수의 국가가 획득 가능성을 갖고 있어 확산이 우려되고 있으며, 선진국은 확산일로에 있는 아음속 및 천음속 순항 유도탄 방어체계에 관심을 기울이는 반면에, 빠른 반응시간을 갖춘 초음속 및 극초음속 순항 유도탄 개발에도 박차를 가하고 있다. 한편 냉전체제의 붕괴로 인하여 세계 각국의 국방비가 삭감됨에 따라 저가이면서도 다양한 발사 플랫폼에서 발사될 수 있으며, 다양한 임무능력을 가진 순항 유도탄이 요구되고 있다. 독일의 타우러스 계열과 같이 공대지로 기존에 개발된 순항 유도탄은 다양한 플랫폼에 탑재하도록 개량하고 있으며, 미국에서 개발 중인 JSSCM 유도탄은 개발 초기부터 각종 플랫폼에 탑재되며 다양한 탄두를 적재할 수 있도록 설계되었다.

현 단계에서 미국이 세계 각국의 무기체계 발전에 영향을 미치고 있기 때문에 미국의 개발 추세를 살펴보면 몇 가지 주요한 특징들을 발견할 수 있다. 우선 막강한 위력을 과시하고 있는 토마호크는 2020년대까지도 성능을 개량하여 계속 사용될 것으로 예상되며, 극초음속 순항 유도탄을 2010년경에 배치할 수 있도록 노력하고 있다. 이와 같은 순항 유도탄 개발 추세는 다음의 네 가지로 요약할 수 있다.

① 침투력 향상

침투력을 향상시키기 위하여 종말 타격속도가 비교적 작은 기존의 아음속 또는 천음속 순항 유도탄은 침투탄두(penetrator) 형상이나 성형장약(shaped charge)을 사용한 탄두의 사용을 고려하고 있으며, 최근에 개발된 전술형 토마호크(TACTOM)는 침투탄두를 기본 형상으로 채택하고 있다.

초음속 및 극초음속 순항 유도탄의 경우엔 종말 타격속도가 높아지며, 형상도 침투탄두의 탑재가 용이하여 자연스럽게 침투력 향상이 이루어지고 있다. 그러나 미래로 갈수록 대응능력도 한층 강화될 것으로 판단되기 때문에 지속적인 침투능력 강화가 이루질 것으로 예측된다.

② 경제적 획득

걸프전 및 이라크 전쟁에서 나타난 바와 같이 전쟁 초기에 순항 유도탄의 사용 빈도가 잦아 많은 양이 소모되므로, 타 유도탄에 비하여 비교적 고가인 순항 유도탄의 획득비용을 줄이려는 노력이 계속되고 있다. 이를 위하여 가격이 비싼 기존의 관성항법장치를 위성항법을 사용하고 가격이 저렴한 GPS로 대체하고 있으며, 다른 유도탄 체계에 사용하는 부품을 호환하여 개발비용을 줄이고 있다. 다른 한편으로는 각 군의 소요를 통합하여 각각의 요구조건을 동시에 만족시킬 수 있는 무기체계를 개발함으로써 연구개발비용의 중복 투자를 줄이려고 노력하고 있다.

③ 작전반응시간 개선

대테러전에서 순항 유도탄의 사용 빈도가 높아지면서 정밀유도탄의 개념이 적정한 시간에 원하는 이동 표적을 주변 피해(collateral damage)가 최소화되도록 타격해야 할 필요성이 높아지고 있다. 주변 피해가 최소화되며 원하는 표적을 타격할 수 있는 정확도는 이미 개발된 순항 유도탄이 보유하고 있는데 반하여, 이동표적을 적정한 시간에 타격할 수 있는 능력은 정보전과 결합하여 아직도 발전시켜야 할 분야이다. 단순히 순항 유도탄의 관점에서는 정보전에서 전달된 이동표적의 정보를 받아 빠른 임무계획과 신속한 타격으로 대응해야 한다. 따라서 임무계획 단계에서 임무계획 시간을 줄이려고 노력을 경주하고 있으며, 신속한 타격을 위하여 기존 순항 유도탄에 비행 중 표적정보를 갱신할 수 있는 기능을 강화하는 한편, 주어진 사거리를 신속히 비행하여 반응시간을 줄이려는 극초음속 순항 유도탄에 대한 개발도 진행하고 있다.

④ 임무능력 향상

순항 유도탄은 탄도 유도탄보다 다양한 탄두(payload)를 탑재하여 여러 형태의 임무를 수행할 수 있으므로 새로운 요구사항에 대한 유연성(flexibility)을 갖는다. 따라서 새로운 임무능력을 갖는 탐색기(seeker)와 탄두의 조합에 대한 연구가 지속적으로 이루어지고 있다.

새로운 운용 개념으로 전장에서 다수의 저가형 아음속 및 천음속 순항 유도탄을 미리 발사한 상태에서 비행 중 각각의 유도탄에 순차적인 임무를 부과하는 개념으로까지 발전시켜나가고 있다. 이런 운용방법에 있어서는 피해 평가(damage assessment)에 관련된 기능을 갖추는 것이 요구된다. 한편 전자기펄스(EMP : Electro Magnetic Pulse) 기술과 같은 신기술이 개발됨에 따라 이를 전장에서 이용할 경우 보다 폭넓은 임무능력을 갖추게 될 것으로 예측된다.

2.6.3 주요 구성 기술

1) 로켓 추진 기술

로켓은 에너지가 추진제의 화학작용에 의하여 발생하느냐 또는 화학작용이 아닌 다른 형태의 에너지로서 공급되느냐에 따라서 화학로켓과 비화학로켓으로 분류한다. 이 절에서는 군사목적으로 주로 사용되는 화학로켓에 대해서만 그 원리를 중심으로 기술하기로 한다.

(1) 고체 추진제 로켓모터(SRM : Solid-propellant Rocket Motor)

고체 상태의 추진제를 로켓모터의 내부공간에 저장하고, 이를 연소시켜 발생하는 고온고압의 가스를 노즐을 통해서 분사하여 추력을 얻는다. 구성은 모터 케이스, 추진제 그레인(grain), 노즐, 점화기 등으로 구성되어 있다.

추진제 그레인은 연소를 안정하게 해주는 모든 화학재료를 포함한다. 점화기에 의해 추진제 그레인이 연소되어 고온고압의 가스가 노즐을 통해 밖으로 분출되고 절연체가 동체를 고온으로부터 막아 준다. 고체 추진제 로켓의 연소실 온도는 1600 ~ 3000℃ 정도이다. 따라서 로켓의 연소실 벽은 고온에서 발생되는 압력을 견딜 수 있도록 고강도 강철이나 티타늄 합금 등으로 제작하며, 유리섬유나 특수 플라스틱을 사용하기도 한다. 고체 추진제는 액체 추진제보다 더 빨리 연소되지만, 같은 시간 동안 연소되는 액체 추진제보다 추진력이 약하다. 또한 고체 추진제는 오래 보관할 수 있고 폭발 위험이 작으며, 액체 추진제에 필요한 혼합장치가 필요 없다. 고체 추진제 로켓은 빨리 발사할 수 있고 다른 추진제보다 보관하기가 쉬워 주로 군용으로 사용된다. 또한 대륙간 탄도미사일 뿐만 아니라 소형 미사일에도 사용되며, 운반로켓의 부스터, 탐사로켓, 불꽃놀이용 폭죽으로도 사용된다.

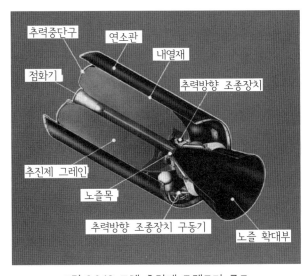

그림 2.6.13 고체 추진제 로켓모터 구조

(2) 액체 추진제 로켓엔진(LRE : Liquid-propellant Rocket Engine)

액체 추진제 로켓엔진의 기본 구성은 추력실과 추진제 공급 계통으로 구성된다. 추력실은 추진제 주입기, 연소실, 노즐로 구성되며, 추진제 공급 계통은 규모가 작은 엔진에는 압축가스를 추진제로 공급하고, 고성능 엔진은 터보펌프로 추진제를 공급한다. 연료와 산화제는 혼합되기 전에 연소실 외벽을 따라 순환하는데 그에 따라 연소실은 냉각되고, 추진제는 연소가 잘 되도록 예열된다. 압축가스나 터보펌프를 이용하여 연소실에 분사된 연료와 산화제는 점화기로 점화시킨다. 연소된 추진제는 고온고압의 가스를 발생시켜 노즐을 통해 외부에 고속으로 배기가스를 대량으로 방출하여 추력을 얻는다. LRE는 주로 대형 추진기관에 사용되며 고성능을 요하고 추력제어가 용이한 우주 추진기관에 많이 사용되고 있다.

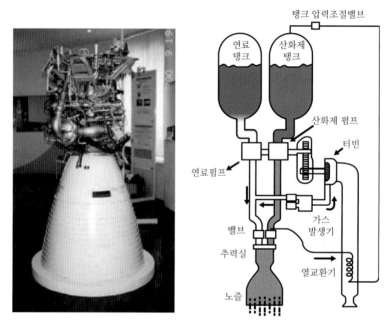

그림 2.6.14 액체 추진제 로켓엔진의 추력실

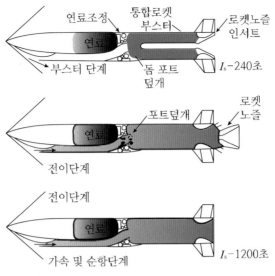

연료조정 통합로켓
부스터
로켓노즐
인서트
부스터 단계 돔 포트 덮개 I_s-240초

포트덮개 로켓 노즐
전이단계

전이단계
가속 및 순항단계 I_s-1200초

그림 2.6.15 혼합형 로켓엔진

표 2.6.5 SRM과 LRE의 상대적 비교

구 분	S R M	L R E
구 조	간 단	복 잡
질 량	작 다	크 다
제작비	저 렴	비싸다
추진제 저장	쉽 다	어렵다
추력제어	어렵다	쉽 다
재점화	불가능	쉽 다
추진제 밀도	크 다	작 다

SRM과 LRE의 특성을 상대적으로 비교하면 표 2.6.5와 같다.

(3) 혼합형 로켓엔진

비행하는 비행체에 흡입되는 공기는 공기흡입구에서 감속이 되면서 동압이 정압으로 전환되어 압력이 상승하며, 이를 램효과라고 한다. 램효과로 고압상태의 공기에 연료를 주입하고 연소시킨 후 노즐을 통해 팽창 분사하여 추력을 얻는 기관을 램제트 기관이라 한다.

로켓의 초기비행 상태에서 램효과를 발생시키는 비행속도까지 SRM을 작동시킨 후 SRM의 연소가 끝날 때 SRM의 노즐을 분리시키고, 돔포트 덮개를 열어 공기를 유입한 램제트 기관이 되어 비행효율을 높인 형태의 기관이 혼합형 로켓엔진이며, 그 구성과 작동원리는 그림 2.6.15와 같다.

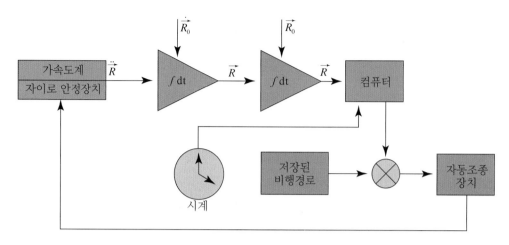

그림 2.6.16 관성항법장치의 블록선도

2) 항법장치 기술

항법(Navigation)이란 이동하는 운항체의 현재 위치를 알아내는 것을 말하며, 최근 개발된 정밀 항법장치로는 관성항법장치(INS : Inertial Navigation System), 지상 전파항법장치(GTRNS : Ground-based Terrestrial Radio Navigation System), 위성항법장치(SSRN : Space-based Satellite Radio Navigation) 등이 있다.

관성항법장치는 그림 2.6.16과 같이 위치, 속도, 가속도, 자세 및 각속도값의 전부 혹은 일부를 실시간으로 사격통제장치 또는 유도조종장치에 연속적으로 제공하는 독립적인 시스템이다. 이러한 INS는 자이로와 가속도계에 의해 항체의 회전각속도와 선형가속도를 측정하고, 탑재컴퓨터에서 자이로 출력을 이용하여 자세 계산 및 항법좌표계를 형성하고, 중력가속도를 보상한 가속도값을 이용하여 적분을 취함으로써 항체의 현재 속도와 위치를 외부의 도움 없이 자율적으로 정확하게 계산한다. 이렇게 INS는 기동간 전파방해 없이 위치와 자세를 감지할 수 있어 유도탄 뿐만 아니라 각종 함정, 잠수함, 지상차량, 항공기, 무인항공기, 우주발사체 및 무인로봇에 이르기까지 매우 다양한 분야에 응용되고 있다.

INS는 항법과정을 수행하기 전에 제어표시기(CDU : Control and Display Unit)나 사격통제장치(FCU : Fire Control Unit)에 의하여 적용 무기체계의 초기 위치를 입력하여 INS 기준좌표계를 항법좌표계와 일치시키는 소위 초기정렬 과정을 필수적으로 거치게 된다. 일반적으로 INS 성능은 초기정렬의 정확도에 주로 좌우되므로 보다 정확하고 신속한 초기정렬이 요구된다.

INS는 단독으로 운용할 때 관성센서의 자체오차를 내포하므로 INS의 항법성능 향상을 위해 외부장비로부터 위치, 속도, 자세 또는 방위각 정보를 제공받아 보정해 주는 GPS 보정 관성항법장치(GPS-aided INS)가 개발되고 있다. 그러나 비상 시 미국이 GPS 사용을 제재할 가능성과 GPS 사용이 어려운 지역에서의 운용, 향후 개발될 것으로 예견되는 GPS에 대한 방해책 등을 고려할 때, INS의 정밀도 개선, 소형 경량화, 경제성 및 내구성 증대를 위한 기술개발은 여전히 중요한 과제이다.

항법위성	• 24개의 항법위성(고도 2만 km) • 항법신호 방송(상용, 군사용)
지상제어국	• 항법위성의 궤도 및 자세 제어 • 위성의 항법 정보 갱신 및 유지 • 위성항법 시각 유지
항법수신기	• 전파이용 항법위성과의 거리 측정 • 위치, 속도 및 시각 계산 • 정확도 : 20 m CEP (차분위성항법 적용시 1 m급)
적용범위	• 지구 전역, 전천후

그림 2.6.17 위성항법체계 구성도

전파항법은 송신기와 수신기 사이의 전자기파 전송시간을 측정하여 항법 임무를 수행하는 방식으로서, 전 세계를 포함하는 OMEGA, 국지적 요구를 만족시킬 수 있도록 생산된 LORAN-C 등과 같이 송신기가 지상에 위치하는 지상 전파항법시스템이 주로 사용되었으나 사용 환경에 많은 제약이 따른다.

가장 최근에 등장한 위성항법장치는 송신기가 우주공간의 인공위성에 위치하는 위성항법시스템이다. 이전에는 구현하지 못한 위치 정확도 뿐만 아니라 전 세계적으로 동일한 좌표계와 시각 정보를 제공하는 방법으로, 기존의 지상전파 항법시스템을 점차 대체해가고 있는 중이다. 미국의 GPS(Global Positioning System)가 가장 먼저 전력화되어 사용되고 있으며, 군용 뿐만 아니라, 선박, 자동차용 네비게이션, 레저용 등 폭넓게 사용되고 있다.

미국의 GPS에 대응하여 러시아에서는 GLONASS(Global Navigation Satellite System)를 개발해 운용하고 있으며, 유럽연합(EU)에서도 Galileo 개발사업을 추진하고 있다. GLONASS는 북반구 쪽에 위치한 한반도 지형에 유용한 형태의 위성배치를 하고 있어 GPS와 함께 통합하여 사용하면 다중경로 신호가 많이 발생하는 도시나 교외 지형에서 가시위성의 개수를 더 많이 확보할 수 있다. 따라서 초기 위성신호 획득시간의 단축으로 위성항법 이용도 및 측위 정밀도를 향상시킬 수 있을 것이다. 이는 정확한 위치정보를 획득하는데 필요한 가시위성들의 기하학적 배열을 유리하게 할 수 있기 때문이다. 앞으로 Galileo와 함께 GLONASS 및 GPS 위성항법기술을 통합한 동시 수신기를 개발하면 현재의 GPS 단독측위보다 더 신뢰성이 있는 위치측정을 가능하게 할 것이다. 이는 특정 국가에만 의존함으로써 발생할 수 있는 군사적인 측면에서의 문제점을 해결할 수 있을 뿐만 아니라 지상, 해상, 항공 유도 무기체계에 모두 적용이 가능할 것이다.

3) 탄약 및 탄두 기술

다양한 지상표적을 제압하기 위하여 사용되는 탄두 중 전략 유도탄에는 대부분 핵탄두가 주종을 이루며, 전술 유도탄에는 단일 고폭 파편탄두, 자탄 분산탄두, 견고표적 파괴용 침투형 탄두 등이 탑재된다.

단일 고폭 파편탄두는 1개의 대형탄두로서 파편효과와 폭풍효과가 주목적으로 기술적으로 난이도가 낮으며, Scud 계열 탄도탄에 탑재되어 있다.

자탄 분산탄두는 대상표적에 따라서 인마살상용, 대장갑용, 일반 연성표적용, 활주로와 같은 견고표적용 등의 자탄이 있으며, 자탄 자체의 기동기능, 표적감지기능을 갖춘 정밀지능화 탄두로 발전되고 있다.

침투탄두는 견고화된 건물 및 지하시설을 파괴하는 탄두로 공군용 폭탄과 지대지 유도탄, 순항 유도탄에 사용되며, 운반체가 점표적 공격이 가능한 정밀도를 가져야 한다. 최근에는 2개의 탄두를 이용하여 침투성능을 획기적으로 향상시키는 기술이 개발되었고, 지대지 유도탄에 침투형 자탄을 탑재한 침투형 자탄 분산탄두를 개발하고 있다.

고정익 및 회전익 항공기에 폭넓게 사용되고 있는 표준탄약은 고폭탄(HE : High Explosive) 또는 고폭소이탄(HEI : High Explosive Incendiary) 등이다. 이들 탄약들은 탄약의 앞부분 또는 뒷부분에 충격신관이 들어 있어 폭발지점, 각도, 감도 및 자폭 측면에서 최적화된 신관이며, 단가가 낮지만 명중률이 낮기 때문에 표적당 탄약소모량이 상당히 많다. 더구나 고폭탄은 전투헬기와 같은 장갑표적이나 무인항공기 등의 소형 항공기에 대해서는 부적합하다. 따라서 탄약이 표적명중에 영향을 미치는 주요 요소이기 때문에 특수임무에 적합한 다양한 형태의 탄약과 탄두가 개발되고 있다.

(1) 전방 분산탄

순항 미사일은 고도로 집적화된 컴퓨터에 의해 사전 입력된 지형정보와 자체탐지신호를 분석, 필요시 인공위성의 통제하에 목표물에 접근하게 되는데, 통상 고도 300 m 이하, 속도는 아음속(300 m/s, 마하 0.8 ~ 0.9), 미사일의 길이는 3 ~ 4 m, 탄두지름은 25 cm 내외가 되어 사격통제 레이더로 표적탐지 및 추적이 어렵고, 탐지가 가능하더라도 통상의 방공무기인 대공포, 휴대용 유도탄에 의한 교전이 쉽지 않다. 따라서 순항 미사일을 포함한 소형, 대형의 고속표적에 대한 교전이 가능하도록 개발한 탄이 바로 전방 분산탄이다.

전방 분산탄은 그림 2.6.18에서 보는 바와 같이 표적의 바로 앞에서 폭발하도록 미리 계산된 시간을 입력시킨 포탄이다. 즉, 발사된 탄약이 표적에 명중하는 것이 아니라 탄두가 표적 전방에서 자폭하여 발생된 파편들이 전방으로 확산하여 표적을 격추시키는 탄약으로, 적의 재밍으로부터 영향을 받지 않기 때문에 높은 살상률을 가진다.

(2) 파열탄

파열탄은 고속 텅스텐 관통자가 포함되어 표적 충돌 시 산산이 부서지는 효과를 발휘하는 탄으로, 이탈피 기법에 의하여 비행시간이 크게 단축(4000 m를 3.5초만에 도달)됨으로써

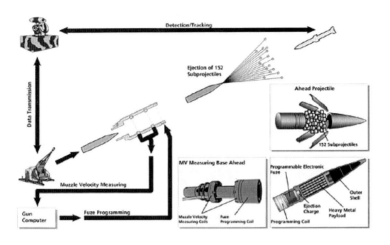

그림 2.6.18 전방 분산탄 운용 개념

명중률을 크게 향상하였다. 파열탄은 5000 m 거리의 항공기 표적에 대해서 효과적이며 고폭소이탄보다 30~50% 정도 적은 탄약만으로도 동일한 효과를 얻을 수 있다.

(3) 산탄

탄두 개발 역시 다른 측면에서 발전되어 왔다. 예를 들면, 35 mm 전방 분산탄은 표적의 10 ~30 m 앞에서 무게 3.3 g인 152개의 원통형 텅스텐 합금 산탄을 전방으로 투사하고, 30 mm PMC308 전방 분산탄은 1.5 g 무게의 135개 산탄을 투사하는데 형태는 원통형으로 동일하지만 항력을 감소시키기 위해 가장자리에 홈을 파놓았다. 이것에 비해 Otobreda사의 40 mm PFHE (Proximity-Fuzed High Explosive)탄은 1000개 이상의 탄피 파편과 함께 무게 0.22 g, 지름 3 mm 의 산탄 650개를 투사한다.

(4) CTA(Cased Telescoped Ammunition)

CTA는 CTA International사가 신형 40 mm 포를 위해 개발한 탄약으로서, 탄두가 큰 원통형 케이스 내부에 들어가 있고 가볍고 길이가 작을 뿐만 아니라 가격이 저렴하고 포구속도가 증가하는 장점을 가지고 있으나, CTA 전용탄약으로 개발된 포에서만 사용될 수 있다. 원칙적으로는 구경이 클수록(실제는 57 mm 이상의 구경) 사거리가 길어지지만, 무유도 탄두의 경우 사거리가 길어질수록 비행시간이 길어지고 그에 따른 표적의 이동에 의해 명중률은 낮아지게 된다. 이렇게 저하되는 명중률을 탄두의 중량을 증가시킴으로써 상쇄시킬 수는 없지만 구경이 클수록 유도장치를 내장하기가 용이해진다.

우리나라가 개발한 무기체계

K1A 기관단총

K1기관단총은 특전사령부의 요구에 따라 1980년에 출시되었고, 그 개량형인 K1A가 1982년부터 전군에 보급되었다. 기관단총이나 5.56 mm 소총탄을 사용하며, 접절식 개머리판을 사용한다. 육해공군의 특수부대에 전용총기로 사용하며, 전투차량승무원 등 개인화기로 전군에 보급되어 있다.

K2 소총 / K201 유탄발사기

K2 소총은 M16 소총을 대체할 수 있는 새로운 한국형 제식소총의 소요가 발생함에 따라 1984년도부터 생산된 소총이다. 3점사 기구를 채용하여 탄환낭비를 막고 연사성을 높였으며, 총구 앙등억제 소염기를 채택하여 명중률을 향상시켰다. 총열은 7.3인치에 1회전하는 강선으로 NATO 표준탄인 SS109(K100)을 활용할 수 있으며, 미국의 M855탄 및 기존의 KM193탄과도 호환된다. 접절식 개머리판을 채택하여 편의를 도모하였다. 한편 K201은 미국의 M203 유탄발사기를 국산화한 것으로 보통 분대당 2정이 지급되어 운용되고 있다.

◼◼ K3 경기관총

K3 기관총은 FN 미니미를 참고하여 만든 한국형 분대지원화기로 제식소총과 동일한 5.56 mm 탄을 사용하며 유효사거리는 800 m이다. 또한 일반적인 탄피송탄방식 뿐만 아니라 소총용 탄창을 삽입할 수 있어 범용성이 우수하며, 7 kg에 미치지 않는 무게로 경량화를 이루어 1인이 운용할 수 있는 장점이 있다. 현재 분대당 1정이 지급되어 운용되고 있다

◼◼ K4 고속유탄기관총

K4 고속유탄기관총은 1986년부터 90년까지 5년간 개발된 무기체계로, 40 mm 고속유탄을 사용하며 보병대대급 지원화기로 운용하고 있다. 유효사거리는 1500 m이다.

K5 권총

K5 권총은 1988년 5월부터 생산되었다. 기존의 45구경 권총에 비하여 NATO 표준권총탄인 9 mm 파라블럼탄을 채용하여 탄약휴대량을 12발로 증가시켰고, 경량화를 이루었으며, 한국인의 체형에 적합하도록 하였다. 특히 패스트 액션(Fast Action)이라는 속사식 격발방식을 채용하여 초탄발사의 신속성과 명중률을 증대시켰다. 지휘관, 조종사, 좁은 공간에서 근무하는 승무원 등 전군에 보급되어 운용되고 있다.

K6 중기관총

K6 중기관총은 미국제 M2 중기관총을 참고로 하여 제작하였으며, 1989년부터 전군에 보급하였다. 총열교환방식을 M2가 채용한 나사회전식 교환방식을 개량하여 잠금턱 방식으로 변경함으로써 신속한 총열교환이 가능하도록 하였다. GOP 등 경계초소, 전차, 장갑차, 자주포 등 장갑차량과 헬리콥터, 고속정 등 다양한 장비 및 장소에 배치하여 운용하고 있다.

■■ K7 소음기관단총

K7 소음기관단총은 시가전 및 요인 경호임무를 수행하는 특전사의 요구에 따라 국방품질관리
소(현 국방기술품질원)과 대우정밀(현 S&T대우)이 공동으로 개발하였다. 전체무게 3.382 kg,
전장 78.8 cm로 발사소음을 최소화(120dB 이하)한 것이 특징이며, K1 기관단총을 기반으로 개
발되어 총몸이 매우 유사하다. 또 전량 수입되던 독일 HK사 MP5 기관단총에 비해 제작비용이
저렴하고 정비 또한 간편하다.

■■ K11 복합형 소총

K11 복합형 소총은 국방과학연구소가 8년간 185억 원을 들여 개발한 소총으로, 구경 5.56 mm
의 소총과 구경 20 mm의 공중폭발탄 발사기의 두 가지 총열을 하나의 방아쇠로 선택하여 운용
할 수 있는 이중총열 구조로 되어 있다. 레이저 거리측정기를 이용하여 조준점을 지정하면 탄
도계산기가 거리를 탄환의 회전수로 계산하여 공중폭발탄을 정확한 조준점 상공에서 폭발시킬
수 있다. 또한 사격통제장치에 의해 조준차선이 자동으로 조정되어 명중률이 크게 향상되었다.
한편 기존의 K2 소총에 K201 유탄발사기와 주야조준경을 합친 것보다 더 향상된 기능을 수행
하면서 무게는 세 가지를 합친 것보다 훨씬 가볍게 하기 위해 특수 알루미늄 합금을 개발하고,
특수 표면처리 기술을 적용하여 티타늄 표면의 내마모성을 확보하였다. 아울러 20 mm 폭발탄
은 지능형 신관을 적용하여 충격·지연·공중폭발을 사통장치 버튼을 통해 소프트웨어적으로
선택할 수 있도록 비접촉 제어기술을 적용하였다. K11은 장기적으로 미래 병사체계와 연동할
수 있는 장비로 미래 병사체계 구성장비 중 최초로 실용화했다는 점에서 그 의의가 있다.

출처 : 김병륜, '소총도 디지털 시대 활짝', 국방일보, 2008. 9. 30

■■ K9 자주포

K9 자주포는 21세기 전장 조건에 적합하도록 개발된 사거리, 반응성, 기동성 및 생존성이 우수한 세계 수준의 자주포로서, 세계에서 두 번째로 전력화된 52구경장 자주포이다. K9 자주포는 사거리 40 km를 위한 155 mm 무장과 항법장치, 자동탄 이송장치 및 자동사격통제장치를 적용하여 급속발사, 최대 발사속도 사격이 가능하며, 1000마력급 엔진, 자동변속기 및 유기압 현수장치를 장착하여 우수한 기동성능을 갖추고 있다. 독일의 PzH2000 자주포에 비해 동급의 성능을 보유하면서도 저렴한 가격으로 터키로 수출한 바 있으며, 호주 등 해외로의 수출전망도 밝다.

출처 : 국방과학연구소, 명품무기 10선, 2008

■■ K10 탄약운반장갑차

K10 탄약운반장갑차는 2006년 11월부터 전력화되기 시작한 세계 최초로 완전 자동화한 3세대 탄약운반장갑차량이다. K10은 K9의 차체를 이용하고 있어 기동력과 방호력이 동일해 K9의 신속한 진지 변환에 충분히 동조할 수 있다. K10은 탄약 104발, 장약 504유닛(unit)을 적재할 수 있다. K9의 뒤쪽 탄약 투입구 쪽으로 K10의 포신 같은 컨베이어를 접속하게 되면 K10 내의 탄약은 컴퓨터가 자동제어하는 탄약보급 기구장치로 한 발씩 차례로 컨베이어로 옮겨져 K9 내 탄약적치대로 자동이송, 보급하게 된다. 컨베이어는 이렇게 탄약을 분당 12발 이상의 탄약을 재보급할 수 있다. K10 내부로의 적재에는 37분이, K9으로의 보급에는 28분 가량이 소요된다.

출처 : 신인호, '탄약운반장갑차', 국방일보, 2008. 11. 12

■■ 120 mm 박격포 모듈

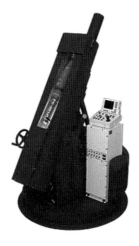

120 mm 강선형 자주 박격포 모듈은 2009년 7월 16일에 개발시연을 하였다. GPS와 전자사격통제장치를 이용하여 공격 목표지점과 박격포의 위치를 인식하고, 자동으로 포 방열각 및 사거리를 계산할 수 있는 기능을 보유하고 있다. 또한 복합관성항법기능을 탑재하고 있다. 장갑차에 모듈 형태로 탑재하여 운용가능하도록 설계되어 기계화부대와 보병연대급의 4.2인치 박격포를 대체할 것으로 예상된다.

전문용어 및 약어

ACR : Advanced Combat Rifle

ARDEC : Armament Research, Development and Engineering Center

AFCS: Automatic Fire Control System

AHEAD : Advanced Hit Efficiency and Destruction

AMOS : Armored Mortar System

APFSDS : Armour Piercing Fin Stabilized Discarding Sabot

API : Armor Piercing and Incendiary

BB : Base Bleed

BDA : Battle Damage Assesment

CCC : Combustible Cartridge Case

CCD : Charge Coupled Device

CCS : Course Corrected Shells

CMOS : Complementary Metal Oxide Semiconductor

C4ISR : Command, Control, Communication, Computer, Intelligence, Surveillance and Reconnaissance

CRISAT : Collaborative Research Into Small Arms Technologies

CTA : Cased Telescoped Ammunition

DPICM : Dual Purpose Improved Conventional Munition

DPSS Laser : Diode Pumped Solid State Laser

EFP : Explosively Forged Penetrator

ETC : Electro-Thermal Chemical

FAE : Fuel Air Explosion

FAPDS : Frangible Armour Piercing Discarding Sabot

FCS : Future Combat System

FCS-C : Future Combat System-Cannon

FDC : Fire Direction Center

FEM : Finite Element Method

FMJ : Full Metal Jacketed

FMPDS : Frangible Missile Piercing Discarding Sabot

FO : Forward Observer

FPA : Focal Plane Array

GPMG : General Purpose Machine Gun

GPS : Global Positioning System

HAW : Heavy Antitank Weapon

HE ： High Explosive

HEDP ： High Explosive Dual Purpose

HEI ： High Explosive Incendiary

HMD ： Helmet Mounted Display

HMG ： Heavy Machine Gun

IMU ： Inertial Measurement Unit

LRF ： Laser Range Finder

LAW ： Light Antitank Weapon

LMG ： Light Machine Gun

LOAL ： Lock-On-After Launch

LOBL ： Lock-On-Before Launch

MACS ： Modular Artillery Charge System

MAW ： Medium Antitank Weapon

MCLOS: Manual Command to Line of Sight

METT-T ： Mission, Enemy, Troops, Terrain and Time

MRASS ： Multi-Role Armament & Ammunition System

NLS ： Non Line of Sight

NETD ： Noise Equivalent Temperature Difference

OCSW ： Objective Crew Served Weapon

OPDW ： Objective Personal Defense Weapon

OICW ： Objective Individual Combat Weapon

PGMM ： Precision Guided Mortar Munition

PDW ： Personal Defense Weapon

PTS ： Projectile Tracking System

RAP ： Rocket Assisted Projectile

RPV ： Remotely Piloted Vehicle

SADARM ： Sense And Destroy ARMmor

SACLOS ： Semi-Automatic Command to Line of Sight system

SAMP ： Small Arms Master Plan

SAW ： Suad Automatic Weapon

SFF ： Self Forging Fragment

SIPE ： Soldier Integrated Protective Ensemble

SLAP ： Saboted Light Armor Penetrator

SRC ： Space Research Corporation

SMG ： Submachine Gun

SRAW ： Short-Range Assault Weapon

3P ： Prefragmented Programmable Proximity

TERM-KE : Tank Extended Range Munition-Kinetic Energy
TRAC : Trajectory Real-time Analysis Closed Loop
UAV : Unmanned Aerial Vehicle
UIR FPA : Uncooled IR Focal Plane Array
VIP : Video Image Projectile
WAM : Wide Area Mine

참고문헌

1. 국방기술품질원, 2007 국방과학기술조사서, 2008. 8.

2. 이희각 외, 무기체계학, 육군사관학교 편저, 교문사, 1997. 6.

3. 이희각 외, 신편 무기체계학, 육군사관학교 편저, 교문사, 2008. 2.

3. 육군본부, 지상무기체계 원리(Ⅰ), 2002. 10.

4. Jane's Armor and Artillery, Edited by Christopher F. Foss, 1994−95, 5th Ed.

5. Jane's Infantry weapons, Edited by Terry J. Gander, 2001−2002.

6. (주)군사정보, 2000 한국군 장비연감, 1999. 11. 5.

7. 최석철 편저, 무기체계@현대・미래전, 21세기 군사연구소, 2003. 4.

8. 김희재, 방탄공학, 교문사, 2004. 7. 9. 황경창, 휴대용 경대전차무기의 발전방향, 국방과학연구소, 1998. 1.

10. 김종천, 보병용 대전차무기체계 발전방향, 제7회 지상무기체계 발전세미나, 1999.11.

11. 한태호, 김인우, 120 mm 박격포 발전방향, 제10회 지상무기체계 발전세미나, 2002. 9.

제 3 장 기동 무기체계

3.1 　 서론

　　기동 무기체계는 부대를 신속하게 집중하거나 분산할 수 있는 기동성과 전투원에게 적절한 보호수단인 생존성을 제공할 뿐만 아니라 지휘통제 및 화력 운용 수단을 제공하여 전투력 발휘의 중요한 역할을 담당한다. 미래전은 전투공간이 확장되고 입체화될 것으로 예상되므로 전투력의 분산과 통합이 신속하게 운용되어야 한다. 또한 미래전은 입체적인 전략전술 기동성의 증대로 고속 기동전이 될 것으로 예상된다. 이러한 양상은 다차원의 작전환경과 광역화된 전장공간상에서 합동작전, 실시간 지휘통제를 위한 네트워크화, 정밀유도무기 및 화력의 역할 증대, 전자전 능력의 향상, 기갑 및 기계화부대의 기동 무기체계 전력 향상 그리고 정보통신기술 기반의 전력 시스템 구축 등을 필요로 한다. 그러므로 향후 기동 무기체계의 역할과 중요성은 비중이 크며, 기동 무기체계의 성능은 지상전에 있어서 특히 작전속도, 파괴력, 작전의 유연성 및 정밀도 등의 분야에서 매우 중요한 요소이다.

　　기동 무기체계는 전차 체계, 장갑차 체계, 전술차량 체계 그리고 기동이 가능한 무인전투체계, 미래전투체계, 기동지원장비 체계 등을 들 수 있으며, 각각의 기동 무기체계는 체계, 기동력, 화력, 생존성 분야로 구성된다.

　　이 장에서는 전차 체계, 장갑차 체계, 전술차량 체계에 대하여 체계 특성, 운용 개념, 개발 현황 및 발전 추세와 이들 기동 무기체계와 관련된 주요 구성 기술에 대하여 살펴본다. 무인전투체계와 미래전투체계는 현재 연구개발 단계에 있기 때문에 각각 미래전 무기체계에서 그리고 기동지원 장비체계는 공병 무기체계에서 다룬다.

3.2 　 전차 체계

3.2.1 체계 특성 및 운용 개념

1) 체계 특성

　　제1차 세계대전의 전쟁 양상은 참호전으로 긴 참호와 기관총으로 인하여 수많은 사상자를 만들고도 움직일 수 없는 교착상태가 많았다. 이러한 교착상태를 극복하기 위해 영국은 서부전선에서 적 화력으로부터 방호를 받으면서 진지를 공격할 수 있는 새로운 무기체계를 개발하였는데, 이것이 전차의 시초가 되었다. 이후 제1차 세계대전을 거치면서 세계 각국은 고유의 전차를 개발하여 보유하였는데, 처음에는 보병 공격의 보조역할을 하는 수준이었지만 제2차 세계대전 시에는 제1차 세계대전의 경험을 바탕으로 성능이 크게 향상되어, 전차의 성능이 전투의 승리와 패배를 가늠하는 결정적인 역할을 하였다.

전차는 냉전 이후 수적으로는 많이 감소하였다. 그러나 전차는 적의 전차에 대응할 수 있는 가장 효과적인 무기체계일 뿐만 아니라 적의 지상군을 제압하기 위한 공세적 기동 전력의 주력 무기체계로 인식되기 때문에 지속적으로 발전하고 있다. 장거리용 정밀무기의 출현에 따라 기존 형태의 근접전투가 사라지게 될 것이고, 이에 따라 전장에서 전차의 필요성도 사라질 것이라는 일부 주장도 제기되어 왔다. 그러나 전차는 작전지역에서 항공기, 헬기, 무인기보다 장시간 작전을 수행할 수 있으며, 적과의 대치상황에서도 지역을 장악하고 유지할 수 있는 장점을 갖고 있다. 또한 걸프전, 아프가니스탄전 및 이라크전과 같은 최근의 전장에서 보는 바와 같이 강력한 공격을 바탕으로 한 기갑부대 중심의 지상전을 통해서, 적의 군사력을 파괴하고 목표를 달성할 수 있다는 사실로부터 기갑 핵심전력으로서 전차의 중요성은 유지되고 앞으로도 계속 중요한 역할을 할 것이다. 입체 고속기동전 형태에서는 전차 단독으로 전투 임무를 수행할 수 없고, 대전차 공격헬기 등의 항공지원 상태에서 장갑으로 보호된 보병, 포병 및 공병 등과의 제병협동작전을 수행함으로써 임무를 효과적으로 달성할 수 있다.

전차가 개발된 이후 현재까지 정립된 체계 특성은 다음과 같다. 전차는 궤도를 장착하고, 포탑을 탑재하며, 모든 지형을 기동할 수 있어야 하고, 견고한 장갑으로 보호되며, 강력한 직사화기를 가져야 한다. 또한 대전차 교전능력을 구비하고 식별된 표적을 효과적으로 타격할 수 있어야 한다.

2) 운용 개념

전차는 화력, 기동력, 생존성이 결합된 복합기능을 갖는 기동 무기체계이다. 이러한 복합기능의 기능별 비중은 전차의 발전과 전쟁양상 그리고 기술수준에 따라 국가별로 차이를 갖고 변화해 왔으며, 최근에는 이들 세 가지 기능이 조화를 이루면서 생존성과 체계의 신뢰성을 향상시키는 방향으로 발전하고 있다.

전차는 넓은 전장에 분포되어 있는 표적이나 이동하는 표적을 신속하고 정확하게 타격할 수 있을 뿐만 아니라 적의 각종 위협에 대해서는 충분히 보호될 수 있도록 운용해야 한다. 따라서 전차는 적의 전차나 진지를 제압할 수 있는 화력을 보유하고, 높은 기동력으로 전장을 신속히 기동하면서 전투를 수행해야 하는 기동 무기체계이며, 일반적인 구성은 무장을 탑재하고 회전이 가능한 포 및 포탑, 주행장치와 동력장치를 장착한 차체로 이루어진다. 전차를 운용하는 승무원은 전차장, 조종수, 포수 그리고 탄약수 등 4명으로 구성되어 있으나, 자동장전장치가 장착된 일부 전차에서는 3명의 승무원으로 운용되고 있다. 조종수는 전차의 선단 부분에 위치하고 해치를 닫은 상태에서는 잠망경을 통하여 운행과 전방 관측이 가능하며, 야간에는 야시장비를 이용한 기동도 가능하다. 전차장과 포수 그리고 탄약수는 포탑 내에 위치하여 포탑과 함께 회전하도록 함으로써 사격을 신속하게 할 수 있다.

전차의 포탑에는 무장장치, 탐지장치, 사격통제장치 및 정보통신장치와 같은 주요 구성품이 장착되어 있다.

무장장치는 적 전차와 같은 표적을 파괴할 수 있는 주포와 경장갑을 파괴하거나 적의 보병 병력 제압 또는 대공화력으로 사용할 수 있는 기관총 그리고 연막탄 발사기로 구성되어 있다. 이러한 무장장치는 포수 및 전차장의 조준장치와 연계되어 자동 및 수동으로 운용된다.

탐지장치는 거리 측정 능력과 야시기능을 갖추고 있는 조준경과 운용환경의 영향을 적게 받는 밀리미터파 레이더 등이 있으며, 이들 장치를 이용하여 전천후 전투가 가능하다.

사격통제장치는 탐지된 표적을 자동으로 추적하는 자동추적장치, 탄도 계산에 필요한 각종 정보를 수집하는 감지기, 이들 정보와 사거리, 탄종, 기동속도 등과 같은 탄도 보정요소를 종합하여 정확한 고각과 방위각을 계산해 주는 탄도계산기, 획득된 표적의 방향으로 전차의 주포를 신속하고 정확하게 회전하는 포 및 포탑 구동장치 등으로 구성되어 있다.

정보통신장치는 음성통신과 데이터통신을 가능하게 하는 인터컴, 무전기, 정보전시기 등으로 구성되어 C4I와 연계된 종합 전장정보관리를 구현할 수 있는 수단을 제공한다.

차체에는 엔진 및 변속기 등의 동력장치와 현수장치, 궤도 및 궤도장력 조절장치와 같은 주행장치 등이 장착되어 있다. 동력장치는 전차의 중량이 크고, 부속장치들의 장착 공간이 협소하기 때문에 소형이지만 고출력이 사용되며, 극한조건 하에서도 작동하도록 높은 신뢰성을 갖추고 있다. 현수장치를 포함한 주행장치는 전차의 기동성을 결정하는 요소로서 장애물 극복능력, 승차감, 선회 및 제동 시 안정성과 야지 기동성 등과 밀접한 관계가 있다.

전차의 기동은 전략기동, 전술기동 및 전장기동 등 3가지 형태로 분류한다. 전략기동은 전차를 전장으로 신속하게 투입시키는 능력으로서, 통상 원거리 이동이기 때문에 전차 자체의 기동이 아닌 철도, 선박, 트레일러 또는 항공기 등에 의한 수송에 의존한다. 전술기동은 적과의 교전을 위해 전장 내의 작전지역까지 전차 자체의 동력을 이용하여 포장로, 비포장로, 야지, 설상 및 하천 등의 지형을 통과하여 신속히 이동하는 능력이다. 최근에는 자동항법장치를 통해 원거리 이동의 최적경로를 찾아내고, 차량의 현재 위치 및 이동경로를 추적할 수 있어 낯선 지역에서의 효과적인 전투가 가능해졌다. 전장기동은 작전지역 내에서 적과의 교전 시 민첩하게 기동할 수 있는 능력으로서, 연약지반 또는 험한 지형뿐만 아니라 개천, 도랑, 참호 등의 각종 장애물을 통과하거나 경사지를 등판할 수 있어야 한다.

전장에서의 탐색기능은 전투 수행과정에서 위협요소를 조기에 발견하고 상황에 따라 적절한 대응을 하는 기능으로, 전차에서는 운용특성상 위협탐지와 표적탐지 2가지로 구분한다. 위협탐지는 아군 전차에 위협이 되는 대전차미사일, 대전차 지뢰 및 화생방 상황 등의 위협요소를 탐지하여 경보 및 대응 방안을 강구하는 기능이다. 표적탐지는 공격 대상의 지상 또는 공중 표적을 조기에 탐지하여 전차의 타격수단을 활용한 선제 공격을 통해 제압하는 기능으로, 대응 및 파괴 기능에 우선하여 이루어진다.

전차의 주 임무는 전술적 측면에서 탐지 또는 정보통신을 통해 획득된 표적을 신속, 정확히 대응하여 파괴하는 것이다. 이를 위해서는 우수한 조준 수단과 정밀한 사격통제장치에 의해 명중률을 높임과 동시에 승무원 상호간의 적절한 임무분담을 통해 표적 발견부터 초탄 발사 시까지의 대응시간을 가능한 한 짧게 해야 한다.

전차장은 획득된 표적에 대한 적절한 대응수단을 포수에게 지정하고, 포수는 지정된 표적에 대해 거리측정, 조준·추적 및 사격 등의 임무를 신속히 수행해야 한다. 동시에 탄약수 또는 자동장전장치는 탄을 적재대로부터 취출, 이송하여 포 약실에 장전한다. 포수가 표적을 조준·추적하는 동안 탄도계산기는 각종 정보를 통합하여 탄도를 계산하고, 구동장치는 포와 포탑을 탄도가 계산된 방향으로 이동시켜 사격이 가능하도록 해준다.

한편 전차가 적 표적을 무력화시키기 위해서는 표적에 탄을 명중시킴과 동시에 대응수단의 충분한 파괴력으로 표적을 격파해야 한다. 적 전차와 같은 중장갑 표적의 대응수단으로는 통상 철갑탄과 대전차 고폭탄이 운용되며, 경표적 파괴용으로는 기관총 또는 전차포에서 발사되는 고폭탄이 사용된다. 헬기를 포함한 대공 대응수단은 통상적으로 기관총을 이용한 화망 형성이 고려되어 왔는데, 일부에서는 전차포를 이용하여 발사 가능한 유도미사일 또는 지능형 센서를 갖는 지능포탄을 도입하여 대헬기 대응능력을 갖추고 있다.

전차의 생존성에 대한 전술은 적을 조기에 발견하여 공격 및 회피 기회를 증가시키고, 순간 기동력을 증대시켜 공격에 대한 노출시간을 줄이며, 피탄면적을 감소시키는 한편, 피탄 시 치명적인 2차 피해를 극소화하는 것이다. 전차가 전장에서 생존하기 위해서는 전차의 방호성능 뿐만 아니라 탐지회피 및 피탄회피 기능이 적절히 조합되어야 한다. 탐지회피는 적의 탐지확률을 최소화시키는 전차의 은폐 및 엄폐 수단이다. 전차로부터 발생하거나 반사되는 신호를 감소 또는 차폐하기 위해 위장망 및 위장페인트 등의 수동적 회피수단을 이용하고, 위협탐지로부터 보호받기 위하여 연막차장 및 기동회피 등을 통해 능동적으로 회피하기도 한다. 최근에는 전차에서도 레이더 탐지를 회피하기 위해 레이더 반사신호 감소구조 및 레이더 흡수재료를 사용하는 스텔스 개념이 도입되고 있다.

피탄회피는 적에게 탐지·획득되어 포탄 또는 미사일 공격을 받을 때 피탄되는 확률을 최소화시켜 생존성을 확보하는 수단이다. 전차는 피탄회피를 위해 탐지회피에도 유효한 외형상 통제를 이용하고, 대전차미사일 공격에 대해서는 유도교란 또는 유인장치에 의한 회피방호 및 적극적인 방법으로 위협에 직접 대응하여 파괴시키는 파괴방호(hard kill)를 이용한다. 이 경우 전차가 일단 피탄되었을 때에는 복합장갑 또는 반응장갑 및 수동장갑을 통해 승무원과 주요 기능부품을 보호한다.

전차에 대한 화생방 위협도 중요한 위협요소로서 화생방 상황에서 임무수행을 가능하게 하는 기능은 필수적이다. 최신 전차들은 화생방 집단 방호개념을 채택하고 있는데, 화생방 오염지역에서 전차의 해치를 밀폐한 상태로 내부압력을 승압·유지시켜 오염공기의 진입을 방지하고, 승무원실 내부온도를 적정 온도로 유지하여 승무원이 정상적인 전투임무를 수행하도록 하는 것이다.

전차의 전술은 단독전투 뿐만 아니라 제병협동에 의한 전투로 수행되는 것이 보통이며, 이때 전차 내부 승무원 사이의 의사소통, 아군 전차 또는 지휘통제소와의 실시간 정보통신이 원활하게 이루어져야 효과적인 전투임무 수행이 가능하다. 따라서 음성에 의한 통신뿐 아니라 전장정보 및 차량정보 등을 포함한 디지털 데이터 통신을 통해 전투에 요구되는 보다 광범위하고 정확한 정보를 전달하고, 전송된 정보를 승무원이 요구하는 형태로 통합 및 전시해 주는 수단이 강구된다.

전차는 기동, 탐색, 화력제공, 생존 및 정보통신 등의 주요 기능들이 서로 조화를 이루면서 운용될 때 최대의 전투효율을 발휘할 수 있다. 전투의 주체가 궁극적으로 승무원임을 고려할 때 전차에 대한 승무원의 조작이 용이하도록 설계되어야 하며, 악조건 하에서 장시간 동안 전천후 운용이 요구되는 전장환경 하에서 전투효율을 높이기 위해서는 승무원실의 인간공학적 설계가 필수적으로 요구된다. 미래전의 특성으로 인해 도시지역에서의 작전수행 능력이 전차 개발의 주요한 고려사항이 될 것이며, 공격헬기 및 무인기에 대비하는 대공교전 능력도 주요 운용특성이 될 전망이다.

3.2.2 개발 현황 및 발전 추세

1) 개발 현황

전차 개발국 사이에는 전차를 전술적으로 어떻게 운용할 것인가에 대해 서로 다른 견해를 보이면서 서로 다른 설계개념을 가지고 전차를 개발해 왔다. 각국의 전차가 갖는 전술적 역할인 화력과 기동력 그리고 방호력의 우선순위, 위협수준 및 전장환경 그리고 그 국가가 보유하고 있는 기술수준에 따라 동일한 용도와 목적을 갖는 전차라 할지라도 표 3.2.1에서 보는 바와 같이 서로 다른 형태의 전차 체계가 개발되었다. 이러한 전술 및 기술적 이유 외에도 가용한 예산범위 등에 의해 전차의 중량과 부피가 제한을 받고 있으며, 이로부터 파생하는 제한요소들로 인하여 주요 기능품의 개발은 더욱 다양하게 변화되고 있다.

표 3.2.1 **전차의 특성 비교**

구 분		미 국	프랑스	러시아
모 델		M1A2 SEP	Leclerc	T-80U
	생산년도	1999	1994	1985
제 원	전투중량(톤)	63.1	54.5	46.0
	승무원(명)	4	3	3
기동력	최고속도(km/h)	67	71	70
	도 하(m)	4.0	4.0	5.0
	항법 및 지도전시	자동항법(GPS+INS) 및 지도전시	자동항법(INS) 및 지도전시	없음
화 력	주 무장(구경, mm)	120(44구경장)	120(52구경장)	125
	관통력(mm)	540	560	430
	탄약 장전 방식	수동	자동	자동

(계속)

구 분		미 국	프랑스	러시아
사격 통제	탐지/인지 거리(km)	9.8 / 4.5	미확인	5.0 / 1.5
	전천후 탐지	열상	열상	영상증폭
	레이저 거리측정 반복률(회/초)	1	1	1
	표적 자동탐지 · 추적	없음	없음	없음
	피아식별장치	없음	없음	없음
	포 · 포탑 구동방식	유압식	전기식	전기 · 유압식
	전술정보처리	있음(C4I 연계)	있음(C4I 연계)	없음(C4I 비연계)
	내장훈련 및 교범전시	있음	없음	없음
생존성	방호력(mm)	600	600	550
	능동방호	없음	없음	유도교란, 대응파괴
	화생방 방호	집단방호	집단방호	집단방호

2) 발전 추세

(1) 미 국

미국 전차는 1950년대의 M47 및 M48로부터 1960년대의 M60을 거쳐, 1970년대 말 이후에는 M1 계열로 이어지고 있다. 1980년에 생산하기 시작한 M1 계열의 주력전차는 표3.2.2에서 보는 바와 같이 M1으로부터 M1 개량형, M1A1 및 M1A2로 발전하였으며, 최근에 와서 M1A2 SEP이라는 최신 전차의 생산으로 이어지고 있다.

M1 전차의 주요 특성으로는 105 mm 강선포, 1500마력의 가스터빈 엔진, 고강도 장갑 판재로 구성된 용접구조, 복합장갑, 디지털 탄도계산기 등이 대표적이며, M1 개량형은 M1 전차에 비해 주로 장갑방호력을 증대시킨 전차이다. M1A1에서는 M1의 105 mm 강선포 대신

표 3.2.2 M1 계열 전차의 발전 추세

구 분	M1	IP M1	M1A1	M1A2	M1A2 SEP
주무장	105 mm 강선포	좌동	120 mm 활강포	좌동	좌동
포수조준경	주간/1축안정/ 1세대열상	좌동	좌동	광학/2축안정/ 1세대열상	광학/2축안정/ 2세대열상
전차장조준경	주간잠망경	좌동	좌동	1세대열상/ 2축안정	2세대열상/ 2축안정
화생방양압장치	없음	없음	있음	있음	있음
차외정보통신	음성무전기	좌동	좌동	무전기/IVIS	무전기/IC3

에 120 mm 활강포를 탑재하고, 집단 보호 방식의 화생방 장치를 도입하였다. M1A1(HA)은 강에 비해 2.5배 정도 밀도가 높은 감손 우라늄을 장갑재료로 사용한 전차이다. 그림 3.2.1의 M1A2는 M1A1과 비교하여 M1의 전반적인 성능 개량이 이루어진 전차로서, 전차장 독립열상장치, 전장관리시스템, 자동항법장치, 차량전자화, 전차장 및 조종수 통합 전시기, 무전기 등이 디지털화된 최신형 전차이다. M1A2 SEP의 대표적인 특성으로는 2세대 적외선 열상장치, 시력안전(eye safe) 레이저 거리 측정기, 음성인식장치, 컬러 전술지도, 디지털맵, 내장형 보조동력장치, 내장 전자교범 및 훈련장비 등이 있다.

미국 전차는 러시아 전차에 비해 중량과 형태가 크기 때문에 동일한 수준의 기동력을 얻기 위하여 고성능의 동력장치와 주행장치를 탑재하였다. 한 예로서 M48 전차의 경우 당시의 다른 전차들이 500 ~ 600마력의 엔진을 탑재한데 비하여 690마력의 고출력 엔진을 채택하였으며, 궤도의 폭을 증가시켜 접지압력을 낮추도록 시도하였다. 방호력과 생존성 분야는 M47, M48, M60의 주강 구조물을 M1 계열에서는 고강도 장갑판재의 용접구조로 발전시켰고, 쵸밤(chobham)과 같은 복합장갑을 채택함으로써 방탄성능을 향상시켰다.

또한 M1A1(HA)부터는 고밀도의 감손 우라늄 장갑재를 사용함으로써 방호능력을 더욱 향상시켰다. 화력에서는 전차포를 90 mm, 105 mm 강선포에 이어 120 mm 활강포로 대구경 화시켰으나, 자체 개발한 포가 아닌 영국의 105 mm 강선포와 독일의 120 mm 활강포를 도입, 개조하여 사용하고 있다.

1990년 영국, 독일, 프랑스와 더불어 차기전차용 140 mm 활강포의 공동개발에 합의한 이후 시제 개발에 성공하였으나, 구소련의 붕괴와 더불어 체계 적용성의 문제점 때문에 진전이 이루어지지 않고 있다. 사격통제장치의 개발은 항상 선도적 위치에 있으며, 특히 M1A2 전차에서는 디지털 데이터버스에 의한 차량 전자화 개념을 도입하여 운용 효율성을 크게 증대시키고 있다.

미국 전차의 향후 발전 방향은 육군에서 추진하고 있는 미래전투체계(FCS : Future Combat

그림 3.2.1 M1A2 전차

System)에서 파악할 수 있다. FCS의 핵심 중 하나는 C-130 수송기로 수송이 가능한 전략 기동성(여단급 96시간 이내 전개)을 갖기 위하여 전투장비의 중량을 20톤 이하로 제한하고 있다. 그 외에 재보급 없이 5일간의 독자적인 전투가 가능하고, 기동무기는 최고속도 100 km/h 및 야지 속도 60 km/h 등의 개발목표가 요구되고 있다. 또한 FCS는 초탄 교전에서 생존할 수 있어야 하며, 합동전투를 위한 상호운용성을 갖추어야 하고, 인체공학적인 요소를 최대한 고려하도록 요구되고 있다.

현재까지 알려져 있는 FCS의 예상되는 주요 특성은 다음과 같다. 우선 화력 측면에서는 치명도를 크게 증대시킬 수 있는 대안들로 전자열포, 전자포, 재래식 화포, 초고속 소형 운동에너지 미사일(CKEM : Compact Kinetic Energy Missile), 고성능 지능탄, 레이저를 이용한 지향성 고에너지 무기, 입자빔 또는 고출력 펄스 무기 등이 고려되고 있다. 이들 무기의 개발 가능성, 체계 적용성 그리고 비용대 효과 등이 다양하게 검토된 후 FCS의 무장 시스템이 결정될 것이며, 여러 가지의 무장이 같이 탑재될 수 있다. 전투통제를 위하여 다중센서에 의한 표적획득 및 대응 시스템이 도입될 예정이며, 이는 전천후 환경에서 15～20개의 지상 및 공중 표적을 동시에 자동으로 대응할 수 있는 수준까지 고려되고 있다. 승무원에게는 헬멧장착 표시기(HMD : Helmet Mount Display)를 통해 전차 외부의 전방위 전장 상황을 가상현실과 연계된 각종 유용한 전투정보와 함께 컴퓨터 영상으로 제공함으로써 전투 운용성을 크게 증대시키는 방안도 고려되고 있다. 생존성 측면에서는 스텔스 기술에 의한 탐지회피 및 능동 방호시스템에 의한 피탄회피 등이 고려되고 있으며, 경량 수동장갑의 형태도 위협에 적극적으로 대응하는 지능형 장갑 개념이 고려되고 있다. 또한 정지 간 또는 기동 간에 수동형 및 능동형 지뢰를 탐지, 회피 및 무력화할 수 있는 능동형 지뢰대응장치도 고려되고 있다. 기동성 측면에서는 20톤 이하의 중량으로 전략 기동성이 강조되고, 고출력 전기식 동력장치를 통해 고기동성이 제공되며, 최고 60 km/h의 야지기동속도가 가능하도록 능동형 유기압 현수장치가 고려되고 있다.

(2) 영국

영국은 Centurion 전차를 포함하여 Chieftain 전차, Challenger-1 전차 그리고 그림 3.2.2의 Challenger-2 전차에 이르기까지 전차를 지속적으로 개발하고 있다.

Challenger-2 전차는 1986년에 개발을 시작하여 1994년에 무기체계로 채택되어 전력화되었다. 이 전차는 미국의 M1A2와 같이 데이터버스를 통해 차량 전자화를 시도한 전차로서 전자장비의 성능 개량이 지속적으로 가능하도록 설계되었다. Challenger-2 전차는 55구경장의 120 mm 강선포를 장착하고 있으며, 140 mm 전차포가 실용화될 것에 대비하여 주포 장착구를 넓게 설계하였으며, 레이더 신호를 최소화하기 위한 스텔스 기술을 적용하였다. 또한 반응장갑을 통한 장갑방호력 증대, 포수 잠망경을 대체하는 전차장의 열상관측장비, 자동 포구감지시스템, 자동 표적감지·추적장치와 능동형 방호장치 등이 성능 개량 대상으로 고려되고 있다.

그림 3.2.2 Challenger-2 전차

영국은 현재 주력으로 운용하고 있는 Challenger-2 전차를 지속적인 성능 개량을 통해 발전시킬 것으로 예상되며, 이 전차를 대체하여 2026년에 실전 배치 예정 중인 MODIFIER (MObile DIrect FIre Equipment Requirement) 프로그램이 진행되고 있다. 그러나 장갑차량 분야를 MODIFIER 계획과 통합하여 FRES(Future Rapid Effects System)라는 이름으로 미래전투차량을 개발하고 있다. 영국은 사업이 중단된 TRACER(Tactical Reconnaissance Armoured Combat Equipment Requirement) 프로그램에서 개발된 핵심기술(하이브리드 전기구동 시스템, 새로운 장갑 시스템, 스텔스 특성, 고무 밴드 트랙, 정찰용 첨단 센서, 40 mm Cased Telescoped 등)을 FRES에 활용하기를 시도하고 있다. FRES를 통해서 800대 이상의 차량이 생산될 예정이며, 차량의 종류는 지휘통제용, 병력수송용, 박격포 운반용, 정찰 및 감시용, 직접 교전용, 간접 화력용, 군수지원용 등 15종의 종류가 생산될 예정이다. 이 FRES 사업은 미국의 FCS와 비슷한 개념으로 이 사업을 통하여 개발되는 차량은 C-130 전술 수송기를 통해 공수가 가능하다.

영국이 추진하는 전차 설계 개념은 영국 전차들의 특성에서 쉽게 파악할 수 있다. 특히 전차포 및 장갑 부문에서는 독자적인 기반을 구축해 왔다. 전차포 분야에서는 제2차 세계대전 후 전차포의 연구개발에 주력함으로써 105 mm 강선포를 개발하였는데, 이 포는 1950년대 말 이후 가장 훌륭한 전차포로 인식되어 1960년대부터 1980년대까지 생산된 대부분의 전차는 105 mm 전차포를 전차의 주포로 운용하고 있다. 또한 구경 120 mm 주포를 탑재한 서방 최초의 전차도 역시 1960년대 초부터 양산 배치된 Chieftain이며, 러시아가 125 mm 포를 탑재한 T-64를 배치하기까지 전 세계에서 가장 큰 구경의 주포를 갖는 전차였다. 영국은 강선포만을 고집해 왔는데, 최근에 미, 영, 프, 독 4개국 공동으로 개발을 시도한 140 mm 주포가 활강포라는 사실로부터 영국의 전차포 개념이 변화하고 있음을 알 수 있다.

전차 주요 기술 중 영국이 갖는 독특한 분야는 특수장갑 분야이다. 이는 1970년대 초 성형장약탄에 대응하여 쵸밤장갑을 개발한 데서 출발하였다. 여기에 사용된 적층구조의 복합장갑기술은 최근까지 계속 응용되고 있는 뛰어난 기술로 인정받고 있다. 쵸밤장갑은 Challenger-1

에서부터 적용되기 시작하여 Challenger-2에는 운동에너지탄에 대해서도 방호성능이 우수한 2세대 쵸밤장갑을 장착하였다. 방호력을 중시하는 설계로 영국 전차들의 중량이 다른 전차들에 비해 상대적으로 큼에도 불구하고, 저출력의 엔진이 사용되었기 때문에 기동력은 우수하지 않았다. 예로서 62.5톤의 Challenger-2에 탑재된 엔진의 출력은 1200마력급으로서 톤당 마력이 19.2인데, 러시아 T-80U의 27.3에 비하면 상당히 작은 값이다. 따라서 수출용으로 개발된 Challenger-2E에는 독일의 1500마력급의 엔진(Europowerpack)을 탑재하였다. 또한 영국의 전차들은 Centurion부터 Challenger에 이르기까지 완전 전기식 포·포탑 구동장치를 채택하고 있으며, Challenger부터는 현수장치도 완전 유기압식을 사용하고 있다.

서방 전차의 120 mm 포탄은 대부분 일체형이지만, 영국의 120 mm탄은 분리형으로서 탄두와 추진제를 분리하여 적재한다. 영국은 HESH탄이라는 독특한 포탄을 유지하고 있는데 Chieftain 전차에서부터 사용되고 있다. 이는 미국의 HEP탄과 유사한 개념의 탄으로서 충격하중에 의한 후면 파편효과를 통해 전차 내부의 승무원을 살상하거나 주요 구성품을 파괴한다.

(3) 러시아

러시아는 서방국가들이 매우 복잡하고 정교한 전차를 통해 질적 우위를 점유하려 했던 것과는 대조적으로 저렴한 생산비용, 단순한 구조 및 높은 전투효율을 갖는 전차를 개발함으로써 양적 우세를 통한 전력증대를 추구해 왔다. 러시아는 T-54, T-55, T-62, T-64, T-72, T-80 및 T-90으로 이어지는 전차 개발과정을 통해 전차에 대한 기술축적을 이루었으며, 최근에는 이를 토대로 전차 수출시장에서 우위를 점하려고 많은 노력을 기울이고 있다. 그 일환으로 최근에는 T-80UM2 및 Black Eagle, T-95와 같은 최신 전차들을 선보이고 있다. 러시아는 T-80U와 그림 3.2.3과 같은 T-90을 주력전차로 계속 운용할 전망이다.

T-80UM2는 T-80 계열의 최신 성능 개량형으로서 T-80U의 1250마력 가스터빈 엔진과 AT-11 Sniper 미사일을 발사할 수 있는 125 mm 활강포를 탑재했으며, 일부 서방 전차에서 볼 수 있는 버슬형 포탑 형상에 버슬형 자동장전장치를 채택하고, 반응장갑 및 능동방호시스템을 장착하고 있다. 또한 사격통제장치는 서방기술을 도입하여 보다 최신화하였다.

그림 3.2.3 T-90 전차

한편 Black Eagle은 T-80 계열의 차체와 기동체계를 기반으로 135 mm 또는 140 mm 활강포와 버슬형 자동장전장치를 탑재한 낮은 실루엣의 전차로서, 현재 개발 중이나 러시아의 경제 여건상 당분간 생산 배치되기는 어려울 것으로 판단된다. T-95 전차는 T계열 전차의 후속 개발모델이 아니라 완전히 새로운 개념의 전차이다. 개발목표의 현실화에 따라 주어진 중량제한(약 50톤)에서 승무원의 생존성을 최대한 높이고, 이와 동시에 화력을 높이기 위해서 135 mm 포 및 새롭게 설계된 자동화기가 탑재되어 있다. 또한 포에서 발사할 수 있는 유도미사일도 있다. 3인이 탑승하는 이 전차에는 별도로 장갑방호된 승무원실이 있고, 무기발사를 위해 T-95 전차는 상이한 종류의 센서가 있는 복잡한 발사유도장치를 갖추고 있다고 한다. 표적정보는 광학, 열상장비, 적외선 채널을 통해 제공되며, 레이저 거리측정기와 레이더도 포함하고 있다.

T-90은 양산되는 전차 중 최신 전차로서 840마력 디젤엔진으로 구동되는 T-72BM을 보다 발전시킨 형태이며, T-80U에 사용된 Kontakt-5 반응장갑 및 신형 사격통제장치를 탑재한 전차이다. T-90에서도 AT-11 Sniper 미사일이 발사될 수 있으며, T-80UK에 장착된 Shtora-1 능동방호장치를 탑재함으로써 생존성을 증대시켰다.

러시아가 추구하는 전차 설계 개념은 화력성능에 중점을 두고 있다. T-54의 100 mm부터 T-64 이후의 125 mm 전차포에 이르기까지 주포의 구경을 증대시켰으며, T-62에 도입된 활강포 및 APFSDS탄과 T-64에 도입된 자동장전장치는 서방 국가들보다 기술개발이 앞서 있다. 또한 T-64B부터 도입된 포 발사 유도 미사일에 의한 사거리 연장 개념은 현재 러시아 전차에서만 채택되고 있는 독특한 개념으로서, AT-8 Songster에서부터 발전하여 현재는 AT-11 Sniper가 운용 중이다.

화력 다음의 우선순위는 생존성 분야에 두었다. 생존성 증대를 위해 전차의 크기를 작게 하고, 실루엣 높이를 낮추었으며, 장갑방호 측면의 효과도가 높은 곡면 형상의 설계를 추구하였다. 주포의 구경이 증대되었지만 전차의 크기와 중량이 거의 같은 수준으로 유지되었던 사실을 통해 러시아가 전차의 크기 및 중량 최소화에 주력했음을 알 수 있다. 이를 위해 자동장전장치 및 분리탄의 사용, 주포의 최대 부각제한, 승무원의 신장제한, 전투실 및 엔진실의 조밀화 등이 전차설계에 도입되었다.

또한 러시아는 방호력 증대를 위해 현용 중인 모든 전차에 반응장갑을 부가 장착하였으며, 최신 전차에는 화생방장치 뿐만 아니라 전차 내부에 중성자 차폐 라이너를 설치하여 화생방전 상황에 대비하고 있다. 또한 러시아는 대전차미사일에 대항하여 다양한 능동형 방호시스템을 개발하여 왔다. Shtora-1 연막차장·적외선 교란시스템과 접근 미사일을 레이더로 탐지한 후 파편탄을 이용하여 대응 파괴할 수 있는 ARENA 능동방호시스템이 대표적이다.

외형이 상대적으로 작은 러시아 전차는 서방권 전차들에 비해 가볍기 때문에 저출력 엔진을 사용함에도 불구하고 톤당 마력은 거의 동일한 수준으로 나타나 우수한 기동성을 보이고 있다. 예를 들어, 전투중량 46톤의 T-80U는 1250마력의 가스터빈 엔진을 탑재하고 있는데, 톤당 마력이 27.2 정도로서, 1500마력급 엔진을 탑재한 미국 M1A2의 26.3에 비해 오히려 큰 값을 갖는다.

(4) 프랑스

프랑스는 1960년대 초에 AMX-30을 개발한 이래 1990년대 초에는 그 후속 모델인 AMX-Leclerc를 개발하여 배치하였다. 1980년대 초 105 mm 강선포를 탑재한 AMX-30의 수출형 AMX-32와 AMX-40에는 120 mm 활강포가 탑재되었고, 그림 3.2.4의 Leclerc 전차도 자체 개발한 120 mm 활강포를 탑재하였다. 프랑스 전차포의 특징은 연소가스 배출을 위한 제연기 대신에 압축공기시스템을 사용하고 열 차폐관에 의해 적외선 발생신호를 감소시키는 데 있다.

Leclerc 전차는 미래지향적 개념을 갖고 개발된 전차로서 많은 특징을 갖고 있다. 우선 장갑체계를 모듈화하여 대장갑 위협증대에 대한 탄력적 운용을 가능하게 하였으며, 능동방호장치에 의해 생존성을 크게 향상시켰다. 전차포를 52구경장으로 장포신화함으로써 운동에너지탄의 관통력을 향상시켰으며, 서방국가에서는 최초로 자동장전장치를 장착하였다. 전차 실루엣의 크기를 축소하기 위해 평편 포탑의 개념을 도입하였으며, 차체의 길이가 기존 전차에 비해 1 m 정도 짧게 조밀한 설계가 이루어졌다.

한편 Leclerc 전차의 특징 중 하나는 차량전자화 개념을 도입하여 디지털 데이터버스를 통해 모든 전자장비들이 통합관리되는 것이다. 포수와 전차장이 독립적으로 관측 및 조준능력을 보유하고 있어 60초 내에 각기 다른 6개의 표적을 처리할 수 있고, 야지 기동 간에 정지 및 이동표적에 대해서도 효과적으로 대응할 수 있다. 수출형 Leclerc에 탑재된 전장관리시스템은 디지털 컬러지도 및 위치항법장치 등을 통해 승무원에게 전장상황을 실시간으로 제공함으로써, 전투 운용성을 크게 증대시킬 수 있기 때문에 모든 국내용 Leclerc 전차의 성능 개량을 고려하고 있다.

프랑스 육군은 Leclerc 전차의 성능 개량을 3단계로 나누어 고려하고 있다. 1단계는 전장관리시스템과 신형 화재탐지 및 소화시스템을 포함하는 것이고, 2단계는 2006년부터 시작하여 전장 피아식별장치와 신형 열상장비를 장착하며, 3단계는 2010년부터 향상된 장갑기술, 표적 자동추적장치 및 최신 통합 지휘통제시스템을 갖추는 단계로 계획되어 있다. 그 이외에

그림 3.2.4 Leclerc 전차

도 추가적인 측면 장갑방호, 외부에 장착된 디젤 보조동력장치, 공기조절시스템, 레이저 거리측정기와 열상장비를 장착한 HL-80 전차장 조준경, 원격조준 및 사격이 가능하고 포탑 상부에 장착된 7.62 mm 기관총 등이 포함되어 있다.

프랑스는 이러한 Leclerc 전차를 2015년까지 성능 개량을 추진하여 해외수출 시장도 노리고 있는데, 성능개선의 가장 핵심적인 분야는 생존성과 치명성이다. 즉, 주력전차의 생존성을 향상시키기 위해 여러 층의 방호수단을 강구하고 있다. 방호수단의 기본은 스텔스이며, 그 다음의 방호수단은 비파괴 무력화 방어보조장치이다. 최종 단계의 방호수단은 접근해 오는 무기를 파괴하여 무력화(hard kill)시키는 시스템으로 구성된다. 이 시스템은 Spatem 능동방호시스템으로 전자기와 적외선 센서, 데이터 융합을 결합시킨 위협탐지시스템과 지휘통제시스템 그리고 능동 'Riposte' 시스템으로 구성되어 있다. Riposte 시스템은 파편탄과 발사모듈로 구성되어 있는데, 50 m 거리에서 공격 위협을 탐지하고 5 m 이상의 거리에서 표적을 요격할 수 있다.

(5) 독 일

제2차 세계대전 후 중단되었던 독일의 전차개발은 1957년 프랑스와 유럽형 전차의 공동개발을 통하여 다시 추진되었고, 1965년부터는 Leopard-1 전차를 양산 배치하기 시작하였다.

Leopard-1은 1980년대 초까지 성능개선을 통하여 Leopard-1A1에서 Leopard-1A5까지 발전되었다. Leopard-1이 러시아 T-64 전차와 비교하여 화력 측면에서 열세라고 판단한 독일은 미국과 공동으로 MBT-70의 개발을 시도하였으나 실패하고, 이때 획득한 각종 구성품 기술을 활용하여 그림 3.2.5에서 보는 바와 같은 Leopard-2 전차를 독자적으로 개발하였다.

전통적으로 기동성을 강조해 온 독일은 고출력 엔진 개발에 주력하였는데, 1960년대 말 1500마력급 엔진을 탑재한 시험용 차량을 만들었으며, Leopard-2에 세계 최초로 1500마력 엔진을 탑재하였다. 그러나 방호력 증대 요구로 전차의 중량도 크게 증가하였기 때문에 엔진의 고출력화와 더불어 기동력의 획기적인 증대효과는 크지 않았다. Leopard-1에서 Leopard-2

그림 3.2.5 Leopard-2 전차

로 발전하면서 엔진출력은 80% 증가하였지만, 톤당 마력은 30% 증가에 불과하였다. 최근에는 소형 고출력 엔진 MT-883의 개발에 성공하여 프랑스의 수출용 Leclerc 전차에 적용시키고 있으며, Leopard-2에도 탑재하여 시험평가를 마친 상태이다.

Leopard-2는 Leopard-2 Improved, Leopard-2A5, 2002년에는 Leopard-2A6으로 발전하였다. Leopard-2는 세계 최초로 120 mm 활강포를 탑재하였으며, 1500마력급 디젤엔진, 토션바 현수장치를 채택하였다. Leopard-2 Improved는 Leopard-2의 장갑방호력을 크게 증대시킨 형태로서 차체 및 포탑에 성능개선된 장갑을 장착하였다.

Leopard-2A5는 야간전투능력, 포ㆍ포탑 구동, 자동항법 및 방호력을 추가로 성능개량한 전차로서, 전차장용 독립열상장치, 전기식 포ㆍ포탑 구동장치, 항법장치 및 모듈러 복합장갑 등이 주요 구성품으로 적용되었다.

Leopard-2A6는 Leopard-2A5의 주포를 120 mm 55구경장 활강포로 개량한 전차로서, 라인메탈사가 개발한 120 mm DM53 운동에너지탄을 사용하여 사거리를 5000 m로 증가시켰다. 기존의 44구경장 주포에서 55구경장 주포로 개량함으로써 포구에너지가 13 MJ로 증가되어 장갑관통 특성이 크게 증가되었다. DM53탄은 텅스텐 관통자를 사용하여 모든 첨단 장갑 표적물을 파괴할 수 있으며, 특히 반응장갑의 관통을 위하여 최적화 설계가 되었다.

(6) 이스라엘

초기 이스라엘 전차는 Centurion, M60과 같이 외국으로부터 도입한 전차를 운용하였다. 이스라엘은 1970년부터 고유 전차개발에 착수하여 1970년대 말부터 Merkava 전차를 양산 배치하기 시작했으며, 1982년 레바논전에서 성공적으로 운용되면서 그 전술적 가치를 인정받기 시작하였다. 1983년 Merkava Ⅰ은 Merkava Ⅱ로 성능 개량이 이루어졌고, 1980년대 말에는 다시 Merkava Ⅲ로 발전하였으며, 2002년 6월 Merkava Ⅳ 모델이 공개되었다.

이스라엘은 1960년대 말의 6일 전쟁과 1970년대 초의 키프르 전쟁 경험을 바탕으로 승무원의 생존성에 중점을 두고 Merkava를 설계하였다. 이 결과 Merkava의 가장 큰 특징은 동력장치를 전방에 탑재하고 후방에 승무원 탈출구를 설치하였으며, 세계 최초로 Blazer라는 반응장갑을 개발하여 차체 및 포탑의 주요 부위에 장착함으로써 성형장약탄에 대응하였다. 또한 Merkava Ⅱ는 유격장갑을 특수장갑으로 교체하면서 방호력을 증대시켰고, Merkava Ⅲ는 모듈화 장갑을 도입하여 장갑의 탄력적 운용을 가능하게 하였다. Merkava Ⅲ 전차에는 상부방호 장갑이 장착되어 있으며, 위협탐지센서와 연계된 위협 경고장치를 채택하고 있는 것이 또 다른 특징이다. Merkava 전차는 큰 중량에도 불구하고 낮은 출력의 엔진을 사용함으로써 기동력이 상대적으로 열세인데, 예를 들어 63톤의 Merkava Ⅰ/Ⅱ는 900마력 디젤엔진을, 62톤의 Merkava Ⅲ는 1200마력 디젤엔진을 탑재하고 있다. 또한 현수장치는 코일 스프링을 사용하는 외부 장착형이다.

Merkava Ⅰ/Ⅱ에서는 105 mm 강선포를 탑재하고 전기 유압식으로 포ㆍ포탑을 구동하는 반면, Merkava Ⅲ에서는 120 mm 활강포를 탑재하고 전기식으로 포ㆍ포탑이 구동된다. 또한

Merkava Ⅱ에는 차내에서 장전, 사격가능한 60 mm 박격포를 장착시킨 것이 특징이다. 1995
년부터 생산된 Merkava ⅢB에는 최신 개념의 사격통제장치가 탑재되었는데, 이 장치의 주요
특징은 이미지 프로세싱기술에 기반을 둔 표적 자동추적 기능으로서 지상표적 뿐만 아니라
헬리콥터에 대한 대공 대응능력을 보유하고 있다.

1990년에 배치된 Merkava Ⅳ 전차는 개발기간이 9년이나 소요되었다. Merkava Ⅳ 전차
는 Merkava Ⅲ보다 약간 크며, Merkava Ⅲ 모델에서 발생했던 포탑의 안정화 문제가 크게
개선되었고, 포탑에는 전차장용 해치만 있다는 사실 이외에 세부사항은 전혀 밝혀지지 않고
있다. Merkava Ⅳ 전차의 설계 우선순위 중점은 향상된 화력, 정확한 표적획득 뿐만 아니라
방호력 및 생존성에 두었다. Merkava Ⅳ 전차는 최신의 대전차무기를 방어하기 위한 모듈형
특수장갑과 첨단전자 위협식별 경고장치를 갖고 있으며, 또한 화생방 공격에 대비한 첨단 방
호기술을 채택하고 있다. 또한 이 전차는 첨단 120 mm 주포를 장착하였고, 탄의 장전은 신
형의 첨단 120 mm 관통탄을 포함하여 여러 가지 탄종을 선택할 수 있는 반자동 시스템을 갖
추고 있다. 48발의 탄은 각기 보호 컨테이너 속에 들어 있어 전차가 피탄 시 폭발을 방지해
주고 있으며, 주야간 표적탐지 및 획득이 가능한 새로운 사격통제장치를 갖고 있다.

그림 3.2.6의 Merkava Ⅳ 전차는 Merkava Ⅲ 모델이 장착한 1200마력보다 더 강력한
1500마력 디젤엔진을 장착하고 있다. 이 엔진은 차체 전방에 위치하고 있으며, 연료탱크는 2
개인데 1개는 전방에, 다른 1개는 차체 후방에 있다. 또한 카메라가 후방에 장착되어 있어
조종수로 하여금 기동 중 전차의 후방을 관찰할 수가 있다.

(7) 일본

일본은 1954년부터 전차를 개발하기 시작하였고, 1960년대 초에 Type-61을 생산 배치하
기 시작하였다. 그 이후 105 mm 강선포를 탑재한 Type-74 전차를 개발하였고, 1989년에는
주포를 제외한 모든 부품을 자국 내에서 개발, 적용한 Type-90 전차 개발에 성공함으로써 독

그림 3.2.6 Merkava Ⅳ 전차

자적인 전차 개발국이 되었다.

일본 전차의 특징은 Type-74부터 완전 전기식 포·포탑 구동장치와 유기압 현수장치를 사용한다는 점이다. Type-74에서는 모든 현수장치가 유기압식이고, Type-90은 토션바와 유기압장치를 혼합하여 사용하는 복합 현수장치를 채택하고 있다. 이러한 유기압 현수장치는 자세제어를 가능하게 한다. 예를 들어 Type-74에서는 차체를 전후로 6°, 좌우로 9° 만큼 기울일 수 있으며, 최소 지상고 200 mm와 최대 지상고 650 mm 범위 내에서 차체를 상하로 조절할 수 있다. 전후방향의 자세제어는 포의 고저각 범위를 증대시켰고, 좌우방향의 자세제어는 횡경사지에서의 운용성을 높여 주었으며, 상하방향의 자세제어는 지형특성에 맞게 지상고를 조절함으로써 기동성을 향상시켰다.

1990년 초반에 등장한 그림 3.2.7의 Type-90 전차에는 독일의 라인메탈 120 mm 활강포를 탑재하여 화력성능을 크게 향상시켰고, 버슬형 자동장전장치를 채택하여 승무원을 3명으로 감소시켰다. 버슬의 탄약 적재대는 미국의 M1A2와 같이 격실화하고 분출판을 설치하여 피탄 시 승무원의 안전을 고려하고 있다. 포탑구조는 Type-74의 주강구조로부터 발전하여 Type-90에서는 전면, 측면, 후면이 수직인 용접구조로 변화하였으며, 차체와 포탑의 전면부에는 상당량의 복합장갑을 장착하여 방호력을 크게 증가시켰다. 또한 연막탄 발사장치와 연계된 레이저 경고장치를 탑재하여 생존성을 증대시켰다. Type-90의 사격통제 기능 중에서 표적 자동추적은 이스라엘 Merkava III 외의 다른 최신 전차에는 없는 기능으로서, 포수가 표적을 획득하여 자동추적 스위치를 누르기만 하면 표적은 항상 조준경 내에서 추적됨으로써 전차 기동간 대응이 더욱 용이하게 되었다. Type-90의 성능 개량 대상으로 전차 내부에 탑재하는 내장형 보조동력장치가 유일하게 개발되고 있는 것으로 알려져 있다.

주요 연구개발 대상은 가스터빈 엔진, 세라믹 디젤엔진, 전자열포, 내탄 방호구조 재료, 반능동 현수장치 및 차량 정보관리시스템 등이다. 신형전차는 주행성능, 방호력, 화력성능이 종합적으로 향상된 소형 경량의 40톤급 전차로서 수송성이 크게 향상될 전망이다.

그림 3.2.7 Type-90 전차

(8) 중국

1950년대 초 러시아 T-54 전차를 일부 개조함으로써 중국 전차의 개발이 시작되었다. Type-59가 생산되기 시작한 이래로 Type-69, Type-79, Type-80, Type-85Ⅱ를 거쳐 Type-90-Ⅱ 및 Type-85-Ⅲ, Type-98, Type-98G, Type-99로 발전되어 왔다.

1998년에는 완전 용접식 차체와 복합장갑을 포함하는 새로운 형태의 Type-98 전차를 실전 배치하였으며, 현재는 개량형인 Type-98G를 운용하고 있다. 적용 탄종은 5000 m의 최대 사거리 성능을 보유하고 있는 러시아 9K119 Reflecks(NATO 명칭 : AT-11 'Sniper') 레이저 유도포탄과 동일형이다. 적용 레이저 유도포탄에는 재래식 장갑을 700 mm까지 관통할 수 있는 대전차 고폭탄두가 탑재되어 있다. 이 125 mm 레이저 유도포탄은 현행 125 mm 활강포의 사거리 범위를 초과하는 지역에 위치한 표적과 대응할 수 있다. 탄은 전차의 포탑 아래에 위치한 자동장전장치를 이용해 장전되며, 장전순서는 우선 125 mm 탄체를 장전한 다음, 반소진장약(semi-combustible charge)을 장전한다.

사통장비를 대폭 개선한 Type-98 전차에는 중국이 자체 개발한 컴퓨터 사통장비가 탑재되고, 전차장 및 포수는 전차가 야지를 주행하는 동안 표적과 교전할 수 있도록 레이저 거리 측정기가 결합된 주야간 조준경을 채택하고 있다. Type-98 전차는 전차 전면에 대전차 고폭탄 및 운동에너지탄의 공격에 방호력이 있는 첨단 수동장갑 외에 전투 시 생존성 향상을 위해 적외선 재머 및 레이저 섬광 발생장치 등과 같은 첨단장비들을 갖추고 있다. 적외선 재머는 대전차 유도탄의 유도 조종 방해용으로 사용되며, 위협에 가장 취약한 부위인 포탑과 함께 제한된 장갑 상부로만 작동된다. 또한 능동방어시스템도 갖추고 있다. 레이저 탐지기 및 레이저 전파방해 장비는 포탑 상부에 탑재되어 있고, 전차장이나 포수에 의해 조작되며, 위협 차량을 혼란시킴으로써 적의 광학장치를 무력화시킬 수 있다. Type-98의 표준 탑재장비로는 화생방 방호체계, 화재탐지 및 진압장비, 위성항법시스템 등이 있다.

Type-99 전차는 포탑 전면부가 Leopard 2A5/2A6와 유사하게 날카롭게 생겼으며, 이는

그림 3.2.8 Type-99 전차

다양한 대전차 무기에 대한 방호력 증대 효과가 있는 것으로 알려져 있다. Type-98과 같은 열상 기능을 보유한 전차장 조준경 및 포수 조준경을 장착하고 있으며, 사거리 인지거리는 Type-98에 비교해 증가되었다. 전투중량은 52톤이며, 1500마력 디젤엔진을 장착하여 포장도로에서 최대 80 km/h의 기동능력을 갖고 있다.

중국의 전차 개발능력은 세계적인 수준에서 볼 때, 선도적 입장에 있지는 않지만, 자국내 기술발전과 세계적인 발전 추세에 부응하여 꾸준하게 성능 개량을 시도하고 있으며, 그 과정에서 상당한 수준의 전차 기술을 축적하였기 때문에 향후 새로운 전차 개발 시 기술적 잠재력이 클 것이다.

(9) 북한

북한은 과거 구소련에서 제공받거나 기술을 이전받은 T-34, T-54/55 전차 및 타 국가의 전차를 모방한 중국제 Type-59 전차, PT-76 수륙양용 경전차 등 다양한 전차를 보유하고 있다. 또한 러시아의 T-62 전차의 기술을 이전받거나 모방하여 1980년부터 제2기계연구소에서 자체생산한 천마호가 있다. 이 천마호는 중량 40톤에 115 mm 활강포를 장착하고 있다. '가', '나', '다'형이 개발되었으며, 현재 운용되는 것은 최고 개량형인 천마호 '다'형으로 알려져 있다. 최대속도는 50 km/h이며 12.7 mm 대공용 중기관총과 7.62 mm 동축기관총, 적외선탐조등을 탑재한 것으로 알려져 있다.

구소련의 T-72 전차를 모방하거나 T-62 전차를 개량한 것으로 알려진 M-2002(일명 '폭풍호')라는 전차는 중량이 44톤, 최대속도는 60 km/h이고, 승무원은 4명이며, 125 mm 또는 115 mm 활강포를 장착한 것으로 추정된다. 적외선식 야간투시장비와 레이저 거리측정기가 결합된 형태의 사격통제장비가 탑재되었을 것이라 예상된다. 외형적으로 천마호와의 차이는 보기륜이 1개 추가되었으며, 이 폭풍호에는 14.5 mm KPV 기관총이 장착되어 있는데 이는 대전차 전력이나 헬기를 상대하기 위한 것으로 보인다.

최근 선군호라는 전차를 900여대 실전배치하였다고 알려져 있는데, T-72의 차체를 개량하고 포탑도 개량한 것으로 추측되며, 최고속도는 70 km/h 정도로 기동성이 많이 향상되었고 화력부분도 개선된 장비로 추측된다.

| (a) 폭풍호 | (b) 천마호(천마5호) |

그림 3.2.9 폭풍호와 천마호

(10) 한국

K1 전차는 1988년부터 양산하기 시작한 전차로서, 105 mm 강선포와 1200마력 동력장치를 탑재하고, 기동 중에도 사격이 가능하며, 심수도하, 특수장갑, 디지털 탄도계산 등 주요 특성을 갖추고 있다.

그림 3.2.10(a)의 K1A1 전차는 K1 전차에 120 mm 활강포 장착 및 관련 구성품을 개량한 개념으로 2000년부터 양산하기 시작하였다. 주요 특성은 120 mm 활강포, 1200마력 동력장치, 포수 및 전차장의 조준경, 특수장갑, 국내에서 개발된 탄도계산기를 장착하고 있다.

그림 3.2.10(b)의 차기전차(K2)는 주변국과 북한의 전차 위협에 자주적인 대처가 가능하고, 해외 경쟁력을 가질 수 있는 고유 개념의 주력 전차이다. 주요 성능으로는 1500마력 동력장치를 탑재하여 기동성 및 야지극복능력을 향상시켰으며, 우수한 표적탐지 및 120 mm의 활강포에 의한 파괴력이 증대되었다. 또한 전술 C4I 연동에 의한 실시간 전장상황 인식능력을 향상시키고, 다양한 전술상황 하에서 생존성을 극대화하며, 시스템 자동화와 전자화를 통한 전투효과의 증대를 들 수 있다.

국내 전차 체계는 차기전차 개발을 통해 기술능력을 확보하여 세계적인 기술수준에 도달하고 확보한 기술을 바탕으로 기존의 K1 전차를 성능 개량할 뿐만 아니라 향후 전력화되는 차기전차에 대해서도 성능을 향상시키는 방향으로 발전할 것이다.

K1 전차의 성능 개량은 차량구조물의 일부 개조를 바탕으로 120 mm 활강포 탑재로 화력을 증강시키면서 전차장용 조준경에 열상장치를 추가하고, 디지털화에 부응하도록 자동추적 기능의 추가 등 사격통제 기능을 개량하는 한편, C4I 체계와 연동 가능하며, 차기전차와 전술정보 교환이 가능하도록 하고, 능동방호 유도교란 기능과 반응장갑 적용으로 방호능력을 제고시키는 것이다.

차기전차 성능 개량은 기간 중 확보되는 향후의 진보된 핵심기술 및 부품개발 결과를 활용하여 지능형 반응장갑을 적용하고, 경량화 궤도를 포함해 현수장치를 개량하여 운용성을 제고시키며, 사격통제 분야는 개량형 자동장전능력을 확보하는 동시에 C4ISR에 연계시켜 전투력을 극대화할 수 있도록 정보처리 및 전장관리능력을 개량하고 내장훈련 기능을 강화하는 것이다.

한편 미래의 전차는 2명 이하의 승무원으로 운용되는 경전차 개념으로 발전할 것이다.

| (a) K1A1 전차 | (b) K2 전차 |

그림 3.2.10 한국의 전차

이 미래의 경전차는 통합 방호력시스템과 무포탑 전열화학포를 도입하여 중량을 30톤 미만으로 경량화한다. 이 경전차는 직사 및 곡사사격능력을 갖추어 화력을 증가시키고, 전기식 동력장치와 지능형 현수장치를 통해 높은 기동성을 확보할 전망이다. 이외에도 실시간 원격 전투통제, 고성능 다기능센서, 다중 센서융합에 의한 자동표적식별과 지능형 자동추적을 통해 전투력을 향상시키는 한편, 네트워크화에 의한 통합 전력구현에 대비하여 전장정보 관리 체계를 탑재하는 전차가 될 것이다.

3) 주요 분야별 발전 추세

(1) 체계 분야

전차 체계는 스웨덴의 S-전차인 무포탑 전차를 제외하고 대부분 360° 회전하는 포탑에 무장장치를 탑재하고, 조종수를 제외한 모든 승무원을 포탑에 배치시킨 형상이다. 동력장치는 이스라엘의 Merkava를 제외한 대부분의 전차가 차체 후방에 탑재하고 있다. 그리고 러시아의 전차(T-64, T-72, T-80, T-90), 중국의 Type-90II, 스웨덴의 S-전차, 프랑스의 Leclerc, 일본의 Type-90 전차들은 자동장전장치를 채택하여 탄약수가 없는 3명의 인원으로 운용되고 있다. 한편 대전차무기의 발전에 따라 전차의 위협은 지속적으로 증가하고 있으며, 이에 대응하기 위한 높은 장갑방호력이 요구되어 전차 중량이 60톤을 초과하는 상태에 이르렀다.

그러나 고속입체 기동전 형태의 현대전 및 장차전에서 효과적으로 대처하기 위해선 소형, 경량의 전차가 요구되며, 세계 각국이 추구하는 차기전차의 개념에서도 대부분 40~50톤급의 스텔스 설계 전차를 고려하고 있다. 이를 위해 복합재 차량, 소형 포탑전차 또는 외부 탑재포 전차 등의 연구가 이루어지고 있다. 한편 비용과 생산 및 군수지원능력을 극대화하려는 노력의 일환으로 보병전투차량, 대공차량, 자주포 등과 같은 지상 무기체계와 공통 플랫폼의 차체 사용도 검토되고 있다.

전자 및 정보통신기술의 발전으로 최신 서방권 전차들은 디지털 데이터버스를 근간으로 차량전자화를 통하여 각종 전자장비를 통합관리하고 있으며, C4I와 연계된 정보통제·관리 장치에 의해 전차 간 또는 전장지휘통제소 간의 모든 정보를 승무원에게 실시간으로 전달함

(a) 무포탑전차(스웨덴 S-전차)

(b) 포탑 전차(K-2 흑표)

그림 3.2.11 무포탑전차와 포탑전차

으로써 제병합동전투가 가능해졌다.

미래에는 전자·통신 및 컴퓨터기술에 의해 보다 많은 기능들을 자동화하고, 승무원 간의 임무를 공유하게 함으로써 승무원을 감축하는 방향으로 전차를 개발할 것이며, 더 나아가 인공지능 개념이 도입된 무인로봇전차까지도 고려될 것이다. 또한 전자포, 전기기동장치 및 전자기장갑 등의 첨단기술들이 실용화되면 완전 전기식 개념의 전차가 등장할 것으로 예상된다.

(2) 화력

전차포는 점진적으로 그 구경이 증대되어 왔다. 현재 서방권 국가들의 최신 전차는 120 mm 포를 탑재하고 있으며, 러시아 전차는 미사일 발사 겸용의 125 mm 전차포를 탑재하고 있다. 서방권에서는 미국, 영국, 프랑스, 독일 4개국이 공동으로 140 mm 전차포와 포탄 및 자동장전장치를 개발해 왔으며, 스위스와 이스라엘도 독자적으로 140 mm 활강포를 개발하고 있다. 반면, 러시아에서도 구소련 붕괴 전까지 135 mm 활강포의 개발이 이루어졌었으나, 현재는 중단된 상태이다. 140 mm 전차포 및 포탄이 우수한 관통성능을 제공하는 것은 사실이나, 포 불균형 모멘트의 증가 및 포 탑재상의 문제점 등으로 인해 4개국은 현재 개발을 중단한 상태에 있다. 대신에 기존 120 mm 포의 포구속도를 높이고, 탄 자체의 성능을 개선시키는 노력을 하고 있다.

고체 추진제포의 성능개선 한계를 인식한 선진국들은 신개념의 포를 연구개발하고 있는데, 액체 추진제포, 전자열포 및 전자포 등이 그 예이다. 전자포가 실용화될 경우 4000 m/s 이상의 초고속 포구속도가 달성되어 탄의 파괴력이 크게 증가하며, 사격통제장치가 간단해지며, 탄두가 작아지고, 추진제를 사용하지 않으므로 내부공간이 축소되어 전차의 형상에 혁신적인 변화가 일어날 수 있다. 또한 포의 구경이 120 mm 이상으로 증가하면서 자동장전장치가 도입되고 있으며, 램제트를 적용한 운동에너지탄 및 지능형 포탄 등 신개념 포탄이 개발되고 있다.

사격통제능력에 있어서는 레이저 거리측정기의 측정오차 감소, 탄도계산기의 디지털화와 고속 연산화에 의한 탄도계산의 정확성 제고, 열상장치에 의한 관측능력 향상, 안정화 장치의 정확도 증대로 기동간 사격능력이 증대되어 왔다. 또한 독립적인 전차장 조준경에 의해 헌터-킬러 기능이 보편화되어 짧은 시간 내에 여러 표적을 상대할 수 있게 되었다.

미래에는 현재 일부 전차에 적용된 표적 자동추적 기능이 보편화될 것이며, 밀리미터파 레이더의 도입으로 전천후 운용이 가능해지고 음성인식 통제장치에 의해 운용성이 크게 제고될 것이다.

(3) 기동력

기동력의 핵심인 동력장치는 엔진 및 변속기 등을 조밀하게 통합하면서 고출력화시키는 추세에 있다. 예를 들어, 독일은 동일 마력급의 기존 엔진에 비해 부피가 40% 이상 줄어든

MT-883 디젤엔진을, 미국은 AIPS(Advanced Integrated Propulsion Systems) 계획 하에서 차세대 동력장치인 가스터빈 엔진을 개발하였다.

한편 미래전차의 동력원으로는 디젤엔진과 가스터빈 엔진이 공동으로 사용될 것이며, 디젤엔진은 세라믹 재질의 사용으로 냉각장치를 최소화 또는 배제하는 방향으로 발전하고 있다. 가스터빈 엔진은 연료소모율 감소 및 흡기필터링 시스템이 개선되는 방향으로 발전하고 있다. 그러나 전차의 동력장치는 전자포 및 전자기 장갑과 결부되어 전기모터에 의한 완전 전기식 구동장치로 발전할 것이다. 엔진의 발전과 더불어 변속기도 수동형 기계식에서 자동 유압식으로 발전하였으며, 현재는 엔진의 전 출력을 어떠한 차량속도에서도 사용할 수 있으며, 동력장치를 최적 운전상태로 유지할 수 있는 무단변속기로 발전하고 있다.

한편 힘지를 고속으로 주행하면서도 승무원에게 양호한 승차감을 제공하고, 전차포 및 사격통제장치의 안정상태를 유지시켜 주기 위해서는 현수장치의 성능이 우수해야 한다. 현재 세계적으로 널리 사용되고 있는 현수장치는 토션바식과 유기압식이며, 일부 전차에서는 둘을 혼합하여 사용하는 복합 현수장치를 채택하고 있다.

앞으로는 차체 공간의 이용률이 좋으며, 휠 트래블(wheel travel)이 크고, 자세제어를 가능하게 하는 유기압식 방향으로 기술이 발전할 전망이다. 또한 자세제어를 위한 반능동형 및 능동형 현수장치가 개발되고 있으며, 이와 연관되어 궤도의 장력을 동적으로 제어하여 궤도 이탈 방지 등 주행 안전성을 높일 수 있는 동적 궤도장력 조절장치가 개발되고 있다. 또한 전차의 전술 기동성을 높여 줄 수 있는 자동항법장치가 개발되어 Leclerc와 M1A2와 같은 최신 전차에서 운용 중인데, 이는 차량종합 정보시스템과 연계하여 피아 차량의 위치식별과 최적의 기동 진로를 선정할 수 있기 때문에 낯선 지역에서도 효과적으로 전투가 가능하다.

(4) 생존성

전차의 생존성은 주로 수동형 장갑방호에 중점을 두고 발전되어 왔다. 그래서 전차의 전체 중량에 대한 방호 구조물이 차지하는 비율은 40 ~ 50% 수준까지 증가하였다. 그러나 앞으로는 더 이상의 중량 증가를 지양하고 새로운 방호개념에 의한 생존성을 향상시키려는 경향을 보이고 있다. 새로운 방호개념에서 볼 때 스텔스 기술을 이용한 피탐지 확률의 감소와 능동방호시스템에 의한 피탄 확률의 최소화 등이 대표적인 예라고 할 수 있다. 또한 감손 우라늄과 같은 새로운 장갑재료를 개발, 적용함으로써 수동형 복합장갑 자체의 방호효율을 증가시키고 있으며, 대장갑 위협의 성능향상에 탄력적으로 대처할 수 있도록 장갑 구조물을 모듈화하고 있다. 이스라엘의 Merkava III와 프랑스의 Leclerc가 모듈장갑을 채택하고 있는 대표적인 전차이다.

수동형 장갑 중에서 성형장약탄에 효과적으로 대응하기 위해 개발된 반응장갑은 운동에너지탄에 대해서도 효과적인 2세대 반응장갑으로 발전하였으며, 러시아의 T-80U를 포함한 일부 전차에 적용되고 있다. 한편 대전차 공격형태가 전면 위주 공격에서 전면, 측면, 후면뿐만 아니라 하부 및 상부를 포함한 전방위 공격으로 변화됨에 따라 방호개념도 전방위 방호

개념으로 바뀌고 있다. 이를 위해 복합장갑, 반응장갑 및 능동방호시스템을 적절히 조화시키고 있다. 이 중에서 능동방호시스템은 대전차 위협, 특히 대전차미사일 또는 로켓에 의해 피탄되기 전에 이를 탐지하고 회피, 유도교란 또는 대응파괴 등의 수단을 사용하여 피탄을 회피하는 장치이다.

미래의 방호수단은 수동형과 능동형 방호기능이 통합된 능동장갑의 형태로 발전하며, 운동에너지탄에 대해서도 대응할 수 있는 수준을 목표로 개발이 추진될 것이다. 표 3.2.3은 예상되는 미래전차의 특징이다.

3.2.4 전차 탄약의 개발 추세

1) 운동에너지탄

운동에너지탄(KE탄 : Kinetic Energy projectile)은 탄두 자체에 작약을 갖지 않고 운동에너지를 표적에 가하여 표적을 관통하는 탄이다. KE탄은 초기에는 등구경(화포의 구경과 동일한 탄두)이었으나 제2차 세계대전 이후 관통 위력의 증대를 시도하기 위하여 탄두의 고속화 또는 속도의 저하를 적게 하기 위한 구경의 감소화(화포의 구경보다 작은 탄두)가 개발되어, 현재는 날개안정철갑탄(APFSDS)이 주류를 이루고 있다. 이탈피(sabot)의 목 부분을 자른 감소 구경의 날개 비행체로 되어 있다. 이 날개안정철갑탄의 관통위력은 현재 구경의 5배, 관통자의 길이 1 ~ 1.5배의 장갑관통력이 가능하다.

장갑의 관통은 탄두가 고속으로 표적에 충돌할 때 표적과 관통자가 충격, 가압된다. 그 과정에서 충격파에 의한 고열이 발생함과 동시에 관통자와 표적 간에는 충돌속도와 침투속도와의 차이에 상당하는 초고압 상태가 생겨 용해, 액화, 기화가 일어나며, 침투계면에 있는 관통자 및 표적이 파편운이 되어 파고 들어가, 최종적으로는 내부균열(spalling scabbing) 또는 Plugging 현상이 표적후면으로 나아감으로써 관통된다.

현대 전차의 장갑은 반응장갑, 복합장갑 등과 같이 그 내탄성이 향상되어 있으며, 그리드장갑, 전자장갑과 같은 새로운 장갑이 연구되고 있어 내탄성이 더욱 향상될 것으로 예상된다. 이에 대응하는 KE탄으로서는 비행체의 고속화, 고중량화, 고L/D(긴관통자)화 등을 고려하여 관통자 소재의 고경도화, 고인성화 및 이탈피의 경량화가 필요하다. 포강과 탄약의 마

표 3.2.3 예상되는 미래전차의 특징

분야	주요 내용
경전차 개념	2인승 이하의 승무원
기동성	경량화, 전기식 동력장치, 지능형 현수장치
화 력	전자열포, 전자기포, 자동표적탐지 및 추적, 음성인식, 디지탈화
방호력	차체의 체적감소, 장갑능력 강화
통합전력 구현	네트워크화된 전장정보 관리체계 탑재

찰, 표적의 소형화, 비행체의 고속화, 속도 증가에 관계되는 비행특성 및 명중 정확도 향상이 필요하다.

2) 화학에너지탄

화학에너지탄(CE탄 : Chemical Energy projectile)이란 비행체 자체에 폭약을 내장하여 장갑에 충돌하는 경우나 근접 시 폭약을 폭발시켜 그 에너지에 의해 장갑을 관통하는 탄약이다. CE탄 중 현재 주류를 이루는 탄은 HEAT-MP탄(High Explosive Anti Tank-Multi-Purpose)으로 이 탄은 명칭에서 나타내는 바와 같이 대장갑 위력과 대인 위력을 겸비한 탄약이다. HEAT탄에 의한 장갑의 침투는 폭약의 폭발에 의해 라이너가 붕괴되어 초고속의 제트입자가 충돌하는 것으로, 장갑과의 사이에 초고압이 발생, 장갑이 유체화되어 탄공이 형성되어 이루어진다. 또한 장갑 관통 후 전차 내부에 침입한 제트가 탄약격납 부분에 도달할 경우에는 제트의 고열이 탄약을 기폭시켜 큰 피해를 줄 수 있다.

한편 대인 위력은 폭약의 폭발에 의해 탄체가 파편화되어 비산하면서 얻어진다. 그러나 반응장갑 및 복합장갑 등의 출현으로 전차의 장갑방호력이 향상되어 현재의 단일 HEAT 탄두로는 장갑관통 위력이 부족하다. 외국에서는 반응장갑에 대처하기 위한 휴대용 대전차 화기용 탄약으로 HEAT 탄두 2개를 직렬로 배치한 Tandem HEAT 탄두를 개발, 장비화하고 있다.

또한 전차의 상부장갑은 정면장갑에 비해 비교적 취약하므로 상부로부터 공격하는 것이 효과적인 방법이다. 외국은 휴대용 대전차화기 탄약으로 상부로부터 HEAT 탄두를 발사하는 탄약을 개발하여 장비화하고 있다.

CE 탄두에 반응장갑에 대한 충분한 침투위력을 부여하기 위해서는 HEAT의 제트가 반응장갑에 의하여 혼란되는 것을 저지해야 하므로, 탄두를 복합화하여 주탄두를 폭발시키기 직전에 선행 두부를 폭발시킴으로써 반응장갑을 주 제트가 통과하기 이전에 반응하도록 하거나 반응장갑에 주 제트가 통과할 수 있는 구멍을 만드는 것이 유효하다. 그 방법으로 HEAT+HEAT 탄두(Tandem HEAT탄), SFF+HEAT 탄두 또는 탄두부를 첨예화하여 반응장갑을 관통한 후에 HEAT 탄두를 폭발시키는 관통형 HEAT 탄두 등이 고려될 수 있다. 이 경우 Spike Nose 두부의 HEAT 탄두가 충돌과 동시에 폭발한 후 제트에 의하여 반응장갑을 기폭시킨 다음, 미부의 주 탄두가 폭발하여 주 제트가 장갑을 관통한다. 기술적 과제로는 탄두부와 주 탄두의 배치 및 폭발시간차의 최적화, 미소한 폭발 시간차를 고도정밀로 제어하기 위한 탄두 착발신관 또는 근접신관의 연구, 선행탄두의 폭발에 의한 주 탄두의 파손방지 방법의 확립 등을 들 수 있다.

한편 전차의 상부를 공격하기 위한 사격통제시스템은 탄약이 일정 범위의 거리로 전차 상부를 통과할 수 있도록 사격통제가 필요하며, 탄약은 탄약이 전차상부를 통과할 때 탄두부에 장착된 목표감지장치에 의해 전차를 감지, 최적의 순간에 SFF(Self-Forging Fragment) 탄두 또는 HEAT 탄두를 기폭시켜 전차 상부를 파괴하는 것이 요구된다.

상부 공격 CE탄은 목표 감시센서 및 SFF 탄두가 항상 밑으로 향하도록 하고, 날개에 의하여 회전을 제어하는 방식이나 탄약을 선회시킴으로써 센서 및 SFF 탄두를 회전시켜 SFF 탄두가 밑을 향하였을 때 기폭시키는 방법이 고려되고 있다.

관련 기술로는 탄약의 회전제어방식 연구, 지상의 반사파로부터 전차를 식별하기 위한 목표감지 센서의 연구, 소형 대용량 전원의 연구, 비대칭형 SFF 탄두 또는 HEAT 탄두의 연구 등을 들 수 있다. 또한 전차포의 발사충격에 견딜 수 있는 센서 및 전자기기의 가속도 설계방안의 연구도 중요한 분야이다.

>> 참고 : 개발중인 전차 탄약

다음은 현재 개발되거나 실용화되지는 못했지만 그 필요성은 인정되어 지속하여 연구 중이거나 개발 중인 탄약들을 소개한 것이다.

1) 대헬리콥터탄

대헬리콥터(AAH : Anti Attack Helicopter)탄은 현재 운용면에서의 검토가 부족하여 명확치 못한 부분도 있으나, 자체 방호면에서 필요한 탄약이다. 전차에 대한 헬기의 위협은 기동성, 은폐성이 아주 좋은 상대이다. 대전차 공격 시 원거리(약 6000 m)에서 미사일로 공격하거나 능선에 은폐해 있다가 갑자기 나타나서 미사일로 공격(현재의 대전차미사일은 유선 또는 레이저 유도이며, 헬기가 pop-up하여 미사일을 발사, 유도완료까지의 시간은 40 ~ 50초 정도)하는 방법으로 포착하기에도 곤란하며, 대항할 방법도 없는 것이 현실이다.

사실 여러 가지 모의연구에서 전차와 대전차 헬기가 전투할 경우의 파괴비율은 15 ~ 18 : 1이라는 결과가 나와 있다. 또한 걸프전에서 대전차 헬기의 활약이 컸던 것으로 나타나 있다.

AAH탄은 이러한 위협에 대비하는 탄약으로 현재는 공격거리가 멀고 포착할 수 있는 시간도 짧기 때문에 탄체의 비행시간을 단축하고, 탄 바깥지름을 감소시킨 유탄형(파편형도 포함) 및 화살(flechette)형이 연구개발되고 있다. 그러나 기술적으로는 근접신관이나 화살 방출기구에 문제점이 남아 있다. 향후 이러한 문제를 해결함과 아울러 비행체에 유도방식을 부여한 AAH탄의 연구가 널리 진행되고 있다.

지령유도방법을 부여한 AAH탄은 전차 등에서 유도지령을 받아야 하므로 전차에 유도기능이 있어야 하고, 이에 추가하여 목표탐색 기능도 필요하기 때문에 지령유도는 탄약 자체뿐만 아니라 발사체계에 대해서도 많은 보완이 필요하다.

한편 자체 유도방식의 AAH탄은 유도지시장치가 생략되지만 비행체에 자율적인 유도기능을 갖도록 할 필요가 있고, 전차포 탄약에 있어서 높은 가속도에 견딜 수 있는 유도장치에는 기술적인 과제를 안고 있다.

2) 종말탄도가속탄(TA탄 : Terminal Accelerated projectile)

KE탄의 침투위력을 증대시키기 위해 충돌속도를 크게 하는 것이 중요하다. 그러므로 APFSDS탄은 초속을 증대시킬 필요가 있다. 그러나 초속 증대를 위해서는 일반적으로 구경을 증대시켜야 하기 때문에 전차의 대형화를 초래하게 된다. 여기에서 초속을 증대하지 않고 탄약 비행 중 로켓모터로 탄약을 가속하게 하여 충돌속도를 증가시킬 수 있다면 대단히 효과적이다.

미국에서는 이러한 개념에 유도방식을 부가한 120 mm 전차포용 유도탄을 계획하고 있다. 이 탄약은 KE 탄두, 로켓추진장치 및 유도장치 등으로 구성되어 유효사거리의 증대, 명중률의 향상 및 관통 위력의 향상을 목표로 하고 있다.

또한 유도방식은 완전 자율식과 지령 유도식이 검토되고 있다. 이 방법의 기술적 과제는 초소형의 높은 비추력 로켓모터의 연구, 탄 가속 시의 비행 안정화기술 및 유도장치를 부가할 경우 탄도수정기술 등의 연구를 들 수 있다.

3) 날개안정 철갑탄용 연습탄

날개안정 철갑탄용 연습탄은 전차의 사격훈련에 있어서 안전하며, 실제적 사격훈련이 가능하여 훈련 성과 향상에 기여할 수 있는 탄이다.

실제적 사격훈련이란 사용 국가의 사정에 따라 약간의 차이점은 있으나 날개안정 철갑탄의 특성을 살려 동일한 높은 속도, 평탄도의 관측 및 수정, 화력의 집중, 정면사격, 능선 정상에서 평탄한 땅의 목표에 대한 사격, 측사 또는 주행간 사격 등의 실전적 사격훈련을 가능하게 한다. 이런 이유로 날개안정 철갑탄용 연습탄은 날개안정 철갑탄과 동등한 형상, 중량으로 사격 시의 상황(반동, 충격, 연기, 화염, 섬광 등)도 같고, 동일한 FCS 또는 조준구를 사용하였을 때 동등한 탄도특성 및 명중률을 갖는 탄이 요망된다. 현재 날개안정 철갑탄용 연습탄은 TPFSDS탄 (Target Practice Fin Stabilized Discarding Sabot) 및 TPCSDS탄(Target Practice Cone Stabilized Discarding Sabot)이 여러 나라에서 사용되고 있다. TPFSDS탄은 날개안정 철갑탄과 같은 탄 형태의 날개안정방식 비행체를 가지고 있는 탄으로, 날개안정 철갑탄과 동일 제원으로 사격한 후 동등한 탄도로 비행, 일정시간 비행하면(목표에 탄착하지 않을 경우) 비행체에 조립된 분해 작동기구가 작동하여 비행체를 분해한 후 지상에 낙하시키는 탄으로 실제적 사격훈련에 사용한다. TPFSDS탄은 날개안정 철갑탄과 같은 모양을 하고 있으나 비행체에 부착된 안정날개를 구멍이 있는 원추날개로 대체한 탄으로, 날개안정 철갑탄과 동등한 사격제원으로 사격한 후 같은 탄도를 비행하며, 속도가 저하되면 구멍 뚫린 원추날개 공기저항이 급격히 증대되어 지상에 낙하하는 탄이다.

3.3 장갑차 체계

3.3.1 체계 특성 및 운용 개념

1) 체계 특성

장갑차는 주행장치의 형태에 따라 궤도형과 차륜형으로 구분한다.

궤도형 장갑차는 동력장치에서 발생된 동력이 종감속기와 구동륜으로 전달되어 궤도를 구동하여 주행한다. 차륜형 장갑차는 동력전달 축과 차동장치를 통하여 바퀴를 구동하여 주행하는 차이가 있다. 표 3.3.1은 궤도형 장갑차와 차륜형 장갑차의 특징을 비교한 것으로, 궤도형 장갑차는 전투중량 제한이 적어 방호력 증대가 용이하고, 야지기동성이 우수한 반면, 차륜형 장갑차는 평지 및 포장도로 기동성이 우수하며, 운용 및 정비유지 비용이 저렴한 장점을 가지고 있다.

선진국에서는 운용목적에 따라 궤도형과 차륜형을 동시에 운용하는 추세로, 궤도형 장갑차는 산악 및 야지 지형에서 운용이 유리하여 주로 병력수송 및 전투용으로 많이 운용되며, 차륜형 장갑차는 포장도로 및 평지에서 매우 우수한 기동성과 승차감을 제공하여 주로 수색·정찰 및 기지방어용으로 운용된다.

장갑차는 수행하는 임무에 따라 병력 수송용 장갑차와 보병 전투용 장갑차로 분류할 수 있다. 병력 수송용 장갑차는 보병을 수송하기 위한 경장갑, 경무장 차량으로 대개 중기관총이나 유탄기관총을 장착하며, 전투병을 전장의 필요 지역으로 방호된 차량을 이용하여 신속하게 배치하고, 하차 전투병에 대한 화력지원을 통해 전술기동력, 생존성 및 치명성을 증대시키는 것이 주 임무이다. 보병 전투용 장갑차는 보병수송뿐 아니라, 탑승 및 하차 전투간

표 3.3.1 궤도형 장갑차와 차륜형 장갑차의 특성 비교

구 분	궤도형 장갑차	차륜형 장갑차
전투중량	• 전투중량 제한 적음	• 전투중량 제한 큼(20 ~ 30톤 수준)
동력전달방식	• 엔진 → 변속기 → 종감속기 → 구동륜 → 궤도	• 엔진 → 변속기 → 동력전달축 → 차동장치 → 바퀴
조향방식	• 궤도추진 속도차 조향 (조향장치 불필요)	• 조향기구에 의한 바퀴회전 조향 (조향장치 필요)
내부공간	• 동체공간 활용성 우수	• 동체공간 활용제한으로 협소
외부형상	• 차체높이 낮음	• 내부공간 확보를 위한 차체높이 증가
방호력	• 방호력 증대 용이	• 중량제한으로 방호력 증대 제한
기동성	• 야지 기동성 우수 • 제자리 선회 가능(회전반지름 작음) • 장애물 통과능력 탁월	• 평지 및 포장로 기동성 우수 • 제자리 선회 불가(회전반지름이 큼) • 장애물 통과 제한
경제성	• 운용 유지면 다소 불리	• 운용 유지면 유리

다양한 표적제압, 도하작전 등 다양한 임무를 수행하기 위한 장갑차로서 통상적으로 중(中) 구경 무장이 탑재된 포탑을 보유하고 있다.

최근에 운용되는 전투용 장갑차는 무장이 탑재된 포탑과 보병 탑승공간을 제공하고, 주행 및 동력장치를 장착한 차체로 구성되어 있다. 장갑차를 운용하는 승무원은 포탑운용 방법에 따라 차이가 있으나 조종수, 차장, 사수로 구성되어 있으며, 보병 1개 분대가 탑승한다.

차체에는 동체구조물에 엔진 및 변속기 등의 동력장치와 충격흡수장치, 궤도 및 궤도장력 조절장치 등의 주행장치가 장착되어 있다. 장갑차 동체 구조물은 방호력 확보를 위해 주로 금속 방탄소재를 사용하였으나, 최근에는 경량화를 위해 복합소재 적용을 위한 연구가 활발히 진행되고 있다. 부위별 위협수준을 고려하고 방호성능 개량, 피탄 시 보수성 등을 고려하여 기본 동체에 장・탈착이 가능한 모듈형 부가장갑이 장착되고 있다. 또한 동력장치의 톤당 마력은 약 20 ~ 30마력급 수준이며, 주로 차체 전방에 탑재되고 있다. 이는 보병이 후방문 혹은 램프를 통하여 탑승과 하차가 용이하도록 하기 위함이다.

현수장치는 궤도형과 차륜형이 차이점이 있지만 장갑차가 장애물 극복능력, 승차감, 선회 및 제동 시 안정성과 야지기동성 등을 제공하는데 필수적인 요소로서 장갑차의 기동성을 결정한다. 전투 장갑차의 기동성능은 지상에서의 신속한 작전수행을 위한 육상 기동력뿐만 아니라 수상 기동력을 요구하고 있다. 전투 장갑차가 수상운행을 하기 위해 자체 부양할 수 있는 최대 전투중량은 형상에 따라 차이는 있으나 약 18톤 내외이다. 최근 방호력 증대 등으로 전투중량이 증대됨에 따라 전투 장갑차의 수상운행 기능을 삭제하는 추세이나, 강이나 하천이 많은 작전환경에서 신속한 도하를 위해 스크린이나 공기주머니 등의 보조 부양장치를 적용하여 운용하기도 한다. 또한 수상에서의 추진력은 워터제트나 궤도로부터 받는다. 이밖에 차체에는 탑승상태에서 보병실의 보병이 소화기 사격이 가능하도록 총안구와 관측창이

장착되어 있으나, 최근에는 방호력 증대를 위한 부가장갑 장착 등의 이유로 총안구는 두지 않는 추세이다.

포탑에는 무장, 포와 포탑 구동장치, 송탄장치 및 사격통제장치 등이 장착된다. 장갑차의 무장은 주로 적 장갑차의 파괴, 밀집된 보병의 제압 및 저속 저고도의 대공사격용으로 20～ 40 mm급 주무장과 보병 살상용 기관총 및 연막탄 발사기 등으로 구성되어 있으며, 최근에는 대전차 파괴능력을 확보하기 위해 대전차 유도무기를 탑재 운용하고 있다. 탄약은 적 장갑차 파괴를 위한 철갑탄, 경표적 및 밀집보병 제압을 위한 고폭탄 등이 주로 사용된다. 최근에는 장갑파괴능력을 증대하기 위하여 중구경 날개안정철갑탄이 개발 운용되고 있으며, 경표적 파괴, 인마살상 및 헬기를 포함한 대공 대응이 선택적으로 가능하도록 충격, 시한 및 근접신관 기능을 동시에 확보한 복합 기능탄을 개발 운용함으로써 화력 증대를 추구하고 있다.

포와 포탑 구동장치는 획득된 표적 방향으로 무장 및 포탑을 신속 정확하게 회전시켜 주고, 기동 시에도 표적 지향이 유지될 수 있는 안정화 기능 역할을 한다. 사격통제장치는 거리측정과 야시기능을 갖는 조준경, 탄도 계산에 필요한 정보를 수집하는 감지기, 초기 고각과 방위각을 계산해 주는 탄도계산기 등으로 구성되어 있다.

장갑차를 전투 임무수행에 운용하면서 생존성 보장이 매우 중요한 설계요소가 되었다. 생존성 확보를 위해서는 과거의 수동적 개념에서 피탄 확률을 최소화하거나 대응할 수 있는 능동적인 방어개념이 적용되고, 적에게 노출되지 않도록 장갑차로부터 발생되거나 반사되는 신호가 최소화되도록 발전하는 추세이다. 레이저 경고장치(LWS : Laser Warning System), 미사일 경고장치(MWS : Missile Warning System)는 적의 주 무장과 미사일 위협을 탐지 및 경보함으로써 기동회피, 유도교란 혹은 대응파괴 등 능동적인 대응이 가능하도록 한다. 또한 장갑차로부터 발생 및 반사되는 신호를 감소 또는 차폐하기 위해 최근 선진국에서는 레이더 반사신호 감소구조 및 레이더 흡수재료를 사용하는 스텔스 개념이 이루어지고 있다. 피탄 시 방호하는 수동방호 방법도 위협수준의 증대와 장갑차의 경량화를 위하여 복합장갑 또는 반응장갑을 적용하고 있다.

화생방 위협 역시 매우 중요하게 다루어져야 할 위협요소로서, 화생방 오염지역에서 장갑차 내부압력을 승압 유지시켜 오염공기의 진입을 방지하는 양압장치나 가스입자 여과기를 통하여 신선한 공기를 제공하는 것이 통상의 화생방 방호 개념이다.

오늘날 기계화부대의 지휘통제는 정밀항법장치와 디지털 통신수단을 이용하여 아군의 위치정보와 적 정보, 군수지원 정보를 전파하고, 이를 디지털 지도상에 도시하여 전장상황을 인식하도록 함으로써, 지휘관의 의도대로 시간적·공간적으로 동기화된 작전수행이 가능하도록 하고 있다. 각 장갑차는 항법장치로 측정된 위치정보를 서로 송·수신하고, 지도상에 표시되는 아군의 위치를 보면서 진군속도를 조절하거나 고립되지 않으면서 아군끼리의 교전을 회피할 수 있게 된다.

2) 운용 개념

장갑차는 현재 가장 광범위하게 보급되어 있는 지상전투 및 전투지원 플랫폼이다. 전차는 강력한 화력성능으로 차체 차폐진지에서 장거리 사격으로 적 제압을 주 임무로 하지만, 장갑차는 보병수송, 탑승 및 하차, 전투 간 다양한 표적의 제압, 도하작전 등 매우 다양한 임무수행이 요구되는 장비이다.

장갑차의 운용 개념은 운용 시기와 국가별로 차이가 있으나, 초기의 장갑차는 전장에서 전차만으로는 탈취한 목표의 계속적인 확보가 곤란함에 따라, 전차와 협동작전을 수행할 수 있는 보병에게 기동력과 방호력을 제공하는 개념에서 출발되었으며, 이를 위해 보병 수송용 장갑차(APC：Armored Personnel Carrier)가 개발되었다. 이후 독일은 제2차 세계대전 중 유럽 동부전선에서 얻은 경험을 토대로, 전차와 동반하는 보병이 적의 강력한 저항을 제압하려면 탑승한 상태에서 전투를 수행할 수 있어야 유리하다는 점을 강조하여 '탑승전투'의 새로운 전술개념을 도출하였다. 따라서 차체 내에 총안구와 관측구를 설치하여 개인화기를 사용할 수 있게 설계하고, 적의 장갑차 파괴, 하차보병에 대한 화력지원능력이 부여된 보병 전투용 장갑차(IFV：Infantry Fighting Vehicle)를 개발하여 운용하게 되었다. 오늘날 세계 각국에서 운용되는 장갑차는 보병수송, 탑승 및 하차 전투 간 다양한 표적제압, 도하작전 등 매우 다양한 임무수행이 요구되므로, 사용군의 운용 개념에 따라 다양한 특성을 나타내고 있다.

우리나라의 K-21 보병전투장갑차는 공세 기동전의 핵심부대인 기계화보병사단과 기갑여단 기보대대 및 기갑수색대(중)대에 편성되어 전차와 보전협동작전 임무를 수행한다.

그림 3.3.1 K-21 보병전투장갑차 화력 운용 개념

K-21 보병전투장갑차는 그림 3.3.1에서 보는 바와 같이 복합기능탄, APFSDS탄, 대전차 유도무기 등의 화력을 탑재하여 인원 및 지역표적, 대공표적, 장갑차량 및 전차를 제압하는 임무 이외에도 다음과 같은 분야에 운용할 수 있다.

- 보병 1개 분대 인원·장비·물자를 장갑보호 하에 수송 및 정지, 기동 간 전투수행
- 적 전차, 장갑차 및 대전차 무기 등의 위협을 파괴, 무력화 등 작전수행
- 하차 전투 시 직접 사격에 의한 지원화력 제공
- 필요 시 대공임무 수행
- 하천선 봉착 시 자체 능력에 의한 도섭·도하작전 수행

현재 군은 군단급 이하 전술대대의 지휘·통제·통신·정보·컴퓨터의 유기적인 통합을 통하여 전투 수행절차를 자동화하고, 감시체계와 타격체계를 실시간으로 연동하여 전투력의 승수효과를 최대로 발휘하는 지휘통제체계를 개발 운용하고자 한다. K-21 보병전투장갑차는 정보처리장치와 무선데이터 통신장치를 탑재하여 대대급 이하 기계화보병 부대 간의 데이터 통신이 가능하도록 하고, 지휘용 장갑차에 C4I 체계와 연동을 위한 대대 터미널을 탑재하여 디지털 지휘통제망을 구축할 예정이다. 기계화보병대대는 C4I 체계와의 연동을 통해 부대 전투력 수준, 위치보고, 상황보고 등의 전장상황과 정기 작전보고 등의 계획 및 명령 작성, 화생방 상황, 경고 메시지 등의 생존성 정보를 공유할 것이다. 대대 이하 무선데이터 통신망 은 대대망, 중대망, 소대망으로 구성되고, 상급제대로 장갑차의 위치 및 차량 상태를 포함한 각 제대의 상황을 보고하고, 하급제대로 적 위치 및 경고 메시지, 작전 메시지 등을 하달하 는 무선 정보체계를 구축 운용할 것이다.

3.3.2 개발 현황 및 발전 추세

1) 개발 현황

미래전장 환경의 변화와 급속한 기술발전 추세에 따라 최근 선진국의 장갑차 개발 현황 은 다음과 같다.

체계 측면에서는 단일 무기체계에서 모듈형 체계로 개발되고 있다. 현재까지 하나의 단 일 무기체계에 부여되던 기능을 네트워크 기반에 의한 정보공유 및 임무할당을 통하여, 기본 플랫폼을 중심으로 임무 특성에 맞게 모듈형으로 개발되고 있다. 특히 미래전투 공간은 다차 원 작전환경과 광역화된 전장공간에서 다양한 군사력에 의한 협동작전의 수행이 필연적이므 로, 실시간 지휘통제능력의 상호연결 운용이 가능한 네트워크화가 요구된다.

기술 측면에서는 전투중량 한계의 극복, 보병 생존성 보장, 막강한 치명성 확보, 운용성 향상을 통한 전투임무의 효율적인 수행 등의 체계요구에 대한 기술적 극복을 위해 무인화, 능동화, 지능화 및 자율화 기술적용이 활발해지고 있다.

운용 측면에서는 미국의 경우 냉전시대와는 달리 기술력과 국방력의 절대 우위를 확보함 으로써 운용범위가 전 세계를 대상으로 광범위함에 따라, 신속한 배치 및 군수지원 요소 최

소화를 기본 목표로 체계 운용 개념 및 설계 방향을 설정하고 있는 반면, 영국, 독일, 프랑스 등의 유럽국가들은 자국 방위 및 전쟁발발 지역의 평화유지 운용 개념으로 개발되고 있다.

(1) 미 국

미국은 1981년부터 Bradley 장갑차를 현재까지 주력 전투장갑차로 운용하며, 성능을 개량해 왔다. Bradley 장갑차에는 M2 보병전투차량과 M3 정찰전투차량이 있다. 그림 3.3.2의 M2 장갑차는 3명의 승무원(차장, 사수, 조종수) 및 6명의 보병이 탑승하여 수송 및 하차 보병 화력지원, 적 전차 및 경장갑차량 파괴 등의 전투장갑차 임무를 수행하며, M3는 3명의 승무원과 2명의 정찰병이 탑승하여 정찰임무를 수행한다. M2와 M3의 제원 및 특성은 대부분 동일하며, 후방 보병 탑승공간에 탄약을 추가 적재하였다.

M2의 동체는 유격장갑을 갖는 알루미늄 용접구조이며, 방호력 증대를 위해 수동형 강장갑 판재나 반응장갑을 부착할 수 있도록 되어 있다. 조종수석은 차량 전방 좌측에 위치하며, 3개의 전방관측용 잠망경과 1개의 측면관측용 잠망경이 장착되어 있다. 총안구는 M2A1에는 동체 양측면에 2개씩 그리고 후면에 2개가 위치하였으나, M2A2는 부가장갑 장착에 따라 측면의 총안구는 없어졌으며, 후방 램프에 2개의 총안구가 설치되었다. 사수는 포탑 좌측에 위치하며, Raytheon사의 4배 및 12배율 주간·열상 조준경이 탑재되어 차장과 영상을 공유할 수 있게 되어 있다.

2인승 포탑은 강과 알루미늄 장갑의 용접구조로 되어 있으며, 전기식으로 360°를 선회할 수 있고, 주 무장은 고저각 −10°~+60° 범위에서 작동한다. 주 무장은 M242 25 mm 자동포가 탑재되어 있으며, 부 무장은 주 무장 우측에 동축으로 7.62 mm 기관총이 장착되었다. 주 무장은 이중송탄이 가능하며, 발사속도는 200발/분이나 500발/분까지 선택할 수 있다. M2 장갑차는 포탑 좌측에 토우 대전차미사일 발사대(2발 장전 가능)가 장착되어 있다. 토우 미사일은 최대 사거리 3750 m로 유선 지령식으로 운용된다. 연막탄 발사기는 전기식이고, 포탑 앞부분의 주 무장 좌우측에 각각 4개씩 장착되어 있으며, 엔진 연막발생장치를 탑재할 수 있다.

그림 3.3.2 M2 Bradley 장갑차(미국)

조종수는 차량의 전방 좌측에 위치하고, 엔진실은 조종수의 오른쪽에 있으며, 엔진은 VTA-903T, 변속기는 모든 속도 영역에서 무단으로 변경되는 HMPT-500 변속조향장치(정유압기계식)가 탑재되어 있다. 엔진실에는 자동소화장치가 탑재되어 있다. 현수장치는 토션바식이며, 1번, 2번, 3번 및 6번 로드휠 위치에 쇽업소버(shock absorber)가 장착되어 있다. M2A2는 수상부양이 가능하도록 스크린식 보조부양장치를 장착하고, 궤도로 수상운행이 가능하다. M2A2의 경우 스크린 설치를 위하여 약 30분이 소요되었으나, M2A3에서는 공기 팽창식 에어백을 차량 앞과 옆에 부착하여 차내에서 공기팽창 장비를 사용함으로써 15분 이내에 설치할 수 있도록 하였다. 화생방 체계는 승무원 3명에게 M13A1 가스입자 여과기가 적용되나 탑승 보병은 개인 방독면을 착용하게 되어 있다. M2 장갑차의 주요 성능 개량 내용은 표 3.3.2와 같다.

미 육군은 모든 전장 상황에 전략적으로 신속히 대응, 대처할 수 있는 미래전투체계(FCS)를 개발하는 과정에서 중무장 여단전투단(IBCT : Interim Brigade Combat Teams)을 구성하고, Stryker 장갑전투차량을 개발하여 배치 · 운용에 착수하였다.

미 육군 전차사령부는 IBCT 편성을 위해 필요한 장갑차량의 요구조건으로 기존 C4ISR 체계와의 상호운용성, 항공 수송성(C-130)을 포함한 기동력, 생존성, 화력 등을 제시하였으며, 지난 2000년 말 캐나다 육군용으로 이미 생산 중인 General Motors Defense사(현재는 GDLS사와 합병)의 8×8 LAV(Light Armoured Vehicle)-Ⅲ를 선정하였으며, 2002년 최초 인도 시 명예훈장을 수여받은 2명의 미 육군 병사 이름을 따서 'Stryker'로 명명하였다.

Stryker 차량의 전체적인 레이아웃은 LAV-Ⅲ 차량과 유사하지만, 내부 용적을 크게 만들기 위하여 조종석 후방까지 약간 높은 roof-line을 가지고 있으며, 2명의 승무원과 9명의 보병

표 3.3.2 M2 장갑차 성능 개량

구 분	전력화 시기	주요 특징		
		기동력	화 력	생존성/지휘통제
M2A0	1981년	• 전투중량 : 22톤 • 500마력급 동력장치 • 탑승인원 : 9명	• 25 mm 주 무장 • Tow(기본형) 장착	—
M2A1	1987년	—	• Tow II 장착	
M2A2	1989년	• 전투중량 : 29.9톤 • 동력장치 : 600마력급	—	• 30 mm급 전면방호 부가장갑
M2A2 ODS	1996년	• 조종수 열상장치	• 레이저 거리 측정기	• 항법장치 • 미사일 대응장치(연막탄) • Combat ID System
M2A3	2000년	• 차량 전자화	• 차장 조준경 • 2세대 열상장비 적용	• 디지털 전장관리 시스템

분대원을 수송할 수 있다. 수동장갑은 14.5 mm AP탄을 방호할 수 있으며, 상부 방호력은 152 mm 공중폭발탄 방호가 가능하다. 부가장갑 장착 시 RPG-7 대전차 로켓 방호가 가능하다.

보병수송차량의 경우 원격사격이 가능한 화기 스테이션(RWS : Remote Weapon Station)이 차체 상부 우측에 장착되어 있다. RWS는 외부에 장착된 화기와 사통시스템으로 구성되며, 사수로 하여금 차체 내부에서 장갑방호 하에 운용 가능하도록 하였다. 화기는 12.7 mm 혹은 40 mm Mk19가 탑재될 수 있으며, 사통시스템은 2°~45° 줌렌즈를 장착한 CCD(Charge Coupled Device)와 Thales사 제품인 비냉각 열상카메라, 평판 디스플레이를 포함하지만, 안정화 장치와 거리측정기는 없다. 보병은 2기의 Javelin을 휴대하고 탑승한다.

현수장치는 높이 조절이 가능한 유기압 현수장치와 중앙 inflation 시스템 및 후방 3축에 ABS가 달린 파워 브레이크 등이 특징이며, 엔진실과 승무원실에는 화재탐지·소화시스템이 장착되어 있다. 화생방 대응을 위하여 NBC 탐지기와 Ventilated Face Mask가 장착되어 있다.

LAV-III와의 가장 큰 차이점은 항법장치를 통한 위치보고, FBCB2 디지털 전술지휘체계와의 연동체계 구축을 통하여 전술정보 공유능력이 확보되었다는 점이다.

미 육군은 구매비용과 운용비를 줄이기 위해 모든 계열차량에 공통으로 8×8 차체를 채택하고 있다. 기본형인 보병수송차량 외의 이동포시스템(MGS : Mobile Gun System), 대전차 유도미사일 탑재차량, 정찰차량, 화력지원차량, 공병지원차량, 120 mm 박격포 수송차량, 지휘·통제차량, 의료지원차량, 화생방 정찰차량 등 총 10종의 계열차량이 있다.

그림 3.3.3의 Stryker 장갑차 운용 개념은 미래전투체계 구축 이전에 기존 전력과 동시에 운용하며, 어느 지역이든 선발부대로 신속하게 배치하여 최소한의 군수지원으로 임무를 수행하는 것으로, 전투임무 수행은 M2 장갑차가 수행하며, Stryker 장갑차는 주로 병력수송 및 화력임무를 수행한다.

그림 3.3.3 Stryker 장갑차(미국)

(2) 러시아

러시아의 BMP-3 보병전투장갑차는 1990년 중반에 공개되었다. BMP-3는 BMP-2와 BMD 공수부대용 전투차량의 특징을 통합시킨 설계개념을 적용하여 1980년대 초반에 개발되었고, 1986년에 첫 번째 차량이 완성되었다.

그림 3.3.4의 BMP-3의 승무원은 장갑차장, 사수 및 조종수 3명이다. 7명의 탑승보병 중 2명은 조종수 좌우에 위치하여 좌우 동체 전방에 장착되어 있는 7.62 mm PKT 기관총을 운용하며, 5명은 포탑 뒤의 보병실에 위치한다. 5명의 탑승보병은 후방에 탑재된 동력장치 상부를 통해 동체 후방부에 좌우로 열리는 2개의 문으로 출입한다.

BMP-3의 동체와 포탑은 알루미늄 용접구조로 소화기 사격 및 포탄 파편방호가 가능하다. 후방에 탑재된 BMP-3의 동력장치는 500마력급 UTD-29M 엔진과 전진 4단 후진 1단의 정유압 기계식 변속 조향장치를 탑재하였다. 현수장치는 토션바식이며 1번, 2번 및 6번 로드휠 위치에 쇽업소버가 위치한다. BMP-3는 전투중량이 18.7톤으로 자체부양이 가능하며, 수상운행 시 동체 후방에 장착된 2개의 수상추진키트로 추진된다. 수상운행 전에는 동체 후방 상부의 스노클과 차량 앞의 파도막이를 세운다. 또한 집단방호를 위한 양압장치와 차량 앞쪽에 간이 도저삽날 등이 장착되어 있다.

2인승 포탑은 360° 선회가 가능하며, 주 무장 고저각은 −5° ~ +60°이다. BMP-3의 무장 체계는 30 mm 및 7.62 mm 공축기관총과 100 mm 강선포로 구성되어 있다. 30 mm는 이중송탄이 가능하며, 발사속도는 분당 330발이다. 30 mm탄은 고폭탄 305발과 장갑탄 195발로 500발이 적재된다. 100 mm 강선포는 고폭 파편탄을 분당 8 ~ 10발의 속도로 발사할 수 있으며, 레이저 유도미사일 발사도 가능하다. 100 mm 고폭탄은 자동장전장치로 송탄되며, 100 mm 미사일은 수동으로 폐쇄기에 장전된다. AT-10 미사일의 최대 사거리는 5.5 km이며, 관통성능을 550 mm까지 개량하였다. 100 mm탄은 40발의 고폭탄으로 22발이 자동장전장치에 적재되어 있다. 이 탄은 최대 사거리가 4 km이고, 포구속도가 250 m/s이다. 미사일은 총 8발로 반자동

그림 3.3.4 BMP-3 장갑차(러시아)

식 레이저빔 유도방식으로 사수가 목표에 조준경을 유지시켜 명중되도록 한다.

사격통제장치는 조준경, 탄도계산기, 레이저 거리측정기 등이 장착되어 있으며, 차장은 배율 1.2배와 4배의 이중 조준경과 배율 3배, 5배의 관측용 잠망경을 사용하며, 사수는 배율 2.6배의 보조 주간조준경을 사용한다.

BMP-2의 개발은 BMP-1의 단점을 보완하기 위하여 1970년 초반에 시작되었으며, 1970년대 중반에 생산이 시작되었다. BMP-2는 BMP-1의 73 mm 무장을 신속발사가 가능한 30 mm 자동포로 교체하였으며, 차장과 사수가 탑승하는 2인승 포탑을 적용하였고, AT-3 미사일을 AT-4 대전차 유도미사일로 교체하였다.

러시아는 최근 BMP-3 현대화 사업을 통해 BMP-3M을 선보였다. BMP-3M의 성능 개량 요소는 표 3.3.3과 같다.

한편 BTR 장갑차의 역사는 1960년대부터 시작되었다. 1950년대 말 구소련 육군은 기존에 운용하던 수상운행이 되지 않는 6 × 6 BTR-152를 대체하기 위한 개발에 착수하여 1961년에 BTR-60 장갑차를 운용하였다. 최근 BTR 시리즈는 1994년에 생산된 BTR-90로서 이 장갑차는 BTR-80을 약간 크게 만든 것에 불과하다.

BTR-60은 전방에 조종수와 차장이 탑승하여 평소에는 앞 유리창을 사용하다가 전투 시에는 플랩으로 막고 잠망경으로 운용하게 되어 있으며, 후방에 장착된 2개의 엔진으로 차축을 구동하고, 전투병은 차체 상부의 출입문으로 출입하는 독특한 구조를 가지고 있다. 1972년에는 전면 방호력을 보강하고, 엔진을 90마력에서 120마력으로 증가시켰다. 기존 BTR-60의 단점을 보완한 BTR-70이 공개되었으나, BTR-70은 탑승원 출입이 불편하고, 연비가 떨어지며, 화재 위험이 높은 가솔린엔진 사용 등 약점을 갖고 있다.

1988년 이후 BTR-80으로 구형 BTR-60을 대체하기 시작하였으며, BTR-80은 이전 차량에 적용되었던 2개의 가솔린엔진을 1개의 260마력 디젤엔진으로 변경하고, 병력의 출입을 용이하게 하였으며, 방호력도 개선되었다. 1994년에는 BTR-80의 수동 포탑을 BMP-3 장갑차에 장착한 것과 동일한 30 mm 무장을 장착한 자동포탑으로 개선한 BTR-80A를 개발하였다.

BTR-80에 방탄성능을 보강한 BTR-90 장갑차의 차체구조는 장갑강으로 제작되었고, 전

표 3.3.3 BMP-3 장갑차 성능 개량

구 분			BMP-3	BMP-3M
차장조준경	탐 지		수동식(180°) 주간 : 광학	전동식(360°) 주간 : TV
	안 정 화		없 음	가 능
	연 동		아날로그	아날로그 및 디지털
사수조준경	탐 지		주간 : 광학	열상(주야간 : 5 km)
	추 적		수 동	자 동
능 동 방 호			없 음	적용(ARENA)
엔 진 출 력			500 HP	660 HP

그림 3.3.5 BTR-90 장갑차(러시아)

면은 14.5 mm 탄을 방호할 수 있으며, 부가장갑, 반응장갑 및 능동방호체계를 부착할 수 있다. 포탑은 동력구동 방식으로 30 mm 화포, 7.62 mm 공축기관총 및 대전차 유도무기를 탑재하고, 포탑안정화 기술을 적용하고 있으며, 차체 후방에 장착된 2개의 워터제트 추진기로 수상운행이 가능하다.

(3) 중국

1991년 Norinco사는 Type-90 APC 계열 차량 개발을 발표하였다. 그림 3.3.6의 Type-90 계열 차량은 85식이라고 하는 Type-531H의 부품을 공용으로 많이 사용하나, 동체가 조금 넓고 낮으며 변속기의 개선이 큰 차이점이다. Type-90의 동체는 강 용접구조물이고 소화기탄 및 포탄파편에 대하여 방호한다. 조종수는 차량 앞부분에 위치하며 단일 해치커버와 전방관측용 3개의 잠망경이 있다. 엔진은 공랭식 디젤엔진으로 360마력이며, 엔진과 결합된 새로운 유압식 변속기는 록업 클러치가 있는 유압 컨버터가 장착되어 전진 4단 후진 1단이고, 2단계 유성기어로 조향한다. 2단계 종감속기는 차량 총중량에 적합하도록 변경할 수 있다.

장갑차장은 조종수 뒤에 위치하며, 보병은 동체의 후방부에 탑승한다. 보병실의 상면에 총 4개의 해치가 있고, 양측면에 3개의 총안구와 잠망경이 있다. 현수장치는 토션바식으로 5개의 로드휠, 전면에 구동륜, 후면에 유동륜, 3개의 지지륜으로 구성된다. 궤도는 싱글 핀, 교환 가능한 패드 형식이다. 이 차량은 수상운행이 가능하고 궤도로 추진된다. 수상 운행 전에 차량 앞쪽에는 파도막이를 세우고 배수펌프를 작동시킨다. 연료탱크는 동체후면 외부에 장착되어 있다. 동체 상부에 둘레를 완전히 방호한 12.7 mm 기관총이 장착되어 있고, 동체 전면 양쪽에는 각각 4개의 연막탄 발사기가 장착되어 있다. 외형상 러시아 BMP-2와 매우 유사하며 23 mm, 25 mm 또는 30 mm 포와 기관총이 공축으로 장착된 2인승 동력식 포탑설치가 가능하다.

그림 3.3.6 Type 90 장갑차(중국)

(4) 일본

89식 장갑차의 동체는 소화기탄 및 포탄파편으로부터 방호할 수 있는 용접구조물이다. 그림 3.3.7과 같은 89식의 전면 끝에는 지뢰제거장치를 장착하기 위한 키트가 있다. 동력장치는 차량 전방 좌측에 탑재되고, 조종수는 우측에 그리고 바로 뒤에 1명의 보병이 탑승한다. 조종수 위치에는 우측으로 열리는 단일 해치커버가 있고, 3개의 주간 잠망경이 장착되어 있는데, 이 중 중앙의 하나가 야간잠망경으로 대체될 수 있다. 조종수 뒤쪽의 보병은 단일 해치커버를 가지며, 전면과 측면을 관측하기 위한 잠망경과 동체의 우측면에 볼타입의 총안구가 장착되어 있다. 2인승 포탑에 장갑차장은 오른쪽, 사수는 왼쪽에 위치한다. 장갑차장과 사수 위치에는 포탑 앞쪽에 조준경이 장착되어 있다. 장갑차장은 전면, 측면 및 후면 관측을 위한 6개의 잠망경을 가지며, 사수는 전면과 측면 관측을 위한 2개의 고정 잠망경을 갖는다.

주 무장은 35 mm 오리콘 화기이며, 발사속도는 분당 200발이다. 초기에는 스위스에서 직접 공급하였으며 그 후 면허생산하였다. 7.62 mm 74식 기관총은 35 mm 화기와 공축으로 장착되었다. 포탑 앞부분의 양측면에는 전방으로 발사하는 연막탄 발사기 3발이 전기식으로 작동된다. 포탑 양측에 가와사키중공업의 Jyu-Mat 중거리 유선유도방식의 대전차미사일이

그림 3.3.7 89식 장갑차(일본)

탑재되어 있다. 미사일이 발사되면 새로운 미사일은 수동으로 재장전된다. 보병실은 동체 뒤쪽에 있으며, 보병은 밖으로 열리는 후면의 2개 문을 통해 승하차한다. 오른쪽 문에는 볼타입의 총안구가 있다. 보병실 우측에 2개의 총안구와 좌측에 3개의 총안구가 있으며, 총안구 위에는 상면 장착 잠망경이 있다. 현수장치는 토션바식으로 7개의 로드휠과 전면의 구동륜, 후면의 유동륜 그리고 3개의 지지륜으로 구성된다. 이 차량은 수상운행능력이 없으나 화생방 방호체계와 전 범위의 수동형 야시장비를 지니고 있다.

(5) 영국

영국은 1979년에 MCV-80의 체계개발을 착수하여 1980년에 시제차량 3대를 제작하였으며, 업체는 MCV-80의 부품 특성을 연구하기 위하여 냉각장치, 현수장치 등에 대한 부분 시제를 제작하였다. 1984년 11월 영국 육군의 운용시험에 대한 신뢰도 만족으로 그림 3.3.8과 같은 MCV-80(Warrior)이 승인되었고, 1995년까지 계열차량을 포함하여 총 789대가 생산되었다.

동체는 알루미늄 용접구조물로 조종수는 차량 앞부분의 좌측에 위치하며, 야간주행용 영상증폭 잠망경이 장착된 단일 해치커버가 있다. 엔진은 영국 Perkins사의 Condor CV8 TCA 디젤엔진으로 출력은 550 HP이다. 변속기는 자동식으로 미국 Allison X-300-4B를 Perkins사에서 면허생산한 것이고, 전진 4단 후진 2단으로 정유압 차동제어식 조향장치와 동력식 제동장치가 변속기 내부에 장착되어 있다.

2인승 강 포탑은 차량중심선에서 좌측으로 편심된 위치에 있다. 포탑 설계는 GKN사의 협력업체인 Vickers사에서 이루어졌다. 포탑은 동력선회하며, 비상 시에 수동으로 작동한다. 장갑차장과 사수는 Pilkington Optronics Raven 주야간 조준경을 갖는다. 주간모드는 배율 1배, 8배이며, 야간모드는 영상증폭식으로 배율이 2배, 6배이다. 포탑은 강장갑판과 주강으로 제작되며, 정밀도가 높은 저마찰 롤러 레이스링으로 조립된다. 장갑차장은 차량과 보병을 지휘하기 위하여 신속히 하차하도록 포의 오른쪽에 위치한다. 사수는 화기를 발사하고 장전할 수 있는 포의 좌측에 위치한다.

그림 3.3.8 Warrior 장갑차(영국)

주 무장은 영국 RARDEN 30 mm 포와 미국 M2A2 25 mm 화기의 비교 평가를 통해 RARDEN 30 mm 포로 결정되었으며, 현재 Royal Ordnance사에서 RARDEN사 포를 생산하고 있다. Warrior는 전장에서 48시간 전투에 필요한 모든 장비를 갖추고 있다. 현수장치는 토션바식으로 6개의 알루미늄 로드휠과 구동륜, 유동륜 및 3개의 지지륜으로 구성되고, 쇽업소버가 1, 2, 6번 로드휠에 장착된다.

최근 스위스 육군의 요구로 새로운 버전인 Warrior 2000이 개발 전력화되었으며, 주요 성능 개량 사항으로는 전면 방호력을 30 mm APDS탄 및 APFSDS탄을 방호할 수 있도록 하였으며, 동력장치는 650마력급으로 출력을 증대하였다. 또한 화력체계는 30 mm 자동포를 탑재한 Delco 전기구동식 포탑으로 교체하였다.

(6) 독일

독일은 1982년부터 Marder 1의 성능 개량에 착수하여 A1, A1A, A2로 이어지며, 1988년에 Marder 1A3 성능 개량에 착수하였다. 그림 3.3.9와 같은 Marder 1은 강으로 된 용접구조물로 방호력은 전면에서 20 mm탄을 완전 방호하는 수준이다. 조종수는 동체전면의 좌측에 위치하며 3개의 잠망경이 있는데, 중앙에 있는 잠망경을 수동형 야간주행장치로 대체할 수 있다. 조종수 바로 뒤에 보병 1명이 위치하며 360° 선회할 수 있는 잠망경이 있다. 엔진실은 조종수 우측에 있으며, MTU사의 엔진과 Renk사의 변속기가 탑재되었다. 2인승 포탑은 포와 탄약을 포함하여 2.3톤으로 우측에 장갑차장, 좌측에 사수가 위치하여 동체상면의 앞 방향에 탑재되고, 주 무장의 HE탄 345발, AP탄 75발 그리고 7.62 mm탄 500발이 적재된다.

주 무장은 라인메탈사의 20 mm 포가 외부에 장착되며, 고저각은 초당 최대 40°의 속도로 −17° ~ +65°이고, 포탑은 초당 최대 45° 속도로 360° 선회한다. 탄약은 HE와 AP로 총 1250발이 적재되며 탄피는 포탑 밖으로 자동 추출된다. 장갑차장과 사수는 배율이 2배, 6배인 지상 및 대공임무에 사용되는 PERI Z11 조준경을 공히 사용한다. 부 무장은 주 무장의 좌측에 공축으로 7.62 mm 기관총이 장착되며, 탄은 총 5000발이 적재되고 6개의 전기식 연막탄 발사기도 운용된다. 주 무장 좌측에 장착된 적외선·백색광서치라이트는 주 무장과 함께 고각으로 움직이나 열상조준경의 채택으로 삭제되었다. 6명의 보병은 동체 뒷부분의 보병실에 위치하며, 한쪽 측면에 2개의 볼타입 총안구가 설치되어 있다. 또한 모든 Marder는 화생방장치를 갖는다. 토션바식 현수장치는 6개의 로드휠, 차량 앞부분에 구동륜, 뒷부분에 유동륜 및 3개의 지지륜으로 구성된다. 1번, 2번, 5번 및 6번 로드휠 위치에 쇽업소버가 장착되어 있으며, 궤도는 패드 교환식이다. Marder 1은 키트 없이 1.5 m 도하가 가능하며, 키트 장착 시 2.5 m도 도하 가능하다.

Marder 1A3의 성능 개량은 1.6톤의 부가장갑키트 장착, 전체적인 기동성 향상, 인체공학 측면 및 운용성 향상 그리고 사격통제장치의 열영상장치 장착을 포함한다. 새로운 장갑 모듈은 BMP-2의 30 mm 탄을 방호할 수 있으며, 동체의 전면장갑, 경사판의 부가장갑, 포탑측면의 부가장갑, 동체측면의 3개 상자형 장갑부품, 동체상면의 유격장갑 등으로 구성된다. 기타

그림 3.3.9 Marder 장갑차(독일)

토션바 보강, 유압브레이크 적용, 종감속기의 기어비 변경 및 냉각장치 변경 등이 있다. 7.62 mm 기관총은 마운트와 분리된 포탑 좌측에 재배치되었으며, 포탑 내부공간은 탄약 공급장치의 공간축소와 승무원 사이의 콘솔 재설계가 이루어졌다.

　　신형 Puma 전투장갑차는 Project System and Management(PSM)가 개발하였으며, Level A 모듈장갑을 장착하면 중량이 31.45톤으로 증가되지만, 14.5 mm탄의 공격과 RPG-7 같은 경량형 성형장약탄에 대한 전방위 방어력이 향상되고, 지뢰방호는 최소 10 kg 폭발력의 지뢰와 폭발성형(EFP)관통자 지뢰에 대한 방어력도 제공한다. 그리고 전략수송기(A400M)로 수송이 가능하게 되었다. 최고 수준의 방호력을 제공하는 Level C 모듈장갑은 차체 측면과 상면, 포탑에 추가적인 부가장갑을 장착하여 총 중량이 41톤에 달하며, 30 mm탄과 상부공격에 대한 방어력도 상당히 향상되었다. Puma는 3명의 승무원과 6명의 보병이 탑승할 수 있다. 무인포탑에는 주무장으로 Mk30-2 30 mm dual-feed 기관포가 장착되어 APFSDS-T과 ABM의 2가지 30 mm탄을 선택하여 사용할 수 있다. 또한 5.56 mm 공축기관총이 장착되었고, 탄약의 적재량은 30 mm탄 200발과 5.56 mm탄 500발을 탑재할 것이다.

(7) 스웨덴

　　1984년 CV90(Combat Vehicle)의 개발이 시작되었으며 개발기간 및 비용을 줄이기 위해서 엔진 및 변속기는 생산 중인 동일한 부품을 사용하고, 초도 생산단계를 생략하여 바로 생산단계에 들어가도록 결정하였다. 스웨덴 육군은 1991년 3월에 CV9040으로 계약하였으며 1993년 11월에 생산차량이 완성되었다. 1993년 중반에 스웨덴의 무기체계 획득국은 CV90의 4가지 계열차량에 대한 생산계약을 체결하였다.

　　CV90 개발의 요구조건은 전술적 기동력, 장갑파괴능력, 방공능력, 최대의 방호력, 고전략적 기동력, 정비유지의 용이성 및 개발 잠재력이다. CV90의 동체는 강으로 된 용접구조물로 포탑이 중심선으로부터 좌측으로 200 mm 편심되어 탑재된다. CV90 전면 방호력은 23 mm 탄에 대한 방호수준이다. CV90의 전장 생존성을 높이기 위해 낮고 압축된 크기, 레이더 및 적외선 신호의 최소화, 낮은 소음수준, EMP(Electro-Magnetic Pulse)에 대한 취약성 감소 등이 고려되었다.

동력장치는 디젤엔진으로 출력은 550마력이고, 토크 컨버터 및 록업 클러치가 있는 전진 4단 후진 2단의 완전자동변속기로 구성된다. 엔진은 600마력까지 출력 증대가 가능하고, 변속기는 영국 Warrior 보병전투장갑차에 탑재된 것과 동일하다. CV90의 높이를 가능한 한 낮추기 위해 라디에이터는 동체 뒤쪽 우측에 위치하고, 자동 소화장치가 장착되어 있다.

2인승 포탑은 강 용접구조물이고 좌측에 사수, 우측에 장갑차장이 위치한다. 포탑 선회 및 포 고저구동은 전기식이고, 위급한 상황에서는 수동식으로 보완한다. 포탑에는 40 mm 주 무장과 7.62 mm 부 무장 및 6발의 연막탄 발사기 그리고 2개의 71 mm 조명탄 발사기가 장착되어 있다. 사수 조준경은 UTAAS(Universal Tank and Anti-Aircraft System)인데 이는 주간 및 야간 조준경과 레이저 거리측정기, 사격통제컴퓨터, 열영상장치로 구성된다. 이는 기동간 사격 시 이동표적에 대한 높은 명중률과 짧은 응답시간을 고려하여 설계되었다.

CV90의 주 무장은 40 mm로서 탄약이 총 238발로 탄창에 24발, 카루셀에 48발, 나머지는 차체에 적재된다. 발사속도는 분당 60발, 300발로 최대 유효사거리는 지상표적의 경우는 2000 m, 대공표적인 경우는 4000 m이다. 보병실에 보병 8명이 위치하며, 사거리 2000 m의 대전차미사일이 적재된다. 현수장치는 토션바식으로 7개의 로드휠이 있고, 마찰식 댐퍼가 1, 2, 6 및 7번 로드휠 위치에 있으며, 제어가능한 궤도장력 조절장치가 있다.

(8) 북한

북한은 러시아와 중국제 장갑차와 그를 기반으로 모방한 장갑차를 보유하고 있다. 먼저 중국제 장갑차는 궤도식인 63식 장갑차와 85식 장갑차를 소량 보유하고 있다. 63식 장갑차는 중국으로부터 도입한 것으로 1967년 군사퍼레이드에서 모습이 공개되었다고 해서 M1967으로도 불리운다. 최대 탑승인원은 15명(승무원 2 ~ 4명 포함)이며, 무장으로 12.7 mm 기관총이 장착되어 있다. 85식 장갑차 역시 최대 탑승인원 15명으로 65식 장갑차에 비해 엔진출력이 320마력으로 늘었다.

러시아제는 BRDM 계열 BRDM-1(BTR-40P), BRDM-2(BTR-40P-2)를 소량 보유하고 있으며, BTR 계열도 BTR-40 장갑차, BTR-50 수륙양용장갑차, BTR-60 APC, BTR-152 APC, BTR-80/80A를 보유하고 있다. 이 중 다수는 BTR-60으로 알려져 있다. BTR-60은 BTR-152를 대체하기 위해 개발되었으며 승무원은 2명, 탑승병력은 9명이다. 최고속력은 포장도로에서 80 km/h, 비포장에서 60 km/h, 수상에서 9 ~ 10 km/h로 비교적 높은 기동성을 가지며, 14.5 mm 기관총과 7.62 mm 기관총으로 무장되어 있다. 또한 러시아제 IFV인 BMP-1과 BMP-2를 보유하고 있다. BMP-1은 구소련이 만든 보병전투차로 73 mm 주포와 7.62 mm 기관총, AT-3 Sagger 대전차미사일로 무장하였으며 최고속도 65 km/h, 항속거리 500 km로 전차와 함께 탑승전투를 구현할 수 있다. BMP-2는 BMP-1의 1인용 76 mm 포탑을 30 mm기관포를 탑재한 2인용 포탑으로 개량하였으며 탑승인원은 승무원 3명에 보병 7명이다.

북한은 중국 63식 장갑차를 기반으로 개발한 M-1973 장갑차(VTT-323, 일명 '승리호')를 보유하고 있는데, 이 장갑차는 APC 개념으로 14.5 mm와 회전포탑을 장착하고 있다. 기본형의 경우에는 AT-3 Sagger 대전차미사일, 107 mm MRL, SA-7/16 SAM 등을 장착하고 있으며, 북한군의 표준 장갑차로 다양한 파생형이 개발되었다. 승무원은 2명, 탑승인원은 10명이며, 최고속력은 60 km/h이다.

또한 구소련제 장갑차를 참고하여 자체개발한 M-1992 장갑차가 있는데, 크게 107 mm MRL 탑재형과 AT-4 대전차미사일 탑재형으로 나뉘어 운용되고 있다. 또한 구소련의 것을 모방한 K-61 수륙양용장갑차는 궤도식으로 지상에서 36 km/h, 수상에서 10 km/h의 속도를 내며, 최대 5톤의 물량 혹은 병력 60명을 한번에 이동시킬 수 있다는 특징을 가지고 있다. 그리고 신형 장갑차로 불리우는 장갑차가 있는데, 이는 BTR-80 혹은 BTR-80A의 카피 생산으로 추정되고 있으며, 6 × 6, 8 × 8의 두 가지 버전이 있다.

(a) M-1973 장갑차

(b) M-1992(107 mm MRL 탑재형)

(c) K-61

(d) 신형 장갑차(BTR-80 카피형, 6 × 6)

그림 3.3.10 북한의 장갑차

그림 3.3.11 K200A1 장갑차(한국)

(9) 한국

국내 장갑차 개발은 1977년 이탈리아의 6614CM(KM900) 장갑차를 기술도입으로 생산한 것이 최초이다. 그후 M113 장갑차를 비롯한 M계열 장갑차의 장비 노후와 성능저하 및 KM900 경장갑차의 배치 후에도 북한의 기갑전력에 비해 질적으로나 양적으로 열세함에 따라, 1979년 말 사용군의 소요제기로 한국형 장갑차 K200 개발을 착수하게 되었다.

K200 보병 수송용장갑차는 1980년부터 1984년까지 개발되어 1985년부터 전력화되었으며, 1993년 기동력을 증대를 위한 성능 개량 사업이 추진되어 1995년부터 그림 3.3.11에서 보는 바와 같은 K200A1 장갑차가 전력화되었다.

K200 보병 수송용장갑차는 12명이 탑승할 수 있으며, 동체는 알루미늄 용접구조로 측면에 유격 부가장갑이 장착되어 있다. 엔진실은 차체 전방 우측에 위치하고, 자동소화장치가 장착되어 있다. 동력장치는 면허생산한 독일의 280마력급 엔진과 미국의 변속기가 탑재되었으며, 성능 개량 시 출력을 350마력으로 증가하고 변속기를 완전자동식으로 교체하였다. 조종수는 차체 전방 좌측에 탑승하고, 잠망경과 광증폭식 야시경이 제공된다. 후방문은 유압구동식 램프를 적용하였으며, 2개의 총안구가 설치되어 있다.

현수장치는 토션바식이며, 자체부양이 가능하여 수상운행능력을 확보하고 있다. 수상운행 시 추진력은 궤도로 발생시키며, 물 유입을 막기 위해 전방에 파도막이가 설치되어 있다.

무장은 소총탄 방호가 가능한 큐폴라에 12.7mm 기관총이 탑재되어 있으며, 6발의 연막탄 발사기가 탑재되어 있다. 계열장비로는 화생방 정찰차, 박격포탑재 장갑차, 발칸탑재 장갑차, 지휘용 장갑차 및 구난 장갑차 등이 있다.

1990년 초 한국군으로부터 21세기 전장환경에서의 기계화보병 임무수행을 위한 K-21 보병전투장갑차 개발이 요구되었다. 1999년 말 탐색개발을 착수하여 2008년도 전력화를 목표로 추진 중에, 2007년 도하훈련 중 침몰하면서 설계문제가 드러나 개선작업을 거쳐 현재 전력화되고 있다. 그림 3.3.12의 K-21 보병전투장갑차는 보병 수송용 장갑차인 K200과는 달리 전투용 장갑차로 입체 고속기동전 수행을 위해 화력성능, 생존성 및 야지기동성능 등이 크게 향상되었다.

K-21 보병전투장갑차는 조종수, 차장 및 포수를 포함해 12명이 탑승할 수 있으며, 차체는 경량화 동체, 수상부양장치, 암내장형 유기압 현수장치 그리고 소형 고출력 동력장치로 구성되었으며, 육상에서의 야지기동성 증대 및 수상운행능력을 보유하고 있다. 차체 구조물은 전투중량 감소를 위해 알루미늄 신소재로 용접되어 있으며, 부위별로 경량화 복합소재가 적용되었다. 또한 적 화기의 다양한 위협에 대비하기 위해 부위별 방호수단으로 모듈형 부가장갑과 복합적층장갑을 적용하여 중량 대비 방호력을 극대화할 수 있도록 설계되었다. 동력장치는 750마력급 소형 고출력 동력장치를 적용하였으며, 야지기동성 및 승차감 향상을 위해 암내장형 유기압 현수장치를 적용시켰다. K-21 보병전투장갑차는 전투중량이 25톤 수준으로 자체 부양이 불가능하나, 보조 부양장치인 에어백을 장착하여 수상운행이 가능하도록 설계되었다. 에어백의 공기주입과 배출은 자동으로 신속하게 작동되며, 피탄 및 파손에 대비하여 격실화되어 있으며, 궤도로 추진한다.

2인승 포탑에는 40 mm 주 무장과 자동송탄장치, 7.62 mm 공축기관총, 대전차미사일 발사대로 구성된 무장시스템, 전기식 포 및 포탑 구동시스템과 사격통제시스템이 탑재되어 있다. 주 무장은 이중송탄이 가능하며, 부 무장은 주 무장과 공축으로 탑재되어 있다.

40 mm 날개안정철갑탄은 모든 보병전투장갑차를 어떠한 공격 방향에서도 제압시킬 수 있으며, 복합기능탄은 사거리 4 km 범위 내의 지상 경표적, 경장갑 표적과 공격헬기에 대한 대응능력을 보유하고 있다. 특히 복합기능탄의 시한신관 기능은 은폐 및 엄폐된 적 보병 상부에서 폭발하도록 하여 살상효과를 극대화시켰으며, 공중표적에 대해서는 근접신관 기능으로 공격능력을 향상시켰다. 발사 후 망각방식의 대전차유도미사일이 탑재되어 적 전차에 대한 공격이 가능하도록 설계되었다.

열영상장치와 2축 안정화 기능을 보유한 차장 조준경과 사수 조준경을 장착하여 주야간은 물론, 기동 간에도 완전한 표적탐지와 정밀 조준이 가능하고, 레이저 거리측정기와 디지털 탄도계산기를 내장하고, 전기식 포탑구동 방식을 적용하여 고정밀 탄도계산과 안정화가

그림 3.3.12 K-21 보병전투장갑차(한국)

가능하여 높은 명중률을 발휘할 수 있다.

피아 식별기를 장착하여 아군간의 오인사격을 방지하고, 적의 포 위협과 대전차유도무기 위협에 대한 경고장치를 장착하여 생존성을 향상시켰다. 또한 집단방호가 가능한 양압장치를 적용하여 화생방 방호능력을 확보하였다.

K-21 보병전투장갑차는 정밀 복합항법장치, 정보처리컴퓨터와 정보처리전시기를 내장하고, 음성과 데이터통신이 가능한 FM 무전기를 탑재하여 소대, 중대와 대대간 무선 디지털 지휘통제망을 구축함으로써 대대 이하 모든 장갑차의 위치가 실시간으로 파악이 가능하고, 보전협동을 포함한 대대 이하 지휘통제가 가능하다. 또한 지상전술 C4I 체계와 연동수단을 보유함으로써 적과 아군의 위치 등 다양한 전장상황을 공유할 수 있어 아군 부대간 다차원적인 통합전투가 가능하도록 하였다.

3차원 영상처리와 음향효과 발생 등 최신 컴퓨터 신호처리 기술을 도입하여 적용한 내장형 훈련용 시뮬레이터를 체계에 내장함으로써, 실제 장비를 직접 이용한 승무원 훈련이 가능하며, 승무원별 임무에 맞는 컴퓨터 기반의 기능훈련과 상호 종합훈련이 가능하고, 실제 장비 훈련 시 소요되는 비용, 시간, 공간과 환경 등 제반 문제를 크게 감소시켜 비용 대 효과를 크게 향상시켰다.

2) 발전 추세

장갑차의 개발 현황 및 기술의 발전과정을 고려해볼 때 각국의 향후 장갑차 체계 발전 추세는 다음과 같다.

(1) 미국

미 육군은 미래 전장환경 변화에 대응하기 위해 모든 운용환경에서 절대 우위의 전투력을 확보하게 되는 목적군 창설을 준비하고 있다. 이러한 목적군의 상세한 운용 개념은 아직 확정되지 않았지만, 적과 조우하여 전투를 전개하고 상황을 발전시키는 기존의 전투개념에서 선발견, 선파악, 선조치함으로써 확실한 승리를 보장하는 새로운 패러다임을 설정하고 있다. 이를 구현하기 위해서 미 육군은 단위 무기체계별 발전개념에서 탈피하여 네트워크 기반의 다중 임무수행을 위한 'Networked System of Systems' 개념의 미래전투 시스템을 개발하고 있다. 미 육군은 미래 목적군(objective force)으로 변화한다 하더라도 현재의 능력을 유지 발전시키면서 미래를 대비하고 있다. 목적군의 실전배치까지 전투태세는 유지되어야 하며, 현재 존재하고 있는 현존부대는 현대화 작업이 지속적으로 이루어져 나갈 것으로 예상된다. 장갑차의 경우 현재 M2 Bradley 및 M113 Family 장갑차에 대한 현대화 작업이 진행 중에 있다. 목적군과 현존부대의 가교역할을 할 IBCT는 Stryker 등의 경장갑 차량을 개발하여 현존부대와 동시에 운용될 예정이며, FCS의 운용 개념 정립, 교리개발 및 훈련개념 설정을 위한 기초자료 도출에 활용될 것이다.

체계종합 분야에서는 보다 가볍고, 보다 강력하며, 보다 생존적인 무기체계의 가능성 및 잠재력을 검증하기 위해 4가지 형태의 모델링 및 시뮬레이션 기법, 즉 Engineering Model, Constructive Simulation, Distributed Simulation 및 Virtual Reality Prototyping 분야에 대한 연구 및 검증이 수행되고 있다. 이러한 다양한 모의해석 방법을 활용하여 예상되는 모든 전장 상황을 다양하게 모의하고, 가상개념 및 설계기술을 반영하여 기동성, 민첩성, 생존성, 치명성 및 수송성 등을 사전평가함으로써 사전확인 및 검증이 가능하게 된다.

차체 및 포탑 구조분야는 복합재, 티타늄 및 경량화 소재 적용을 통하여 미래전투차량을 보다 가볍게(구조, 장갑 혼합적용 시 30% 이상 경량화) 함으로써 신속한 배치와 다양한 임무수행을 가능하게 하고, 보다 나은 방탄성능 확보 및 신호 감소로 생존성을 증가시킬 수 있음을 확인하였다. 이러한 기술들은 미래전투차량 적용을 위해 내구성, 보수성, 방탄저항, 신호특성 분석 등을 지속적으로 연구할 것으로 보인다.

통합 생존성 체계분야는 증대하는 위협으로부터 지상 전투차량의 방호를 위한 해법을 제공하기 위하여, 미 육군이 심혈을 기울이고 있는 분야이다. 체계 생존성 증대를 위하여 탐지회피, 피탄회피 및 살상회피 기술에 대해 연구하고 있다. 탐지회피 기술은 신호관리 및 영상인식 기술로 차량으로부터 발생·반사되는 열, 음향, 레이더 등의 신호를 최소화하기 위한 기술이다. 이를 위해 레이더 반사신호 감소구조 및 레이더 흡수재료를 사용하는 스텔스 개념이 지상 무기체계에도 도입되고 있다. 피탄회피 기술은 센서나 대응장치를 사용하여 접근해 오는 탄을 회피하여 차량을 방호하는 기술이다. 미 육군은 로켓추진 탄약 및 화학에너지탄(CE)에 대한 능동방호시스템 개발을 목표로 하고 있으나, 이보다 훨씬 빠르고 무거운 운동에너지탄(KE)에 대한 방호는 더욱 어려운 문제로 FCS의 향후 성능 개량 시에나 가능할 것으로 예측한다.

기동성 분야는 야지기동속도를 40% 이상 증대하는 데 역점을 두고 있다. 전투차량의 야지기동속도는 현수장치를 통하여 전달되는 진동에너지를 조종수가 견딜 수 있느냐에 따라 제한받는다. 이러한 제한요소를 스프링 및 댐핑 특성을 전자적으로 제어하는 반능동형 현수장치와 밴드 트랙으로 해결하고자 연구 중에 있다. 고무 밴드 트랙은 철강재 강화제를 결합시켜 만든 제품으로 재래식 강재 궤도에 비해 무게가 현저히 감소하며, 과열과 소음 발생률이 적은 특징을 가지고 있다. 또한 연료소비율 감소, 동력장치 소음감소, 가속성능 향상을 위하여 하이브리드 전기식 동력장치 개발이 활발하게 진행되고 있으며, 약 2년 내에 전투차량 실용화가 가능할 것으로 예측하고 있다. 하이브리드 전기식 동력장치는 구동축을 구동하는 2대의 전기모터, 에너지 저장용 축전지 1대 혹은 고성능 캐퍼시터 및 디젤엔진 구동의 발전기로 구성된다. 하이브리드 동력장치는 변속장치 등이 필요 없어 많은 여유 공간을 확보할 수 있는 장점이 있다.

차량전자화는 향상된 운용자 인터페이스를 포함한 일체형 구조의 차량전기시스템 구현을 위하여 개발되고 있으며, 이는 디지털 전장환경에서 승무원의 부하를 감소시켜 효율적인 전투수행이 가능하도록 할 것으로 예상된다. 이러한 차량전자화 기술은 다음 세대의 광범위한 전장 디지털기능 제공을 위한 다기능 센서 및 센서융합 전자 플랫폼의 초기 단계이다.

(2) 영국

영국은 미국과 공동으로 장갑 정찰차량 개발사업을 추진하였다. 장갑 정찰차량은 차세대 저탐지 지상차량을 염두에 두고 시작되었으며, 외관상 기존의 차량과 유사하나 내부는 첨단기술로 이루어져 있다. 센서를 최대한으로 많이 탑재하고, C-130 수송기로 공수 가능한 요구조건에 기초하여 개발자들은 기존 차량과 달리 공간과 중량을 감소시키는 데 초점을 맞추었다. 여기에 적용된 핵심기술은 하이브리드 전기구동시스템, 첨단동력 변환장치, 첨단 리튬이온 축전지, 밴드 트랙, 세라믹 복합재장갑 구조물 등이다.

영국은 2012년 미래 보병전투차량(RIFV)의 소개를 목표로 현재 장갑전장지원차량(ABSV)으로 명명된 M1P1 차량과 다기능장갑차량(MRAV)으로 명명된 그림 3.3.12와 같은 M2P2 차량을 개발하고 있다. ABSV는 FIFV 계획과 연계되어 고기동성 및 방호력을 갖춘 궤도형 차량으로 개발될 예정이다. MRAV는 프랑스, 독일 등으로 구성된 유럽공동체가 개발하고 있는 8 × 8 차륜형으로 높은 도로주행 속도와 소구경탄 방호성능을 갖추도록 하고 있다. 이 차량은 장갑 전투부대 내에서 다양한 역할을 수행하며, 최대 중량은 약 33톤 수준으로 예상되고, C-130 수송기로는 공수될 수 없다. 이것은 대부분의 유럽 국가들은 전력배치를 아직 해상 수송에 의존하고 있음을 알 수 있다.

(3) 독일

독일은 새로운 장갑 플랫폼 개발계획(NGP)을 연구 중에 있다. 세 가지 다른 플랫폼은 미래 전차, 미래 보병전투차량 및 미래 대공방어체계를 겨냥하고 있다. 현재의 Marder 장갑차를 대체하는 미래 보병전투차량인 Puma 장갑차는 2010년부터 실전 배치되었으며, Leopard 전차를 대체하는 미래 전차는 2013년을 목표로, Gepard 자주대공포 및 Roland 지대공미사일 체계를 대체하는 플랫폼은 2016년을 목표로 개발 중이다.

그림 3.3.12 MRAV 장갑차 시제(포탑 미탑재)

새로운 개념의 플랫폼은 수동 및 능동방호체계, 능동형 현수장치, MTU 엔진과 결합된 하이브리드 동력장치, 궤도 소음감소 등을 포함하고 있으며, 전장 생존성 증대 노력을 꾀하고 있다.

(4) 한국

기동 무기체계인 장갑차는 K200 장갑차 국내개발 및 성능 개량을 통해 주요 부품 단위의 국산화 기술을 확보하였으며, K-21 보병전투장갑차 개발을 통해 체계설계 기술을 포함해 정보통신 및 지휘통제설계, 소형 집적 복합신관, 세라믹 등 경량화 소재개발, 자동화 기구설계, ISU 설계 등 선진국 수준의 기술 확보가 가능하게 될 것이다.

K-21 보병전투장갑차가 전력화된 후 장갑차 분야는 미래 전장환경에 운용될 미래전투체계에 대한 기술발전 및 개념 구체화와 병행하여 성능 개량 및 계열화 활동이 추진되어 서로 조화롭게 발전될 전망이다. 주요 성능 개량 요소로는 전차 및 타 체계 개발기간 불일치로 적용하지 못한 부품 국산화 활동과 기술발전 추세를 고려한 성능 개량 등이 있다. 부품 국산화 활동은 피아 식별기, 항법장치 등과 대전차 유도무기의 국내개발 완료에 따른 탑재가 해당된다. 기술발전 추세를 고려한 주요 성능 개량 요소로 화력분야는 CTA(Cased Telescoped Ammunition) 및 CTWS(Cased Telescoped Weapon System) 탑재, 기동력 분야는 반능동형 현수장치, 하이브리드 동력장치, 생존성 분야는 능동방호 그리고 지휘통제 분야는 전술지휘체계 연동기능 향상이 있다.

현재 주변 선진국에서 개발 중인 CTA 무장은 동일에너지를 갖는 기존의 탄보다 약 30%의 체적을 절감할 수 있는 새로운 개념이므로, 보다 단순화된 장전 송탄시스템을 구성할 수 있다는 장점을 가지고 있어 체계 적용성을 입증하고 있는 추세이다. 향후 이와 같은 CTA 및 CTWS 적용은 탄 체적 감소로 완전 자동 송탄시스템의 구현은 물론 포탑 공간 활용을 증대하고, 탄약 적재량을 증가시킬 수 있을 것으로 예상된다.

미래의 무기체계는 전자제어 기술이 전투 시스템에 통합되는 추세이므로 전투 시스템 내에서 전력에 대한 수요 증가가 예상된다. 따라서 미국은 기존의 기계식 동력장치에서 고효율·고성능의 동력발생, 에너지 저장, 동력분배를 통합시킬 새로운 하이브리드 동력장치를 개발해 전투차량 계열에 장착하여 실용성을 입증하고 있다. 또한 고속 기동전을 수행하기 위해서는 지형 거칠기 등을 감지하여 자세제어를 함으로써 거친 노면에서의 기동성 및 승차감을 향상시키는 전자기계식 반능동형 현수장치의 개발에 노력을 기울이고 있다.

신소재 개발과 더불어 경량화된 수동장갑의 발전이 지속적으로 추진되어 왔으나, 향상되는 화력 위협에 대응하기에는 중량 및 크기 증가에 한계를 가지고 있다. 그러므로 이보다 한 단계 앞선 반응장갑이나 능동방호체계 적용이 요구된다. 반응장갑은 고에너지 물질의 폭발 혹은 팽창에너지를 이용하여 금속 구조물을 비행시켜 성형장약탄 제트의 산란 혹은 운동에너지 탄 관통자의 비행경로 변경이나 파괴 등을 통하여 차량의 피해를 최소화하는 방법이다. 또한 능동방호체계는 레이더 센서 등의 개발로 미사일 방어체계를 능동적으로 대처하거나, 적외선 추적기를 장착하여 노출된 위협의 비행경로에 판재 등을 발사해 충돌시켜 탄을 파괴하는 등 능동적으로 대처하는 방안으로 제한된 중량으로 생존성 향상을 위해 활발히 연구되고 있다.

고도로 발달된 기술은 정교한 독립적 전투체계 개발을 가능하게 할 수 있으나, 미래 전투의 혁신을 가져올 수 있는 것은 통신체계를 구축하는 네트워크라고 볼 수 있다. 특히 직접 화력 무기체계인 전투장갑차는 지휘통제 요소를 담당하는 체계와의 네트워크를 통한 정보 송수신은 필수요소이다. 미래 전투는 전장의 광역화로 인해 지휘통제 명령을 신속·정확하게 주고 받아야 하므로 부대 행동을 위한 지휘운용능력은 디지털 처리를 통한 전장관리시스템이 수반되어야 한다. 이러한 성능 개량 활동은 미래전투체계 전력화 시기까지 전력발전을 추구하고, 미래전투체계에 적용될 핵심기술의 단계적 체계 적용을 통하여 전술적·기술적 가교 역할을 수행할 수 있을 것이다. 국내의 발전 방향을 종합해 보면 미래전투체계는 무인화되고, 화력분야는 지능화, 기동분야는 자율화 그리고 방호력 분야는 능동화가 될 것이다.

(5) 종합분석

장갑차의 개발 현황 및 기술의 발전과정을 고려해 볼 때 향후 장갑차 체계의 발전 추세는 다음과 같다.

첫째, 체계 측면에서는 보병에게 기동력과 방호력을 제공하는 개념의 보병 수송용 장갑차에서 전차와 보병협동작전의 보다 효율적인 수행을 위하여 적의 강력한 저항을 제압하기 위해 탑승상태에서 전투를 수행할 수 있는 전투장갑차 개념으로 발전하고 있다.

둘째, 성능 측면에서는 장갑차에 탑재되는 주 무장이 소구경에서 중구경으로 증가하는 추세를 보이고, 최근에는 대전차유도무기를 탑재함으로써 대전차전을 수행할 수 있는 능력을 확보하는 추세이다. 이와 함께 탄약의 관통력과 사거리 증대도 동시에 추진되는 추세이며, 점차 기능이 복합화되고 있다. 탑승전투 개념의 도입에 따라 사격통제장치는 주야간, 기동간 임무수행이 가능하도록 열상장비 및 2축 안정화장치를 탑재하고, 최근에는 미국을 중심으로 무선데이터 통신 및 전장정보 공유가 가능한 지휘통제장치의 탑재가 활발히 진행되고 있다. 방호력은 소구경탄 방호에서 중구경탄 방호개념으로 발전되었으며, 최근에는 능동방호체계를 적용한 장갑차도 출현하였다. 기동력은 전투중량의 증가에 따라 엔진의 성능 개량 등을 통하여 출력이 증가하고 있는 추세이며, 이러한 전투중량의 추세는 보병 수송용 장갑차에서 확보할 수 있었던 수상운행능력을 상실하는 결과를 초래하였다.

셋째, 개발방향 측면에서는 기본형을 중심으로 기술발전 추세에 따라 성능 개량이 지속적으로 추진되어 왔으며, 장갑차의 매우 다양한 임무수행 특성을 고려하여 계열화 장비를 개발함으로써 주 장비의 설계 제한요소에 따른 주 임무기능 저하를 최소화하고 있다.

미래 전장환경의 변화와 급속한 기술발전 추세에 따라 최근 선진국에서 개발 중인 장갑차 개발 동향을 분석한 결과 다음과 같은 결론을 얻을 수 있다.

첫째, 체계 측면에서는 단일 무기체계에서 모듈형 체계로 발전하고 있다. 현재까지 하나의 단일 무기체계에 부여되던 기능을 네트워크 기반에 의한 정보공유 및 임무할당을 통하여 기본 플랫폼을 중심으로, 임무특성에 맞게 모듈형으로 개발 운용할 것으로 예측되고 있다. 특히 미래 전투공간은 다차원 작전환경과 광역화된 전장공간에서 다양한 군사력에 의한 협동작전의 수행이 필연적이므로, 실시간 지휘통제능력의 상호연결 운용이 가능한 네트워크화가 요구된다.

둘째, 적용기술 측면에서는 전투중량 한계의 극복, 보병 생존성 보장, 막강한 치명성 확보, 운용성 향상을 통한 전투임무의 효율적 수행 등의 체계요구에 대한 기술적 극복을 위해 무인화, 능동화, 지능화 및 자율화 기술의 전투장갑차 적용이 활발히 진행될 것으로 예상된다.

셋째, 운용 개념 측면에서는 미국의 경우 냉전시대와는 달리 기술력과 국방력의 절대 우위를 확보함으로써, 운용범위가 전 세계를 대상으로 광범위함에 따라 신속한 배치 및 군수지원 요소 최소화를 기본 목표로 체계운용 개념 및 설계방향을 설정하고 있다. 영국, 독일, 프랑스 등의 유럽국가들은 자국 방위 및 전쟁발발지역의 평화유지 운용 개념으로 개발개념을 설정하고 있는 추세이다.

3.4 전술차량

3.4.1 개요

전술차량은 전투지원을 위하여 병력 및 물자수송을 주목적으로 하며, 그 외에 기본 차체를 활용하여 화기탑재, 전술지휘 및 화력통제 등의 임무에 운용되는 차륜형 기동장비이다.

전술차량은 적재능력에 따라 소형, 중형, 대형 전술차량으로 분류하며, 용도에 따라 카고, 구난차, 급유차, 무기탑재차량 등 다양한 계열차량으로 구분할 수 있다. 또한 운용목적에 따라 대전차, 정찰, 무기탑재 등의 임무를 수행하는 전투차량, 전술지휘, 화력지원 임무 등을 수행하는 전투지원차량 그리고 병력, 물자지원 및 구급임무를 수행하는 전투근무지원차량 등으로 구분할 수 있다.

전술차량에 요구되는 주요 성능은 다음과 같다.

- 우수한 기동력 : 전술차량은 야지, 습지 및 한랭지 등 다양한 운행 및 기후조건에서 운용가능하도록 휘발유, 경유, 항공유 등 대체연료 사용, 고출력 엔진, 차동제한장치, 중앙공기압조절장치, 독립현가장치 등을 부착하여 다양한 임무수행이 가능해야 한다.
- 생존성 보장 : 전술차량에 기관총 등 각종 화기를 탑재하고, 총탄과 지뢰 등에 대한 승무원, 차체방호 등 방호력을 갖추어 전투지역까지 최대 근접지원을 할 수 있어야 한다.
- 다목적 전술운용 : 전술개념에 의해 운용되는 전술차량을 기본차량으로 통합하고, 운용목적에 따라 계열화 차량으로 다양한 전술에 활용함으로써 다양한 전술을 구사함과 동시에 보급 및 정비유지 단계의 단순화와 효율화를 달성해야 한다.

○ 대형 및 대용량의 신속한 수송 : 대형 및 대용량화 되어가는 군수물자의 신속한 수송을 위해 전술차량에 자체적재 및 하역장치, 통신체계 등을 부착하여 운용시간을 단축해야 한다.

3.4.2 개발 현황 및 발전 추세

1) 개발 현황 및 운용 개념

전술차량은 기본 임무인 병력 및 물자수송을 위하여 운용되었으나, 현대전의 특성에 따라 고속기동성과 생존성을 증대하여 광범위한 전장 환경에서 다양한 전술임무를 수행하고 있다. 고기동성과 생존성 등이 요구되는 무기탑재 전투차량 및 전투지원차량은 고성능의 다목적 전술차량을 운용하고, 전투근무지원이 주 기능인 전술차량이나 후방 전투지역에서 운용되는 지원차량은 상용차량을 군용화한 차량을 많이 활용하고 있다.

미국, 유럽 등 선진국에서도 민수분야의 차량 관련기술의 발전이 가속화됨에 따라 개발기간 및 비용, 운용유지 비용의 절감을 위해 상용기술 및 부품을 최대한 활용한 기본차량을 개발하고, 이 차체를 활용하여 전술차량을 계열화함으로써 보급 및 정비유지의 효율성을 추구하고 있다. 표 3.4.1은 소형 전술차량을 계열화하여 개발한 현황을 나타낸다.

(1) 미국

미국의 특수목적 차량은 적재하중에 따라 소형급(1톤), 중형급(2 1/2톤, 5톤), 대형급(10톤)으로 분류되어 있다. 소형급으로는 HMMWV(High Mobility Multi purpose Wheeled Vehicle), CUCV(Commercial Utility Cargo Vehicle), SUSV(Small Unit Support Vehicle), 중형급으로는 FMTV(Family of Medium Tactical Vehicles), 대형급으로는 HEMTT(Heavy Expanded Mobility

표 3.4.1 **소형 전술차량의 계열화 현황**

국 가	명 칭	용 도
미 국	HMMWV	카고, 병력수송, 구급, Shelter Carrier, TOW 탑재
	CUCV	카고, 구급, Shelter Carrier
독 일	Merceds-Benz	VAN, 구급, 케이블 설치, NBC 제독, 대전차미사일
	UNIMOG	구급, 통신, 소방, 무선, 샵, 105 mm 포 견인
영 국	Land Rover	병력수송, 정찰, 구급, Milan/97 mm, MLRS 탑재
프랑스	ACMAT/ALM VLRA	병력, 카고, 장거리 정찰, MLRS 발사대, 크레인
러시아	Uaz-452D	VAN, 구급, 트랙터, 10인승 버스
	Uaz-479B	구급, VAN, 트럭
	Uaz-63A	VAN, 트럭터, 버스새시, NBC 제독
스웨덴	BV-206	카고, 구급, 통신중계, 화기탑재, 야지수송, 견인

Tactical Truck)가 운용 중이다. HMMWV는 과거 1/4톤부터 1 1/4톤의 차량을 통합한 고기동성 다목적 전술차량으로서, V형 디젤엔진, 자동변속기, 상시 4륜 구동, 동력조향장치, 독립현수장치, 전술타이어, 타이어 공기압 조절장치가 부착되어 있다. 기관총, 기관포, 미사일 등의 탑재가 가능하며, 파편방호는 물론 최근에는 5.56 mm 및 7.62 mm의 볼탄 방호가 가능한 차량을 개발 완료하였다.

CUCV는 도로조건이 양호한 후방지역에서 운용할 목적으로 민수차량을 군용화한 차량이다. 1991년 초 전술차량 현대화계획을 검토한 결과 HMMWV와 같이 고기동성이 요구되지 않는 지역에서의 대안 중 비용대 효과가 뛰어난 것으로 판명된 바 있다.

SUSV는 스웨덴의 BV-206을 해외구매한 차량으로서, 주로 북극지대, 고산지대, 눈덮인 지형, 늪지대 등에서 보병 소대급의 소규모 부대 물자운반, 재보급, 부상자 수송 등에 운용되고 있다.

FMTV는 기존의 2 1/2톤 및 5톤 트럭이 1950년대에 설계된 차량들로서 성능개선에 한계가 있고, 유사 차종임에도 차종간의 호환성이 결여된 점을 개선하기 위해 대체 차종으로 개발되었다.

HEMTT는 대형 물자 수송용 차량으로서 크레인이 장착된 카고, 2500갤런 급유탱크, 트렉터, 레카, 중크레인이 장착된 카고 등 5종이 운용 중이며, 기계화보병부대, 야포부대 및 공병부대 등에 대한 전투차량 재보급, 공격용 헬기부대에 대한 재보급 및 지원, 패트리어트 미사일 체계의 운반 및 미사일과 수리부속 재보급 등으로 운용 중이다.

(2) 영국

영국은 제2차 세계대전 이후 랜드로버(Land Rover)를 1/2톤 표준 차량으로 운용해 왔으며, 1983년에는 축간거리를 증대시킨 랜드로버-110을, 1990년 이후에는 랜드로버 디펜더(Land Rover Defender)-110을 개발하여 운용 중이다. 엔진 및 바디 4종의 조립이 가능하며, 상시 전륜 구동장치, 디스크식 제동장치, 연료탱크 방호장치 등을 갖추고 선택사항이 다양하며, 계열화는 병력수송, 정찰, MILAN 대전차미사일, LAU-90 70 mm 다련장로켓, 샵, 소방 등이 있다.

영국의 2톤급 차량인 RB-44는 1991년 초에 배치되었으며, 터보 디젤엔진, 자동변속기, 상시 4륜 구동, 자동잠금장치 등을 갖추고 있고, 105 mm 경포, 레이더 견인, 지휘 및 통신, 대전차미사일 탑재 등으로 운용되고 있는 구형 랜드로버 대체용 차량이다.

(3) 이스라엘

이스라엘의 특수목적 주력차량은 M325로서 1966년 이스라엘의 자체설계와 해외부품을 조합하여 개발되었다. 바디는 2종으로 카고, 병력 수송용은 좌우측에, 수색 정찰용은 중간부위에 의자가 설치되며, 선택사항으로는 중동지역 작전용 에어클리너 등이 있다.

한편 이스라엘은 1990년대 주력차량으로서 M325를 성능개선시켜 M462라는 고기동성 다목적 전술차량을 개발하였는데, 미국의 HMMWV와 비슷한 차량으로서 승무원의 안락성, 승차감, 시계성 향상 등에 중점을 두었으며, 엔진 선택감응, 자동변속기, 동력조향장치 등을 갖추고, 카고, 정찰, TOW, 통신, C4I, 구급, 지뢰지대 병력 수송 등의 계열화가 가능하다.

(4) 독일

독일의 방위개념은 자체방어가 주 임무이기 때문에 사막이나 험지 등에서 운행할 필요가 없고, 독일은 도로상태 또한 양호하므로 전 차량 중 야지주행 성능을 보유한 차량이 1/3에 지나지 않으며, 차량을 용도(민수, 군용) 및 야지주행 여부에 따라 6개 등급으로 나누어 관리하고 있다. 독일군의 주력 특수목적 차량은 UNIMOG로서 1946년 산업 및 농업용으로 개발되었으나, 캡, 유리창, 뒷문, 앞문 및 캔버스 등을 개조하여 군용으로 운용 중이다. 중대형급 차량으로는 MAN Category I A1 4 × 4, 6 × 6, 8 × 8 High Mobility Tactical Truck이 있는데, 민수부품을 대폭 사용하였고, 모든 차량이 동일한 타이어를 사용하고 있다. 계열화로는 카고, 컨테이너, 크레인, 레카, 구난, 대공화기 등이 있다.

(5) 프랑스

프랑스의 주력 특수목적 차량은 ACMAT/ALM VLRA로서, 원래 1950년대 후반 사하라 사막용으로 개발된 이후 오늘날 전 세계 35개국에서 민수용으로 광범위하게 운용되고 있다. 동일 섀시를 활용하여 1.5 ~ 5.55톤까지 적재 가능하며, 차종간 소모성 부품의 호환성은 80% 이상이다. 계열화로는 TPK 4.15(1.5톤)의 경우 병력 및 물자수송, 장거리 정찰, 화기탑재 등이다. 한편 1981년에는 5개사의 경쟁에 의해 2톤 차량인 Renault TRM2000을 개발하여 박격포 견인, 20 mm 대공, 샵, 통신장비 수송 등으로 운용 중이다.

(6) 러시아

러시아의 차륜형 전술차량 개발은 조직적인 개발계획에 의거하여 단시일 내에 개발 완료되었으며, 차량 개발의 주된 관심사인 기동성, 효율성, 내구성을 기준으로 구분할 때 대개 3가지 형으로 구분된다. 이는 개발과정 또는 생산년도가 거의 10년 단위로 일치하고 있으며, 같은 세대에 개발된 차량은 대체로 같은 특성을 지니고 있다.

제1세대 차량은 러시아 지상군이 제2차 세계대전 이후 사용한 차량으로, 외국으로부터 대여하거나, 기술제휴 또는 1930년대 러시아 고유의 자동차산업의 산물로서 6가지의 기본 모델로 구성되어 있다.

제2세대 차량은 러시아에서 1950년 후반기부터 1960년 초반기까지 생산된 수송용 차량으로, 기동성, 내구성, 효율성을 많이 반영, 야지에서의 주행능력을 보장할 수 있도록 적재량을 많이 변화시켰고, 4가지 새로운 모델로 2가지의 개량형이 있다.

제3세대 차량은 이전 세대 차량보다 성능이 현저하게 향상되었다. 그래서 기동성, 내구성, 효율성과 관련된 문제들에 대해서 러시아가 독자적으로 해결하기 위한 노력을 시도하였다.

러시아에서는 차량의 기동성을 저기동성, 향상된 기동성, 고기동성 등 3가지로 구분하였다. 일반도로 수송용 차량은 저기동성, 전술적 야지 수송차량은 향상된 기동성, 특수 장갑차량은 고기동성으로 정의하고 있다. 러시아에서는 차량의 기동성을 향상시키는 것이 주요 목표로서, 이는 차량에서 사용된 부품의 변화로부터 알 수 있다.

차량에 있어서 효율성은 기동성 못지않게 중요한 설계 고려요소이다. 효율성은 최소한의 비용, 시간, 인력 그리고 물자로써 물건을 수송할 수 있는 능력이다. 그러나 차량 설계 시 기동성을 반영하는 만큼 효율성은 감소하게 된다. 러시아에서는 정확히 어느 점에서 기동성과 효율성의 균형을 취하는지 알려지지 않고 있지만, 러시아 표준 차량에 수륙양용이나 관절구조식의 차량이 없는 것으로 보아 기동성에 중점을 더 두고 있는 것으로 보인다. 일반적으로 차량의 기본설계 및 구조는 그 차량의 효율성을 결정하는데, 이는 차량의 공차 중량에 대한 수송중량의 비율로 나타난다. 전술적 수송차량의 이상적 비율은 1 : 1이다.

러시아에서는 기존의 차량 형태에 특수 타이어, 타이어 압력조절장치, 도로 외 사용에 적합한 동력전달장치를 사용, 고도의 기동성을 지니게 되었다. 차량의 효율성은 기동성에 대한 차량중량의 균형 있는 설계로 증대될 것이며, 적재하중의 증가 추세는 모든 차량에 경금속 내지 비금속을 사용함으로써 계속될 것으로 보인다. 차량의 내구성은 정비창이나 공장에서 분해되기 전까지의 주행거리로 표시하며, 이러한 내구성은 러시아에서 가장 뚜렷한 발전을 보인 분야이고, 최근 기동성이 향상된 차륜형 차량의 내구성은 24만 km 정도로 추정된다.

러시아에서는 제2차 세계대전 후 심각한 차량 부족으로 인해 당시 러시아에서 대량생산되는 민수차량을 군용화하여 부족난을 해소하였으나, 근본적으로 성능, 내구성, 신뢰성 등이 군용차량에 비해 뒤떨어지므로 이러한 민수차량의 사용계획은 1960년대 초에 수정되어, 민수차량을 전륜 구동화시킨 단순개조에다 섀시, 프레임, 동력전달장치, 현가장치, 전기장치를 수정, 보강한 민수차량을 군용으로 사용하고 있다. 러시아에서 이러한 군용화의 실천이 비교적 용이하였던 이유가 자동차산업이 국영이며, 도로가 없고, 기후조건이 혹심한 지역에서 자원개발을 해야 하는 등 민수차량의 사용조건이 군용차량의 사용조건과 동일한 데 있었다.

또한 차량의 사용조건을 차량의 기동성 및 지형조건에 따라 엄밀하게 구분하였다. 저기동성의 민수용 차량은 후방의 어느 정도 야지기동성이 요구되는 전방지역의 험지까지만 운용되도록 하고 있으며, 직접 전투지역에서는 그들이 말하는 진정한 야지기동성을 가진 수륙양용 궤도차량을 사용하도록 사용조건을 설정하여 운용하고 있다.

러시아의 특수목적 차량은 적재하중별로 차종이 다양하고, 가솔린 및 디젤엔진을 동시에 사용하고 있으나 전부 V형 엔진인 점이 특징이며, 차량마다 타이어 공기압 조절장치가 부착되어 있다.

(7) 일본

일본은 1950년대 이래 제2차 세계대전 중의 미군 차량들을 모방 개발하여 왔으며, 이후에는 표준 차량을 개발하여 현재 운용 중이다. 73식 J-24A(0.48톤)는 일본자위대의 1/2톤 표준 차량으로서 구급용, 60식 106 mm 무반동총과 64식 대전차미사일을 탑재하여 사용되고 있다. 1992년 85대가 제작된 kohkidohsha는 고기동성 트럭으로서 이 중 최소 9대는 근거리 대공방호용 미사일 체계인 Kin-Sam 수용차량으로 운용 중이다. 미군 HMMWV와 유사한 차량으로서 150마력급 디젤엔진, 자동변속기, 상시 4륜 구동, 동력조향장치, 독립현수장치 등을 장착하고 있으며, 73식 2톤 트럭 대체용이다.

73식 2톤 트럭은 Hino 트럭을 군용화한 것으로서, 구급 및 박격포 운반용으로 운용 중이며, 73식 3.5톤 트럭은 카고, 덤프, 탱커, 레이더 운반, 경구나 포 견인 등으로 운용 중이다.

Hino 4톤 트럭은 민·군수용으로서 덤프, 레커, 트랙터, 67식 로켓발사대 수송 등으로 운용 중이다.

(8) 중국

중국은 1950년대부터 러시아 및 동구권의 차량을 사용해 왔으며, 1960년대에는 이를 모방 개발하였고, 1980년대 이후에는 서구 선진국 차량들을 모방 개발하여 운용 중에 있다.

BJ-212(0.6톤)는 러시아 UAZ-469B와 유사하며, NORINCO 75식 105 mm 무반동총 등이 탑재되고, 1986년에는 미 AMC 엔진을 탑재한 BJ-212E를 개발하였다.

Sungi-61(1.75톤)은 러시아 GAZ-63과 유사하며, 민·군수 공용으로서 뒷차축은 민수용 복륜, 군용은 단륜이며, 대전차포 등 경포 견인용으로 운용된다.

EQ-240의 최신 모델인 EQ2080E4DY(2.5톤)와 CA-32(2.5톤)은 러시아 ZIL-157과 유사하며, 포 견인, 122 mm MLRS, 74식 지뢰살포용 로켓시스템 등을 수송한다. 1985년에는 미 AMC사(현 Chrysler사)의 부품을 자국에서 조립생산한 XJ Cherokee를 개발 시험평가를 완료하였으며, 영국의 P5000을 도입하였다.

주변국에서 운용하고 있는 전술차량의 현황을 표 3.4.2에 나타내었다.

표 3.4.2 주변국 전술차량 운용현황

구 분		엔진출력 (HP)	항속거리 (km)	최고속도 (km/h)	도섭능력 (cm)	등판능력 (%)	비 고
중 국	BJ-212	75		98	50	30	1/4톤
	BJ-212A	75		98	50	30	1 1/4톤
	EQ240	135		80	85	30	1 1/2톤
	CQ-261	200		61			8톤
일 본	J-24A	80		92			1/4톤
	Q4W73	145	319	97	51	60	1 1/4톤
	ISUZU	210		85			2 1/2톤
	W121P	200		70			6톤
북 한	UAZ-450D	65	265	90		57	1/4톤
	GAZ-66	115	525	95	80	60	1 1/4톤
	URAL-375	175	405	75	100	60	2 1/2톤
	KRAZ-214	205	530	55	80	57	5톤

(9) 한국

소형 전술차량은 적재중량 1/4~2톤급으로 1/4톤(K110) 계열, 신형짚(K131), 1 1/4톤(K310) 계열 및 성능 개량 차량 등 다양한 전술차량이 운용되고 있다.

중형 전술차량은 적재량 2.5~5톤급의 병력 및 물자수송, 무기체계 등의 탑재가 가능한 전술차량으로, 2 1/2톤(K510), 5톤(K710) 계열 및 성능 개량 차량 등이 운용되고 있으며, 대형 전술차량은 대형화된 화물에 대한 대량수송 및 물자, 탄약 등을 위한 차량으로 민수 대형 차량을 개조한 10톤(K910) 계열차량이 있다.

국내의 전술차량 현황을 중량별로 나타내면 표 3.4.3와 같다.

1970년대 중반부터 시작한 방산장비의 개발은 한국군의 전력화를 촉진시키는 계기가 되었다. 특히 군용 경차량의 국산화는 방산장비의 국산화를 대표할 수 있는 결과였다.

K-111 계열의 1/4톤 경차량은 한국군, 특히 육군에게 높은 전력의 기댓값을 갖게 하였다. 최초 개발 후 양산배치한 이래 현재까지 K-111 계열의 1/4톤 경차량은 기본 모델을 시작으로 하여 표 3.4.4에서 보는 바와 같이 토우 미사일 탑재형, 토우 미사일 운반형, 앰블런스형, 106 mm 무반동총 탑재형 등을 바탕으로 군 전력 향상에 크게 기여하였다.

표 3.4.3 국내 전술차량 현황

구 분	용 도
K-111(1/4톤)	표준차, 구급차, TOW 무기/탄약차, 106 mm 무반동총차 등
K-311(1 1/4톤)	표준차, 구급차, 통신/ 암호차 등(K-4 탑재, 81 mm/4.2" 적재)
K-511(2 1/2톤)	표준차, 샵벤, 급유차, 덤프, 트랙터, 확장식 밴
K-711(5톤)	표준차, 구난차, 덤프, 트랙터, 확장식 밴
K-911(10톤)	8"포 견인용

표 3.4.4 K-111 계열의 전술차량

구 분	용 도
K-111	기본형, 정찰 및 지휘통제 임무
K-112	토우 미사일 운반차
K-113	토우 발사 차량(토우 발사기 탑재 및 미사일 2발 적재)
K-114	화물적재
K-115	앰블런스(1-2명 환자 수송)
K-116	106 mm 무반동총차량(M40A2 무반동총과 포탄 적재/화력지원 임무수행)
K-117	조명차량(서치라이트 장착/대공 및 수색임무수행)

표 3.4.5 K-111(기본형)의 제원

구 분	제 원	구 분	제 원
길 이(m)	3.35	폭(m)	1475
높 이(m)	1.705	중 량(kg)	1180
탑재량(kg)	540	최대 속도(km/h)	96
항속 거리(km)	340	등판 능력(%)	60
엔진 배기량(cc)	1985	변 속 기	전진 4단, 후진 1단
전 원(V)	24		

그림 3.4.1 K-131(1/4톤) 지휘차량(한국)

한국은 향후 현대전에 대비하기 위해 K-111 차량보다 훨씬 진보된 새로운 전술차량 개발을 시작하였다. 1995년 새로운 전술차량의 시제품에 대한 야전부대 운용시험 결과, 기존의 K-111보다 내부공간이 증가하고 승차감이 향상되었으나 내구성과 신뢰성에서는 좋은 평가를 받지 못했다. 그후 시제품의 운용시험에서 얻은 자료를 바탕으로 그림 3.4.1과 같이 훨씬 보강된 최종 양산 모델인 K-131을 개발하여 1997년부터 사용하고 있다.

표 3.4.6에 나타낸 K-131의 특징으로는 엔진성능의 향상을 들 수 있다. K-111 엔진의 경우 출력이 70마력이지만 K-131은 139마력까지 증가해 엔진 성능이 크게 향상되었고, 연비의 경제성도 개선되었다. 연료분사장치는 기존 K-111의 기화기 방식에서 분사방식으로 발전하였다. 기화기 방식은 야전에서 부품의 정비, 교환이 쉽다는 장점이 있으나 시간이 경과할수록 연비가 저하되고, 특히 동절기에는 연료분사기에 물이 발생하는 경우 차량 운행에 큰 문제점으로 지적되어 왔다. 조향장치도 파워핸들로 바뀌었고, 변속기 역시 전진 4단, 후진 1단에서 전진 5단으로 성능이 향상되었다. 기동성면에서도 원활한 주행을 위해 충격흡수기 등이 기존의 일체식에서 독립현가식으로 변화되었다. 타이어도 기존의 튜브 내장식에서 튜브리스 타입(tubeless type)으로 바뀌었다.

차량의 외부는 좌석수가 6인용으로 늘어남에 따라 전반적으로 차의 형태가 커지고, 차체 전면을 보호하기 위한 스틸범퍼가 추가되었다. 후반부 탑승석의 경우 승하차 시 편리성을 도

표 3.4.6 K-131의 성능

엔　진	1.998 cc 4기통 수냉 가솔린	항속거리	530 km
변 속 기	전진 5단, 후진 1단	최대등판능력	60%
전　장	4.006 m	전　폭	1.745 m
최대 속도	144 km/h	전　고	1.890 m
중　량	1580 kg	전　원	24 V

모하기 위해 뒤쪽의 도어가 신설되었다. 개페 시 작동의 편의성을 위해 차체 후면에 장착하였던 스페어 캔은 운전석 외부 쪽으로 옮겨졌다. 야전삽, 야전도끼 역시 보통의 운전석, 조수석 도어 아랫부분에 부착되어 왔지만 승하차 시 발이 걸리는 것을 방지하기 위해 각각 뒤쪽으로 옮겼다. 특히 전방 유리창이 기존의 2개 분할식이었는데 1개 통유리로 제작되었고, 차량운행에 있어 전방 시야 확보에 더 유리하게 되었다.

차량 내부는 운전석과 조수석의 좌석이 고정좌석에서 2단 접이식으로 바뀌었고, 공간도 확장되었다. 후반부 좌석은 4인용 병렬식 좌석으로 승차인원의 증대와 거주성의 편의를 가져왔다. 차내에 장착할 수 있는 K-2 소총의 거치대는 운전석 옆에 배치되어 소총의 탈착이 편리하도록 되어 있다. 차내 소화기는 K-111의 경우 운전석 발판 아래쪽에 있어 페달 조작 시 불편하였지만, K131 차량은 운전석 바로 아래쪽으로 이동 배치됨에 따라 화재시 소화기 사용도 편리하게 설계되었다. K-131 모델이 현재까지는 지휘용 차량으로 사용되고 있으나 점차 다양한 계열장비가 등장할 것으로 예상된다. 현재 이 차량의 차체를 기본으로 하여 토우, 106 mm 무반동총, K-4 고속기관총 등을 탑재하여 운용하는 등 다양한 용도로 활용되고 있다.

외국의 유사차량은 미국의 HMMWV, 이스라엘 M240 다목적 차량, 프랑스의 A3 경트럭, 일본의 미쓰비시 차량과 유사한 성능을 갖고 있으며, 향후 개발 차량은 자동항법 및 방탄장치, 자동공기압력 조절장치, 자체진단장치, 컴퓨터 FAX 기능장치 등이 부착될 전망이므로 제반 운용능력이 현저히 증대될 것이다.

표 3.4.7에서 보는 바와 같이 K-511 차량은 인원 및 화물수송을 주 용도로 운용되는 차량이다. 차체를 기본 모델로 하여 적재함을 용도에 적합하도록 개조하여 연료수송용, 부식 운반용, 이동 PX, 청소용 및 급수차량 등으로 다양하게 활용되고 있다. 성능은 표 3.4.8와 같으며, 야지에서의 화물적재능력은 2.3톤, 인원 수송 시 좌우측면 적재함대를 활용하여 완전군장 병력 12명까지 수송할 수 있다.

현재는 야지/산악지형에서의 기동성 향상을 위해 엔진마력을 증대(7412cc 직렬 6기통 엔진 적용 / 183마력)하고, 중간변속기 및 주차브레이크 등의 차량 조작장비를 스위치를 통한 전기조작식으로 개량, 제동방식을 공기보조유압식에서 공기유압식으로 변경, LED 계기판 적용 등의 성능을 개량한 K-511A1 차량으로 대체되고 있다.

표 3.4.7 K-511 계열의 전술차량

구 분	용 도
K-511	카고 타입, 기본사양 모델
K-512	샵벤 타입, 적재부 고정식 박스에 통신기기 등을 적재
K-513	유조차 타입, 약 5000리터 가량의 유류를 운반
K-514	일명 FDC 차량, 포대의 관측, 측정, 포격위치, 탄착위치를 확보
K-515	물탱크 차량, 약 5000리터 가량의 물을 운반
K-516	제독차량
K-517	정수차량
K-518	크레인이 장착된 차량

표 3.4.8 K-511 차량의 성능

엔 진	6기통 수랭식 디젤	항속 거리	520 km
변 속 기	전진 5단, 후진 1단	최대 등판능력	60%
최대 출력	160마력	최대 속도	85 km/h

(a) K-511

(b) K-511A1

그림 3.4.2 K-511과 K-511A1

K-711 차량 역시 인원 및 화물수송이 주 용도로 운용되는 차량이나 K-511 차량보다 큰 적재하중과 엔진출력으로 155mm 견인포 견인, 이동식 레이더 탑재, 살수차, 탄약운반차 등의 적재중량이 크고 기동성을 가져야 하는 곳에 많이 사용되고 있다. K-711 차량 역시 성능 개량으로 야지/산악지형에서의 기동성 향상을 위해 엔진마력을 증대(11,149cc 6기통 수랭식 엔진 적용 / 270마력)하고 K-511A1 차량의 개량사항과 거의 동일하게 개량된 K-711A1 차량으로 대체되고 있다.

엔 진	6기통 수랭식 디젤	항속 거리	560 km
변 속 기	전진 5단, 후진 1단	최대 등판능력	67%
최대 출력	236마력	최대 속도	85 km/h

(a) K-711

(b) K-711A1

그림 3.4.3 K-711과 K-711A1

2) 발전 추세

세계 주요 국가들은 표 3.4.10과 같은 중·대형 전술차량의 야지기동성 향상을 위해 고출력 엔진, 차동잠금장치, 중앙 타이어 공기압 조절장치, 독립현가장치 등을 적용하고 있으며, 상용차량을 군용차로 개조해 운영하고 있다. 또한 세계 각국에서는 순수하게 군용으로 개발한 차량들도 상용부품을 적극적으로 활용하고 있다. 따라서 세계 각국의 중·대형 전술차량 생산업체에서는 이러한 상용부품 적용의 이점을 충분히 활용하여 엔진 및 구동방식 등의 주요 부분을 선택사양으로 개발하였으며, 사용군의 요구대로 제작납품하는 체제로 운영하고 있다. 그리고 세계 각국에서는 새로운 성능 및 제원의 신형차종을 개발할 때에도 새로운 차량을 개발하기보다는 현존하는 차량에 대한 개량·개조를 주로 실시하여 신형차량을 개발하고 있다.

1980년대 이후 러시아를 비롯한 북한 및 구공산권 국가들은 물론 독일, 영국, 프랑스 등 서방국가들도 민수차량의 전술화 계획을 수립하여 실용화시키고 있다. 이는 비상시 군·민차량의 부품을 최대한 표준화시켜 부품의 호환성을 부여하고, 차량의 전투 및 비전투 손실에 대비한 군기동력 보충을 용이하게 하며, 비용면에서도 최초의 구입가격 및 정비유지를 용이하게 하는 등 여러 가지 이점이 있다.

표 3.4.11에서 보는 바와 같이 가까운 미래의 전술차량은 성능개선 및 내구성 증가 측면에서 새로운 소재개발과 설계기술의 개발을 통하여 장비의 신뢰성을 증대시키고, 특히 차량의 경량화를 위한 부품 및 소재의 개발로 차량의 효율성을 증대시킬 것이며, 동력발생장치, 동력전달장치를 중점적으로 개발, 기동성 향상을 기하게 될 것이다.

표 3.4.10 외국의 중·대형 전술차량 운용현황

구 분	2 1/2톤급	4~5톤	5.5~9톤	10톤 이상
미 국	LMTV 등 4종	MTV 등 4종		Oshkosh HEMTT
영 국	HUGO	Leyland Trucks(4 × 4) 등 2종	Bedford MT(4 × 4)	Bedford MT(6 × 6) 등 5종
프랑스	ACMAT VLRA (4 × 4) 등 3종	ACMAT MTV(4 × 4) 등 2종	ACMAT MTV(8 × 8) 등 2종	Renault TRM (6 × 6) 등 2종
독 일	IVECO 75-13(4 × 4)	Benz LA 911B(4 × 4) 등 6종	Benz 1222A(4 × 4) 등 3종	IVECO 240−25 (6 × 6) 등 4종

표 3.4.11 외국의 중·대형 전술차량 개선현황

구 분	2 1/2톤급	4~5톤	5.5~9톤	10톤 이상
영 국	Reynolds RB-44 (4 × 4) 등 2종	Bedford MK (4 × 4) 등 2종	Bedford TM (4 × 4)	Bedford TM (6 × 6) 등 5종
프랑스	Brimont(4 × 4)	Renault TRM (4 × 4) 등 5종	Renault TRM 9000(6 × 6)등 5종	Renault TRM 10000(6 × 6)
독 일	Benz L 508 DG MA(4 × 4) 등 2종	Benz 1114A (4 × 4) 등 11종	Benz 1628 A (4 × 4) 등 2종	Benz 2028 A (6 × 6) 등 4종
스웨덴	Volvo L4854 (4 × 4) 등 3종	Scania SBA 111 (4 × 4) 등 2종	Scania SBA 111 (6 × 6) 등 2종	Volvo N10 (6 × 6) 등 2종

또한 인체공학적인 측면에서 개선이 이루어져 탑승자의 피로를 감소시키고, 승차감을 높이며, 전투수행능력을 증가시키기 위해 현수장치를 개량하고, 조작 및 운전을 용이하게 하며, 발생소음감소 및 방음효과를 증대시켜야 할 것이다.

이외에도 보병전투부대의 전투물자를 운반할 목적으로 어떠한 지형조건에서도 운행이 가능한 특수차량개발이 요구되고 있으며, 이러한 차량의 기본요구조건은 고도의 등판능력 보유(60% 이상), 산악 및 빙설지역의 주행가능, 수륙양용, 공수가능성, 구난 시의 인양이 수월하도록 가급적 경량화될 것 등이 요구되고, 앞으로 이러한 성능을 갖춘 차량 개발은 더욱 가속화될 것으로 보인다.

미국의 경우 M35 차량과는 별도로 5톤 형태의 M939 차량이 대체운용 중이며, 최근에는 고기동 트럭인 HEMTT를 사용하고 있다. 한국은 K-511과 K-711 모델을 함께 운용 중이나 K-711 모델이 비싼 관계로 포 견인, 탄약운반, 공병자재 운반, 전차수송 등 큰 힘이 필요한 물자수송에 중점을 두고 있다. 미국의 경우 차세대 차량으로 HEMTT 고기동 트럭을 개발 운용 중이고, 한국군 역시 새로운 차량의 도입 및 개발의 필요성은 인식하고 있으나 고가의 비용 때문에 MLRS 차량도입 외에는 별도로 도입 및 생산된 바 없다.

세계 각국은 구난차량의 중요성을 인식해 대형화하고 있으며, 미국의 M9811, 영국의

FODEN, 스웨덴 P113HK, 독일의 MAN, MAN KATLA, 프랑스 르소TRM10000 차량들이 10톤으로 발전하였다. 한국도 군용장비의 대형화 추세에 적합한 구난차량의 필요성이 제기되어 구난능력을 현행 5톤에서 10톤 이상으로, 견인능력을 전방 윈치 케이블로 60 m에서 10톤 이상, 후방윈치 케이블로 80 m에서 20톤 이상으로 향상시키고, 수동식으로 각종 부수장치를 설치 및 제거하던 방식을 유압식 시스템으로 대폭 보완하는 등 대형화 추세에 발맞추어 구난 및 정비 임무수행이 가능하도록 보급될 예정이다.

3.5 주요 구성 기술

전차 체계, 장갑차 체계, 전술차량 체계 등 각 무기체계별로 구성하는 기술은 다르지만, 공통적인 요소가 많기 때문에 구성 기술은 통합하여 포와 포탑의 구동 및 안정화장치 기술, 자동송탄 및 장전 기술, 사격통제장치 기술, 정보처리 및 통신 기술, 차량제어 기술, 방호 기술, 동력장치 기술, 현수장치 기술, 기동 시험평가 기술 순으로 설명한다.

3.5.1 포와 포탑의 구동 및 안정화장치 기술

포와 포탑의 구동 및 안정화장치 기술은 전차 체계 및 최근의 IFV(보병전투장갑차)에서 필요한 기술로 다음과 같다. 포와 포탑의 구동 및 안정화장치는 포와 포탑을 각각 상하좌우로 구동시키는 구동기능과 포를 안정화시킴으로써 이동 중 사격을 가능하게 하는 안정화 기능을 갖게 하는 장치이다.

포와 포탑의 구동 및 안정화는 구동방식에 따라 유압식과 전기식, 이를 혼합한 하이브리드 방식이 사용된다.

유압식 시스템은 유압동력이 유압발생장치로부터 유량제어장치(고저서보장치, 선회서보장치)에 전달되고 유량제어장치에 의해 작동기(고저장치, 선회장치)를 작동시킴으로써 포와 포탑을 구동시키며, 각종 센서류(자이로, 리졸버, 압력센서, 선형 가변차동 변압기 등)에 의한 속도(기준 자이로), 변위(리졸버, 선형 가변차동 변압기) 및 외란(전방이송 자이로) 등을 측정하고 신호를 궤환시켜 제어를 실현한다.

전기식 시스템은 직류전압 승압기, 에너지 저장기, 고저장치, 선회장치, 고저 전력증폭기, 선회 전력증폭기, 구동·전력 제어기 등으로 구성되며, 차체로부터 전달되는 2축 방향의 외란을 차체와 포탑에 장착된 2개의 속도 자이로에 의하여 감지한다. 차량이 주행할 때 발생되는 차체의 요잉운동과 포탑의 피칭운동이 포 및 포탑에 미치는 외란에 상응한 명령을 제어부에 인가하여 주행 중에도 목표를 조준하고 명중시킬 수 있다.

전기-유압식은 구동 및 안정화 시스템의 설계 및 해석기술, 유압발생장치의 설계 및 제작 기술, 유압증폭장치의 설계 및 제작 기술, 구동제어장치의 설계 및 제작 기술 그리고 유압작동기구의 설계 및 제작 기술로 나눌 수 있다. 그리고 전기식은 구동 및 전력시스템의 설계 및 분석 기술, 구동장치의 설계 및 제작 기술, 전력증폭변환장치의 설계 및 제작 기술, 전력공급 및 승압변환장치의 설계 및 제작 기술, 구동 및 전력제어장치의 설계 및 제작 기술 그리고 센서 및 신호처리장치의 설계 및 제작 기술로 세분할 수 있다.

주요 기술의 발전 추세는 다음과 같다.

1) 구동 및 전력 시스템 설계 및 분석 기술

기동 무기체계(전차, 장갑차, 지상무인전투체계 등)에 요구되는 화력 극대화 및 생존성 증대, 고효율화 및 고성능화, 에너지 및 중량 그리고 부피의 감소 등을 위한 고성능 구동 및 안정화시스템 설계가 이루어지고 있다. 이를 위해 선진 각국의 구동 및 전력시스템 설계 및 분석은 전기식 직구동화 및 고출력 밀도화, 고주파 전력변환장치 고효율화, 고밀도화 및 다축 구동 전력 제어기술 연구를 기반으로 직구동 및 전력 시스템 통합 구성 및 성능 최적화 설계, 체계 소형·경량화 시스템 설계목표 달성, 강성증대, 백래시 및 마찰감소 실현으로 구동 성능을 증대시키고 있다.

2) 구동장치의 설계 및 제작 기술

포와 포탑을 구동시키기 위한 고저 및 선회장치는 감속기와 무브러시 전동기를 적용한 정밀 구동 메커니즘으로, 경량화, 강성 및 강도의 증대, 백래시 및 마찰감소 설계가 필요하다. 이를 위해 감속기를 사용하지 않거나 저감속비의 직구동장치 적용이 추진되고 있다. 전동기의 경우는 저출력 밀도 전동기 실용화와 소형 자기저항 전동기 및 소형 횡축형 교류전동기가 개발 중에 있으며, 전력 밀도를 증대시키기 위한 연구가 진행되고 있다. 향후 대출력 선형 직구동기구 개발, 고대역폭, 저마찰, 저백래시 구동기구 개발, 대출력 회전형 직구동기구 개발, 고정밀 경량·복합형 직구동기구 개발이 진행될 것이며, 전동기의 경우 대출력 분산형 자기저항 전동기 개발, 자기차폐 고출력 횡축형 교류전동기 개발, 대출력 고밀도 자기저항전동기 및 고출력 횡축형 교류전동기 개발이 이루어질 것이다.

3) 전력증폭변환장치의 설계 및 제작 기술

전원장치로부터 입력된 전원을 전류제어 및 증폭을 통하여 구동장치를 구동시키기 위해 전력증폭변환이 필요하며, 이를 위해 전력변환장치는 고효율 고정밀화 설계가 요구된다. 현재 선진국에서는 주파수 1 ~ 10 kHz 수준의 진폭변조방식의 하드 스위칭 전력변환기술이 실용화되어 있으며, 10 kW급 주파수 20 ~ 100 kHz 수준의 소프트 스위칭 방식의 고주파 전력변환기술을 연구 중에 있다. 향후 30 kW급 주파수 100 ~ 500 kHz 수준의 소프트 스위칭 방식 초고주파 전력변환장치가 개발될 것이다.

4) 전력공급 및 승압변환장치의 설계 및 제작 기술

포와 포탑의 구동 및 안정화시스템에 사용될 전력공급, 에너지 회생과 저장을 위한 전압 승압장치와 에너지 저장 및 회생장치가 필요하다. 이러한 승압변환과 에너지 저장 및 회생기술은 고효율 · 고밀도화 설계를 통해 에너지 절감 및 경량화, 효과적인 첨두 전력공급 및 에너지의 회생 및 저장이 이루어지는 추세에 있다.

5) 구동 및 전력제어장치의 설계 및 제작 기술

포와 포탑의 구동 및 전력제어는 전차나 장갑차에서 고저 및 선회 2축에 대한 선형제어 알고리즘 기반 구동 · 안정화 제어가 이루어지고 있으며, 전력제어는 부체계별로 독립적으로 이루어지고 있다. 향후 다기능을 수행하기 위해 포와 포탑이 다축화되고, 기동 무기체계가 전기식으로 변화함에 따라 타부체계와의 통합제어와 지능제어가 요구된다. 따라서 향후 지능형 고장진단 및 감시, 자율기능 구동제어, 다자유도 다축 독립 · 통합 구동제어가 이루어질 것이며, 전기식 추진, 전열화학 및 전자기포, 자동화 부체계용 독립 및 통합전력제어 시스템 개발로 다축 전기구동 시스템의 실시간 전력계통 독립 및 통합제어가 실현될 것이다.

6) 센서 및 신호처리장치의 설계 및 제작 기술

구동 및 전력장치의 속도 및 변위를 측정하기 위한 엔코더, 리졸버 및 자이로 등의 센서는 선진국에서는 실용화된 기술이나 국내에서는 센서를 도입하여 인터페이스 및 신호처리장치 설계를 수행하여 적용하고 있는 실정이다.

3.5.2 자동송탄 및 장전 기술

자동송탄 및 장전 기술은 중구경 무장을 탑재한 전차 및 장갑차 등과 같이 모든 범위의 지상 무기체계에 적용되고 있는 기술로서, 고속장전 및 이송과 무장의 고속발사에 적합한 탄 공급과 이송기능에 대한 기술이다.

전차의 자동장전 형식에서 버슬형(bustle type)은 포탑 후방부에 적재되는 시스템으로서, 이송경로가 짧아 장전속도의 증대가 가능하며, 기구학적으로 구조가 단순하고, 수동보조에 유리하며, 탄약 저장실과 승무원실의 격리가 가능해 피격 시 생존성 향상의 장점을 가지고 있는 시스템 형태이다. 또한 캐러젤형(carrousel type)은 포탑에 연결되어 차체 속에 위치하는 장전시스템으로서, 승무원의 좌석 위치 주변의 바스켓에 탄약이 적재되는 시스템이다. 그리고 국내 전차용 자동장전장치는 포탑 후방에 장착된 컨베이어식 탄 적재 장치를 이용하여 외부에서 탄 적재가 가능하고, 장전기가 탄 적재장치에 장착되어 있어 주 무장으로부터 자동 추출 이송과 장전이 가능하다. 작동은 전기구동식으로서 제어시스템이 함께 장착되어 탄종 인식 및 선별에 의한 선택적 장전이 가능하다.

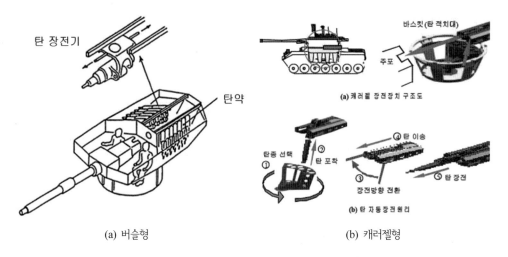

(a) 버슬형   (b) 캐러젤형

그림 3.5.1 자동장전장치

전투장갑차(IFV)는 기구학적으로 주 무장과 직접 연결되는 경우와 Gun과 공간상의 문제로 40 mm급은 단계적으로 탄체를 주 무장에 장입하고 장전하는 과정을 자동화한다.

전차 및 전투장갑차의 자동송탄 및 장전장치에 대한 주요 기술의 발전 추세는 다음과 같다.

1) 탄 적재기구 적용 자동장전

탄약 적재기구의 경량화와 고밀도화는 체계 중량을 축소하면서 전투지속능력을 증대시키는 측면에서 중요한 기술지표이다. 탄약 적재기구에 소요되는 자동화는 탄 적재 자동화기술과 탄 이송 자동화기술로 분류할 수 있다.

2) 탄체 소형화와 장전의 자동화 및 고속화

탄약은 탄피, 탄두, 추진제 및 신관 등으로 구성되어 있다. 탄약이 고성능화되면서 탄약은 작아지고 이에 따라 포신 몸체가 짧아지며, 자동송탄장치는 보다 고속화·자동화 방향으로 가고 있다. 이와 같이 탄체의 외형과 밀접한 관계가 있는 자동송탄장치는 탄체를 구성하는 고성능 추진제를 개발해야 절대중량이 감소될 수 있다.

3) 로봇형 재장전

탄체가 소형화되면서 자동송탄장치도 소형화 및 경량화가 가능하지만, 주 무장과 CTA탄의 개발은 자동화와 고속 발사율을 전제로 병행해야 의미가 있으므로, 개발규격 결정과 같은 시점에서 개발방향이 결정되어야 한다. 자동화는 무인체계 개발을 위하여 우선적으로 확보해야 할 기본조건 중의 하나이다.

4) 제어장치 설계 기술

제어장치 기술은 컴퓨터 및 센서 기술의 발달과 함께 발전하고 있으므로, 송탄 및 장전 장치에 아날로그 방식, 아날로그 및 디지털 방식, 하이브리드 방식 등이 적용되고 있다.

제어기는 기계 요소인 액추에이터가 정밀하고 정확하게 동작하도록 되어 있으나, 이러한 전기전자적인 제어가 무인체계와 결합하기 위해서는 C4I체계와도 인터페이스가 이루어지므로, 상황에 따라서는 무장송탄체계의 기술도 추가적으로 개선 발전시켜야 한다.

3.5.3 사격통제장치 기술

전차 또는 전투장갑차는 단일 무기체계 내에 전투에 필요한 화력, 기동력, 생존성을 모두 갖추고 있는 무기체계로서, 표적을 신속 정확하게 탐지, 식별, 조준하여 제압하는 사격통제 기능을 갖추고 있다. 일반적인 기동 전투차량의 사격통제장치는 전차장의 지휘통제 하에 안정화된 포수, 전차장의 주·야간 조준경으로 표적을 발견하고 조준한 후 레이저 거리측정기로 표적까지의 사거리를 획득하고, 이때 획득한 표적정보를 측풍감지기, 자세측정 센서, 포고각 센서, 차량속도계 등 여러 센서로부터 주어지는 각종 정보와 함께 디지털 탄도계산기에 입력하여 탄도계산을 수행하며, 안정화된 포 및 포탑 구동장치를 명중예상 지점으로 지향하도록 하여 사격을 할 수 있게 한다.

이러한 사격통제장치는 치명성을 향상시키기 위해 표적을 조기에 탐지, 추적하고, 기동 간 높은 명중률을 달성하는데 중점을 두고 기술개발이 이루어져 왔으며, 주요 기술의 발전 추세는 다음과 같다.

1) 표적 획득 기술

표적 탐지 및 획득용으로 실용화되고 있는 열상장치는 전방감시 적외선 시스템이며, 성능 향상을 통해 원거리 표적에 대한 탐지기능을 증대시키고 있다. 열상장치는 점차 반사경을 구동할 필요가 없는 비주사방식의 열상장치로 발전하고 있다.

조준경은 원거리 표적의 탐지능력을 향상시키고자 고배율화되고 있으며, 전장감시능력을 향상시키고자 자동 표적탐지, 표적식별 및 다중표적의 동시 추적이 가능하도록 발전하고 있다. 표적 탐지 및 식별이 용이하도록 CCD 영상과 여러 파장대의 열영상을 융합함으로써 대조차가 선명해진 표적영상을 얻기 위한 연구들이 진행되고 있다. 또 악천후나 적외선차단 연막 하에서도 표적 또는 위협을 탐지, 추적할 수 있는 능력을 확보하기 위해, 주·야간 조준경 외에 밀리미터파 레이더 및 레이저 레이더 기술을 이용하여 2차원 영상에다 3차원 영상신호를 융합하는 다중센서에 의한 다중표적 탐지 및 추적시스템 기술을 개발하고 있다.

2) 시스템 구조 설계 기술

임무수행과 동시에 반응성, 운용성, 정확성, 신뢰성, 정비 유지성 등의 요구 성능을 수용하기 위하여 전기기계적인 일부 부품을 제외하고, 구성품의 내부, 외부 인터페이스를 디지털 표준화하여 시스템의 유연성과 확장성을 유지하도록 하면서, 각 구성품의 하드웨어는 개방형 구조를 취하도록 하고, 내장 소프트웨어는 공통 운용환경을 고려하여 개발하는 추세에 있다. 특히 소프트웨어 모듈은 무기체계간 공용화가 가능하고, 재활용될 수 있도록 표준기술구조 참조 하에서 개발이 이루어지도록 하고 있다.

3) MMI(Man-Machine-Interface) 기술

운용자의 생존성을 향상하고 전투능력을 극대화할 수 있도록 최적의 전투환경 조건을 제공하는 것이 중요시되면서 사격통제장치와 운용자 간의 인터페이스 기술은 꾸준히 연구, 발전되어 왔다. 대개 조준경으로 직접 관측하여 표적을 탐지해 왔으나 점차 승무원에게 편리하도록 전시장치를 이용하여 영상을 관측하는 간접관측 방식으로 나아가고 있다.

전시장치로 CRT를 주로 사용해 왔으나 적은 공간을 차지하고 저가이면서 신뢰성이 높은 평면전시기의 사용이 주를 이루게 되었다.

승무원의 임무 부담을 줄이기 위한 자동 표적탐지, 자동 표적추적, 능동방호 등 자동화 기술은 사격통제장치와 승무원 간의 인터페이스를 개선하는 데 큰 역할을 할 수 있다. 또한 위협이나 시스템의 고장에 대한 경보를 소음환경 내에서 음성합성 기술을 이용하여 자동적으로 승무원에게 전파하려고 하고 있으며, 반응시간을 단축하기 위해 음성인식에 의해 자동으로 작동하게 하는 기술도 시도되고 있다.

4) 전투식별 기술

전투식별 시스템은 상황인식과 표적식별로 분리할 수 있다. 상황인식은 전장에서의 모든 개체의 식별과 위치를 지속적으로 모든 가담자에게 전술 그림을 공유하도록 하여 무장과 센서를 연계시킬 수 있도록 하는 것이다. 상황인식을 기반으로 아군끼리의 교전을 피하려면 적과 조우하기 전에 전파된 정보가 지연 없이 갱신되어야 한다.

표적식별은 표적을 식별하기 위하여 센서를 이용하는 방식으로, 협력형과 비협력형 시스템으로 나눌 수 있다. 피아식별(IFF)로 알려진 협력형 시스템은 전자 또는 전자광학적인 수단으로 피아를 식별하는 과정에서 표적의 협조가 필요하며, 비협력형 시스템은 피아를 구분하기 위해 표적의 특징을 이용하는 것이다.

5) 내장형 훈련 설계 기술

내장형 시뮬레이션을 이용하면 전투차량의 승무원이 탑승한 장비의 제어장치, 센서와 구성품을 이용하여 3차원 그래픽에 의한 가상현실에서 또는 조준경으로 보는 실세계에 3차원 그래픽이 가미된 확장 현실에서 자신의 의도대로 대화형으로 작동할 수 있게 된다.

전투차량에 시뮬레이션을 위한 하드웨어와 소프트웨어를 탑재하여 대형 독립형 시뮬레이터와 유사하게 사수로 하여금 단차에서부터 집단 대 집단에 이르기까지 실제 사격과 집단 전투훈련을 할 수 있다.

내장형 훈련장치는 영상발생장치, 시뮬레이션 컴퓨터, SAF(Semi-Automated Forces), 데이터 기록장치, 지형 데이터베이스, 통신과 교환 운용장치로 구성되어 있다. 내장형 훈련장치는 승무원의 숙련도를 향상시키는데 그치지 않고 실제의 운용능력을 보강할 수 있어야 한다.

3.5.4 정보처리 및 통신 기술

정보처리 및 통신 기술은 기동 무기체계 전반에 걸쳐 필요한 기술로, 정보처리 및 통신 분야의 기술은 무기체계에 필요한 정보자료를 용도에 맞도록 재구성 또는 처리하고, 이를 필요로 하는 곳 또는 장비에 적시 적절하게 전송해 줌으로써 사용자가 이를 활용할 수 있도록 해주는 기술이다.

기동 무기체계의 통신은 종래의 음성 위주의 통신에서 지휘관의 지휘 및 통제에 필요한 종합된 대량정보의 교환, 실시간의 지휘명령 전달 등을 가능하도록 고속통신으로 그 요구조건이 급속히 증가되고 있으며, 장래에는 음성, 데이터, 영상서비스 등의 고속처리가 가능하고, 극한 상황에서도 통신이 가능한 자동화된 망 형태의 통신체계가 필수적인 요소가 될 것이다.

전장환경에서 정보처리 및 통신 분야의 기술은 통신관련 기술과 컴퓨터 관련 기술로 나눌 수 있으며, 기동 무기체계와 관련하여 다음과 같은 기술로 구분한다.

1) 통신망 기술

통신망 기술은 통신망 구성과 운영에 필요한 기술로서, 통신망 구조와 프로토콜 기술, 통신망 관리기술, 통신망 접속기술들로 나눌 수 있다

통신망 구조에 관련된 핵심기술은 유무선 통신망, 이동 통신망, 위성 통신망 및 그룹 통신 등과 같은 다양한 통신망 구조와 관련된 기술로 나눌 수 있으며, 통신망 프로토콜과 관련된 핵심기술로는 멀티미디어 통신과 관련된 각종 프로토콜, 통신망에서 효율적인 송·수신에 관련된 각종 프로토콜과 프로토콜 간의 변환이나 연동과 관련된 기술들을 들 수 있다.

통신망 관리와 관련된 핵심기술로는 고장배제, 장애인지 및 처리, 통신망 운용분석, 최적화, 주파수 관리, 통신망 제어, 통합망 관리 및 망 동기 등으로 구분할 수 있고, 통신망 접속 기술로는 코드분할 다중접속, 시분할 다중접속, 주파수 분할 다중접속 및 통신망 간 연동 등이 있다.

2) 정보처리 기술

정보처리 기술은 정보를 처리하는 기술로서, 기동 무기체계에서 요구되는 응용 소프트웨어 관련 기술에는 정보융합 기술, 다중매체 처리 기술, 지능형 정보처리 기술, 데이터베이스

구축 및 관리 기술, 노드 간의 정보처리를 위한 분산처리 및 연동 기술, 실시간 처리 기술, 지형정보 처리 기술, 자료의 효율적 처리 및 전송을 위한 디지털 자료처리 기술 등이 포함된다.

3) HCI 기술

HCI(Human Computer Interface) 기술은 컴퓨터를 일반 사용자가 쉽고 편리하게 이용하기 위한 컴퓨터 시스템과 인간과의 연결을 담당하는 소프트웨어와 관련된 기술이다. 기동 무기체계에 점차 다수의 컴퓨터 시스템이 탑재되고 컴퓨터가 수행할 기능도 점차 다양하고 복잡해지고 있으므로, 컴퓨터와 운용자 간의 의사소통에 필요한 기능이다. 주로 사용하는 스위치, 터치스크린, 키보드, 마이크뿐만 아니라 카메라를 통한 입력과 화면, 스피커 등을 통한 출력을 포함하여 멀티미디어 정보를 입출력하도록 하여 사용자에게 편리성을 더해 주는 기술이다. 기동 무기체계 측면에서 HCI의 주요 기술 분야는 MMI, 입출력장치, 자연어 처리 등으로 분류된다.

3.5.5 차량제어 기술

차량제어 기술은 기동 무기체계에 필수적인 요소로 기계적인 요소에 전자적인 요소가 결합되어 기동 무기체계가 최고 성능을 발휘할 수 있게 하는 기술이다. 전차, 장갑차, 전술차량 모두에 해당된다. 차량제어 기술은 신호분배 및 컴퓨터자원 기술, 승무원 운용성 향상 기술, 전장관리 기술, 내장훈련 기술 등으로 나눌 수 있다.

1) 신호분배 및 컴퓨터자원 기술

신호분배를 위한 핵심 기술로는 데이터버스 적용 기술, 전력 버스 및 반도체 전력소자에 의한 전력관리 기술 등을 들 수 있으며, 컴퓨터자원 기술로는 컴퓨터 하드웨어 기술, 영상처리 소프트웨어 기술, 실시간 내장 운영체계(OS) 설계 기술 및 영상처리 칩셋(chip set) 개발 기술을 들 수 있다.

2) 승무원 운용성 향상 기술

승무원 운용성 향상 기술에는 승무원 모두가 조종수 영상, 사수 영상 및 전장관리 영상을 공유할 있는 다중기능의 통합전시기, 터치스크린, 간접시계 영상, 공용화 가능한 영상 소프트웨어 모듈 기술, 3차원 음향 및 음성인식 기술, 헬멧마운트전시기, 충돌경고장치 및 자동운행 기술 등이 적용 가능한 기술이다

3) 전장관리 기술

전장관리 기술에는 소프트웨어를 내장형으로 탑재한 지휘통제체계, 관성항법이나 위성

표 3.5.1 방호의 분류

분　류	방호력 부여 방안
능 동 형	탐지, 연막, 회피, 기만, 대응
반 응 형	폭발, 비활성, 전기
수 동 형	스텔스, 단일, 복합

표 3.5.2 방호체계 기술

기　능	방호력 부여 방안
피탐지 감소	각종 신호
피탄확률 감소	연막, 전파방해, 전자전, 대응방호
관통력 감소	수동장갑, 반응장갑, 전기장갑
생존성 향상	탄 및 연료 격리, 파편감소, 소화

항법에 의한 위치 파악 기술, 고정밀 지도 및 차량충돌회피 기능 기술 등이 있으며, 이러한 기술은 무인전투차량 운영에 핵심 기술로 예상된다.

4) 내장훈련 기술

내장훈련 분야는 컴퓨터 기술이 발전하면서 기존의 독립형 훈련장치를 대체하기 위한 기술이다.

3.5.6 방호 기술

방호 기술은 기동 무기체계(전차, 장갑차, 전술차량 등)의 기본적인 요소로 생존성 분야와 밀접한 관계가 있다. 생존성은 임무수행능력의 손실을 초래하는 적의 행위나 자연현상의 영향을 견딜 수 있는 특성으로서, 전투차량의 생존성은 피탐지성, 피탄성, 취약성 그리고 정비성 등의 요소로 이루어진다.

최신 방호체계 기술은 표 3.5.2와 같다.

위협 무기체계에 대한 생존성 구성요소 중 취약성의 범주에 해당하는 장갑방호 기술은 생존성에 최종적으로 영향을 미치는 핵심적인 설계요소이다. 표 3.5.1은 전투차량의 방호력을 부여하는데 있어서 주 장갑의 형태와 적용 기술에 따라 구분한 방호의 분류를 나타낸다.

장갑방호의 세부 기술은 다음과 같다.

1) 수동형 장갑 기술

수동형 장갑은 중량 및 크기에 상당한 영향을 미치므로 방탄성이 우수한 고강도 경량재료가 사용된다. 방탄재료의 효율성은 재료의 경량 정도에 따른 방탄성능을 나타내는 질량효율에 의하여 결정된다. 질량효율은 기준 방탄재료인 균질압연강판(RHA)의 면 밀도 및 두께를 1.0으로 하였을 경우 분석 대상 재료의 상대적 질량효율을 말하며, 이 효율이 클수록 우수한 방탄재료이다.

2) 반응형 장갑 기술

성형장약탄에 대응하기 위하여 개발된 반응장갑은 운동에너지탄에 대해서도 효과적인 장갑으로 발전하였으며, 성형장약탄을 방호하기 위한 민감 폭발과 비폭발 반응장갑 그리고 성형장약탄 및 운동에너지탄을 동시에 방호하는 둔감폭발 반응형 장갑이 있다.

3) 스텔스 구조 기술

스텔스 기술은 탐지센서에 탐지당하지 않게 하거나 은폐하는 기술로, 상대의 감각센서나 공학센서 등의 탐지센서로 감지되는 표적강도를 줄이거나 수동적으로 기만하는 기술이다.

스텔스 기술에는 레이더 단면적(RCS) 감소 및 적외선(IR) 신호 감소 기술, 스텔스 재료 기술이 있다. 적 탐지센서에 대한 피탐지 확률 감소를 통한 스텔스 기술은 무기체계 생존성 증대를 목적으로 하는 각종 무기체계에 적용되고 있다.

4) 능동방호시스템

능동방호시스템은 대전차 위협, 특히 대전차미사일 또는 로켓에 의해 피탄되기 전에 이를 탐지하고, 연막, 회피, 유도교란 또는 대응파괴 등의 수단을 사용하여 피탄 확률을 최소로 하는 장치로서 탐지시스템과 대응시스템이 있다.

탐지시스템의 종류에는 레이저 경고시스템, 레이더 밀리미터파 센서, 레이더, 광학장비(적외선 센서), 레이저 스캐닝과 센서 네트 등이 있고, 대응시스템의 종류에는 연막탄, 적외선 신호발생기, 요격용탄, 저출력 및 고출력 레이저 그리고 적의 장비를 교란하기 위한 기만 밀리미터(false mm)파 레이더가 있다.

3.5.7 동력장치 기술

동력장치 기술은 기동 무기체계(전차, 장갑차, 전술차량 등)의 기본적인 요소로 기동 분야와 밀접한 관계가 있다. 동력장치는 엔진, 변속기, 냉각장치, 흡배기장치로 구분할 수 있다. 동력장치는 기계식 동력장치로 시작하여 운용자 측면에서 편의성을 제공하기 위해 자동변속기를 채택해 왔으며, 최근에는 전자기술의 발전과 함께 이를 전자제어화 및 통합화를 통해 효율 및 운용성 향상을 지속하고 있다. 이는 동력장치의 기술개발 목표인 소형·고출력화라는 추세에 부응하는 것으로, 엔진은 출력증대 및 배기가스 규제를 위하여 전자제어에 의한 common rail 분사방식을 채택하기에 이르렀으며, 변속기는 자동변속기의 전자화 및 전자화된 무단변속장치를 적용하고 있다. 또한 냉각장치 측면에서는 이중방열기의 채택, 전자제어장치의 부착 등으로 냉각 및 구동효율을 향상시키고 있으며, 흡배기장치는 사이클론 방식의 예비클리너를 채택하여 정비성의 향상을 추구하고 있다. 최근에는 전자화된 동력장치 구성품을 통합제어함으로써 연비절감 및 운용성을 제고하고자 하는 노력이 지속되고 있다.

그러나 기계식 동력장치를 기반으로 전자화하여 소형화 및 고출력화를 추진하는 것도 한계에 도달함으로써 향후에는 전기식 동력장치로의 발전이 예상되고 있다. 기존 기계식 동력원(디젤엔진, 가스터빈)에 발전기를 부착하여 발전된 전기에너지를 직접 전기모터에 전달하거나 축전지를 통해 저장한 후 전기모터를 구동하는 방식인 복합형 전기식 동력장치 개발단계를 거쳐 연료전지에 의해 발전된 전기에너지로 직접 전기모터를 구동하는 방식인 전기식 동력장치의 출현이 예상된다.

동력기술의 세부 기술은 다음과 같다.

1) 엔진(동력발생) 기술

디젤엔진의 발전 추세는 소형·고출력화, 연료 소비율 개선, 내구도 향상, 전자제어, 다종연료 사용 및 배기가스 특성 개선 등을 들 수 있다.

2) 동력전달 기술

동력전달장치는 동력발생장치로부터 동력을 전달받아 기동륜을 통해 노면에 전달하여 운용자가 원하는 전투차량의 속도와 구동력을 제공하는 기능을 수행하는 것으로, 변속장치, 조향장치, 제동장치, 종감속장치로 구성된다.

3) 냉각기 및 흡배기 장치 분야

냉각시스템은 엔진, 변속기 기타 주요 발열원에서 발생하는 냉각수, 오일 및 연소용 흡입공기를 냉각하는 기능이며, 구성품은 라디에이터, 냉각팬, 냉각팬 구동장치, 기타 냉각장치류 및 보조탱크로 이루어져 있다.

흡·배기시스템 설계 기술은 공기유동해석과 시스템 유체역학적 모델링 등을 통하여 최적 형상의 원심분리를 적용한 여과시스템의 성능을 개선한 공기청정기 조립체가 개발되어 적용되는 추세이다.

4) 제어장치 분야

제어장치 분야의 주요 기술은 크게 유압제어 기술, 전자제어 기술, 제어알고리즘, 제어기

통신, 자기진단능력 및 무인화 주행기술로 구성되어 있다.

제어 분야의 전반적인 기술발전 방향은 지능화, 자동화 및 무인화를 목표로 구성되어 있으며, 현재는 연산능력이 탁월한 DSP 적용기술에 기반을 두고 있으나, 앞으로는 MEMS(Mechanical-Electronic Micro-Structure) 혹은 NANO 기술을 적용한 반도체 구동소자를 이용하여 소형화와 다기능화가 예상된다.

5) 전기식 동력장치

동력장치는 기계식에서 전기식으로 전환되고 있으며, 복합형 전기식 구동장치에 많은 자원을 투입하여 기술 경쟁을 하는 상태이다. 전기식 동력장치의 주요 기술로는 에너지 저장 기술, 전원발생 기술, 동력관리 기술, 스텔스 주행 기술 및 고기동 통합제어 기술 등이 있다.

3.5.8 현수장치 기술

현수장치 기술은 기동 무기체계(전차, 장갑차, 전술차량 등)의 기본적인 요소로 기동 분야와 밀접한 관계가 있다. 군용 기동장비는 포장 혹은 비포장도로 뿐만 아니라 야지에서도 탁월한 주행능력을 발휘할 수 있어야 한다. 야지주행에서 속도에 영향을 미치는 요소 중의 하나는 현수장치이며, 야지에서의 기동력 향상을 위해서는 우수한 성능의 현수장치가 필수적이다.

현수장치는 하중 지지, 진동 및 충격 저감, 접지력 유지의 기능을 발휘하며 이와 관련된 세부 기술은 다음과 같다.

1) 스프링 및 감쇠장치 능동화 기술

스프링 및 감쇠장치는 하중지지 기능과 진동 및 충격 저감 기능을 수행하는 현수장치의 핵심부품이다. 하중지지 기능은 차량 중량을 분산하여 지지함으로써 접지압력을 감소시키고, 차체와 지면 사이의 간격을 일정 수준 이상으로 유지시켜 험한 지형이나 습답지를 통과할 때 차체와 지면이 접촉하지 않게 한다.

최근에는 현수장치를 이용한 차량의 높이와 경사를 조절하는 자세제어 기능을 수행하기도 한다. 진동 및 충격 저감 기능은 노면으로부터 작용하는 외란을 제어함으로써 승무원과 탑재물을 보호하고, 주행 중에도 차체의 거동을 최소화하여 정확한 사격이 가능하게 한다.

군용차량의 스프링 및 감쇠장치는 토션바식, 유기압식, 전자기식 등이 있으며, 현수장치의 발전 추세에 따라 능동화 기술이 필요하다.

2) 장애물 극복 기술

차륜형 차량은 궤도형 차량에 비해 장애물 극복능력이 상대적으로 약하기 때문에 자연 장애물이나 인공 장애물을 회피하여 기동해야 한다. 장애물 극복능력을 향상시키면 회피기동이 감소되어 주행경로를 대폭 단축시킬 수 있을 뿐만 아니라 작전 반지름을 증대시킬 수 있다.

장애물 극복 기술은 미래의 지상 무인차량 운용에 필요한 기술이며, 장애물 통과능력은 차량의 크기에 영향을 받으므로 소형 궤도형 차량인 경우에는 별도의 장애물 극복장치를 장착하는 기술이 필요하다.

3) 노면 주행장치 기술

노면 주행장치는 동력장치에서 발생한 구동력이나 제동력 혹은 조향력을 최종적으로 노면에 전달하는 역할을 한다. 노면 주행장치 기술은 궤도차량의 경우 궤도 및 궤도장력 조절장치, 로드휠, 유동륜, 지지륜, 기동륜과 관련된 기술을, 차륜차량의 경우에는 휠 및 타이어와 관련된 기술을 포함하며, 이러한 기술은 궤도장력 및 타이어 공기압 조절 기술, 궤도 내구성 증대 및 현수장치 경량화 기술 그리고 궤도 및 휠 대체 추진 기술로 분류할 수 있다.

4) 현수장치 제어 기술

현수장치가 능동화 및 지능화함에 따라 이를 제어하는 기술도 매우 중요하다. 스프링 특성은 고정되어 있지만 작은 동력을 이용하여 감쇠특성을 제어하는 경우는 반능동 제어 기술이 필요하고, 외부의 동력을 이용한 가진기로 바퀴에 힘을 가하거나 혹은 노면으로부터 인가되는 에너지를 흡수할 수 있기 때문에 우수한 동특성을 구현할 수 있는 능동제어 기술이 소요된다. 제어 측면에서 볼 때 승차감 향상을 위한 목적이면 차체로 전달되는 가속도를 저감시키는 것이 필요하고, 사격 안정화 측면에서 차체의 거동을 최소화하기 위한 목적이면 차체로 전달되는 속도나 변위를 저감시킬 수 있는 제어기법이 필요하다.

3.5.9 기동 시험평가 기술

기동장비에 대한 시험평가를 위해서는 기동 성능시험, 진동 및 충격을 포함하는 환경조건 시험, 수상운행 시험, 내구도 시험 등이 필수적이며, 시험장비는 차량동력계, 원격측정장비 등을 비롯한 각종 시험장을 구비해야 한다.

기동 무기체계의 자율주행 추세와 시험방법의 무인화 그리고 계측기술이 발전함에 따라 향후 기동시험 평가에 포함해야 할 소요 기술은 무인전투차량 성능시험 기술, 내구도 단축화 시험 기술, 내구시험 무인화 기술, 계측 및 데이터처리 기술 그리고 가상시험장(virtual proving ground) 기술 등을 들 수 있다.

우리나라가 개발한 무기체계

K1 전차

K1 전차는 1987년부터 실전 배치되었으며, 한국이 요구성능과 장비를 선택하고, 미국의 제너럴 다이내믹스사가 중심이 되어 북한의 T-62 전차에 대항하기 위해 개발하였다.

105 mm 강선포, K6 중기관총, M60 기관총 2정을 탑재하고 있으며, 주포탄은 47발, 12.7 mm 3,400발, 7.62 mm 7200발을 적재한다. 사격통제장치는 국산화하였으며, 유효사거리는 1500 m 이다. 1200마력의 엔진, 전진 4단, 후진 2단의 자동변속기를 장착하였으며 항속거리는 500 km 이다.

K1 구난전차

K1 구난전차는 전장에서 손상된 장갑차량 및 기동차량에 대하여 신속한 구난 및 정비임무를 수행할 수 있다. 크레인으로 최대 25톤까지 인양할 수 있으며, 주윈치는 활차를 이용하여 최대 70톤까지 견인할 수 있어 전차를 포함한 모든 지상 무기체계를 견인할 수 있다. K1 전차의 차체 를 이용해 개발되어 동일한 기동성능을 보유하고 있다.

출처 : 현대로템 홈페이지, http://www.rotem.co.kr

■■ K1 교량전차

K1 교량전차는 K1 전차 차체를 이용해 개발하였으며, 교량가설 및 회수를 포함한 모든 임무를 수행한다. 가위형 교량으로 길이 22 m, 폭 4 m의 교량을 3분만에 가설하고, 10분만에 회수할 수 있다. 교량은 60톤(MLC 66)의 차량이 통과할 수 있다.

출처 : 현대로템 홈페이지, http://www.rotem.co.kr

■■ K1A1 전차

K1 전차의 부족한 화력을 보완하고자 K1 전차를 전면적으로 재설계한 전차로서, K1A1은 북한의 T-72에 대항하기 위해 120 mm 활강포를 탑재하였다. 또한 복합장갑, 탄도계산기, 포수조준경 등 주요 핵심 부품도 국내 독자생산으로 개량하여 외화절감 및 기술획득에도 이바지하였다. 주포를 제외한 무장, 엔진, 변속기 등은 K1 전차와 동일하다.

■■ K2 전차

K2 전차는 미래 지상전투 환경에 적합하도록 한국 독자 기술로 개발된 세계 최정상급 전차이다. 55구경장의 장포신인 120 mm 활강포와 표적 자동탐지 및 추적 장치, 개별 제어가 가능한 유기압 현수장치, 능동방호장치, 피아식별장치, 버슬형 자동장전장치, C4I 체계와 연동된 차량 간 데이터 통신 및 전장관리시스템 등의 첨단 기술을 적용함으로써, 우수한 기동력과 화력, 생존성을 보유하고 있다. 또한 내부 훈련기능(시뮬레이터 역할)을 탑재하여 실제 훈련과 동일한 훈련성과를 달성할 수 있다.

출처 : 국방과학연구소, 명품무기 10선, 2008.

■■ K200 장갑차

K200 장갑차는 1981년 ADD와 대우중공업이 장갑차 개발을 위한 최초 회의를 가진 이후 시제 제작, 기술 및 운용시험을 거쳐 1984년 합참에서 무기체계로 채택되었다. 후에 자동변속기 장착과 함께 출력을 높이는 등 성능을 개량한 K200A1이 등장, 현재 우리 군의 주력을 이루고 있다. 전투중량 약 13톤에 350마력으로 도로를 최대 시속 70 km로 달리며, 물 위를 시속 6 km로 주행 도하할 수 있다. 또 60%의 등판능력과 함께 63 cm의 수직장애물을 극복할 수 있다. 기본형을 베이스로 한 박격포 탑재형·벌컨 탑재형·구난형·지휘형 등 계열화 장갑차를 개발했으며, 나아가 국내 개발 대형 무기체계로는 처음으로 말레이시아에 수출하는 쾌거를 거두기도 했다.

출처 : 신인호, "장갑차(하), K200A1 · K-21", 국방일보, 2008.7.23.

■■ K21 보병전투장갑차

K21 보병전투장갑차는 ADD에서 1999년 12월부터 총 900억 원이 넘는 연구개발비를 투입해 2007년에 완성되었다. 전투중량 25톤에 750마력의 엔진으로 최고 시속 70 km, 야지에서는 시속 40 km의 속도를 낸다. 40 mm 기관포를 주 무장으로 보유하고 있으며, 수상운행이 가능하도록 에어백식 수상부양장치가 탑재되어 있다. 특히 피아식별기, 적 위협 경고장치, 화생방장치 등 최첨단 기술을 적용해 생존성을 극대화하였고, 차량간 정보체계 및 지상전술 C4I 체계와의 연동기능은 네트워크 기반의 미래 전장환경에서 다차원 통합전투가 가능할 것으로 예상된다. 향후 열영상탐색기 및 실시간영상처리 기술을 적용한 '사격 후 망각'(fire & forget) 방식의 3세대급 대전차미사일도 장착, 적 장갑차와 전차를 파괴하는 화력을 갖출 예정이다.

출처 : 국방과학연구소, 명품무기 10선, 2008.

AAAV : Advanced Amphibious Assault Vehicle
ABSV : Armoured Battle group Support Vehicle
AGTS : Advanced Gunnery Training System
AR : Augmented Reality
BMS : Battlefield Management System
C2V : Command and Control Vehicle
CAN : Controller Area Network
CEP : Circular Error Probable
CGT : Cadillac Gage Textron
COFT : Conduct Of Fire Trainer
CTIS : Central Tire Inflation System
DARPA : Defense Advanced Research Projects Agency
DEMO : Demonstration
DIS : Distributed Interactive System
DRA : Defense Research Agency
DSP : Digital Signal Processor
DTTS : Dynamic Track Tensioning System
EBC : Embedded Battle Command
EL : Electro-Luminescence
EPLRS : Enhanced Position Location Reporting System
FBCB2 : Force XXI Battle Command, Brigade and Blow
FCS : Future Combat System
FRES : Future Rapid Effects Systems
GDLS : General Dynamics Land Systems
GE : General Electric
GIPS : Giga-Instruction Per Second
GIS : Geographic Information System
GPS : Global Positioning System
GUI : Graphic User Interface
HMD : Helmet Mount Display
HSU : Hydropneumatic Suspension Unit
IBCT : Interim Brigade Combat Teams
ICV : Infantry Carrier Vehicle

IFV : Infantry Fighting Vehicle

INS : Inertial Navigation System

INVEST/STO : INter-Vehicle Embedded Simulation Technology / Science Technology and Objective

ISU : In-arm Suspension Unit

IVIS : Inter-Vehicular Information System

KIST : Korea Institute of Science & Technology

LAN : Local Area Network

M1P1: High Mobility High Protection

M2P2 : Medium Mobility Medium Protection

MEMS : Mechanical Electronic Micro-Structure

MFD : Multi-Function Display

MIPS : Mega-Instruction per Second

MIT : Massachusetts Institute of Technology

MMI : Man Machine Interface

MRAV : Multi-Role Armoured Vehicle

NTDR : Near-term Tactical Data Radio

OS : Operating System

PLGR : Precision-Lightweight GPS Receiver

POSIX : Portable Operating System Interface

RTOS : Real Time Operating System

SAMM : Socieite d'Applications des Machines Motrices

SEP : System Enhancement Package

SIMNET : SIMulator NETwork

SINCGARS : Single Channel Ground and Airborne Radio System

TACOM : Tank Automotive COMmand

TCM : Teledyne Continental Motors

TFT-LCD : Thin-Film Transistor Liquid Crystal Display

TICN : Tactical Information Communication Network

TMLS : Textron Marine & Land Systems

UGS : Unattended Ground Sensor

UGV : Unmanned Ground Vehicle

UT-CEM : University of Texas-Center for ElectroMechanics

VDS : Vickers Defense Systems

VERDI : Vehicle Electronic Research Defence Initiative

VME : VERSA Module Eurocard, Motorola

VR : Virtual Reality

RTK DGPS : Real Time Kinematic Differential GPS

참고문헌

1. 국방기술품질원, 2007 국방과학기술조사서, 2008.
2. 유인종, 기동 무기체계 최근 개발동향, 국방과학연구소, 2002.
3. 이라크전에 등장한 무기체계 분석, 국방과학연구소, 2003.
4. 이대옥, 대부하 포·포탑 구동을 위한 구동·전력장치의 고성능화 설계 연구, 국방과 학연구소, 2002.
5. Jane's Armor and Artillery, 2002.
6. Army Modernization Plan 2002. US Army.
7. G. R. Gerhart, Chuck M. Shoemaker, Unmanned Ground Technology 3, SPIE, 2001.
8. Hubert A. Bahr, Embedded Simulation: INVEST-STO and beyond, IEEE, 2002.
9. Jane's Defense Weekly, 미 육군, 무인 지상차량의 기동성 시험, 2000.
10. Jane's International Defense Review, 2002.
11. 이희각 외 5인, 무기체계학, 교문사, 2000.

제 4 장 방공 무기체계

4.1 서론

방공이란 공중으로 공격하는 적 유도탄 및 항공기를 파괴 또는 무력화하거나, 공격효과를 감소시키기 위해 취해지는 모든 방어방책을 말한다. 이러한 방공은 적극적 방공과 소극적 방공으로 분류한다. 적극적 방공은 적의 공중 공격수단을 파괴하거나 공격효과를 감소시키기 위한 직접적인 방어활동으로, 위협하는 공중 비행체를 탐지, 식별, 추적, 격파하는 단계로 미사일의 몸통을 직격파괴(hit to kill)하는 방식을 포함하여, 적 원점을 찾아 파괴하는 것과 같은 공격적인 활동 범위까지 포함한다. 반면 소극적 방공은 적의 공중 공격효과를 최소화하기 위해 취하는 비전투적 수단으로서, 위장, 은폐, 모의장비 설치, 벙커화가 필요하고, 적 공격을 신속하고 정확하게 판단할 수 있는 정보체계가 필수적이다. 다소 비용이 적게 들고 간단한 방법으로 분류되지만 방어의 완전성이 떨어지는 약점을 가지고 있으므로 적극적 방안의 보완적인 대안으로 고려된다.

방공 무기체계는 대기권 내의 적 유도탄 및 항공기를 파괴 또는 무력화하거나 공격효과를 감소시키기 위해 사용되는 제반 무기체계로서, 일반적으로 항공기, 지대공 유도무기(SAM : Surface to Air Missile), 대공포, 복합대공화기 그리고 이들 무기의 탄약체계와 같은 단위 무기체계들로 구성된다. 이 중에서 지대공 유도무기는 유효사거리에 따라 장거리, 중거리 및 단거리 지대공 유도무기와 휴대용 대공 유도무기(PSAM : Portable Surface to Air Missile)로 구분한다. 중·장거리 유도무기는 공군에서, 단거리 지대공 방공무기와 휴대용 대공무기는 육군에서 운용하고 있다. 유도무기는 표적 파괴를 위해 탄두를 장착하고 비행궤도를 자율적으로 제어하는 무인 비행체를 말하는 것으로, 제2차 세계대전 말부터 본격적으로 개발되기 시작하여 그동안 많은 기술적인 발전을 거듭하여 원거리 정밀타격이 가능해지고, 전장감시 수단과 정보화 기술의 발전과 더불어 네트워크를 통한 정밀타격전의 중요한 핵심으로 자리매김하고 있다. 이러한 유도기술은 향후 미래전장에서 위협에 대한 신속한 대응과 정확한 위치 파악을 통하여 더욱 효과적이며, 강력한 역할을 수행할 것으로 판단된다.

이 장에서는 대표적인 방공무기인 대공포, 휴대용 대공무기, 복합대공화기, 지대공 유도무기를 중심으로 체계 특성과 운용 개념, 개발 현황 및 발전 추세, 주요 구성 기술에 대하여 알아보고자 한다.

4.1.1 정의와 분류

현재 전 세계적으로 운용되는 방공무기는 방공 항공기와 방공포 무기로 구분되며, 이 중에서 방공포 무기는 다시 대공포, 지대공 유도무기, 복합대공화기로 나뉜다. 대공포는 대부분 20~40 mm의 소구경으로 저고도 근거리 방어를 담당하는 무기체계이다. 따라서 지대공 유도무기는 주로 대공포의 사거리를 벗어나는 표적에 대하여 운용되고 있으며, 복합대공화

표 4.1.1 방공 무기체계의 분류

구 분			주요 무기체계
방공 항공기(전 전장 특히 중·고고도 방공영역)			· 요격기(F-15K, F-16C/D, F-4D, F-5E/F 등)
지대공 유도무기 (SAM)	중·고고도 및 장거리 SAM		· 나이키(NIKE), Patriot-2, SAM-X
	중·저고도 및 중거리 SAM		· 호크(HAWK), M-SAM
	단 거 리 방공무기 (SHORAD)	단거리 SAM	· 천마
		휴대용 SAM	· 재블린, 미스트랄, 이글라, 신궁(K-PSAM)
대공포 (GUN)		중구경 대공포	· 비호(30 mm), 오리콘(35 mm), 대공포(40 mm) 등
		소구경 대공포	· 발칸(20 mm), M45/55(12.7 mm) 등

기는 대공포와 휴대용 대공 유도무기를 복합화한 방공무기로서, 주로 국지 대공방호와 기동부대 대공방호 임무를 수행하고 있으나 현재 한국군은 보유하지 않고 있다. 현재 국내에서 운용 중인 방공 무기체계의 분류는 표 4.1.1과 같다.

방공작전은 육군과 공군 상호협조 하에 실시되는데, 표 4.1.2에서 보는 바와 같이 한국군에서는 중·고고도 이상에서 이루어지는 지역방공은 공군에서, 중·저고도 이하에서 이루어지는 국지방공은 육군에서 주로 실시된다.

그림 4.1.1에서 보듯이 주로 고고도 이상에서는 호크(Hawk)와 나이키 허큘리스(Nike Hercules), 페트리어트(Patriot) 등이 운용된다. 중고도 이내는 국지방공이 이루어지는 고도로, 사거리 9 km 이내에서는 천마가, 사거리 5 km 이내에서는 미스트랄(Mistral), 신궁 등의 휴대용 대공 유도무기가 그리고 사거리 3 km 이내의 근거리에서는 발칸, 오리콘, 비호 등의 대공포가 각각 운용된다.

표 4.1.2 수직고도 분류(NATO 기준)

구 분		지상고도(m)
지 역 방 공	초 고 고 도	15000 이상
	고 고 도	7500 ~ 15000
국 지 방 공	중 고 도	600 ~ 7500
	저 고 도	150 ~ 600
	초 저 고 도	150 이하

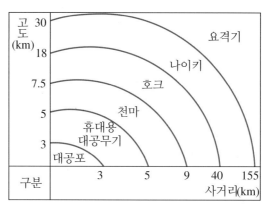

그림 4.1.1 고도 및 사거리별 운용 개념

　여기서 "휴대용 대공 유도무기로 대공포를 대신할 수 있지 않을까?"라는 의문점을 가질 수 있다. 그림 4.1.2의 대공포와 유도 미사일의 명중률 비교 그래프는 그 해답을 명확히 제시해 준다. 즉, 대공포와 유도 미사일은 상호보완적이어서 사거리 3 km 이상에서는 미사일이, 사거리 2 km 이내에서는 대공포가 훨씬 더 높은 명중률을 갖게 된다. 세계 각국이 대공포를 포기하지 못하고 성능개량을 지속적으로 실시하고 있는 이유가 바로 여기에 있다.

　한국군의 방공작전의 형태는 중·저고도 영역에서 운용되는 국지방공과 영공 전 지역에서 운용되는 지역방공으로 구분된다.

　먼저 국지방공이란 특정 지역이나 주요 부대 및 시설을 적의 공중공격으로부터 보호하기 위한 대공방어로서, 일반적으로 주요시설, 지상군 기동부대, 해군함대 등에 편성된 단거리 방공무기에 의해 수행되며, 필요시 무기체계별 특성을 상호보완하기 위해 항공기나 중고도 지대공 유도무기 등이 복합운용될 수도 있다.

　지역방공은 국가의 전 공역 또는 광범위한 작전지역에 대공방어를 위해 수행되는 방공 형태를 말하며, 표 4.1.3에 국지방공과 지역방공을 비교하였다.

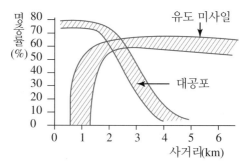

그림 4.1.2 대공포와 유도 미사일의 명중률 비교

표 4.1.3 국지방공과 지역방공의 비교

구 분	국지방공	지역방공
책 임 군	육 군	공 군
임 무	• 주요 목표 방어	• 공세적 방공 • 전(全) 전장 방공엄호
운용형태	• 국지기동	• 유도무기 • 항공기
운용영역	• 주 전투지대 • 중·저고도 영역 (특히 수도권/주요 기지)	• 전 지역(영공)
무기체계	• 대공포 • 휴대용 대공무기 • 단거리 지대공 방공무기	• 중·장거리 지대공 방공무기 • 항공기 • 대전술 탄도유도탄(ATBM)

1) 무기별 주요 특성

(1) 대공포

기동부대를 표적으로 공격하는 저공비행 항공기 및 공격헬기에 대응하기 위해서는 다음과 같은 이유로 유도무기보다 대공포가 효과적이다.

첫째, 포는 어떠한 종류의 유도무기와 비교해서도 가격이 저렴하며, 소형 정찰 무인항공기와 같은 중요도가 떨어지는 표적에 대응하는 데 유용하다.

둘째, 유도무기는 발사 후 유도가 시작되고 탄두의 안전장치가 해제되기까지 수십 내지 수백 미터를 비행함에 따른 지연시간이 소요되지만, 대공포는 매우 짧은 거리에서 즉각적인 대응이 가능하다.

셋째, 적의 전자공격(EA : Electronic Attack)에 대하여 거의 영향을 받지 않는다. 대부분의 유도무기는 전자공격에 다소 취약하지만, 광학시스템에 의해 조준되는 대공포 탄은 전혀 영향을 받지 않는다.

그 밖에도 높은 발사속도와 명중률, 지상전에서의 대응능력 등의 장점을 가지고 있다. 그러나 이러한 대공포의 장점에도 불구하고 지대공 유도무기 및 복합대공화기가 현재 방공체계의 중요한 영역을 담당하고 있는 것은 대공포가 갖고 있는 다음과 같은 단점 때문이다.

첫째, 유효사거리가 짧다. 적 항공기, 유도미사일의 장사거리에 비해 대공포는 최대 2~3 km의 짧은 유효사거리를 가지고 있어 적 비행체가 근거리까지 접근해야만 사격을 가할 수 있고, 그로 인해 적 비행체의 격추실패 시 아군의 치명적인 피해를 초래할 수 있다.

둘째, 포탄의 긴 비행시간과 무유도탄 궤적이다. 음속에 가까운 속도로 비행하는 적 전투기는 대공포탄을 피하는데 10여 초 내외 정도 밖에 소요되지 않는다. 따라서 근접신관이 이러한 문제를 부분적으로 해결하고 있으나 현재까지는 전투상황에서 실패율이 상당히 높다.

셋째, 대공포탄의 가해 유효반지름이 작다. 따라서 대공포탄은 목표에 근접해야 격추확률이 증가되기 때문에 오늘날에는 이러한 단점을 극복하기 위한 여러 탄종을 개발 중에 있다.

(2) 휴대용 대공무기

대공포는 적 항공기의 전파방해에 전혀 영향을 받지 않으면서 높은 발사속도와 경제성 등의 장점이 있지만, 유효사거리가 제한되고, 사거리 3 ~ 4 km의 공역에서 명중률이 저조하기 때문에 이를 보완하기 위한 별도의 방공무기가 필요하게 되었다. 이것은 탄두위력이 크면서 보병 개인이 휴대할 수 있도록 소형화되어야 한다는 요구에 의해서 휴대용 대공 유도무기라는 방공무기가 출현하게 되었다.

휴대용 대공 유도무기의 장점은 조작이 간편하고, 신속한 기동력을 갖고 있으며, 표적탐지 후 발사하는데 소요되는 반응시간과 재장전시간이 대체로 짧고, 관심공역에서의 명중률이 높다.

그러나 탐지레이더를 장착하지 않을 경우 육안탐지에 의존할 수밖에 없기 때문에 불시에 저공으로 침투하는 표적의 탐지는 곤란하고, 조기경보 수단에 의한 표적정보가 요구되며, 악천후 및 야간 조준기를 장착하지 않을 경우 야간교전이 제한되고 격추율이 저하되며, 유도탄 사격 시 진지노출이 쉽다는 단점이 있다.

(3) 복합대공화기

복합대공화기는 대공포와 지대공 유도무기를 상호보완적으로 통합운용하여 무기체계의 효과를 극대화하기 위해 단일체계로의 복합화를 개발목적으로 하고 있다. 물론 기동성과 생존성을 유지·향상하기 위해 견인 형태보다는 자주 형태의 궤도차량이나 차륜차량을 이용한다. 이 차체에 대공포와 지대공 유도무기 그리고 탐지 및 추적장치와 사격통제장치를 장착함으로써 두 체계의 단점을 해소하고 대공 방어능력을 향상시킨다.

세계 각국에서는 이러한 개념으로 주로 23 ~ 35 mm급의 대공포와 휴대용 대공 유도무기 또는 단거리 지대공 유도무기를 장착하여 복합대공화기 개발에 박차를 가하고 있고, 일부 국가에서는 기존 대공포로만 운용 중인 화기에 성능개량 차원에서 휴대용 대공 유도무기나 단거리 지대공 유도무기를 장착하여 복합대공화기로 전환하여 운용하거나, 새로운 복합대공화기 체계를 개발 또는 도입하여 운용 중이다.

2) 무기별 주요 운용 개념

(1) 대공포

지대공 유도무기가 출현하기 전까지만 하더라도 기동부대의 적 공중위협에 대한 근접방어와 상비사단의 점 목표 또는 사단지역 방공 등 일정지역 방어임무를 대공포가 전담하여 수행해 왔으나, 제2차 세계대전 후에는 지대공 유도무기와 복합대공화기가 출현하여 대공포의 임무영역이 축소되었다. 그러나 현재 세계 주요 국가들은 근접거리 표적에 대한 우수한 명중률과 경제성, 신속한 대응가능 등 대공포의 장점 때문에 근접표적 대응에 효과적인 대공무기로서 인식하고 성능을 개량하여 적극 활용하고 있다.

또한 대공포는 무기체계 자체에 탐지나 추적센서를 갖추어 독자적으로 목표물에 대한 정보획득을 통해 탐지부터 추적 및 사격에 이르기까지 자동적으로 교전할 수 있다.

(2) 휴대용 대공무기

휴대용 대공무기는 중량이 가벼워서 전방 전 지역에 걸쳐 용이하게 배치될 수 있으며, 적어도 주간에는 최전방 야전부대와 같이 기동하면서 지속적으로 부대방공을 책임지고 수행해 나갈 수 있어, 기동부대, 주요 화력지원부대의 대공방어와 교량 및 협곡, 지휘 및 통신시설, 탄약창과 보급소, 비행장 등 취약지역의 저고도 대공방어 임무를 담당하고 있다.

휴대용 대공무기는 탐지/추적센서를 갖추지 못하여 인접한 저고도 탐지레이더를 통해 위협 목표물에 대한 정보를 받아 탐지부터 추적, 사격에 이르기까지 모든 절차가 수동으로 운용되어 왔으나, 최근 개발되는 휴대용 대공 유도무기는 이러한 단점이 보완되고 있다.

(3) 복합대공화기

대공포와 휴대용 대공무기는 각각 체계의 기능과 운용상의 단점을 안고 개별적으로 운용되어 왔으나, 전자기술과 컴퓨터 및 반도체 기술의 발달로 모든 부품들이 고속화, 고용량, 고정밀, 초소형화됨에 따라 이 두 무기체계를 한 체계로 묶는 복합대공화기로 개발이 가능하게 되었다. 이에 따라 그동안 대공포의 한계로 여겨졌던 짧은 유효사거리와 휴대용 대공 유도무

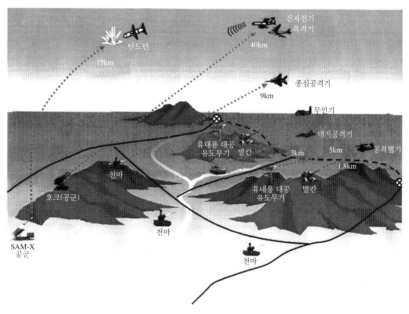

그림 4.1.3 방공무기별 운용 개념

기의 결정적인 한계로 여겨졌던 수동탐지와 조준장치 등이 서로 보완적인 역할로 변모하게 되자 두 가기 무기체계가 성능의 시너지 효과를 일으켜 매우 효율적인 무기체계로 등장하게 되었다.

대공포의 사거리가 못 미치는 원거리(휴대용 지대공 유도무기 장착 시 5 km 내외, 단거리 지대공 유도무기 장착 시 9 km 내외)에서는 대공포가 자체적으로 보유한 탐지센서와 추적센서를 이용하여 15 km 내외부터 표적을 포착하고, 포착된 표적에 대해 추적센서를 이용하여 휴대용 대공 유도무기를 정확히 목표물에 지향하도록 함으로써, 오차 없이 적외선 탐색기를 일치시킬 수 있어 운용자 입장에서는 원래의 휴대용 대공 유도무기를 운용하는 절차보다 교전이 용이하다. 또한 휴대용 대공 유도무기가 목표물과 1차 내지는 2차 교전하여 목표물을 격추시키지 못하였더라도 대공포의 유효사거리 내에 접근해 있는 목표물에 대해 대공포가 1~4회 추가 교전할 수 있다.

한편 운용병의 수에서도 현대식 자주대공포는 대부분이 3~4명(분대장, 사수, 조종수, 탄약수)으로 구성되어 있고, 휴대용 대공 유도무기는 2~3명으로 구성되지만 복합대공화기체계로 운용될 경우 원래의 자주대공포 운용병만으로도 충분히 운용되므로, 휴대용 대공 유도무기의 운용병력을 줄일 수 있는 장점이 있다.

4.1.2 개발 동향

저고도 방공무기는 자주화, 포와 지대공 유도무기를 통합한 복합화, 전천후 주야간 및 적 전자공격에 대비한 탐지·추적센서의 이중화, 명중률 및 대응능력 향상 추세로 발전하고 있으며, 일부 체계는 동시교전능력, 정밀유도무기 요격능력 등도 보유하고 있다. 향후 저고도 방공 무기체계는 포, 탐지 및 추적레이더, 전자광학 추적기, 전동포탑, 컴퓨터, 차량 및 각종 소프트웨어가 집약된 정밀종합 무기체계로 발전할 전망이며, 이에 따른 개발동향은 다음과 같다.

1) 복합화 또는 혼합 운용체계 개발

대공포와 지대공 유도무기의 상호보완적인 특성을 이용하여 공중위협에 효과적으로 대처하기 위해 복합화, 대공포와 유도무기를 통합하는 혼합 운용체계로 개발되고 있다.

2) 명중률 및 살상률의 향상

작고 빠른 표적에 대한 명중률을 향상시키는 방법으로서 고발사율과 저분산도의 대공포를 채택하고 있으며, 아울러 탄 자체의 명중률, 즉 살상률을 극대화하기 위하여 전방분산(AHEAD : Advanced Hit Efficiency and Destruction)탄 또는 파열(FAPDS : Frangible Armor Piercing Discarding Sabot)탄이 적용되고 있는 추세이다.

3) 신속 대응능력 향상

대공표적에 대한 보다 신속한 교전능력을 확보하기 위해서 대공표적의 탐지에서 피아식별, 표적획득 및 추적, 선도각 계산, 포탑구동 및 대공사격에 소요되는 시간, 즉 체계반응시간이 단축되는 추세에 있다. 이에 따라 방공무기 형태도 전개시간을 줄이기 위해 견인형보다 자주형으로, 사격방식도 정지사격 형태에서 정지 후 즉시 사격 또는 주행 중 사격가능 형태로 불필요한 시간을 줄이며 반응시간을 단축하고 있다.

4) 전천후 및 주·야간 공격능력 보유

현대의 공중위협은 주로 야간에 수행된다는 것이 걸프전이나 이라크전을 통해 나타나고 있으며, 주야간 또는 전천후 교전능력을 확보하기 위하여 탐지 및 추적레이더와 열상 추적기를 함께 장착하고 있는 추세이다. 특히 열상 및 탐지추적기는 주야간 운용이 가능할 뿐만 아니라 적의 전자교란에 대해서도 아무런 영향을 받지 않기 때문에 최근 들어 각광받고 있는 첨단기술이다.

5) 센서의 이중화

주 추적센서로서 능동센서인 추적레이더와 수동센서인 전자광학 추적기를 전장상황에 따라 통합 또는 개별 운용하여 전자공격 및 적외선 방해책(IRCM : Infra-Red Counter Measure) 등에 효과적으로 대응 가능하도록 발전하고 있다.

6) 기타

교전범위를 넓히기 위한 포신 및 탄의 개발로 유효사거리가 증대되고, 전투의 기동화에 따른 근접지원능력 및 생존성 강화를 위하여, 전차 또는 장갑차 탑재형으로 개발됨으로써 기동 및 방호력이 증대되고 있다.

4.2 　대공포

현재 주요 국가들은 장기적이고 지속적인 연구개발로 우수한 성능의 방공 무기체계를 획득·운용 중에 있으며, 방공전력의 운용 효율성을 높이기 위해 적극적으로 혼합 및 복합 운용개념을 도입하고 있다. 또한 최근에는 개발도상국들도 자국방위용 방공 무기체계를 스스로 개발하여 군사 선진국으로부터의 군사기술 예속화에서 탈피하고, 무기도입에 따른 외화지출 억제, 자국 방위산업의 기술적 향상을 도모하고 있는 추세이다. 이 절에서는 방공무기 중 대공포와 복합대공화기로의 개발 추세에 대하여 알아본다.

표 4.2.1 주요 자주 대공포의 성능 및 제원

성능 및 제원＼장비명	20 mm 급		30 mm 급				40 mm 급	
	M163 발칸	ZSU-23-4	비 호	Wildcat	AMX-30SA	Gepard	Pivads	ZSU-57-2
포구경(mm) × 문수	20 × 6	23 × 4	30 × 2	30 × 2	30 × 2	35 × 2	40 × 2	57 × 2
유효사거리(km)	1.2	2.5	3.0	4.0	3.0	4.0	1.2	4.0
사 통 장 비	레이더 / 조준기	레이더 / 조준기	레이더 / 조준기	레이더 / 조준기	레이더	레이더	레이더	광학 조준경
유 형	장갑차	장갑차	장갑차	차륜 장갑차	전 차	전 차	전 차	전 차
최대속도 (km/h)	67.6	44	65	80	60	65	?	50
개발국/개발년도	미국 /'66	러시아 /'60	한국 /'91	독일 /'83	프랑스 /'70	독일 /'75	미국 /'83	러시아 /'50

4.2.1 체계 특성 및 운용 개념

세계 각국에서는 자국의 영공방어를 위해 1950년대부터 대공포를 개발·생산하여 배치·운용하기 시작하였다. 1960년대에는 미국, 소련을 중심으로 견인형 대공포 개발에 적극 참여하였고, 그 후 개발된 견인형 대공포를 장갑차에 탑재·자주화하여 운용해 오다가 1970년대 이후 프랑스와 독일을 중심으로 전차 차체에 대구경 대공포를 장착한 새로운 개념의 자주대공포를 개발하게 되었다. 현재 세계 각국에서는 견인 및 자주형 대공포를 혼용하여 운용하고 있으며, 기존 대공포의 지속적인 성능개발을 추진하고 있다.

또한 구경의 증대 및 탄종의 다양화와 발사속도를 증가시켜 격추율을 높이고, 대공포의 장갑·자주화를 확대하여 기동성 증대와 생존성 및 화생방 방호에도 주력하고 있다.

4.2.2 개발 현황 및 발전 추세

1) 개발 현황

(1) 발칸

1946년 미국에서 6연장 20 mm 포를 개발하여 1954년 시제품 생산 이후 지속적으로 성능이 개량되었다. 우리나라에는 1973년 도입되어 한국형 자주 발칸으로 생산되어 1977년 실전에 배치되었다.

발칸은 6개의 총열로 구성되어 있고 레이더 및 조준기가 부착되어 있다. 견인발칸은 낮은 기동력으로 기동부대 방공지원에는 제한되나, 자주발칸은 기동성과 장갑보호능력이 대체로 우수하여 부대별로 편제 장비화되었다. 그러나 발칸은 무기체계의 수명한계를 초과한 구형 무기로서, 야간조준사격이 불가능하고 고속으로 기동하는 적 비행체에 대한 추적과 사거리가 제한(사거리 1.6 km)된다.

(2) 오리콘

35 mm 오리콘은 스위스에서 1960년부터 생산하여 1975년 국내에서 성능시험결과 우수성을 인정받아 이중 GDF-001형을 1979년에 도입하여 운용하고 있다. 저공으로 비행하는 적기를 조기에 탐지, 포착, 추적하여 격추시킬 수 있으며, 운용되는 장비는 2문의 화포와 1대의 사격통제기로 구성되어 있다. 1998년 이후 사격통제장치를 디지털 방식으로 성능개량하여 운용 중이다.

국내에 배치된 오리콘은 탐지능력, 원격통제, 고도의 명중률에도 피아식별이 불가하고 장갑보호능력이 취약하며, 차량견인형으로 양호한 기동로 외에는 기동에 제한을 받는 것을 고려하여 수도권을 중심으로 한 도심지역에만 배치 운용하고 있다.

최근 오리콘 대공포는 발사가능 탄수를 늘리고, Gun king 3차원 광학조준시스템이 적용되는 GDF-005가 개발이 완료었으며, 캐나다와 말레이시아 등에서 이를 도입하여 사용 중이다. 중국도 기존의 대공포 시스템을 정비하는 과정에서 스위스 오리콘사로부터 35mm 대공포를 면허생산을 하여 실전에 배치하여 운용 중이다.

(3) 비호(K-30 자주대공포)

그림 4.2.1의 비호는 한국형 장갑차량 위에 포탑을 장착하며, 30 mm 쌍열포, 각종 표적탐지 및 추적장비, 사통컴퓨터 및 사용자 콘솔로 구성되어 있다. 표적탐지용으로는 피아식별 및 이동표적 식별능력을 보유한 탐지레이더가 사용되며, 탐지레이더는 사통컴퓨터와 탐색 중 추적(TWS : Track While Scan) 기능을 통해 연동되어 탐지된 표적정보를 전자광학추적기 및 조준유닛으로 전달하여 표적추적이 이루어지도록 한다.

전자광학추적기는 주 추적장비(사수용)로서 TV 및 전방감시 적외선 레이더(FLIR : Forward Looking Infrared Radar)를 통한 주야간 표적 자동추적 기능과 레이저를 활용한 거리측정능력

그림 4.2.1 비호(30 mm 자주대공포)

을 갖추고 있으며, 보조 추적장비로 사용되는 조준유닛은 자이로 및 광학렌즈를 통한 수동 표적추적 및 야시기능을 보유하고 있다. 사통컴퓨터와 콘솔은 표적탐지 및 추적장치들과 진북탐지기, 차량속도 및 풍속감지기 등의 체계 구성장비 연동운용을 통제하며, 실시간 사격제원 처리에 따른 포탑구동으로 사격 시 높은 명중률을 실현하고 있다.

비호는 우리나라와 같이 산악지형이 많은 나라에서 산악 후사면으로 접근하여 기습공격하는 형태의 돌발표적에 대해 매우 효과적으로 대응할 수 있으며, 자체 탐지레이더에서 표적을 탐지하여 전자광학추적기에 의한 자동추적을 통해 정밀사격을 실시하는 일련의 과정이 수초 내에 이루어지도록 하는, 빠른 체계반응시간을 자랑하는 정밀 대공무기체계이다.

2) 발전 추세

대공포와 휴대용 대공 유도무기의 단점을 최소화하고 장점을 극대화한 복합대공화기는 대공포와 휴대용 대공 유도무기를 단일 차체에 탑재함으로써 기동성과 운용의 융통성을 보유할 수 있게 되었다. 복합대공화기는 주로 국지 대공방호 또는 기동부대의 대공방호를 위하여 운용되며, 국내에서는 현재 개발되지 않았으나 복합대공화기의 개발을 위한 핵심기술은 보유하고 있다. 국가별 복합대공화기의 개발 현황은 다음과 같다.

(1) 미국

① LAV-AD(Light Armored Vehicle-Air Defense)

그림 4.2.2의 LAV-AD는 1987년의 미 해병대의 소요제기에 의하여 개발된 경장갑 복합대공화기로서, 8 × 8 경장갑차(LAV)에 25 mm 5연장 게틀링건(gatling gun)과 스팅어 미사일 4발을 발사대 좌우측에 장착하였다.

25 mm 게틀링건은 분당 발사속도가 1800발이고 대공 유효사거리는 2.5 km이며, 대공 외에 대지공격임무도 수행한다. 대공 유효사거리 5.5 km인 스팅어 미사일은 차체에 8발을 별도로 휴대하고, 필요에 따라 MANPADS(Man-Portable Air Defense System)로도 운용할 수 있다.

사격통제장비로는 주야간용 FLIR 조준기와 주간 TV 조준기, CO_2 레이저 거리측정기를 장착하고, 디지털컴퓨터에 의한 사격제원계산, 발사통제 및 자동추적능력을 갖추고 있다. 또한 분대장 사수 2명으로 운영하는 포탑은 전동식으로 구동된다.

표적탐지 및 획득은 별도의 레이더가 담당하거나 체계 자체의 조준기에 의해 수동으로 수행할 수 있으며, 체계 전체 중량은 약 13톤으로 CH-53E 시코르스키 헬기나 C-130 수송기에 의해 수송가능하며, 수상이동 및 기동 중 사격이 가능하다.

② 어벤저(Avenger)

그림 4.2.3의 어벤저는 저고도 항공기 위협에 대항할 수 있는 복합대공화기로서, 사격 장비는 회전포탑에 설치된 8발의 스팅어 미사일 몸체와 구경 50 구경 기관총, FLIR 체계와 레

그림 4.2.2 미국의 LAV-AD   그림 4.2.3 미국의 어벤저

이저 거리측정기(LRF : Laser Range Finder) 그리고 피아식별기로 구성된다.

센서 요소와 무장 체계는 사격 중 기동능력을 갖기 위해 자이로(Gyro)가 안정화되어 있고, 기동 중이나 주둔지에서 미사일이나 기관총을 발사할 수 있으며, 사수는 포탑 내부에서 이격된 원격 조정장치로 무기체계를 작동한다.

③ 브래들리 라인배커(Bradley Linebacker)

1995년 개발에 착수된 브래들리 라인배커는 BFV(Bradley Fighting Vehicle) 차량에 탑재되는 개량형으로, 어벤저 사격통제시스템을 사용하고 있다. 이 무기는 발사준비 상태의 스팅어 미사일 4발과 6발의 예비용 미사일을 탑재하고, 25 mm 대공포를 장착하고 있다.

(2) 러시아

① 퉁구스카(Tunguska : 2S6M)

4차 중동전에서 명성을 남긴 구소련의 ZSU-23-4 대공포를 대체하기 위하여 1980년대 중반에 개발된 퉁구스카(그림 4.2.4)는 복합대공화기의 원조라 할 수 있으며, 계속적인 개량을 통하여 성능이 지속적으로 향상되어 왔다.

주 무장인 대공포는 30 mm 4문을 2문씩 묶어 좌우 양측에 장착하였으며, 발사속도는 문당 2500발/분으로 4문을 동시에 사격하면 총 10000발/분에 이르고, 탄통적재량은 1904발이다. 유효사거리는 고도 3000 m, 거리 4000 m이며, 전기식으로 발사되고 포구속도 측정장치를 부착, 자동적으로 탄도가 수정된다.

유도탄은 SA-19(9M311) 8발을 포탑 좌우 발사대에 4발씩 적재하며, 길이 2.56 m, 중량 42 kg으로 유효고도 3.5 km, 유효사거리 2.5~8.0 km로 유도조종방식으로 운용된다. 중량 9 kg의 고폭탄두는 900 m/s로 비행하여 표적 근처 5 m에서 근접신관이 작동된다.

탐지레이더는 탐지거리 18 km로서 포탑 후상부에, 추적레이더는 추적거리 13 km로서 포탑 전방에 장착되어 있다. 그 외에 광학조준기를 보조장치로 운용하며, 사격제원, 발사, 통제 등을 담당하는 컴퓨터를 포탑 내부에 콘솔과 함께 내장하고 있다.

그림 4.2.4 러시아의 퉁구스카

그림 4.2.5 러시아의 Pantzyr-S1

차체는 초기에 T-72 전차를 사용하였으나 현재 모델에서는 MT-T 중장갑차를 사용한 것으로 알려지고 있다. 운용요원은 4명으로 포탑에 분대장, 레이더조작원, 포수 등 3명이 탑승하고 차체 전방에 조종수가 탑승한다.

② Pantzyr-S1

퉁구스카 복합대공화기 개발에 성공한 러시아는 기관포와 Pantzyr-S1 복합대공화기(그림 4.2.5)를 추가로 개발하였다. 포탑은 포, 유도 미사일의 복합형으로 퉁구스카와 유사하나 차체가 차륜트럭인 점이 상이하다. 포탑의 무장도 30 mm 포 2문과 12발의 지대공 유도무기를 탑재하여 유효사거리를 12 km까지 늘렸다. 또한 기관포나 미사일의 발사 및 비행속도를 높여 고속표적에도 대응할 수 있도록 시스템의 능력이 대폭 보강되었다.

(3) 중국의 Type-95

Type-95 25 mm 대공포 4문과 휴대용 SAM 대공 유도무기 4발이 장착되어 있다. 탐지장치로는 저고도 항공기나 공격용헬기 탐지에 적합하고, 최대 11 km까지 표적을 탐지하는 CLC-1 도플러 레이더를 사용한다. 추적장치로는 6 km까지 추적할 수 있는 TV 추적카메라와 5 km의 열상장치 그리고 0.5～5.5 km까지 측정이 가능한 레이저 거리측정기를 포함한 전자광학추적기를 사용하고 있다. 이외에도 전방에 자체방호를 위해 포탑 전방 하부에 연막탄 발사기를 양측에 장착하고 있다. 25 mm 대공포는 유효사거리 2.5 km, 유효고도 2 km에서 교전이 가능하고, 휴대용 대공 유도무기는 사거리 0.5～6.0 km, 고도 10 m～3.5 km이다.

그림 4.2.6 독일의 게파트

(4) 독일의 게파트(Gepard)

GEPARD 자주대공포는 레오파드 전차의 제작업체인 독일 뮌헨의 Krauss Maffei사에서 개발되었으며, 현재 벨기에, 독일, 네덜란드에서 운용 중이다. 게파트는 포탑의 좌우에 탑재되어 있는 35 mm 기관포의 외측에 스팅어 미사일 캐니스터 2개가 장착되며, 이들 미사일 캐니스터와 기관포는 일체형으로 같이 구동된다(그림 4.2.6). 각 포는 대지공격용을 포함하여 320발의 탄환을 장전할 수 있으며, 두 개의 포신에서 최대 1100발의 사격이 가능하다. 특히 포탑의 양옆에 모두 8개의 매연 방출장치를 장착하여 매우 짧은 반응시간과 적외선 조준기를 포함하는 적의 각종 조준장비에 대해 효과적인 방해 스크린을 갖추고 있다.

표적의 탐색 및 추적에는 독립적인 시스템을 갖추고 있으며, 포탑의 앞부분에 장착된 탐색레이더와 뒷부분에 장착된 추적레이더를 사용한다. 미사일을 발사할 때는 포탑상부에 탑재되어 있는 전자광학장치를 사용한다. 이러한 레이더들은 360도 전방위 스캔기능을 갖추고 고성능의 산탄 방지기능, 모노펄스 타입의 추적모드, ECM 환경 및 이동중 탐색기능을 제공한다. 지대공 무기는 스팅어를 포함하여 사격 후 망각(fire and forget) 방식의 러시아 이글라(Igla) 등 여러 다른 기종도 탑재할 수 있다. 대공표적이 탐지되고 요격해야 할 표적이 지정되면 미사일의 탐색기가 표적을 고정(lock-on)한 후 발사되며, 발사 후의 미사일은 자율유도 방식으로 표적에 도달한다.

4.3   휴대용 대공무기

4.3.1 체계 특성 및 운용 개념

1) 체계 특성

휴대용 대공무기는 기동부대, 주요 화력지원부대의 대공방어와 교량 및 협곡, 지휘 및 통신시설, 탄약창과 보급소, 비행장 등 취약지역의 저고도 대공방어 임무를 담당한다. 휴대용 대공 유도무기는 조작이 간편하고, 목표를 발견하여 발사하는 반응시간 및 재장전시간이 짧고, 명중률이 높으며, 신속한 기동력 등의 장점이 특징이다. 유도방식은 일정한 위치에 있는 발사지점에서 미사일이 발사된 후 비행 중에는 표적의 진행방향을 예측하여 미사일을 예상 명중점으로 바로 접근시키는 비례항법 유도방식(PNG：Proportional Navigation Guidance), 미사일이 표적전방에 이르렀을 때에는 표적방향으로 선회각을 크게 해주어 표적항공기의 동체를 공격하는 표적적응 유도방식(TAG：Target Adaptive Guidance)을 적용한다. 즉, 목표물의 화염을 좇아가는 수동형 탐색기로서 표적 항공기를 고착(Lock-on)한 후 미사일이 스스로 표적에 명중할 때까지 계속 표적을 추적하는 발사 후 망각(Fire and Forget)방식의 수동 호밍 유도 방식이다.

2) 운용 개념

휴대용 대공무기의 운용 개념은 신궁(KP-SAM) 체계를 활용하여 알아보자. 그림 4.3.1에서와 같이 발사대 1대와 유도탄 6발을 기본단위로 하여 사수와 조장 각 1명씩 2명이 1개 조로 운영되며, 사수는 유도탄 사격을 담당하고 조장은 부대 간, 타 무기시스템 및 저고도 탐지레이더와의 통신을 담당하고, 가시표적정보 및 저고도 탐지레이더 표적정보를 활용하여 사격여부를 결정하게 된다.

운용 개념을 살펴보면 그림 4.3.2에서와 같이 우선 사수가 표적을 확인하고 유도탄을 발사(③)하면 사출모터에 의해 유도탄이 회전하면서 발사관을 이탈한다. 발사 후 약 0.4초 이후에 주모터가 점화되면 추진력을 이용하여 신관 및 탄두가 무장되고, 표적과 유도탄의 상대 각가속도에 따라 유도명령이 생성되며, 유도탄이 표적을 향해 비행하게 된다. 대상표적에 접근한 유도탄은 근접 및 충격신관을 작동하여 적기를 격추(⑤)하게 되며, 항공기를 격추하지 못하였을 경우 자폭신관이 작동하여 자폭함으로써 지상 폭발을 방지한다.

그림 4.3.1 신궁 시스템 구성

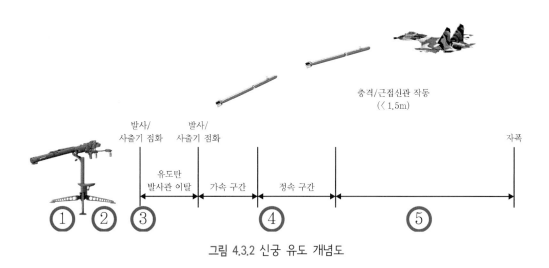

충격/근접신관 작동
(⟨ 1.5m)

발사/
사출기 점화

발사/
사출기 점화

자폭

유도탄
발사관 이탈

가속 구간

정속 구간

①　②　③　　　　　④　　　　　⑤

그림 4.3.2 신궁 유도 개념도

4.3.2 개발 현황 및 발전 추세

1) 개발현황

휴대용 대공무기는 운용병이 운반하여 독자적으로 작전을 수행할 수 있는 체계의 간편성을 지닌다. 또한 장착된 적외선 탐색기로 인해 비행체의 대전자전 능력이 부재한 경우 공군력에 심대한 타격을 줄 수 있는 장점 때문에 현재 여러 나라에서 개발·운용되고 있다. 세계 각국에서 운용되고 있는 휴대용 대공 유도무기의 현황은 표 4.3.1에 나타난 바와 같다.

(1) 미국

미국은 1960년대 중반에 전력화한 발사 후 망각방식의 견착식 Red Eye를, 1970년대 중반에 전방교전능력과 비행경사도 및 종합 피아식별장치(IFF : Identification Friend or Foe)를 추가한 Stinger Basic을 개발하여 1980년대 초에 배치하였다. 1980년대 중반에는 표적탐지능력을 증진시킨 적외선, 자외선 기술의 이중모드 Rossette 패턴 영상주사 유도기법과 수동 광학추적기 기술(POST : Passive Optical Seeker Technique)의 호밍헤드를 사용하여, 배경 사이에서 표적 식별을 확실히 하고 적외선 방해방어방책(IRCCM : Infra-Red Counter Counter Measure) 기능을 가진 Stinger POST를 개발하였다. 그 이후 Stinger POST의 IRCCM 기능을 보완하고 헬기에서 운용이 가능한 Stinger RMP(Reprogrammable Micro Processor)를 1980년대 후반에 개발하였고, Stinger RMP를 공대공 유도무기로 개량한 Block I과 적외선 영상탐색기를 적용한 Block II를 개발 중에 있다.

(2) 영국

1960년대 말 전력화한 MCLOS 방식의 1세대인 Blowpipe를 시작으로 탄두와 추진기관을 개량하고, 2세대형 탐색기를 채택한 Javelin이 1980년대 초에 전력화되었다. 그 이후 Javelin

의 속도 및 사거리를 향상시키고 차량탑재도 가능한 Starburst와 Starstreak를 1990년대 중반과 2000년대 초반에 전력화하였다.

(3) 프랑스

Mistral을 1970년대 말에 개발하기 시작하여 1980년대 중반에 육군과 공군에 배치하였다. 그 이후 1980년대 후반에 차량 탑재형 ATLAS와 헬기 탑재형 ATAM을, 1990년대 초반에는 함정 탑재형인 SIMBAD를 실전 배치하였다.

(4) 러시아

1960년대 중반에 수동 적외선 호밍 지대공 유도탄시스템을 개발하여 SA-7(구 소련명 Strela-2S)를 육군에 배치하였다. 개량형인 SA-14(구 소련명 Strela-3)는 더욱 강력해진 탄두와 비례항법

표 4.3.1 휴대용 대공 유도무기의 현황

제조국	무기명	개발시기	추적방식	탐색기	비 고
미 국	Stinger Basic	1970년대 중반	Passive-IR	2세대	Redeye 개량형
	Stinger Post	1980년대 중반	Passive-IR	3세대	IRCCM
	Stinger RMP	1980년대 후반	Passive-IR	3세대	IRCCM 기능 향상
	Stinger Block Ⅰ	2000년대 초반	Passive-IR	3세대	RMP 개량(공대공 가능)
	Stinger Block Ⅱ	2000년대 중반	Passive-IR	4세대	배열형
영 국	Javelin	1980년대 초반	SACLOS	2세대	Blowpipe 개량형
	Starburst	1990년대 초반	Laser Beam riding	3세대	Javelin 개량형
	Starstreak	2000년대 초반	Laser Beam riding	3세대	속도 및 사거리 향상
프랑스	Mistral	1970년대 후반	Passive-IR	2세대	
	Mistral(ATAM)	1980년대 후반	Passive-IR	3세대	헬기 탑재형
	Mistral(ATLAS)	1980년대 후반	Passive-IR	3세대	차량 탑재형
	Mistral(SIMBAD)	1990년대 초반	Passive-IR	3세대	함정 탑재형
러시아	SA-7	1960년대 중반	Passive-IR	1세대	
	SA-14	1970년대 중반	Passive-IR	2세대	SA-7 개량형
	SA-16	1980년대 초반	Passive-IR	2세대	ADN(속도 증가)
	SA-18	1980년대 중반	Passive-IR	3세대	SA-16 개량형
중 국	HN-5	1990년대 중반	Passive-IR	2세대	A, B, C형, SA-7 개량
	QW-1	1990년대 중반	Passive-IR	2세대	Vanguard, HN-5 개량
	QW-2	1990년대 중반	Passive-IR	2세대	SA-16 모방, 헬기탑재
	FN-6	1990년대 후반	Passive-IR	3세대	
한 국	신궁	2000년대 초반	Passive-IR	3세대	

방식을 채택하였다. 또한 ADN을 장착하여 속도를 증가시킨 SA-16을 1980년대 초에, SA-16을 개량한 SA-18을 1980년대 중반에 개발하어 Igla로 명명하였다.

(5) 중국

1980년대 중반에 SA-7을 개량한 Hong Nu-5(HN-5)를 실전 배치하였다. 그 이후에 HN-5를 개량한 Qianwei(Advanced Guard) QW-1과 SA-16을 모방하고 헬기 탑재가 가능한 QW-2를 1990년대 중반에 개발하였다. CNMIEC사의 최신형 휴대용 대공무기인 FN-6는 제반 조준장치를 장착할 수 있고, IFF를 클립 방식으로 끼울 수 있다고 알려져 있다.

2) 발전 추세

휴대용 대공무기는 사거리 연장, 유도탄 속도증대, 생존성 향상 및 야간운용능력 보강과 함께 조기경보체계와 연동시키는 다양한 무기체계로 변화시켜, 육·해·공군의 수요를 충족시키고 있다. 제3세대 휴대용 대공 유도무기 시장은 Mistral과 같은 적외선 유도시스템과 Starburst 미사일 형태의 레이저 유도시스템 간의 경쟁으로 요약될 수 있다. 운용 및 성능적인 측면을 살펴보면 경량화, 사거리 증가, 고속·고기동화 설계 및 주야간 전천후 운용성을 확보하는 방향으로 발전되고 있으며, C4I 체계와 연동되는 차량, 헬기, 함정 탑재형으로 개량 설계되어 다양한 형태의 근거리 방공 유도무기로도 활용되고 있다.

4.4 지대공 방공무기

4.4.1 체계 특성 및 운용 개념

1) 체계 특성

지대공 방공무기는 지상에 근거를 둔 지휘발사체계와 요격수단인 유도탄으로 구성되어 있다. 항공기, 순항유도탄 및 전술탄도탄 등의 각종 공중위협으로부터 거점 및 지역방공 기능을 제공한다. 지대공 유도무기는 공격 가능한 고도에 따라 저고도(4 km 이내), 중고도(4 km ~ 10 km) 및 고고도(10 km 이상)로 분류하고, 사거리에 따라서는 단거리(20 km 이내), 중거리(20 km ~ 75 km) 및 장거리(75 km 이상)로 분류할 수 있다.

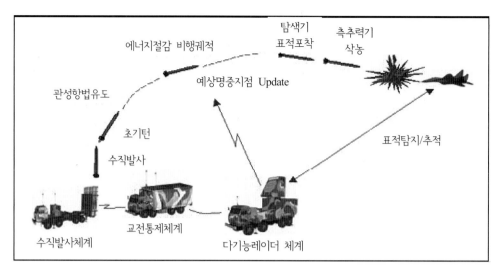

그림 4.4.1 중거리 지대공 유도 무기체계(M-SAM)의 운용 개념도

2) 운용 개념

지대공 유도무기의 운용 개념은 다음과 같은 세 단계로 구성된다.

- 표적정보 획득(탐지, 식별, 추적 등) 및 교전 판단(위협분석 포함)하여 유도탄을 발사하는 단계
- 발사된 유도탄과 육상 지휘발사체계가 실시간으로 연동되어 표적위치로 유도되는 단계
- 유도탄의 탐색기에 의한 표적포착 및 요격하는 과정과 및 교전결과를 지휘발사체계에서 확인하는 단계

4.4.2 개발 현황 및 발전 추세

1) 개발 현황

지대공 유도무기 분야의 운용 또는 개발 현황은 매우 다양하므로 단거리 지대공 유도무기, 중·고고도 지대공 유도무기, 전술탄도탄 방어 유도무기 등 3개 분야로 구분하여 살펴보도록 한다.

(1) 단거리 지대공 방공무기 분야

1970년대에서 1980년대에 이르기까지 선진 각국에서는 Chaparral(미국), Crotale(프랑스), Rapier(영국), Roland(독일, 프랑스), ADATS(스위스), Tor(러시아) 등을 개발한 후 최근까지 성능만을 개량하면서 기존 무기체계를 운용하여 왔다.

국내에서는 1990년대에 최초로 자체개발한 천마를 운용하고 있다. 2000년대 들어서는 유도탄의 고속화와 전 방향 대응능력을 강화하는 방향으로 개량되고 있다.

또 다른 한편으로는 장갑차량(차륜 또는 궤도차량)에 대공포와 유도탄을 탑재한 복합대공무기로서, 원거리 표적은 유도탄으로, 근거리 표적은 대공포로 교전이 가능한 무기체계로 발전시키는 것이다. 여기에 적용하는 유도탄으로는 휴대용 유도탄을 주로 사용하나 러시아의 Tunguska와 같이 단거리 지대공 유도탄을 적용하기도 한다.

(2) 중·고고도 지대공 방공무기 분야

중·고고도 지대공 유도 무기체계는 구 서방세계에서는 Hawk와 Patriot, 공산국가에서는 Buk 및 S-300 계열로 양분되어 운용되어 왔으나, 1990년대에 들어 선진 각국에서는 Hawk 후속 대체무기 개발을 추진하고 있으며, Patriot와 같은 중장거리·고고도 방공무기체계는 점차

표 4.4.1 중·고고도 지대공 유도무기의 개발 현황 및 특성 비교

국 가	체계명 (모델)	개발 기간 (연도)	전력화 연도	주요 특성 및 성능		
				사거리/ 요격고도(km)	요격방식	요격체 특성
미 국	Patriot (PAC-3)	1987 ~ 2001	2000[1]	20/15	지령관성+호밍유도 공력+추력 혼합제어	1단 고체추진 (대항공기용, 대탄도탄용 유도탄 구분)
	MEADS[2]	1995 ~ 2012	2012 이후	30/15	지령관성+호밍유도 공력+추력 혼합제어	PAC-3 유도탄 활용
	THAAD[3]	1992 ~ 2007	2009	200/150	종말 IR 호밍 직격탄두	2단 추진기관 (고체추진+액체추진)
프랑스	SAMP/T	1990 ~ 2003	미정	100/20	지령관성+호밍유도 공력+추력 혼합제어	2단 추진기관 (부스터방식, 수직발사)
러시아	S-400	? ~ 2001	미확인	400/27	지령+종말 TVM (또는 능동) 공력+추력 혼합제어	사출방식 수직발사
	Buk-M2	? ~ 1997	1998	30 ~ 45/25	반능동 호밍 파편탄두	이중추력 고체추진
이스라엘	ACES	1992 ~ 2006	2003	110/40	종말 IR 호밍 직격탄두	2단 추진기관
일 본	Chu-SAM	1985 ~ 2003	2004	25 ~ 50/10	관성지령+호밍유도	4이중모드 탐색기 수직발사

1) PAC-3 Configuration 3 기준, ERINT Missile 개발기간 포함
2) MEADS : Medium Extended Air Defense System
3) THAAD : Theatre High Altitude Area Defense

전술탄도탄 요격을 주 임무로 특성화하고 있다. Hawk 후속 무기체계로 각국에서 개발하고 있는 무기체계는 대표적으로 SAMP/T(프랑스, 이탈리아), MEADS (미국, 독일, 이탈리아), Chu-SAM (일본) 등이 있다.

러시아도 Buk의 후속대체무기로 Buk의 성능 개량형인 Buk-M2, S-300 계열의 후속무기체계로 S-400체계를 개발하거나 개발 완료한 상태이다.

우리나라는 1960년대에 미국에서 개발한 Nike와 Hawk를 일부 성능 개량을 거쳐 지금까지 사용하고 있으나 현재 노후화된 Hawk의 후속 무기체계로 신 개념의 중거리 지대공유도무기(M-SAM) 개발을 정부주도로 수행 중이다. 현재 개발되는 중·고고도 무기체계는 전술탄도탄 방어능력을 추가하고 있으나 중거리급 지대공 유도무기의 성능한계로 인하여 전술탄도탄의 하층 방어만 가능하므로 전술탄도탄 방어무기체계와 통합 편성되어 다층 방어체계의 일부분을 담당하는 추세이다.

선진국 개발 현황을 대표적인 무기체계를 중심으로 요약하면 표 4.4.1과 같다.

(3) 전술탄도탄 방어 방공무기 분야

탄도탄 제조 및 개발기술의 확산과 걸프전 이후 증가된 탄도탄 위협에 대응하기 위하여 선진 각국에서는 Patriot 체계에 탄도탄 방어능력을 추가(PAC : Patriot Advanced Capability)하는 성능개량 방법과 독립된 탄도탄 요격체계를 개발하는 방법을 병행하여 추진하고 있다. 선진국에서 개발 중인 탄도탄 요격체계로는 THAAD(미국), ACES(이스라엘, 미국), ANTEY2500(러시아) 등이 있으며, 그밖에 영국, 프랑스 등에서도 관련 기술을 개발 중이다. MEADS나 SAMP/T 등도 일부 전술탄도탄 요격기능을 갖출 예정이다.

2) 발전 추세

지대공 유도무기의 발전 추세를 분야별, 국가별로 요약하면 다음과 같다.

(1) 무기체계별 발전 추세

① 단거리 지대공 방공무기 분야

단거리 지대공 유도무기는 다중센서를 적용하여 ECCM/IRCCM 대응능력과 표적 식별능력을 개선하고, 유도탄을 고속화하며, 사거리를 연장하는 추세로 발전하 있다. 또한 수직발사 방식을 채택해 전방위에 대한 공격성능을 향상하는 추세로 발전하고 있다. 대표적인 무기체계로는 ADATS(스위스) 및 Roland-Ⅲ(독일) 등이 있으며, 기존 무기체계에 대한 지속적인 성능개량과 궤도차량 탑재형, 차량(트럭) 탑재형 및 쉘터형 등 다양한 형태로 운용 중에 있다. 또 다른 개발방향은 장갑차량에 대공포와 유도탄을 복합운용함으로써, 단거리 유도탄과 대공포의 장점을 활용 가능한 복합 지대공 무기체계로 발전하고 있다. 대표적인 복합 지대공 유도 무기체계는 LAV-AD(미국) 및 Pantsyr-S1(러시아) 등이 있다.

② 중·고고도 지대공 방공무기 분야

탐지추적레이더의 다기능화를 통해 기존에 포대를 구성하였던 여러 대의 탐지레이더, 추적레이더, 유도조사레이더(guidance illumination radar) 등의 다기종 다수의 레이더를 1대의 다기능 레이더(multifunction radar)로 통합하고 있고, 유도탄의 고기동화로 유도탄을 고속화하고 측추력기를 탑재하여 유도탄의 종말 기동성을 대폭 향상시키고 있다. 또한 동시 다표적 대응능력의 강화(능동형 마이크로파 탐색기 탑재)로 중기유도는 관성유도, 종말유도는 능동형 마이크로파 탐색기를 이용한 호밍유도방식을 채택하여 지휘발사(Command & Launch) 장비의 단위 표적당 교전통제 부하를 감소시켜, 다표적 교전을 가능하게 함으로써 포대의 동시 다표적 교전능력을 강화하고 있다. 아울러 반응시간 단축을 위해 대부분 수직에 대해 사방식을 채택하고 있다.

한편 능력측면에서 보면 중고도 및 고고도 지대공 유도무기는 전술탄도탄 방어능력을 부여하는 추세로 발전하고 있으며, 극초음속의 종말 비행속도를 갖는 탄도탄에 대해 방어가 가능하도록 초음속 추진기술과 고성능의 탄두설계 기술, 반응시간 단축을 위한 수직발사장치 채택 및 고성능 레이더를 활용한 정밀 표적정보 확인 기술 등이 구현되고 있다.

③ 전술탄도탄 방어 방공무기 분야

탄도탄 방어 유도무기는 빠른 반응시간을 갖는 교전체계와 높은 기동성의 유도탄이 요구되고 있으며, 견고한 표적을 무력화하기 위해 직격 파괴 방식을 채택하는 추세이다. SM-6(미국, SM-2 Block IV 개량형)와 같은 중고도 지대공 유도무기는 고고도 공격성능의 제한으로 전술탄도탄의 하층(low tier) 방어 목적으로 개발되고 있으며, 장거리·고고도 전술탄도탄 방어시스템에 통합 운용되어 다층 방어체계의 일부분을 담당하는 역할을 수행한다. 증가되는 탄도탄 위협에 대응하기 위해 선진국은 탄도탄 방어체계를 확보하기 위한 노력의 일환으로 Patriot 체계(미국)와 같이 기존의 제한적인 대탄도탄 방어능력을 갖는 무기들의 성능개량과 MEADS(미국-EU 공동, Medium-Extended Air Defense System) 등과 같은 신규 체계의 개발을 추진 중이다. MEDAS 체계는 2014년까지 전력화를 목표로 개발 중이다.

(2) 국가별 발전 추세

① 미국

순항유도탄을 포함한 공기흡입식 표적(air breathing target) 위협에 대응하여 단거리 지대공 방공 무기체계는, 기동차량에 대공포와 유도탄 혼합체계를 탑재한 전투체계 중심으로 발전시키고 있으며, 중·고고도 방공 무기체계는 Patriot를 대체할 체계로 중거리 방공체계(MEADS)를 개발 중에 있다. 그러나 장기적으로는 각종 탐지추적체계를 네트워크로 연결하고 다양한 형태로 분산 배치가 가능한 저비용의 요격체계를 개발하여 방공체계를 구성하는 방향으로 발전하고 있다.

전술탄도탄 위협에 대해서 다층의 방어체계를 구상하고, 상층방어용으로 전역 고고도 방공체계(THAAD)를 개발하고 있으며, 하층방어용으로 Patriot를 성능개량하고(PAC-3), 장기적으로는 MEADS를 개발하여 대체하려 하고 있다. 이러한 무기체계는 탄도탄의 재돌입궤도에서 요격하는 체계이며, 이와는 별도로 외기권인 중기비행궤도에서 요격하는 체계도 개발 중이다. 이러한 체계들은 모두 미사일방어(MD : Missile Defense)의 일부를 담당하게 된다.

② 프랑스

단거리 지대공 방공무기인 Crotale은 1970년대에 개발되어 세계 각국에서 운용 중이다. 1980년대 말에 미국과의 기술협력으로 성능을 개량하여 Crotale NG를 운용 중이며, 최근에는 통합지휘체계 연동하여 작전능력을 증대시키는 방향으로 발전시켰다. 또한 초고속 유도탄 개발을 위한 요소기술개발을 수행 중이다. 중거리 지대공 방공무기 분야에서는 Hawk 후속대체무기 개발에 착안하여 1980년대부터 X-band 다기능레이더 기술개발을 추진하였으며, 개발된 기술을 기반으로 이탈리아 등과 공동으로 중거리 지대공 방공무기체계인 SAMP/T 개발에 착수하여 현재 완료단계에 있으나, 구체적인 배치 및 운용계획은 공개되지 않은 상태이다. 그러나 대탄도탄 요격성능을 추가하기 위해 지속적으로 성능개량을 추진 중에 있으며, 능동형 다기능 레이더로의 개량을 위한 기술개발에도 노력을 기울이고 있다. 전술탄도탄 방어체계 분야는 이미 개발 중인 SAMP/T에 전술탄도탄 요격기능을 추가하고, 전술탄도탄 위협을 탐지할 수 있는 탐지레이더의 개발을 수행하고 있다.

③ 러시아

러시아는 1960년대부터 다양한 방공 무기체계를 개발하여 운용해 왔으며, 1980년대까지 계속 성능을 개량하거나 새로이 개발하여 관련 분야의 최고 기술수준을 유지해 왔다. 단거리 지대공 방공무기 분야의 Tor, 대공포와 유도탄의 복합 무기체계 분야의 Tunguska, 중·고고도 지대공 방공무기 분야의 Buk 및 S-300 계열의 무기체계가 그것들이다. 그러나 1990년대 들어서 신규 무기체계 개발이 지연되면서 중·고고도 지대공 방공무기 분야에서 다기능레이더 및 혼합유도 조종방식 등의 신개념을 적용한 무기체계 개발은 미국이나 프랑스 등의 선진국에 비해 뒤처지게 되었다. 최근에는 S-300의 후속체계인 S-400 개발과 Buk의 성능개량체계인 Buk-M2를 개발하는 등 방공 무기체계의 최신화에 주력하고 있다. 전술탄도탄 방어체계는 종전의 S-300V를 성능개량한 Antey2500 또는 S-300V2를 개발하려 하고 있다.

④ 한국

단거리 지대공 방공무기(천마)는 국내 저고도 방공작전의 중추로서 무연추진체를 사용하여 발사 위치가 노출되지 않고, 기갑부대와의 작전이 가능한 뛰어난 등판능력과 기동력이 우수한 장비이다. 특히 유도탄의 고속·고기동화, 통합작전능력 보강, 사거리 증대 등의 성능

개량, 탐지추적 레이더의 다기능화 및 반응시간의 단축을 위한 수직발사 등을 고려한 후속체계의 개발이 이루어지고 있다.

중거리 지대공 방공무기 분야는 국내에서 정부 주도로 꾸준히 연구개발하고 있으며, 2011년 국방과학연구소에서 천궁(M-SAM)이 개발 완료되어 2013년 양산을 시작하였고 2015년 실전배치를 준비 중이다.

천궁은 선진국 수준의 성능을 갖는 무기체계로 대탄도탄 요격능력을 보유할 것이나 중거리 지대공 방공무기의 성능 제한으로 전술탄도탄의 하층방어만 가능할 것으로 판단된다. 적탄도탄 방어를 효과적으로 하기 위하여 2012년 2기의 이스라엘제 그린파인 레이더 개량형을 보강하였으나, 충분한 대응력이 구성되었다고 보기는 어려운 실정이다. 따라서 효과적인 한국형 방공작전체계(KAMD) 구축을 위한 정부 차원의 노력이 진행 중이다.

4.5　주요 구성 기술

방공 무기체계는 대공포를 제외하고 무기체계 특성상 유도기술을 주요 핵심기술로 사용하고 있다. 따라서 이 절에서는 방공무기가 표적을 명중시키는 과정에서 이루어지는 유도기술을 중심으로 중요한 사항들을 알아본다.

4.5.1 기체구조 기술

방공무기의 기체는 비행에 필요한 양력을 제공하고, 이에 따른 공력하중에 대하여 전 기체 구조물의 정적·동적 구조강도를 확보하며, 관련 내부탑재장비를 보호하는 구성품으로 이루어진다. 즉, 유도탄의 비행중량을 줄이면서 비행 시 구조 안전성을 확보하기 위한 고강도 경량화 기체를 설계해야 하며, 스킨·프레임으로 구성된 동체, 날개 및 기계장치가 그 구성품이며, 그림 4.5.1에 나타난 바와 같다.

그림 4.5.1 기체 구성품

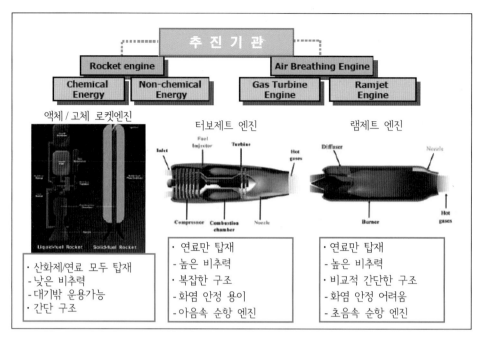

그림 4.5.2 방공무기용 추진기관의 분류 및 개략적 형태

4.5.2 추진 기술

현재까지 개발된 각종 미사일용 추진기관으로 가장 많이 사용되는 것은 고체추진 로켓모터이며, 전체의 90% 이상을 차지하고 있다. 이와 함께 액체추진 로켓 엔진, 가스터빈 엔진, 램제트 엔진이 있으며, 앞으로 스크램제트 엔진과 이들의 조합형 엔진도 예상된다(그림 4.5.2 참조).

고체추진 로켓모터는 특정 형상의 추진제가 들어 있는 연소실, 노즐 및 점화기로 구성되어 있으며, 구조가 간단하고, 취급상의 안전성과 장기 저장성이 좋다. 또한 단시간 내에 큰 추력의 발생이 가능하고, 즉시 발사할 수 있는 장점을 가지고 있으나 100초 수준 이상의 장시간 연소나 추력 수준의 조절 그리고 비행 중 소화 및 재점화가 거의 불가능하여 장거리 순항이나 대공방공 무기체계에는 부적합한 단점도 있다.

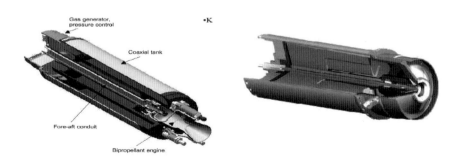

| 그림 4.5.3 겔 추진기관 | 그림 4.5.4 노즐의 면적 변경이 가능한 추진기관 |

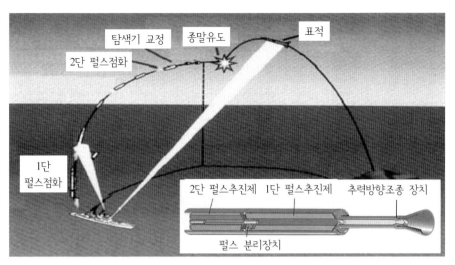

그림 4.5.5 다중 펄스 적용 미사일의 개념도 및 다중 펄스 추진기관

고체추진 로켓의 고성능화를 위해서는 추진제의 개량을 통해 에너지 발생량을 증가시키거나, 연소실의 압력을 높이거나 펄스(pulse) 모터를 이용하여 필요시 다중추력을 발생시키는 방법이 있다. 현재까지는 추진제의 둔감화, 저연화 및 연소속도를 높이는 방향으로 성능향상을 꾀하고 있으나, 획기적인 추진제 성능향상은 힘들 것으로 예상된다. 이를 극복하기 위해서 연소실의 압력을 증가시키면 추진기관의 성능은 증가하지만, 고강도의 가벼운 연소실 구조재가 요구된다. 이를 위하여 특수강을 사용한 금속재와 경량 고강도 신소재를 사용한 복합재 연소관 기술이 지속적으로 개발되고 있다.

고체로켓용 추진제는 산화제 성분과 연료성분을 물리적 혹은 화학적으로 혼합하여 고체화한 것이며, 혼합형 추진제(composite propellant)와 복기형 추진제(double base propellant)로 크게 분류된다. 고체 추진제의 대표적인 성능치인 비추력은 혼합형 추진제가 개발된 1950년대 이후 꾸준히 증가하였으나, 현재는 거의 성능 한계값에 도달하고 있다.

최근에는 밀도가 높은 겔(gel) 추진제(그림 4.5.3 참조)의 적용을 통해 추진제가 차지하는 공간의 부피당 가용에너지를 높이고 추력을 증가시킴으로써 사거리를 2배 이상 높이고자 하는 연구가 진행되고 있다. 또한 그림 4.5.5에서와 같이 노즐 목의 면적을 변경시켜서 연소실의 압력을 변화시키면 연소실 내의 추진제 연소율이 증가하므로, 미사일의 속도 증가가 필요할 때에는 노즐 목의 면적을 축소시켜 추력을 증가시킬 수 있는 가변노즐을 채택하는 것도 한 방법이다. 또한 한 연소실 내의 추진제를 격막으로 나누어 필요에 따라 시간 차이를 두고 여러 번으로 나누어 연소되게 함으로써, 공기항력을 최소화해, 미사일의 사거리 증가, 에너지 효율 및 종말속도 향상을 도모하는 다중 펄스 추진기술도 개발되고 있다(그림 4.5.5 참조). 이러한 기술개발은 궁극적으로 미사일의 탐지성 저하 및 생존성 향상에 기여하게 된다.

액체추진 로켓 엔진은 구조가 복잡하고 즉시 발사가 어렵지만, 고체추진 로켓 모터에 비해 추력이 높고, 장시간 연소와 추력의 조절이 용이하며, 반복적인 소화와 점화가 가능한 장점을 가지고 있어 전략 방공무기, 위성 발사체 및 위성 자세제어 등에 주로 사용된다. 그러나 근래에는 ICBM도 발사준비 시간이 짧은 고체추진 로켓 모터로 전환되고 있는 추세이며, 대부분 우주발사체용으로만 액체 추진기관이 적용되고 있다. 액체추진 로켓 엔진의 구성은 액체 산화제와 액체 연료가 들어 있는 별도의 추진제 탱크, 터보펌프, 터빈, 가스 발생기, 연소실 및 노즐로 되어 있다.

공기흡입식 엔진은 터빈구동에 의한 압축기를 사용하여 공기를 압축하는 가스터빈 엔진계와 초음속 비행체에 의해 충격파 현상을 이용하여 공기를 압축하는 램제트 엔진계의 두 종류로 분류된다.

가스터빈 엔진은 로켓 시스템과는 달리 연료만을 탑재하고, 연소에 필요한 산소는 공기를 흡입하여 이용하는 공기흡입식 엔진의 하나로서, 방공무기 전체 시스템의 소형화가 가능하며, 성능면에서도 비추력 값이 가장 큰 엔진이다. 가스터빈 엔진의 구조상 비행속도가 대략 마하 3 이상의 초음속이 되면 극한적인 공력조건에 의해 일부 주요구성품이 구조적 및 열적으로 견딜 수 없는 부하를 받아 사용이 불가능하므로, 주로 순항유도탄과 같은 아음속 방공 무기체계에 사용된다. 가스터빈 엔진은 공기흡입구, 압축기, 터빈, 연료 분사기가 장착된 연소실 및 노즐로 구성되어 있다.

램제트 엔진(ramjet engine)은 램(ram) 압축시킨 공기를 이용하여 연료를 연소시켜 초음속 영역에서 높은 비추력을 얻을 수 있는 엔진으로서, 사용되는 연료에 따라 고체 램제트 엔진, 액체 램제트 엔진, 덕티드 로켓 엔진으로 구분된다. 램제트 엔진은 가스터빈 엔진에 비해 구조는 간단하나, 작동 특성상 초음속 비행에서만 유효 추력을 발생시킬 수 있어, 작동 가능 속도까지 가속시켜 주는 로켓 추진기관과 같은 부스터가 필수적이다. 램제트 엔진도 대략 마하수 5 이상이 되면 가스터빈 엔진과 같은 작동한계에 이르러 구조적 및 열적으로 견디지 못하고, 성능면에서도 연소효율이 크게 저하되어 이 이상의 속도에서는 사용이 불가능하다. 이러한 문제점을 해결하고 마하수 5 이상의 더 빠른 비행속도를 가진 비행체에 사용하고자 개발되고 있는 공기흡입식 엔진이 스크램제트 엔진(scramjet engine)이다. 그러나 스크램제트 엔진은 현재까지도 기본적인 연소시험과 비행시험 초기단계 수준에 있어 향후 실제 방공무기에 적용되기까지는 상당한 기간이 소요될 것이다. 램제트 엔진의 경우는 가스터빈 엔진에서 압축기와 터빈이 없는 형태를 갖고 있다.

4.5.3 탐색기 기술

탐색기는 유도탄의 종말 유도단계에서 표적지역을 탐색하고, 표적을 식별, 포착, 추적하여 그 결과를 유도탄의 유도조종부에 전달 유도탄을 표적으로 유도하는 역할을 수행한다. 탐색기는 표적에서 반사 또는 방출되는 전자기파(electromagnetic wave)를 감지하여 표적정보를 획득하게 되며, 감지 파장에 따라 마이크로파 탐색기, 밀리미터파 탐색기, 광학탐색기 등으로 구분된다. 탐색기의 동작방식은 표적을 추적하는데 사용되는 전자파 또는 광파의 에너

그림 4.5.6 능동형 호밍유도

지원이 유도탄인가, 발사체인가 아니면 표적인가에 따라 능동, 반능동, 수동 호밍유도로 분류한다.

능동형은 탐색기 자체에 송신기를 내장하여 탐색기가 표적으로 에너지를 보내고, 표적에서 반사되어 오는 에너지를 추적하는 방식이다. 이 방식을 사용할 경우 유도탄을 발사대로부터 독립적으로 운용할 수 있다는 장점이 있으나, 송신기와 수신기가 탐색기에 동시에 탑재되어야 하므로 그 구조가 매우 복잡하고, 가격이 비싸지는 단점이 있다. 또한 표적 주변에서 발생하는 반사파들에 의해 탐색기에 들어오는 정보가 매우 복잡해지고, 탐색기에서 송신되는 전자파 등이 적의 전자지원(ESM : Electronic Support Measure) 장비에 쉽게 탐지될 수 있어 유도탄의 위치가 노출되는 단점도 있다.

반능동형은 탐색기와 분리된 레이더 등의 조사장치(illuminator)에 의해 표적을 조사하고 탐색기는 표적으로부터의 반사파를 추적하는 방식으로서, 표적이 선별적으로 조사되므로 비교적 깨끗한 표적신호를 추적할 수 있다. 또한 값비싼 송신장치가 탐색기와 분리되어 있으므로 소모성인 탐색기의 가격이 저렴해지는 장점도 있다. 그러나 유도탄 비행 중 많은 시간동안 표적을 지향하고 조사해야 하므로 그 발사위치가 노출되어 적의 공격대상이 되기 쉽다. 지구의 곡률 반지름에 의하여 20~30 km 정도로 사거리 제한을 받는 단점도 있다. 레이저를 이용하는 유도탄, 유도포탄, 폭탄 등은 거의 반능동형 방식이다.

수동형은 표적 자체에서 발생하는 열에너지를 이용하는 방식으로서, 능동형과 마찬가지로 자율적으로 운용할 수 있는 장점이 있으나 표적의 특성 및 주변 조건에 민감한 단점이 있다. 표적의 열에너지에 의해 발생하는 적외선, 밀리미터파 등을 이용하는 경우와 레이더, 재머 등에서 방출되는 마이크로파를 이용하는 것이 이 부류에 속한다.

대공·대함 유도탄용으로 광범위하게 쓰이는 전자파탐색기의 경우 장거리에서는 주로 능동형이 사용되고, 중거리에서는 반능동형이 사용되며, 단거리에서는 능동형 또는 반능동형이 사용된다.

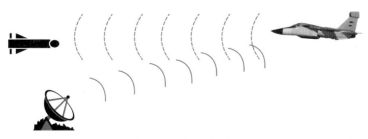

그림 4.5.7 반능동 호밍유도

그림 4.5.8 수동 호밍유도

탐색기 분야에서 미래의 운용능력 발전 추세는 전천후 운용능력, 완전한 자율적 운용, 관측이 어려운 지역에서 다양한 표적에 대한 긴 표적 포착거리, 각종 방해책(countermeasures)에 대한 효율적 대응, 아군공격 확률 감소 등으로 예측된다. 이에 따른 기술 발전 추세는 표적으로부터의 신호정보를 최대한 활용하여 탐색기를 고지능화시키는 방향, 합성 개구면 레이더(SAR : Synthetic Aperture Radar) 기법을 이용한 마이크로파 영상탐색기의 개발 또는 기상조건이나 주변 상황에 따라 선별적으로 사용할 수 있는 마이크로파, 적외선 영상, 밀리미터파 탐색기 등을 모듈화 또는 다중모드화시키는 방향으로 예측된다.

4.5.4 유도조종 기술

방공무기의 유도조종 기술은 고정표적 또는 이동표적에 방공무기를 정확하게 도달시키기 위하여 유도탄이 발사된 후부터 표적에 도달하기까지 유도탄의 비행경로를 결정하고, 안정된 비행을 유지하기 위한 주기적인 유도조종명령을 산출하는 기술로서, 인간의 두뇌와 같은 역할을 한다. 이러한 기술은 수식과 판단논리를 갖는 소프트웨어 형태로 구체화되며, 방공무기 내의 컴퓨터에 주로 구현되어 동작하게 된다. 유도조종 기술의 설계는 방공무기의 주요 구성 기술로 구성되는 그림 4.5.9와 같은 피드백(feedback) 구조에 기반을 둔다.

그림 4.5.9는 2개의 전형적인 피드백 구조를 보여 준다. 바깥쪽의 유도루프는 표적과 방공무기의 물리적 정보를 이용하여 방공무기의 비행궤적을 결정하고, 이 궤적에 따라 방공무

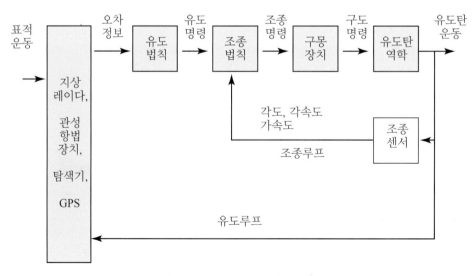

그림 4.5.9 유도조종 개념의 구성도

기가 비행하도록 하는 유도명령을 산출한다. 또한 안쪽의 조종루프는 조종센서 정보를 이용하는 피드백 구조로서, 유도탄의 이동 및 회전을 제어하며, 동시에 안정된 비행을 보장한다.

유도명령과 가속도, 각속도 또는 각도와 같은 물리량이 조종루프의 동작을 위한 입력이 되고, 조종명령이 출력된다. 조종명령에 의해 방공무기의 구동장치를 작동시켜 방공무기의 비행궤적 및 자세를 변경하게 된다.

유도탄을 조종하는 방법에는 날개를 이용하는 공력제어(aerodynamic control) 방법과 추진기관에서 발생하는 배출가스의 힘(추력)을 이용하는 추력벡터 제어(thrust vector control) 방법이 있는데, 대부분의 중·단거리용 유도탄은 공력제어 방식을 채택하고 있으나, 최근에는 유도탄의 성능향상을 위하여 추력벡터 제어방식의 이용이 점차 확대되고 있는 추세이다.

1) 공력제어

공력제어 방식에는 카나드(canard) 제어, 주날개(wing) 제어 및 꼬리날개(tail) 제어방식 등이 있다. 미사일의 전반부에 설치된 카나드를 이용한 제어는 좌우 방향전환이 용이하고, 기동성이 양호하며, 유도조종장치와 구동장치를 유도탄 앞부분에 함께 설치할 수 있으므로 장착이 비교적 수월하나, 카나드를 지나간 공기가 주날개에 영향을 미치는 단점이 있다. 카나드 제어는 Stinger, 사이드와인더 등의 유도탄에 널리 적용되고 있다.

주날개 제어를 사용하는 유도탄은 주날개의 움직임에 의해 직접 좌우로 움직일 수 있는 공력을 얻을 수 있으므로, 좌우 방향전환은 빠르지만 큰 구동장치가 필요하고, 주날개의 압력중심이 유도탄의 무게중심에 접근할 경우 유도탄에 작용하는 모멘트가 거의 없으므로, 자세제어가 비효율적인 단점이 있다. 주날개 제어는 Sparrow 계열 유도탄에 주로 사용된다.

한편 꼬리날개 제어방식은 반응속도가 다소 느린 단점이 있으나 공기에 의한 항력이 카나드 형상보다 작고, 구동토크가 작게 되는 장점이 있다. 또한 그림 4.5.11과 같이 탐색기가 유도탄의 앞쪽에 설치되는 호밍유도탄에서는 카나드가 탐색기 후미에 위치하게 되므로 큰 구동력을 얻기 위해서는 모멘트 암이 긴 후미 조종날개를 사용하는 것이 더 효과적이다. 꼬리날개 제어를 사용하는 유도탄으로는 하푼(Harpoon), 매버릭(Maverick) 등이 있다.

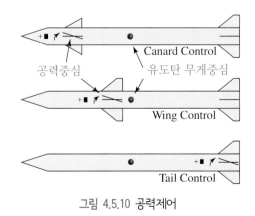

그림 4.5.10 공력제어

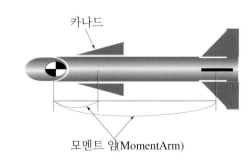

그림 4.5.11 전방 무게중심 유도탄 모멘트 암

그림 4.5.12 추력벡터 제어(TVC)　　　　　그림 4.5.13 추력방향 조정

2) 추력벡터 제어

추력벡터 제어는 유도탄의 추진 분사 방향을 바꾸어 유도탄을 조종하는 방법으로서, 그림 4.5.13과 같이 노즐 끝부분에 제트 편향판을 설치하는 방법과 노즐 자체의 방향을 바꿔주는 방법 등이 있다. 한편 유도탄의 동체 옆부분에 있는 분사구를 통하여 가스를 분출함으로써 유도탄의 방향을 전환하는 측추력(side thrust) 방식도 추력벡터 제어에 포함하기도 한다. 추력벡터 제어는 추진제가 연소하고 있는 동안만 유효하나 방공무기 발사 초기의 기동력과 안정성, 수직발사 시의 유효성, 낮은 공력저항 등의 장점이 있기 때문에, 최근에는 추력벡터 제어와 공력제어를 모두 갖춘 복합조종 제어시스템의 방공무기가 늘고 있다.

4.5.5 구동장치 기술

방공무기용 구동장치 설계 및 제어 기술은 유·공압장치, 전기식 모터를 이용한 조종익 및 추력벡터 제어장치의 변위 제어, 측추력 제어, 지능재료를 이용한 조종익 형상 제어를 통하여 유도탄을 고정 또는 이동표적에 정확히 도달시키기 위해 요구되는 기술이다. 그림 4.5.14는 구동장치를 구성하는 주요 구성품인 동력원과 집적형 구동기, 서보 전자회로를 나타내고 있다. 구동장치의 기능은 동력원을 매개로 하여 조종장치의 구동명령을 추종할 수 있게 하며, 최종 출력으로 힘이나 동작의 형태로 나타나게 하는 것이다. 유·공압 및 전기모터 구동기술은 세부기술 분야별로 상당히 성숙되어 있으나, 지능형 재료를 이용한 조종익 형상 제어 기술은 조종익 형상을 변경시켜 유도탄 조종에 필요한 양력을 얻는 첨단 조종익 구동개념으로, 최근에 소형 전술유도탄 분야에 적용하기 위해 연구가 활발히 진행되고 있다.

4.5.6 탄두 및 신관 기술

1) 탄두 기술

탄두 및 신관은 무기효과 발휘를 위해 탑재되는 구성품으로서 방공무기 개발 시 가장 먼저 고려해야 하는 설계요소이며, 가장 높은 신뢰도가 요구된다. 대공탄두는 사거리별로 휴대

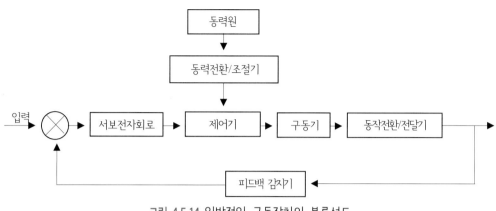

그림 4.5.14 일반적인 구동장치의 블록선도

용급, 단거리급, 중·장거리급 및 탄도탄 요격용으로 분류된다. 휴대용 대공무기에는 관통형 탄두기술과 고밀도 파편형 탄두기술이 일반적으로 적용되는데, 전자의 예는 미국의 Stinger, 러시아의 Igla 등이며, 후자의 예는 프랑스의 Mistral, 영국의 StarBurst, 한국의 신궁 등이다.

우선 단거리용 방공무기에는 파편탄두 기술 및 파편집중 기술을 적용한다. 일반 파편탄두기술을 적용하는 체계는 이탈리아의 Albatros Aspide, 이스라엘의 Barak 등이며, 파편집중형 탄두를 탑재한 체계는 프랑스의 Crotale-NG, 독일의 Roland, 한국의 천마 등이다. 중장거리용 방공무기에는 고폭 파편탄두 기술을 주로 적용하였으나 최근에는 유도탄의 경량화를 통한 기동력 향상을 위해 대형탄두의 위력을 유지하면서 탄두중량을 줄일 수 있는 표적지향성 탄두기술의 실용화가 활발히 진행 중이다.

대탄도탄용 탄두는 직격탄용 탄두와 파편탄두로 구분되는데, 직격탄용 탄두에는 작은 유도오차로 스쳐 지나갈 경우에도 효과를 발휘할 수 있도록 큰 금속조각을 좁은 범위에 분산시키는 기술을 적용하며, 파편탄두에는 요격확률을 높이기 위해 표적지향성 탄두기술을 적용한다.

2) 신관 기술

탄두를 장착하는 모든 무기체계에는 신관을 사용하며, 그 종류 또한 매우 다양하다. 신관은 안전 및 무장장치와 표적감지 및 탐지장치로 구성된다. 안전 및 무장장치는 기계식과 전자식으로 구분되며, 기계식 안전 및 무장장치 기술은 최초의 방공무기부터 사용되었고, 전자식 안전 및 무장장치 기술은 근래에 적용되는 기술로서 점차 적용범위를 확대하고 있다.

기계식 안전 및 무장장치는 유도탄의 동적 거동을 감지하여 작동하는 기구로서, 정밀기계기술이 핵심기술이며, 때로는 화약부품이나 화학물질을 사용하기도 한다. 전자식 안전 및 무장장치는 유도탄의 전기 및 전자적인 변화를 감지하여 작동하는 장치로서, 신뢰도 제고가 주요 관건이다.

표적감지장치는 대지 방공무기의 신관에 사용되며, 간단한 구조의 충격감지기능이 많이 사용된다. 표적탐지장치는 대공 방공무기용 신관에 사용되며, 능동형 표적탐지기가 주로 사용된다. 대지 방공무기의 첨단 자탄의 경우에도 표적탐지장치가 사용된다. 표적감지 및 탐지장치의 기술은 센서기술과 신호처리기술로 구성되며, 정밀화 단계를 거쳐 지능화 기술로 발전되고 있다.

3) 고폭화약 기술

무기체계에 사용하는 고폭화약으로는 재래식화약과 첨단화약을 모두 사용하고 있으나, 방공무기의 탄두에는 주로 첨단 복합화약(PBX : Plastic Bonded eXplosive)을 사용하고 있다. 복합화약은 폴리머가 화약의 입자를 감싸는 형태로 안정성과 위력이 향상된 화약이다. 탄두에 충전하는 공정에 따라 주조형과 압축형 두 종류가 있으며, 압축형의 조립방법은 일반 금속부품의 가공 및 조립공정과 유사하다. 복합화약은 해당 무기체계에 적합한 조성을 개발하여 적용하는 방식으로서, 일종의 맞춤형 화약이다.

4) 탄두효과 분석 기술

탄두효과 분석 기술의 주요 구성은 표적취약성 자료와 효과분석용 S/W 운용기법이다. 표적취약성 자료는 각 표적에 대한 취약성 자료로 방대한 시험자료로부터 얻어지므로, 전 세계적으로 생산국은 수개 국에 불과하다. 그러므로 대부분의 국가는 표적취약성 자료를 구매하여 사용하며, 우리나라도 기존에는 미국으로부터 양도 또는 구매 형태로 획득하였으나 최근에는 자료의 획득이 제한되고 있다.

탄두효과 분석 기술은 무기체계 개발의 기반확보 차원에서 체계적인 기술확보가 필요하며, 선진국으로부터 획득이 어려운 분야는 선별적으로 국내개발이 필요하다. 그 일례로 탄도탄 효과 분석 기술은 국내에서 개발이 추진 중이다.

4.5.7 방공무기 교전통제 기술

방공무기 교전통제 기술은 센서체계와 유도탄을 사용하여 타방공 무기체계와 협력하거나 자율적으로 방공작전을 효과적으로 수행하는 데 필요한 기술들이다. 방공무기 교전통제 방법은 교전사거리에 따른 체계 요구수준, 플랫폼(platform) 유형, 센서체계 특성과 유도탄 유도방식 등에 따라 다소 차이가 있지만, 개념은 동일하므로 이 절에서는 방공 무기체계에 적용된 주요 교전통제 기술에 대한 내용을 기술한다.

방공 무기체계는 레이더 등으로 구성되는 센서체계와 타방공 무기체계로부터 표적을 수신하여 위협 표적에 유도탄을 발사시킨 후 표적 근처로 접근하도록 유도하여 표적을 격추시킨다. 이를 위하여 표적에 대한 분류(classification), 구별(discrimination) 및 식별(identification)을 통합관리하고 위협평가, 무기할당, 교전계획을 계산하며, 자동으로 또는 운용자 통제에 따라 교전을 개시한다. 또한 전술정보망으로 연결된 타방공 무기체계와 협동으로 방공작전을 수행한다. 동시에 운용자가 방공작전을 원활히 수행할 수 있도록 공중상황, 전투상황 등을 운용자에게 실시간으로 제공하며, 운용자로부터 받은 각종 명령들을 주어진 절차에 따라 처리한다.

적 공중위협 기술발전과 전술운용 기법발전에 따라 이에 대응하기 위한 교전통제 기술의 발전이 요구되고 있으며, 교전통제를 위한 세부기술로 표적정보 처리 기술, 표적 교전 기술, 체계간 연동 기술, 시험평가 기술이 있다.

1) 표적정보 처리 기술

표적정보 처리 기술은 무기체계의 자체 센서가 탐지·추적한 표적과 타방공 무기체계로부터 수신한 표적을 통합하여 처리하는 기술로서, 체계가 자동으로 또는 운용자가 교전결정에 사용할 정도의 신뢰성을 제공해야 한다. 이러한 기술에는 크게 표적식별과 표적분류로 구분된다. 표적식별은 아군기 교전금지 원칙을 제공하기 위한 필수적 기능으로 고신뢰성을 제공해야 한다. 피아식별기를 이용한 직접식별과 적기, 아군기 비행속성을 고려한 간접식별 등이 있으며, 직접 및 간접적인 정보를 융합하여 표적분류를 제공한다. 현재 표적정보처리 기술은 확률적 판단에 근거한 알고리즘이 사용되나 추후에는 지능형 알고리즘이 연구개발되어 실용화되리라 판단된다.

2) 표적 교전 기술

표적 교전 기술은 다표적 공중위협을 평가하여 교전할 최적무기를 할당하고, 계산된 교전계획에 따라 자동으로 또는 운용자 통제로 유도탄을 발사하여 표적 근처에 접근하게 하여 격추시킨 후 그 결과를 평가하는 기술이다. 아군이 보유한 유도탄 자원을 최소로 사용하여 적 공중공격을 효율적으로 방어하는 것이 목표이다.

적 공중위협 및 공중전술에 따른 교전기술 진보가 기대되며, 통신망 기술 발전에 근거하여 체계간 연동을 통한 협동교전기술이 발전할 것이다. 컴퓨터 기술발전에 따라 운용자가 판단할 부분을 컴퓨터가 계산하여 직접 교전행위를 수행하거나, 운용자가 판단할 수 있게 가공하여 제공한다.

3) 체계간 연동 기술

체계간 연동 기술은 현재 운용 중이거나 개발 중인 각종 전술정보망과 접속하여 이를 응용하는 기술이다. 현재는 표준 전술데이터링크(ATDL-1, TADIL-A/B, TADIL-J)와 접속이 가능하나 차세대 전술정보망 개발에 따라 이에 대한 연동 기술 역시 개발될 것이다.

4) 시험평가 기술

시험평가 기술 시 모델링 및 시뮬레이션 기술을 계속 적용할 것이다. 모델링 수준이 실체계에 보다 근접할 것이며, 분산체계에 근거하여 네트워크를 통한 실시간 시뮬레이션 기술이 한층 더 발전할 것이다.

4.5.8 복수무장 제어 및 사격통제 기술

복수무장은 대공방어를 목적으로 기존의 대공포 외에 별도의 추가적인 방공무기를 장착한 형태를 말하며, 사격통제란 주어진 전투임무 수행을 위하여 체계운용 과정에서 체계에 탑재된 구성장비들의 연동기능을 종합관리하는 것을 말한다.

복수무장 제어 및 사격통제 기술은 무기체계에 탑재된 표적 탐지 · 추적 및 무장계통 장비들의 효과적인 운용으로 체계의 명중률 극대화를 목적으로 하며, 표적의 탐지 · 획득 · 포착 · 무장계통 구동 및 발사에 이르기까지 운용자 인터페이스를 포함한 장비연동 등의 전반적인 운용과정을 종합관리 및 통제하는 기술이라고 할 수 있다. 이러한 복수무장 제어 및 사격통제기술의 세부기술로는 공중위협 분석 기술, 외부 표적탐지체계 연동 기술, 복수표적 동시처리 기술, 체계 구성장비 연동 및 통합 정보 전시처리 기술, 기동간 사격을 위한 구동 안정화 기술이 있다.

1) 공중위협 분석 기술

공중위협 분석은 방공 무기체계 설계를 위한 개념연구에서 가장 먼저 선행되어야 하는 분야로, 위협분석을 통하여 체계에 장착될 구성장비 및 각 장비들의 성능 요구조건과 이들의 운용을 위한 사격통제장치 요구성능이 결정되기 때문이다. 방공 무기체계를 통해 대응 가능한 공중위협은 고정익이나 회전익과 같은 유인항공기에 의한 위협과 순항미사일과 같은 무인비행체에 의한 위협으로 구분한다. 이들의 공중위협에 대응하기 위한 방공 무기체계는 항공기의 공격전술거리 이상의 유효사거리 교전능력을 갖추어야 하며, 교전을 위해서는 유효사거리 이내에서 안정적으로 표적을 탐지 및 추적할 수 있는 능력을 갖도록 개발되어야 한다.

2) 외부 표적탐지체계 연동 기술

외부 표적탐지체계 연동은 그림 4.5.15와 같이 지휘소의 통제 하에 방공 자동화체계나 타 방공 무기체계와의 연결을 통하여 표적을 탐지 및 교전하는 과정에서 무기체계간 연동기능을 말한다. 외부 탐지체계와의 연동을 위해서는 타체계와의 표적정보 공유와 연동되고 있는 체계의 동작상황, 통신망 연결 그리고 교전절차 정립 및 통합 정보전시 등을 위한 세부기술들이 요구된다.

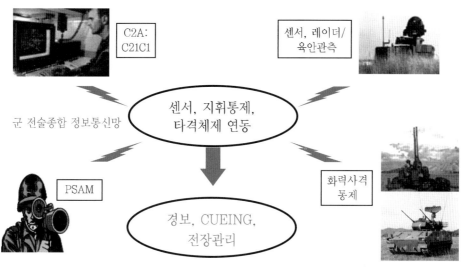

그림 4.5.15 외부 표적탐지체계 연동

3) 복수표적 동시처리 기술

복수표적 동시처리는 체계의 교전능력 향상을 목적으로 다수 표적에 대한 탐지정보를 동시에 처리하여 추적 및 무장계통에 제공하는 기술로서, 무기체계의 표적탐지·추적 장비구성과 밀접한 관련이 있다. 표적탐지 및 추적을 모두 레이더에 의존하는 체계는 레이더 자체의 기능 및 성능특성에 따라 동시처리가 가능한 표적의 수가 제한되어 있다. 그러나 레이더를 표적탐지용으로 활용하고 광학장비를 추적용으로 사용하는 체계는 사통장비의 컴퓨터 처리능력에 따라 제한되는데, 이는 사통장비에 포함된 컴퓨터에서 탐색 중 추적 처리기술을 이용하여 교전 대상표적에 대한 미래의 표적위치를 예측하여 추적하고 있기 때문이다.

탐색 중 추적은 사통장비에서 방위각 및 거리, 속도 정보만을 제공하는 탐색레이더로부터 표적정보를 일정한 주기마다 제공받아 미리 정해진 알고리즘에 의하여 교전 대상표적의 항적을 예측하고, 추적장비에 전달하도록 보조하는 기능이다. 이 기능은 추적레이더에 비하면 정밀도는 떨어지지만 사통장비 컴퓨터 용량의 한계 내에서 많은 목표물을 동시에 처리할 수 있는 장점을 가지고 있다. 현재까지 운용 중인 복합대공화기 체계들은 표적탐지 및 추적을 모두 레이더에 의존하는 체계, 복수의 표적을 동시에 추적처리하고 있는 체계는 거의 없으며, 대부분 추적레이더와 광학장비를 활용하여 동시에 2개의 표적과 교전하는 형태를 취하고 있다. 그러나 방위각 및 거리, 속도 정보만을 제공하는 탐색레이더를 활용하고 있는 체계에서의 탐색 중 추적 기술은 상당히 보편화되어 있으며, 국내 개발하여 양산 중인 비호체계의 경우에도 탐색 중 추적기능을 사용하고 있다.

4) 체계 구성장비 연동 및 통합 정보 전시처리 기술

체계 구성장비 연동 및 통합 정보 전시처리는 사통장비가 필수적으로 가져야 하는 기능들로서, 이와 관련된 주요 기술들에 대한 구체적인 구현 내용은 다음과 같다.

- 체계 운용자 인터페이스 설계 기술
- 표시등 및 영상·그래픽·문자정보를 이용한 체계 운용상황 종합전시 기술
- 표적탐지·획득·포착·추적·무장선택·발사과정상의 장비 연동 제어 기술

이러한 기술들은 단지 방공 무기체계뿐만 아니라 지상무기나 해상무기, 공중 무기체계에도 공통적으로 적용되는 내용으로서, 적용 무기체계의 장비구성에 따라 형식과 내용을 달리하고 있을 뿐이다. 이러한 기술들의 구현은 컴퓨터 기술의 활용으로 이루어지며, 나날이 발전을 거듭하고 있는 컴퓨터 기술의 발달로 사통장비 자체의 고속·소형의 경량화 추세가 가속되고 있다.

5) 기동간 사격을 위한 구동 안정화 기술

기동간 사격을 위한 구동장치 계통의 안정화는 주행 및 사격에 따른 장갑 차체의 수직·수평 진동과 충격에 의해 좌우된다. 따라서 이러한 효과를 감소시키거나 완전히 배제시키기 위해서는 여러 가지 방안들을 적용해야 한다.

방공 무기체계에 사용되는 안정화는 형태에 따라 장갑차량에 대한 전체적 안정화(global stabilization)와 장갑차량에 설치된 무장 및 기타 센서·장비류(레이더, 전자광학 장비, 조준경 등) 등에 대한 국부적 안정화(local stabilization)로 나눌 수 있다.

전체적 안정화는 차량 구성품들의 적절한 구성과 요구된 동적 특성을 갖는 서스펜션(suspension)의 선택에 의해 이루어지며, 국부적 안정화는 차량에 설치된 무장 및 기타 센서장비류에 대하여 차체의 요동에 따른 좌우경사(roll), 전후경사(pitch), 편요각(yaw) 영향에 대한 보상으로 이루어진다. 체계에 대한 안정화 시스템의 효과적 구축을 위해서는 이 두 가지의 결합이 요구된다.

방공 무기체계의 안정화 실현을 위한 방법에는 자이로 센서를 위치시키는 방법에 따라 공통방식과 독립방식 그리고 혼합방식이 있다. 우선 공통방식은 안정화장치의 각속도센서를 무게중심점에 위치하여 포·포탑 및 광학기의 안정화에 공통으로 사용하는 방법으로, 러시아에서 많이 활용하고 있는 방식이며, 고가의 복잡한 자이로스코프 수량을 줄일 수 있지만 장비 고장 시 공동 사용에 따른 안정화장치의 신뢰성이 떨어지고, 센서와 안정화 대상체 간의 거리가 멀어지면서 오차의 왜곡이 발생하는 단점을 가지고 있다.

독립방식은 자이로 센서를 안정화 대상체마다 독립적으로 부착하여 안정화를 실현하는 방법으로, 신뢰성이 향상되고 센서의 왜곡에 의한 오차가 줄지만 센서 수량의 증가가 불가피한 단점이 있다.

혼합방식은 앞서의 2가지 방식을 혼합한 형태로 시스템 요구조건에 따라 구성방법이 달라지며, 안정화시스템의 복잡성을 증가시키기도 하지만 경제성을 고려하여 사용되는 방식이다.

기동간 대공사격을 위해서는 주행 중 포탑구동 안정화 기술의 적용이 중요하며, 이 분야는 별도로 고려될 정도로 중요한 하나의 독자적 위치를 차지하고 있다. 기동간 대공사격 안

정화는 각종 센서들의 측정능력과 자세 변화로 인한 선도각 변화를 순간적으로 보상해야 하는 기술적인 한계가 있으나, 컴퓨터 관련 기술의 발달로 30 ~ 40 km/h 속도까지 안정화시키면서 기존 정지상태에서의 안정화 오차에 근접한 정확도를 유지할 정도로 기술이 발전하고 있다.

▌우리나라가 개발한 무기체계

■■ 신 궁

신궁은 저고도로 침투하는 고정익 및 회전익 항공기에 대하여 높은 명중률을 보장한다. 신궁은 2색 적외선 탐색기에 의한 적외선 방해 대응능력 기술, 이중추력에 의한 종말속도 증대 기술 및 근접/충격신관 등 첨단기술을 적용함으로써 매우 우수한 기동성과 파괴성능을 갖추고 있다. 또한 피아식별기(IFF)로 적 항공기를 식별하고 야간조준기를 이용하여 야간에도 사용할 수 있다.

■■ 천 마

천마는 고도 5 km 이내의 중·저고도 대공 방어능력 향상을 위하여 개발하였다. 천마체계는 유도탄 8발과 탐지/추적장치, 사격통제장치를 단일 궤도차량에 장착 운용하며, 첨단 전자전 대응능력을 보유하였을 뿐만 아니라 주야간 전천후 작전이 가능한 방공무기로 한반도 지형에 적합한 방공 무기체계이다.

■■ 천궁(M-SAM)

천궁(M-SAM : Medium range Surface to Air Missile)은 호크 중거리 지대공미사일을 대체하기 위하여 추진된 '차기 중거리 지대공 미사일' 사업으로 탐지거리 85 km, 사거리 40 km, 유효고도 15 km 등의 성능을 갖추고 있다. 대당 8발의 지대공 미사일을 탑재 및 운용하는 이동식 발사대와 방공레이더, 그리고 지휘통제시설 등으로 구성되는 것이 특징이다.

AHEAD : Advanced Hit Efficiency And Destruction

ATACMS : Army TACtical Missile System

BAT : Brilliant Antitank Munition

BCC : Battery Control Computer

BFV : Bradley Fighting Vehicle

BTC : Battalion Tactical Computer

BTCS : Battalion Tactical Command System

C2A : Command, Control and Alert

C3I : Command Control Communication and Intelligence

CDU : Control and Display Unit

CEC : Cooperation Engagement Capability

CLOS : Command to Line Of Sight guidance

DSMAC : Digital Scene Matching Area Correlators

ECCM : Electronic Counter-Counter Measure, 전파방해대항책

EMP : Electro Magnetic Pulse

ESM : Electronic Support Measure

FLIR : Forward Looking Infrared Radar

GLONASS : GLObal NAvigation Satellite System

GPS : Global Positioning System

GTRNS : Ground-based Terrestrial Radio Navigation System

HEMTT : Heavy Expanded Mobility Tactical Truck

HIMARS : High Mobility Artillery Rocket System

ICBM : Intercontinental Ballistic Missile

IFCS : Improved Fire Control System

IFF : Identification Friend or Foe

INS : Inertial Navigation System

IRCCM : Infra Red Counter-Counter Measure, 적외선방해대항책

JASSM : Joint Air to Surface Standoff Missile

JSSCM : Joint SuperSonic Cruise Missile

LOCAAS : LOw-Cost Autonomous Attack System

LRE : Liquid-propellant Rocket Engine

MANPADS : MAN Portable Air Defense Systems

MAPS : Modular Azimuth Positioning System

MEADS : Medium Extended Air Defense System

MTCR : Missile Technology Control Regime

PNG : Proportional Navigation Guidance

POST : Passive Optical Seeker Technique

SAM : Surface to Air Missile

SAR : Synthetic Aperture Radar

SHORAD : SHOrt Range Air Defence system

SRM : Solid-propellant Rocket Motor

SSRN : Space-based Satellite Radio Navigation

TAG : Target Adaptive Guidance

TERCOM : TERrain COntour Matching

VMS : Vehicle Motion Sensor

참고문헌

1. 이희각 외, 무기체계학, 육군사관학교 편저, 교문사, 1997. 6.

2. 육군본부, 지상무기체계 원리(Ⅰ), 2002. 10.

3. 국방과학연구소, 2003 국방과학기술조사서, 2004.

4. 국방기술품질원, 2007 국방과학기술조사서, 2008.

5. Jane's Land-Based Air Defence, Edited by Tony Cullen and Christopher F Foss, 1996-1997, 9th Ed.

6. 최석철 편저, 무기체계@현대·미래전, 21세기 군사연구소, 2003. 4

7. Sutton, G. P., Rocket Propulsion Elements, 6th ed., John Wiley & Sons, Inc., 1992.

8. 조영갑 외, 현대무기체계론, 선학사, 2009. 9.

9. 공군방공교, 지상방공무기체계편람, 2000.

10. 육군방공학교, 미래전 수행에 적합한 육군방공전력 발전방향, 2010 지상무기 학술대회 논문집, 2010.

제 5 장 항공 무기체계

5.1   서론

항공(aviation)이란 어떤 기구 또는 기계에 사람이나 물건을 태우고 공중을 비행하는 일을 말하며, 일반적으로 중항공기의 비행에 사용되고 있다. 1903년 라이트 형제는 세계 최초로 중항공기로 동력비행에 성공하였다. 제2차 세계대전 이후 항공기에 관한 기술은 경이롭게 진보해 왔으며, 제트기관의 개발 및 실용화로 군용 및 민간항공기는 고속화되었고, 이로 인해 군의 전략체계와 전투형태도 크게 변화되었다.

항공 무기체계는 임무와 용도를 기준으로 하여 크게 전투기, 공격기 등 공군의 주 전력을 구성하는 일반목적기와 보조적 임무 또는 특수한 임무를 수행하는 특수목적기, 회전익기 및 무인항공기로 분류하고 있다. 이 장에서는 육군에서 운용하는 헬리콥터와 무인항공기에 대해서 알아본다.

5.2   헬리콥터

헬리콥터의 기원은 문헌상으로 2000년 전 중국에서 팽이의 몸체에 날개를 부착한 후 이것을 손으로 회전시킴으로써 수직으로 상승시킨 기록에서 찾을 수 있다. 레오나르도 다빈치(Leonardo Da Vinci)는 1490년경에 오늘날 헬리콥터라고 불리는 나사 모양의 날개로 된 동력 수직비행체를 설계하였으며, 1842년 영국의 필립스(W. H. Philips)는 증기기관의 힘을 이용하여 로터의 깃 끝에 압력이 분사되는 제트장치를 부착하여 추진을 시험하였다.

1907년 프랑스의 코뉴(Palul Cornu)는 초보적인 형태로써 자신이 제작한 2개의 프로펠러와 8기통 실린더 엔진이 부착된 헬리콥터를 제작해, 최초로 지면으로부터 수직으로 1.8 m 상승시키는 자유비행을 해냄으로써 회전익기의 실용가능성을 확인하였으나, 수평비행과 회전익으로 인해 엔진 방향과 반대방향으로 동체가 돌려는 힘(토크 : torque)이 생기는 문제를 극복하진 못하였다.

1920년대 초 스페인의 시에르바(Juan de la Cierva)는 앞으로 전진하는 기류 속을 회전하는 로터에서 기류방향으로 전진하는 쪽의 로터는 양력을 증가시키는 효과를 나타내지만, 후퇴하는 쪽은 이와 반대방향의 힘이 발생하여 프로펠러 회전면의 양력 발생이 일정치 않음을 발견하였다. 그래서 로터에 힌지를 부착하여 회전하는 로터의 깃이 각각 다른 각도를 취하게 함으로써 양쪽의 양력이 평형을 이루도록 하는 플래핑 힌지 로터(flapping hinge rotor)를 개발하고, 회전익의 이론을 해명하는데 큰 구실을 하여 헬리콥터가 발전되는 기초를 쌓았다.

그림 5.2.1 R-4 Hoverfly

1939년에는 러시아 혁명 후 미국으로 망명한 시코르스키가 메인로터에 플래핑 힌지를 적용하고, 주 로터로부터 발생되는 토크를 상쇄시키기 위해 동체 뒤로 길게 연장한 테일부분에 소형의 수직회전로터를 장착하여 조종상의 문제를 해결한 VS300으로 불린 단로터기를 제작하였으며, 1시간 32분의 비행기록으로 최초의 실용 헬리콥터로 인정받았다.

헬리콥터가 군용기로 처음 사용된 것은 1942년으로 미 육군은 기체의 조종석과 골격이 외피로 덮여지고, 165마력의 엔진을 장착한 VS316형(R-4 Hoverfly)을 처음 실전에 사용하였으며, 한국전 당시 환자 운송용으로 사용되기도 하였다.

한국전쟁에서는 연락, 관측 및 특공요원 수송 등의 임무를 주로 수행하여 군용 헬리콥터의 유용성에 대한 시험장이 되었으나, 그 후 프랑스 식민지인 인도차이나와 알제리의 독립투쟁에서 프랑스군은 최초로 지상에 대한 공격을 실시하는 등 헬리콥터를 광범위하게 사용하여 소위 헬리본(heliborne)이라는 공수작전 개념을 확립시켰다.

이 무렵 내연왕복엔진 대신 가스터빈이 채용됨으로써 더 소형·경량화되었고, 화물적재 및 항속능력이 향상되어 헬리콥터는 더욱 매력적인 군용장비로서의 위치를 확보하게 되었다. 이 터보샤프트 엔진을 장착한 UH-1 이로쿼이스(Iroquois)가 대량생산된 베트남전쟁은 현재의 헬리콥터 운용기술을 정립한 시대라 할 수 있으며, 전투구조, 특공대 공수, 지뢰 제거작업 및 대잠수함 초계 등 본격적인 전투임무를 수행하였다.

전쟁 초기 헬리콥터 동체 측면에 장착한 기관총과 로켓은 명중률이 기대만큼 크지는 않았다. 하지만 공중에서 사격할 때 거두는 심리적 제압효과가 커서 이후 거의 모든 헬리콥터가 어떤 식으로든 무장을 지니게 되었다. 이러한 무장은 헬리본 부대를 호위해서 착륙지역을 사전에 제압하는 역할을 했고, 무장이 발전하여 이후에는 화력지원을 주 임무로 하는 공격용 헬리콥터를 출현하게 하였다. 이때 AH-1G 코브라가 최초로 헬리콥터를 통해 적 전차를 격파한 사례를 계기로, 1970년대 들어 대전차 무장을 탑재하는 대전차 공격 헬리콥터로의 활용이 연구되기 시작하였으며, 반자동 유도식 대전차미사일이 등장하자 그때까지 비장갑표적 및 경장갑표적의 공격에만 한정되었던 공격용 헬리콥터도 전차를 공격할 수 있는 능력을 지니게 되었다.

오늘날 회전익 체계는 공격, 정찰, 지휘 및 통제, 병력수송, 탐색 및 구조, 대기갑, 대잠수함, 대함, 공중기뢰살포 및 제거, 대전자전 등의 모든 임무를 지상이나 해상에서 수행할 수 있으며, 현대전에서 없어서는 안 될 필수 무기체계이다.

5.2.1 체계 특성 및 운용 개념

1) 체계 특성

(1) 정의 및 분류

헬리콥터는 로터(rotor)를 회전시켜 생기는 양력과 추진력으로 비행하는 회전익 항공기이다. 고정익 항공기에 비해 헬리콥터의 가장 큰 이점은 활주로와 기타 시설이 없어도 자유롭게 이착륙할 수 있다는 것이다. 헬리콥터는 수직이착륙 성능과 특정 지점에서의 공중정지, 공중에서의 후진과 측방향 이동 등 고정익 항공기에 비해 공중에서의 이동이 매우 자유롭다.

헬리콥터는 임무와 형상에 따라 다음과 같이 구분된다.

① 임무에 따른 분류

한국군은 헬리콥터의 임무와 항공기 종류에 따라 다음과 같이 분류하고 있다.
- 기동형 헬리콥터(utility helicopter)
- 공격형 헬리콥터(attack helicopter)

기동형 헬리콥터는 전투지원 및 전투근무지원 임무를 수행하는 헬리콥터로서, 인원, 장비 및 화물의 전술적 공중수송 및 공중기동 임무를 수행하는 다목적 헬리콥터이고, 공격형 헬리콥터는 고도의 기동력과 공중화력으로 지상전투부대의 전투능력을 증대시키는 헬리콥터로서, 대전차공격 및 공중기동부대를 엄호하며, 제병협동부대의 일부로서 전투임무를 수행한다.

미국은 베트남전을 통하여 헬리콥터의 전술적 가치를 인식하였고, 헬리콥터의 속도, 탑재능력, 비행 안정성 등의 성능이 향상됨에 따라 특정임무별 전문화 양상이 뚜렷해졌다. 이에 따라 용도별 분류의 필요성이 대두되어 표 5.2.1과 같은 임무기호가 제정되었다.

② 로터형태에 따른 분류

- 싱글로터(single rotor) 헬리콥터

양력과 추진력을 모두 하나의 로터로부터 얻는 전형적인 헬리콥터이다. 로터의 회전력을 상쇄시키기 위해 일반적으로 테일로터(tail rotor)를 장착한다.

표 5.2.1 **헬리콥터의 임무기호**

기 호	임 무	기 호	임 무
A(Attack)	공격용	Q(Drone)	무인기
C(Cargo)	수송용	S(Anti-Submarine)	대잠용
H(Search & Rescue)	수색용	T(Trainer)	훈련용
O(Observation)	관측용	U(Utility)	다용도
X(Experimental)	시험기	Y(Proto Type)	시제기

- 더블로터(double rotor) 헬리콥터
  - 텐덤타입(tandem type) 헬리콥터

    로터의 회전력이 서로 상쇄될 수 있게 반대방향으로 회전하는 2개의 로터를 가지고 있고, 2개의 로터는 약간 겹쳐 회전할 수 있게 되어 있다. 싱글로터 헬리콥터에 비해 동일한 엔진출력으로 더 많은 인원 및 장비수송이 가능하다.
  - 동축로터(coaxial rotor) 헬리콥터

    로터의 토크를 상쇄시키기 위해 하나의 축에 2개의 로터를 서로 반대방향으로 회전하게 한 헬리콥터이다.
  - 교차로터(intermeshing type) 헬리콥터

    2개의 로터를 접근시켜 배치하고 서로 교차시켜서 회전하게 한 헬리콥터이다.
- NOTAR(No Tail Rotor)

  테일붐 내부에 가변 피치팬을 장착하여 고압공기를 생성, 테일붐 끝단 좌측으로 배출시켜 토크를 상쇄한 헬리콥터이다.
- 틸트 로터(tilt rotor) 헬리콥터

  로터에 의해 발생한 추력은 처음에는 항공기가 수직 이륙하는데만 사용하다가 헬기의 전진속도가 충분히 빨라지면 로터를 고정익이 필요한 추력을 얻는 데 쓰게 한 헬리콥터이다.
- 제트구동(jet-driven rotor) 헬리콥터

  외형은 싱글로터 헬리콥터와 비슷하나 회전하는 로터 블레이드의 끝에 제트장치가 있어 로터가 회전하기 때문에 회전반력이 없고 테일로터가 필요 없게 된 헬리콥터이다.

(a) 텐덤타입   (b) 동축로터   (c) 교차로터

(d) NOTAR   (e) 틸트로터   (f) 제트구동

그림 5.2.2 로터에 따른 헬리콥터 분류

(2) 헬리콥터의 구조

헬리콥터는 조종성과 비행속도 향상을 위해 가볍게 만들어져야 하고, 적의 공격에 대한 생존성을 확보하도록 설계되어야 한다. 이러한 헬리콥터의 요구조건을 만족시키기 위해 기체의 프레임 및 외판 그리고 블레이드(blade)의 구조에 새로운 형상과 재료가 적용되고 있다.

① 프레임 구조

헬리콥터 기체의 프레임은 그림 5.2.3과 같이 프레임에 하나로 된 외판을 둘러싼 형식의 응력분산형 구조가 주류를 이루고 있으며, 외판과 프레임으로 된 모노코크(Monocoque) 구조와 외판과 프레임 외에 가로 지지대(혹은 세로 지지대)를 보강하여 만든 세미-모노코크(Semi-Monocoque) 구조로 구분, 외부에서 작용하는 힘을 외판과 프레임이 분담하기 때문에 초창기 철골구조에 비해 강도면에서 우수하다.

② 외판 구조

외판재료는 크게 금속재료와 비금속재료로 구분할 수 있다. 금속재료로는 강보다 약 60% 정도 가볍고 튼튼하고, 녹이 슬지 않으며, 가공하기 쉬운 알루미늄 합금이 일반적으로 사용된다. 일반 알루미늄은 약하지만 동, 마그네슘, 아연을 조금씩 섞어서 만든 알루미늄 합금인 듀랄루민(duralumin)이 개발되어 사용되고 있다. 비금속재료는 가볍고 튼튼하며, 가공의 용이성 때문에 유리섬유, 탄소섬유 강화 플라스틱(CFRP : Carbon Fiber Reinforced Plastic), Boron Carbide 등 복합재료의 적용이 확대되고 있다. 이들 복합재료는 강도가 큰 반면 인성이 작아 충격에 약한데, 그림 5.2.4(a)와 같이 2장의 판재 사이에 벌집형 알루미늄 심재를 넣어 인성(靭性)을 보강하고 있으며, 이러한 구조를 샌드위치 구조라 한다. 특히 그림 5.2.4(b)와 같이 헬리콥터의 안전성과 직결되는 연료실, 엔진실, 조종석 전면 등은 적의 기관총으로부터 방호될 수 있도록 방탄성능이 우수한 유리섬유 외판을 갖는 샌드위치 구조를 적용하고 있다.

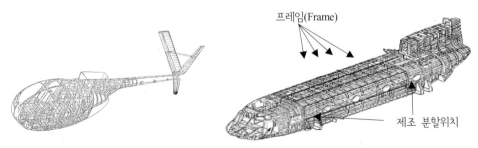

(a) 모노코크 구조(H500)   (b) 세미-모노코크 구조(CH-47D)

그림 5.2.3 프레임 구조

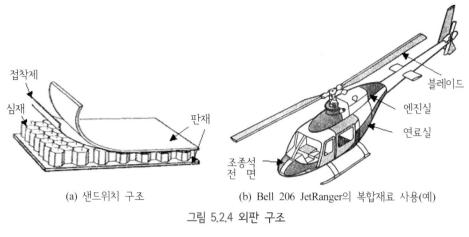

(a) 샌드위치 구조   (b) Bell 206 JetRanger의 복합재료 사용(예)

그림 5.2.4 외판 구조

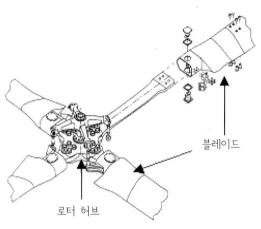

그림 5.2.5 헬리콥터의 메인로터 형상

③ 블레이드 구조

블레이드는 공기 중을 통과할 때 비행물체를 부양시키고 안정시키며, 추력을 발생하도록 설계된 구조물로서, 풍판 혹은 날개라고도 한다. 그리고 로터는 주로 각각의 블레이드가 결합된 전체를 의미한다.

블레이드 단면의 내부 형상은 속이 가득 찬 솔리드(solid) 블레이드, 속이 빈 일체형 스킨(monocoque hollow-blade skin), 단면 중간에 리브(rib)를 댄 수정일체형(modified monocoque), 일체형을 두 부분으로 나눈 스파셸(spar shell) 등의 기본적인 형태로 나뉘며 그림 5.2.6과 같다.

블레이드 단면의 외부 형상은 그림 5.2.7과 같이 대칭형과 비대칭형 2가지 형태가 있다. 대칭형 블레이드는 블레이드의 상·하부가 동일한 형상으로 되어 있기 때문에 블레이드 상·하부의 공기속도 또한 동일하여, 양력 발생을 위해서는 블레이드에 피치각을 부여해야 한다. 비대칭형 블레이드 단면에 비해 형상이 단순하기 때문에 제작이 쉬우며, 가격이 저렴하다. 대칭형 블레이드는 1960~1970년대에 개발된 500 MD, UH-1H 등에 많이 사용되고 있다.

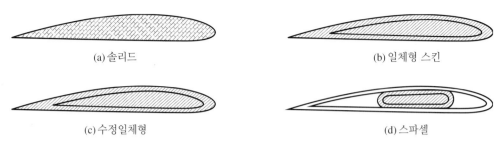

(a) 솔리드　　　　　　　　　　　　　(b) 일체형 스킨

(c) 수정일체형　　　　　　　　　　　(d) 스파셀

그림 5.2.6 블레이드 단면의 내부 형상

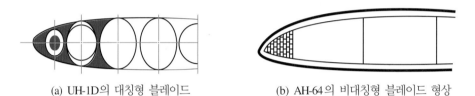

(a) UH-1D의 대칭형 블레이드　　　　(b) AH-64의 비대칭형 블레이드 형상

그림 5.2.7 블레이드 단면의 외부 형상

블레이드 가공기술의 발달로 최신형 헬리콥터에는 대부분 비대칭형 블레이드가 많이 사용되고 있다. 비대칭형 블레이드는 블레이드의 상부가 하부보다 더 볼록하게 되어 있기 때문에, 블레이드 상부의 공기속도가 하부의 공기속도보다 더 빠르게 되며, 이는 피치각을 부여하지 않아도 양항비를 증가시켜 좋은 성능을 낼 수 있는 이점이 있다. 현재 OH-58, AH-1S, UH-60 및 CH-47D 등에 사용되고 있다.

④ 엔진 구조

헬리콥터에 사용되는 터보샤프트 엔진은 그림 5.2.8과 같이 터보제트 엔진의 출력을 이용하여 메인로터 회전축을 회전시키는 엔진이다. 터빈은 메인로터 구동축 회전을 위한 프리 터빈(free turbine)과 흡입공기 압축용 압축기 터빈으로 구분된다.

연소실에서 연소된 고온·고압의 배기가스는 압축기 터빈을 1차로 회전시키고, 2차로 프리 터빈을 회전시킨다. 이때 프리 터빈축에는 베벨기어에 의한 감속장치를 설치하여 동력의 전달방향을 90° 바꾸어 헬리콥터의 메인로터를 회전시키게 된다.

따라서 고정익 항공기 엔진은 추력을 얻기 위해 엔진의 배기가스를 이용하는 반면, 헬리콥터에서 사용하는 터보샤프트 엔진에서는 배기가스가 추력과 무관하고 메인로터를 회전시켜 추력을 얻게 된다.

⑤ 착륙장치

착륙장치는 헬리콥터 착륙 시 발생하는 충격에너지를 흡수하여 동체에 전달되는 충격력을 감소시키고, 헬리콥터와 조종사의 안전을 보장하는 장치이다. 착륙장치는 스키드식(skid type)과 바퀴식(wheel type)이 있다.

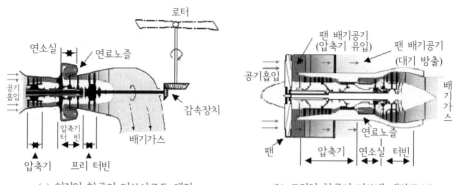

연소실   로터
연료노즐
공기흡입
감속장치
압축기 터빈
압축기   프리 터빈   배기가스

(a) 회전익 항공기 터보샤프트 엔진

팬 배기공기 (압축기 유입)   팬 배기공기 (대기 방출)
공기흡입
배기가스
연료노즐
팬   압축기   연소실   터빈

(b) 고정익 항공기 터보팬 엔진(F-15)

그림 5.2.8 회전익 항공기와 고정익 항공기 엔진 작동원리 비교

스키드식은 그림 5.2.9와 같이 동체 좌우에 부착된 지지대의 단순 구조로 되어 있는 방식이다. 비틀림 하중에 강한 스프링강을 사용하기 때문에 바퀴식에 비해 지면충격에 대한 흡수 효과가 떨어져 단순 지지작용에 주요 역할을 부여하고 있다. 따라서 스키드식은 재래식 저가형으로 4500 kg 이하의 소형 헬리콥터(500 MD, UH-1H, AH-1S, BO-105 등)에 적용하고 있다.

바퀴식은 주륜 착륙장치(main landing gear)와 미부 착륙장치(tail landing gear)로 구성되며, 주륜 착륙장치는 헬리콥터 중앙 동체 양쪽에 부착되고, 미부 착륙장치는 테일로터 하부면에 부착된다. 바퀴식의 충격흡수는 충격흡수기(shock absorber)에서 수행하는데, 실린더 내부에는 유압유와 질소가스가 충전되어 있고, 착륙 시 질소가스의 압축 및 유압유의 오리피스 통과로 충격에너지를 흡수한다. 이러한 바퀴식 착륙장치는 삼륜식과 사륜식이 있으며, 비행 시 공기저항을 최대한 감소시키기 위해 외부에 노출되어 있는 바퀴를 몸체 내부로 접어 넣을 수 있게 하고 있다.

⑥ 임무탑재장비

임무탑재장비의 발전으로 헬리콥터의 임무영역은 날로 확장고 있다. 낮은 고도로 비행하는 특성상 여러 장애물에 의한 빈번한 사고 발생으로 야간 운용이 어려웠으나 열상장비, 레이더

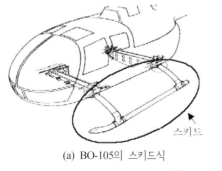

스키드

(a) BO-105의 스키드식   (b) T-50의 바퀴식

그림 5.2.9 착륙장치

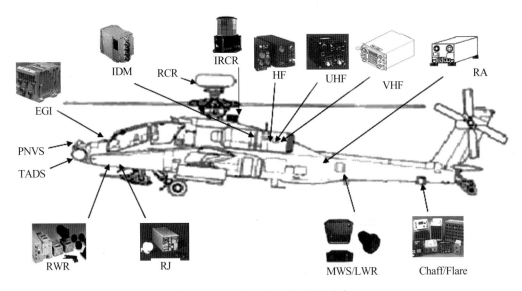

그림 5.2.10 AH-64D 임무탑재장비

등의 장착으로 야간 및 전천후 운용이 가능하게 되었다. 적 위협에 노출되었을 경우 다양한 회피 및 대응수단인 레이더, 레이저, 미사일 경보기, 적외선 방해책(IRCM), RF(Radio Frequency) Jammer, 채프 및 플레어 등의 발달로 적지 종심에서의 공격 및 공중강습작전, 특수임무 등이 가능하게 되었다. 또한 데이터 모뎀을 통한 전장상황, 표적정보 등의 실시간 전송으로 다양한 정보 공유가 가능하게 되어 미래전에 대비할 수 있게 되었다.

2) 운용 개념

현대전에서의 헬리콥터는 공중전력의 주요 역할을 담당하며 정찰, 특수전, 공중기동, 공중강습, 공격, 수송임무를 수행한다. 현대전 전장의 주요 변화인 합동·통합 전쟁양상에 대비하여 대부분의 회전익 체계는 통합작전이 가능한 수준의 속도가 요구되고, 획득정보의 실시간 공유 및 디지털 전송을 통해 적의 중심 전력을 정밀타격하게 되며, 분산된 위치에서 적 중심에 효과적으로 화력을 집중하게 된다. 단독 종심작전, 야간 및 악천후 작전 운용능력의 향상, 저피탐성 확보로 적지 종심작전 등의 특수전 임무수행이 가능하고, 수송, 전개 등의 다양한 공중기동 및 특수한 전투 양상인 전자전, 정보전장비의 운반체로서의 역할을 수행한다.

(1) 연락 및 정찰임무

연락 및 정찰임무를 수행하는 헬리콥터는 비교적 소형이라는 공통점이 있다. 비정규전과 같이 제한된 전쟁에서는 연락 및 정찰임무를 함께 수행하게 되지만, 이 두 임무를 수행하는 헬리콥터 간에는 탑재장비면에서 차이점이 있다. 연락헬리콥터는 야전에서 고급장교를 수송하는 임무 외에 부대간에 긴급메시지를 전달하고, 긴급을 요하는 부품이나 물자를 수송하는 임무를 수행하는 반면, 정찰헬리콥터는 주야간 관측장비와 더불어 필요시 적 병력과 진지에 대한 집중사격을 가하기 위한 높은 발사율의 기관총과 공대지 로켓 등으로 무장되어야 한다.

(2) 전술적 수송임무

헬리콥터에 의한 전술적 수송임무는 정찰임무와 밀접한 관계가 있다. 즉, 정찰헬리콥터의 정찰결과에 따라 헬리콥터로 병력을 투입하기 때문이다. 전술적 수송헬리콥터는 주로 인원을 수송하는 헬리콥터와 무거운 장비 및 물자를 수송하지만 부수적으로 인원도 수송하는 헬리콥터로 나누어진다.

헬리콥터 공수작전은 헬리콥터에 탑승한 병력을 목적 지점이나 그 부근에 착륙시켜 적을 섬멸 또는 진압하게 된다. 공수작전부대는 헬리콥터를 이용함으로써 지형장애물이나 장애물 상공을 비행해서 적 진지를 우회할 수 있으며, 원하는 방향에서 적을 공격할 수 있는 등 기습효과, 융통성, 기동성, 적절한 시기의 선택, 정확성, 속도 등에 많은 이점을 갖게 된다. 반면 공수를 통한 재보급, 중장비 공수의 제한에 따른 기동과 화력의 제한, 작전지역의 제공권 확보 그리고 점령하지 않은 지역에서의 착륙 시 취약점 등은 공수작전의 제한사항이 된다.

대규모 병력이나 다수의 장비(야포, 차량, 장갑차, 미사일 등)와 보급품을 수송하려면 전술적 수송헬리콥터에 의존할 수 없으므로 중형 또는 대형 수송헬리콥터를 활용하게 된다.

(3) 공격임무

헬리콥터를 공격용으로 사용하기 시작한 것은 베트남전부터이다. 다목적 헬리콥터의 동체 측면에 장착한 기관총과 로켓으로 지상의 적을 공격하던 것이 발전하여, 수송헬리콥터의 엄호 및 대지 공격임무만을 수행하는 최초의 공격용 헬리콥터로 Bell사의 AH-1G Cobra가 개발되었다. 다목적 헬리콥터를 개조한 무장헬리콥터도 최근 대전차미사일을 탑재하는 등 우수한 공격력을 발휘하지만, 순수한 공격헬리콥터보다 발견되기 쉽고, 방탄 및 내탄 능력이 떨어져 피격되기 쉬우며, 시계에 제한을 받고, 공격헬리콥터만큼 급격한 기동도 할 수 없다. 그러나 다목적 무장헬리콥터는 공격헬리콥터에 비해 가격이 저렴하고, 수송과 연락임무에도 사용할 수 있는 장점을 지니고 있다.

초기의 공격헬리콥터는 기수 밑에 옆과 아래로 선회하며 사격할 수 있는 기관총과 동체 양측에 로켓을 탑재한 대비정규전용으로 개발되었으나, 점차 화력통제장비 및 항공전자장비의 개발과 대전차미사일을 탑재한 대전차용으로 발전되어 왔다. 최근에는 이러한 공격헬리콥터와 공중전을 하기 위해 공대공미사일을 탑재한 대헬리콥터용 공격헬리콥터가 개발되고 있다.

공격임무 수행 시 헬리콥터는 정글 속의 좁은 공간은 물론 지형을 따라 숲을 저고도 비행으로 침투하여 적을 기습공격하게 된다. 기습공격 시 기관총은 높은 발사율을 가져야 하며, 방향을 변환하지 않고도 전방과 후방의 사격이 가능해야 한다. 또한 수송헬리콥터의 엄호와 지상부대의 효과적인 직접지원 및 필요시 장갑차량과 한 제대가 되어 기동간 호위를 하기 위해 충분한 양의 탄과 미사일을 할 수 있어야 한다.

5.2.2 개발 현황 및 발전 추세

1) 개발 현황

(1) 현재 운용 중인 주요 헬리콥터

현재 세계적으로 많은 수의 헬리콥터가 개발되어 실전배치되고 있다. 세부적인 임무 및 용도에 따라 현재 한국군에서 운용 중인 주요 헬리콥터 몇 가지를 소개한다.

① 기동헬리콥터

기동헬리콥터는 공지작전을 위한 소규모 인원수송이나 작전지휘 등 다목적으로 운용되는 헬기이다.

1. UH-1 이로쿼이스(Iroquois)

한국전을 통해 장비 및 병력의 긴급철수를 위한 헬리콥터의 필요성을 느낀 미 육군은, 병력수송 및 그밖의 부수임무를 수행할 수 있는 중형 헬리콥터로서 최초의 터빈엔진을 탑재한 UH-1A를 선정하여 1956년 최초 비행을 하였다.

1959년부터 미 육군에 인도되기 시작한 UH-1A는 베트남전에 투입되어 7.62 mm 기관총과 로켓을 장착하고 작전을 수행하기도 하였다. 또한 동체의 길이를 연장하고 엔진을 교체한 UH-1D는 14명의 완전무장 병력 혹은 들 것과 승객 3명을 수송할 수 있으며, 최대 이륙중량은 초기 모델보다 454 kg 증가되었다. 1967년에는 엔진의 출력을 1400마력으로 증가한 UH-1H가 생산되었다. 구조용으로 개조된 HH-1H, 전자전기인 EH-1H, 부상병 후송을 위한 UH-1V로 개조되기도 하였다. UH-1 계열 헬리콥터는 인원수송 및 강습, 화물 및 무기수송, 대잠수함전 및 대기갑부대 공격임무 등 군사적인 목적에 사용됨은 물론 여객수송, 자원개발 어장 및 산림감시, 긴급환자 후송, 국경감시 등 민간용 및 상업용으로도 광범위하게 사용되고 있으며, AH-1 코브라 공격전용 헬리콥터의 모체이기도 하다.

세계 헬리콥터 개발의 표준안으로 인식되었으며, 70여 개국 이상의 많은 국가에서 다양한 목적으로 사용되고 있는 UH-1 계열 헬리콥터는 총 12000대 이상이 생산되어 세계 각국에서 운용 중이다.

2. UH-60 블랙호크(Black Hawk)

미 육군은 UH-1 이로쿼이스 헬리콥터를 대체하여 다목적 전술공수작전을 수행하기 위해 2개의 엔진을 탑재하고, 3명의 승무원을 포함하고도 11명의 완전무장 병력을 공수할 수 있으며, 공중강습, 부상병 후송 등의 임무를 가장 절박한 전투상황에서도 수행할 수 있는 새로운 기종으로, 미국 시코르스키(Sikorsky)사의 UH-60 헬리콥터를 선정하였다. 1976년부터 미 육군에 인도되기 시작한 UH-60 Black Hawk 헬리콥터는 105 mm 곡사포 등 3630 kg의 화물운반이 가능하며, 기관총, 헬파이어(Hellfire) 미사일 등의 무장탑재와 자체방어를 위한 적외선

그림 5.2.11 UH-60 블랙호크

방해장비, 채프 살포기, 레이더 경보수신기 및 항법장비로서 레이더 고도계, 자이로 컴퍼스 등을 탑재하고 있다. 전천후 비행능력을 최대한 확보하기 위해 엔진방빙장치(engine anti-icing system)는 물론 주 회전익과 보조 회전익의 빙결상태를 제거해 주는 제빙장치를 갖추고 있다.

UH-60 헬리콥터는 운용목적에 따라 여러 가지로 개조되었다. 미 공군에서는 구조 및 귀환임무를 수행하는 HH-60, 미 육군의 특수부대를 위한 MH-60K, 미 해군의 SH-3H를 대체하기 위한 SH-60 그리고 다목적 군사용, 수출용 및 민간용으로 제작한 S-70 등 여러 가지가 있으며, 각국의 총 생산대수는 2000여 대에 이른다.

② 정찰헬리콥터

정찰헬리콥터는 첨단 열상장비 등을 탑재하여 적의 핵심표적을 탐지 및 식별할 목적으로 운용되는 헬리콥터이다.

1. BO-105

BO-105는 독일의 메사슈미트 볼카우 블룸(MBB)사가 개발한 소형의 쌍발 터빈 헬리콥터이다. BO-105M은 독일 육군용 연락 관측기형으로서 강화된 트랜스미션, 메인로터, 스키드, 열영상장비(NHSS) 등을 장비한다. BO-105P는 대전차 공격형(PAH-1)이며, 이 기체는 BO-105M에 도플러 항법장치와 동체측면에 6발의 HOT 대전차미사일을 탑재하고 있다. 현재 독일 육군에서 연락 및 관측용으로 105M형을 100대, 대전차 공격형인 105P형을 212대 채용하고 있다.

한편 1993년 공개된 105CBS-5형은 메인로터를 개량하고, 안전성 향상, 연비개선을 이루었으며, 우리나라에서도 도입 운용하고 있다.

2. OH-58D 카이오와 워리어(Kiowa Warrior)

미 육군의 헬리콥터 개량계획에 따라 벨사는 노후화된 OH-58을 OH-58D로 개량하였다. 1985년에 첫 인도된 OH-58D는 기존에 사용 중인 A-C형 507대도 D형으로 개량되었다. 주요 특징은 마스트에 MMS(Mast Mounted Sight : 주야간 전장감시와 목표획득, 표적확인장치) 장착과 엔진의 파워업 및 4엽으로의 메인로터 교환이다.

이 헬리콥터의 가장 큰 장점인 정찰활동과 정보수집능력은 아파치와의 협동작전으로 걸프전에서 그 성능을 발휘한 바 있으며, 입증된 데이터는 미 육군의 요구성능을 32%나 상회한 우수한 기종이다. 1989년부터 스팅어미사일과 헬파이어를 탑재하는 작업이 야시장비 운용과 병행되어, 한때 미 해병의 AH-1W의 미흡한 야간작전능력 공백을 메우기도 한 기종이지만, 현재는 롱보우아파치와 코만치의 등장으로 정보수집 및 레이더 유도목적과 협동된 공격이 퇴색되어 가는 실정이다.

③ 공격헬리콥터

공격헬리콥터는 대전차미사일, 로켓, 기관포 등을 탑재하여 적의 핵심표적 공격을 목적 또는 헬리콥터이다. 최근에는 공격헬리콥터에 적을 탐지/식별하는 정찰헬리콥터의 역할을 통합하는 추세이다.

1. AH-1 코브라(Cobra)

벨(Bell)사는 독자적으로 공격용 헬리콥터 개발을 계속하여 1965년 3월 AH-1 코브라의 원형 모델인 Bell모델 209를 제작하였다. 한편 이 시기에 베트남전이 격화됨에 따라 미 육군은 베트남전에 배치하기 위하여 수송헬리콥터 엄호 및 대지공격용 헬리콥터의 조기 도입을 추진하면서 Bell 209를 선정하였다.

그림 5.2.12 AH-1 코브라

그림 5.2.13 AH-64E 아파치가디언

1966년 AH-1G 코브라로 명명된 이 기체가 시험비행에 성공한 후 1967년 7월부터 7.62 mm 기관총과 4개의 로켓 장착대를 가진 실전형이 미 육군에 인도되기 시작하여 베트남전에 참전하였으며, 1969년까지 약 1100대의 AH-1G를 도입 운용하였다. 1974년에는 8기의 토우를 장착하고 헬멧 조준경을 가진 AH-1Q가 개발되었으며, 1977년에는 엔진을 1800마력으로 교체한 AH-1S가 생산되었다. 이후 미 해병대 임무에 맞도록 개조한 AH-1J, AH-1W(슈퍼 코브라) 등이 있으며, 현재까지 미국 및 세계 각국에서 2000여 대가 운용 중이다.

2. AH-64 아파치(Apache)

1983년에 개발되어 미 육군에 배치된 AH-64A는 AH-1 코브라의 후계기이다. 855대가 생산되었으며, 야간작전이 가능한 공격시스템이 도입된 세계 최초의 전천후 공격헬리콥터이다. 대전차미사일은 개량형 헬파이어 16기를 탑재하였으며, 열추적 및 적외선미사일로부터의 방호능력을 향상시키고, 주요 부분의 장갑을 보강하여 승무원의 생존성을 높였다. 특히 장갑은 전체적으로 12.7 mm 탄까지 방어할 수 있으며, 부분적으로는 23 mm 탄까지 방호가 가능하다.

무장능력은 30 mm Chain Gun과 헬파이어 16기, 2.75인치 로켓 19기가 장착 가능하며, 주로 유럽에 배치된 형태는 구 소련의 헬리콥터와의 교전을 위해 스팅어미사일을 장착하고 있다.

1991년부터 기존 기체의 개량작업이 진행되고 있으며, 584대가 C형으로, 227대가 D형으로 개조될 예정이다. 1991년 걸프전에는 288대가 투입되어 장갑차 1000대 이상, 항공기 10대, 헬리콥터 12대, 이라크군 진지 65개소를 격파하는 전과를 올렸으며, 현재 실전에서 검증된 효과를 바탕으로 각국에 배치 또는 발주 중에 있다. 특히 2013년 4월 17일 육군은 차기 공격헬기로 AH-64E 아파치가디언을 선정하여 36대를 도입하기로 결정하였다.

3. OH-6 카이유스(Cayuse)

OH-6 소형 헬리콥터는 미 육군용 경관측 헬리콥터로 민수용 휴즈(Hughes) 500을 군사용으로 전용한 것이다. AH-6 리틀 버즈(Little Bird) 또는 500MD 디펜더(Defender)라고도 명명되며, 미 육군에서 고정익 경관측기를 대체하기 위해 대량 발주되었다.

500MD는 운용이 용이하다는 장점 때문에 세계 각국에서 운용 중이다. 미 육군은 베트남전에서 OH-6이라는 명칭으로 경관측용으로 대량 사용하였다. 또한 OH-6을 개량한 MH/AH-6 특수작전용 일부가 1980년대에 페르시아만 작전에서 활약하였다. 이 헬리콥터는 고가의 공격헬리콥터를 구매할 수 없는 중소 국가에서 기관총과 로켓포 등을 탑재한 경공격 헬리콥터로 운용하고 있다. 한편 한국, 이스라엘, 케냐는 토우 대전차미사일 탑재형 TOW 디펜더를 운용하고 있다. TOW 디펜더는 500E형에 TOW 대전차미사일을 기체 양측에 2발씩 탑재한 대전차 공격형으로 기수에는 M65 TOW 조준장치를 가지고 있다.

4. Mi-28 하보크(Havoc)

NATO 암호명 Havoc(약탈, 대량파괴)로 알려져 있는 Mi-28 헬리콥터는, 최고속도 300

그림 5.2.14 Mi-28 하보크

km/h로 비행할 수 있으며, 후방이나 측방으로 최고 100 km/h로 비행할 수 있다. 또한 45 m/s로 공중정지상태에서 기체를 회전시킬 수 있다. Mi-28A 전투헬리콥터는 기갑 및 비기갑 부대, 저속 저고도 항공기, 기타 전장 목표물을 격파하는데 용이하고, 전방 작전지역 제대에 미비한 시설을 근거지로 장기간에 걸쳐서 작전을 수행할 수 있다.

Mi-28A는 공대공미사일과 공대지미사일, 비유도식 로켓, 기관포 등을 무장할 수 있고, Mi-24 등 종전의 밀사의 헬리콥터에 비해 열 신호가 25%로 감소되었으며, 승무원 탑승구역은 7.62 mm 탄환 및 12.7 mm 탄환, 20 mm 파편을 막아낼 수 있도록 방탄유리로 제작된 유리창 등 완벽하게 장갑화되어 있다.

개량형인 Mi-28N 나이트 하보크(Night Havoc)는 Mi-28의 기체 구조 대부분을 유지하고, 메인로터 위에 장착된 마이크로웨이브 레이더 안테나와 전방 감시 적외선시스템(FLIR : Forward Looking Infrared System)으로 이루어진 집적된 전자 전투시스템을 장비하였다. 또한 Moving Map Indicator 위에 헬리콥터의 위치와 비행상태를 나타내 주고, LCD 위에 목표물 정보를 표시해 준다.

④ 수송헬리콥터

수송헬리콥터는 대규모 인원이나 화물수송을 목적으로 운용되는 헬리콥터이다.

그림 5.2.15 CH-47 씨누크

1. CH-47 씨누크(Chinook)

1950년대 중반 미 육군은 다양한 전장이동 임무를 수행하기 위해 대량의 무장병력 침투 및 수송, 부상병 후송, 주요 장비 및 군수품 이동/투하능력을 구비한 헬리콥터의 개발이 필요하게 되어, 보잉사를 선정하여 새로운 대형 헬리콥터 개발을 추진하게 되었다.

2개의 엔진을 가진 CH-47 씨누크는 독특한 텐덤형식으로 배치된 3엽의 반전식 로터에 의해 추진되는 헬리콥터이다. 주야간 시계 및 계기에 의한 조종으로 물자 및 병력수송을 할 수 있게 설계되었다. CH-47의 개발은 1956년부터 시작되었으며, 지속적인 개량계획(A~D)에 의해 각 기종과 연료탱크의 탑재형식, 비행거리, 기상상태 등에 따라서 최대 수송능력은 크게 차이가 난다. 현재의 D형은 초기의 A형에 비해 엔진출력과 유효 탑재량이 2배나 증가되었으며, 수송능력이나 정비성, 신축성, 생존성, 조종성 등이 대폭 개선되었다. 현재 미국을 비롯한 19개 국가에서 1000여기 이상이 채택되어 운용 중이며, ICH(Improved Cargo Helicopeter) 프로그램에 의해 비행 및 수송능력이 향상될 예정이다.

(2) 개발 현황

헬리콥터는 그 성능 및 탑재장비가 향상됨에 따라 공대지 및 공대공 공격과 전자전 및 정보수집임무는 물론 주야간 악천후와 화생방전에서의 임무수행까지 영역이 확대되고 있다. 또한 임무와 용도에 따라 많은 형태의 기종을 개발하여 운용해 오고 있으며, 현재까지 개발된 기술을 종합, 활용하여 형상, 기체, 엔진의 성능을 고도화하고, 구성품 및 탑재장비의 소형 경량화를 이룩함으로써 중량별 다목적용으로 단순 표준화되고 있다.

현재 회전익 체계는 기존의 헬리콥터 방식에서 틸트 로터, 틸트 윙, 벡터링 로터 등의 차세대 회전익 체계로 전환되는 과도기 중에 있으며, 새로운 복합재료, 구조 및 설계, 제조기술로부터 기체 및 엔진이 혁신되고 항공역학 및 제어기술의 발달로 새로운 기체형상과 조종방식이 구현되며, 고속 고기동성의 고성능화와 운용장비상의 고효율화를 이룩할 것이다.

최근의 체계 개발현황을 종합해 보면 헬리콥터 체계에 대한 중요성은 날로 증가하나 실제 개발에 필요한 비용 등의 문제로 인해, 새로운 체계보다는 기존체계를 개조개량하거나, 독자개발보다는 공동개발에 주력하고 있으며, 차세대 회전익 체계로의 전환을 준비하고 있는 것으로 요약될 수 있다. 현재 추진 중에 있는 헬리콥터의 개발 현황을 소개하면 다음과 같다.

① RAH-66 코만치(Commanche)

1982년 미 육군은 단일 기체 설계를 기본으로 정찰, 경공격과 기동임무를 통합 수행하는 경헬리콥터를 개발하였다. 1960년에 개발 배치한 AH-1 공격헬리콥터, OH-6 및 OH-58 정찰헬리콥터, UH-1 기동헬리콥터를 대체할 목적으로 개발되었으며, 미 육군은 이 경헬리콥터를 RAH-66 코만치로 명명하였다. RAH는 정찰 공격헬리콥터(Reconnaissance Attack Helicopter)의 약자이다. 이후 수차례의 계획 변경으로 현재는 무장 정찰임무, 정찰임무, 공격임무, 특수전 임무별로 형상을 약간씩 달리하고 있다. RAH-66의 메인로터는 5엽의 단일 복합재 무베

그림 5.2.16 RAH-66 코만치

어링 메인로터로, 기존의 로터시스템보다 우수한 저소음 특성, 가속능력, 신속한 선회, 효과적인 무장조준이 가능하게 되었다. 테일로터는 팬테일 방식을 채택하여 테일로터에 의한 안전사고의 위험성이 크게 줄었으며, 횡방향의 비행능력도 크게 향상되었다. RAH-66의 기체는 공격전용 헬리콥터의 기본 형상인 직렬형(tandem) 2인승 조종석 형태로, 레이더에 잘 잡히지 않도록 동체는 등각형태이며, 모든 외부 돌출물은 동체에 내장되도록 설계되었다. 특수하게 설계된 엔진 배기구에 의하여 뜨거운 배기가스를 외부의 차가운 공기와 혼합시킨 후 메인로터의 하향풍으로 흩어지게 함으로써, 열추적 적외선 유도탄의 공격을 피할 수 있게 하였다. 이러한 노력의 결과로 RAH-66은 레이더, 적외선 신호(IR signature), 시각적 단면, 소음 등에서 기존의 체계와는 비교도 안 될 정도의 많은 발전을 이루었다.

또한 RAH-66은 방탄 복합소재의 사용으로 12.7 mm 소화기탄도 견딜 수 있으며, 23 mm 탄에도 90% 정도의 내탄능력을 갖도록 설계되었다. RAH-66은 완전통합 자동화 시스템에 의하여 조종사는 주야간 및 악천후 환경 하에서도 항법비행, 표적획득 및 공격임무를 수행할 수 있으며, 표적탐지장비(TADS)와 야간영상 비행시스템을 장착함으로써 악조건 하에서도 저고도 침투비행으로 임무를 수행할 수 있다. RAH-66의 무장으로는 3열 20 mm 기총을 기수에 장착하고 있으며, 최대 14기의 헬파이어 대전차미사일, 28기의 공대공 스팅어미사일, 62개의 2.75인치 로켓을 선택적으로 장착 운용할 수 있다.

RAH-66은 1996년 1월 4일 시제기의 처녀비행을 시작으로 두 대의 헬리콥터가 생산되어 2002년까지 비행테스트를 했지만, 자금부족과 군에서 정찰 목적으로 무인항공기에 대한 인기가 커지면서 코만치 헬리콥터 프로그램은 취소되었다. 두 대의 시제기는 현재 앨라배마 포트 러커에 있는 미군 항공기 박물관에 전시되어 있다.

② AH-64E 아파치가디언(Apache Guardian)

AH-64E는 AH-64A에서 진일보한 AH-64D가 계량을 거듭한 결과 탄생한 최신 공격헬기이다. 초기엔 AH-64D 롱보우아파치 Block Ⅲ로 불렸으나 2012년 10월 AH-64E 아파치가디언이라는 이름을 받았다. AH-64D Block Ⅲ가 Block Ⅱ에서 변경된 부분이 많아 전혀 새로운 기체로 볼 수 있다는 것이 그 이유였다.

AH-64E는 네트워크 중심전(NCW)이 될 미래전 전장에 최적화된 기체로 생존성과 상황

인식 부분에서는 화력통제시스템 FCS(Fire Control System), C4ISR 아키텍처, 상황인식 및 의사결정 지원시스템, 항공기 생존장비 ASE(Aircraft Survivability Equipment)가 개량되었다. 또한 미 육군형은 Level IV UAV인 MQ-1C 그레이 이글 통제능력을 갖추고 있으며, 정찰 및 공격범위를 확장시켜 생존성과 상황인식능력을 높였다.

보다 강력해진 2000마력의 T700-701D 엔진을 장착하여 높은 기동성을 발휘하며, 늘어난 추력으로 227 kg 이상의 추가 탑재능력을 확보했다. 복합재로 제작된 메인로터는 비행성능이 향상되고 소음은 감소했다.

AH-64E의 대표 장비로는 메인로터 위에 장착되는 APG-78 롱보우 화력통제 레이더의 탐지거리가 증대되었고, 레이더 주파수 간섭계 개량 등을 통해 목표탐지 및 포착성능을 향상시켰다. 롱보우 화력통제 레이더는 최대 256개의 표적을 동시에 탐지해 교전이 가능하다.

AH-64E는 전체 길이 17.73 m, 높이 4.95 m, 최대이륙중량 10433 kg, 순항속도 262 km/h, 최대상승고도 6400 m, 전투행동반경 483 km의 제원을 가진다. 무장은 최대 16발의 AGM-114 헬파이어 공대지미사일, 19연발 70 mm 로켓 발사기 4개, 4발 이상의 AIM-92 스팅어 공대공 미사일, M203E 30 mm 체인건 1200발 등을 장착할 수 있다. 한국 육군형 AH-64E에는 한국형 FM 무전기, HF 무전기, TACAN 등이 추가 장착되며, 무장으로는 AIM-92 스팅어 공대공 미사일과 발사대가 추가로 도입된다.

③ AH-1Z, UH-1Y

미 해병은 오래 전부터 틸트 로터라는 차세대 회전익 체계개념을 구상하고 있었으며, V-22 개발계획을 가시화함으로써 점차 이러한 개념이 구체화되고 있다. 그러나 V-22 프로그램의 잦은 계획 변경으로 미 해병은 단계 전환용으로 사용할 회전익 체계가 필요하였다. AH-1Z, UH-1Y는 기존의 미 해병이 사용하던 AH-1W와 UH-1N을 개조 개량하는 단계전환용(interim) 회전익 체계 개발사업으로, H-1 프로그램으로 명명하였다. 기존 체계 대비 주요 변경사항은 무베어링 형태의 메인로터 및 테일로터 채택, 엔진 및 트랜스미션 등 동적 구성품 개량으로 인한 정비성 및 수명 향상, 디지털 조종석 채택, open architecture 구성에 의한 무장장착, 새로운 세대의 사이팅 시스템(TSS) 장착 등이며, 특히 공격헬리콥터(AH-1Z)와 기

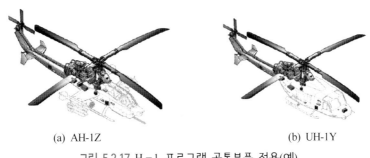

(a) AH-1Z　　　　　　　　　　　　　　　(b) UH-1Y

그림 5.2.17 H-1 프로그램 공통부품 적용(예)

(a) 수직비행 시   (b) 수평비행 시

그림 5.2.18 V-22 오스프리

동헬리콥터(UH-1Y)가 부품 공통성을 유지하면서 개발되는 체계이다. 그림 5.2.17은 H-1 프로그램에서 개발 중인 공통부품 부분을 표시한 것이다.

④ V-22 오스프리(Osprey)

V-22는 회전익기와 고정익기의 속성이 결합된 일명 틸트 로터(tilt rotor) 형태의 항공기이다. 즉, 고정익의 양 끝에 회전익과 엔진이 부착되어 착륙 및 제자리비행 시는 회전익기 기능을, 전진비행 시는 고정익기 기능을 수행함으로써 고정익기에는 없는 수직이착륙 및 제자리비행능력과 회전익기 고유의 속도제한을 극복한 획기적인 개념의 항공기이다.

일반적으로 제자리비행에서 150 kts(knots per hour)까지는 회전익 모드의 비행영역이며, 100 kts부터 300 kts 이상은 고정익 모드의 비행영역이다. V-22 설계상의 주요 특징은 고정익 기능과 회전익 기능을 모두 수행할 수 있도록 수평기준 97°30′까지 기울일 수 있는 엔진, 트랜스미션 및 3엽의 프롭로터(prop-rotor), 전체 동체 재질의 60%에 복합재 사용, 3중 안전 디지털 FBW(fly-by-wire) 비행조종시스템 등이다.

2) 발전 추세

헬리콥터 체계의 발전 추세는 크게 두 가지로 요약된다.

(1) 다기능화

단일 기체에 여러 가지 임무수행이 가능한 기체를 개발함으로써 기종 단순화를 통한 개발비, 획득비, 운용 유지비를 감소시키고, 네트워크 기능 강화에 의한 연합 및 합동작전능력(전장상황인지, 표적정보공유 등)을 향상시킬 것이다. 또한 원격조종에 의한 무인기 등의 조작으로 전장을 지휘하고 통제하는 기능을 강화하면서 조종사로 하여금 상황인지능력을 향상시키도록 발전될 것이며, 앞서 서술한 것처럼 회전익 고유의 제한사항을 뛰어넘기 위한 차세대 회전익 체계로 전환되는 것이다.

|쿼드 틸트 로터|폴딩 프롭 로터|틸트 로터 공격기|
|로터윙|카나드 로터윙|틸트 로터 기동기|

그림 5.2.19 차세대 헬리콥터 체계개념

(2) 고정익 기능 겸비

회전익과 고정익 모드를 조합한 차세대 회전익 체계개념은 여러 가지 방안으로 시도되고 있다. 그림 5.2.19에 제시된 형태들이 대표적인 개념으로 검토되고 있는 것들이다. 쿼드 틸트 (quad tilt) 로터기는 기존의 틸트 로터 개념에서 확장된 개념으로, 장거리 수송용으로 계획되고 있는 개념이다. 폴딩 프롭 로터(folding prop rotor) 개념과 틸트 로터 공격 및 기동기 개념은 고정익 모드 시 회전날개를 접어 들이는 형태의 개념으로 구상 중이다. 또한 카나드 (canard) 로터윙 형태는 주익이 회전익 모드 시는 회전하는 로터 역할을 하며, 고정익 모드에서는 윙의 역할을 하는 개념이다. 로터윙 형태는 미 육군에서 구상 중인 체계로 카나드 로터윙과 유사개념으로 구상 중이다. 이상과 같은 다양한 시도는 향후 10년 이내에 보다 구체화될 것으로 예상되며, 이와 함께 기존의 회전익 체계도 성능 및 탑재되는 임무장비 발전으로 폭넓은 무기체계로서의 역할을 수행할 것으로 예측된다.

5.2.3 주요 구성 기술

1) 비행원리

헬리콥터는 양력, 추진력, 조종력을 제공하는 로터시스템의 특성 때문에 임의의 위치에서 다른 위치로 방향에 관계없이 비행할 수 있으며, 수직으로 이착륙이 가능하고 공중에서의 비행형태도 제자리비행, 상승, 하강, 전진, 후진, 좌우비행이 가능하다. 주 회전 날개를 갖고 있어 매우 큰 양력을 얻을 수 있지만, 주 회전날개를 돌리기 시작하면 이 회전력과 크기가 같고 방향이 반대인 회전력이 발생하여 헬리콥터 몸체는 반대로 돌아가기 때문에 이를 상쇄할 장치가 필요하다. 이때 주 회전날개에 의한 모든 추진력은 상승하기 위한 양력을 얻는데 사용되므로 고정익 항공기보다 대략 10배의 추진력이 소요된다. 따라서 헬리콥터가 원하는 방향으로 비행하기 위해선 추진력을 이용해야 하는데 현재 운용 중에 있는 헬리콥터는 주 회전날개 깃의 사이클릭 피치를 조종함으로써 추진력을 이용한다. 이는 회전축을 기울인 것과 같은 상태를 만드는 것으로 비행방향으로의 추진력과 동체가 하강되지 않을 정도의 충분한 양력을 발생시켜 조종에 이용된다.

(1) 양력발생 원리

고정익 항공기과 비교하여 헬리콥터의 가장 큰 특징은 수직이착륙 능력에 있으며, 헬리콥터의 수직이착륙을 위해서는 정지한 상태에서 자중(헬리콥터 무게)보다 큰 양력(헬리콥터를 띄우는 힘)을 발생시켜야 한다.

양력발생 원리를 살펴보면 유체의 속도와 압력의 관계를 표현한 베르누이 정리로부터 알 수 있다. 어느 한 지점에서 압력으로 표현되는 정압과 속도 및 밀도의 항으로 나타내는 동압의 합은 일정하다는 원리로부터, 정상흐름의 경우 어느 한 점에서 흐름의 속도가 빨라지면(동압이 커지면) 그곳에서의 정압은 감소한다.

즉, 블레이드를 공기흐름 속에 놓고 블레이드 주위를 지나는 공기의 흐름을 압력 측면에서 분석해 보면 유체의 속도에 의한 압력은 동압이라 하고, 블레이드에 작용하는 압력과 같이 표면에 작용하는 압력은 단위 면적당 작용하는 힘으로써 정압이라 한다.

또한 에너지 보존 법칙에 따라 유체의 흐름으로 인해 발생하는 에너지인 정압과 동압의 합은 항상 일정하게 된다. 그러므로 유체의 속도가 빠른 곳에서는 동압이 높기 때문에 정압이 낮고, 유체의 속도가 느린 곳에서는 동압이 낮기 때문에 정압이 높다는 것을 알 수 있다. 따라서 양력은 블레이드 상면과 하면의 압력차(상면압력 < 하면압력)에 의해 압력이 큰 쪽에서 작은 쪽으로 압력차에 의한 힘이 발생하는 데 이 힘이 양력이다.

(2) 동체의 안정성 유지

헬리콥터는 비행을 위해 필요한 양력과 추력을 메인로터의 회전으로부터 얻는다. 이로 인해 로터에 매달려 있는 동체는 메인로터 회전의 반대방향으로 회전하려는 힘이 발생하는 데 이를 토크라 한다.

헬리콥터의 비행 중 자세유지를 위해서는 메인로터의 회전으로 인해 발생하는 토크를 제

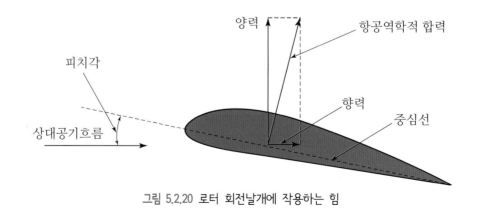

그림 5.2.20 로터 회전날개에 작용하는 힘

거해야 하는데, 현재 적용되고 있는 토크 제거방법으로는 테일로터 이용방법, 양축로터 이용방법, 그 동축로터 이용방법 등이 있다.

단일 회전익의 경우 비행 중 헬리콥터의 중심을 잡기 위해 반토크 로터로서 테일로터를 그림 5.2.21(a)와 같이 동체 후방의 테일 붐 끝단에 수직 또는 약간 경사지게 설치하는 방법이 가장 일반적이다. 헬리콥터의 메인로터가 반시계방향으로 회전한다고 하면(프랑스를 제외한 유럽과 미국 헬리콥터는 반시계방향 회전, 러시아와 프랑스 헬리콥터는 시계방향 회전) 헬리콥터의 동체는 시계방향으로 회전하려는 토크가 작용한다. 따라서 헬리콥터 동체에는 이러한 토크와 크기가 같고 방향이 반대인 회전력이 요구되고, 테일로터의 수평 추력이 그 역할을 하게 된다.

한편 헬리콥터 동체의 토크와 테일로터에 의한 회전력이 같게 되면 회전방향은 기하학적 평형을 이루게 되지만, 헬리콥터는 우측으로 조금씩 이동하는 현상이 나타난다. 이러한 현상은 제자리비행 시 나타나는 현상으로서 전이성향(translating tendency)이라 한다. 전이성향의 발생원인은 헬리콥터의 횡방향에 작용하는 테일로터의 추력에 기인한다. 따라서 이러한 전이성향을 수정하기 위해서는 메인로터 블레이드의 회전면이 약간 우측으로 기울도록 조종계통을 설계하는 방법 등이 적용되고 있다.

동축 회전익은 그림 5.2.21(b)와 같이 동일 축에 붙어 있는 2개의 로터를 서로 반대방향으로 회전시켜 토크를 상쇄한다. 2개의 로터는 지름이 서로 차이가 있어도 무방하지만 같은 크기의 토크를 발생해야 한다. 즉, 상하 로터가 지름이 서로 다른 경우에는 작은 지름의 로터가 큰 지름의 로터보다 피치각을 더 크게 함으로써 같은 토크를 발생하도록 해야 한다. 이러한 동축 회전익은 테일로터가 불필요하므로 헬리콥터 전체 형상의 크기를 작게 할 수 있으며, 블레이드의 회전운동이 좌우대칭을 이루기 때문에 양력의 불균형이 생기지 않아 전진

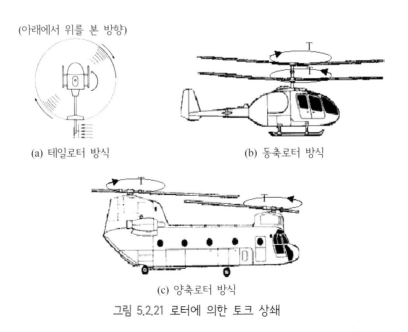

(a) 테일로터 방식   (b) 동축로터 방식

(c) 양축로터 방식

그림 5.2.21 로터에 의한 토크 상쇄

속도의 범위를 크게 할 수 있는 장점이 있다.

양축 회전익은 그림 5.2.21(c)와 같이 로터를 전후 혹은 좌우에 하나씩 두고 서로 반대방향으로 회전시킴으로써 토크를 상쇄시킨다. 이때 양측 블레이드는 가능한 한 헬리콥터의 형상을 최소로 하기 위해 약간 겹쳐지게 하며, 블레이드가 서로 간섭을 최소화할 수 있도록 뒤의 로터는 앞의 로터보다 약간 높은 위치에 설치한다. 이러한 양축 회전익은 무게중심의 이동범위가 크고 적재물이 전후 로터 사이의 어디에 위치시키더라도 평형유지가 가능하므로 큰 중량 운반에 적합한 장점이 있다.

(3) 조종원리

로터에 의해 발생하는 총 합력은 회전면에 수직으로 작용하게 되며, 편의상 이 힘을 양력과 추진력으로 나눌 수 있다. 이때 항력과 무게는 헬리콥터의 비행방향 변화에 무관하게 거의 일정한 값을 가지므로, 메인로터 블레이드의 접근각 제어로 발생하는 양력과 블레이드 회전면 경사에 의해서 발생하는 추진력을 적절히 조절함으로써 요구하는 방향(제자리비행, 전진 / 후진비행, 측방비행)으로 비행하게 된다.

그림 5.2.22 전진비행 원리

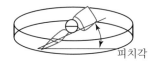

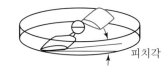

그림 5.2.23 블레이드 회전과 추진력 / 추력의 관계

2) 로터시스템

회전익기 로터시스템은 양력, 조종력 및 추력을 제공하는 주요 구성품으로서, 회전속도에 의해 양력을 발생시키는 블레이드와 블레이드를 구성하고 있는 익형(airfoil), 블레이드를 회전축에 연결하여 블레이드에서 발생한 모멘트를 헬리콥터에 전달하고, 블레이드의 운동을 제어하는 허브 그리고 로터시스템과 동력전달장치를 연결하는 마스트로 구성된다. 또한 일반적인 회전익기는 메인로터시스템과 테일로터시스템을 보유하고 있으며, 테일로터시스템은 메인로터시스템에서 발생되는 토크를 상쇄시킴과 동시에 측방향 조종력을 제공하고 있다. 그림 5.2.24는 회전익 체계 분해도로서 화살표로 표시한 부분이 메인로터 및 테일로터시스템이다.

로터시스템은 회전익 체계가 진화됨에 따라 복잡한 형상을 단순화하고 수명을 연장시키며 성능을 향상시키기 위한 기술발전을 계속해 왔다. 그림 5.2.25에서 보는 바와 같이 로터시스템은 블레이드의 재질 및 형상, 허브의 형태에 따라 세대를 구분하며, 금속재에서 복합재로의 재질 변화, 관절형에서 무베어링형으로의 허브 형태 단순화가 주요한 기술의 발전형태이다.

특히 최근의 헬리콥터는 그간 과도한 진동문제로 어려움을 겪었던 복합재 무베어링 로터스템을 중형급 이상의 회전익 체계에 적용하는 단계에까지 진입하였으며, 이와 함께 기존의 관절형 로터시스템도 탄성 베어링 등의 재질개발로 형상이 매우 단순화되었다.

로터시스템의 분류로 제시된 것 중 또 하나의 중요한 기술발전은 재질의 변화인데, 대표적인 재질 변화는 금속재에서 복합재료의 변화이다. 1960년대 제작된 로터시스템의 경우(AH-1S) 2000시간 이내의 수명을 가졌으나 현재 개발 중인 시스템(AH-1Z)의 경우 10000시간 이상의 수명으로 연장되었다. 또한 복합재의 채택으로 생존성도 많이 향상되고 있다.

테일로터의 경우 기존의 측풍에 영향을 받지 않고 계속 비행을 유지할 수 있는 능력과 나아가서 측방향 비행속도의 향상을 위해서 새로운 형태의 테일로터가 개발되고 있다. 이는 헬리콥터 사고 중 빈번한 원인을 차지하는 테일로터 접촉사고에 대한 안전도를 개선하려는 노력으로부터 기인된 것이기도 하며, 팬인테일(fenestron), NOTAR 등이 대표적인 시스템이

메인로터시스템

테일로터시스템

그림 5.2.24 회전익 체계 분해도(로터 시스템)

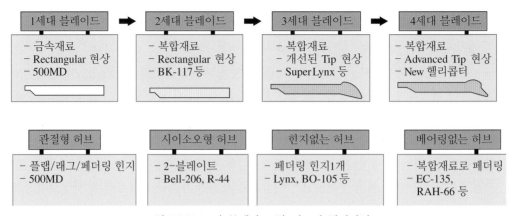

1세대 블레이드	2세대 블레이드	3세대 블레이드	4세대 블레이드
- 금속재료 - Rectangular 현상 - 500MD	- 복합재료 - Rectangular 현상 - BK-117등	- 복합재료 - 개선된 Tip 현상 - SuperLynx 등	- 복합재료 - Advanced Tip 현상 - New 헬리콥터

관절형 허브	시이소오형 허브	힌지없는 허브	베어링없는 허브
- 플랩/래그/페더링 힌지 - 500MD	- 2-블레이트 - Bell-206, R-44	- 페더링 힌지1개 - Lynx, BO-105 등	- 복합재료로 페더링 - EC-135, RAH-66 등

그림 5.2.25 로터 블레이드 및 허브의 발전과정

다. 그림 5.2.26은 메인로터시스템과 테일로터시스템의 분해도를 제시한 것으로 무베어링형 메인로터시스템은 블레이드의 피치, 플랩, 페더링 운동을 플렉스 빔과 토크 튜브가 담당하는 등 힌지나 베어링 없어 시스템이 간편해진 것을 알 수 있다. 또 테일로터시스템 중 블레이드가 덮개 내에 싸여있는 팬인 테일시스템은 상대적으로 안정성이 뛰어난 것을 알 수 있다.

이 밖에 로터시스템의 분류는 블레이드 개수에 의해서 분류되기도 하는데, 근래에는 소음 및 진동감소를 위해 블레이드 개수를 4개 또는 5개로 개발하는 추세이다.

3) 동력전달장치

회전익기의 동력전달장치는 엔진으로부터 오는 고속의 주 동력을 적절한 속도로 감속하고 메인로터와 테일로터로 전달하여 양력, 추력 및 조종력을 제공하고, 동력의 일부를 할당하여 전기발생기, 유압펌프 등의 부수장비를 구동시키는 역할을 담당한다.

그림 5.2.27은 동력전달장치의 주요 구성도로서 그 기능은 다음과 같다.

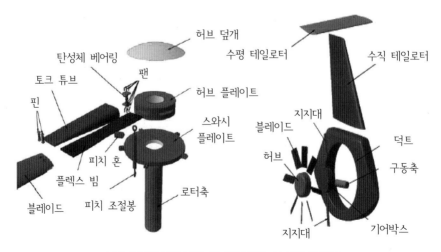

그림 5.2.26 메인로터 및 테일로터 시스템 분해도

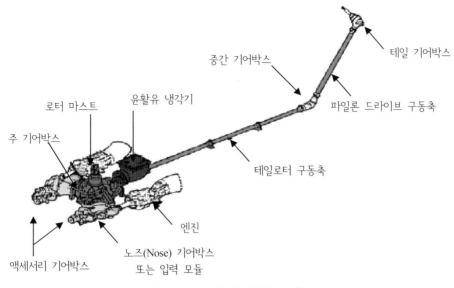

중간 기어박스

테일 기어박스

로터 마스트

윤활유 냉각기

파일론 드라이브 구동축

주 기어박스

테일로터 구동축

엔진

액세서리 기어박스

노즈(Nose) 기어박스
또는 입력 모듈

그림 5.2.27 동력 전달장치 구성도

(1) 주 기어박스

메인로터를 구동하고 허브 시스템(hub system)을 지지하며, 메인로터 블레이드 조종시스템을 장착하며, 항공기 운영에 필요한 모든 액세서리이다.

(2) 테일 기어박스

테일로터를 구동하며 테일로터 조종시스템을 장착하여 운행에 필요한 반동토크를 발생한다.

(3) 중간 기어박스

주 기어박스로부터 분배된 테일로터 구동동력을 기체에 맞게 방향을 전환하여 테일로터 기어박스에 전달한다.

(4) 액세서리 기어박스

항공기 운행에 필요한 제너레이터, 유압펌프 및 윤활펌프 등을 구동한다.

(5) 로터 마스트

메인로터 허브를 장착하고 주 기어박스의 회전력을 메인로터에 전달한다.

(6) 윤활장치

오일펌프, 윤활유 냉각장치 및 오일탱크로 구성되어 고속회전 부품의 윤활 및 냉각 기능을 원활히 수행하며, 각종 센서를 이용하여 동력전달장치 주요 구성품의 실시간 정상작동과 주요 구성품의 정비 및 교체 감시기능을 포함한다.

그 외에도 지상에서 엔진 공회전 시 지상점검 등을 위해 메인로터를 정지시키기 위한 기능으로 메인로터 브레이크 시스템이 포함되며, 엔진 이상 시 엔진과의 동력전달을 차단시켜 자동회전(autorotation)을 가능하게 하는 클러치 또는 프리휠 시스템(free wheel system)이 있다.

5.3   무인항공기

무인항공기(UAV : Unmanned Air Vehicle)는 제2차 세계대전 중 유인기를 개조한 폭격용 무인항공기가 처음 사용되었으며, 베트남전에서 정찰용 무인항공기가 처음으로 등장하여 조종사의 손실없이 월맹지역의 항공사진 촬영 임무를 성공적으로 완수함으로써 무인항공기 체계의 효용성을 확대시키는 계기가 되었다.

과학기술이 발달함에 따라 다양한 무인항공기가 개발되었는데 중동전에서 이스라엘 군이 정찰용과 기만용 무인항공기를 운용한 것이 본격적인 운용의 효시라 할 수 있다. 최근의 이라크전에서도 다양한 무인항공기가 큰 활약을 하였으며, 약 50여 개국에서 개발 또는 운용하고 있다.

이 절에서는 현재 운용 중이거나 개발 중인 광역전장감시를 위한 정찰용 무인항공기, 지상발사 또는 항공기 탑재 하에서 공중발사하여 자폭형의 공격과 기만 등의 특수목적 임무수행이 가능한 공격용 무인항공기, 적 지상표적 제압을 위해 정밀유도무기를 탑재하여 지상 공격임무를 수행하는 무인전투기(UCAV : Unmanned Combat Air Vehicle) 등의 무인항공기 체계에 대하여 알아보고자 한다.

5.3.1 체계 특성 및 운용 개념

1) 체계 특성

(1) 정의 및 분류

무인항공기란 조종사가 직접 탑승하지 않고 원거리에서 무선으로 원격조종하거나 사전에 입력된 프로그램에 따라 자율비행조종이 가능한 비행체를 말한다.

무인항공기 체계는 군사적 임무나 용도에 따라 분류되는 것이 일반적인 경향이나, 정찰용을 위주로 개발하여 다른 목적의 임무장비를 탑재하는 경우가 많아지면서 성능에 따라 분류를 하기도 한다.

① 군사적 임무에 따른 분류
- 정찰용 무인항공기
- 기만 / 공격용 무인항공기
- 전투용 무인항공기(UCAV)
- 표적용 무인항공기

② 성능에 따른 분류
세계적으로 공통된 분류는 아니지만, 미국 국방부의 합동소요감독위원회(JROC : Joint Requirement Oversight Council)에서 승인한 임무요구서에서는 무인항공기 체계를 운용반지름 및 체공시간에 따라 근거리, 단거리, 중거리 및 체공형 등 4가지로 구분하고 있으나, 임무의 다양성 및 세분화에 따라 표 5.3.1과 같이 분류한다.

(2) 무인항공기 구성
무인항공기 체계는 운용하는 목적에 따라 약간씩 다를 수 있으나 일반적으로 무인비행체와 비행체에 탑재된 전자광학장비 및 공중중계장비, 지상통제소, 원격 화상 터미널, 지상 자료 터미널, 지상지원 및 시험장비, 발사 및 회수장비 등으로 구성되어 있다.

① 비행체
임무장비의 운반체로서 추진계통과 자동비행 유도조종을 위한 항공 전자장비를 기본으로 탑재하고 있다. 일반적으로 기체, 추진계통, 항공전자장비, 데이터링크 및 처리장비 등으로 구성되어 있다. 기체는 장비를 탑재하기 위한 본체에 불과하나 기체의 비행고도를 높이기

표 5.3.1 UAV 성능에 따른 분류 및 특성

분 류	항속거리	고 도	체공시간
초소형	< 10 km	250 m 이상	1시간
소 형	< 10 km	250 m 이상	2시간 이상
근거리	10~30 km	3 km 이상	2~4시간
단거리	30~70 km	3 km 이상	3~6시간
중거리	70~200 km	2.7~4.6 km	6~10시간
저고도 종심침투	> 250 km	50 m~7.6 km	1시간
체공형	> 500 km	4.6~7.6 km	12~24시간
중고도 체공형	> 500 km	7.6~13.7 km	24~48시간
고고도 체공형	> 1000 km	13.7~18.3 km	24~48시간
수직 이착륙형	10~100 km	3 km 이상	6시간 이상

위해 비행조종·통제기술, 추진체계, 기체구조 등에 대한 첨단기술이 필요하다.

② 탑재장비

수행하는 임무에 따라 다양한 장비를 탑재할 수 있다. 영상정보(IMINT : Image Intelligence) 수집을 위해서는 전자광학(EO : Electro Optical) 장비, 컬러 및 흑백 TV, 적외선 장비 및 합성 영상 레이더(SAR : Synthetic Aperture Radar) 등의 장비를 탑재할 수 있다. 또한 통신감청을 통해 통신정보를 수집하기 위한 탑재장비, 전자 방사체의 정보를 수집하기 위한 전자정보수집 탑재장비, 통신 및 전자정보의 방향과 위치정보를 탐지하기 위한 탑재장비, 통신중계를 위한 탑재장비 등이 존재한다.

③ 자료 송수신장비

항송기탑재 송수신기와 지상 송수신기, 안테나, 원격 영상수신기로 구성되어 있으며, 비행체와 지상장비 사이의 통신을 가능하게 한다.

④ 임무계획 및 통제장비

임무계획 및 통제계통은 무인항공기 체계의 구심점으로 비행체 및 임무장비의 지령 및 통제를 맡으며, 임무장비로 획득한 정보를 처리하고 외부체계로의 전파를 위한 접속점 역할을 하는 분야이다.

⑤ 발사 및 회수장비

대부분의 무인항공기는 일반 유인항공기와 마찬가지로 활주로에서 이륙하지만, 소형 또는 항공기 탑재형의 무인항공기는 별도의 발사장비를 사용하기도 한다. 또한 임무를 마친 후 복귀하는 경우에도 활주로를 사용하게 되지만, 활주로가 없는 경우에는 낙하산 또는 조종 가능한 파라포일(parafoil)을 이용하거나 회수용 그물을 이용하여 무인항공기를 회수하는 방식도 사용된다.

2) 운용 개념

현재는 유인 정찰항공기가 위성과 상호보완적인 개념에서 운영되고 있지만, 미래에는 경제성이 우수한 무인항공기가 많은 부분에서 활용될 것이다. 정찰용 무인항공기는 유인 정찰항공기나 위성이 수행하지 못하는 특유의 정보수집 자산의 역할을 담당할 수 있으므로, 위성 정보수집체계 및 유인 정찰항공기의 역할과 상호보완적인 관계에 있거나 대체되는 개념으로 운영될 것이다. 또한 무인항공기는 공격용 무기체계로 발전되어 미래에는 무인 전술항공기의 형태로 발전될 것으로 예측된다. 미래의 전술개념상 무인항공기는 현재의 유인 전술항공기를 점진적으로 대체 및 보완하는 개념으로 발전되어, 현재보다도 미래에 더욱 중요한 무기체계로 인식되고 있다.

(1) 정찰용 무인항공기

무인항공기는 정찰위성과 유인정찰기의 비경제성을 극복할 수 있으며, 조종사의 생명 위협을 최소화할 수 있는 체계이다. 정보수집에 대한 즉응성과 융통성을 발휘할 수 있고, 조종사에 기인한 임무시간의 제한없이 목표지역에서 장시간 체공하면서 다양한 정보수집과 다용도 운영이 가능하다. 또한 정찰위성이나 유인정찰기는 일반적으로 국가급 전략제대를 지원하는 체계이나, 무인항공기는 국가급 전략제대의 지원 뿐만 아니라 전술 및 작전제대에서도 활용이 가능한 체계이다.

그림 5.3.1은 대표적인 전술급 정찰용 무인항공기 체계인 한국 육군의 군단급 무인항공기 RQ-101(일명 '송골매')의 운용개념도이다.

비행체에는 실시간 동영상 정보획득을 위해 TV 또는 전방감시 적외선 카메라를 탑재하는 것이 일반적이며, 탐지범위를 넓히기 위해 가시선 또는 적외선 주사 카메라를 탑재하기도 한다.

전술급 정찰용 무인항공기 체계의 발전에 뒤이어 유인 정찰항공기인 U-2기를 능가하는 고공전략 정찰용 무인항공기 체계가 개발되어 실전에서 운용되었다. 고공에서의 원거리 정찰을 위해 고해상도 전자광학장비와 합성영상레이더를 탑재하고, 획득영상을 고속 광대역 데이터링크를 통해 지상으로 전송한다. 장거리 운용 시 통신 가시선 차단을 극복하기 위해 통신위성을 통해 데이터를 중계한다.

과학기술의 발달과 함께 무인항공기 체계 핵심구성품의 초소형화로 소형 정찰용 무인항

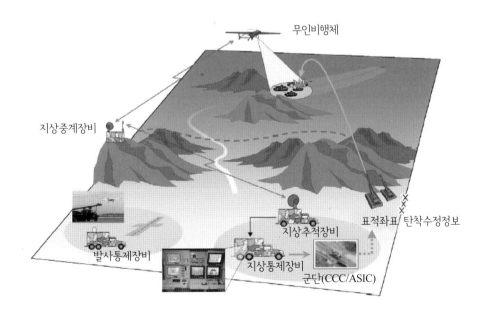

그림 5.3.1 육군 군단급 무인기 RQ-101 UAV 운용개념도

공기의 구현이 가능해져 걸프전에서는 미국의 Pointer 무인기가 운용되었으며, 초소형 무인기의 개발이 진행 중이다. 인명 손실의 위험이 없다는 무인항공기의 장점으로 운용이 활발하지만, 고성능의 전술·전략 무인항공기 체계는 고가이며, 적지 않은 운용요원을 필요로 한다. 한두 명의 운용요원에 저렴한 비용으로 전장의 지휘관에게 눈 역할을 하는 소형 무인기의 활용은 점차 확대되고 있다.

(2) 기만·공격용 무인항공기

기만·공격용 등 특수목적의 무인항공기로는 적 레이더 기만용, 대레이더(anti radiation) 공격용, 지상표적 공격용, 대공 요격용 등 매우 다양한 종류가 있다. 기만용 무인항공기는 비록 소형이지만 적 레이더에는 대형의 유인전술기가 기동 중인 것으로 오인하게 하여, 적 대공망의 소진을 유도하거나 적 대공망 제압작전에서 적 레이더를 계속적으로 작동하도록 유인하는 미끼 역할을 한다. 임무장비로 레이더 신호 반사경 또는 증폭장치를 탑재하여 적 레이더에 증폭된 반향신호를 반송하여 전투기로 오인하게 한다.

공격용 무인항공기는 탐색기와 탄두를 탑재하여 표적을 정밀추적하여 파괴한다. 적 레이더 신호를 수신하고 발신원의 방향을 탐지하여 파괴하는 대레이더 공격용 무인기는 현재 운용 중으로, 공격의도를 파악한 적의 레이더가 작동을 중지할 경우에는 선회하면서 표적의 재동작을 대기할 수 있다.

지상표적 공격용 무인기는 레이저 레이더 등의 지상표적 탐색기를 탑재하여 전차 등을 공격할 수 있으며, 대공 요격용은 열추적 등 영상탐색기와 중간유도용 데이터링크를 탑재하여 저속 항공기 또는 순항미사일을 요격한다.

(3) 전투용 무인항공기

전투용 무인항공기는 정밀타격 무장을 탑재하여 공대지 및 공대공 전투 등의 임무를 수행할 수 있는 무인항공기 체계이다.

(4) 표적용 무인항공기

주로 대공포 및 지대공 유도탄 발사 시험평가, 공대공 사격훈련 등에서 표적용으로 사용되는 무인항공기 체계이다.

5.3.2 개발 현황 및 발전 추세

1) 개발 현황

(1) 정찰용 무인항공기

정찰용 무인항공기는 전 세계적으로 약 32개국에서 250여 종의 무인기를 개발하여 생산 중이며, 41개국에서 80여 기종의 무인기체계를 운용 중인 것으로 알려져 있다. 일부 선진국을 제외한 대부분의 국가에서는 저고도 전술정찰용 이하급의 무인항공기를 개발 또는 운용 중이다. 저렴한 실시간 공중정찰 영상정보획득체계의 수요에 대해 안정화 TV 또는 FLIR 등의 탑재장비를 포함하여 현용기술로 도달 가능한 수준의 체계이기 때문에 개발이 활발한 것으로 판단된다.

무인항공기들은 대부분 고정익 비행체로 소형의 경우는 투척식 이륙방식으로 야지 운용성의 향상을 도모하지만, 전술급 이상에서는 활주로 또는 일정한 크기의 공간이 필요하다는 제약이 따른다. 그래서 운용 공간 제한을 극복하기 위해 고정익 형태에서 헬리콥터형 등 수직이착륙기 형태의 정찰용 무인항공기 개발이 확대되고 있는 추세이다.

① 저고도 전술급 무인항공기

전 세계적으로 가장 널리 운용 중이며 개발이 활발한 것은 적진 상공에서 지속적인 감시가 가능한 저고도 전술정찰용 무인항공기 체계이다. 대표적인 저고도 전술급 정찰용 무인항공기로는 걸프전에서의 활약으로 현대전의 무인기 시대를 연 RQ-2 파이어니어(Pioneer), 코소보전에 참전한 미국의 RQ-5 헌터(Hunter), 영국의 피닉스(Phoenix), 이스라엘에서 대테러 작전에 투입하고 있는 써쳐(Searcher), 미 육군의 여단급 무인기로 배치 중인 RQ-7 섀도우(Shadow) 200 등이 있다.

② 중고도 전술급 무인항공기

실시간 감시, 표적획득, 탄착점 수정 및 피해평가 등을 주임무로 하는 전술무인기는 적지 상공에서 체공할 수밖에 없다, 이로 인해 적 대공화기에 의한 손실이 발생하는 것을 피하고, 낮은 비행고도로 인한 작전운용 반지름의 제약을 극복하기 위해 비행고도가 점차 높아지는

(a) 헌터(미)

(b) 피닉스(영)

(c) 써쳐(이스라엘)

(d) 섀도우 200(미)

그림 5.3.2 저고도 전술급 정찰용 무인항공기

(a) RQ-1L 프레데터(미국)

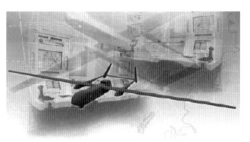
(b) 이글(이스라엘, 프랑스)

그림 5.3.3 중고도 전술급 정찰용 무인항공기

(a) RQ-4A 글로벌 호크(미국)

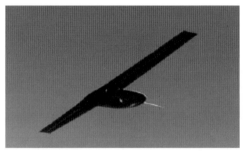
(b) 다크 스타(Dark Star, 미국)

그림 5.3.4 고고도 정찰용 무인항공기

방향으로 발전하고 있다. 비행고도의 증가로 구름 등에 의한 공중정찰 제약을 극복하기 위해 레이더 영상장비의 동시 탑재 필요성이 제기되어 비행체 대형화를 동반한 중고도 전술무인기가 개발되었다. 대표적인 기종으로는 코소보전, 아프간전, 이라크전 등에서 활약한 RQ-1 프레데터(Predator), 이스라엘과 프랑스 합작으로 개발 완료 단계인 이글(Eagle) 무인기 등이 있다. 특히 프레데터 무인기는 아프간전에서 실시간으로 표적탐지 후 탑재된 헬파이어 미사일로 대지공격을 수행하여 최초로 전투임무를 수행한 무인항공기가 되었다.

③ 고고도 정찰용 무인항공기

아프간전과 이라크전을 통해 유인정찰기인 U-2로 대표되는 원거리 항공정찰 체계의 일대 변혁을 일으킨 것이 바로 미 공군의 글로벌 호크(Global Hawk) 무인기이다. 전술급 무인기로는 적지 상공의 침투가 필요하나, 고해상도 영상장비를 탑재하여 100~200 km 떨어진 원거리에서 표적을 탐지할 수 있으며, 고속 광대역 데이터링크를 통해 실시간으로 지상에 전송하여 광역정찰 및 징후감시 임무를 수행할 수 있다.

현재 전 세계적으로 미국만이 고공정찰용 무인항공기 체계를 운용하고 있으며, 유럽 국가와 일본 등에서 고고도 정찰용 무인기의 개발을 추진 중이다. 독일은 미국의 글로벌 호크 무인기 제작사와 협력하여 해상초계 항공기의 신호정보 수집임무를 대신하기 위한 유로 호크(Euro Hawk) 무인기를 2008년에 개발 완료하였다. 한편 앞서의 중고도 전술급 무인기를 대형화·고성능화하여 탑재장비 중량 증가 및 45000 ft 이상의 비행고도 운용을 목표로, 미국의 MQ-9B 프레데터, 프랑스(이스라엘 공동개발)의 이글 2 UAV 등이 개발되고 있다.

④ 소형 정찰용 무인항공기

근접정찰을 위한 소형무인기는 탑재전자장비의 소형화, 동력용 전지의 고밀도화 등 관련 기술의 발전에 따라 실용화가 가능해진 무인항공기이다. 운용요원 1~2인, 전체 체계중량의 경량화로 도수운반가능, 투척방식이륙, 야지착륙 등으로 운용성이 매우 우수하여 전 세계적으로 개발이 확대되고 있다. 그림 5.3.5는 실전에서 운용된 소형 정찰용 무인항공기이다.

⑤ 초소형 정찰용 무인항공기

현재 미국의 DARPA(Defense Advanced Research Project Agency)에서는 고정익 비행물체의 비행이 가능한 더욱 작은 크기의 최소한계에 도전하는 초소형 무인기(MAV : Micro Air Vehicle) 개발계획이 진행 중이며, MEMS(Micro Electro-Mechanical System) 부품의 발전에 따라 국내외의 학계, 연구소 등에서도 개발이 진행 중이다.

⑥ 전술급 정찰용 수직이착륙 무인항공기

개발 중인 수직이착륙 무인기로는 미 육군의 미래전투체계(FCS : Future Combat System)의 하부체계로 DARPA에서 개발 중인 장시간 체공용 A-160 허밍버즈(Hummingbird) 무인헬

(a) FQM-141A 포인터(Pointer), (미국)　　　　(b) 드래곤 아이(Dragon Eye), (미국)

그림 5.3.5 소형 정찰용 무인항공기

(a) RQ-8A 파이어 스카웃(미국)　　　　　　(b) 이글 아이(미국)

그림 5.3.6 전술급 정찰용 수직이착륙 무인항공기

리콥터, 신개념의 카나드 로터윙 방식의 드래곤플라이(Dragonfly) 무인기 등이 있다. 그림 5.3.6은 전술급의 수직이착륙 무인기 체계인 미국의 RQ-8A 파이어 스카웃(Fire Scout) 헬리콥터형 무인기, 미 해안경비대에 채택된 틸트 로터형 무인기인 이글 아이(Eagle Eye)이다.

⑦ 전자전용 무인항공기

현재까지 개발된 대부분의 정찰용 무인항공기는 영상정보 획득을 위주로 임무장비를 탑재하고 있지만, 신호정보 획득장비의 소형화 발전에 따라 이를 탑재한 전자·신호정보 획득용 무인기의 개발도 예상되고 있다. 미국은 프레데터 및 글로벌 호크 무인항공기에 신호정보 수집장비를 탑재할 계획이며, 독일은 정찰용 무인기인 KZO 비행체에 임무장비를 교체한 소형의 전자정보수집 및 전자전공격용의 무인기 무케(Mucke)를 2007년 양산하기 시작하였다.

(2) 기만 / 공격용 무인항공기

기만용 무인항공기는 1970년대 말 중동전에서 처음 운용되었으며, 현재 미국과 이스라엘에서 개발 운용 중이다. 이라크전에서 미국은 이라크의 방공망에 대한 정보수집을 위해 프레데터 무인기의 임무장비를 제거하고 기만임무를 시도하였다. 이처럼 대공망 정보수집 및 제압임무는 인명손실의 위협이 매우 높으므로, 무인항공기의 활용이 점차 확대될 것으로 예상된다.

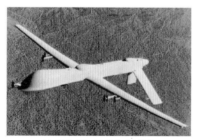

(a) RQ-1L 프레데터(미국)

(b) Mucke(독일)

그림 5.3.7 신호정보 수집용 무인항공기

(a) ADM-141A TALD

(b) ADM-141C ITALD

(c) ADM-160A MALD

그림 5.3.8 공중발사 기만용 무인항공기

| (a) 하피(이스라엘) | (b) 라크 | (c) 타이푼 |

그림 5.3.9 지상발사형 공격용 무인항공기(국외)

그림 5.3.8은 미국과 이스라엘이 공동개발한 후 현재 이스라엘에서 생산 중이며, 걸프전, 이라크전 등에서 미 해군이 운용한 무동력 활강형의 ADM-141A 전술항공 모의기(TALD : Tactical Air-Launched Decoy), 전술항공 모의기에 터보제트엔진을 장착하여 체공시간 및 운용반지름 등을 확장한 ADM-141C 개량형 전술항공 모의기(Improved TALD), 미 공군용으로 DARPA에서 개발한 ADM-160A 모형항공 모의기(Miniature Air-Launched Decoy)이다.

공격용 무인항공기는 크게 지상발사형과 공중발사형 두 가지 형태로 나눌 수 있다. 일반적으로 지상발사형은 저속의 비행체로서 체공시간과 탑재중량이 상대적으로 높으며, 공중발사형은 최신의 소형 전자부품을 사용하여 작고, 저렴한 특징을 가지고 있다. 공격용 무인항공기로 실용화된 것은 레이더 공격을 위한 수동형레이더 탐색기를 탑재한 지상발사형이며, 공중발사의 저가, 고정밀타격형은 미국 등에서 개발 중인 단계이다. 그림 5.3.9는 지상의 차량발사대에서 발사 후 표적을 탐색하여 공격하는 대레이더 공격용 하피(Harpy)와 라크 (Lark) 무인기 및 지상표적 공격용으로 개발 중인 타이푼(Taifun) 무인기다. 현재 하피는 표적탐지 후 최종확인을 위해 레이더 탐지기 외에 영상카메라와 데이터링크를 추가하는 성능개량을 추진 중이다.

공중발사형의 공격용 무인기는 전투기 등을 탑재 플랫폼으로 활용하므로 소형화가 가능하고, 전자부품의 발달로 표적 정밀타격이 가능한 저가의 체계로 향후 개발 및 운용이 급격히 확대될 전망이다. 현재 미국은 대지공격용의 LOCAAS(Low Cost Autonomous Attack System), 대공요격용으로 기만용인 MALD를 개량한 MALI(Miniature Air-Launched Interceptor) 등을 개발하고 있다.

일부 국가에선 무인항공기를 순항미사일로 개조하고 있다. 전 세계적으로 약 40여 개 국이 600여 종류의 무인항공기를 생산하며, 그중 80%는 비행거리가 300 km 이상이고, 65%는 500 km를 넘는다. 비행거리가 1000 km나 되는 것도 36%가 된다. 이 정도의 비행거리면 순항미사일로 사용하기에 충분하다. 일부 무인항공기에는 GPS / INS 유도장치나 사격통제장치가 이미 장착되어 있어서 곧바로 순항미사일로 개조할 수 있다. 그렇지 않은 무인항공기라도 GPS 수신기와 레이더 고도계를 새로 장착하고, 그 무인항공기에 장착되어 있는 탐지장치와 자료송수신장치를 떼낸 무게만큼 탄두와 장거리 비행용 연료를 탑재하면 순항미사일이 된다.

(3) 전투용 무인항공기

미국은 2010년 X-47B(Northrop Grumman사) 무인전투기의 시험비행에 성공하였고, 2013년에는 원거리 조종에 의한 미 항공모함 조지 H·W 부시호에 이착륙하는 데 성공하였다. 강력한 살상무기 탑재가 가능한 X-47B 무인기는 정보수집, 정찰, 감시 외에도 대테러 등의 공격작전을 수행할 수 있어 미래 무인기 활용에서 핵심 역할을 수행할 것으로 기대하고 있다.

(4) 표적용 무인항공기

다른 목적의 무인항공기에 비해 비교적 단순하여 많은 국가에서 사용하고 있다. 그러나 우리나라에서는 일부 표적용 무인항공기를 제외하고는 고가에 수입하여 활용하고 있다.

(5) 국내 운용 및 개발 중인 무인항공기

앞서 운용개념을 통해 설명한 바와 같이 육군에서 운용 중인 무인항공기에는 군단급 UAV인 RQ-101(송골매)이 있다. 무인비행체에 TV카메라와 적외선카메라를 장착하여 영상정보를 기반으로 한 정찰 및 표적획득을 목표로 하고 있고. 주로 포병의 정보수집 임무를 수행하고 있다. 길이는 4.8 m, 폭 6.4 m로 최고시속 185 km으로 좁은 공간에서 이륙할 수 있는 발사장치를 비롯하여 발사통제장치, 비행체 운반장비, 지상중계장치, 지상추적장비, 비행체 6기 등으로 이루어져 있다. 또한 통신이 두절되면 자동으로 귀환하는 능력과 낙하산의 일종인 파라포일을 장착하여 어떤 지형에서도 착륙이 가능하도록 개발되었다. 이렇게 개발된 군단급 UAV가 적 지역을 포괄적으로 보여줬다면 그보다 작은 사단급 UAV는 사각지대까지 세밀하게 볼 수 있다.

현재 개발 완료되어 2014년까지 실전배치될 사단급 UAV(DUAV: Division Unmanned Aerial Vehicle)로 대한항공에서 개발한 'KUS-9'과 한국항공우주산업에서 개발한 '나이트 인터루터 100'(NI100)가 있다. 송골매에 비해 크기가 작고 항속거리, 최고속도 등이 약간 떨어지지만, 사단 작전지역을 정찰하기에 충분한 능력을 보유하고 있다.

대한항공과 한국항공우주연구원은 세계 최초로 틸트 로터 무인항공기 TR-6X를 개발하여 시험비행 단계에 있다. TR-6X는 협소한 공간에서 이착륙이 가능하고 고정익과 같이 높고 빠르게 비행할 수 있다. 고도 4 km에서 6시간을 체공할 수 있으며, 최고 속도는 250 km/h, 운용반경은 180 km을 목표로 개발 중이다.

2) 발전 추세

과학기술의 발전은 전장의 무인화를 촉진하고 있으며, 특히 적 위협에 노출되어 가장 취약하다 할 수 있는 공중정보 획득임무는 인명손실 위험이 적고, 비용 대 효과면에서 우수한 무인항공기가 더욱 폭넓게 활용될 것으로 예상된다. 앞으로 무인항공기 분야는 유인항공기의 능력을 상회하는 고성능 무인항공기로 발전하는 추세이다. 훈련받지 않은 병사도 운영할 수 있는 소형의 무인항공기, 단추 하나로 이륙에서 착륙까지 자동화되며, 다양화된 임무장비를 바꿔가며 여러 임무를 수행하는 무인항공기로 발전하고 있다.

(1) 다목적 단순 표준화

모든 새로운 무기체계 개발은 과도한 개발비와 사업 위험도를 포함하고 있으므로, 유사한 개발목표를 통합함으로써 경제적 효율성을 추구하고 있다. 무인항공기 체계의 특성상, 전체 획득비에서 15% 정도를 차지하는 비행체는 운용 요구성능에 따라 각각 다른 기종으로 개발하되, 획득비의 대부분을 차지하는 통신링크, 탑재감지기, 임무계획 및 통제장비, 종합군수지원요소 등은 공통성을 가질 수 있도록 하는 것이다. 또한 무인항공기가 획득한 정보의 전파와 활용을 위해 전술통신체계 등과의 연동이 가능하도록 하는 상호운용성을 요구하고 있어, 이러한 공통성과 상호운용성으로 비용감축, 운용효율의 극대화 그리고 군수지원의 단순화를 꾀하고 있다.

(2) 유인기 대체화

현재 개발 중인 무인기 체계는 유인기 보완개념에서 벗어나 유인기를 대체하자는 개념으로 발전하고 있으며, 미래전투체계(FCS)에서는 단순정찰 및 기만용에서 벗어나 좀 더 적극적인 전투용 무인항공기로 발전할 것이다.

현재 미국이 운용 중인 글로벌 호크 무인항공기는 U-2를 능가하는 비행성능을 갖고 있고, 탑재중량은 2배에 가깝지만, 획득비 및 운영유지비는 20~30% 수준으로 예상하고 있다. 이러한 무인항공기의 발전을 고려할 때 정찰용 무인항공기가 유인정찰기를 점차 대체할 것이라고 예상하는 것은 어렵지 않을 것이다. 또한 전투용 무인기는 현재 미국에서 기술시범용의 비행 시제기가 개발된 상태이며, 2015년에는 전력화될 것으로 예상된다.

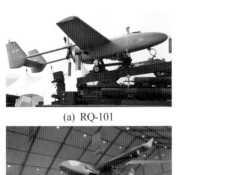

(a) RQ-101

(b) KUS-9

(c) NI 100

(d) TR-6X

그림 5.3.10 지상발사 공격용 무인항공기(국내)

(3) 소형 단순화

소형 단순화는 유인항공기를 보완하여 전술정보 획득 위주로 운용 중인 전술 정찰용 무인기를 소형화하고, 운용의 편이성을 추구하는 것이다. 운용이 복잡하고, 체계 규모가 커 교육소요가 많다는 평가로 양산이 취소된 헌터 무인기를 대신해 현재 개발이 거의 완료된 미국의 아웃라이더가 소형, 단순화의 대표적인 예라고 할 수 있다.

아웃라이더는 헌터와 비교할 때 일부 기능상 차이는 있으나 체계 규모와 비용을 절반 이하로 감축하였다. 더불어 나노기술(nano technology)이 군 무기체계에 도입될 경우 소형 단순화는 점차 가속화될 것이다.

(4) 임무장비의 첨단 및 다양화

국내개발 무인기와 미국의 아웃라이더, 이스라엘의 써쳐 등 현재 주류를 이루고 있는 전술 정찰용 무인항공기는 비행체 중량이 200~300 kg급으로 동영상 정보를 제공하기 위한 TV 또는 적외선 장비를 탑재하고 있으나, 구름이나 강우 등 기상여건에 따라 정찰능력이 제한되므로, 이를 극복하기 위한 50 kg 내외의 소형레이더 영상장치 개발이 진행되고 있다.

또한 소형 무인항공기에 탑재 가능한 경량의 전자전 장비도 개발 중이어서 곧 실용화될 예정이며, 이렇게 되면 임무에 따라 다양한 임무장비를 쉽게 바꿔 가며 운용하게 될 것이다. 이러한 경향은 대형 무인기에서도 마찬가지일 것으로 예상되며, 소형에 비해 더욱 광범위한 임무를 수행하게 될 전망이다.

5.3.3 주요 구성 기술

현재는 무인항공기의 우선적인 임무가 정찰, 감시, 통신중계 등 장시간 체공이 필요한 임무 위주이지만, 2015년 이후에는 공중급유기, 2025년 이후에는 수송기까지도 무인항공기가 유인기를 대체할 것으로 예상하고 있다. 또한 전투용 무인기의 경우 기술적 한계로 최초에는 유인전투기 수행 시 가장 위험한 임무인 대공망 제압임무가 우선적이지만, 궁극적으로는 대지, 대공제압 및 제공능력을 가지는 다목적 무인전투기로 발전할 것이다. 이러한 무인항공기 발전을 위해 세계 각국이 주력하고 있는 기술개발 분야는 표 5.3.2와 같으며, 주요 구성 기술은 다음과 같다.

1) 항공탑재용 전자광학 / 적외선(EO / IR) 기술

항공탑재 전자광학장비는 기존 광학장비의 필름 대신에 각종 검출기를 사용하여 광학적 영상신호를 전기적 신호로 변환하여 재현하는 영상장비이다. 이러한 전자광학 영상장비는 감응하는 광파장에 따라서 가시광선 영역의 영상장비와 적외선 영역의 영상장비로 구분된다. 일반적으로 가시광선 영역의 장비를 전자광학장비, 적외선 영역의 장비를 적외선장비로 통칭하나, 요즘에는 겸용방식의 장비가 개발되어 전자광학/ 적외선장비로 부르기도 한다.

표 5.3.2 무인항공기 주요 기술개발 분야

기 술	내 용
비행체 플랫폼	• 고효율, 중량비 고출력 엔진 기술 • 저소음, 저피탐 기술 • 연료전지 전기동력 기술 • 자체 수리 복합재 기술 • Fault Tolerant Flight Control Systems 기술 • 체공성능 향상 기술 : 능동 공탄성 제어, 고효율 날개, 경량 다기능 구조 • 다중채널 자율조종 기술 등
센 서	• 고해상도 EO/IR, SAR/MTI 기술 • MSI/HIS(Multispectral / Hyperspectral Imagery) 기술 • 신호첩보(SIGINT : Signal Intelligence) 센서 기술 • 나뭇잎 등을 투과하는 UHF/VHF 영상센서 기술 등
데이터 링 크	• 500 Mbps 이상 급의 초고속 RF 데이터링크 기술 • Lasercom 기술 등
기 타 체 계	• 유인항공기 공역 진입을 위한 무인기 체계 신뢰성 향상 기술 • Subsystem 다중화 기술 • 자동이착륙, 합성영상 기술 등이 있다.

전자광학 장비는 대체로 CCD(Change Coupled Device)를 검출기로 사용하며, 감응영역은 0.4~1.0 μm 정도로 가시광 대역이기 때문에 주간 관측용으로 사용한다. 적외선 장비는 3~5 μm 영역을 감응하는 중적외선 장비와 8~12 μm 영역의 원적외선 광을 검출하는 방식의 장비로 구분되며, 이들 적외선장비는 야간용으로 주로 사용한다. 반면에 최근에 주목 받고 있는 합성영상 레이더장비는 레이더파를 조사하여 반사되는 신호를 감응하여 영상을 얻는 장비로서, 전자광학 및 적외선장비가 수동형장비인데 반하여 능동형 장비이다. 이들 전자광학, 적외선 및 합성영상 레이더영상은 각각의 장점을 살려서 보다 관측이 용이하게끔 하는 영상정보 융합기술이 개발되어 발전되고 있다. 표 5.3.3은 각각의 영상센서에 대한 간단한 특성이다.

2) 합성영상 레이더(SAR) 기술

영상레이더는 전자파를 이용한 능동형 센서이므로 광학이나 적외선 센서와는 다르게 비, 구름 등의 기상조건이나 주간에 관계없이 영상수집이 가능하며, 다양한 운용모드 및 광역 관측 및 정밀정찰·식별이 가능한 특징을 보유하고 있다. 군사표적의 경우 주로 전자파를 잘 반사하는 철 구조물로 만들어져 있기 때문에 강한 전자파 감지 특성을 보유한 합성영상 레이더는 전천후, 감시 및 정찰 그리고 군사 표적식별용으로 많은 장점을 보유하고 있다.

합성영상 레이더는 탑재 형태에 따라서 위성, 항공기 또는 무인기 탑재시스템으로 구분할 수 있으며, 탑재 형태에 따라 체계 요구조건 및 운용목적 등을 달리 운영한다. 일반적으로 무인기 합성영상 레이더는 탑재 중량의 제한성 때문에 소형 경량의 단거리, 중거리 탐지

영역을 가지며, 항공기 합성영상 레이더는 비교적 무게 및 부피제한이 적기 때문에 중장거리 지역에 대한 영상을 획득하는 목적으로 구분할 수 있다.

합성영상 레이더 체계는 크게 합성영상 레이더 탑재체와 지상수신소로 구성된다. 합성영상 레이더 탑재체는 항공기 및 무인기에 탑재되어 지상에서 미리 임무계획된 지역으로 비행하여 영상을 획득하거나, 실시간으로 전송되는 임무지역에 대한 영상을 획득할 수 있다. 합성영상 레이더 탑재체는 전자파를 방사하여 지상에서 반사되어 돌아오는 신호를 수신하여, 준실시간으로 합성영상 레이더를 신호처리하여 원시 데이터 및 합성영상 레이더 영상을 자료 저장기에 저장하면서 지상으로 직접 전송할 수 있다. 지상수신소는 수신된 합성영상 레이더 영상을 이용하여 기존에 확보된 합성영상 레이더 영상과의 비교분석 및 다른 센서에서 획득한 영상 등과 정보융합 등을 수행하여 획득된 영상정보를 각 부대에 전파한다.

표 5.3.3 영상장비 센서별 특성

영상센서	전자광학(EO)	적외선(IR)	합성영상 레이더(SAR)
원 리	• 가시광(태양광) 감지 • 수동형	• 물체의 적외선 감지 • 수동형 장비	• 레이더 반사파 이용 • 능동형 장비
특 성	• 영상화질 우수 • 야간, 악천후 영상획득 불가	• 고온물체 탐지 유리 • 주/야간 영상획득 가능	• 은폐표적 감시가능 • 주/야간, 전천후 영상 획득 가능
운반체	• 각종 헬리콥터, 유인 / 무인항공기		

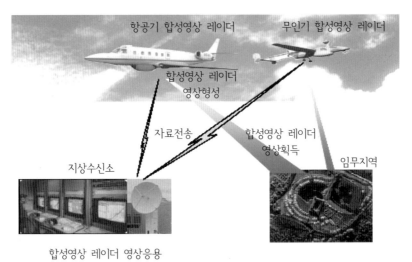

그림 5.3.11 항공기 합성영상 레이더 운용

3) 데이터링크 기술

무인항공기 시스템의 임무는 매우 다양하게 발전하고 있지만, 궁극적으로 무인항공기에 장착된 여러 종류의 센서나 탑재장비를 사용하여 수집한 데이터를 지상으로 전송하게 된다. 아울러 무인항공기의 위치와 상태를 파악하고 임무수행에 필요한 통신, 명령 및 제어신호를 비행체와 지상통제소 사이에 송수신하게 된다. 이와 같이 비행체, 운용자 및 사용자 간의 데이터 교환 또는 송수신을 통하여 무인항공기 시스템의 운용과 임무수행이 가능하며, 이를 위하여 지상과 무인항공기 사이에 데이터를 송수신, 변복조, 처리, 분배하는 서브시스템을 데이터링크라 한다.

일반적으로 무인항공기 시스템에서는 지상통신장비, 지상중계장비, 이착륙용장비, 탑재통신장비 등의 하드웨어와 소프트웨어 등으로 구성된다. 무인항공기가 수행할 임무의 종류에 따라서 데이터링크의 요구사양과 구성이 달라지며, 무인항공기 시스템의 임무와 성능이 고도로 정밀화되고 있는 추세에 따라서 데이터링크 기술이 매우 중요하게 부각되고 있다. 무인기 시스템에서는 상향링크를 통해 비행체의 비행경로, 센서 플랫폼 및 탑재장비 등을 지상통제소에서 원격 통제할 수 있다. 비행체를 조종하는 명령은 지상에서 비행체로 전달되며, 일반적으로 정보 전송률은 그다지 크지 않다. 비행체에 장착된 센서를 통해 측정한 비행상태에 관한 데이터와 탑재장비의 상태 데이터를 원격 측정 자료 데이터라고 하며, 이들은 지상통제소로 송신되고 전송비율은 크지 않다. 그리고 정찰감시, 표적탐색, 사격통제 또는 전장피해확인 임무를 수행하는 무인항공기 시스템에서는 합성영상 레이더, 전자광학, 적외선 등의 탑재 영상장비로부터 지상으로 많은 양의 정보를 전송해야 하는데, 여기에는 높은 정보전송률이 필요하다. 이 두 가지를 하향링크라고 한다.

무인항공기의 임무에 따라 데이터링크 장비의 구성도 다양하다. 데이터링크의 통신거리는 무인기의 등급과 임무에 따라 다르지만, 대체로 수십 km에서 수천 km까지 요구되며, 중고도 체공형 무인기 이상에서는 가시선을 벗어난 장거리 통신을 위하여 중계장치로 위성통신망을 통한 중계를 사용하는 것이 보통이다. 글로벌 호크 무인항공기 체계의 데이터링크 장비는 활주로 근처에 위치하며 무인기의 이착륙을 수행하는 이착륙용장비의 데이터링크 장비인 이동형 지상통신장비와 후방의 통제센터 근처에 위치하는 임무통제장비의 데이터링크 장비인 지상통신장비 및 3대역 지상통신장비(TFT : Tri-band Field Terminals)로 구성된다. 이들은 가시선 극초단파대역 및 가시선 광대역, 비가시선 통신을 위한 위성 극초단파대역 및 위성광대역 데이터링크로 구성된다.

▌한국형 기동헬기(KUH: Korean Utility Helicopter) : 수리온

□ 필요성

현재 운용하고 있는 500MD 및 UH-1H 헬기는 도입된지 20~40여년이 지난 노후화된 장비이다. 성능저하로 인한 기본 작전능력 제한, 수리부속 확보애로, 운영유지비 증가, 항법/생존장비 능력 미흡, 야간작전능력 제한 등 많은 제한사항을 가지고 있는 진부화된 장비이다. 산악 및 하천 등으로 전투공간이 구획화되고 도시화율 증가로 지상기동이 심각히 제한되어 공중기동의 중요성이 증대되는 작전환경변화, 다점·다정면 전투, 확장된 전장영역 및 입체 고속기동전이 요구되는 미래전 양상변화에 부합함과 동시에 북한 및 미래 불특정 위협에 동시에 대비하고, 세계적인 헬기 발전추세에 부응하기 위하여 현용 노후헬기의 대체전력 확보가 절실히 요구됨에 따라 한국형 기동헬기가 개발되었다.

□ 임무

공중강습작전, 의무후송, 탐색 및 구조, 특수작전, 물자공수 등

□ 제원

한국형 기동헬기는 독수리의 '수리'와 100을 의미하는 우리말 '온'이 합성된 '수리온'이라는 별칭을 가지고 있다. 1조 3000억원을 들여 개발된 수리온은 길이 15 m, 높이 4.5 m, 폭 2 m로 조종사와 승무원 각각 2명이 탑승하고, 무장인원이 9명까지 탑승가능하며, 최대 이륙중량은 8.7 ton이다. 항속시간은 2시간이고 항속거리는 450 km로 최대 순항속도 259 km/h를 낼 수 있다. GPS, INS, RWR(레이더 경보수신기) 등의 전자장비를 탑재하고 있으며, 적 레이더 및 적외선 유도 미사일을 기만하기 위한 채프와 플래어 발사기를 장착하고 있다.

<수리온 전체 형상>

▌한국형 공격헬기(KAH: Korean Attack Helicopter)

❑ 필요성

공격헬기는 대전차미사일, 로켓, 기관포 등을 탑재하여 적 기갑/기계화부대에 대한 공격 및 공중엄호 작전임무를 수행하는 헬기이다. 미국과 독일 등에서 전투실험을 한 결과 공격헬기 1대가 최소 18대의 전차를 파괴하는 것을 입증하였다. 하지만 현재 군에서 운용하고 있는 500MD TOW 및 AH-1S Cobra는 도입된지 20~30년이 경과된 노후화된 장비로서, 미래전에 대비하여 신형 공격헬기 확보가 시급한 상황이다. 해외 구매가 가능하나 해외 직도입 시 후속 군수지원에 문제가 있어 헬기 가동률이 저하되고, 막대한 국부유출이 발생하며 연구개발의 기회를 상실함에 따라 악순환이 거듭되었다. 따라서 한국형 기동헬기의 성공사례와 기존의 인프라를 이용하여 한국형 공격헬기 개발이 필요하다.

❑ 한국형 공격헬기 구비 요소
✓ 한반도 지형 특성을 고려한 높은 수직상승률 / 제자리비행(Hovering) 능력 요구
✓ 주야간/악천후 시 작전 가능한 정밀항법장치 장착
✓ 다양하고 충분한 무장탑재능력
✓ 기타: 내탄성 / 생존장비 장착, 기동성 향상, 복합재료 사용

❑ 한국형 공격헬기 개발 유형

해외에서는 공격헬기를 3가지 형태로 개발해 왔다. 기동헬기를 무장헬기로 개조하는 방법과 기동헬기를 개조하여 공격헬기를 개발하는 방법, 전용 공격헬기를 신규 개발하는 방법이 있다. 현재 한국형 공격헬기 개발 유형은 다음과 같다.

KUH 기반	전용 공격형		◇KUH 부품 공통성: 63% 이상 ◇기체형상 신규개발, 동적구성품 공유
	조종석 개조형		◇KUH 부품 공통성: 73% 이상 ◇전방동체 Tandem형 개조, 동적구성품 공유
	KUH 무장형		◇KUH 부품 공통성: 87% 이상 ◇KUH에 외부 파일런 및 무장장착
신규 개발	소형 공격헬기		◇KUH 부품 공통성: 30% 이하 ◇기체형상 신규개발, 기존 공격헬기 동적구성품 활용

국내 연구 개발 중인 소형 무인정찰기

Multi-Rotor 방식의 비행체 개발

소형의 수직이착륙이 가능한 비행체 개발을 목표로 연구 중이며, 정찰임무에 활용 가능하다. Co-axial Rotor, Tandem Rotor, Tri-Rotor, Quad-Rotor 방식이 있는데, 현재는 Quad-Rotor 방식이 연구 중이다. 이 방식은 간단한 메커니즘과 큰 하중운반이 가능하다는 장점이 있으나 에너지 소모가 많고 크기가 큰 것이 단점이다.

Ring-Wing 방식의 비행체 개발

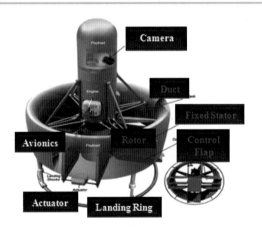

소대급에서 전장상황을 인식하기 위해 개발되는 것으로, 하버링이 우수하고 소형이기 때문에 정찰임무에 적합하며, 통신중계임무도 가능하다. Ring-Wing 방식에는 전진비행 시 양력 발생을 위한 날개가 부착된 형태와 소형/경량화를 위한 미부착 형태가 있다. 국내에서는 소대급 운용을 고려하여 미부착 형태를 개발 중이다.

■ Tail-Sitter 방식의 비행체 개발

Ring-Wing 방식과 유사하지만 날개를 부착하여 수직이착륙/수평비행이 가능하다. 높은 비행효율을 가지고 있으며, 비교적 간단한 메커니즘으로 작동한다. 현재 국내에서는 시제기를 개발하여 비행시험을 거친 상태이다.

■ 생체모방형 비행체 개발

초소형무인기(MAV: Micro Air Vehicle)을 개발하기 위해 생명체의 날개짓을 연구하여 생명체와 유사한 형태의 비행체를 개발하는 것이다. 현재는 벌새나 잠자리, 파리 등의 생명체를 모방하여 비행체를 개발 중에 있다

전문용어 및 약어

CCD : Charge Coupled Devices
CFRP : Carbon Fiber Reinforced Plastic
FLIR : Forward Looking Infrared System
EO : Electro-Optical
FCS : Future Combat System
IMINT : Image Intelligence
ITALD : Improved TALD
LADAR : Laser Radar
LOCAAS : Low Cost Autonomous Attack System
MALD : Miniature Air-Launched Decoy
MALI : Miniature Air-Launched Interceptor
MAV : Micro Air Vehicle
MSI / HIS : Multispectral / Hyperspectral Imagery
NOE : Nap of the Earth
NVPS : Night Vision Pilotage System
PNVS : Pilot Night Vision Sensor
SAR : Synthetic Aperture Radar
SIGINT : Signal Intelligence
TADS : Target Aquisition and Designation Sight
TALD : Tactical Air-Launched Decoy
UAV : Unmanned Air Vehicle
UCAV : Unmanned Combat Air Vehicle
TFT : Tri-band Field Terminals

참고문헌

1. 국방기술품질원, 2007 국방과학기술조사서, 2008.
2. 임상민, 병기지식의 ABC(항공기편), 정문사, 1999. 1.
3. 육군본부, 지상무기체계 원리(Ⅰ, Ⅱ), 전력개발단, 2002. 10.
4. 이희각 외, 무기체계학, 육군사관학교 편저, 교문사, 2001. 8.
5. 장명순 외 3인, 회전익혁명, 한국국방연구원, 1999. 9.
6. 김성배, 무인항공기 시대의 도래와 개발 전략, 한국국방연구원, 2000. 3.
7. 강극수, 군용헬리콥터의 기술개발, 국방과학연구소, 1997. 3.
8. 한국항공우주산업(주), 국산 공격헬기 개발, 2010.

제 6 장 공병 무기체계

6.1 　서론

　　전장에서 공병은 전투, 전투지원 및 전투근무지원 등 매우 다양한 임무를 수행하게 된다. 공병의 주요 기능은 그림 6.1.1에 나타난 바와 같이 기동 및 대기동, 생존지원과 일반공병업무 그리고 지형정보 제공 등으로 구분된다.

　　공병은 전투부대의 기동에 제한을 주는 각종 장애물을 제거하여 기동로를 만들고, 하천을 자유롭게 건널 수 있도록 하는 기동지원기능과 적의 기동을 방해하기 위해 장애물을 계획·준비·설치·보강하는 대기동지원기능, 적의 공격으로부터 아군을 보호하기 위한 진지 구축, 화생방 방호시설 구축 등의 생존지원기능을 수행한다. 또한 작전지역 내의 자연 및 인공 지형지물에 대한 군사적인 측면의 중요성을 평가하고 처리하는 지형정보 분석과 각종 피해 복구 및 보수, 급수지원 등 전투에 있어서 필요한 것을 적시적절하게 제공해 주는 역할도 빼놓을 수 없다.

　　현대 무기체계가 대부분 자주화 및 장갑화로 발전됨에 따라 공병 무기체계는 자주화 및 장갑화된 기동부대의 기동성 보장을 위하여, 자연장애물이나 인공장애물 등을 신속히 개척하고 극복할 수 있어야 한다. 또한 지형과 자연장애물 등을 효과적으로 이용하여 적의 기동을 억제할 수 있는 장애물을 신속히 설치할 수 있어야 한다. 이 장에서는 공병의 주요 기동 지원 장비체계인 지상간격 극복장비 및 도하장비와 적의 기동을 방해하는데 가장 많이 사용되는 지뢰체계 및 이를 극복할 수 있는 지뢰지대 극복장비에 대해 살펴본 후, 기동 및 대기동지원임무를 모두 수행할 수 있도록 설계된 복합공병장비에 대해 알아본다.

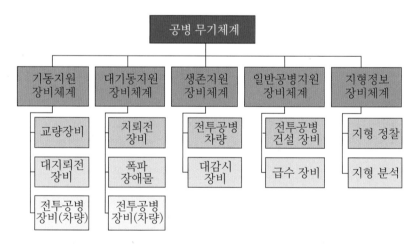

그림 6.1.1 공병 무기체계의 분류

6.2 　　　지상간격 극복장비

　　공병의 주요 기능 중 하나인 기동지원이란 아군 전투부대의 이동을 위한 교통로를 확보 및 개척하는 것으로, 전투공병의 가장 전형적인 임무에 해당하는 동시에 가장 위험한 임무라고 할 수 있다. 기동지원에는 장애물지역의 돌파, 보급 및 진격을 위한 주요 교통로의 개설과 복구, 도로와 교량의 가설 등이 포함된다.

　　기동지원을 위해 전투공병이 돌파해야 할 장애물이란 자연(하천, 삼림)과 인공(지뢰, 방벽, 참호, 철조망)적인 것을 모두 의미한다. 기동력에 제한을 주는 각종 간격과 장애물을 극복하여 기동부대의 전술기동 및 작전상의 신속한 이동이 가능하도록 하는 교량장비, 자주부교, 장애물 개척전차 등의 기동지원 활동은 입체고속 기동전을 가능하게 하는 중요한 요인이며, 전쟁의 승패에 결정적인 영향을 미치는 요소라 할 수 있다. 따라서 현대 및 장차전 양상에서 기동부대의 속도유지와 신속한 전투력 집중을 위한 기동지원 장비의 역할은 더욱 증대되고 있다.

6.2.1 체계 특성 및 운용 개념

　　지상간격 극복장비는 현재 표 6.2.1과 같이 각각 그 나라의 전술적인 운용개념에 적합하도록 설계되어 가설방법의 특성이 상이한 구조로 개발되어 왔으며, 전술적 운용 특징에 따라 강습용, 전술용 및 병참선용 장비로 분류할 수 있다.

표 6.2.1 주요 지상간격 극복장비 및 특성

개발국	장비명	가설길이	통과하중	가설시간	비　　고
미　국	M60A1 (AVLB)	13 m 19.2 m	60톤	5분	M60A1 전차에 탑재, 교량길이 연장에 대한 연구 중
영　국	Chieftain (AVLB)	24.4 m	60톤	5분	현 교량전차 중 최대 길이 전차엔진 사용, 유압식
	장간조립교	최대 50 m	최대 55톤	최소 120분	소대급 이상 병력 소요, 주로 후방 병참선 복구용으로 사용
	간편조립교 (MGB)	31 m	60톤	60분	고장력 Al합금 사용 경량화, 세계 전역에서 사용
독　일	BIBER (AVLB)	22 m	60톤	5분	Leopard 1 전차 탑재, 신축형·유압식으로 기동력 우수
러시아	MTU-20 (AVLB)	20 m	60톤	8분	T-55 전차 탑재, 2개의 상자형 거더로 구성
	TMM	42 m	60톤	45분	KRAZ-255B 트럭 탑재 교량 4개의 10.5 m 경간조립

| 수평식(telescope type) | 가위식(scissor type) |

그림 6.2.1 가위식과 수평식 교량전차

강습용 지상간격 극복장비는 인공적으로 설치한 대화구 같은 장애물 혹은 자연적으로 형성된 장애물을 사이에 두고, 적의 위협이 존재하는 상태에서 공간장애물을 신속히 극복할 수 있도록 임시교량을 가설하는 장비로 계곡용 교량이라고도 한다.

계곡용 교량은 주력전차의 차체에 교량을 탑재한 전차 탑재형으로 어떠한 기동로라도 전차가 통과할 수 있는 곳이면 이동이 가능하고, 다리의 설치 및 회수도 기계식 유압장치에 의해 수행되기 때문에 단시간에 소수의 인원으로 가설 및 회수가 가능하다. 또한 운용인원은 전차 내부에 탑승하기 때문에 장갑에 의해 보호되어 적 화력의 위협상태에서도 교량 설치가 가능하다. 이러한 계곡용 교량은 가설방식에 따라 가위식(scissor type)과 수평식(telescope type)으로 나뉜다.

현재 운용되고 있는 계곡용 교량으로서는 M60 AVLB(Armoured Vehicle Launched Bridge, 미국), HAB(Heavy Assault Bridge, 미국), MTU-20(Mostoykladchik Tankoviy Ustroystvo, 러시아), 91식 전차교(일본), Chieftain AVLB(영국), BIBER AVLB(독일) 및 K1 교량전차(한국) 등이 있다. 최근에는 경제성 및 운용성을 고려하여 트레일러 탑재교량도 개발 중에 있다.

전술용 지상간격 극복장비는 적의 화력 위협이 어느 정도 제거된 상태에서 전술적 기동로를 유지하기 위하여 일시적으로 가설, 운용하는 교량이다. 이 교량은 주로 적의 화력이 직접적으로 미치지 않는 지점에 가설되기 때문에 강습용 장비에 비해 설치시간이 대체로 길고 투입인원 및 장비수도 많이 소요된다.

전술용 지상간격 극복장비는 장륜형 차량에 교량을 탑재한 장비로서 기동성이 좋고, 교량 길이를 필요에 따라 연장시킬 수 있다. 즉, 교각세트를 사용하여 다경간(Multi-Span)의 교량을 조립하기도 하고, 케이블 보강세트를 사용하여 경간을 연장할 수도 있다. 이 교량에는 TMM 차량탑재교(러시아), 81식 자주가주교(일본), MGB(Medium Girder Bridge, 영국), DOFB(Dornier Foldable Bridge, 독일), RDB-34(Rapid Deployment Bridge, 이스라엘) 및 FA48(Fast Bridge, 스웨덴) 등이 있다.

병참선용 간격 극복장비는 비교적 후방지역에서 주요 교통로 상에 파괴된 교량들을 반영구적으로 복구, 가설하여 병참선을 계속적으로 유지하기 위하여 사용되는 교량으로, 고속도로 및 철도용 교량으로 구분된다.

그림 6.2.2 전술용 지상간격 극복장비 MGB가 설치된 모습

6.2.2 개발 현황

(1) 미국과 영국

미국이 보유하고 있는 강습용 간격 극복장비로는 M48A2 AVLB와 M60 AVLB가 있다. 특히 M60 AVLB는 MLC(Military Load Class, 최대 통과하중)가 54.4톤이고, 가위식 가설방식으로 현재까지 운용 중에 있다. 그러나 기동장비의 중량 증가 및 속도전 개념의 발전에 따라 미군은 1994년 M60 Razorback AVLB를 개발하여 M60 AVLB 성능을 개량하였으며, M60 AVLB를 대체할 만한 차세대 교량 HAB(Heavy Assault Bridge)를 1983년부터 개발하여 1999년 배치 운용하였다. HAB는 수평식 가설방식으로 가위식 가설방식에 비해 적게 노출이 덜 되고, 교량길이를 신장하였으며 회수시간을 단축시켰다.

미 육군은 1989년부터 차기세대 기동장비인 M1A2 전차, BRADLEY, HEMTT(Heavy Expanded Mobility Tactical Truck) 및 PLS(Palletized Loading System) 등이 통과할 수 있는 HDSB(Heavy Dry Support Bridge)를 연구개발 중에 있다.

한편 영국에서는 전술용 간격 극복장비로 1960년에 개발한 MGB를 보유하고 있으며, 이 장비는 1세트 가설길이 30 m, 통과하중 MLC60/70, 가설시간 45분, 가설인원 25명 내외이며, 수작업 방식으로 가설된다.

(2) 러시아

제2차 세계대전 이래로 도하에 대한 러시아의 전술적인 개념은 어떠한 하천, 계곡, 호수라도 진격해 오던 기세가 조금도 저지되거나 방해받지 않고, 그대로 넓은 지역에 걸쳐서 동시에 통과할 수 있어야 한다는 것이다. 이러한 개념에 입각하여 러시아는 오래 전부터 교량장비의 개발에 많은 노력을 기울여 왔으며, 그 결과 오늘날 러시아가 보유하고 있는 교량장비는 그 종류나 성능에 있어서 세계에서 가장 월등하다고 평가받고 있다.

강습용 공간 극복교량으로는 1958년도에 배치된 MTU 교량전차와 1967년도에 배치된 MTU-20 교량전차가 있다. MTU-20 교량전차의 경우 T-55 전차차체에 탑재된 교량으로서 가위식과 수평식을 혼합하여 가설되며, 이 장비는 이집트, 인도, 핀란드, 이스라엘 및 시리아에서 사용되고 있다. 또한 MTU-72 교량전차 가설방식은 MTU-20과 동일하다. 특히 도저날을 차체 앞 부위에 장착할 수도 있다.

전술용 공간 극복교량으로는 1958년도에 최초로 공개한 ZIL-157(6 × 6) 2.5톤 트럭 차체에 탑재된 KMM 트럭 탑재교량을 성능개량한 TMM 트럭 탑재교량을 보유하고 있다. 이 교량은 경간중앙부에 접을 수 있도록 된 한 쌍의 가위형 차도판의 상부구조와 경간 끝에 부착된 길이를 조정할 수 있는 접개식 교각의 하부구조로 구성되어 있다.

6.2.3 발전 추세

(1) 가설 소요병력 감소 및 가설의 신속화

재래식 교량장비는 여러 종류의 교량 구성품을 별도의 수송차량으로 수송한 후 일일이 인력에 의존하여 가설하는 형태였다. 그러나 장차전에 있어서 기동성 요구를 충족시킬 수 있도록 소요인원 및 가설시간을 최소화하기 위해 교량구성품 및 보조장비수의 최소화, 고장력, 저중량 복합소재가 적극적으로 활용될 것이다.

또한 각 교량구성품을 최소한 반조립상태 이상으로 차량에 탑재하여 수송한 후 수송차량의 동력을 이용하여 기계식 방법으로 가설 및 회수하는 방향으로 개발이 진행되고 있다.

(2) 가설길이의 연장

교량장비는 그 효율의 극대화를 위해 단위 장비당 가설이 가능한 교량스팬의 길이가 연장되는 추세에 있다. 예를 들면, 강습용 교량의 경우 현재 1대의 교량전차로 18 m 길이의 교량을 구축할 수 있으나 앞으로는 30 m 이상 구축이 가능하도록 개발이 진행되고 있다. 또한 하중의 증가 없이도 가설길이를 연장시킬 수 있도록 고장력·경량 소재 개발을 위해 계속적인 노력을 기울이는 한편, 자주식 교각장비의 개발, 보강 케이블 세트를 유압식 기구에 의해 단시간내에 교량에 설치하는 방안 등 운용상의 측면에서도 다각적인 노력을 기울이고 있다.

(3) 통과하중능력의 증대

전투 교량장비의 주된 운용목적은 병력 및 각종 전투장비, 특히 주요 기갑부대의 기동력이 하천이나 제방 등 지형적인 여건에 의해 단절되지 않고 계속적으로 유지될 수 있도록 적절히 지원해 주는 데 있다.

주요 도하 대상장비인 전차는 우수한 방호력을 위한 장갑 두께의 증가와 각종 사통장치의 부착 등으로 점점 대형화 및 중량이 증가되는 추세에 있다. 이에 따라 교량장비는 자체 중량을 현재 수준으로 유지시키면서 통과하중능력을 현재의 60톤급(MLC60)에서 70톤급(MLC70) 이상으로 증가시키고 있는 추세이다.

(4) 자주기동화

어떠한 시대를 막론하고 전장에 있어서 군의 기동력은 매우 중요시되어 왔으며, 특히 고도의 전자병기들의 출현이 예상되는 미래전에 있어서는 그 필요성이 더욱 고조되고 있다. 이러한 배경 하에 군 기동력 유지의 필수요소인 전투교량장비의 운용개념도 종전의 사전준비 운용개념에서 급조식 운용개념으로 변천되고 있다.

재래식은 교량가설을 위하여 가설지점을 선정 후 사전에 준비작업을 마친 다음 후방으로부터 교량부품을 수송하여 조립 후 운용하기까지 비교적 장시간이 소요되었으나, 현재는 교량장비가 주요 기갑부대와 함께 기동하면서 필요시 어떠한 여건 하에서도 신속한 교량구축이 가능하도록 기동성이 우수한 차량에 교량장비를 탑재 수송하거나 혹은 교량장비 자체가 기동력을 보유한 자주식 수륙양용 교량장비로 개발되고 있다.

(5) 교량 종류별 구성품 공용화

지상간격 극복장비와 도하장비는 구조역학적으로 교량의 형태를 가지게 되는데, 각 장비별로 구성품 및 운용방식 등이 전혀 상이하여 각각 독립된 장비유지 및 운용체계가 필요한 실정이었으나, 미래의 교량체계에 있어서는 각 교량형에 있어서 가능한 한 동일한 교량 구성품을 모두 활용 가능하도록 하여, 부품 표준화 및 제작기술 단일화, 장비별 호환성 부여, 정비유지 및 운용체계 단일화 등을 달성할 수 있도록 포괄적인 교량장비가 개발될 전망이다.

(6) 경량화

제2차 세계대전 당시 전차 통과가 가능한 장간조립교를 영국이 처음으로 개발한 이래, 1960년대와 1970년대 초반에 선진 각국들은 경쟁적으로 교량장비를 개발하였다. 당시의 추세는 철재교가 알루미늄교로 경량화되었다. 교량의 중량은 기동성, 통과하중 증대 및 가설길이 연장에 영향을 미치는 중요한 요인이 되기 때문에, 선진국들은 용접성이 양호한 고장력 저중량 합금의 개발, 경량화 복합소재 개발 및 경량화 교량구조에 관한 연구를 활발히 진행 중에 있다. 이러한 연구결과로 강습용 공간 극복교량의 경우, 단위 길이당 교량 중량이 약 696 kg/m(M60 AVLB)에서 약 384 kg/m(HAB)로 경량화되고 있으며, 전술용 공간 극복교량의 경우 약 645 kg/m(영국 MGB)에서 약 590 kg/m(영국 VMB)로 경량화되고 있는 추세이다. 특히 독일에서는 전술용 공간 극복교량에 적용할 수 있는 탄소섬유강화 플라스틱을 개발하였고, 이스라엘의 RDB-34와 RDB-62는 컴퓨터를 이용한 최적 경량화 구조설계기술을 적용하여 Al 7005 및 Al 7075를 사용하여 개발하고 있는 추세이다.

제2차 세계대전 당시 속도전을 수행함에 있어서 제기된 문제점 중의 하나는 내륙지방에 산재되어 있는 하천이나 강을 도하하는데 너무 많은 시간이 소요되었다는 점이다. 이에 따라 적에게 강력한 저항진지를 구축할 수 있는 시간을 허용함으로써 전승시기를 상실하기도 하였다. 즉, 재래식 도하장비는 속도전의 주역인 전차 등 주요 전투장비의 신속한 도하를 위한 적절한 수단이 될 수 없었다. 이러한 문제점을 인식한 미국은 제2차 세계대전 후 1950년대 초기에 공기식 고무튜브를 일정한 간격으로 물에 띄우고, 그 위에 알루미늄 교판을 설치하여 최대 중량 60톤까지를 통과시킬 수 있는 폰툰형(pontoon type)의 M4T6 부교를 개발하였다. 거의 같은 시기에 독일에서도 몇 가지 점에서 M4T6보다 성능이 개량된 Rubber Raft Bridge가 등장하기 시작하였다. 최근에는 대안 및 차안의 얕은 수심에서 진입 부주 운용에 제한을 받지 않는 자주문교의 형태로 발전되었는데, 이러한 교량장비는 차륜형 수륙양용 차량에 차도판이 적재된 상태로 하천에 진입 후 수상에서 연결되어 문교 및 부교로 운용될 수 있다.

한편 강폭이 넓은 지역에서는 부교를 조립하는데 많은 장비와 시간이 소요되어 부교보다는 몇 개의 문교를 조립해서 운용하는 것이 도하에 있어서 더욱 효율적임을 인식하게 되어, 부교에 자체 추진장치를 설치하여 필요시 자체 추진문교로도 운용이 가능한 동력 부교가 등장하게 되었다.

최근에는 부교 조립시간을 최소화하고 수송장비를 감소시키기 위하여 부교 위에 별도의 교판을 조립할 필요 없이 교절을 계속적으로 연결하여, 전투차량이 그 위를 통과하는 연결형 부교와 교절 하나하나가 차량화되어 수중에서 연속 연결이 가능한 수륙양용 자주 부교형 등이 세계 각국에서 개발되고 있다.

6.3.1 체계 특성 및 운용 개념

도하장비는 표 6.3.1에서 보는 바와 같이 각각 그 나라의 전술적인 운용 개념에 적합하도록 개발되어 왔으며, 지상간격 극복장비와 마찬가지로 강습용 교량, 전술용 교량 및 병참선

표 6.3.1 주요 지상간격 극복장비 및 특성

개발국	장비명	가설길이	통과하중	가설시간	비 고
미 국	M4T6	120 m	60톤	140분	1개 소대병력 소요, 부교 및 문교로 운용
	MAB	150 m	60톤	14분	부교 및 문교로 운용가능한 자주식 교량장비
독 일	S-Bridge	34 m	60톤	120분	문교 및 부교로 운용 AI합금으로 제작
		38.6 m	50톤	100분	
러시아	PMP	227 m	60톤	50분	리본부교 형태의 연결형 부교 및 문교로 운용

그림 6.3.1 대표적 전술용 도하장비 RBS의 운용 모습

교량으로 분류된다.

강습 도하장비는 수륙양용 차량에 교량을 탑재한 자주부교와 자주문교 등이 사용되어 왔으며, 별도의 가설보트가 필요 없고 기동성 또한 우수하다. 하천용 교량에는 MAB(Mobile Assault Bridge, 미국), PMM-2(Paromno Mostovaya Maschina, 영국), 70식 자주부교(일본) 및 M3 Amphibious Bridging and Ferry System(독일) 등이 있다.

전술 도하장비는 장륜형 차량에 탑재되고 일단 물에 진수되면 부력에 의해 자동적으로 펼쳐지게 되며, 물에 진수된 교절들은 가설보트에 의해 필요한 위치로 옮겨져서 부교 및 문교로 조립된다. 이 교량에는 RBS(Ribbon Bridge System, 미국), PMP 중부교(Pomtommo Mostovoy Park, 러시아), 92식 부교(일본), FFB2000(Folding Float Bridge, 독일) 및 PFM Mle F1(Pont Flottant Motorise Modele F1, 프랑스) 등이 있다.

6.3.2 개발 현황

(1) 미국

전술용 부교로는 1976년도에 배치되어 운용 중인 RBS가 있으며, 이 장비는 러시아의 PMP 중부교를 모방하여 개발한 연속형 부교시스템으로서, 기동성 및 작동성이 우수하고 소재는 알루미늄 합금을 사용하였다. 진수 시 자동으로 펼쳐지고 가설보트에 의해 수중에서 조립되며, 5톤 트럭 탑재형으로 통과하중 MLC60, 144 m 가설 시 60명으로 60분이 소요되고, 최대 허용 유속은 2.5 m/sec이다. 또한 문교로도 운용되며, 5교절 문교로 MLC60인 장비를 운반할 수 있다.

(2) 러시아

강습용 부교로는 1959년에 소개된 GSP 자주중문교(Gusenichniy Samokhodniy Parom)가 있다. 주력전투부대 장비 중 미사일, 전차, 중포 등 대형장비를 부교가설 이전에 우선 도하시키는 데 사용된다. 좌우 2대의 프로펠러식 수륙양용 차량으로 구성되어 문교로만 사용 가능하며, 모든 바르샤바 동맹국 및 북한에서 운용되고 있다. 또한 GSP 자주중문교의 대체용으로 현재 러시아군에 배치된 PMM-2 자주부교·문교가 있다.

전술용 부교로는 TPP 중부교 개량형인 PMP 중부교가 있다. 이 장비는 1960년대 초에 개발된 것으로 진입교절과 내부교절로 구성된 최초의 접절식 연속형 부교장비이며, 미국의 RBS가 이 장비를 모방하여 개발된 장비이다. 장비의 통과하중은 60톤이며, 재질은 강철 용접구조물로 되어 있다. 이 장비는 1973년 10월 제4차 중동전에서 이집트가 스웨즈 운하 도하 시 성공적으로 사용하여 그 우수성을 인정받았다. 이외에 경장갑차량을 도하시킬 수 있는 DPP-40 부교도 보유하고 있다.

(3) 중국

전술용 부교로는 79/79-A식 리본부교가 있다. 러시아의 PMP 중부교 및 미국의 RBS를 모델로 개발한 장비이다.

6.4 지뢰체계 및 지뢰지대 극복장비

대기동 지원은 적의 기동을 저지, 방해하기 위한 인공적인 장애물을 구축하는 것을 뜻한다. 물론 철조망, 방벽의 설치도 포함될 수 있겠지만, 가장 효과적인 방법은 역시 지뢰를 매설하는 것이다. 지뢰란 지표면 밑에 설치하여 접근 혹은 접촉하는 물체를 폭발시키는 무기체계로, 그 대상에 따라서 대인지뢰와 대전차지뢰로 구분한다. 지뢰를 매설하는 방법은 병사가 직접 손으로 설치하는 것이 고전적이지만, 오늘날에는 화포, 항공기, 폭탄 혹은 특화된 살포장비 등을 사용하여 빠른 시간 내에 광범위한 지역을 대상으로, 많은 수를 매설하는 방식이 널리 사용되고 있다. 과거에는 한번 매설되면 오랫동안 작동되는 구형 재래식지뢰가 다수를 이루었지만, 비인도성 문제와 더불어 임무수행의 유연성을 제약하는 단점 때문에 점차 도태되어 가는 추세에 있다. 대신 일정시간이 지나면 자동으로 폭발하여 기능을 상실하는 지능형 지뢰가 각광받고 있다.

6.4.1 지뢰 및 부설장비의 현황 및 발전 추세

1) 공격지향적이고 기술집약적인 지뢰발전

과거에는 지뢰가 전형적인 방어용으로 사용되어 왔으나 근래에 와서는 살포식 지뢰가 등장함으로써 방어뿐만 아니라 공격용으로도 각광을 받기 시작하였다. 현재까지 개발된 살포식 지뢰는 미국의 M34 대전차지뢰(M56 대전차 지뢰살포기 사용), 미국의 Ranger 대인지뢰,

이탈리아의 SV-1.6 대전차지뢰, 독일의 판도라, 메두사 및 AT Ⅱ 대전차지뢰 등이 있다. 이와 같이 세계 각국은 경쟁적으로 새로운 기술을 적용하여 최소한의 인력으로 더욱 신속하게 매설, 살포 또는 부설하는 지뢰를 개발하고 있으며, 우군의 공격 또는 방어작업에 유리한 조건으로 지뢰를 운용할 수 있도록 자폭, 지연 또는 무능화장치를 채택하고 있다.

2) 대전차지뢰용 장약의 발전

종전 대부분의 대전차지뢰는 장약량에 비례하여 폭풍효과를 얻을 수 있었기 때문에 많은 장약을 충전하기 위해 지뢰의 크기가 전반적으로 대형화된 경향이 있었지만 근래에 와서는 전차지뢰를 소형경량화하기 위하여 우수한 장갑 관통능력을 지닌 성형장약이 사용되고 있다. 이러한 성형장약을 사용한 대전차지뢰 중 미국의 M24 및 M66, 프랑스의 Model F1, 이탈리아의 VS-MCT 및 SB-MV, 스웨덴의 FFV028 등이 shaped charge를 이용하며, 미국의 M21, M70 및 M73(RAAMS), M75(GEMSS)와 BLV91/B(Gator), 프랑스의 T48 등이 plate charge를 이용한다. 또한 성형장약용 폭약으로 과거에는 TNT나 Composition B를 사용하였지만, 근래에 와서는 위력이 더 강한 RDX 계열의 화약을 사용하고 있다. RDX는 주로 높은 기계적 강도, 높은 에너지 및 우수한 열적 비민감성 등을 요구하는 지뢰에 사용되고 있다.

3) 대전차지뢰 기폭장치의 개량

세계 각국에서 사용하고 있는 대부분의 대전차지뢰는 비용 대 효과면을 고려하여 병사의 압력에는 작동하지 않고 통과 전차의 압력에만 기폭되는 신관을 사용하고 있다. 압력식 외에도 경미한 진동에도 기폭되는 진동식 등 각종 감응기폭장치가 개발되어 지뢰에 사용되고 있다.

미국의 M66 대전차지뢰는 사람과 전차를 식별하여 작동하는 감응기를 부착하고 있으며, M56 지뢰살포기로 살포되는 M54 대전차지뢰는 CMOS 칩에 의해 감지하고, 자폭시한 작용을 하는 간단한 전기도금장치가 있는 신관을 사용하고 있다. 한편 프랑스의 HPD 대전차지뢰는 재래의 압력식 신관에 비해 향상된 이중감응 기폭장치를 사용하고 있다. 그리고 이탈리아의 SV1.6 대전차살포지뢰는 공중투하 살포 시 충격에 견딜 수 있는 내충격성 신관을 사용하고 있으며, 탄체형태, 폭파장약의 크기 및 종류를 고려하여 분산되지 않고 조준된 방향으로 폭발효과가 지향되도록 개발되었다.

4) 탐지불능 경향

초기의 대전차지뢰는 금속재질로 되어 있어 자기식 탐지가 가능하였다. 그러나 최근에는 플라스틱이나 기타 비자성 탄체로 밀봉되어 있거나 폭발장치의 외부 표면을 경화하여 무탄체 형태로 제조된 지뢰가 개발되었다. 한편 대부분의 대인지뢰는 지뢰를 부설하기에 용이하고 관측 및 탐지가 곤란하다는 이점뿐만 아니라 비폭약 구성품은 거의 전부가 목재나 플라스틱, 심지어는 마분지를 사용하고 있어 전자식 지뢰탐지방법으로는 탐지하기 어렵다.

5) 대인지뢰 폭발장치의 기능향상

폭풍형 대인지뢰는 대부분이 압력식 기폭장치를 갖고 있어 병사의 압력이나 차량의 압력에 의하여 작동되며, 견인선이나 기타의 점화장치가 사용되기도 한다.

파편형 대인지뢰는 폭풍형 대인지뢰에 비해 살상효과가 광범위하므로 일반적으로 견인선을 사용하기에 적합한 점화장치가 사용되고 있다. 그러나 도약형 대인지뢰는 지하에 매설되고 병사가 통과한 후 도약하여 비산하도록 압력점화장치와 신관지연장치가 부착되어 있다. 이외에도 고정식 방향성 파편지뢰로 미국의 M18A1(크레모아), 프랑스의 MKF1, 스웨덴의 AP12 등이 있다.

6) 매설 및 살포방법의 발전

지뢰의 매설방법으로는 비상 시 손으로 매설하는 원시적인 방법이 여전히 사용되고 있지만, 대량의 지뢰를 신속하게 넓은 지역에 매설 또는 살포할 수 있도록 여러 형태의 매설 또는 살포장비가 개발되었다. 이렇게 지상에 살포된 지뢰는 지표면에 노출되어 있기 때문에, 적이 제거하기 어렵도록 항제거기능을 가지고 있는 한편, 아군의 목적을 달성한 후에는 아군의 기동에 제한을 주지 않도록 일정 시간이 경과하면 자폭할 수 있는 기능 역시 가지고 있다.

(1) 공중살포식(GATOR) 지뢰체계

공중살포식 지뢰체계는 항공기를 이용한 살포체계로서 해군 전술항공기와 공군 전술항공기에 의한 2가지 살포방식이 있으며, 전략적으로 사용된다. 이는 항공기나 헬리콥터를 이용하여 살포지뢰를 단시간 내에 신속히 투하하는 방법이다. 따라서 포나 로켓에 의한 투발사거리 밖에 있는 적 예비대, 주둔지역 및 후방보급로 등에도 살포할 수 있다.

(2) 야포살포식 지뢰체계

신속하고도 넓은 지역을 제압하기 위한 방법으로서 로켓 및 포를 이용하여 지뢰지대를 구축할 수도 있다. 미국에서 개발한 ADAM은 그림 6.4.1에서 보듯이 36발의 대인지뢰가 내장된 탄체가 155 mm 곡사포로 발사되며, 대전차지뢰와 혼합하여 지뢰지대를 구축한다. 이중에서 M692탄은 48시간 이내의 비교적 긴 자폭시간을 사용자가 장입할 수 있으며, M731은 4시간의 자폭시간과 항제거기능이 고정 장입되어 있다. 공중살포된 지뢰는 지면 낙하 25초 후에 7개의 인계선이 각각 6 m의 길이로 전개되며, 약 1.2 m 높이로 내장된 유탄을 도약폭발시켜 살상효과를 증대한다.

또한 RAAM 체계는 탄체에 9발의 대전차지뢰가 내장되어 155 mm 곡사포로 발사되며, 공중에서 시한신관에 의해 포탄후미로 방출 살포된다. 지뢰는 자기감응식 기폭장치에 의해 자기단조파편을 형성하여 전차의 밑판을 관통하며, 48시간용 또는 4시간용의 자폭기능과 항제거기능을 보유하고 있다.

(3) 지상장비 살포식

지상장비에 의하여 살포되는 지뢰체계는 GEMSS(Ground Emplaced Mine Scattering System)와 MOPMS(Modular Pack Mine System) 등이 있다. GEMSS는 4륜 트레일러에 탑재된 지상살포기로서, 야구공 발사기와 같은 원리로 작동되며 15분 내에 약 800발의 지뢰를 살포할 수 있다. 살포된 지뢰 중 대인지뢰는 상하부면에 있는 각각 4개의 사출구에서 자동적으로 인계선이 전개되고 폭발 시 파편에 의해 살상효과를 낸다. 대전차지뢰는 자기감응방식으로 자기단조파편을 형성하며 자폭기능과 항제거기능을 보유하고 있다.

MOPMS는 원격무선조종으로 살포되는 지뢰체계로 휴대용 상자에 대전차지뢰 17발, 대인지뢰 4발이 7개의 발사관에 3발씩 장전되어 있다. 지뢰의 성능은 GEMSS용 지뢰와 유사하며, 1명의 병사에 의해 15개 모듈의 통제 및 살포와 자폭시간의 재조정이 가능하다. 이 지뢰체계는 지뢰지대의 통로와 이들 사이의 간격 차단 및 필요한 전술임무 지원용으로 운용된다.

한국에서 보유하고 있는 지상살포식 지뢰체계인 KM138 지뢰살포기는 그림 6.4.2와 같이 24 V 이상의 배터리가 장착된 트럭 및 장갑차, 장갑전투도자 등에 장착하여 살포식지뢰를 살포하는 장비이다.

그림 6.4.1 포 발사식 살포지뢰탄과 지뢰자탄(ADAM/RAAM)

그림 6.4.2 한국형 지뢰살포기(KM138)

WAM(Wide Area Mine) 체계   대헬기지뢰(TEMP-20)

그림 6.4.2 WAM 체계(좌) 와 대헬기지뢰(우)

(4) 다목적 살포식

공중 및 지상차량을 이용하여 설치되는 지뢰체계이다. Volcano 체계는 헬리콥터 및 전술차량에 지뢰발사기를 장착하여 Gator용 대인, 대전차지뢰를 살포한다. 1대의 지뢰발사기는 대전차지뢰 5발과 대인지뢰 1발이 충전된 발사통 40개로 구성되어 있다. 지뢰발사기 4대를 탑재한 5톤 트럭은 15분 내에 960발의 지뢰를 살포하여 1150 × 125 m의 지뢰지대를 구축한다.

이외에도 227 mm 다련장 로켓시스템(MLRS)에 의해 살포되는 지성지뢰체계가 있다. 이 시스템은 목표를 식별한 후 수직도약하여 하강하면서 기동장비의 상부를 공격하는 광역살포식 지뢰(WAM: Wide Area Mine) 체계와 적 헬기의 강습예상지역에 설치하여 적 헬기의 로터 회전음과 회전수 등을 기억하고 있다가 상방향으로 추진탄체를 발사하는 AHM(Anti-Helicopter Mine) 체계 등이 개발되고 있다.

6.4.2 지뢰탐지 및 제거장비의 현황 및 발전 추세

대지뢰장비는 지뢰에 의한 위험 및 손상을 막거나 감소시킬 수 있는 모든 장비를 말한다. 이것은 탐지장비와 처리장비로 나눌 수 있다. 지뢰의 위치를 알아내는 방법은 대략 3가지로서 육안탐지, 침봉탐지, 전자탐지 등이다. 이들 중 가장 최근에 개발된 전자탐지방법은 매우 유용한 방법이긴 하지만 신뢰성에 한계가 있다. 그 이유는 금속탐지기가 못을 비롯한 다른 금속조각을 지뢰인 것처럼 신호를 잘못 나타낼 때가 있고, 비금속탐지기도 나무뿌리나 공기층에 반응을 나타낼 때가 있다.

지뢰제거방법도 수동제거, 기계식제거, 폭발식제거 등 3가지 처리방법으로 나눌 수 있다. 묻힌 그 자리에서 폭파시키는 방법이 가장 안전한 방법이고, 그 다음으로 안전한 것은 원격처리방법이다. 전차에 부착시킨 롤러나 쟁기 또는 도리깨와 같은 장치 등도 지뢰제거에 쓸 수 있는 것이지만 그 효용도가 제한되어 있다. 포탄발사방법은 비용이 많이 들고 시간이 걸릴 뿐만 아니라 효과도 낮은 편이다. 또한 포탄을 발사하고 난 뒤 지뢰의 안전제거 여부를 확인하려고 할 때 발사포탄 조각이 땅 속에 많이 파묻혀 들어갔기 때문에 탐지작업을 더 어렵게 만든다는 단점이 있다.

1) 지뢰탐지기술의 발전

(1) 전자식 지뢰탐지기의 성능향상

지뢰탐지 및 처리는 일반적으로 보병이 수행하는 경우가 많다. 지뢰가 최초로 출현할 때는 원시적인 간단한 도구(막대기 등)로 탐지하여 제거하는 방법을 사용하였다. 그러나 현대에 와서도 파편형 대인지뢰는 대부분 금속제이므로 견인선과 기타 교묘하게 설치한 위험을 병사가 피할 수 있다면 전자식 지뢰탐지기로 용이하게 탐지할 수 있으므로, 각국은 전자식 지뢰탐지기의 개량에 노력하고 있다. 초기의 전자식 지뢰탐지기는 조작이 불편하고 무거운 도구였으나, 전자기술의 발달로 탐지기의 중량은 필요한 성능에 따라 4~10 kg의 범위로 감소하고, 손잡이의 길이도 간편하게 단축시켜 개량한 휴대용이 사용되고 있다.

(2) 비자성 지뢰탐지기의 발전(자기변동탐지기의 사용)

이전부터 폭풍형 대인지뢰에 비자성 재료를 사용하기 시작한 것은 잘 알려진 사실이다. 구소련에서 광범위하게 사용하고 있고, 최근에는 플라스틱, 섬유 등의 비자성 탄체의 사용이 증가하고 있다.

비자성 지뢰의 탐지불능 문제는 심각하며, 이를 대비할 탐지기의 필요성이 대두되어 각국은 비자성 지뢰탐지기의 개발 및 개량에 노력하고 있다. 플라스틱제나 목제지뢰의 탐지가 가능하도록 개발된 것이 자기변동탐지기(magnetic anomaly detector)이다. 그러나 땅속에 자기를 띠는 물질이 모두 탐지되어 정작 지뢰를 탐지하는 속도는 느린 편이다. 이 때문에 신속한 기동력을 필요로 하는 현대전의 특성에 대비하기 위해, 각국은 신속히 탐지할 수 있는 비자성 지뢰탐지기의 개발에 부심하고 있다. 이와 같은 비자성 탐지기의 진보는 주목할 가치가 있다.

미국은 최근에 채용한 표준장비인 AN/PRS-7 금속 및 비금속 탐지기의 성능향상을 위한 개량에 노력하고 있다. 헝가리의 성형장약지뢰와 같이 강화(경화)폭약을 나무, 마분지, 범포지의 합제품 내에 수용하거나, 프랑스의 MAC151 및 52와 같이 폭약(성형장약) 자체가 탄체를 이룬 지뢰는 전자식 탐지기로 탐지가 불가능하다. 특히 Astrolite 유체지뢰는 한층 곤란하다. 성형장약을 사용한 지뢰는 대전차위력이 우수하여 큰 위험이 되므로 이에 대비한 탐지방법을 계속 탐구하고 있다. 미국은 폭약에서 발생되는 미량 가스탐지기로서 플라즈마 크로마토그래피를 연구하고 있고, 독일은 군견의 활용방안까지도 강구하고 있다. 현재 미국에서는 RIMO 지뢰탐지기가 유기물의 비금속제 대전차지뢰를 신속히 탐지하도록 개발 중에 있다.

(3) 원격탐지기술의 진보(항공기의 활용)

최근 다양한 살포지뢰의 개발로 광범한 지역에 은밀하고 신속하게 지뢰지대를 구축할 수 있게 되었다. 이에 살포지뢰가 사용되었다고 예상되는 지역을 원거리에서 안전하고 신속하게 탐지할 수 있는 원격탐지기술이 개발되고 있다. 최근에 개발된 미국의 METRRA 지뢰탐지기는 항공기 탑재형의 금속레이더 발사탐지기로, 발신된 VHF 전파로 금속제 지뢰를 신속히 탐지할 수 있다.

2) 지뢰처리기술의 발전

(1) 기계적 처리방법의 개선(각종 기계적 처리기의 혼성장비 사용)

제2차 세계대전 중 영국군은 차량의 전면에 거대한 쇠도리깨(frail)를 탑재해 사용한 적이 있다. 최근에도 기계적 방법을 이용한 각종 전투공병차량을 사용하고 있다. 이와 같이 기계력에 의해 지뢰를 폭파시키는 방법이 가장 발달된 국가는 미국과 구소련이다.

(2) 비폭파방법의 도래(플라스틱 발포체의 사용)

기계력 또는 폭약에 의한 폭발방법과는 정반대되는 비폭파 처리기재를 미국이 개발 중에 있다. 이 방법은 물리적인 방법으로 속경화성 플라스틱 발포체를 살포하여 지뢰지대를 통과할 때 지뢰에 가해지는 압력이 폭발에 필요한 압력 이하가 되도록 최소화시키는 방법이다. 발포화학의 산물인 이 방법은 일시적인 통로 개설방법이므로 영구적인 처리가 가능한 것인가에 대해 염려가 다소 남는다.

또한 압력식 지뢰에만 통용되는 한계성이 있고, 광대한 지역에 살포하기 위해 필요한 액체 플라스틱 발포체의 수용용기를 수송할 차량 개발이 미해결상태인 것으로 보고되고 있으나, 미 육군 공병부대에 의하여 유익한 것으로 판단되어 공개시험에 의한 실용성 검토 후 개발을 계속하고 있다. 또 다른 비폭파 방법으로는 지뢰에 사용된 폭약을 무력화시키는 방법이다. 미국에서 개발 중인 화학제를 사용하는 CHENS 지뢰처리는 이러한 방법으로 추측되며, 특히 성형장약만으로 된 지뢰에 효과적인 방법으로 예측된다.

(3) 기체폭약의 도입

폭약에 의한 지뢰처리장비의 향상에 크게 기여한 것은 기체폭약(FAE : Fuel Air Explosives)탄의 개발이다. 이 기체폭약은 현재 미국과 러시아에서만 개발된 것으로 전해진다. 기체폭약은 휘발성 탄화수소이며, 프로필렌 옥사이드, 에틸린 옥사이드, 프로필 나이트레이트, 디메틸하이드라이진 등이 있다.

FAE의 원리는 탄진폭발이나 가스폭발과 동일한 것으로 가연성의 가스 또는 미소한 먼지가 공기 중에 부유 혼합된 상태로 되면 점화시켜, 이때 신속한 연소에 의해 폭발하는 현상을 응용한 것이다. FAE는 이전의 TNT 위력의 수 배의 위력을 갖고 있어 일본에서는 공포의

'열구름병기'로 호칭하고 있고, 그 놀라운 파괴력 때문에 핵탄 사용을 유발시킬 가능인자가 될 것으로 평가되고 있다.

또한 미국에서는 강력한 폭약으로 알려진 다용도 액체폭약(Astrolite)을 이용하여 지뢰를 처리하는 휴대형 MANPLEX 지뢰 처리장비도 개발 중에 있다.

6.5 　　복합공병장비

초기의 전투공병장비는 민간 건설장비의 설계 형상을 그대로 도입한 것이 많아 단일 기능만을 수행할 수 있었으며 방호력도 취약하였다. 이러한 이유로 지뢰지대를 극복하기 위해서는 우선 지뢰제거 선형장약을 발사한 후, 장갑전투도자 등을 추가로 투입하여 통로 개설작업을 하는 등 여러 대의 장비와 많은 시간이 소요되었다. 또한 낙석, 방벽, 대화구, 웅덩이 등 복합장애물이 연속적으로 설치되어 있는 경우, 각각의 장애물을 극복하기 위해 여러 형태의 장비를 순차적으로 투입해야 하므로 기계화부대의 신속한 기동을 지원하는데 많은 제한이 되었다. 따라서 하나의 장비로 여러 기능을 동시에 수행할 수 있도록 전차 차체에 다기능 장비를 탑재하여 생존성과 기동성 그리고 다기능성을 가지는 복합공병장비가 개발되었다.

6.5.1 개발 현황

(1) 전투공병차량(CEV : Combat Engineering Vehicle)

M728 CEV는 M60A1 전차의 기본 섀시와 화력을 공병 임무수행에 맞도록 개조한 전투공병차량으로서, 기갑부대와 함께 기동하면서 공병지원에 적합하도록 개발되었으며, 공병정찰 기동로 개척 및 적의 장애물 제거, 축성진지 폭파 등에 운용된다. 165 mm 폭파용 포가 장착되어 있어서 HEP탄을 사용한 폭파용으로 운용되며, 최대 사거리는 1000 m이다. Cal. 50 기관총과 7.62 mm 기관총이 1정씩이 장착되어 있으며, Boom Winch System과 도저 삽날이 장비되어 있다. 장갑으로 보호되어 있으므로 다른 공병장비로는 수행할 수 없는 접적한 상태에서도 작업을 수행할 수 있다. 이 장비는 1973년부터 1975년까지 생산되어 현재 전투사단 공병대대에서 운용 중에 있다.

(2) M9 장갑 전투도저(ACE : Armored Combat Earthmover)

M9 ACE는 미 육군에서 1960년 초부터 개발에 착수하여 1978년에 2대의 시제품을 생산하였다. 그후 1985년까지 여러 차례의 보완작업을 거친 후, 공병장비로 채택되어 BMY사에서 양산 중에 있으며, 중사단 공병중대당 6대, 부교중대 2대, 미 2사단 공병중대당 3대씩 배치되어 있다.

그림 6.5.1 M728 전투공병차량

그림 6.5.2 M9 장갑 전투도저

ACE는 고기동성을 가지는 도저장비로서 지상에서 48 km/h로 기동가능하며, 수상운행도 가능하다. 도저, 스크레이퍼, 그레이더, 덤프트럭, 경차량 견인 및 구난, 연막 발사기능, 수륙 양용기동 및 육상 고화생방 방호능력을 가지고 있어서 공세 기동부대와 동시 기동으로 협동 작전지원이 가능하다. 이 장비는 현재 우리나라에서도 면허생산되어 전방사단 공병대대에서 운용하고 있다.

(3) 장애물 제거차량(COV : Counter Obstacle Vehicle)

공세기동 시 적의 장애물을 신속히 처리하기 위한 수단으로서 Belvoir 연구개발센터의 공병지원연구소가 장애물 처리차량으로 개발하고 있다. 모든 종류의 장애물을 제거하기 위한 COV는 지뢰지대 개척 및 기타 장애물을 제거하기 위한 굴착기와 도저 삽날을 장착하고, 전투지역에서의 공병지원을 수행한다. 또한 지뢰지대 개척 및 제거를 위한 주 임무 외에 전투기동로 개설 및 전투기동로를 방해하는 장애물 제거에 운용된다.

COV는 야지기동성을 위해 장갑궤도차량으로 M88A1 구난전차의 섀시를 개조한 후 도자와 쟁기날을 복합조립하여 V형으로 토양을 갈면서 기동하던가 1자형으로 도장이 가능하다.

또한 삽날을 제거하고 롤러를 장착할 수 있으며, 로켓 추진 선형폭약을 탑재한 트레일러를 견인하거나 자동표지기를 장착하여 운용할 수도 있다. 차체 상부의 양측면에는 신축식 작업용 붐대 2개를 장착하여 굴착기 바켓 및 도로포장 파괴기, 인양훅 및 흙을 파서 들어내는 Grapple 등의 부수장비 장착이 가능하다.

신축식 작업 붐대 및 도저를 작동하기 위해 엔진 전방에 400마력 PTO에 의해 유압장치를 작동시킨다. 신축식 붐대는 최대 9.5 m까지 신장되고, 좌우 180° 회전이 가능하며, 상하 60° 범위로 작동가능하다. 굴착용 바켓은 1 m³의 용량으로 1개가 있으며, 지름 0.61 m, 깊이 2.438 m의 돌출형 송곳을 장착할 수 있으며, 타격용 해머는 4종류를 사용할 수 있고, 단시간 내에 부수장비 6800 kg의 인양능력을 가진다. 신장식 붐대는 차체 등판능력을 보완하여 75%까지 등판을 할 수 있다. 차체 전면에 부착된 도자날과 쟁기의 조합체는 3개의 유압축에 의해 작동되는 보통 구조와 같으나, 쟁기로 작업에 위협이 되는 지뢰를 처리함에 있어서는 자동 깊이조절장치까지 부착되어 있다. 이 장치는 초음파 센서와 지면상태를 감지하는 촉각필 등 3종류가 검토되고 있다.

COV는 3대의 시제품이 개발되어 1대는 미국 BMY사에서, 1대는 이스라엘 IMI사에서 기술시험을 거쳐 89년말 운용시험을 실시하여 기존에 배치된 CEV를 대체할 계획이었으나, 2000년대 초 예산문제로 개발계획은 취소되었다.

그림 6.5.3 장애물 제거차량(Grizzly, 미국)

그림 6.5.4 소형 진지구축용 굴착기

(4) 소형 진지구축용 굴착기(SEE : Small Emplacement Excavator)

소형 경량급으로 야지기동성이 우수한 4륜 구동차량에 페이로더 및 굴착기를 기본장비로 장착하고, 콘크리트 진동 파괴기, 체인톱 등 기타 부수장비도 교환장착이 가능한 장비이다.

이 장비는 독일 벤츠사에서 생산되는 Unimog 차량을 개량한 것으로, 1987년도에 배치되었다. 이는 야전에서 빈번한 진지이동으로 야기되는 신속한 진지구축 소요증대에 대비한 것으로서, 70 km/h의 고기동성을 보유하며, 야전부대 생존성 증대를 위해 각종 진지구축을 지원하고, 어느 지역이나 신속한 헬기공수가 가능하다.

6.5.2 발전 추세

(1) 기동성 향상

장차전은 속도전의 전술개념이 정착되고 있다. 따라서 저기동성의 건설장비는 전투지역에서 운용이 불가능하다. 이에 따라 기동부대와 보조를 맞추어 협동작전을 지원할 수 있는 공병장비의 기동성 향상을 위하여, 민수용과는 별도로 특수 설계된 기동성이 우수한 토공장비가 궤도차량 및 차륜차량형으로 개발되고 있다.

(2) 다목적 운용성

제한된 기동축선 상에서 전투차량 및 전투지원차량(포병)의 집중화로 전투지역 환경이 복잡해지고 있다. 이러한 전투환경에서 각각 작업성능이 상이한 공병차량 투입을 감소시키고, 단일장비로 도저기능지원, 포크레인 굴착지원, 페이로더 토양운반지원, 탄약 및 물자 하역지원 등 다목적으로 운용이 가능하도록 장비를 개발하여 운용효과를 증대시키고 있다.

(3) 장갑화로 전투지역 전단에서 장애물 제거 및 통로 개척

전투공병은 적의 화력 하에서도 전투부대의 기동성 보장을 지원하기 위해 기동로상에 설치된 장애물 제거, 우회로 구축, 파괴도로 복구, 전투진지 구축 등을 지원할 수 있어야 하므로 공병장비를 장갑화하는 추세이다. 이때 기존의 전차 차체를 최대한 활용하여 군수지원상의 이익을 추구하면서, 전차와 대등한 기동력을 보유하고, 적의 소화기나 기관총 공격 및 포탄에 충분한 방호력을 갖는 형태로 발전하고 있다.

(4) 운용개념 다양화

공병장비는 공세지원 기동, 방어작전 시 각종 진지구축 지원으로 전투부대에 생존성을 향상시키고, 장애물 제거(기동), 장애물 구축(대기동) 등 공격 및 방어작전에 효율적인 운용이 가능하도록 발전되고 있다.

ACE : Armored Combat Earthmover

ADAM : Area Denial Artillary Munition

AVLB : Armoured Vehicle Launched Bridge

CEV : Combat Engineering Vehicle

COV : Counter Obstacle Vehicle

FAE : Fuel Air Explosives

FASCAM : FAmily of SCAtterable Mines

FFB : Folding Float Bridge

GEMSS : Ground Emplaced Mine Scattering System

HAB : Heavy Assault Bridge

HDSB : Heavy Dry Support Bridge

HEMTT : Heavy Expanded Mobility Tactical Truck

HMB : Heavy Mechanised Bridge

MAB : Mobile Assault Bridge

MGB : Medium Girder Bridge

MLC : Military Load Class

MOPMS : MOdular Pack Mine System

RAAM : Remote Anti Armour Mine

RBS : Ribbon Bridge System

SEE : Small Emplacement Excavator

WAM : Wide Area Mine

참고문헌

1. TM 5-180 Foreign Mine Warfare Equipment, Jul. 1971.

2. Bernard F. Hallora, Soviet Land Mine Warfare, The Military Engineer, No. 418, Mar-Apr. 1972.

3. W. C. Gribble, Mine Warfare Problems, Ordnance, p.151 Sep.-Oct. 1971.

4. Mine & Metal detectors, British Defense Equipment Catalogue(Vol. 1) p.361, 1976.

5. James A Dennis, SLUFAE : Long Range Minefield Breaching System Tested, Army Research and Development News Magazine, May-Jun, 1976.

6. 교육사, 공병운용, 2000

7. 교육사, 살포식지뢰운용, 2002

8. 최석철, 무기체계@현대·미래전, 21세기군사연구소, 2003.

9. 국방기술품질원, 2007년 국방과학기술조사서, 4권 기동 무기체계, 2008.

10. 조영갑 외2, 현대무기체계론, 선학사, 2009.

11. 합동참모본부 무기체계 자료실, http://www.jcs.mil(국방망)

제 7 장 미래전 무기체계

7.1　개요

걸프전과 코소보전을 치루면서 세계는 미래전쟁의 양상을 예상할 수 있었으며, 특히 선진국들은 미래전을 예측하고 그에 대비하여 철저히 분석해 왔음을 알 수 있었다. 이 장에서는 미래전을 이해하고 미래전의 탄생 배경과 미래전 양상 그리고 미래전에 적합한 무기의 체계 특성과 운영 개념을 살펴보고자 한다.

7.2　체계 특성 및 운영 개념

7.2.1 미래전 무기체계의 탄생 배경

미국은 미래전에 대비해 군사혁신을 시도하였다. 군사혁신이란 신기술을 혁신적으로 적용하고, 기술에 발맞추어 교리, 작전개념, 조직개념 등을 갱신하여 군 작전의 성격을 근본적으로 바꾸어 주는 것이다. 이러한 군사혁신은 역사적으로 새로운 기술을 군대에 결합시키고 혁신적인 작전개념 및 군 조직 구조를 군사작전의 수행방식과 특성에 부합하도록 근본적으로 변화시킬 때 발생한다. 역사적으로 군사혁신의 예는 16 ~ 17세기에 유럽에서 화약에 의한 군사혁신이 있었으며, 제2차 세계대전 때 독일의 전격전 개념 또한 군사혁신의 예이다.

걸프전에서는 병렬전(parallel war)이라는 새로운 전쟁방식이 위력을 발휘하였다. 이 새로운 전쟁방식은 전략, 작전, 전술목표들을 동시에 공격하여 복구가 불가능하도록 피해를 주었다. 이러한 전쟁이 가능했던 이유는 인공위성, 감시 및 표적획득 시스템(J-STARS), 공중 조기경보시스템(AWACS), 전장관리시스템, 우주자산 등을 이용한 결과로 대량파괴 및 살상을 피하며, 군사 표적만을 정확하게 식별하여 정밀하게 명중 파괴시켰기 때문이다. 이렇게 걸프전은 미래전 양상과 군사혁신의 가능성이 예고된 전쟁이었다. 코소보전은 최초로 우주에서 사이버까지 전장이 확대된 전쟁이었고, 전자우편의 대량살포, 중국의 인해전술식 해커전 수행 등이 있었으며, 무인항공기를 활용한 무인전투가 전개되었고, 흑연포탄과 같은 비살상 무기가 일부 운용되었다. 이라크전의 경우는 소프트킬(soft kill)이 하드킬(hard kill) 못지않게 위력이 있음을 증명한 전쟁이었다.

최근 들어 과학기술의 혁명적 발전은 미래전 양상의 급격한 변화를 가속화하고 있다. 대표적인 혁명적 과학기술은 정보통신기술, 나노기술, 신물질/신소재기술, 생명공학기술, 로봇기술, 항공우주기술 등이다.

7.2.2 체계 특성

미래전장에서는 전장의 가시화와 정보의 공유화가 가능해질 것이다. 전장은 각종 인공위성과 공중감시체계로 가시화되며, 모든 정보는 네트워크로 정보의 공유화가 가능하다. 장거리 정밀교전이 보편화되어 무기체계의 숫자보다 장비의 질이 중요하며, 오차가 거의 존재하지 않는 정밀성이 요구된다. 모든 전장공간은 우주 및 사이버 공간까지 확장되고 중첩되며, 감시체계와 타격체계의 순간적인 결합이 가능해진다. 또한 전쟁 수준의 중첩으로 인해 감시체계와 장거리 정밀타격수단의 상호연관관계가 증대될 것이다. 전자전 및 사이버전의 위력이 발휘될 것이고 전투의사결정 사이클이 가속화됨에 따라 전투의사결정모델은 기존의 OODA(Observe → Orient → Decide → Act) 모델에서 IDA(Information → Decision → Action) 모델로 단축될 것이며, 전장에서의 시간개념은 획기적으로 단축될 것이다. 이러한 미래전장에 요구되는 무기체계는 재래식 기술과 개념으로는 목표를 달성할 수 없다. 따라서 미래전장 무기체계의 특성은 첨단기술에 기초하고 있고, 새로운 기술의 발명은 새로운 미래 무기체계로 활용할 수 있다는 가능성을 지니고 있다. 실제로 각종 기술의 무기체계 적용 및 새로운 전쟁개념을 탄생시키고 있다.

7.3 미래전 분류

육군은 미래전을 사이버전, 네트워크전, 전자전, 정밀교전, 로봇전, 우주전 그리고 비대칭전 등 7가지 유형으로 분류하고 있다.

7.3.1 사이버전

사이버전은 사이버 공간에서 일어나는 새로운 형태의 전쟁으로, 컴퓨터시스템 및 데이터, 통신망 등을 교란, 마비 및 무력화시킴으로써 적의 사이버 체계를 파괴하고 아군의 사이버 체계를 방호하는 것이다.

사이버전의 공격형태 및 무기체계는 컴퓨터 바이러스, 전자우편 폭탄, 논리폭탄 등 해킹(hacking) 공격법과 펄스탄, 에너지 무기, 미생물 등에 의한 물리적 파괴수단이 있다. 사이버전의 방호는 물리적 방호체계, 정보유통체계, 대레이더 방호체계, 기만 및 암호체계 등이 있다. 사이버전에 관한 내용은 전산학 분야에서 주로 취급하므로 이 책에서는 취급하지 않는다.

7.3.2 네트워크전

네트워크는 2개 이상의 장치들이 데이터통신을 위해 연결되어 있는 통신망을 의미한다. 네트워크전은 네트워크 체계 내에서 수행되는 전쟁으로, 적 네트워크를 공격하여 적의 기능을 마비 또는 저하시키는 공세적 네트워크전과 적의 공격으로부터 아군의 네트워크를 보호하는 방어적 네트워크전이 있다.

네트워크전의 특징으로는 ① 사이버전, 전자전과 밀접한 관계가 있고, ② 상대국의 정보화 수준, 군사전력 체계의 특성에 따라 다양한 방식으로 전개되며, ③ 정보기술의 발전에 따라 정보전은 네트워크 중심으로 발전하고, ④ 군사전력 체계의 발전과 함께 네트워크의 역할이 강화된다.

특히 컴퓨터/로봇, 초미세 기술, 형상기억합금, 초전도체, 레이저, 생명공학 등 첨단과학기술이 군사적 수단으로 활용됨에 따라 전쟁수행 방식이 변화되고, 이러한 수단들의 효과를 극대화하기 위하여 상호연결하는 인터넷 구축이 보편화되었기 때문에 네트워크의 역할은 보다 강조되고 있다. 이러한 이유로 네트워크 체계의 교란이나 파괴, 정보의 왜곡 등은 전장에서의 물리적 파괴보다 더 효과적인 수단이라 할 수 있다.

또한 정밀파괴와 정보공격능력의 중요성이 증대되면서 적의 전략, 작전, 전술적 중심에 관계없이 동시 공격이 가능해지고, 무기체계의 지능화, 자동화, 정밀화, 장사정화, 광역화, 소형화와 고속이동 수단, 스텔스 기술, 무인화 기술 등의 발전은 기동탐재 체계의 혁명적인 발전을 이루었다. 그리고 각 전투체계를 결합시켜 새로운 시너지 효과가 창출되기 때문에 그 중요성은 더욱 증대되고 있다. 이러한 네트워크의 영역도 위성, 무인기, 성층권 및 일반 항공기 탑재 중계기의 출현으로 더욱 확장되고 있다. 네트워크전도 전산학 분야에서 취급한다.

7.3.3 전자전

전자전은 스펙트럼을 통제하거나 적을 공격하기 위하여 전자기 에너지 및 지향성 에너지를 사용하는 제반 군사활동으로 정의된다. 전자전 지원장비로 감청/방탐장비, 레이더 경보수신기, 감시 및 수집장비가 있고, 전자공격체계로 재머, 채프, 플레어, 디코이 등과 대방사 미사일 등이 있다. 일부에서는 전술용 고에너지 무기를 전자전 무기에 포함시키지만, 고에너지 무기는 정밀교전 무기로 분류하는 것이 타당하다. 군에서는 전자전을 C4I 분야에서 취급하고 있다.

7.3.4 정밀교전

정밀교전이란 감시/정찰체계와 정밀센서 및 타격체계를 C4I 체계를 기반으로 밀접하게 복합 또는 조화시켜 정밀소량파괴 그리고 최소살상의 전쟁을 수행함으로써 군사적·정치적 목적을 달성하는 전쟁을 의미한다. 주요 무기체계로는 정밀센서 등의 유도장치를 탑재한 스마트탄과 원하는 표적만을 파괴하는 고에너지 무기 등이 있다.

7.3.5 로봇전

로봇전은 미래전을 대표하는 전쟁양상으로 정찰 및 감시임무에서 공격임무까지 다양한 크기의 로봇을 이용하여 전쟁을 수행하는 것이다. 로봇전은 전쟁의 형태가 완전히 변화하는 중요한 계기가 되었다. 로봇전으로의 전환은 급물살을 타고 있으며, 21세기 중반에는 다양한 형태의 로봇이 실용화되어 전쟁에 투입될 것이다. 초기에는 주요 무기체계의 무인화가 달성될 것이며, 극소형 정찰로봇의 등장, 동물의 특성을 이용한 전투로봇의 등장으로 대형 전투로봇과 결합한 완전한 C4ISR+PGM의 체계가 이루어질 것이다.

7.3.6 우주전

우주전은 우주공간에서 정보의 획득 및 수집을 방해하고, 우주자산의 공격 및 방어가 이루어지는 전쟁을 의미한다. 전쟁에서 우주공간의 중요성이 점차 증대됨에 따라 우주전 수행 개념이 정립되고 가용 무기체계의 개발이 이루어지고 있으나, 아직은 비용이 과다하게 소요되어 일부 국가만이 참여하고 있는 실정이다.

7.3.7 비대칭전

비대칭전은 전쟁 상대국과 다른 목표와 수단 및 방법으로 적의 약점을 공격하여 효과적으로 적을 지연, 억제, 대응하는 전쟁이다. 비대칭전의 종류에는 전쟁 이전에 조성된 수단과 방법의 우위를 바탕으로 단기 제한전을 유도하는 정도의 비대칭전과 조성된 전력은 약할지라도 전쟁을 수행하면서 적의 약점을 찾아 이용하고, 아군의 강점을 최대로 확대시켜 마침내 적을 함정에 몰아넣어 승리를 추구하는 종류의 비대칭전으로 분류한다. 이러한 비대칭전 수행무기는 기술의 급속한 발전으로 여러 가지 형태로 나타난다. 이 장에서는 비대칭전 수단으로 쓰일 수 있는 비살상 무기체계에 대해 다룬다.

7.4 정밀교전

정밀교전(precision engagement)의 개념은 C4ISR+PGM의 개념으로부터 출발한다. 이는 감시정찰 체계와 C4I 체계를 상호연동한 정보기술과 정밀센서−타격체계를 밀접하게 연동시켜서 정밀소량파괴 및 최소살상의 효과적인 전쟁의 수행으로, 군사적·정치적 목적 달성을 이루는 전쟁 양상을 의미한다. 정밀교전의 대표적인 수단으로는 종말 유도무기, 항법장치를 이용한 유도무기와 새로운 개념의 무기인 고에너지 레이저 무기가 있다. 고에너지 무기에는 각종 전자기 복사에너지를 이용한 입자빔 무기가 있으나 가장 유용하고 가능성 있는 무기가 레이저 무기이다. 따라서 이 절에서는 레이저 무기에 대하여 주로 다루고자 한다.

고에너지 레이저 무기는 운동에너지나 화학에너지를 이용한 기존의 재래식 무기와 달리 고출력 레이저광을 유도탄, 로켓, 포탄 등과 같은 표적에 30 km/s의 속도로 조사하여 수 초 이내에 이들 표적을 파괴하거나 무력화시키는 무기로서, 미래 전장환경은 이를 기반으로 급속히 변화할 것으로 판단된다.

레이저 무기가 활용 가능한 분야는 방공무기, 대륙간 탄도탄의 방어용 무기, 우주전에서의 적 위성 및 우주 비행체의 공격무기, 저속 항공기의 공격무기 또는 적 전차 및 장갑차 등과 같은 무기의 전자 및 광학장비를 공격하는 소프트킬(soft kill) 또는 적 체계 파괴용 하드킬(hard kill) 무기이다.

7.4.1 방공용 레이저 무기

1) 체계 현황 및 분류

HEL(High Energy Laser) 무기체계란 대상 표적에 강력한 레이저 에너지를 가하여 표적을 파괴시키거나 무력화시키는 무기로 정의된다. 표적이 수 초 동안 레이저광을 조사받게 되면 표면이 손상되거나 파괴된다. 운동에너지 방식의 기존 무기와 비교할 때 레이저 무기의 가장 큰 특성은 전달에너지가 중력의 영향을 받지 않고 직진하며, 초당 30만 km의 광속으로 표적의 국소지점을 정밀하게 타격할 수 있다는 점이다. 뿐만 아니라 레이저광을 연속적으로 발사할 수 있기 때문에 인공위성, 대륙간 탄도탄(ICBM : Intercontinental Ballistic Missile), 항공기 등 여러 종류의 무기체계에 신속하게 재조준하여 여러 가지 표적을 거의 동시에 공격할 수 있다. 이외에도 발사비용이 저렴하다는 장점이 있다.

고에너지 레이저 무기는 설치장소나 탑재체에 따라 크게 4가지, 즉 지상배치 레이저, 항공기 탑재 레이저, 함정 탑재 레이저, 우주배치 레이저로 분류된다. 지상배치 레이저는 HEL 체계를 지상에 설치하여 단거리 유도탄 및 무유도 로켓, 소형 항공기 등의 소형 표적을 요격하는 체계로서, 이미 미국과 이스라엘이 공동으로 개발 완료한 400 kW급 출력의 전술 고에너지 레이저(THEL : Tactical High Energy Laser)를 들 수 있으며, 크기를 축소시킨 이동형 MTHEL(Mobile THEL) 체계가 개발되고 있다.

또 다른 지상배치 레이저 무기로는 초 대구경 광학계를 이용하여 저고도 정찰위성의 센서를 손상 또는 파괴시킬 수 있는 대위성 지상설치 레이저(ASAT GBL : Anti-Satellite Ground Based Laser)가 있다.

항공기 탑재 레이저 무기는 부스터 단계의 탄도탄 요격을 위하여 미국에서 개발 중인 사의 거리 300~600 km급의 ABL(AirBorne Laser)이 있다. 또한 인명을 살상하지 않으면서 지상 차량의 타이어나 통신 안테나 등을 정밀하게 요격하는 비살상 개념의 첨단 전술 레이저(ATL : Advanced Tactical Laser), 전투기에 레이저 무기를 탑재하여 유도탄, 항공기 등을 방어하기 위한 레이저 전투기 개발도 활발하게 추진되고 있다.

함정 탑재 레이저(SSD : Ship Self-Defense)는 주로 대공유도탄이나 근접방어체계로는 방어하기 어려운 대량의 순항유도탄 공격을 무력화시키는 데 사용된다. 또한 헬기, 무인기, 고속정, 부유기뢰 등도 대상 표적에 포함된다.

우주배치 레이저(SBL : Spaced-based Laser)는 부스터 단계의 유도탄을 요격시키는 무기로서, 2012년경에 실험용 체계인 IFX(Integrated Flight Experiment)를 제작하여 다양한 시험을 실시하기로 계획되었지만, 지금은 사업이 중단된 상태이다.

2) 레이저의 기본 원리

(1) 자발 방출과 유도 방출

양자이론(Quantum theory)에 의하면 원자나 분자는 일정한 에너지를 갖는 허용된 에너지 상태에서만 존재한다. 한 원자의 에너지 상태는 빛의 흡수나 방출을 통해 변화가 일어나는데, 원자나 분자의 에너지 준위가 변할 때 허용된 에너지 상태 차이에 대응하는 진동수에서만 빛이 흡수 또는 방출된다. 즉, 흡수 또는 방출되는 광자의 진동수 $f = \Delta E / h$가 되어야 한다. 여기서 ΔE는 허용된 두 에너지 준위 사이의 차이이고, h는 플랑크 상수이다. 그림 7.4.1과 같은 두 개의 에너지 상태 E_1, E_2가 있을 때 빛이 원자에 입사되면 에너지 차이 ΔE에 해당하는 에너지 hf를 가진 광자만이 흡수된다. 광자가 원자를 자극하여 위쪽으로 전이하도록 유도하기 때문에 이 과정을 유도 흡수라고 한다. 상온에서 대부분의 원자는 바닥 상태에 있다. 기체 상태의 원자를 담은 용기에 가능한 모든 광자의 진동수를 포함하는 복사선을 조사하면 $E_2 - E_1$, $E_3 - E_1$, $E_4 - E_1$ 등의 에너지를 가진 광자만이 원자에 흡수된다. 이런 흡수의 결과로 일부 원자는 들뜬 상태를 갖게 된다. 그림 7.4.2에서처럼 어떤 원자가 들뜬 상태가 되면 들뜬 원자는 다시 낮은 에너지 준위로 전이하고, 이 과정에서 광자를 방출한다. 이 과정을 자발 방출(spontaneous emission)이라고 하며 자연스럽게 일어난다. 일반적으로 원자는 10^{-8}초 동안만 들뜬 상태를 유지한다.

만약 들뜬 상태가 일반적인 들뜬 상태의 수명인 10^{-8}초보다 긴 준안정 상태라면 자발 방출이 일어나기까지의 시간 간격도 상대적으로 길어진다. 이러한 준안정 상태 동안 $hf = E_2 - E_1$

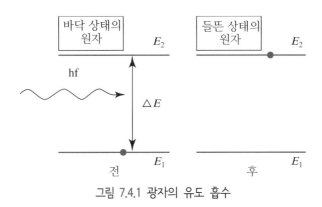

그림 7.4.1 광자의 유도 흡수

의 에너지를 가진 광자가 원자에 입사했을 경우 입사한 광자와 원자 간의 상호작용으로 원자는 $hf = E_2 - E_1$의 에너지를 가진 두 번째 광자를 방출하면서 바닥 상태로 돌아간다(그림 7.4.3). 이 과정에서 입사된 광자는 흡수되지 않는다. 이 과정을 유도 방출이라고 하면 유도 방출 후에는 동일한 에너지를 가진 두 광자가 남게 된다. 이때 두 개의 광자는 동일한 위상과 동일한 방향으로 진행한다. 유도 방출이 자발 방출과 크게 다른 점은 자발 방출은 방출되는 빛의 방향성이 없으나 유도 방출은 방향성이 있다는 점이다. 한 개의 광자로부터 동일한 위상과 방향을 가지는 두 개의 광자를 유도하는 유도 방출은 레이저 발진의 주요 원리가 된다.

(2) 밀도 반전

광자가 원자나 분자에 입사하면 광자는 유도 흡수된 후 자발 방출되거나 유도 방출된다. 이 두 과정은 동일한 확률을 가진다. 열적 평형 상태에 있는 계는 들뜬 상태보다는 바닥 상태에 많은 원자가 존재하기 때문에, 빛이 원자나 분자에 입사하면 일반적으로 알짜 흡수가 존재하여 방출되는 광자의 수는 입사되는 광자의 수보다 적어진다. 그러나 상황이 역전되어 바닥 상태보다 들뜬 상태에 더 많은 원자가 존재하게 되면 알짜 방출이 발생하고, 입사하는 광자의 수보다 방출되는 광자의 수가 많아지는 증폭이 발생한다. 바닥 상태보다 들뜬 상태에 더 많은 원자가 존재하는 상태를 밀도 반전(population inversion)이라고 하며, 외부에서 에너

그림 7.4.2 광자의 자발 방출

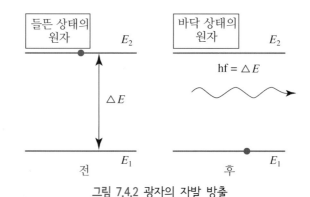

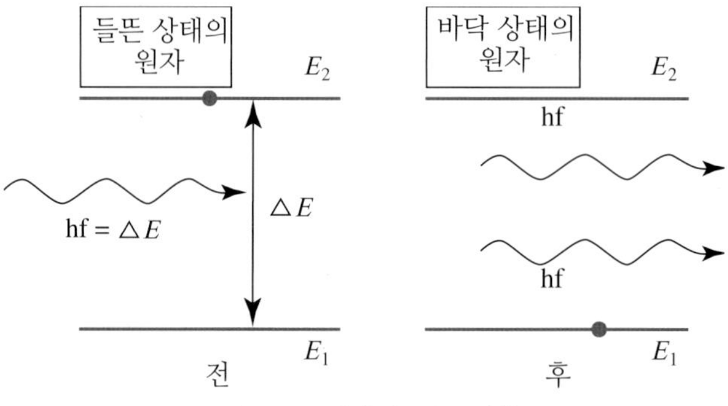

그림 7.4.3 광자의 유도 방출

지를 공급하여 인위적으로 밀도 반전을 만드는 것을 펌핑(pumping)이라고 한다. 이러한 밀도반전 상태에서 빛이 입사하면 특정한 파장을 가진 광자만 유도 흡수되고, 동일한 위상과 방향을 가진 쌍둥이 광자가 유도 방출되면서 빛이 증폭되는데, 이러한 과정이 되풀이 되면서 레이저가 발진하게 되는 것이다.

따라서 레이저 발진이 이루어지기 위해서는 다음 세 가지 조건이 만족되어야 한다. 첫째, 밀도 반전 상태에 있어야 한다. 즉, 바닥 상태보다 들뜬 상태의 원자가 더 많이 존재해야 한다. 둘째, 들뜬 상태는 준안정 상태에 있어야 한다. 준안정 상태가 존재해야만 밀도 반전을 만들 수 있고, 유도 방출이 자발 방출 전에 일어날 수 있다. 셋째, 방출된 광자는 오랫동안 갇혀 있으면서 다른 들뜬 원자로부터 추가 방출을 유도할 수 있어야 한다. 이를 위해 한쪽 끝에 완전 반사거울과 다른 쪽 끝에 부분 반사거울을 배치하여 부분 반사거울을 통해 빠져 나가는 빛을 제외하고는 오랫동안 갇혀 있도록 만든다.

(3) 레이저의 구성

레이저는 매질, 거울, 펌핑의 세 가지 기본 요소로 구성된다. 일반적인 레이저장치의 구성은 그림 7.4.4에서 보는 바와 같다. 관 안에는 활성화된 매질의 원자나 분자들이 들어 있다. 펌핌 공급원을 통해 공급된 외부 에너지원에 의해 들뜬 상태의 수가 바닥 상태보다 많은 밀도 반전이 이루어지고, 밀도 반전 상태에서의 유도 방출을 통해 레이저빔이 증폭된다. 양 끝에 있는 평행한 거울은 광자를 두 거울 사이에 가두는 역할을 하지만, 한쪽 끝은 완전 반사거울로 되어 있고, 다른 쪽 끝은 부분 반사거울로 되어 있어 일부 광자가 부분 반사거울을 투과하여 레이저빔이 방출된다. 이와 같이 매질, 거울, 펌핑으로 구성된 장치를 레이저 공진기라고 말한다.

레이저 매질의 재료는 고체, 액체, 기체 등 다양하다. 매질은 기본적으로 활성적인 특징을 가지는 물질로서, 주로 사용되는 대표적인 매질은 루비, Nd:YAG(Neodymium : Yttrium Aluminium Garnet), CO_2 기체, 헬륨과 네온의 혼합기체 등이다. 이러한 재료들은 밀도 반전을 발생시킬

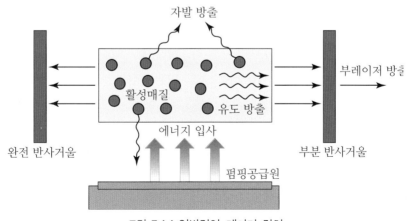

그림 7.4.4 일반적인 레이저 장치

수 있는 한 개 이상의 준안정 상태를 가지고 있어 여러 파장에서 동시에 작동할 수도 있다. 이러한 레이저의 대표적인 것은 고에너지 레이저 무기에서 중요한 이산화탄소(CO_2)레이저이다.

공진기 내 거울의 형태와 배열은 다양하다. 가장 단순한 예는 두 개의 평면거울을 나란히 배치하는 것이다. 그러나 이러한 배열은 수없이 반사되는 빛을 공진기 내에 가두기 위해 거울을 고정밀도로 평행하게 배치해야 한다는 문제점을 안고 있다. 이런 문제점을 해결하는 방법 중 하나는 한 개 또는 두 개의 구면거울을 사용하는 것이다. 이 방법은 배열 오차를 제거해 줄 뿐만 아니라 공진기의 축과 평행하지 않은 빛까지도 공진기 내에서 반사하도록 조절해 주는 이점이 있다. 펌핑은 광학적, 전기적, 화학적 또는 핵반응 방법을 통해 매질에 에너지를 공급해 준다. 가장 간단하면서도 최초로 사용된 펌핑 방법은 광 펌핑이다. 광 펌핑은 매우 강한 광선을 내는 섬광램프를 에너지원으로 사용한다. 전기 펌핑은 매질 속에 전류를 통과시켜 에너지를 공급해 주는데 주로 기체 매질일 경우 이 방법이 사용된다. 화학 펌핑은 화학적 반응에서 방출되는 에너지를 이용하고, 핵 펌핑은 핵반응에 의해 생성된 에너지를 이용한다. 전자빔이 자석의 배열을 통과하면서 얻는 에너지를 이용하는 펌핑 방법도 있는데, 이 방법은 자유전자 레이저에서 사용된다.

3) 고에너지 레이저 무기 특성

고에너지 레이저 운용개념은 방어용과 공격용 두 가지 방식으로 분류할 수 있다. 방어개념에는 적 탄도유도탄, 순항 유도탄, 포탄 및 로켓, 지대공유도탄 등이 대상 표적이고, 공격개념에는 공중정밀타격, 지상 및 공중 표적요격 비살상 대인공격 그리고 대위성용 등으로 사용된다. 고에너지 레이저 관련 기술이 향상되면서 레이저 무기의 응용 분야도 기존보다 다양한 형태로 발전될 수 있다. 단기적인 관점에서 보면 대개 유도탄 방어 임무에 사용되며, 앞으로 10년 이후에는 여러 가지 다양한 응용 분야가 출현될 전망이다. 장기적으로는 우주분야에 새로운 군사적 능력을 창출할 수 있는 수준까지 발전될 것으로 예상된다. 이와 같은 고에너지 레이저 무기의 특성을 구체적으로 정리하면 다음과 같다.

(1) 광속의 고에너지 전달에 따른 신속한 표적요격

빛의 속도로 진행하는 레이저의 특성을 이용하여 표적 종류에 상관없이 포착한 순간에 즉시 레이저로 공격하고, 짧은 시간에 치명적인 손상을 입혀야 한다. 따라서 레이저 무기는 여러 가지 위협 표적들을 거의 동시에 요격시킴으로써 신속한 표적대응능력을 갖추어야 한다. 대략적으로 첫 번째 표적 조준시간은 1.5초 이내이어야 하며, 그룹 내에 있는 두 번째 표적에 대하여는 0.5초 이내가 되어야 한다.

(2) 중력 및 대기지연 효과에 무관한 직진 특성

레이저광은 중량이 없기 때문에 중력의 영향을 받지 않는다. 따라서 레이저 무기는 대부분의 재래식 무기에서 고려되어야 하는 탄도궤적과 다른 비행특성 등을 결정하는데 필요한 탄도학 및 공기역학적 계산이 요구되지 않는다.

(3) 표적의 특정 부분에 대한 고도의 정밀공격

ABL(AirBorne Laser)의 레이저광은 크기가 1.5 m에 불과하며 500 km 거리에 있는 표적을 정밀하게 공격할 수 있다. 레이저 무기는 고성능의 추적능력으로 고속표적의 특정 목표지점을 선택적으로 공격할 수 있다. 이와 같이 레이저 무기는 부차적인 피해를 최소화시키면서 정밀요격을 수행할 수 있다.

(4) 저렴한 발사비용

레이저 무기체계는 개발, 양산, 배치비용이 고가이지만, 소모되는 연료는 가격이 저렴하기 때문에 비용 대 효과 측면에서는 매우 우수한 특성을 갖는다. 유도탄 방어의 경우 요격 유도탄의 가격은 수백만 달러이지만 화학 레이저의 1회당 발사 비용은 수천 달러에 불과하며, 무기의 효과도 요격 유도탄에 비해 월등한 것으로 알려져 있다.

(5) 대량 발사능력

레이저 무기는 장기간에 걸쳐 반복적으로 공격할 수 있는 특성이 있다. 정밀유도폭탄과 같은 재래식 무기는 공격 횟수가 항공기의 탑재용량에 따라 제한되지만, 레이저 무기는 화학물질, 전원 등의 에너지원을 이용하여 막대한 연료를 공급받기 때문에 한 번 적재된 연료량으로 다량의 표적을 연속적으로 공격할 수 있다.

(6) 독특한 파괴 메커니즘

고도의 지향성을 가지고 있는 레이저광을 표적 표면에 장기간 조사하면 운동에너지 탄두와는 달리 표면에 열적 손상을 발생시키거나 또는 표적의 센서체계를 파괴시켜 표적을 무력화시킬 수 있다.

(7) 일시적인 기능 마비에서 파괴에 이르는 단계적 공격

레이저 무기는 살상 또는 비살상, 완전파괴 또는 일부손상 등 표적이나 환경에 따라 요구되는 표적공격 효과를 조절할 수 있다. 이와 같은 공격능력의 조절은 주로 레이저 출력이나 표적에 축적되는 에너지의 양을 조절하는 것으로, 주요 센서의 기능을 마비, 파괴시키는 소프트킬 능력부터, 수백 kW 이상의 고에너지 레이저를 이용하여 미사일, 항공기 등의 표적 자체를 파괴시키거나 무력화시키는 하드킬 능력을 보유하고 있다. 또한 레이저를 이용해 발화를 일으킴으로써 소이효과를 제공할 수도 있다.

(8) 센서 기능

레이저 무기는 표적공격뿐만 아니라 표적의 탐지, 영상화, 추적 그리고 조사하는 일련의 표적획득 역할에도 사용될 수 있다. 따라서 무기와 센서 이중 역할을 수행할 수 있다.

(9) 레이저 무기의 제한점

레이저 무기는 대기 환경조건과 비교적 단순한 대항책에 따라 레이저 무기의 효과가 크게 감소할 수도 있다. 레이저광은 수증기, 먼지 그리고 대기난류 등에 의해 에너지가 줄어든다. 따라서 레이저 무기의 실용성에 대해 제기되고 있는 가장 핵심적인 문제 중에 하나는 악조건의 기후나 자연적 또는 인공적인 미립자(먼지 등)가 있는 환경에서 운용상의 중대한 결함이 나타날 수 있다는 것이다. 특히 지상에서 운용되는 전술 고에너지 레이저 무기 등의 레이저 무기체계는 안개, 먼지 그리고 미립자들의 영향을 많이 받는다.

또한 적의 대항책에 의해서도 영향을 받는데, 레이저 무기의 형태와 표적 종류에 따라 여러 가지 대항책이 가능하다. 표면에 부착된 보호재료는 연속적으로 발사되는 레이저 무기의 효과를 감쇄시킬 수 있다. 표적 가열방식이 아닌 일시적인 충격으로 표적을 무력화시키는 펄스 레이저에 대해서 보호재료는 상대적으로 비효과적이다. 또한 표적이 고반사율의 표면으로 처리되었거나 고속으로 회전하는 경우에는 손상효과가 줄어든다.

7.4.2 전술 고에너지 레이저 무기(THEL)

지상배치 레이저(GBL : Ground-based Laser) 무기는 단거리 유도탄 및 로켓, 포탄 등의 위협으로부터 요충지역을 방어하는 전술 고에너지 레이저(THEL : Tactical High Energy Laser) 무기와 고도 1000 km 정도에 있는 저궤도 위성을 무력화시키는 대위성 지상배치 레이저(ASAT GBL : Anti-Satellite Ground Based Laser) 무기로 분류된다.

현재 개발이 완료되었거나 개발 중인 지상배치 레이저 무기의 특성을 비교 정리하면 표 7.4.1과 같다. 이 절에서는 전술 고에너지 레이저 무기에 대하여 소개한다.

1) 체계 특성

THEL 무기체계는 로켓, 포탄, 단거리 유도탄, 소형 항공기, 무인기 등의 단거리 소형표적(point target)을 방어할 목적으로 미 육군과 이스라엘 국방부가 공동개발을 추진했던 지상

표 7.4.1 **지상배치 레이저 무기 종류 및 특성**

레이저무기	레이저 형태	요망 출력	운용 지역	대상 표적	사거리
THEL	DF	수백 kW	지 상	로켓, 포탄	10 km 이내
ASAT GBL	COIL, 자유전자	수 MW	지 상	저궤도 위성 위성통신	약 2000 km

배치 레이저 무기이다. 현재는 개발이 완료되었으며, 미 육군의 HELSTAR(High Energy Laser System-Tactical ARmy) 사업의 일환으로 독자적으로 추진되고 있다.

HELSTAR 사업은 미 육군의 미래전투체계(FCS : Future Combat System)용으로 차량탑재용 소형 레이저 무기개발에 필요한 레이저 발생기술, 빔 제어기술 등을 단계적으로 개발하도록 계획되어 있다. THEL 체계는 강력한 레이저광을 발생시키는 불화중수소(DF : Deuterium Fluoride) 화학 레이저, 레이저 조준 및 추적장치, 표적탐지 및 발사통제를 위한 레이더, C3I 시스템 등 3가지 주요장치로 구성되어 있다.

불화중수소 레이저(DF laser)는 유체 공급장치, 레이저 발생장치, 제어장치, 압력회복장치 등으로 구성되어 있으며, 조준 및 추적장치(pointer/tracker)는 표적추적을 위한 전자광학센서와 발생된 레이저광을 표적에 집속시키는 대구경 망원광학계인 광집속장치(beam expander)로 구성되어 있다. C3I 시스템은 표적 획득용 레이더 그리고 컴퓨터 장비와 지휘 및 발사 콘솔이 내장되어 있는 트레일러로 이루어져 있다.

THEL 체계의 사거리는 표적을 파괴시키는 하드킬의 경우 최소 1 km이고, 센서 손상의 소프트킬의 경우 10 km이다. THEL 체계는 한번 적재된 화학 물질로 약 60여 회 발사할 수 있으며, 발사속도는 분당 10회이다. 일단 표적이 탐지되면 레이저는 빛의 속도로 표적을 공격할 수 있다. 뿐만 아니라 거의 동시에 다른 표적을 발견하더라도 수 초 이내에 다시 발사할 수 있기 때문에 THEL은 신속한 대응능력을 보유하고 있다. THEL이 동시에 추적할 수 있는 표적개수는 최대 15개까지 가능하다. THEL 체계가 레이저를 한 번 발사하는 데 드는 비용은 약 3000달러로 매우 저렴하다.

2) 운용 개념

THEL체계 운용 개념은 비행시간이 약 30초 정도로 매우 짧은 로켓이나 포탄 그리고 헬기와 같은 소형 항공기, 무인기의 공격으로부터 중요한 지역을 방어하는 데 있다. 표적획득에서부터 파괴에 이르는 THEL의 운용개념을 그림 7.4.5와 같다.

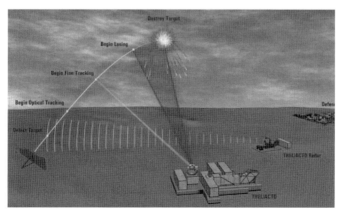

그림 7.4.5 THEL의 운용 개념

먼저 탐지레이더가 방어지역을 향해 발사된 로켓을 탐지하고 진행경로를 파악하면 이 표적정보는 지상에 위치한 C3I 시스템으로 전송된다. C3I 시스템이 표적을 식별하면 조준/추적장치는 적외선 센서를 이용하여 표적을 개략추적한다. 곧이어 표적을 향해 저출력의 고체레이저를 조명하여 정밀추적을 수행한다.

정밀추적에 의하여 로켓의 위치가 확인되면 지상의 기지로부터 강력한 레이저를 2~3초 동안 표적의 탄두 부분에 조사하여 로켓을 폭발시킨다. 표적탐지에서 레이저 발사 시작까지 소요되는 시간은 약 7초로 예상되기 때문에, 표적획득, 확인, 추적·조준 그리고 발사에 이르는 일련의 모든 과정은 10초 이내에 완료된다. 레이저 무기체계를 운용하는데 가장 커다란 장애 요인은 레이저광이 대기 속을 지나갈 때 일어나는 대기난류와 연기나 먼지 등에 의한 산란 및 흡수이다. 또 다른 중요한 요소는 대상표적의 치사 확률이다. 대상 표적에 따라 다른 치사확률을 가지며, 표적에 치명적인 타격을 가할 수 있는 조건을 찾아야 한다.

3) 개발 현황 및 발전 추세

(1) 개발 현황

미국과 이스라엘이 주도한 고에너지 레이저 무기체계의 개발 현황은 표 7.4.2에서 보여주고 있다.

미군은 THEL 체계를 이용하여 330 m/s의 속도로 발사된 한 발의 카츄사 로켓을 수 km 떨어진 위치에서 격추시켰다. 이 실험이 성공한 이후 몇 달 후에는 거의 동시에 발사된 30발의 카츄사 로켓 중에서 26발을 격추시킴으로써 레이저 무기의 신속한 대응능력이 확인되었다. 그 이후 THEL 체계는 450 m/s의 초음속으로 비행하고 있는 152 mm 포탄을 명중시킴으로써 소형 공중표적의 추적 및 요격능력이 입증되었다. 레이저 에너지에 의해 가열되어 표면이 파열된 포탄의 모습을 그림 7.4.6에서 볼 수 있다.

표 7.4.2 미국의 고에너지 무기개발 추진현황

연 도	내 용
1978년	미 해군은 400 kW급 DF 화학 레이저를 이용하여 TOW 대전차미사일 및 UH-1 헬기 격추
1985년	2.2 MW급 DF 화학 레이저 개발 및 지상 고정 로켓 연료탱크 파괴시험
1995년	MW급 DF 화학 레이저를 이용한 스커드미사일 연료 탱크 파괴시험(4초 소요)
1998년	미 육군의 400 kW급 DF 화학 레이저를 이용한 대공방어 무기체계인 THEL 개발
2000년	THEL 초도 생산품의 성능 확인 시험으로 지상표적 파괴 및 카츄사 로켓 격추에 성공
2002년	이동형 MTHEL 사업 착수
2002년	초음속으로 비행하는 포탄 요격 시험 성공

그림 7.4.6 레이저에 의해 요격된 포탄의 모습

표 7.4.3 각국의 전술 레이저 무기 개발현황

국 가	군	개발계획명	비고
미국	육군	Guardin	지상 고정 진지형, 400 kW급 DF레이저 사용, 4 km 이내 Missile 몸체, 10 km 이내 광전자 센서 파괴
		Stingray (AN/VLQ Series)	M3 Bradley 장갑전투차량 탑재
		Cobra Dazer	무게 9 kg 휴대용 M16 소총 형태, Alexandrite 레이저 사용, 표적 탐지·추적·파괴 사격시스템 구비, 사거리 8 km
		Saber 203	무게 1.5파운드 휴대용, 유효거리 300 m
	공군	The β th card	개조된 보잉기 탑재, 400 kW급 CO_2 레이저 사용, 10 km 고도에서 5기의 공대공 미사일 동시 격추 성공
		Crown Prince	전투 항공기 날개 및 장착, YAG 레이저 사용, 대공 탐지센서 및 대공초 시수 시력 손상용
	해군	STARLITE/MIRACL	함정 탑재, 2.2 MW급 DF레이저 사용, 저고도 공대함, 함대함 미사일 격추용
영국	해군	Laser Dazzle Sight	직사각형 rod-type 포형태, 삼각대 거치형 직접 조준식, 거리 5 km Nd:YAG 레이저 채택, 함정당 2대씩 배치 완료
독일	육군	HELEX	전차 몸체에 장착된 접철식, 1 MW급 화학 레이저 사용, 10 km 이내 비행체 몸체 및 20 km 이내 적외선 탐지기 파괴 목적
프랑스	국방부	대공 레이저 무기	40 kW급 출력, 2 km 초속 250 m 비행체 격추 성공
중국	육군	ZM-87	휴대용 33 kg, 유효거리 2~3 km
		전술방공 레이저 무기	대기중 레이저빔의 전파특성 분석 및 표적 타격효과 분석에 대한 기초 조사 완료

(계속)

국 가	군	개발계획명	비고
러시아	육군	대센서 레이저 무기	시력손상 레이저 무기로 전용이 가능한 레이저거리 측정기를 전 보병부대가 무장 완료
	공군	공중기동 레이저 무기	Ilyushin Il-76 항공기에 탑재하여 대공미사일 및 대공포에 대한 자체방어 능력 보유
	해군	Squeeze box	사거리 11~16 km의 MW급 DF 레이저 사용, Kirov급 핵추진 순항함에 장착 운용중

(2) 발전 추세

최기 THEL 체계는 매우 큰 고정형 무기체계로서 운용이 제한되었으나, 점차 소형화되어 이동형 체계로 발전되고 있다. 이동형 체계로 발전하기 위한 노력으로 불화중수소 화학 레이저의 크기를 축소하는 방법과 고체 레이저를 사용하는 방법을 추구하고 있다. 차량 탑재용 레이저 무기개발의 궁극적인 목표는 미래전투체계(FCS)용의 HMMWV 차량에 탑재될 수 있을 정도로 소형화시켜 C-130 수송기로 수송이 가능하도록 하는 것이다. 이때 출력은 하드킬 용도로서는 최소 출력인 100 kW 이상을 목표로 하고 있다. 이 경우에는 불화중수소 화학 레이저가 아닌 고체 레이저가 탑재된다. 그림 7.4.7에서는 THEL 무기체계가 고정형에서 이동형으로 발전되는 과정을 보여 주고 있으며, 그림 7.4.7(d)에서는 이동형 THEL의 운용 개념을 보여 주고 있다.

(a) 고정형 THEL

(b) 이동형 THEL

(c) 궤도형 차량 탑재 THEL

(d) MTHEL의 운용 개념

그림 7.4.7 THEL 무기체계의 운용 개념 및 발전 추세

7.4.3 대위성 지상설치 레이저 무기(ASAT GBL)

1) 체계 특성

그림 7.4.8과 같은 대위성 지상설치 레이저(ASAT GBL : Anti-Satellite Ground Based Laser) 무기는 저궤도와 중간궤도 그리고 정지궤도에 있는 군사용 정찰위성과 공격능력을 보유한 위성을 손상 및 파괴시키기 위한 용도로 개발되고 있다. 기본 구성은 레이저 발생장치, 표적추적장치, 광집속장치 등으로 구성되어 있다. ASAT GBL은 대기에 의한 흡수 영향 때문에 무엇보다도 레이저 파장 선택이 중요하다. 또한 구름이 가장 적게 분포되어 있는 위치 선택도 중요한데, 그 이유는 구름으로 인해 체계의 성능이 제대로 발휘되지 못하는 시간을 최소한으로 줄여야 하기 때문이다.

표적이 저지구궤도 위성(고도 1000 km까지)인 경우 대위성 지상레이저 체계의 사정거리는 통상적으로 2000 km 정도가 되어야 한다. 레이저 에너지의 체계 및 대기 손실을 감안한다면, 대위성 지상레이저 체계에는 수 MW의 출력을 갖는 레이저가 요구된다. 또한 광집속장치에는 대기 중의 난류손실을 50% 이하로 유지시키는 고성능의 대기난류 보상장치가 설치되어야만 한다. 현재 대위성 지상레이저 체계는 저지구궤도에 있는 위성만을 요격시킬 수 있도록 개발되는데, 중궤도 위성이나 정지궤도 위성을 무력화시키기 위해선 우주에 배치될 예정인 중계거울을 사용해야 한다.

2) 운용 개념

대위성 지상레이저 체계는 최소한 3개의 레이저, 광집속장치, 2개의 망원경 및 레이더를 사용한다. 먼저 표적탐지 및 추적을 위해서 레이저광을 표적에 조사하면, 광집속장치(3.5 m의 망원경)는 표적에서 반사되어 돌아오는 조사 레이저광을 탐지한다. 다음으로 대기보상용 나

그림 7.4.8 대위성 지상레이저 운용 개념

그림 7.4.9 SOR 시설(왼쪽 : 1.5 m 망원경, 오른쪽 : 3.5 m 망원경의 광집속장치)

트륨 레이저가 표적까지의 레이저 진행경로에 대한 대기조건을 파악하는 데 사용된다. 마지막으로 COIL 레이저가 표적을 파괴시키는 데 사용된다. 이 레이저광 역시 광집속장치를 통해 발사된다. 그림 7.4.9는 지상에 설치된 대위성 레이저장치를 보여 주고 있다.

3) 개발 현황 및 발전 추세

대위성 지상레이저 체계 적용성이 가장 높은 레이저는 COIL이다. COIL은 빔 품질이 우수하고, MW급 출력을 만들어 낼 수 있으며, 작동시간을 100초 이상 유지할 수 있다. COIL 기술 개발은 개선된 체계효율과 비용 및 중량감소에 초점을 맞추고 있다. 자유전자 레이저(FEL : Free Electron Laser)도 대위성 지상레이저용으로 검토되고 있다. 자유전자 레이저는 고출력과 긴 작동시간의 가능성 때문에 지상용 레이저 무기에 매우 적합하다. 대위성 지상레이저 무기에 가장 핵심적인 요소는 조준, 추적 그리고 대기 보상기능을 상호연동시키는 빔 제어기술이다.

7.4.4 항공기 탑재 레이저 무기(ABL)

항공기 탑재 레이저 무기는 ABL(AirBorne Laser), ATL(Advanced Tactical Laser) 그리고 전투기 HEL(High Energy Laser) 등 3가지 형태로 개발되고 있다. ABL은 그림 7.4.10과 같이 대형 항공기에 MW급 출력의 레이저를 탑재하여 장거리에서 부스트 단계의 유도탄을 요격시키기 위한 목적으로 제작되고 있다. ATL은 출력이 약 75 kW 정도인 모듈 레이저로서 수송기에 설치되어 지상차량 공격이나 통신선 두절 등의 비살상 개념의 무기이다. 전술 HEL 전투기는 유도탄의 광학센서, 항공기의 연료탱크 등의 취약한 부분을 레이저로 공격하여 표적을 무력화시킨다. 이들 항공기 탑재 레이저 무기의 종류 및 특성을 정리하면 표 7.4.4와 같다.

(a) 항공기 탑재 레이저 운용 개념

(b) 보잉사 에어본 레이저

그림 7.4.10 항공기 탑재 레이저

표 7.4.4 항공기 탑재 레이저 무기의 종류 및 특성

레이저 무기	레이저 형태	현재 출력 (목표출력)	탑재기	주요 대상표적	사거리
ABL	COIL 레이저	1 MW(3 MW)	대형 항공기	유도탄	500~700 km
ATL	SE-COIL 레이저	20 kW(75 kW)	수송기	지상차량, 통신장치	최대 16 km
전술 HEL 전투기	고체 레이저	10 kW(100 kW)	전투기, 폭격기	유도탄, 항공기	10 km 이상

7.4.5 지상배치 레이저 무기체계 주요 구성 기술

고에너지 레이저 무기는 여러 가지 레이저와 전자광학 관련 첨단기술들이 정밀하게 통합되어야 하는 고난도의 첨단복합기술이다. 현재 미국에서 추진되고 있는 THEL, ASAT GBL, ABL 등 운용개념에 따른 고에너지 레이저 무기체계별 시스템 구성은 다소 차이가 있지만, 기본적으로 그림 7.4.11과 같으며, 구성요소에서 가장 핵심적인 부품은 레이저 발사장치와 표적탐색 및 추적장치이다. 레이저 발사장치는 크게 레이저광을 발생시키는 레이저 발진기, 레이저광을 전송하는 광전송장치 및 표적에 효율적으로 집속시켜 주는 광집속장치로 구성된다. 표적탐색 및 추적장치는 표적을 탐지하고, 표적 표면상의 한 지점과 조준점을 일치시켜 레이저광이 그 지점에 지속적으로 집속될 수 있도록 이동 표적을 고정밀 추적하는 역할을한다.

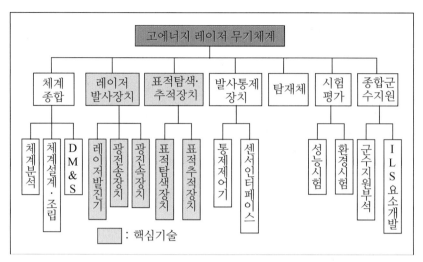

그림 7.4.11 고에너지 레이저 무기체계 기술/부품 분류 구조

1) 고에너지 레이저 발생장치 관련 기술

고에너지 레이저 무기체계에서 가장 중요한 부품인 레이저 발사장치는 레이저광을 발생시키는 레이저 발진기, 집속효율 증대를 위해 레이저광의 파면을 수정하여 집속장치로 레이저광을 전송해 주는 광전송장치, 표적 상의 한 점에 레이저광을 집속시켜 주는 광집속장치로 구성되어 있다. 레이저 발사장치의 성능이 레이저 무기체계의 성능을 결정한다.

고출력의 레이저광을 발생시키는 레이저 발진기는 일반적으로 광의 유도 방출을 일으키는 활성매질 발생장치와 증폭기 역할을 하는 공진기로 구성된다.

(1) 레이저 발생장치

고에너지 레이저의 활성매질로는 ① CO_2 기체, ② 광전자 총에서 방출된 자유전자, ③ 화학반응에 의하여 얻어진 불화중수소(DF : Deuterium Fluoride) 또는 불화수소(HF : Hydrogen Fluoride) 및 요오드(Iodine) 기체 등이 사용되고 있으며, 활성매질에 따라 CO_2 레이저, 자유전자 레이저라 하며, 활성매질이 화학반응에 발생되는 경우를 고려하여 매질 이름(불화중수소, 불화수소, 산소-요오드) 다음에 '화학 레이저'라는 이름을 붙여 부른다.

① 화학 레이저

화학 레이저는 현재 기술적인 측면에서 무기 응용성이 입증된 고에너지 레이저이다. 화학 레이저는 발진기 내부에서 화학물질을 반응시켜 발생된 열에너지를 레이저광 에너지로 변환시켜 준다. 즉, 화학적 반응으로 발생된 원자나 분자가 화학반응 시 발생된 열에너지를 흡수하여 에너지가 높은 상태로 올라간 후, 에너지가 낮은 바닥 상태로 떨어지면서 유도 방출된 빛이 공진기 거울에 의해 증폭되면서 레이저광이 방출된다. 화학 레이저는 수십 종이 있지만,

군사적 응용에 쓰이는 레이저는 불화수소, 불화중수소, 요오드(Chemical Oxygeniodine Laser) 등 3종에 불과하다.

② 고체 레이저

고체 레이저의 장점은 화학 레이저에 비해 과도한 군수적 문제와 화학물질의 위험성을 동시에 해결할 수 있다는 점이다. 특히 고체 레이저는 화학적 반응이 아닌 전기를 이용하여 레이저광을 발생시키기 때문에 육군 전술차량의 디젤연료로서 레이저 발생장치를 작동시킬 수 있다.

고체 레이저 무기에서 해결할 문제점은 첫 번째, 증폭기 디스크용 다이오드 부품의 결정을 대형으로 성장시키는 기술이고, 두 번째, 고출력의 다이오드 배열로 발생되는 비용을 절감할 수 있는 제작기술개발이며, 세 번째, 장거리 에너지 전달에 적합한 우수한 특성의 레이저빔 품질로 보정하는 기술이고, 레이저장치에서 발생되는 폐기열의 냉각처리 기법이 개발되어야 한다.

③ 자유전자 레이저

자유전자 레이저(free electron laser)는 전자 가속기에서 광속에 가까운 속도로 가속된 자유전자들이 주기적으로 배열되어 있는 전자석 구조인 위글러 또는 교번자장기를 통과할 때 전자들의 가속도 운동에 의하여 레이저광이 발생된다. 자기장을 변화시키면 레이저광의 파장과 주기를 바꿀 수 있다. 교번자장기 속에는 주기적으로 극성의 방향이 교차되는 자기장이 형성되어 있으므로 전자들은 진행방향과 수직한 방향으로 진동운동을 하게 된다. 진동운동을 하고 있는 전자에 의하여 유도 방출된 빛이 공진기에 의하여 증폭되어 레이저광이 된다. 원리상으로 자유전자 레이저는 냉각수와 전기에너지만으로 MW 범위의 레이저광을 만들 수 있다.

초기의 자유전자 레이저는 고가의 전자총을 사용하여 레이저광을 만들었으나 현재에는 전자총 대신에 광입사장치를 사용하고 있다. 크기면에서 전자총은 트럭 크기 정도인데 비해 광주입기는 매우 소형인 상자 크기 정도이며, 광주입기를 사용한 자유전자 레이저빔의 밝기는 전자총보다도 100배 이상 밝다. 하지만 자유전자 레이저는 아직까지 고정상태의 대형 내부장치로 사용해야 하는 문제점이 있다. 이를 해결하기 위한 다른 방법으로 매우 효과적인 초전도 자유전자 레이저를 개발하기 위한 연구가 수행되고 있다. 자유전자 레이저의 기술적 문제는 고체 레이저나 자유전자 레이저보다도 난이도가 높은 것으로 알려졌지만, 최근에 초전도 무선주파수 가속기의 급속한 발전으로 현재 자유전자 레이저는 이전 크기보다 많이 소형화되었고, 견고하고, 충분히 작은 형태에서 kW급의 출력을 나타낼 수 있는 것으로 알려져 있다. 그러나 자유전자 레이저는 전술용의 기동형 크기로 축소하는 데에는 한계가 있다. 하지만 전기 구동식이며, 출력이 MW급 수준으로 가능하기 때문에 함정이나 지상용과 같은 대형 플랫폼에 적합하게 활용될 수 있다.

④ 레이저 발생장치에 따른 군사적 응용

각각의 레이저가 군사적으로 응용되는 분야는 표 7.4.5와 같다.

(2) 광전송장치 관련 기술

광전송장치는 레이저 발진기에서 방출되는 레이저광의 파면수차를 적응광학장치를 이용하여 균일하게 보정시킨 후 대구경 망원경인 광집속장치로 전송하는 역할을 한다. 이 기능 외에도 광제어가 대부분 광전송장치에서 수행된다. 레이저의 출력 및 에너지가 높기 때문에 반사율이 매우 높고, 흡수율이 극소인 반사경 코팅 및 제작기술이 필요하다.

또한 표적까지의 거리가 매우 큰 경우에는 레이저광의 대기전파 시 대기난류에 의한 레이저광 파면 왜곡을 보상해 주어야 한다. 따라서 대기 요동 상태를 실시간으로 측정하고, 이를 보상해 주기 위해 비콘 레이저와 고속의 적응광학장치가 사용된다.

표 7.4.5 레이저의 군사적 응용

구 분	특 징	종 류	군사적 응용	작동방식
기체 레이저	열손상이 없어 기체 레이저의 작동은 안정적 출력: mW ~ MW 파장: 자외선 ~ 적외선	He-Ne 레이저	소형 제작가능 링레이저 자이로스코프에 사용	CW 방식*
		Ar 레이저	섬광 실명/안구손상용 등 저에너지 레이저에 사용 예정	CW 방식
		Kr 레이저		CW 방식
		화학 레이저	매우 큰 에너지 생산 가능하여 고에너지 레이저 무기에 사용	펄스방식 또는 CW 방식
		CO_2 레이저	고효율 고출력으로 고에너지 레이저 무기의 후보 레이저	펄스방식 또는 CW 방식
액체 레이저	색소 레이저라고 불림. 색소의 방출 파장에 따라 400 ~ 100 nm까지 발진 가능 군사적 응용: 가시영역의 어떤 조건에서 대안 레이저로서 유용한지 검토 중			
고체 레이저	최초로 발진된 레이저 출력: 일반출력 ~ 고출력 파장: 0.3 ~ 3 mm	Alexandrite 레이저	연속적인 파장 가변이 가능한 진동 레이저로서 저에너지 대안 레이저로 연구 중	펄스방식 또는 CW 방식
		Ti-Sapphire 레이저		
		Neodymium 레이저	소형/휴대 용이하여 거리측정기 및 표적지시기에 사용	펄스방식 또는 CW 방식
반도체 레이저	고효율이고 고속변조가 가능하며 초소형임. 매우 긴 수명(수십년) 파장: 가시광선 ~ 원적외선 군사적 응용: 유도무기체계, 군사통신, 저출력 대인무기			
자유전자 레이저	고효율 고출력이며 자기장을 조정하여 넓은 범위에서 가변적 파장을 만들 수 있음 군사적 응용: 레이저빔 무기로서 탄도 미사일 방위에 응용될 것으로 판단			

* CW : Continuous Wave

레이저 발진기로부터 방출되는 광의 파면은 여러 가지 영향으로 인해 광의 파면이 불규칙하게 되어 전파방향이 약간씩 틀어지는 수차가 발생된다. 그 결과 광학계를 이용하여 먼 거리에 표적상의 한 점에 레이저광을 효과적으로 집속할 수 없어 효율적인 파괴효과를 얻을 수 없다. 이처럼 광이 표적에 제대로 집속되지 못하도록 방해하는 여러 가지 요인들을 보상하는 장치가 광전송장치이다.

전송장치는 적응광학장치, 회절격자, 정렬센서, 반사거울 등 다양한 광학부품들로 구성되어 있다. 광전송장치에 사용되는 광학부품의 표면은 매우 높은 평면성이 필요할 뿐만 아니라 고에너지에 견딜 수 있도록 극히 높은 반사율을 가져야 하며, 이 경우 별도의 냉각장치가 요구될 수도 있다. 현재에는 흡수가 거의 없고 반사율이 매우 높은 코팅기술이 개발되어 별도의 냉각장치를 사용하지 않는다. 광전송장치의 핵심적인 소자인 적응 광학장치의 기본적인 원리는 파면 왜곡을 보상하기 위하여 사용하는 형상가변 거울이다. 형상가변 거울은 수 mm 크기의 작은 거울이 수백 개로 구성되어 있으며, 각각의 거울 뒤에 소형 구동장치가 있다. 파면센서의 위상정보가 제어컴퓨터에 입력되면 컴퓨터는 이 정보를 실시간으로 처리하여 각 구동기로 하여금 거울의 각 위치를 미세한 정도까지 변화시키도록 제어함으로써 대기 왜곡을 보상시킨다. 따라서 광집속장치에서 표적을 향해 방출될 때에는 우수한 빔 품질 상태에서 발사된다.

광전송장치가 레이저 발진기에서 발생된 레이저광의 위상을 정밀하게 보정하더라도, ABL처럼 레이저가 장거리를 진행할 때 대기에 따른 흡수 및 산란에 의해 광이 왜곡되는 현상이 필수적으로 일어난다. 사거리가 긴 레이저 무기는 대기난류에 의한 위상 요동 보상과 열 번짐 현상에 따른 광발산 보정용 적응광학장치가 필수적이다. 열 번짐은 대기 중에서 고에너지 레이저가 진행할 때 공기가 가열되면서 밀도 변화에 따라 레이저 에너지가 퍼지는 현상이다. 따라서 레이저광의 표적 파괴 효과를 극대화시키기 위해선 공기밀도, 바람, 가열된 공기 등을 비롯한 다른 모든 대기 변수 요인들을 분석해야 한다. 특히 불균일한 공기밀도에 의해 발생되는 대기난류는 대기 중에서 레이저빔을 왜곡시켜 표적에 효과적으로 집속시키지 못하고 분산시키는 역할을 한다. 이러한 왜곡 정도는 비콘 광을 사용하여 대기상태를 파악하여 형상가변 거울을 조절하여 보상한다. 보통 비콘광의 샘플링을 빨리하면 할수록 우수한 보상 효과를 얻을 수 있다. 분석에 따르면 0.002초마다 1개의 펄스를 보내는 방법이 적절한 것으로 알려져 있다.

(3) 광집속장치 관련 기술

그림 7.4.12에서 보는 바와 같이 광집속장치는 대구경 반사망원경과 표적 조준선 안정을 유지시켜 주는 구동장치로 이루어져 있다. 원거리에 있는 표적을 공격하기 위해선 표적상의 레이저광의 집속 크기를 작게 해야 하기 때문에, 구경이 큰 대구경 망원경을 사용한다. 집속장치의 망원경은 일반적으로 구경이 큰 제1거울과 소구경인 제2거울로 구성되어 있다. 광집속장치는 안정화장치 위에 설치되어 있어 레이저광이 흔들리지 않고 표적상의 한 점에 집속되도록 해 준다. 광집속장치에는 추적기와 광집속장치 사이의 간격에 의해서 발생되는 조준편차를 제거하는 포구조준 변환장치(bore-sight transfer system)가 달려 있다. 이 장치를 이용

그림 7.4.12 전술레이저(THEL)의 광집속장치

하여 표적상의 추적장치 조준점과 레이저광의 조사위치를 일치시켜 준다.

전술레이저(THEL) 무기의 표적에서 광집속 크기는 보통 농구공 크기 이하여야 하는 것으로 알려져 있으며, 이러한 정도를 이루기 위한 제1거울의 크기는 지름은 70 cm 정도이며, 사거리가 수백 km인 항공레이저 무기의 거울은 1.2 m 정도이다.

THEL의 광집속장치는 광학장치의 광축을 정렬시키는 빔 정렬장치, 레이저광을 빔 정렬장치로부터 망원경에 전달하는 연결 광학장치, 광을 확대시킨 후 표적에 집속시키는 망원경, 망원경에서 나온 레이저광이 표적에 조준되도록 망원경을 움직이게 하는 구동장치로 구성되어 있다. 빔 정렬장치에서 광축의 오차가 실시간으로 보정된 레이저빔은 연결광학장치를 거쳐 망원경으로 전달되며, 망원경은 광을 확대시켜 표적에 집속하는 장치로 천체 망원경 구조와 같다. 연결 광학장치에 입사된 광은 중계 거울을 통해 제2거울로 전송되고, 소구경인 2차 거울은 광을 반사시켜 대구경인 제1거울로 보내며, 이 거울은 표적에 광을 집속시켜 주는 역할을 한다. 광집속장치 기술은 오래 전부터 천문학 분야에 많이 활용되어 왔고, 관련 광학 기반 기술은 이미 민수분야에서 거의 확보되어 있으므로 큰 문제가 되지 않는다.

2) 표적탐색 및 추적장치 관련 기술

고에너지 레이저 무기가 비행 중인 표적을 정확하게 요격시키기 위해선 먼저 표적을 탐지하고 추적할 수 있는 탐색 및 추적장치가 필수이다. 탐지는 표적으로부터 나오는 적외선 또는 자외선 등의 감지와 레이더의 탐지결과를 이용할 수 있다. 사거리가 짧은 전술레이저는 레이더가 유도탄을 탐지하면 추적장치에 위치정보를 제공하고, 전자광학 추적장치는 각종 센서를 이용하여 표적을 추적하고, 저에너지 레이저를 조사하여 표적영상을 얻으며, 이를 이용하여 정밀추적을 실시한 후, 고에너지 레이저광을 발사하여 표적을 파괴한다. 사거리가 긴 레이저 무기는 조기경보기 등과 같은 감시장비에 의하여 유도탄 발사 및 위치가 탐지되면, 탐색장치에 의해 정확한 위치가 탐지되고 표적의 정밀추적이 시작된다. 표적 추적장치는 고속으로 움직이는 표적 표면의 특정 위치에 레이저광을 일정시간 동안 조사할 수 있도록 움직이는 표적을 따라 조준점을 유지시켜 주는 기능이 필요하다.

(1) 표적탐색장치

지상용 고에너지 레이저 무기인 THEL 체계는 사거리가 짧기 때문에 사격통제 레이더를 사용하여 공중 표적을 충분히 탐지할 수 있다. 그러나 현대 정밀타격 무기체계는 은밀성이 고도로 향상되고 있어 레이더만으로는 다양한 종류의 유도탄을 탐지하기 어렵다. 따라서 장거리 유도탄 요격용 레이저 무기는 적외선 탐색 및 추적장치를 사용하고 있다. 오늘날 대함 유도탄에서 전구 유도탄에 이르기까지 표적탐지장치로 사용되고 있는 장비가 적외선 탐색 및 추적장치이다. 하지만 이 장치는 중량이 크고 제작비용이 고가이며, 오경보율이 과다한 점 등의 문제가 있어 경량화·고성능화로 발전하는 추세에 있다. 오경보율은 검출기 및 신호처리 기술이 크게 향상되고 있기 때문에 개선될 전망이다.

(2) 표적추적장치

레이저 타격무기에 적용되는 추적기술이 기존 추적기술과 다른 점은, 첫째, 소형의 고속 기동표적에 대하여 높은 명중률을 확보하기 위해선 추적오차를 크게 감소시키는 추적기법이 필요하다는 점이고, 둘째는 표적의 획득과 레이저 조준을 위한 사격통제시스템이 필요하다는 점이다. 특히 추적 중인 표적의 특정 부분, 즉 취약한 위치를 일정시간 이상 계속 조사해야 하기 때문에 타격점 선정과 광학계통의 제어에 의한 정밀 조준기법이 필요하다. 이를 위해 추적장치는 기존의 영상센서에 의한 표적획득에 이어 시계 내에서의 수십 마이크로라디안 전후의 오차를 갖는 개략적 추적을 수행하고, 계속하여 적응광학계와 조향거울을 이용한 정밀추적을 수행한다. 특정 타격점을 조준하기 위하여 추적오차는 표적에 조사되는 빔 크기의 15% 이내여야 하므로, 대략 수 마이크로라디안의 오차 범위에 있어야 한다. 표적 파괴를 위해 적절한 타격점 선정을 위하여 정밀추적 뿐만 아니라 타격점이 명확하게 관측되어야 하므로 고해상도의 표적 영상 확보가 필수적으로 요구된다.

이러한 레이저 무기의 개발은 군의 능력만으로 달성하기는 곤란하며, 레이저 발생장치와 집속장치 등은 민간의 기술을 적극 활용해야 한다. 하지만 탐지 및 추적 기술은 군의 주도로 개발해야 할 부분이다. 따라서 군은 군이 필요로 하지만 민간은 관심없는 분야를 군의 핵심기술로 지정하여 적극적으로 개발해야 한다.

7.5 　비살상 무기체계

탈냉전 시대가 도래하며 냉전시대 동안 강대국들이 생산에 집중했던 대량 살상무기들은 더 이상 현대의 소규모 지역분쟁 혹은 제3세계 국가들의 지원작전과 같은 새로운 전쟁 양상에서 큰 효과를 보기 힘들게 되었다. 대량살상의 기존 무기체계를 사용할 경우 적의 무력화를 넘어서는 필요 이상의 막대한 군사적 비용을 지출하게 되고, 치명적인 무기에 의해 발생하는 부수적인 피해 복구나 민간인 사망에 대한 보상 등의 요소가 발생할 수 있기 때문에, 대량살상 및 파괴를 회피하면서도 효과적으로 전장을 통제할 수 있는 소프트킬(soft kill) 수단이 요구되었다. 이에 따라 최소한의 인명살상 및 장비손상을 최소화하며 적의 전투력을 효과적으로 무력화할 수 있는 무기체계 개발이 시작되었으며, 이와 같은 무기체계들을 비살상 무기(NLW : Non-Lethal Weapon)로 구분한다.

7.5.1 고섬광 발생탄

1) 체계 특성

고섬광 발생탄은 각종 탄에 고섬광 발생장치를 장착하여 운용한다. 여기서 발생하는 강력한 고섬광으로 적의 각종 광학장비의 광학센서 및 적군의 시력을 파괴, 마비시키는 비살상 탄두로서, 미래 전장에서 폭넓게 사용될 것으로 예상되는 최첨단 무기체계이다. 정보전자전 및 정밀타격전으로 대표되는 미래 전장환경의 요체인 각종 첨단 광학장비 및 전투원 시력은 광학센서 및 망막에 가해지는 고섬광에 의해 파괴되거나 일시적으로 마비될 수 있기 때문에, 이것을 이용한 무기체계의 개발이 필요하고, 이에 대한 대응책도 동시에 연구 검토되어야 한다.

고섬광 발생탄은 각종 유도탄과 투하폭탄은 물론 직사/곡사화기 및 다연장 로켓체계 등에 광범위하게 적용될 수 있으며, 미래전에서 각종 광학장비가 더욱 폭넓게 사용될 것이므로 그 전술적 효용성은 매우 클 것으로 기대된다. 이러한 고섬광 발생탄은 저에너지 레이저 무기, 고출력 마이크로파(HPM : High-Power Microwave) 무기 및 전자기 펄스(EMP : Electro-Magnetic Pulse) 무기와 함께 비살상 무기체계 중에서 대센서형 무기로 분류되고 있다. 고섬광 발생형태에 따라 전방향성 방사기와 지향성 방사기로 구분할 수 있는데, 전술적인 운용효율 측면에서 지향성 방사기가 더 유용할 것으로 판단된다.

고섬광 발생탄의 수류탄 형태는 그림 7.5.1과 같고 지금까지 알려진 운용 사례는 1976년 이스라엘이 엔테베 인질구출 작전 시 사용한 Stun 수류탄이 있고, 플라즈마 개념을 이용한 고섬광 발생탄은 구 소련군이 아프가니스탄 침공 시 사용했다는 보고가 있다.

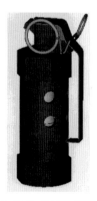

그림 7.5.1 고섬광 발생탄

2) 운용 개념

고섬광 발생탄은 비살상 지능탄두의 일종으로 박격포, 화포, 다련장로켓, 정밀유도 타격 무기체계 등 기존 무기체계의 탄두만을 교체하여 운용이 가능하며, 고섬광 발생탄을 투발하여 적 밀집지역 및 중요시설의 시력 및 광학센서를 파괴 또는 마비시킬 수 있다. 대공 요격 유도탄에 장착하면 접근하는 유도탄 및 항공기의 광학 탐색기를 파괴 또는 마비시켜 유도탄 및 항공기를 무력화시킬 수도 있다. 동일한 무기체계를 사용함에 따라 군수지원 소요를 최소화할 수 있으므로 비살상무기로 광범위하게 운용될 것으로 예상된다.

3) 선진국 개발 현황 및 발전 추세

(1) 개발 현황

충격파에 의해 충격된 기체가 순간적으로 다량 이온화되어 플라즈마 상태가 되고 전자가 양이온들과 충돌하여 산란 및 재결합하면서 연속 스펙트럼의 빛을 내는 현상에 대한 연구는, 1950년대 중반 이후 소련과 미국의 물리학자들에 의해 광범위하게 연구되었다. 이 현상은 후에 아르곤 가스를 매개체로 하여 폭발현상과 같이 순간적으로 진행되는 과정들을 이용하여 고속카메라의 강력한 광원으로 응용되기도 하였다. 1980년대에 들어서는 Los Alamos 국립연구소에서 고섬광 발생 현상을 꾸준히 연구해 왔던 것으로 보이고, 이에 대한 연구논문들도 꾸준히 발표되었다. 실험실 규모의 고섬광 발생장치는 각종 문헌에 공개되어 있으며, 고섬광 발생탄과 관련하여 시제품 수준의 제품도 이미 개발된 것으로 보인다. 또한 구소련은 아프가니스탄 침공 때 이미 운용한 것으로 알려져 있다. 인간의 시력에 영구적인 손상을 줄 수 있다는 면에서 인간에게 과도한 고통을 줄 수 있는 무기의 사용을 금지하는 St. Petersburg 협약을 위반할 가능성 때문에, 개발을 공식적으로 인정한 국가는 아직 없는 실정이다.

(2) 발전 추세

고섬광 발생탄은 미 육군의 무기관련 연구소 등에서 추진되고 있는 비살상 무기체계 개발의 일환으로 연구되고 있다. 고섬광 발생탄은 고폭 화약의 폭발에 의해 불활성 기체가 플라즈마 상태로 변환될 때 발생되는 고섬광이, 모든 방향으로 방사되는 등방성 방사기(Isotropic Radiator)와 특정한 방향으로만 방사되는 지향성 방사기(Directional Radiator)로 대별된다. 등방성 라디에이터는 대지 유도탄이나 대구경 로켓체계와 같은 대형 운용체계에 적합하며, 지향성 라디에이터는 중·대구경의 직·곡사 화기, 대공 방어체계와 같은 소형 운용 체계에 적합한 것으로 분석된다. 현재 40 mm 포 발사용이 소개되고 있으며, 중·대구경 포탄이 개발되고 있고, 대전차 유도탄, 정밀타격 유도탄 및 대공 유도탄에 적용될 것으로 분석되고 있다.

또한 미국의 Los Alamos 연구소는 목표물 전방에 고온, 고밀도의 플라즈마 발생과 함께 펄스 레이저 및 폭풍파 등을 발생하여 차량, 각종 센서, 병사 그리고 접근하는 유도탄 등을 무력화시키는 복합 고섬광 발생탄을 연구하고 있다.

(3) 고섬광 발생탄 주요 구성 기술

고섬광 발생탄의 작동원리는 그림 7.5.2에서 보는 바와 같이 기폭관에 의해 고폭 화약이 폭발하면, 폭발로 인한 충격파로 내부 구조물이 순간적으로 압축되며, 내부에 충진된 비활성 기체가 순간적으로 가열되어 고온, 고밀도 상태의 플라즈마가 발생하고, 고밀도 전자의 운동에 의해 고섬광이 발생한다.

발생된 고섬광은 인간의 망막이나 센서에 작용하여 광학센서 및 시력을 파괴시키거나 마비시킨다. 고섬광 발생장치에서 내부에 충진된 불활성 기체는 네온(Ne), 아르곤(Ar), 크립톤(Kr), 크세논(Xe) 등이며, 고온, 고밀도의 플라즈마로 인한 섬광은 수 천만 촉광 이상이다.

주요 기술인 고섬광 발생기술은 에너지 물질의 화학반응을 이용하여 발생된 섬광에 의해 좁은 공간에서 전술목적을 달성하는 것으로서, 섬광의 세기는 수만 내지 수백만 촉광 정도이다. 발생된 고섬광은 눈의 각막, 결막 및 수정체 등에 피해를 주는 자외선, 망막에 유해성이 높은 청광을 포함한 가시광선, 적외선 등이 혼합되어 있다. 고섬광 발생장치의 출력과 유도장치의 정밀도가 효과에 많은 영향을 미치므로, 고출력 섬광을 긴 시간 동안 얻을 수 있는 설계기술이 우선적으로 개발되어야 한다.

7.5.2 탄소섬유탄

1) 체계 특성

탄소섬유탄은 전도성의 탄소섬유를 살포하여 전력시설 및 장비들에서 전기적 누락 누전 및 방전 등을 일으켜 전력시설을 마비 또는 파괴시키고, 연이어 적의 전투력을 저하시키는 비살상탄두이다.

탄소섬유탄은 그림 7.5.3과 같이 탄소섬유가 충전된 자탄과 이들 자탄이 수백 개 정도 내장되는 분산탄두 그리고 관련된 신관 및 폭발 계열 등으로 구성된다. 탄소섬유탄은 대량 살포되는 가늘고 긴 탄소섬유 줄로 전력 공급체계를 마비, 파괴하는 전기시설 파괴용과 대량 분무된 미세한 탄소섬유 분말로, 전기전자장비를 마비/파괴시키는 전자장비파괴용으로 분류할 수 있다.

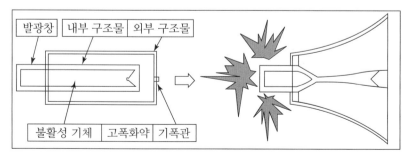

그림 7.5.2 고섬광 발생장치 개념도

그림 7.5.3 탄소섬유탄의 개략도

2) 운용 개념

탄소섬유탄은 그림 7.5.4에서 보듯이 정밀투하탄, 대구경 로켓, 정밀타격 유도 무기체계 등에 탄소섬유가 충전된 자탄을 수백 개 내장한 후 적의 발전소, 송·배전소, 전기전자장비 등에 살포하여 이들 목표물들을 마비 또는 파괴시킨다. 투하탄인 경우 목표지역 상공에서 항공기로부터 투하되면 모탄에서 약 100 내지 200여 개의 탄산음료 캔 크기의 자탄이 분산되고, 자탄의 낙하산이 산개하면서 낙하속도 및 균형을 조절한다. 지상으로부터 일정한 높이에 도달하면 자탄 내부에 충진된 탄소섬유를 방출하고, 탄소섬유의 실타래가 풀리면서 거미줄 형태로 낙하하며, 전기 관련 시설에 부착하여 단전 및 연쇄적 피해를 유발한다.

이는 전쟁 수행에 필수적인 전기시설과 정보/통신시스템의 마비와 혼란을 야기해서 인명피해는 최소화하나 기간시설 및 산업의 마비로 적의 전투력을 크게 약화시키므로, 도시지역의 군사작전에 매우 효과적이다. 탄소섬유는 전기전도성, 열전도성, 유연성, 내식성 및 강도등 물리적 특성이 매우 우수한 1000℃ 이상에서 탄화된 아크릴계 섬유이며, 특히 전도체로서 부착력이 뛰어나다.

공중에서 미사일체 해체

자탄

자탄 낙하 /
공중 폭발

흑연체
분출

흑연체 분출 /
전력시설 파괴

그림 7.5.4 탄소섬유탄 운용 개념

3) 선진국 개발 현황 및 발전 추세

(1) 개발 현황

탄소섬유탄은 미국에서 개발하여 걸프전 및 유고전에서 사용하였다. 제2차 세계대전 때 적의 레이더를 마비시키기 위해 알루미늄 채프를 사용했다는 기록이 있다. 지대공 유도탄 레이더를 무력화시키기 위해 투하된 채프탄에서 작은 금속편들이 바람에 날려 인근 발전소로 날아가, 도시 주변의 6만 가구에 전기공급을 불가능하게 한 사건으로부터 탄소섬유탄의 개발이 시작되었다(그림 7.5.5).

걸프전에서 미 해군은 탄소섬유가 내장된 Tomahawk 유도탄을 사용하여 바그다드 시내 지역의 전기, 통신 및 발전시설의 약 85%를 무력화시켰으며, 유고전에서는 탄소섬유 폭탄을 투하하여 유고 영토의 70% 지역에 전기시설의 마비를 초래하였다고 알려져 있다. 또한 살포된 분말형 탄소섬유는 전자장비 내부로 침투해 전자회로에 융착해서 그곳에 전기적 단락 및 방전을 야기할 수 있다. 그림 7.5.6은 송배전시설에 탄소섬유가 걸쳐 있는 모습을 보여주고 있다.

그림 7.5.5 탄소섬유 자탄(미국, BLU-114/B)의 모습(유고전 사용)

그림 7.5.6 송전선에 작용하는 탄소섬유

(2) 발전 추세

가장 핵심인 탄소섬유는 Wire/Fiber 형태의 지름이 수백 분의 1 mm인 형태에서 미립자형태로 그리고 비지속성이 있는 선택적인 작용을 하는 재료로 발전될 것이다. 그 대상목표물은 발전소 송배전체계가 주된 것이었으나, 체계성능이 향상됨에 따라 그 대상목표물이 다양해질 것으로 판단된다. 운용체계면에서 보면 현재 탄소섬유탄은 정밀 투하폭탄이나 대지유도 무기체계로 운용체계가 한정되어 있으나, 점차 대구경 로켓체계 또는 장거리 정밀타격체계 등으로 다양한 무기체계에 확대 적용될 것으로 판단된다.

4) 탄소섬유탄 주요 구성 기술

탄소섬유탄의 가장 중요한 기술은 탄소섬유이며, 탄소섬유는 레이온, 폴리아크릴로니트릴(PAN), 피치(pitch) 등 세 종류의 원재료로부터 제조될 수 있다.

레이온계 탄소섬유는 다른 탄소섬유보다 기계적 물성과 탄화수율이 떨어지며, 고성능 탄소섬유로서의 물성을 갖추기 위해서는 탄화 후 2500℃ 이상에서 인장력을 가하면서 흑연화 공정을 수행해야 하므로 이에 따른 비용도 많이 요구된다. 또한 레이온계 탄소섬유는 제조 시 발생하는 유해성과 환경문제의 심각성 때문에 현재 생산과 사용은 감소하는 추세에 있으며, 많은 선진국에서도 사용을 가급적 배제하는 실정이므로 항공우주산업 등 특수분야에서만 일부 이용되고 있다.

PAN계 탄소섬유는 제조공정뿐만 아니라 섬유물성 측면을 고려해 볼 때 레이온계 탄소섬유의 대체재료로서 적합하다. PAN계 탄소섬유는 레이온계에 비하여 인장강도와 탄성률이 4~5배 크고, 열전도도가 3~5배 큰 값을 가진다. 그러나 매끈한 단면을 가지고 있어 비표면적이 작을 뿐만 아니라 계면 접착특성이 떨어진다는 단점을 가지고 있다. 최근까지 대부분의 PAN계 탄소섬유에 대한 연구는 인장강도, 신장률 및 탄성계수를 높이는 것이었다. PAN계 탄소섬유의 제조공정은 매우 복잡하다. 피치계 탄소섬유는 우수한 열전도도 특성과 높은 탄성률을 지니고 있다.

탄소섬유에 관한 기술은 상용화되어 있으므로 기술적 어려움은 없지만 분산, 살포장치의 정밀화·최적화가 필수적이며, 이와 더불어 대기상태를 적절히 측정하여 보정해 줄 수 있는 방안이 필요하다.

7.5.3 고출력 음향무기

1) 체계 특성 및 운용 개념

고출력 음향무기(그림 7.5.7)는 고출력 음파에너지를 이용하여 적군의 활동을 무력화시킬 수 있는 새로운 특수 무기체계이다. 음파에너지의 지향성을 이용하여 개인 및 지역방어용으로 운용이 가능하며, 전천후 운용이 가능한 장점이 있고, 환경오염이 없는 친환경적 특성을

그림 7.5.7 고출력 음향무기

보유하고 있다.

현재 선진국에서는 고출력 음향무기 개발을 극비리에 진행하고 있어 체계의 목표성능 및 운용 개념이 알려져 있지 않으나, 현대전에서 중요성이 대두되고 있는 도시전이나 중요 기지나 지상 구조물을 테러나 적 특수부대의 공격으로부터 보호할 수 있다.

2) 개발 현황 및 발전 추세

현재 선진국에서는 음향에너지를 군사적 음향무기로 개발하기 위한 연구가 진행 중이다. 무기체계로서 운용성능을 검증하기 위해서는 인체를 실험대상으로 해야 하고, 민수용으로 개발될 경우 인권 및 법적인 문제제기 등의 사회적인 파장이 예상되어 연구수행 자체를 극비리에 수행 중이다. 따라서 선진국의 관련 기술논문, 보고서 시제품 등의 기술자료 확보가 거의 불가능하고, 음향출력, 발사주기, 목표거리 등의 성능에 관한 사항을 파악하기가 곤란하다.

초저주파(20 Hz 이하)를 이용하는 음향무기 개념은 비교적 간단하나 고출력 및 고지향 특성을 구현하기 위해서는 초대형화가 불가피하므로, 개인병사의 휴대형 무기체계보다는 지상에 고정 설치되어 지역 방어용으로 운용되거나, 헬기탑재형으로 개발이 진행될 것으로 예상된다. 가청 주파수 영역 내의 혐오스러운 빔으로 발사가 가능한 음향무기는 비교적 구현이 간단하여 개발이 완료되었거나 운용 중일 것으로 추정된다. 반복적인 충격음파를 이용한 음향무기는 다음의 몇 가지 모델이 활발히 개발되고 있으며, 현재 그 발전 가능성이 매우 높으며, 향후 펄스의 폭, 크기 및 반복주기 등에 관한 최적 설계에 관한 연구가 진행될 것으로 판단된다.

3) 고출력 음파발생기 기술

고출력 음파발생기 기술은 음향 무기체계에서 음파에너지 발생장치를 설계하는 데 소요되는 핵심기술이다. 고출력 및 고지향성 음파발생기 설계기술과 음향무기로서 운용이 가능한 최적의 음향에너지 출력 강도를 도출하기 위한 표적영향 분석기술로 구성된다. 음파발생기 관련 주요 세부기술로는 음향무기의 운용 개념에 초저주파 음파발생기, 가청혐오음 발생기, 충격음파 발생기 등 3가지 종류로 세분화할 수 있다.

(1) 초저주파 음파발생기

20 Hz 이하의 초저주파음의 발생 메커니즘과 관련된 기본 이론은 여러 가지 음향학 및 진동 관련 서적이나 연구논문에 잘 알려져 있다. 그러나 실제로 이러한 초저주파수 음파발생 장치를 구현하기 위한 기본개념이나 설계 및 제작기술은 최근에 관심을 갖는 기술분야로서 관련 자료를 획득하기가 쉽지 않다.

(2) 가청혐오음 발생기

가청주파수 영역인 20 Hz~20 kHz 영역의 고출력 음파에너지를 이용한 가청혐오음 발생장치로, 가청주파수 내의 혐오스러운 음향에너지를 빔 형태로 전송할 수 있게 설계되었다.

(3) 충격음파 발생기

대상체에 반복적인 충격을 가할 수 있으며, 최루가스 등을 적용하여 공격대상(사람)을 쓰러뜨리는 데 쓰이기도 한다. 이와 같은 음향무기는 칼 등을 던질 수 있을 정도로 근접한 거리에 소규모의 군중이 있을 때나 돌 등을 던질 수 있을 정도의 거리에 대규모의 폭도가 군대를 위협하고 있을 때 사용 가능한데, 대상체에 대해 인체 부위들의 공명주파수에 가까운 순간적, 충격적인 펄스를 가하거나 악취를 풍기는 시약과 눈에 띄는 염료를 부과하는 개념이 적용 가능하다.

고출력 음향무기의 최적 음향에너지 출력강도를 도출하기 위한 실험기법이나 실험결과 등에 관한 구체적인 자료는 획득이 불가능하며, 일반적으로 음파에너지가 인체에 미치는 영향은 주파수 영역과 음파의 형태에 따라 다르다.

7.5.4 고출력 마이크로파 무기

1) 체계 특성

그림 7.5.8에서 보는 바와 같이 고출력 마이크로파(HPM) 무기는 초고주파 대역에서 강력한 전자기 펄스(전자파 펄스) 에너지를 이용하여 적의 전자장치 또는 전자파 운용장비에 물리적 파괴 또는 일시적 기능장애를 유발시킴으로써, 적의 군사작전 및 장비운용을 무력화시키는 지휘통제, 정보전(C2W/IW)용 비살상 무기체계이다.

그림 7.5.8 HPM 무기체계의 공격적 운용 개념도

기존의 전자전(EW) 장비가 상대적으로 낮은 출력의 마이크로파 증폭장치를 이용하여 적의 레이더, 미사일 또는 통신장비를 교란하는데 목적을 두고 있다면 마이크로파 무기체계의 목적은 고출력의 전자파 발생장치와 안테나를 이용하여 적 무기체계의 전자장치 또는 시스템에 물리적 손상 또는 기능적 장애를 유발시키는 데 있다.

전자 및 컴퓨터 기술이 발전되면서 정밀 초고속 타격무기에 대한 의존도가 더욱 높아짐에 따라 미래 전장환경에서 적 미사일 공격의 위력이 강해지므로 방어는 더욱 어려워지고 있다. 따라서 마이크로파 무기체계의 단독운용 또는 전자공격장비와의 연동운용을 통하여 효과적인 방어체계를 구축하는 것이 절대적으로 필요하다. HPM 무기체계의 특징은 다음과 같다.

① 적 전자장비에 대한 광속의 전천후 공격이 가능
② 표적 특성에 대한 최소한의 사전정보로도 다수 위협에 대해 영역개념 대응이 가능
③ 선택적인 전투 수준으로 외과수술 같이 정교한 공격(손상, 파괴, 성능저하) 가능
④ 정치적으로 민감한 환경에서 부차적인 피해 최소화가 가능
⑤ 표적지향 및 추적이 간단
⑥ 기존의 재래식 무기로는 파괴하기 어려운 은폐 무기고를 효과적으로 공격 가능
⑦ 운용비용이 저렴
⑧ 상대적으로 저가인 무기체계를 이용하여 정교한 표적을 공격하는 것이 가능

강력한 전자기 펄스 에너지는 적 무기의 여러 경로를 통해 내부로 유입, 내장되어 있는 전자장치에 도달하여 전자장치를 구성하는 집적회로, 회로 보드, 릴레이 스위치 등을 파괴시키거나 기능적 장애를 일으킨다.

마이크로파 무기체계는 초고주파 발생장치, 펄스전원 공급장치와 안테나로 구성되며, 미사일과 같은 위협을 제거하는 마이크로파 무기체계에는 표적탐지와 추적장치 등을 필요로 한다.

일반적으로 마이크로파 무기체계는 방사되는 전자파 펄스의 주파수 스펙트럼에 따라 초광대역(UWB) 마이크로파와 협대역(NB) 마이크로파로 분류된다.

2) 운용 개념

HPM 무기체계의 운용 개념은 크게 적 방공망 제압, 적 지휘통제, 정보전 무력화 등과 같은 공격적 운용 개념과 중·대구경 탄약방어, 항공기방어와 대함정 미사일방어와 같은 방어적 운용 개념으로 분류할 수 있다.

(1) 적 방공망 제압

HPM 체계를 탑재한 무인전투기(UCAV)를 이용한다면 적 대공 방어망을 포함한 다양한 표적들을 무력화시킬 수 있다. UCAV가 충분한 연료를 공급받아 비행하는 동안 HPM 무기체계는 지속적으로 고출력 전자기 펄스 에너지를 방사할 수 있다.

(2) 지휘통제 ; 정보전

UCAV에 탑재된 HPM 체계를 이용하면 실제 전장환경에서 분산배치되어 있는 적의 지휘통제시설을 사전에 계획된 시나리오에 따라 통제하거나, 전장상황에 따라 실시간으로 통제할 수 있다. HPM 무기체계로 적 지휘통제시설을 공격함으로써 적 부대간 지휘계통이 원활하게 소통되지 못하도록 방해할 수 있다. 또한 라디오방송국 또는 텔레비전방송국 등과 같은 민간시설을 공격하여 적의 민간 정보통신체계를 무력화할 수도 있다.

(3) 자체 방어 마이크로파 체계

자체 방어 마이크로파 체계는 적의 미사일과 같은 긴급한 위협에 강력한 전자파를 방사하여 아군의 주요시설 및 무기체계를 방어하기 위한 것이다.

(4) 마이크로파 탑재체

HPM 탑재체는 공격적 운용 개념 및 방어적 운용 개념에 따라 분류할 수 있다. 적 방공망 제압 및 지휘통제, 정보전 무력화를 위해서는 무인전투기, 항공기 등의 탑재체가 고려되고 있다.

(5) 저강도 위협 진압용으로 사용 가능

ADS(Active Denial System)는 폭동 진압용으로 쓰이는 기존의 최루가스와 고무총알을 대신해 95 GHz의 밀리미터파를 인간 피부의 첫 번째 층에 방사시켜 매우 뜨거운 느낌을 갖게 하여 폭동군중 또는 적 병력을 해산시키거나 전투력을 저하시키기 위한 것이다.

3) 개발 현황 및 발전 추세

(1) 개발 현황

미국은 미 국방부 주관으로 고출력 마이크로파 무기의 적 포병 대응, 순항미사일에 대한 함정보호, 전투기 자체보호, 적 통합방공망 제압, 항공통제, 보안, 확산대응, 지휘통제 체계의 무력화 또는 파괴와 같은 능력을 향상시키는 연구를 수행하고 있다. 고출력 마이크로파 무기는 위협무기의 전자장비들을 손상시킴으로써 목적을 달성할 것으로 기대하고 있다.

미국은 빔의 방향 조정이 가능한 위상배열 안테나를 이용하여 광대역 마이크로파 시스템을 개발하였는데, 전기장의 강도가 통신시스템의 재밍, 컴퓨터프로세서 및 각종 반도체 소자를 파괴시키기에 충분한 정도이다. 또한 고출력 마이크로파의 무기효과 분석 및 적 고출력 마이크로파 위협공격에 따른 미국 무기체계의 취약성 분석을 위한 연구를 진행시켜, 고출력 마이크로파 무기의 위력을 보다 잘 이해함으로써, 고출력 마이크로파 무기의 공격 및 방어 기법 개발에 주력하고 있다.

러시아는 RENETS-E 시스템을 개발하여 실험실 및 지상에서 시험평가를 완료한 것으로 보고되고 있다. RENETS-E 시스템은 이동형 차량에 탑재가 가능하며, 회전 가능한 플랫폼에 장착될 경우 방위각 방향으로는 전방향에 대해서, 고각 방향으로는 60°까지 운용이 가능한 것으로 알려져 있다.

독일의 Rheinmetal사는 고출력 마이크로파 무기(HPM)와 중출력 레이저 무기를 포함한 지향성 에너지 무기에 관해 15년 동안 연구를 수행해 왔다. 이 회사의 목표는 전차를 포함한 차량에 탑재될 보조적 무기 또는 대공방어용 무기로 사용될 수 있는 소형시스템을 개발하는 것이다. 155 mm 포탄 내에 장착가능한 초광대역(UWB) HPM, 초당 1000회의 연속 펄스 발생이 가능한 700 MW급의 HPM 무기를 개발하고 있다.

최근에는 인구밀집지역 내에서의 시가전을 위해 HPM 무기의 개념연구를 수행하고 있는데, 주요 내용은 마이크로파 안테나를 경계도차량의 후면에 수직장착시키는 것, 초단거리 대공미사일 발사대와 중구경 기관포와 함께 중출력 레이저 무기를 중계도차량의 포탑 내에 장착시키는 것이다.

스웨덴은 900 m 정도 떨어져 있는 자동차를 정지시키는 시험을 성공적으로 완료하였으며, 고출력 마이크로파 무기에서 발사한 방사파 탐지기술을 확보하여 판매를 시도하고 있다.

(2) 발전 추세

HPM 무기체계의 효과를 높이기 위해서 강력한 전자파 펄스 에너지의 발생용량을 극대화하는 방향으로 발전할 것으로 판단된다. 이를 위해서 출력 레벨과 펄스폭이 큰 고출력 증폭장치를 개발하고, 배열구조형 초고주파 증폭장치와 배열 안테나를 이용한 위상배열 안테나 개념을 적용하여 공간에서 전자기 펄스 에너지가 합성되는 '배열구조형 HPM 무기체계'를 개발할 것으로 판단된다. HPM 무기체계의 장착성을 증대시키기 위하여 소형이면서 고효율을 갖는 고출력 증폭장치와 고출력 펄스 전원장치가 개발되고 있으며, 안테나의 경우에는 탑재 플랫폼의 표면에 장착될 수 있는 '형상적응형 배열안테나' 형태로 개발이 시도되고 있다.

7.5.5 전자기 펄스 무기체계

1) 체계 특성 및 운용 개념

전자기 펄스(EMP : Electro-Magnetic Pulse) 무기체계는 고폭화약의 폭발력을 이용하여 발생시킨 강력한 전자기파를 표적에 방사하여, 적의 방공망, 통신망 등을 무력화시키는 무기체계이다. EMP 무기체계는 적의 인명과 시설에는 피해를 주지 않고 전자부품 및 전자장비에만 손상을 입혀 전투수행능력을 저하시키는 비살상 무기체계이다.

전자기 펄스 체계의 운용 개념은 그림 7.5.9와 같이 EMP탄을 아군의 적진 진입 전에 적지에 투하하여 적의 방공망, 통신망 등에 대한 선제공격을 실시해 아군의 적진 진입을 용이하게 한다. 또한 EMP탄은 적의 항공기 또는 미사일의 표적식별기능, 유도조정기능 등의 첨단기능을 파괴 또는 오동작시켜 적의 전투수행능력을 저하시킴으로써 아군의 피해를 최소화시킬 수 있다.

2) 개발 현황 및 발전 추세

미국, 러시아 등의 선진국들도 EMP탄을 극비리에 연구개발 중이다. 미국은 이라크전에서 개발 중인 시제품을 사용한 것으로 보도되었다. Tomahawk 순항미사일 탄두에 적용하는 항공기 투하용, UAV 탑재 EMP 폭탄 등을 개발 중이다. 러시아는 중·대구경 탄약에 적용 가능한 소형 EMP 발생장치를 연구개발 중이다.

3) 주요 구성 기술

EMP탄의 구성은 펄스전력을 발생시키는 발진장치용 전원장치, 대전력 전원을 사용하여 EMP 또는 HPM을 발생시키는 발진장치, 발진출력을 표적에 방사시키는 안테나로 구성된다.

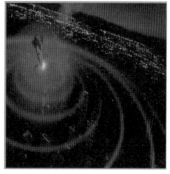

그림 7.5.9 EMP탄 운용 개념과 폭발 형상

(1) 펄스전원장치 기술

펄스전원장치는 고폭화약의 폭발력을 이용하여 순간 대전력을 발생하고, 이 순간전력을 발진장치에서 요구하는 수백 kV의 고전압 펄스로 변환시키는 장치이다. 초기에너지를 공급하는 초기전력 공급장치, 화약의 폭발에너지를 이용하여 초기에너지를 증폭시키는 자장압축변환기 그리고 자장압축변환기에서 출력되는 에너지를 발진장치의 입력에 적합하도록 변환시키는 결합소자로 구성된다.

EMP 무기체계와 관련한 펄스전원장치의 연구는 주로 미국과 러시아, 유럽에서 이루어지고 있다. 이들 실험실에서 개발하는 펄스전원장치는 수 MJ급이며, 스위칭 전류는 수 MA급, 변압기의 출력전압은 대략 MV급의 수준이다. 관련 기술은 출력에너지의 증대와 펄스전원장치의 소형 경량화 그리고 출력효율의 증대를 위한 연구가 진행 중이다.

(2) 발진장치 기술

발진장치 기술은 고폭화약의 폭발력을 이용하여 발생된 대전력 펄스에너지를 원거리에 있는 표적에 효과적으로 전달하기 위하여 EMP 또는 HPM 펄스로 변환시키는 장치이다.

EMP탄에 적용 가능한 GW급의 발진장치로는 구조가 간단하고, 제조단가가 저렴하고, 견고하며, 광대역 특성을 가지며, 비교적 용이하게 10 GW급까지의 고출력 마이크로파를 발생시킬 수 있는 진공 다이어드를 이용한 발진장치인 가상음극 발진기, 비교적 구조가 단순하고 넓은 전압범위에 걸쳐 출력 주파수가 일정하게 1 GHz 정도에 집중되어 있고, 초고주파 출력 전력은 수 GW급인 MILO(Magnetically Insulated Line Oscillator), 펄스폭이 넓은 고에너지 출력은 불가능하지만 임펄스 형태의 전자기파를 발생시킬 수 있는 UWB 발진장치 등이 있다.

(3) 안테나 기술

안테나 기술은 발진장치에서 발생시킨 대전력 EMP 또는 HPM 펄스를 표적에 효율적으로 방사시키기 위한 장치이다. 대전력 안테나를 개발하기 위해서는 안테나 절연기술, 안테나 개구면 확장기술, 도파관 모드변환기술 등이 핵심기술이다. EMP탄은 안테나 개구면적의 제한으로 방사 가능한 최대 전력이 5 GW 이하로 제한되므로, 이 이상의 출력 증대를 위한 안테나 개구면적 확장기술이 개발되어야 한다.

안테나에서 우선적으로 해결해야 할 과제는 안테나의 고전압을 내부에서 진공처리하여 절연하는 기술과 안테나 개구면에서 절연하는 기술 그리고 고출력의 전자기파를 방사하는 안테나 개구면의 크기를 확장하는 기술이 필요하다. 하지만 크기가 커지면 오차가 증가하여 안테나 특성이 저하하게 된다.

(4) 표적파괴효과 분석 기술

EMP 무기체계가 표적에 어떠한 손상을 주는가를 평가할 수 있는 기법도 확립되어야 한다. EMP 출력 계측기법은 EMP 출력의 주파수 분포, 방사거리 및 방사각도에 따른 방사출력 및 에너지를 계측하는 기법과 EMP 출력에 의한 표적의 손상정도를 평가하기 위해서는, EMP와 각종 전자부품 전자장비와의 결합기구를 모델링하여 EMP에 의한 각종 표적의 파괴 효과를 분석할 수 있는 해석기법이 개발되어야 한다.

7.5.6 비살상 화생제

1) 체계 특성 및 운용 개념

비살상무기는 인명과 재산에 치명적인 피해를 주지 않으면서 병사, 무기, 보급품 및 장비의 성능을 무력화시킬 수 있는 기술을 개별 또는 복합적으로 응용한 무기체계로서, 일명 소프트킬 병기(soft kill arms)라 한다. 현재 선진 각국은 기존의 국제협약과의 상충성 및 윤리적 문제로 인하여 화학 및 생물학제를 이용한 비살상무기에 대한 연구개발 자체를 극비로 수행하고 있는 까닭에, 상세한 체계 특성 및 연구개발 자체에 대한 현황은 파악하기 어려우나 많은 성과를 얻은 것으로 파악되고 있다. 하지만 전통적으로 살상 및 파괴를 강조하는 현 무기체계와의 개념 설정미비, 비살상 화생제의 신뢰성 평가개념 미비 등으로 정밀타격무기의 대체무기가 아닌 보조무기로 인식되고 있다. 또한 그에 대한 효과마저도 입증되어 있지 않으며, 환경문제 등의 해결이 선결 요건이다. 그렇다 할지라도 자동화, 전자화, 정밀화 및 무인화가 특성인 미래전투체계를 가상해 볼 때 궁극적으로 각국은 비살상 무기를 전투체계로 채택할 것이 분명하며, 주요 무기체계의 위치를 점할 것으로 예측된다. 이 절에서는 비살상 화생제를 소개한다.

비살상 화생제의 운용 개념은 미래의 전장에서 대인무능화 기술 및 대장비무력화 기술을 단독 또는 복합적으로 사용할 것이다. 대인무력화에는 병사의 무능화 또는 시각장애 유발물질의 사용, 심리적으로 긴장 및 불안감 조성물질 등의 사용이 예측되며, 대장비무력화 기술은 모든 종류의 항공기, 지상차량 추진체계, 교량, 유전 연료저장탱크 등에 적용 가능한 액체금속연화제, 초강력부식제, 연료변환 기술, 반마찰 기술, 초강력접촉제 등의 기술이 포함된다.

2) 개발 현황 및 발전 추세

미국은 비살상 화생제에 대한 연구를 시작한 지 20여 년이 지났으며, 소말리아에서 유엔 평화유지 진압작전 중 칠리소스에서 매운 물질을 추출한 페퍼에어로졸을 사용하여 군중진압 작전을 성공리에 수행한 바 있다. 미 국방성이 연구비를 지원하거나 연구비 지원을 위해 심의 중인 대표적 비살상 화생제는 다음과 같다.

① 각종 재료의 물성 저하제 : 고무, 알루미늄, 복합재료 및 구조재료에 치명적인 영향을 주는 화학물질

② 점성변환 및 오염 기술 : 연료의 고화, 윤활제의 성능 저하, 엔진기화기의 오염 또는 연소를 중단시키는 화학 및 생물학 제재

③ 기동성 억제 및 장애 기술 : 차도 또는 인도 등 특정 지역에 윤활제를 살포해 미끄럽
　게 하여 사람이나 차량의 기동을 저지시키는 물질

이렇게 개발된 물질을 적의 광학장비, 각종 기간시설 및 지휘통제시설 등 군의 주요시설에 살포하여 적의 기능을 무능화시키려고 한다.

NATO 국가들은 활주로를 미끄럽게 할 수 있는 화학약품을 도포하여 항공기 이륙을 방해하거나, 강력접착제를 사용하여 항공기 타이어를 고착시키는 기술을 유망기술 중의 하나로 선정하였다. 구소련도 아프가니스탄에서 무자헤딘 게릴라를 상대로 수면작용제를 사용했으며, 2002년 모스크바 극장 테러 시 사용한 무능화 작용제는 구소련이 개발한 비살상 작용제의 일종이라고 보는 견해도 있다.

3) 발전 추세 및 관련 기술

(1) 초강력 부식제 및 금속연화제

초강력 부식제 및 금속연화제는 기동 및 화력장비, 광학장비, 전자장비 등에 사용하여 장비의 기능을 저하 또는 무력화시키는 기술이다. 특수한 군사목적에서는 전투기, 탱크 및 화력장비, 기간통신망 등을 완전히 파괴하는 것보다 이러한 장비의 중요한 부품에 균열 등을 발생시켜 성능저하 또는 파괴를 유도하는 것이 더 효과적일 수 있다.

(2) 반마찰 기술

반마찰 기술은 화학적 성질을 이용하여 표면을 미끄럽게 하는 초윤활현상을 가진 테플론 형태의 윤활유를 말하며, 이들 화학물질은 마찰계수를 현저히 감소시켜 사람 및 차량의 이동을 거의 불가능하게 할 수 있다. 이들은 보통 초윤활유 또는 저마찰계수 폴리머로 불린다. 이들 물질은 항공기, 포탄, 차량 또는 인력을 이용하여 도로, 철로, 비행기 활주로, 계단 및 인도 등에 살포하여 상당 기간 효력을 발휘한다. 이들은 온도 및 기후조건에 따라 다른 특성을 보이므로 특정 목표와 미끄럼의 특성을 잘 파악하여 주위 환경에 적절하게 사용해야 한다. 단점으로는 대규모 지역에 사용하기 위해서는 다량의 반마찰제가 필요하다는 점이다. 또한 바람의 영향을 받아 목표 이외의 지역으로 이동되어 아군에도 영향을 미칠 수 있다.

(3) 초강력 점착제

폴리머 계열의 접착제나 점착발포제를 무기나 장비, 차량 또는 시설 등에 살포하여 이들을 사용하지 못하게 하거나 이동 및 접근을 못하게 한다. 예를 들어, 항공기에서 살포하거나 공중 투발탄을 이용하여 공기를 흡입하는 내연기관이나 제트엔진 또는 발전소의 냉각순환장치, 통신시설에 살포하여 고착화시키거나 작동을 저지하게 한다.

개인병사나 장비에 사용 시에 강한 접착현상으로 기동이 저지되거나 자기 동료를 포함하여 병사가 접촉하는 거의 모든 곳에 고착되어 활동에 제약을 받는 고분자 접착제가 있다. 보

통 초강력 접착제라 불린다. 이외에도 점착 기술을 활용하여 폭도를 진압하거나 생포할 수 있는 점착성 그물이 있으며, 보통 총으로 발사하여 사용한다.

(4) 연소변환 기술

연소변환 기술은 공기를 흡입하여 작동시키는 엔진의 성능을 저하시키기 위하여 연료를 오염시키거나 연료의 점도특성을 변화시키는 화학첨가제의 제조기술을 통칭한다. 연소변환 첨가제는 엔진 연소를 위한 연료흡입공정 중 공기흡입구를 통하여 공기 중의 증기 상태로 흡입되거나 연료계통에 직접 흡입되어 연료의 조성을 바꿔 엔진 연소의 특성을 변화시킨다. 연료변환 화학첨가제는 개개인이 은밀하게 살포하거나 공중으로 살포할 수 있으며, 항만시설 및 작전지역에는 포발사 탄약으로 살포할 수 있다. 저공비행하는 헬기의 항로에 화학첨가제를 구름 형태로 살포할 경우, 이 지역을 통과하는 헬기는 살포와 동시에 직접적인 피해를 입을 수 있으며, 항만시설에 살포할 경우 선박 등 거의 모든 연소기관을 정지시킬 수 있다.

현존하는 화학첨가제는 칼슘카바이드와 물이 반응할 때 형성되는 아세틸렌가스, 세슘, 채프와 같은 세라믹 파편이나 금속편 등이 있으며, 종합촉매제나 협기성 미생물 등과 같은 특수 박테리아를 사용하여 연료를 고체화시키는 물질이 있다.

(5) 무능화 작용제

무능화 작용제는 사람에게 사용 시 수 시간 또는 수 일 동안 생리적 또는 심리적으로 영향을 끼쳐 개인을 무능화시키는 화학작용제이다. 이 작용제는 적을 살상시키거나 위해를 끼치지 않고 전투능력 저하를 위한 연구의 산물로 만들어진 물질이다. 무능화 작용제가 갖추어야 할 조건은 무능화 효과는 수 시간 또는 수 일 동안 지속되어야 하고, 무능화 작용제 사용 시 오염된 개인은 생명의 위협이 없거나 최소한의 휴유증을 나타내고, 정상 상태로의 회복을 위해 의학치료가 불필요하며, 작용제 효능이 크고, 저장이 용이하며, 쉽게 살포 가능해야 한다. 무능화 작용제에는 중추신경 자극제, 환각제, 진정제 등이 있다. 이들 무능화 작용제는 인질구출이나 폭동진압에 효과적이며, 다양한 살포수단을 사용하여 에어로졸 형태로 용이하게 목표 건물이나 차량선박 및 대상에 유입시킬 수 있다.

이들 무능화 작용제는 환각효과나 최면효과를 나타내어 사용 시 시력이 희미해지거나, 정신상태가 몽롱해지며, 환상을 갖게 하거나 기억력 등을 감퇴시켜 전투력을 저하시키는 역할을 하는데, 보통 신경계통에 작용하여 일시적으로 난청을 유발하며 착란현상을 일으켜 심한 경우 환청, 환시, 망상을 유발한다. 이외에도 악취가 나는 물질을 사용하여 메스꺼움을 유발시켜 개인의 활동을 무력화시킬 수 있다. 이들 무능화 작용제는 화학무기금지협약 및 기타 국제협약에서 통제 대상이므로 각국은 비밀리에 연구를 진행 중이다.

(6) 생명공학기술

생물학전 금지조약에 따라 전쟁목적으로서의 박테리아나 유사한 세균의 사용 및 연구가 금지되어 있으나, 생명공학기술의 발달에 따라 각국은 비밀리에 연구를 진행 중에 있다고 판단된다. 현재까지 공개적인 자료는 많지 않으나 가능성을 판단할 때 다음과 같은 연구가 진행될 것으로 예측된다. 예를 들어, 생명공학기술을 이용하여 고무나 플라스틱 등의 유기물질뿐만 아니라 금속화합물을 선택적으로 부식시키거나 파괴할 수 있는 세균을 다량으로 배양할 수 있으며, 석유류를 고형화하는 균을 선택적으로 배양하여 유류탱크의 연료를 고형화시키거나, 엔진의 성능을 저하시켜 기동을 무력화시킬 수 있다. 특히 반도체를 선택적으로 파괴하는 세균을 배양하여 살포 시 현대전의 핵심부품인 전자장비, 컴퓨터 및 지휘통신체계를 마비시킬 수가 있다. 그러나 이들 연구는 장기간이 소요되며, 극비리에 수행되고 있는 까닭에 그 실체를 알기에는 상당한 시일이 소요될 것으로 판단된다.

(7) 강력부식제 기술

강력부식제는 특성상 대인용으로 사용하지 않고 기동 및 화력장비 등에 사용하여 금속의 일부분 또는 전체를 연화 및 부식시켜 장비의 기동을 저하하거나 무력화시키는 기술이다. 강력부식제는 금속을 연화시키는 금속연화제와 금속을 부식시키는 초강력의 강산이나 염기를 가진 강력부식제로 나눌 수 있다. 보통 대상 물질의 화학적 성질을 변화시키기 때문에 이들을 강력부식제로 정의하였다. 이들 강력부식제는 금속이나 금속합금의 분자구조를 화학적으로 변화시켜 Crack 발생 및 성장속도를 증가시켜 인장강도 등 재료의 기계적 물성을 저하시키는 금속연화제 기술과 금속을 녹이거나 유리, 고분자 등을 부식시키는 초강력부식제 기술로 크게 나눌 수 있으며, 보통 이 둘을 혼합 사용하면 효과를 증진시킬 수 있다.

금속연화제 기술의 연구개발은 미국, 러시아 등의 선진국들이 주도하고 있으며, 각국은 독자적인 기술을 바탕으로 지속적인 연구를 통하여 소형화·경량화 및 성능향상을 도모하고 있다. 이 기술은 불화수소산보다도 더 강한 산성의 성질을 이용하여 각종 금속이나 유리 등을 부식시키거나, 초염기성의 물질을 이용하여 렌즈를 사용하는 광학장비 및 부품 등의 손상을 가져와 장비의 성능저하 또는 무력화를 야기한다. 이들 강력부식제는 단독으로 액체, 분무제, 분말, 겔 타입으로 사용할 수 있지만, 액체 금속연화제와 병행 사용 시에는 그 효과가 증대되어 병기, 장비, 시설 등에 광범위하게 사용할 수 있다.

7.6 무인화 무기체계

무인화기술(Unmanned Technology)이란 쉽게 말해 사람의 개입을 최소화하는 것으로, 자동화기술(Autonomous Technology)과 비슷하다고 생각할 수 있다. 하지만 자동화기술의 범주는 로봇을 '스스로 움직이게 하기 위한 기술'로 국한되는 반면, 무인화기술의 범주는 스스로 움직이는 로봇의 개발과 더불어 그 외의 임무를 수행하는데 있어서도 사람의 개입을 최소화하는 것까지 포함한다. 즉, 로봇의 메커니즘을 개발하고 로봇이 움직이는데 필요한 최소한의 센서정보로부터 로봇을 제어하는 것은 자동화기술이고, 이는 동시에 무인화기술의 일부이다.

현재 국내외적으로 진행 중인 국방 무인화기술은 미래형 무인화 무기체계 개발과 기술의 응용을 위한 기초기술 연구를 시작으로, 국방무인화 기술 분야의 전문 인력을 양성하고 지능형 로봇기술의 군사 응용을 위한 기반기술을 선행 구축하는 방향으로 나아가고 있다.

이 가운데 로봇기술은 무인화 무기체계의 핵심으로 자리 잡으며 향후 안보분야를 책임질 수 있는 새로운 역할로 성장하고 있다. 이와 관련해서는 육·해·공을 망라하는 이동로봇의 개발과 각각을 통합 운용하여 합동작전을 이끌어낼 수 있는 종합통신시스템의 개발이 이루어지고 있다. 관련된 핵심 기술을 구체적으로 열거해보면 다음과 같다.

1) 자율주행기술

전쟁 시 전투가 가장 빈번하게 발생하는 육지에서의 임무를 무인차량(UGV : Unmanned Ground Vehicle)이 대체하는 기술이다. 야지에서 구동될 수 있는 동력을 바탕으로 경사지형, 사막, 불균형 험로 등을 극복할 수 있는 메커니즘과 주변 환경을 보다 빠르고 정확하게 인식할 수 있는 센서기술이 핵심기술이다. 또한 주어진 환경에 따라 실시간으로 전역적인 경로 계획을 수행할 수 있는 통합경로계획 알고리즘의 개발이 핵심기술과 맞물려 수행되어야 하는 부분이다. 이는 센서가 커버할 수 있는 영역에서의 경로 계획은 물론, DEM/DSM과 같은 위성지도를 받아서 광역범위 내에서 로봇 자신의 위치를 판단하고 목표로 하는 지점에 효과적으로 도달할 수 있는 경로를 생성하는 기술이다. 이 기술은 1차적으로 로봇과 주변 환경의 한계점을 명시하고, 작동범위 내에서 로봇 자신의 위치를 판단하여 목표로 하는 지점에 효과적으로 도달할 수 있는 경로를 생성하는 기술이다. 이를 위해서는 1차적으로 로봇과 주변 환경의 한계점을 명시하고 작동 범위 내에서 동역학 해석을 수행하여 진행할 방향을 판단하는 작업이 선행되어야 한다. 또한 다양한 센서조합을 통한 3차원 영상 복원으로 보다 정확한 환경인식을 추구해야 한다.

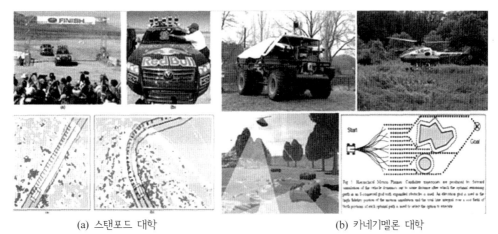

(a) 스탠포드 대학   (b) 카네기멜론 대학

그림 7.6.1 실외에서 자율주행 연구를 위한 통합경로계획 연구(위: 실제 모델, 아래: 경로계획)

2) 자율운항기술

자율운항기술은 해안/수중 무인화 무기체계 중에서 미래 수중전장에서 주도적인 역할을 할 것으로 기대되는 무인잠수정(UUV : Unmanned Underwater Vehicle)의 개발과 이에 필요한 기초 기술의 개발에 초점이 맞춰져 있다. 무인잠수정은 발진 후 스스로 작전지역으로 이동하여 전장을 감시하고, 기뢰탐지 및 제거, 기타 전장 정보수집을 목표로 하는 잠수함이다. 임무를 마치면 모함으로 안전하게 회귀해야 하는 것 또한 무인잠수함의 몫이므로, 수중에서의 자율주행기술, 회피제어기술과 함께 해저매설물 탐지센서기술, 능동배열소나 신호처리 기술 등이 확보되어야 한다.

3) 자율비행기술

자율비행기술은 기존의 비행기술과 약간 차별화할 수 있는 소형무인기의 개발에 초점을 두고 있다. 소형무인기는 주로 소대급 전술운용에 적합하도록 수직 이착륙이 가능하면서도 정지비행효율이 높고 빠른 순항속도를 갖는 특징을 추구한다. 이를 위해서는 가장 먼저 새로운 비행체를 설계제작해야 한다. 이착륙 시 대형 비행체와 다른 모델이 성립될 것이 분명하므로 공력특성과 조종성, 안정성 등을 모두 검토한 새로운 비행체가 기본으로 구축되어야 한다. 이후에는 풍동실험과 다양한 비행모드(순항비행, 천이비행)에서의 실험을 수행하고, 환경적응성에 대한 모의실험을 병행하여 목표로 하는 성능에 근접하는 모델로 수정·보완한다.

4) 국내 개발 현황

세계화 추세에 발맞춰 국내 전문연구기관과 방위산업체가 국방 무인화 기술을 이용하여 다양한 형태의 무기체계를 개발 중에 있다. 대표적인 예로 경계용 로봇(SGR-A1)을 들 수 있다. 이 로봇은 휴전선의 철책경계를 지원하는 용도로 첨단카메라 및 영상처리기술을 바탕으로 개발되었고, 영상기반 동적 물체인식 기술을 이용하여 전방 1~2 km 내의 물체를 식별할 수 있으며, 음성인식기술에 의해 암구호를 구현하고, 유사시에는 접근하는 이상 물체를 탑재된 기관총으로 제압할 수 있는 기능을 보유하고 있다.

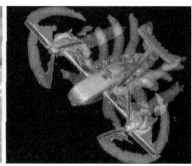

그림 7.6.2 자율 비행 로봇과 로봇의 공력특성 연구

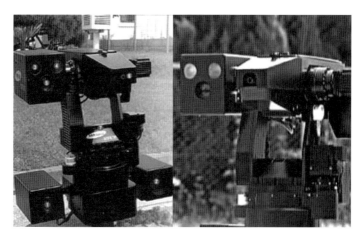

그림 7.6.3 경계용 로봇(SGR – A1)

또한 군사로봇 개발의 중추적인 역할을 수행하고 있는 국방과학연구소(ADD∶Agency for Defense Development)는 6개의 바퀴나 다리로 이루어진 복합형(hybrid) 이동 메커니즘(locomotion mechanism)을 적용하여, 각종 장애물을 극복할 수 있는 무인지상차량의 일종인 '견마형 로봇'을 2013년 개발이 거의 완료되어 적지감시 및 정찰, 지뢰탐지 등 다양한 분야에 활용할 계획이다. 견마형 로봇은 미리 정해진 프로그램에 따라 주행하고, 단순한 장애물을 판단하여 피해다닐 수 있는 자율주행(autonomous navigation) 기술을 확보하고 있다. 또한 국방과학연구소에서는 시가전을 대비하여 장갑차 형태의 '다목적 감시 로봇차량'과 '투척형 정찰로봇'도 개발할 예정이다.

한국군은 미래의 지상전을 네트워크 기반 동시·통합전으로 정의하고, 육해공 각 군의 합동성을 강조하고 있다. 정보전의 중요성이 강조되는 미래전의 양상을 고려할 때, 각군은 언제 어디서나 상황을 보다 빠르고 정확하게 파악할 수 있는 유용한 정보를 공유할 수 있어

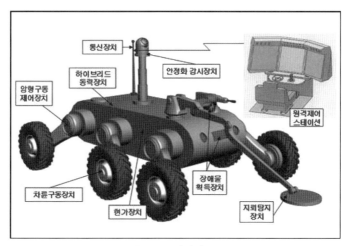

그림 7.6.4 견마형 로봇

야 하며, 이러한 정보를 바탕으로 효과적이고 효율적인 전략과 전술을 세워야 한다. 이렇듯 언제 어디서나 필요한 정보를 얻을 수 있다는 개념이 바로 '유비쿼터스(ubiquitous)'이며, 이를 국방차원에서 적용하여 운용하는 것을 'u-Defense'라고 할 수 있다. 향후 국방무인화 기술은 무인차량, 무인항공기, 무인잠수정과 같은 무인장비들을 위한 로봇기술과 세계최초의 CDMA 상용화 기술과 차세대 이동통신의 세계표준인 와이브로(wibro) 기술 등 우리나라가 보유하고 있는 세계적인 첨단 IT기술을 바탕으로 미래 지상전의 핵심 기술이 될 것이다.

7.7   미래 병사체계

1) 체계 특성 및 운용 개념

미래 병사체계란 소부대 전술 네트워크와 연동하여 미래 디지털 전장환경에 적응하고, 효과적으로 임무를 수행할 수 있도록 화기, 피복 및 휴대품에 이르기까지 혁신적인 첨단기술을 적용하여 병사의 능력을 극대화하는 것을 목적으로 하고 있다. 그림 7.7.1과 같이 5가지 기본 능력, 즉 치명성, 지휘통제, 생존성, 임무지속성 및 기동성을 향상시켜 병사를 단위무기 체계화하는 것이다.

미래 병사체계는 병사의 몸에 첨단 전자·통신장비, 센서, 화기, 방호품목 등의 요소를 통합 적용함으로써 현재의 병사와는 비교할 수 없는 고도의 전투능력을 발휘할 것이다. 즉, 현재의 소부대 지휘관(자)·참모와 전투원이 수행해야 할 각종 전투행동 및 전술적 조치들 (감시·정찰 및 보고, 지휘 및 결심, 타격 및 화력요청 등)을 단 한명의 병사가 수행할 수 있는 것이다. 화기에 장착된 첨단 관측장비를 이용하여 어떠한 시계조건 하에서도 적을 탐지하여 디지털화된 지휘통제 네트워크를 통해 상급부대에 보고할 수 있다. 또한 작전적·전술적

그림 7.7.1 미래 병사체계 운용 개념

수준의 모든 제대가 수집한 정보를 수신하여 HMD(Head Mounted Display)를 통해 작전 책임지역내 피아상황을 사전에 파악하고, 식별된 적은 획기적으로 성능이 개선된 복합화기와 공중폭발탄으로 직접 제압하거나, 상급부대 화력을 요청하여 기습·정밀타격으로 적을 조기에 격멸함으로써 최소의 노력으로 최대의 전투효과를 달성할 수 있게 된다. 게다가 원격 감시장비, 첨단 방탄헬멧 및 방탄위장복, 보호의, 생체모니터링 시스템 등의 적용으로 생존성이 크게 향상되어, 전투력을 보존한 가운데 다양한 임무를 수행하며, GPS, 디지털나침반, 피아식별기 등을 이용하여 전투간 방향유지 및 우군간 사격을 방지할 수 있을 것이다.

2) 개발 현황 및 발전 추세

세계 각국은 미래 병사체계를 각국의 실정에 맞게 개발하고 있는 중이며, 대표적인 것은 미국의 LW(Land Warrior) / GSS(Ground Solider System), NATO는 SMP(Soldier Modernization Plan)를 수립, 병사의 전투효과를 높이기 위한 계획을 진행 중이다.

영국의 FIST(Future Intergrated Soldier Technology), 프랑스는 FELIN(Fantassin a Equipements et Liaisons Integres)의 일환으로 ECAD(Equipment Combattant Debarque) 계획을 진행 중이며, 머리를 보호할 수 있는 헬멧과 전시기를 포함하는 통합헬멧, 화생방 상황에서 사용할 수 있는 호흡장치, 소형 카메라, 감청장치 및 미국의 개인전투화기의 개념과 유사하며, 높은 정확도로 운동에너지탄과 폭발탄을 사용할 수 있는 이중구경의 화기를 계획하고 있다. 독일은 IdZ(Infanterist der Zukunft) 등이 있으며, 현황은 표에서 보는 바와 같다.

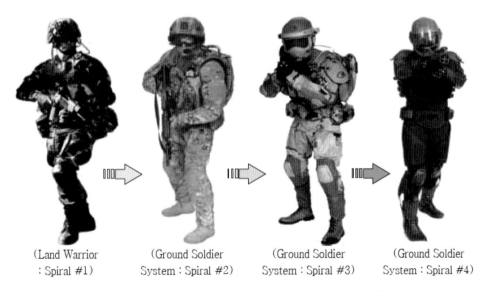

(Land Warrior : Spiral #1)　(Ground Soldier System : Spiral #2)　(Ground Soldier System : Spiral #3)　(Ground Soldier System : Spiral #4)

그림 7.7.2 미국의 진화적 개념에 의한 미래 병사체계 획득단계

표 7.7.1 현재 진행 중인 각국의 미래 병사체계

국 가	미 래 병 사 체 계
미 국	Land Warrior(LW)/Ground Soldier System(GSS)
영 국	Future Integrated Soldier Technology(FIST)
프랑스	Fantassin a Equipements et Liaisons INtegres(FELIN)
독 일	Infanterist der Zukunft(IdZ)
이탈리아	Combat Soldier 2000
스웨덴	Future Infantry Programme(Markus)
싱가포르	Advanced Manworn Combat System(AMCS)
네덜란드	Soldier Modernisation Programme(SMP)
호 주	Land 125 Soldier Combat System
남아공	African Warrior
노르웨이	Norwegian Modular Arctic Network Soldier(NORMANS)
캐나다	Soldier Information Requirements Technology Demonstration
스페인	Combatiente Futuro
이집트	Egyptian Integrated Soldier System(EISS)

전문용어 및 약어

ABL : AirBorne Laser

ADS : Active Denial System

ASAT GBL : Anti-Satellite Ground Based Laser

ATL : Advanced Tactical Laser

DF : Deuterium Fluoride

EMP : Electro-Magnetic Pulse

FEL : Free Electron Laser

GBL : Ground-based Laser

HEL : High Energy Laser

HELSTAR : High Energy Laser System-Tactical Army

HF : Hydrogen Fluoride

HPM : High-Power Microwave

IDA : Information→Decision→Action

ICBM : Intercontinental Ballistic Missile

IFX : Integrated Flight Experiment

MILO : Magnetically Insulated Line Oscillator

OODA Observe→Orient→Decide→Act

SBL : Spaced-based Laser

SSD : Ship Self-Defense

THEL : Tactical High Energy Laser

참고문헌

1. 국방기술품질원, 2007 국방과학기술조사서, 2008.
2. 국방과학연구소, 단거리 방공시스템 개발동향, 2003. 12.
3. 김성배, 무인항공기 시대의 도래와 개발 전략, 2000. 3.
4. 국방과학연구소, 이라크전에 등장한 무기체계 분석, 2003.
5. 정윤근, 전장방공을 위한 대공포 체계 발전방향, 2002. 11.
6. 최석철 편저, 무기체계@현대 · 미래전, 21세기 군사연구소, 2003. 4.
7. Jane's Defense Weekly, 미 육군, 무인 지상차량의 기동성 시험, 2000.
8. 김수현, 군사기술과 무인화기술, 기계저널 Vol. 47 11호, 2007. 11.
9. 육군사관학교 화랑대연구소, 무기체계에 적용된 기초과학의 원리, 2008. 11.

제8장 해군 무기체계

과학기술의 발달과 전쟁수행개념의 변화로 무기의 살상력과 사거리는 급증하고 있으며, 전장공간은 지상·해양·공중의 3차원 공간을 망라하여 동시·통합전 형태의 전쟁이 수행되고 있다. 즉, 지상은 지상군이, 해양은 해군이, 공중은 공군이 전적으로 담당하는 과거의 형태가 아니라, 각 군이 유기적으로 통합되어 전투력을 발휘해야만 전쟁수행 목표를 효과적으로 달성할 수 있다.

한편 해군의 측면에서 지상군에 미치는 영향을 살펴보면, 우선 해전의 목표가 적 함대 격멸을 통한 해양통제 뿐만 아니라 지상작전에서의 우세달성을 위하여 적극적인 해양활용으로 변화되고 있는 추세에 있다. 이에 따라 해군의 작전개념도 대양에서의 작전보다 연안에서의 작전으로 전환되고 있다. 즉, 해군은 바다에서의 전력에서 바다로부터 육상으로 투사되는 전력개념으로 바뀌고, 해군 단독작전에서 육·공군과의 합동작전으로 변모하고 있다.

또한 해전에서의 전장은 함대함 및 함대지 순항유도탄으로 인해 수평으로 천여 km, 함대공 유도탄 및 해상 유도탄 방어시스템의 출현으로 수직으로 수백 km 그리고 수중으로는 잠수함에 의해 수천 km까지 확대되었다. 그 결과 이라크전이나 아프가니스탄전과 같이 지상군을 투입하여 목표를 확보하는 형태가 아니라, 원거리에서 해군력을 이용하여 전술·전략적인 목표를 타격하는 형태의 전쟁이 가능해졌다.

이러한 전쟁양상을 고려할 때 해군의 무기체계에 대한 이해를 넓히는 것은 대단히 중요하다. 이 장에서는 해군의 주요 무기체계 중 해군의 핵심전력인 함정 무기체계 즉, 수상함과 잠수함 그리고 미래에 전장의 주역으로 등장하게 될 무인정에 대하여 살펴보며, 아울러 해군에서 사용하고 있는 어뢰, 함대함 및 함대공 유도무기 및 소나 등과 같은 기타 장비에 대해

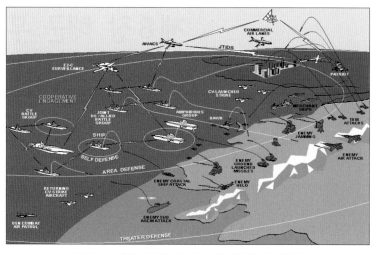

그림 8.1.1 바다로부터 육상으로의 전력투사 개념도

살펴본다. 단, 전 세계적으로 해군에서 사용하고 있는 고정익 항공기는 공군 무기체계에서 별도로 다룬다.

8.2   수상함

8.2.1 체계 특성

수상함은 해상작전의 수행을 위해 많은 종류의 장비 및 무기체계를 탑재하고, 승조원이 거주하며 운용하는 복합 무기체계이다. 수상함은 작전임무에 따라 항공모함, 전투함, 고속정, 상륙전함, 기뢰전함 및 지원함 등으로 구분되며, 전투함은 함의 크기 및 임무에 따라 순양함, 구축함, 호위함, 초계함 등으로 분류된다.

수상함 무기체계의 특성은 다음과 같다.

첫째, 함정은 다수의 개별 무기체계와 장비가 탑재되고 이를 연동시켜 통합된 성능을 발휘하는 복합 무기체계이다. 예를 들어, 우리나라의 구축함인 KDX-3(세종대왕함)의 경우 탑재된 32종의 개별 무기체계와 98종의 일반장비를 하나의 전투시스템에 의해 운용 및 통제하여 전투력을 발휘한다.

둘째, 함정을 건조하는 것은 부대를 창설하는 것이다. 함정은 무기체계이면서 동시에 승조원이 함내에 거주하면서 작전, 정비, 훈련 및 행정업무를 수행하기 때문에 단위부대로 편성되어 임무를 수행한다.

셋째, 다종의 함정을 소량으로 운용한다. 해군에서는 다양한 해군의 작전 형태와 적 위협 세력에 대처하기 위해 다종의 함정이 소요되며, 경우에 따라 다르나 대체적으로 동종의 함정은 소량으로 획득하여 운용하며, 필요시 대량으로 운용하는 특징이 있다.

넷째, 시제함정을 실전에 배치한다. 일반 무기체계 및 장비의 경우 시제품은 시험평가를 통해 성능을 입증하고 전투용에 사용 가능한지를 판단하는 용도로만 사용된다. 그러나 함정은 시제함정의 경우라도 시험평가를 통해 성능을 입증한 후 이를 일정기간 전력화 평가 실시 후 실전배치되는 특징이 있다.

다섯째, 함정의 표준화 및 규격화가 어렵다. 함정 획득에는 장기간의 시간이 소요되며, 이로 인해 동형 함정일지라도 건조시점에 따라 탑재장비와 무기체계가 일부 변경될 수 있다. 또한 개량된 신형 자재를 사용하고 운용자 요구사항을 반영하는 등의 설계변경 소요가 다수 발생한다. 때문에 동형 함정이라도 표준화 및 규격화된 건조를 할 수 없는 특징이 있다.

8.2.2 항공모함

1) 체계 특성

항공모함(CV, Carrier 또는 Aircraft Carrier)은 항공기를 탑재하고 비행갑판에서 항공기를 이·착함시키는 군함으로써 적 항공기, 수상, 수중 및 연안에 있는 표적들을 공격하는 항공기를 지휘 및 통제하는 것을 주 임무로 하는 함정이다.

항공모함을 최초로 개발한 국가는 영국이다. 1917년 22700톤인 전함 Furious에 갑판을 개조하여 격납고를 설치하고 여기에 항공기를 탑재하였으며, 항공기의 시험비행까지 성공하였다. 이후 제2차 세계대전을 전후하여 다양한 항공모함이 개발되었고, 추진기관은 증기기관에서 디젤기관 및 원자력기관으로 발전하였다.

항공모함은 90대 이상의 전투기로 편성된 1개 비행단을 탑재할 수 있는 Nimitz급 대형 항공모함부터 헬기와 V/STOL(Vertical/Short Take-Off Landing: 수직이착륙)기를 탑재하는 2만톤 이하의 Invincible급 경항공모함까지 다양하며, 통상 배수량은 3~9만톤에 이른다. 분류는 톤수에 따라 대형(7~10만톤), 중형(4~6만톤), 경(1~3만톤) 항공모함으로 구분하며, 탑재기와 운용법에 따라서 초대형, 중형, 구식, V/STOL, 헬기 항공모함으로 구분한다.

초대형 항공모함은 대형 제트기를 캐터펄트(Catapult : 항공모함의 항공기 사출장치)로 발함시키고, 함에 고정된 와이어로 착함시키는 항공모함으로 미국의 항공모함이 여기에 속한다.

중형 항공모함은 대형 제트기를 운용할 수 있지만 탑재 가능한 항공기 수는 비교적 적다. 러시아의 쿠즈네초프와 프랑스의 샤를드골 항공모함이 여기에 속한다.

구식 항공모함은 매커니즘상으로 위의 초대형 항공모함과 같지만 신세대 함재기는 운용이 불가하고 구식 항공기를 운용한다. 아르헨티나의 Veinticinco, 브라질의 Minas Gerais이 속한다.

V/STOL 항공모함은 V/STOL 전투기를 스키점프대로 이륙시키며, 수직으로 착함시킨다. 영국의 인빈시블, 인도의 Viraat, 태국의 차크리 나루에벳 항공모함 등이 속한다.

헬기 항공모함은 보통 헬기만을 탑재하며 작전 형태에 따라서는 V/STOL 전투기도 운용할 수 있다.

2) 운용 개념

항공모함은 그 자체가 대단한 무장을 갖춘 것은 아니다. 자체 무장은 주로 단거리 함대공 미사일을 비롯한 방어용 무기로만 사용된다. 그렇지만 척당 수십 대 이상의 항공기를 탑재함으로써 육지로부터 멀리 떨어진 해양에서 예하 함대의 수상전투함들을 위한 해상 방공능력을 제공하며, 필요시 항공기들을 출격시켜 인근 지역에 대한 공격을 담당한다. 또한 항공모함은 순양함, 구축함, 호위함 및 잠수함과 더불어 항모기동부대를 구성하며 명실상부한 해전의 주된 역할을 수행하고 있는데, 항공모함 이외에도 우수한 함재기, 대형 수상전투함, 잠수함 및 장거리 해상보급함 등이 균형 있게 구성된 경우에만 완전한 전투력을 발휘할 수 있다.

그림 8.2.1 항모 전투단 훈련 전경

이러한 특징으로 인하여 미국을 제외한 다른 나라의 경량급 항공모함의 보유는 상징적인 의미에 그치고 있는 실정이다.

3) 개발 현황

미국의 경우 1척의 항공모함에는 1개 비행단 항공기 85대 이상이 탑재된다. 여기에는 전폭기 3개 대대 호넷 F/A-18 A/C와 슈퍼호넷 F/A-18 E/F 전폭기, 대잠전대 S-3B 6대, 조기경보전대 EA-6B 6대, E-2C 4대, ES-3A 2대, 해상작전헬기 대대 SH-60F 4대, HH-60H 2대 등이 포함된다. 또한 2~3대의 이지스 순양함과 구축함, 1~2척의 핵추진 잠수함, 각종 지원함 등이 항모 전투전단을 구성하여 작전에 투입된다.

그 외에 9개국(영국, 러시아, 프랑스, 스페인, 이탈리아, 중국, 인도, 브라질, 태국)이 항공모함을 보유하고 있는데, 이들은 배수량 2만 톤 이하의 경항공모함(항공기 20대 이하 탑재) 혹은 배수량 3~5만 톤 수준의 중·소형 항공모함(항공기 약 30~40대 탑재)을 운용하고 있다. 주요 국가의 항공모함 현황은 표 8.2.1과 같다.

그림 8.2.2 니미츠급 항공모함

그림 8.2.3 쿠즈네초프급 항공모함

표 8.2.1 주요 국가 항공모함 현황

국 가	구 분	주요 제원				비 고
		만재 배수량(톤)	전장 (m)	전폭 (m)	최고 속력 (노트)	
미국	니미츠급 (Nimitz)	91487	332.8	40.9	30	• 항공기 85대 탑재 가능
러시아	쿠즈네초프 (Kuznetsov)	58500	280	72.4	30	• 항공기 42대 탑재 가능 • 막강한 자체 무장 탑재
프랑스	샤를 드골 (Charles De Gaulle)	40550	261.5	64.4	27	• 세계 최초 스텔스 설계 항공모함
영국	퀸 엘리자베스급 (Queen Elizabeth)	65000	284	39	26	• 2014년 실전배치 예정 • 미국 JSF-35B 항공기 탑재 예정
중국	랴오닝 (Liaoning)	66000	304.5	75	32	• 항공기 40~50대 탑재 가능 • 2012년 취역

8.2.3 순양함

1) 체계 특성

순양함(C, Cruiser)은 대양에서의 지휘 및 통제능력을 보유하고 있으면서 전함보다는 작으나 주요 무기체계는 함대방어 유도탄 또는 전략전술 함대 유도탄이 장착되어 있으며, 중구경함포(5인치 이상)로 중무장되어 있는 수상전투함을 말한다. 순양함은 독자적인 전투능력과 충분한 군수품을 적재하여 대양을 왕복 항해하면서 작전할 수 있는 순양능력을 갖춘 것에서 기인한다.

2) 운용 개념

최초의 순양함은 대양에서 전함에 대한 방어를 제공하기 위해 개발되었다. 현재에는 항공모함 전투단의 방어임무를 수행하고, 상륙전력을 지원하며, 수상함대의 기함으로서 대잠수함작전, 대지미사일 공격, 대수상함 공격 등의 독자적인 작전을 수행한다. 특히 미국의 순양함은 대규모의 항공위협에 대응하기 위하여 이지스 전투체계와 대량의 대공 미사일을 탑재하며, 고속을 낼 수 있도록 핵추진 체계를 갖추고 있다.

한편 이지스(AEGIS) 시스템이란 목표의 탐색으로부터 이를 파괴하기까지의 전 과정을 하나의 시스템에 포함시킨 미 해군의 대공시스템이다. 이지스(AEGIS)는 그리스신화에서 제우스가 그의 딸 아테나에게 준 방패를 의미한다. 이지스시스템의 핵심은 3차원 위상배열레이더(Phased-array radar) SPY-1으로, 레이더 센서가 전후좌우로 상부 격벽의 평면에 부착되어 사방으로 동시에 전자기장 빔을 조사하여 동시에 최고 200개의 목표를 탐지, 추적하고, 그 중 24개의 목표를 동시에 공격할 수 있는 시스템이다. 이지스시스템은 초기에 대공방어를 목적으로 개발되었으나 현재는 공중, 해상, 수중작전에 필요한 모든 전투기능을 종합관리하도록 능력이 향상되고 있다.

3) 개발 현황

순양함은 배수량 1만톤이 넘는 초대형 군함으로 오늘날 이런 형태의 수상전투함을 보유한 국가는 냉전시절 세계의 패권을 다투었던 미국과 러시아 뿐이다. 1961년 미국은 최초의 원자력 추진 순양함인 Long Beach함을 건조하였다. 대표적인 함정에는 미국의 Ticonderoga 급이 여기에 속하고 미국과 러시아에서만 운용하고 있다.

8.2.4 구축함

1) 체계 특성

구축함(DD, Destroyer)은 주력함대를 보호하기 위해 적 함대를 어뢰로 공격하는 군함인 'Torpedo Boat Destroyer'라는 어뢰정 구축함으로부터 기인하였으며, 잠수함을 찾아 쫓아낸다는 의미에서 구축함(驅逐艦)이라 한다. 대양에서 독자적으로 작전할 수 있는 수상전투함으로, 순양함보다는 크기가 작고 무기체계도 적게 장착되어 있으며 항속거리도 짧다. 오늘날의 구축함은 5000톤에서 10000톤의 배수량을 갖는다. 함포와 대함미사일, 중·장거리 함대공미사일 등의 강력한 무장을 갖춘 대양작전의 핵심세력으로, 강력한 경제력과 더불어 정치·군사적인 영향력 확대 및 유지를 추구하는 강대국 해군의 주력함으로 활약하고 있다.

표 8.2.2 주요 국가 순양함 종류

국 가	구 분	주요 제원				비 고
		만재 배수량(톤)	전장 (m)	전폭 (m)	최고 속력 (노트)	
미국	타이콘데로가 (Ticonderoga)급	9466	172.8	16.8	30	·토마호크, 하푼, 스탠다드 미사일을 장착 ·이지스 전투체계 장착
러시아	키로프(Kirov)급	24300	252	28.5	30	·장거리 대함미사일시스템 보유

그림 8.2.4 타이콘데로가 순양함   그림 8.2.5 키로프급 순양함

2) 운용 개념

기능적 임무는 원래 대잠전에 투입하였으나 현재는 다양한 해상작전 임무를 수행할 수 있는 주력 수상전투함으로 발전하였고, 시간이 지남에 따라 대공방어, 항공모함 및 선단 호위, 해상교통로의 보호, 대잠초계, 해상구조 및 항공기 통제 등으로 다양한 임무에 투입이 된다. 현대 해군에 있어서 순양함과 구축함의 차이는 모호하다.

또한 우리나라를 포함한 미국, 영국, 일본, 독일 등의 국가에서는 순양함에 탑재된 이지스 전투체계를 소형화해 구축함에 탑재하여 운용하고 있다. 이지스 구축함은 원거리 표적 탐지능력과 함께 대함, 대공, 대잠 및 대지작전능력을 갖는 유도탄을 모두 갖추고 있어 적 항공기, 유도탄, 어뢰 및 탄도탄 공격에 대해 대응할 수 있는 능력을 보유하고 있다.

3) 개발 현황

대표적으로 미국의 Arleigh Burke급이 여기에 속하며, 기존 구축함의 개념을 넘어 연안 해전 작전임무를 수행할 수 있도록 대지공격능력을 갖추고 있다. 한편 미국의 DDG-1000급은 보다 먼 원거리에서도 지상 지원공격이 가능하도록 지상공격형 구축함으로 개발 건조되고 있다.

우리나라에서는 KDX-1 광개토대왕급(DDH, 만재 3900톤), KDX-2 충무공 이순신급(DDG, 만재 4500톤), KDX-3 세종대왕급(DDG, 만재 10000톤)급을 운용하고 있다.

표 8.2.3 주요 국가 구축함 종류

국가	구 분	주요 제원				비 고
		만재 배수량(톤)	전장 (m)	전폭 (m)	최고 속력 (노트)	
미 국	알레이버크 (Arleigh Burke)급	9,188	153.8	20.4	30	• 이지스 전투체계 장착 • 대공·대함·대잠 작전가능
러시아	소브레메니 (Sovremenny)급	7,940	156	17.3	32	• 스팀터빈추진 및 스텔스 기술 적용 • 대함전 위주로 무장한 구축함
일 본	콩고 (Kongou)급	9,485	161	21	30	• 이지스 전투체계 장착
대 한 민 국	세종대왕급 (KDX-3)	10,000	165	21.4	30	• 이지스 전투체계 장착 • 국산 크루즈 미사일 '천룡', 대잠미사일 '홍상어' 탑재

그림 8.2.6 알레이버크급 구축함　　　그림 8.2.7 세종대왕급 구축함

8.2.5 호위함

1) 체계 특성

호위함(FF, Frigate)은 정찰, 탐색, 경계임무를 통해 주력 전투함을 지원해 온 함정으로 가장 긴 역사를 가진 함정이다. 최근에는 그 규모가 확대되고 탑재무장 및 장비체계가 대폭 강화되어 연안국가들의 주력 전투함 역할을 수행하고 있다. 호위함은 제2차 세계대전까지는 구축함보다 작은 1000~2000톤급의 함정이 대부분이었으며, 기동부대의 주력함정을 적 함정 및 항공기의 공격으로부터 보호하기 위하여 함포 및 대공포를 장착하여 운용하였다. 현재는 함정 톤수가 제한되어 무장 장착에는 제한을 받으나 최소한 2000톤에서 5000톤의 함정을 호위함으로 분류한다. 구경 100 mm급 함포와 대함미사일은 물론, 자체 방공을 위한 단거리 함대공미사일도 탑재 가능할 정도의 무장수용능력을 갖춘 것이 특징이다.

2) 운용 개념

호위함은 전투전대에 편성되어 대공, 대함 및 대잠전 등을 주임무로 수행하고, 조기경보 및 정보전파, 상륙세력 및 선단호송 등의 임무를 부수적으로 수행한다. 구축함과 구별되는 특징으로 호위함은 설계 및 기능에 있어 1개의 주요 임무를 수행하도록 되어 있고, 추가로 다른 임무수행능력을 갖추도록 설계되어 크기가 작은데 비해, 구축함은 다양한 임무를 수행한다는 차이점이 있다.

NATO의 호위함은 대잠전 능력 위주로 외해 작전 시 대공위협에 긴급 대응할 수 있도록 점방어 대공 무기체계를 탑재하도록 설계되었다. 러시아 호위함은 일반적으로 대함전 위주 혹은 대공전 임무수행에 적합토록 건조되었다. 일반적인 공통점은 대함 미사일과 방어용 무장, 다목적 헬기의 탑재이다.

표 8.2.4 **주요 국가 호위함 종류**

국가	구분	주요 제원				비 고
		만재 배수량 (톤)	전장 (m)	전폭 (m)	최고 속력 (노트)	

미 국	올리버 해저드 페리
	(Oliver Hazard
	Perry)급
		4100	136	13.6	29	• 기본적으로
						  대공·대함·대잠능력을 고루
						  갖춘 방어임무함

러시아	뉴스트라쉬미 (Neustrashimyy)급	4250	122.3	15.4	30	• 대잠능력이 강화된 대잠 호위함
프랑스	라파엣(La Fayette)급	3600	115	15.4	25	• 스텔스성을 강조한 특수 선형의 전투함
한 국	인천급	2800	114	14	30	• 127mm 함포 • 총 6척 건조 예정

그림 8.2.8 라파엣(La Fayette)급 호위함

그림 8.2.9 울산급 호위함

3) 개발 현황

미국의 올리버 해저드 패리급, 영국의 Type-23 듀크급, 프랑스의 La Fayette급, 독일의 Sachsen급 등이 있으며, 우리나라에는 울산급 및 인천급 호위함을 건조하여 운용하고 있다.

8.2.6 초계함

1) 체계 특성

초계함(P, Corvette)은 연안해역에서 운용되는 수상함으로, 대양에서의 수상전투함대 초계 임무수행이 가능하도록 일부 공격 무기체계를 장착하고 있다. 경호위함과 크기와 능력 면에서 비슷한 것으로 보이나, 무기체계 탑재장비 등에서 차이가 있으며 배수톤수가 400톤 이상 1500톤 이하의 함정을 말한다. 연안경비의 주역으로 고속정과 호위함의 중간 특성을 보

유하여 주로 대함전 임무 및 연안 초계임무에 운용한다. 미국, 영국, 프랑스의 초계함은 1200
~1700톤급이나 현재 한국 해군의 초계함은 1000~1300톤급으로 구성되어 있다. 초계함은
함포와 함대함 미사일을 주 무장으로 하며 특수한 경우 함대공 미사일이나 76 mm 중구경포
등의 무장을 탑재하여 운용한다.

2) 운용 개념

초계함은 호위함에 비하여 열세한 대잠전 및 대함전 능력을 갖추고, 연근해의 초계 임무
수행을 목표로 하여 운용된다. 함포와 함대함 미사일을 주 무장으로 하며 특수한 경우 함대
공 미사일이나 76 mm 중구경포와 기타의 소구경 함포 및 기타 임무용 무장을 탑재한다. 또
한 필요시 어뢰발사관을 보유하는 등 배수량에 비해 강력한 무장을 탑재하는 경우도 있으며,
헬기를 탑재하는 중무장형도 등장하고 있다. 초계함은 대체로 연안경비 및 초계임무를 수행
하며 해상상태가 비교적 평온한 상태에서만 작전할 수 있다. 미국은 이러한 유형을 거의 운
용하지 않으며 중소형 해군국 및 방어적 해양전략을 채택하는 대륙국가에서 다수 운용하는
경향이 있다.

3) 개발 현황

러시아의 Grisha급, 이스라엘의 Eilat급, 이탈리아의 Minerva급 등이 있으며, 우리나라에
서는 울산급의 로우 엔드급인 포항급이 있다.

한편 해군작전의 중심이 연안으로 이동함에 따라 미국에서는 연안 해전에서 요구되는 복합
적인 작전임무를 전담하여 수행할 수 있는 초계함을 연안전투함(LCS : Littoral Combat Ship)으
로 정의하여 새로이 설계, 건조하고 있다.

표 8.2.5 **주요 국가 초계함 종류**

국 가	구 분	주요 제원				비 고
		만재 배수량 (톤)	전장 (m)	전폭 (m)	최고 속력 (노트)	
러시아	Grisha급	1200	71.2	9.8	27	• 대공미사일 장착
이탈리아	Minerva급	1285	86.6	10.5	24	• 연안 초계 임무용
이스라엘	Eilat급	1075	76.6	11.9	33	• 대공 · 대함 미사일 탑재 • 스텔스 설계집중 적용
한국	포항급	1220	88.3	10	32	• 대함 능력 위주 설계

그림 8.2.10 Eilat급 초계함

그림 8.2.11 포항급 초계함

8.2.7 고속정

1) 체계 특성

　고속정(P, Fast Patrol Boat)은 주로 연안에서 활동하며, 배수톤수가 약 400톤 이하인 함정을 말한다. 고속정은 초기 어뢰정으로 출발하여 고속유도탄정으로 발전하였고, 특히 1969년 중동전을 통해 작전효과가 입증된 이후 세계적으로 확산, 발전을 거듭해 왔다. 그러나 소형 함정으로서 고속유도탄정이 가지고 있는 자위능력과 생존성의 한계로 인하여 2000년 이후에는 확산추세가 감소하고 있다. 고속정은 탑재된 무기에 따라 유도탄정, 대잠정, 초계정, 함포정, 어뢰정 등 다양한 유형이 있다. 연·근해용으로 200~250톤 정도, 연안용으로는 500톤 정도이나 구소련에서는 중무장을 요구하여 700톤 이상의 고속정도 건조하였다. 고속정의 화력은 상당한 전투력을 갖지만 레이더 탐지거리가 짧고, 정보처리 능력이 제한되며, 전술판단의 범위가 한정되어 작전 시 기지 또는 모함에서 지시를 받는다. 한편 저비용으로 해군력을 증강할 수 있다는 점에서 중시되고 대함전의 경우 빠른 속력과 전술기동이 유리하여 연안방어형 해군에서 건조가 활발히 진행되고 있다.

2) 운용 개념

　고속정은 함정에 유도탄, 함포 또는 어뢰를 탑재하고 고속으로 기동하면서 연안에서 적 함정에 대한 기습공격, 항만방어 임무 등을 수행하는 데 운용된다. 선체 규모가 작아서 승무원과 탑재무장 규모가 작으며, 항해속도는 빠른 편이지만 원해에서의 작전수행은 곤란하다. 따라서 자국 영토로부터 가까운 영해 이내를 범위로 하는 협소한 해역에서 임무를 수행한다.

3) 개발 현황

　종류로는 스웨덴의 Visby급, 노르웨이의 Skjold급, 일본의 PG-01급 등이 있다. 한편 배타적 경제수역이 200해리로 확대됨에 따라 OPV(Offshore Patrol Vessel)와 같은 연안고속정의 필요성이 증가하고 있는 추세로, 특히 스웨덴의 Visby급 고속정은 워터제트 추진을 사용하

그림 8.2.12 윤영하급 유도탄 고속함(PKG)　　　　그림 8.2.13 Visby급 고속정

고 스텔스 능력이 탁월하여 굴곡이 심하고, 긴 해안선을 가진 해역에서 회피와 역습이 가능토록 개발되었다.

우리나라에서는 참수리급 고속정(PKM)을 주력함정으로 사용하다가 최근에 워터제트 추진방식을 도입한 윤영하급 미사일 고속정(PKG)을 실전배치하였다.

8.2.8 상륙함

1) 체계 특성

상륙함(L, Amphibious Ship)은 상륙 공격부대의 병력과 장비를 수송, 전개시킬 수 있는 편제상의 능력을 보유하고 있는 모든 함정으로서, 대양에서 장거리를 항해할 수 있는 함정을 의미한다. 또한 냉전 종식 후 지역분쟁이 빈발함에 따라 세계 주요 해군들이 다양하고 복잡한 임무를 수행하기 위해 개발, 건조하고 있다.

2) 운용 개념

상륙함은 상륙전 전대에 편성되어 상륙돌격 수송임무를 수행한다. 이를 위하여 다양한 장비를 갖춘 부대를 구성하는데, 상륙용 주정을 목적지까지 운반하기 위하여, 인근 해안에서 발진하여 부대나 중장비를 양륙시키거나 함 자체를 해안에 접안하도록 고안된 LST형 상륙함, 고속 상륙주정을 함내의 웰덱(수몰 갑판)에 탑재하여 발진시키는 도크형 상륙함, 헬기에 의한 입체 양륙을 목적으로 하는 상륙공격함 및 복잡한 상륙작전을 지휘하는 상륙지휘함 등이 있다. 상륙함은 평시에는 도서부대 군수물자 수송지원, 재난구조, 평화유지작전을 지원한다.

한편 빠른 시간 내에 많은 병력을 적지에 상륙시킬 수 있도록 항공기는 물론 공기부양형 상륙정(Air-Cushion Vehicle), 수륙양용 장갑차량을 탑재하여 입체상륙작전을 수행할 수 있도록 능력을 구비하는 추세이다.

3) 개발 현황

상륙함은 선체와 탑재능력의 규모 그리고 수행임무 등의 기준에 따라 국가별로 다양한

표 8.2.6 주요 국가 상륙함 종류

국 가	구 분	주요 제원				비 고
		만재 배수량 톤)	전장 (m)	전폭 (m)	최고 속력 (노트)	
미국	Wasp급	41661	258.2	52.7	22	• 헬기 이·착함 데크 보유 • 헤리어 6~8대 탑재 가능
영국	Albion급	21500	176	28.9	18	• 대형헬기 이착함 데크 2개
일본	Osumi급	14000	178	25.8	22	• 스텔스 설계 도입 • 경항모 개조 가능
한국	독도급	18800	199	31	23	• 헬기 이·착함 데크 보유 및 7대 탑재 가능

형태로 개발하여 왔다. 미국의 Wasp급은 2000여명의 해병대 병력을 해병원정부대(MEU : Marine Expeditionary Unit)로 편성하여 탑재, 이동하고, 헬리콥터와 상륙주정, 수륙양용차량 등의 활용을 위한 적 해안으로의 전개 및 지휘를 위하여 개발되었다. 여러 종류의 강습용 헬기와 대잠용 헬리콥터 42대 및 근접항공지원용 해리어 6~8기를 탑재하도록 설계되었다. 영국의 Albion급과 일본의 Osumi급, 우리나라의 독도급은 헬기를 운용하는 상륙함으로 개발되어 운용하고 있다.

8.2.9 기뢰함

1) 체계 특성

기뢰함(M, mine warfare ship)은 기뢰(mine)를 부설, 탐색, 제거하는 데 사용되는 함정으로서, 선체는 대부분 비자성 재질로 되어 있는 함정을 의미한다. 기뢰함은 기능적으로 기뢰부설함과 소해함(기뢰탐색함)으로 구분된다. 기뢰함의 발달은 기뢰의 개발과정과 함께 발전되어 왔다. 기뢰는 1776년 미국의 남북전쟁 때부터 사용되어 왔으며, 폭발장치에 따라 음향, 자기, 접촉 및 복합기뢰 등으로 구분되며, 이러한 기뢰를 부설하는 함정을 기뢰부설함, 부설된 기뢰를 탐색하여 소해하는 함정을 기뢰탐색함 또는 소해함이라 한다.

그림 8.2.14 Wasp급 상륙함

그림 8.2.15 독도급 상륙함

기뢰의 제거에는 부설된 기뢰를 탐색하여 폭약으로 파괴하는 방법과 기뢰를 인위적으로 감응시켜 폭발시키는 방법 그리고 계류기뢰의 계류와이어를 잘라 기뢰를 부유시킨 후 사격으로 파괴시키는 방법이 있다.

2) 운용 개념

기뢰함은 주요 항구 출입항로에 대한 계류, 자기, 음향기뢰에 대한 탐색 및 소해임무를 주로 하며, 상륙전 시에는 전위세력으로 운용하여 탐색 및 소해임무를 수행한다. 기뢰함은 연안 해전에서 기뢰와 같은 전형적인 재래식 무기의 위협에 대응하기 위해 기뢰탐지 및 식별, 처리능력이 고도화되고 있는 추세이며, 현재 기뢰부설함, 기뢰소해함에서 기뢰전 임무를 수행하고 있으나, 수상전투함에 기뢰전 능력을 포함시키거나 모듈화 형태로 된 기뢰전 장비체계를 탑재 운용토록 개발되고 있다.

표 8.2.7 **주요 국가 기뢰전함 종류**

국 가	구 분	주요 제원				비 고
		만재 배수량 (톤)	전장 (m)	전폭 (m)	최고 속력 (노트)	
미 국	Avenger급	1321	68.3	11.9	13.5	• MCM, 기뢰대항함 • 재질 : 목재 및 유리섬유 복합강화 플라스틱
영 국	Hunt급	750	60	10	15	• MCMV, 기뢰대항정 • 재질 : 강화플라스틱
일 본	Uraga급	5650	141	22	22	• MST, 소해함 • 스텔스 설계, 소해모함 임무수행
한 국	원산급	3300	103.8	15	22	• MLS, 기뢰부설함

그림 8.2.16 Avenger급 기뢰대항함

그림 8.2.17 원산급 기뢰부설함

그림 8.2.18 천지급 군수지원함

그림 8.2.19 청해진급 잠수함구조함

8.2.10 지원함

1) 체계 특성

지원함(Auxiliary Ship)은 해상에서 장기간 동안 작전을 실시하는 전투함을 지원하는 함정으로 유류, 탄약, 청수(淸水) 및 기타 군수물자를 지원하는 군수지원함과 사고함정을 구조하고 수리하는 구조함 및 수리함, 해양 및 적의 정보를 수집하는 해양정보함, 실습 및 훈련지원함 등 매우 다양한 전력이 포함된다.

종류로는 군수지원함에는 AK(Cargo Ship), AO(Oiler), AOE(Fast Combat Support Ship) 등이 있고, 구조 및 수리함에는 ASL(Submarine Tender), ARS(Salvage and Rescue Ship), ASR(Submarine Rescue Ship) 등이 있으며, 정보수집함에는 AGS(Surveying Ship) 등이 있다. 함형은 다양한 임무를 악천후에서도 수행할 수 있도록 내해성과 안정성을 구비한 함정으로 발전하고 있으며, 특수화·대형화되고 있는 추세이다.

8.3   잠수함

8.3.1 체계 특성 및 분류 기준

1) 체계 특성

잠수함(SS, Submarine)은 전투, 보조역할, 연구 및 개발 등 어떠한 경우에 사용되더라도 약간의 전투능력을 보유하는 것으로서, 스스로 잠수 및 부상할 수 있는 능력을 가진 함정을 의미한다. 최초의 잠수정은 1775년말 미국 독립전쟁 중 D. Bushnell이 완성한 'Turtle'정으로, 2차대전 후 스노클 및 핵추진 기술 발전으로 수중작전 시간이 증가하였다. 특히 핵추진 체계는 수상기동부대와 동일한 속력의 기동을 가능하게 하였고, 무제한의 잠수능력을 보유할 수 있게 하였다.

잠수함은 잠항 시 우수한 스텔스 성능을 발휘할 수 있어 독자적인 은밀작전 및 기동 전투전단과의 연합작전 등을 수행할 수 있다. 또한 잠수함은 대수상함전, 대잠수함전, 대지전, 정찰 및 감시, 기뢰전, 특수전 지원에 효과적으로 운용할 수 있는 종합 무기체계이다. 그리고 항만 및 해역봉쇄, 수상함 및 잠수함 공격 등의 전술적 임무와 장거리 대지공격 능력 보유에 의한 전쟁억제 및 보복세력으로서의 전략적 임무를 수행하는 비대칭 공세전력이다.

잠수함이 다른 군함들과 구분되는 특성은 첫째, 바다 속으로 항해할 수 있는 잠항(潛航) 능력이다. 따라서 잠수함은 필요할 때마다 바다로 들어가거나 떠오를 수 있는 능력이 요구되며, 이를 위해서는 바닷물을 함내부로 넣었다가 빼내는 원리를 이용한 부력탱크(밸러스트 탱크, Ballast Tank)가 필요하다. 잠항 시에는 바닷물을 밸러스트 탱크 안으로 넣어 선체가 무거워지게 하고, 떠오를 때는 압축공기로 밸러스트 탱크 내부의 바닷물을 밀어내 선체를 가볍게 한다.

둘째, 대부분의 수상전투함은 앞면이 뾰족한 선체로 되어 있지만, 잠수함은 곡선 형태의 선체를 취하고 있다. 이는 수중 항해과정에서 바닷물에 의한 마찰 저항을 최소화하기 위한 것이다.

한편 재래식 잠수함이 잠항하기 위해서는 연료의 연소와 실내공기 순환을 위한 공기가 필요하며, 평균 3일 정도의 일정 시간이 지나면 소모된 공기를 보충하기 위해 수상으로 부양해야 한다. 이로 인해 작전 시간이 제한을 받게 되고, 노출로 인하여 생존성에 위협을 받게 되었다. 최근의 재래식 잠수함들은 이러한 문제를 해결하기 위해 공기불요 추진체계 AIP(Air Independent Propulsion)을 채택하고 있다. AIP는 외부에서의 공기보충 없이도 잠수함 내부에서 축전지의 충전으로 추진에 필요한 전원을 발생시키는 장치로, 잠항기간을 최대 2~3주일로 늘려주어 핵추진잠수함에 버금갈 정도의 장기간 임무수행을 가능하게 하였다.

2) 분류기준

잠수함은 추진 에너지원에 따라 재래식 잠수함과 원자력 잠수함으로 구분된다. 재래식 잠수함(SS)은 필요한 전기에너지를 얻기 위해서 발전기를 이용하여 생산한 후, 추진 프로펠러 구동 및 함내 공급용 전기에너지로 사용하고, 동시에 축전지에 저장했다가 잠항할 때 추진 동력으로 사용한다. 원자력 잠수함에 비해 잠항기간, 항해속도, 항속거리 등이 크게 뒤지지만, 동력 발전량이 작으므로 항해 과정에서 나타나는 소음이 작아 적함에게 탐지당할 위험이 적다.

원자력 잠수함(SSN : Submarine Nuclear)은 소량의 연료 우라늄을 이용하여 막대한 에너지를 얻으며, 이 경우 무한에 가까운 항속거리를 얻을 수 있고, 수중에서 재래식 잠수함처럼 축전지를 충전할 필요가 없기 때문에 수중에서 무한정으로 작전할 수 있는 특징이 있다. 또한 재래식 추진방식보다 월등히 높은 30노트[3]급의 항해속도를 지속적으로 낼 수 있어 생존성이 높다. 그렇지만 항해 과정에서 많은 소음이 발생하여 적에게 탐지당할 위험부담이 높다.

---

3) 노트(Knot) : 한시간에 1해리(1852 m)를 달리는 속도

목적에 따라서는 전략잠수함(SSBN, SSGN)과 전술잠수함(SS, SSN)으로 구분된다.

원자력추진탄도탄잠수함(SSBN : Nuclear Powered Ballistic Missile Submarine)은 탄도유도탄을 주무장으로 장착하고 핵추진기관을 사용한 잠수함이다. 탄도유도탄잠수함(SSB : Ballistic Missile Submarine)은 탄도탄을 장착 운용하는 잠수함으로 추진은 재래식이지만 유도탄미사일을 탑재한 잠수함이다.

핵추진순항유도탄잠수함(SSGN : Nuclear Powered Cruiser Missile Submarine)은 추진은 원자력이면서 순항유도탄을 탑재한 잠수함이고, 순항유도탄잠수함(SSG : Cruise Missile Attack Submarine)은 순항유도탄을 장착, 운용하는 잠수함으로서 추진은 재래식이면서 탄도미사일을 탑재한 잠수함이다.

공격잠수함(SS : Attack Submarine)은 주무장으로 어뢰나 어뢰발사관 발사 유도탄, 로켓을 장착한 잠수함이고, 핵추진공격잠수함(SSN : Nuclear Powered Submarine)은 핵추진기관을 사용하는 1500톤급 이상의 잠수함이다. 재래식 잠수함(SSK)은 재래식이면서 대잠수함용 어뢰를 적재하고 있는 함을 말하며 대부분의 재래식 잠수함이 여기에 속한다.

SSBN, SSGN 및 SSN은 모두 원자력 추진 방식을 채택하고 있으며, 미국, 러시아, 영국, 프랑스, 중국 등 5개국에서만 보유한 무기체계이며, 추진 체계의 정숙화 정도가 디젤 잠수함의 수중방사소음 수준으로 향상되어 은밀성이 더욱 강화되고 있다. 또한 최근에는 전술잠수함에서 육상목표타격용 순항유도탄을 탑재하거나 탑재수량을 확대하는 추세에 있는 반면, 핵무기 감축협정에 따라 운용 중인 전략잠수함을 순항유도탄 탑재잠수함으로 전환하는 경향도 있다.

한편 잠수함의 운용목적과 효과 측면에서 핵무장이 없더라도 전략목표 타격이 가능한 순항유도탄을 대량 탑재하고, 장기간 수중에서 잠항할 수 있는 AIP 장치를 탑재한 잠수함은 전략잠수함으로도 분류가 가능하다.

8.3.2 운용 개념

잠수함은 육안으로 식별할 수 없는 수중 공간에서 항해하는 전투함이다. 이러한 은밀성으로 인하여 생존성이 높으며, 적이 예상하지 못한 시간과 장소에서 기습적으로 공격을 가할 수 있다. 그 결과 잠수함은 적은 수로 보다 대규모의 적 해군력에게 기습적인 보복과 전력손실, 소모를 강요할 수 있다.

잠수함 체계의 운용 개념은 그림 8.3.1과 같이 네트워크 중심전 개념 하에서 수중작전의 주 전력으로 운용되고 있다.

원자력추진전략잠수함(SSBN)은 원자력추진 및 핵무장 탄도유도탄 탑재를 기반으로 상대국의 선제공격 저지 및 응징 보복을 주 임무로 수행한다. 원자력추진 전술잠수함(SSN)은 탄도탄 탑재 원자력추진 전략잠수함에 대한 추적·공격이 주 임무였으나 최근에는 연안전의 중요성이 강조되어 연안에서의 작전 및 대지공격 임무 등이 강조되고 있다.

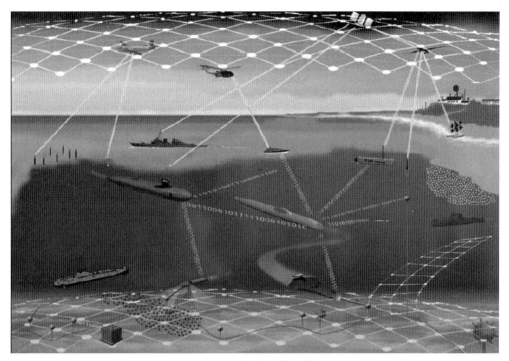

그림 8.3.1 잠수함 운용 개념도

잠수함은 어뢰, 기뢰, 수중발사 미사일 등 다양한 무장을 탑재함으로써 대함, 대지 및 대공작전을 수행할 수 있으며, 무인잠수정(UUV) 탑재로 정보수집, 전장감시 및 정찰 등 수중은밀작전 수행이 강조되고 있다.

잠수함은 평시에 작전해역의 감시 및 정찰과 함께 전략적 억제전력으로 운용될 수 있으며, 전시의 임무는 수상 및 수중세력의 위치탐지, 분석, 식별 및 교전, 정보수집, 감시 및 정찰, 기동전투단 대잠 방호, 육상표적 공격, 적 주요 항만 및 해협봉쇄, 기뢰부설 작전, 특수작전 지원 등에 운용된다.

표 8.3.1 주요 국가 잠수함 종류

국 가	구 분	주요 제원				비 고
		수중 배수량 (톤)	전장 (m)	전폭 (m)	최고 속력 (노트)	
미국	Sea Wolf (Sea Wolf)급	9142	107.6	12.9	38	• 토마호크 잠대지미사일 장착
	로스엔젤레스 (Los Angeles)급	6900	110.3	10.1	32	• 토마호크 잠대지미사일 장착
	버지니아(Virginia)급	7700	114.9	10.4	32	• 토마호크 잠대지미사일 장착

(계속)

러시아	Oscar(Oscar) Ⅱ급	18300	154	18.2	28	• 공격원자력잠수함 중 가장 대형
	아쿨라(Akula) Ⅱ급	10000	113	13	35	• LA급 공격원자력잠수함과 동등한 성능 보유
	시에라(Sierra)급	7550	107	12.5	34	• 수심 700 m까지 잠항가능
중국	Xia 급	6500	97.7	10.8	29	• 중국 유일의 전략원자력잠수함, 탄도유도탄 장착
일본	아사시오(Asashio)급	2750	78	10	20	• 디젤전기추진 잠수함으로 Sub-Harpoon 장착
독일	U-212급	1830	55.9	7	20	• 연료전기 방식의 추진장치로 은밀성 향상
한국	장보고급	1285	56	6.2	22	• 디젤전기추진 잠수함으로 Sub-Harpoon 장착

8.3.3 개발현황

1) 미국

미국은 Los Angeles(SSN)급, Sea Wolf(SSN)급, Virginia(SSN)급, Ohio(SSBN)급 등 많은 원자력잠수함을 운용하고 있다.

Los Angeles급은 26개의 수평·수직 발사관에 토마호크 순항미사일 8발과 어뢰 14발 등을 장착하고 있다. 로스앤젤레스급 잠수함은 걸프전에서 토마호크 순항미사일을 발사함으로써 탈냉전기에도 그 역할이 줄지 않았다. 로스앤젤레스급 공격 원자력 잠수함은 1976년부터 1997년까지 세 번의 개량을 거쳐 62척이 생산되었다. 이 잠수함은 소음을 최소화시키는데 많은 비중을 두고 설계되었다. 또한 선체가 대형화됨에 따라 음파의 반사면적은 증가되었으나 자함의 소음이 선체외로 방출되는 것을 최소화하였다. 특히 구소련 공격 원자력 잠수함보다 소음이 적고 성능이 우수한 것이 특징이라 할 수 있다. 로스앤젤레스급 잠수함은 최대 6개월간 부상하지 않고 잠항할 수 있다.

Sea Wolf급 잠수함은 미국의 최신, 최고속 핵추진 공격용 잠수함이다. 로스앤젤레스급의 후속기종으로, 1997년 1번함이 취역한 Sea Wolf급은 척당 건조비가 21억 달러에 이른다. 수중 배수량이 9150톤에 달하며 수상함의 속도와 비슷한 25노트 이상의 속도를 자랑하는 Sea Wolf급은 소음을 크게 줄여 스텔스성이 매우 높다. 1989년 10월 건조를 시작하여 1995년 6월 진수하고 1997년 7월 취역함으로써 8년만에 건조되었다. 이 함은 현재까지 3척이 건조되어 운용되고 있는데, 최초에는 29척이 건조될 예정이었으나 소련의 해체로 잔여 척수의 건조는 취소되었다.

Sea Wolf 잠수함(SSN-21)의 기본적인 임무는 소련의 전략 탄도미사일 잠수함이나 수상함을 탐색하여 격파함으로써 소련의 전략함이 미국에 대하여 전략미사일을 발사하지 못하도록 하는 것이었다. 이외에 탑재한 정밀한 전자장비를 이용하여 전장에서 조기경보, 탐색 그

그림 8.3.2 Los Angeles급 잠수함

리고 통신 등 부차적임무도 수행한다. 이 플래폼은 전투단에 편성되어 기반체계로서의 역할을 수행하거나, 지상작전의 지원으로 신속히 임무전환되어 투입될 수 있다. 또한 로스엔젤레스급에 비해 어뢰관도 2배 이상 증가하고, 무기탑재량도 30퍼센트 이상 증가하였으며, 3번함은 특수전을 수행할 수 있는 능력을 갖추고 있다. 여기에는 특수부대를 침투시킬 수 있도록 DRY DECK SHELTER(DDS)와 수영자를 위한 사일로를 갖추고 있어 침투정이나 수영 침투원을 잠수발진시킬 수 있다. 사일로는 내부에 설치된 관찰실로서 8명의 수영 침투원과 장비를 수용할 수 있다.

한편 미국이 21세기의 주력 원자력 잠수함으로 운용하기 위하여 건조한 Sea Wolf급은 러시아가 지배하는 해역에서 작전하기 위해 개발되었다. 그 때문에 선체설계부터 추진시스템, 전투지휘시스템, 병기시스템 등이 완전히 혁신되어 선체는 배수량 약 10000톤에 이르는 대형함이 되었고, 건조비도 25억 달러로 대폭 상승하였다. 그래서 Sea Wolf급은 3척만이 건조되었고 현재는 LA급의 후계형으로 Virginia급 공격 원자력 잠수함이 개발되었다.

Virginia급은 Sea Wolf급 대비 75%의 성능을 발휘하고, 건조비는 75% 정도를 목표로 개발되었다. 건조비를 절약하기 위하여 모듈건조방식을 최대한 적용하여 건조비를 감소시켰고, 주임무인 공격 원자력 잠수함 이외에도 SEAL 요원의 운용능력도 가지고 있고, 전략미사일 탑재 등도 검토되고 있다. 또한 Sea Wolf의 정숙성 향상에 적용된 기술을 그대로 사용하였고, 추진기는 펌프제트를 채용하는 등 방사소음이 적고, 음파의 저반사성을 높이기 위한 장비를 탑재하고 있다.

향후 미 해군은 Los Angeles급 공격잠수함 대체전력으로 Virginia급 공격잠수함 30척을

그림 8.3.3 Sea Wolf급 잠수함

그림 8.3.4 Virginia급 잠수함

확보할 예정이며, 1번함인 Virginia함(SSN-774)은 2004년 10월 23일 미 해군에 인도되어 취역하였으며, 2024년까지 총 30척을 건조하는 대규모 사업이다.

Virginia급 잠수함은 무인잠수정 및 무인항공기 등 첨단 무기체계를 탑재 및 운용하여 해중전뿐만 아니라 연안에서의 정찰 및 감시, 특수전 지원, 토마호크에 의한 지상타격 등 다양한 임무수행능력을 보유함으로써 미 해군의 핵심전력으로 자리매김할 것이다.

2) 러시아

러시아는 Oscar급(SSN/SSGN), Akula급(SSN), Sierra급(SSN) 원자력 잠수함과 다수의 재래식 잠수함을 보유하고 있다.

Oscar급 잠수함의 주 임무는 미국의 항공모함을 장거리에서 공격하고, 유럽에서 전쟁 발발 시 대서양을 횡단하는 수송선단을 공격하기 위하여 개발되었다. Oscar급 순항잠수함은 대형장거리 순항미사일을 탑재하기 때문에 만재배수량 18300톤으로 오하이오급과 비슷한 크기이고 공격 원자력 잠수함 중에서 가장 대형이다. Oscar급은 빙해에서 활동이 가능하도록 견고한 구조를 가지고 있으나, 대형이기 때문에 서방측 잠수함에 탐지되기 쉬운 단점을 가지고 있다.

추진기관은 원자로 2기로 각각의 스팀터빈을 구동하며, 2개의 추진기를 보유하고 있다. 탑재무장은 대함 공격용으로 SS-N-19 순항미사일을 양옆의 외곽에 12발씩 장착하고 있으며, 이 미사일은 최대사거리가 650 km로 외부에서 정보를 받아서 발사할 수 있고 항공기에서도 유도할 수 있다. 어뢰발사관은 650 mm 4문과 533 mm 4문을 보유하므로 기본적인 공격 원자력 잠수함의 기능을 수행할 수 있고 무장 탑재수는 24발이다.

아쿨라급은 구 소련이 대량으로 건조한 빅터급의 후속 공격 원자력 잠수함으로 빅터급 다음으로 많은 수가 취역하였다. 아쿨라 I급 공격 원자력 잠수함은 1985년에 1번함 취역 후 모두 4척이 취역하였고, 일부는 개량되었다. 아쿨라 II급은 1980년대말부터 8척이 취역하였으며, 현재 3척이 건조 중이다. 아쿨라급은 미 해군의 LA급 공격 원자력 잠수함에 대항하기 위하여 설계되었다. 이 때문에 아쿨라 I은 LA급 초기생산형과 정숙도가 비슷하고 아쿨라 II는 LA급보다 더 정숙하다. 이것은 러시아의 잠수함 건조기술이 미국에 육박하고 있음을 시사하는 것이다.

이 잠수함의 추진기관은 가압수형 원자로를 2기 탑재하며, 두 개의 스팀터빈을 사용하는

그림 8.3.5 Oscar급 잠수함

1축 추진방식이다. 이 잠수함의 원자로와 동력계통은 소음을 줄이기 위하여 선체와 직접 연결되어 있지 않으며 각종 정숙화 기술이 도입되었다.

아쿨라급의 외형은 수중에서 고속 주행 시에 저항을 최소한으로 감소시키는 설계이다. 이 잠수함은 자동화 설계가 도입되어 배수량에 비하여 승무원은 62명으로 적은 편이다. 탑재무장은 650 mm와 533 mm 어뢰발사관을 각각 4기씩 보유하고 있으며, 무기탑재량은 30발이다. 또한 SS-N-21 대지미사일, SS-N-15/SS-N-16 대잠미사일을 발사할 수 있다. 러시아의 공격 원자력 잠수함들도 SS-N-21 대지미사일의 탑재로 미국의 공격 원자력 잠수함에 토마호크가 탑재된 것과 같이 장거리 지상공격이 가능하게 되었다.

시에라급 잠수함은 러시아 해군이 자랑하는 최신의 공격 원자력 잠수함으로 미국의 LA급과 비슷한 능력을 보유하고 있다. 이 잠수함은 수중 고속력을 자랑하던 알파급 공격 원자력 잠수함의 후속함으로 건조되었으며, 잠항심도는 700 m로 매우 깊다. 러시아의 경제사정으로 4척만이 건조되었지만 21세기에 러시아 해군의 가장 강력한 공격 원자력 잠수함으로 사용될 것이다.

이 잠수함의 추진기관은 가압수형 원자로 2기로 한 개의 스팀터빈 발전기를 구동하여 발생된 전기로 추진모터와 함내 전력을 공급하는 전기추진 방식이며, 고출력에 비하여 속력은 떨어지는 문제점이 있다.

이 공격 원자력 잠수함은 다양한 무장을 발사할 수 있는 650 mm 어뢰발사관 8기를 함수에 장착하며, 모두 30발의 무장을 탑재한다. 어뢰 외에도 SS-N-21 대함미사일과 SS-N15/16

그림 8.3.6 Akula급 잠수함

그림 8.3.7 Sierra급 잠수함

대잠미사일을 어뢰발사관으로 발사할 수 있으며 1990년대부터 SS-N-21 대지공격용 순항미사일을 운용하고 있다.

3) 한국

한국 해군은 장보고급(209급) 잠수함(SSK)과 손원일급(214급) 잠수함을 보유하고 있다. 장보고급은 1987년에 독일 HDW에서 건조되고 1989년 인수되었으며, 8척은 대우 옥포조선소에서 건조되어 총 9척이 운용 중이다.

209급 잠수함은 부상 시 디젤엔진으로 항진하면서 축전지를 충전하고, 잠항 시에는 축전

그림 8.3.8 장보고급(209급) 잠수함

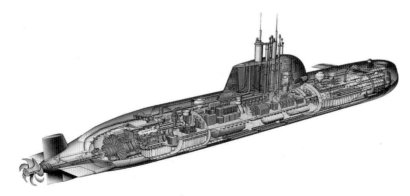

그림 8.3.9 손원일급(214급) 잠수함 형상

지로 모터를 돌리는 방식으로, 두 달간 보급 없이 작전할 수 있다. 209급은 크기는 작지만 소음이 극히 적어 은밀성에서는 높은 평가를 받고 있다.

2006년부터는 독일제 214급 잠수함도 국내 건조방식으로 전력화하고 있다. 손원일급으로 명명된 이 잠수함은 수중배수량 1900톤급으로 연료전지 형태의 공기불요 추진장치(AIP)를 탑재하여 2주일 이상 장기간의 잠항이 가능하여 한반도 주변해역을 벗어난 원해에서도 효과적으로 임무를 수행할 수 있다. 214급 잠수함은 동아시아 최초로 전력화된 AIP 잠수함이다. 2013년 8월 4번함(김좌진함)이 진수식을 가졌으며 곧 전력화될 예정이다. 2018년까지 5척을 추가 실전배치할 계획이다.

8.4   무인정

8.4.1 체계 특성 및 운용 개념

1) 체계 특성

무인정 체계는 미래전투환경에서 인명 손실을 최소화하고 전투력 우위를 확보하기 위해 유인으로 운용되는 전투함정의 임무를 세분화하여, 네트워크 중심전(NCW)에 적합하게 자율제어 기반의 무인 플랫폼으로 운용되는 체계이다. 수중에서 작전을 수행하는 무인잠수정(UUV)과 수상에서 작전을 수행하는 무인수상정(USV)으로 구분된다.

무인잠수정(UUV : Unmanned Underwater Vehicle)은 사전 프로그램되거나 실시간 통제 하에 완전 자율적으로 또는 최소한의 제어로 자체 추진하여 임무를 수행하는 잠수정을 말하며, 임무에 따라 기뢰처리용, 감시정찰용 및 전투용 등으로 구분된다. 1990년대 이후부터 별도의 조종케이블 없이 자율적으로 운항하는 무인잠수정이 등장하였으며, 현재까지 개발된 LMRS(Long-term Mine Reconnassance System)의 기술수준은 자율적으로 정찰·감시, 대기뢰전, 해양조사, 통신·항해지원 등의 임무를 수행하는 단계에 도달하였다. 미 해군은 2013년 MRUUV(Mission-Reconfigurable UUV)체계, 2020년 이후 MANTA 체계 전력화를 추진하고 있다.

이러한 선진국 무인잠수정 개발추세를 볼 때 향후 2015년경에는 연료전지와 같은 고밀도 에너지원의 구현으로 장시간 수중 작전이 가능하고, 고성능 탐지소나의 개발에 따라 무인잠수정을 대잠전 세력으로도 운용이 가능할 것이다. 또한 2020년 이후 장기적으로는 무인잠수정에 어뢰나 초공동무기 등을 탑재하여 적 함정 탐지·식별·공격하는 개념의 UUV가 등장하게 될 것이다.

한편 무인수상정(USV : Unmanned Surface Vehicle)은 1990년대 이전까지 기뢰 소해 또는 함포 사격 및 유도탄 시험을 위한 표적 임무 등 위험 임무 위주로 운용하였으며, 2000년 미 해군 이지스함에 대한 자살테러 공격 사건 이후 대형함정 보호를 위해 무인수상정의 필요성이 제기되어 최근 미국을 중심으로 활발한 연구가 진행되고 있다. 무인수상정은 모함에서 원격 조종되는 무인 고속선박으로 위협지역에 대한 정보수집, 대기뢰전, 상륙해역 정찰, 연안 정찰 및 경비, 함정 사격 표적, 해양탐사 및 대잠전, 공격임무 등 다양한 임무를 수행하도록 개발 중이다.

모함이나 육상기지에서 무선으로 조종하고 통신거리 이격 시 자율제어 또는 인공위성, 항공기 또는 무인항공기의 중계 등으로 제어하도록 개발되고 있으며, 임무에 따라 정보수집용, 감시정찰용 및 전투용으로 구분된다. 미 해군 등은 연안전투함(LCS)에 탑재할 무인수상정 SPARTAN을 프랑스 DCNS사 및 싱가포르 해군과 공동으로 개발 중이다. 향후 타 무인체계(UAV, UUV 등)에서 개발 및 축적된 무인화 기술을 접목하고 7.62 mm 자동기관포 및 Helfire 유도탄, 소형어뢰 등 무장을 탑재하여 대기뢰전, 감시정찰, 항만 및 함정보호, 대잠전, 공격임무 등 다양한 임무수행이 가능할 것이다. 또한 무인항공기와 무인잠수정을 운용하는 무인 수상모함도 등장할 것으로 예상된다.

2) 운용 개념

인명과 함정을 보호하기 위하여 위험한 임무수행 및 위험한 해역(연안)에서 작전 시 무인정(UUV, USV)을 운용하는 개념이며, 무인정 체계의 운용 개념도는 그림 8.4.1과 같다. 네트워크 중심전(NCW) 기반 하에 무인정(UUV, USV)을 운용하는 개념이며, 항공기, 상륙함 및 전투함에서 잠수함에 이르기까지 다양함 플랫폼으로부터 전개 및 회수가 가능하게 연구가 진행되고 있다.

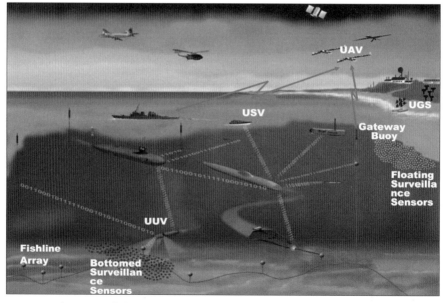

그림 8.4.1 무인정 체계 운용 개념(출처 : 미해군 UUV Master Plan, 2004)

3) 발전 추세

네트워크 중심전(NCW)에 적합하도록 임무를 할당하고 자율화를 높이기 위한 방향으로 발전하고 있으며, 다양한 크기 및 종류의 무인정 개발이 활발히 이루어지고 있다. 현재는 정찰·감시 및 탐지·탐색 임무가 중심이지만, 향후에는 피아식별에 의한 공격 임무까지 수행이 가능한 무인정 체계의 발전으로 미래 수상·수중 전장환경이 크게 변화될 것으로 예상된다.

미래에는 무인수상함정이 무인항공기와 무인잠수정을 운용하는 무인모함 기능을 수행하는 등 무인수상함정, 무인잠수정, 무인항공기를 통합한 무인전투체계로 발전할 것으로 예상된다.

8.4.2 무인잠수정 개발 현황

1) 미국

미국은 NMRS(1998년), LMRS(2006년), MRUUV(2013년), MANTA(2020/2030/2050년)순으로 무인잠수정 체계개발을 추진하고 있다.

NMRS(Near-Term Mine Reconnaissance System) 체계는 군사용으로 개발하였으며, 성능 개선을 통해 LMRS(Long-Term Mine Reconnaissance System) 체계를 초도 제작하여 Virginia급 잠수함에 2대를 탑재하여 운용 중이다. LMRS에서 성능향상된 것이 MRUUV (Mission-Reconfigurable UUV) 체계로, 호밍소나, 정밀 해저지도 작성용 L-PUMA 센서, 수중통신 및 RF·위성 통신장치를 탑재하고 있다. 기뢰탐색, 정찰감시, 해양탐사 및 잠수함 추적 등에 활용한다.

MANTA 체계는 미래 전투용 무인잠수정(Unmanned Combat Underwater Vehicle)을 개발 추진하는 프로그램이다. 모듈화 설계를 하며, 소형 UUV, 중형 UUV 탑재 및 진수/회수에 활용할 계획이다.

2) 노르웨이

노르웨이는 UUV-Hugin 체계와 MDV-Minesniper 등 다양한 무인잠수정을 독자 또는 유럽 내 국가들과 컨소시엄 형태로 개발 및 운용하고 있다. MCM(Mine Counter Measure) 기능을 보유한 무인잠수정 체계를 2010년 배치하는 것을 목표로 하고 있고, 정밀항법을 구현하

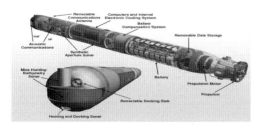

그림 8.4.2 MRUUV

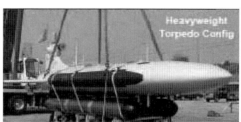

그림 8.4.3 MANTA

기 위한 항법기술과 신속한 해양환경평가(REA : Rapid Environmental Assessment) 기술 개발에 집중하고 있다.

3) 러시아

러시아는 무인잠수정 체계에 대한 장기간의 개발경험과 기술을 바탕으로 모스크바의 RAS(Russian Academy of Sciences), RISM(Research Institute of Special Machinery)과 블라디보스토크의 IMTP(institute of Marine Technology Problems) 등에서 ROV와 UUV를 개발하고 있다. 1980년대 후반에 이미 MT-88 체계 등 다양한 무인잠수정 개발과 대부분의 핵심기술을 확보하고 있으며, 특히 운용목적에 따른 특수 센서나 에너지원 개발기술을 확보하고 있다.

그림 8.4.4 노르웨이 무인잠수정 Hugin 체계

그림 8.4.5 러시아 무인잠수정 MT-88 체계

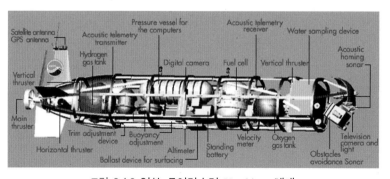

그림 8.4.6 일본 무인잠수정 Urashima 체계

4) 일본

일본 정부는 산업체, 학계에 요구하여 1996년에 폐회로 디젤엔진을 탑재한 R1-UUV 개발을 완료하였고, 1998년에 JAMSTEC은 연료전지를 에너지원으로 하는 장거리 UUV(Urashima)를 개발하였다. 현재 군사용으로 개발된 무인잠수정은 보유하고 있지 않으나, 필요시 군사용으로 전환할 수 있는 기술기반을 이미 확보한 상태이다.

8.4.3 무인수상정 개발 현황

1) 미국

무인잠수정의 크기에 따른 운용 제약을 극복하기 위해 미 해군 해상체계사령부에서는 HYSWAS(Hydrofoil Small Waterplane Area Ship) 선형의 PHIN-USV를 개발하여 시험 운용 중에 있다. SPARTAN USV는 모함에서 무선으로 원격조종 또는 자율운항능력도 갖추었으며, 정밀타격용 무장과 각종 임무모듈을 탑재하여 대기뢰전, 천해 대잠작전 및 어뢰 방어, ISR, 대수상전, 대테러전, 항만보호, 정밀 타격, 전투손상평가 등의 다양한 임무를 수행할 수 있다.

2) 이스라엘

이스라엘 Rafael사에서는 2005년에 세력 보호(force protection), 대테러전, 대기뢰전, 전자전, 정밀타격, 정찰·감시(ISR) 임무 등을 수행할 수 있는 무인수상정 Protector 체계를 개발하였으며, 이스라엘 및 싱가포르 해군에서 운용 중이다. Protector USV 체계는 길이 11 m, 최대속력 40노트로, 안정화된 12.7 mm 자동포(자체 사통장비 보유), 탐지·추적광학센서 및 항해레이더 등을 탑재하였다.

그림 8.4.7 이스라엘 무인수상정 Protector 체계

8.5.1 함 포

현대 과학기술의 발달과 더불어 군함에 탑재되는 무기체계가 다양해졌고, 정밀도나 화력 면에서 비교가 되지 않을 정도의 무기체계들이 개발되었다. 특히 현대전은 사정거리, 정밀도, 파괴력 측면에서 함포에 비해 월등한 유도탄전 시대로 발전하게 되었다. 그러나 이러한 시대적 상황 변화는 과거 함포가 가졌던 역할을 다소 감소시켰지만, 좁은 공간과 제한된 무게로 함정에 탑재가 용이하고 유도탄에 비해 상대적으로 운용비용이 저렴하며, 근거리 교전 능력, 신속한 대응능력 및 집중공격능력, 상륙작전지원 및 함대함 유도탄방어능력을 보유하고 전자공격에 영향을 받지 않은 특성을 갖는 등 함포만이 가질 수 있는 장점으로 인해 함포의 필요성은 지속적으로 유지 및 발전되고 있다.

(a) Hales 30 mm Goalkeeper

(b) OTO Melara 25 mm

(c) Palanx 20mm

그림 8.5.1 소구경 함포의 형상

(a) OTO Melara 76 mm SR

(b) Bofors 57 mm

(c) Rheinmetall 35 mm

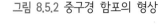
그림 8.5.2 중구경 함포의 형상

(a) MK45 127 mm/62

(b) OTO Melara 127 mm/64

(c) AGS 155 mm

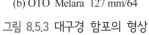
그림 8.5.3 대구경 함포의 형상

함정에 사용되는 일반적인 함포는 구경별로 소구경 함포(구경 15~25 mm), 중구경 함포(구경 25~76 mm 미만), 대구경 함포(구경 76 mm 이상)로 구분한다.

함포의 특징은 첫 번째 함정에서 사용하도록 고안되어 해상에서 정확한 조준사격을 할 수 있다. 3차원으로 운동하는 해상에서 조준사격이 가능하려면 전차나 자주포에 비해 훨씬 정교한 안정화장치를 가지고 있어야 하기 때문에, 끊임없이 움직이는 해상에서 정확하게 사격을 할 수 있는 것이다. 두 번째로 76 mm, 100 mm, 127 mm 등 함포의 대부분을 차지하고 있는 이들 포들은 전차포나 자주포보다 구경장이 긴 특징을 가지고 있다. 함정은 전차나 자주포와 달라 공간이 비교적 넉넉하고 포의 반동도 큰 영향을 받지 않기 때문에 같은 구경의 포라 할지라도 포신이 길어 포구속도가 월등히 크다. 이러한 특징으로 전차나 자주포에 비해 훨씬 긴 사정거리를 보유한다. 세 번째로 자동장전장치가 일찍부터 사용되었다. 함포는 전차나 자주포에 비해 훨씬 넓은 공간을 보유하고 있고, 포탄의 무게도 더 무거우며 보다 빠른 속도로 사격을 해야 하기 때문이다. 현재 함포는 자동장전장치를 사용하기 때문에 함포에서 사람이 조작하여 사격하는 것이 아니라, 함정을 지휘통제하는 함교에서 사용할 탄약의 종류, 발사속도 등을 결정하여 운용하여 사격한다.

최근 20~40 mm 함포와 사격통제장치가 통합된 독립적인 체계인 근접방어 무기체계(CIWS)가 구축함 등에서 운용되고 있다. 적 수상함, 항공기, 잠수함에서 발사된 대함 유도탄을 효과적으로 방어하기 위해 복합 무기체계로 구성된 다중 방어무기체계 중 최후의 방어수단으로 운용되며 대함 유도탄 탐색, 식별 및 위협평가, 추적, 발사, 탄착수정, 표적파괴 판단, 사격 종료가 완전 자동화처리되어 높은 명중률을 보이고 있다.

향후에는 전자기포, AGS(Advanced Gun System)와 같은 함포와 사거리연장탄 및 함대함 유도탄을 파괴할 수 있는 정밀 유도포탄이 사용될 것이며 미국 및 이탈리아 등 선진국에서 활발하게 개발되고 있다.

8.5.2 어뢰/폭뢰

1) 체계 특성

수상함이나 잠수함을 공격할 수 있는 수중무기에는 기뢰, 폭뢰 등 여러 종류가 있다. 폭뢰는 사전에 조절해놓은 수심에서 장약이 폭발되고 이로 발생된 높은 수압으로 잠수함에 손상을 가하는 원통형의 수중무기이다.

어뢰(torpedo)는 자체 내에 추진장치를 갖추고 자력으로 수중을 항주(航走)하여 수중이나 수상의 함정을 파괴하거나 격침시키는 무기를 말한다. 개발 당시 어뢰는 물고기 모양을 닮았다고 하여 어형수뢰(魚形水雷)로 불리다가 나중에 어뢰로 간소화되었다. 함포를 능가하는 사정거리와 파괴력을 지닌 어뢰는 전함이나 상선 등 대형 함선을 한번에 격침시킬 능력이 있으며, 대중량, 대용적의 함포와는 달리 공기 및 가스의 압력으로 발사하므로 발사관이 경량이며 간단하다. 어뢰는 일반적으로 능동 및 수동으로 표적위치를 식별하는 음향탐지부, 표

그림 8.5.4 폭뢰의 형상 및 운용 모습

적에 충돌하거나 근접 시에 폭발하는 탄두부, 식별된 표적위치로 어뢰가 주행되도록 제어하는 유도제어부, 어뢰의 수중 추진을 담당하는 추진장치부로 구성된다. 장거리 대잠어뢰는 함정에서 발사된 다음 공기 중 비행을 가능하게 하는 로켓추진부와 비행 중 자세제어를 담당하는 비행제어부가 추가된다.

어뢰를 폭발시키기 위해 사용되는 신관은 초기에는 직격하여 작동하는 접촉신관이 사용되었으나, 제2차 세계대전 이후에는 폭발의 효과를 배가시키기 위하여 자기, 전기 등에 감응하여 선저하부에서 폭발하는 근접신관이 주류를 이루고 있다.

어뢰를 유도하는 방식으로는 무유도방식인 직주형에서부터 음향유도형, 어뢰가 스스로 음파를 내는 액티브 병용형, 자기 및 웨이크추적형, 선유도형 등이 있다.

2) 분류

어뢰는 기본적으로 경(輕)어뢰와 중(重)어뢰로 구분되나, 수상함, 잠수함, 항공기 등의 운용 플래폼과 어뢰의 용도 및 특성에 따라서 세분화되어 경어뢰, 중어뢰, 장거리 대잠어뢰 및 고속 로켓어뢰로 구분된다.

경어뢰는 수상함 및 항공기(대잠초계기, 대잠헬기)에 탑재하여 근거리 잠수함을 공격하는 용도로 활용된다. 경어뢰는 직경이 19인치(488 mm) 미만인 어뢰를 통칭하며 길이는 3 m 내외, 무게는 300 kg 정도의 경량형 어뢰이다. 400 mm 이상의 직경을 갖는 경어뢰도 일부 국가에서 개발, 운용되고 있으며, 잠수함 탑재용으로도 운용되는 경우가 있다. 경어뢰는 중어뢰와 비교시 내부 공간이 작으므로 성형작약을 이용한 관통형 탄두를 일반적으로 채택한다.

중어뢰는 잠수함용으로 주로 운용되어 원거리(30 km 이상) 표적(수상함, 잠수함)을 공격할 수 있는 어뢰로서 직경이 21인치(533 mm) 이상인 어뢰를 통칭하지만, 직경이 19인치(488 mm)인 어뢰도 중어뢰로 분류한다. 장거리를 항진하는 동안 공격 중인 표적의 항로변경 및 음향 대항체계에 대처하기 위하여 발사 후 어뢰의 진로변경을 쉽게 할 수 있도록 주로 유선 유도

표 8.5.1 어뢰의 구분

구 분	중 량	직 경	길 이
경어뢰	200~300 kg	30~40 cm	2.5~3.5 m
중어뢰	1~2 톤	48~55 cm	3.4~6.1 m

표 8.5.2 미사일과 어뢰의 차이점

구 분	미 사 일	어 뢰
목표물 추적	공기 중 비행, 전자파, 적외선 등을 이용	수중에서 진행, 음파 이용
추진력	추진제 연소	프로펠러 이용
속 도	마하 단위 이상	수십 노트

방식을 사용한다.

장거리 대잠어뢰는 로켓을 사용하여 어뢰를 공격 위치로 신속히 발사함으로써 수상함에서 운용하는 일반 어뢰의 공격범위 밖에 있는 표적을 공격할 수 있는 무기체계이다. 기존 경어뢰의 사거리를 초과하는 원거리 표적을 공격하며, 수직발사에 의한 전방위 공격이 가능한 특징을 가진다. 사전에 잠수함 예상침투로에 잠수함 탐지를 위한 음향부표를 투하하였다가 표적이 탐지되면, 대잠로켓을 이용하여 경어뢰를 목표지점 일대에 투하한 후 경어뢰에 의해 잠수함을 공격한다.

고속로켓어뢰는 일정한 형태를 갖는 수중물체가 50 m/s 이상의 속도로 운동하는 경우에 발생되는 초공동현상(super cavitation)과 수중로켓추진체계를 적용하여, 수중운동체의 자연속도한계(Natural Speed Limit, 78노트)를 초과하는 속도(200노트)로 주행하는 어뢰를 지칭한다. 고속로켓어뢰로는 러시아의 고속로켓어뢰인 Shkval이 있다.

어뢰는 높은 주파수의 음파를 이용하여 목표물을 추적하고 유도 가능하기 때문에 미사일과 같은 유도무기에 속한다. 표적을 추적하여 공격하고, 자이로, 가속도계, 심도계 또는 고도계를 사용하여 원하는 목표지점까지 정확하게 유도하며, 목표물 파괴를 위해 고폭화약을 사용한다는 점이 유도무기의 공통적인 특성을 가졌다고 볼 수 있다. 그렇지만 미사일과 어뢰는 표 8.5.2와 같은 차이점을 가지고 있다.

8.5.3 기 뢰

1) 체계 특성

기뢰는 항만이나 해역에 대한 봉쇄 또는 방어에 가장 효과적으로 사용될 수 있는 해군 무기체계로, 적 함선의 흘수선(waterline) 아래 또는 근처에서 폭발하여 손상을 주는 무기이며 지상의 지뢰와 유사한 임무를 수행한다.

표 8.5.3 **기뢰의 분류**

분류	종류	특성
발화방식	조종기뢰	• 해안 통제소에 유선으로 연결되어 조종되는 기뢰 • 해안방어 및 상륙, 모항공격 저지용
	접촉기뢰	• 선체와 직접 접촉하여 발화하는 기뢰 • 충격신관식, 화학촉각식, 장력식
	감응기뢰	• 선박통과에 따른 물리적 변화를 원격 감지하여 발화하는 기뢰 • 자기, 음향, 압력 및 복합 반응식
부설위치	해저기뢰	• 해저에 가라앉아 위치가 고정되는 기뢰 • 주로 감응식 기뢰를 사용
	계류기뢰	• 주 몸체는 수면 밑에 일정한 수심에 위치하고 계류색으로 연결된 닻으로 해저에 고정되는 기뢰 • 주로 감응식, 접촉식, 목표추적식 기뢰를 사용
	부유기뢰	• 수면 근처에서 조류를 따라 떠다니는 기뢰
부설수단	수상함 부설용 기뢰	• 대량의 기뢰를 방어용으로 부설 시 사용
	잠수함 부설용 기뢰	• 적 항만이나 해역에 공격용 기뢰를 부설 시 사용
	항공기 부설용 기뢰	• 신속하게 다량의 기뢰부설 시 사용

현재 세계 각국에서 개발 운용 중인 기뢰는 표 8.5.3과 같이 분류할 수 있다.

2) 운용 개념

기뢰는 항공기, 잠수함 또는 수상함 등 다양한 방법으로 부설될 수 있으며, 그 운용범위는 천해에서부터 심해에 이르기까지 매우 넓다. 기뢰는 여타의 무기처럼 적을 추적하지 않고 적을 기뢰로 접근하도록 기다린다는 점에서 차이가 있으며, 적에 의한 접촉이나 위치 확인이 쉽지 않다. 기뢰는 일단 부설되면 적 해상병력에 대한 직접적인 손상위협은 물론, 적으로 하여금 전진이나 해양을 통한 물자이동 등의 작전을 거부하고 이를 시도할 경우 심각한 손실과 위험을 강요한다.

가격이 저렴한 기뢰는 해군의 무기체계 중 비용 대 효과가 가장 큰 무기체계이며, 소형이고 다양한 부설수단으로 은밀하게 부설가능하다. 또한 부설 노력에 비해 더 많은 대응노력을 강요하며 심리적인 효과가 크다. 게다가 타 무기체계에 비해 정비는 거의 요구되지 않으며 반영구적이다. 그렇지만 즉각적인 효과가 없으며 우군 함정에게도 위험이 수반된다는 단점을 가지고 있다.

8.5.4 대함 유도무기

대함 유도무기는 초계함, 호위함, 구축함, 순양함 등 전투함정과 수면으로 부상한 잠수함 그리고 항공모함까지 대상 표적으로 공격할 수 있는 무기체계로서, 발사 환경에 따라 함대

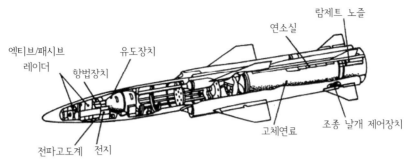

그림 8.5.5 대함 유도무기체계 체계 구성(러시아의 SS-N-22)

함, 지대함, 공대함, 잠대함으로 구분된다. 지대함과 함대함 유도무기는 체계 구성품이 서로 유사한 설계 개념을 갖기 때문에 함대함용으로 개발한 유도무기를 지대함용으로 배치하거나, 지대함 유도무기로 개발한 것을 함대함용으로 개량하기가 용이하다. 공대함은 항공기 전자장비와의 인터페이스 및 파이런(pylon)을 이용한 공중발사방식 등에 대한 고려가 필요하고, 잠대함은 수중발사 및 수중에서 해상으로 유도탄을 부상시키기 위한 별도 수단의 확보가 필요하나 공중에서의 기본 비행 형상과 동작 원리는 동일하다.

함대함 유도탄 특징 중의 하나는 적 함정의 레이더에 탐지되는 것을 방지하기 위해 저고도 해면비행(sea skimming) 성능이 요구된다. 최근의 대함 유도탄은 전파고도계를 사용하여 저고도 해면비행 성능을 대부분 보유하고 있다. 항법장치로는 위성항법장치(GPS : Global Positioning System)를 보조수단으로 채택한 관성항법장치를 사용하여, 특정 비행지점을 경유한 비행이 가능한 동시에 연안 표적에 대한 공격도 가능하도록 설계된 무기도 있다. 탄두부는 대부분 함정의 선체 구조물을 관통하기에 적합한 반철갑탄을 채택하지만 고폭탄을 사용하기도 한다.

표적정보의 획득은 발사함정 자체의 탐색 레이더를 사용하나 이것은 대부분의 경우 표적이 가시선(LOS : Line Of Sight)에 놓여 있어야 포착이 가능하므로, 수평선 너머(OTH : Over The Horizon)에 있는 표적의 정보를 획득하기 위해서는 육상이나 공중의 다른 감지수단을 이용해 표적 정보를 획득하는 표적정보획득체계의 구성이 필요하게 된다.

발사체계는 함대함의 경우 유도탄 사격을 직접 관장하는 사격통제장치와 함정전투체계와의 연동장치 및 발사대 등으로 구성된다. 발사대의 종류로는 갑판 위에 설치되는 발사관형 발사대와 컨테이너형 발사대가 있으며, 갑판 아래에 설치되는 수직 발사대(VLS : Vertical Launching System)도 있다. 잠대함의 경우 어뢰발사관을 사용하기도 한다.

대함 유도무기의 운용 개념은 다음과 같다. 대함 유도무기를 운용하는 지상발사대 또는 함정이나 항공기는 자체 레이더나 표적정보획득체계를 이용하여 표적을 선정하고, 표적의 위치를 유도탄에 입력한다. 중·장거리 유도탄의 경우 발사대의 위치와 표적의 위치가 선정되면 유도탄의 비행경로를 위한 몇 개의 변침점(waypoint)을 설정하게 된다. 이것은 발사지점을 은폐하고 우군함이나 민간선박을 우회하여 가능한 한 적함의 측면을 공격하기 위한 목

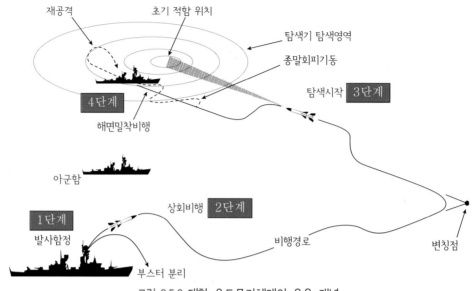

그림 8.5.6 대함 유도무기체계의 운용 개념

적으로 선정된다(1단계). 발사명령이 유도탄에 전달되면 부스터가 점화되어 유도탄이 발사되고, 초기 비행속도와 고도를 확보한 후 부스터가 분리된다(2단계). 제트엔진을 사용하는 순항 유도탄의 경우 부스터 분리 직후 공기 흡입이 시작되어 엔진이 시동되며, 적의 레이더에 탐지되는 것을 방지하기 위해 수면 가까이로 하강하여 저고도 해면비행을 하며 표적에 접근한다(3단계). 유도탄이 종말유도단계에 진입하면 탐색기가 작동하게 되는데, 능동형 레이더 탐색기의 경우 적에게 노출될 위험성 때문에 가능한 한 표적에 근접한 후 작동한다(4단계). 유도탄이 함정을 공격하는 방법에는 해면밀착비행으로 함정의 흘수선을 공격하는 방법이 일반적이나 소형 표적의 경우 표적 전방에서 급상승한 후 급하강(pop-up and dive)하여 함정의 상부를 공격하는 방법도 있다. 또한 적의 근접방어무기체계(CIWS)를 무력화시키기 위해 회피기동을 하거나, 일차 공격이 실패하면 정해진 지점으로 회귀하여 재공격을 하기도 한다. 함정에 유도탄이 명중하면 운동에너지에 의해 선체 구조물을 파괴하며 정해진 지연시간 후에 탄두가 폭발하도록 하여 최대한의 탄두효과를 얻을 수 있도록 한다.

8.5.5 음향탐지체계

1) 음향탐지장비

수중에서는 음향 외에는 적을 감시·탐지·식별할 수 있는 수단이 없다. 따라서 수중음향을 이용하는 장비들을 개발하여 운용하고 있는데, 음향탐지장비, 수중감시체계, 음향대항장비 등으로 구분된다.

음향탐지장비는 통상 소나(SONAR : Sound Navigation and Ranging)로 불리며 음파에 의해 수중목표의 방위 및 거리를 알아내는 장비를 의미하며, 음탐장비 또는 음탐기로도 불린다. 소나는 수중에서 표적을 찾기 때문에 공중, 지상 및 해상의 목표를 탐지하는 장비인 레이더(RADAR)와 유사하다. 소나에 적용되는 음파는 약 1500 m/s의 초음파로서 수중에서 잘 전달되는 특성을 가지고 있다.

소나는 들려오는 소리를 탐지하는 수동형 소나와 소리를 발생시켜 물체에 반사되어 돌아오는 소리를 탐지하는 능동형 소나로 구분되며, 목적 및 용도에 따라 다양한 형태의 소나가 개발되어 운용되고 있다.

수동형 소나는 수상함이나 잠수함이 항해할 때 내는 엔진소음이나 프로펠러 소음 등을 먼 거리에서 수신하여 수중물체를 탐지한다. 수동형 소나에는 항공기에서 투하하는 음향부표(sonobuoy), 함정에서 케이블로 예인하는 선배열 소나, 함정의 선체 주위에 부착하는 선체 소나, 해저 수백 km에 걸쳐 부설하는 해역감시음향체계 등이 있다.

능동형 소나는 수상함정에서 발생한 음파가 표적에 반사되어 되돌아오는 신호로 적 잠수함이나 기뢰 등을 탐지하는 장비이다. 능동형 소나는 함정 앞부분에 설치하여 운용하는 함정 소나, 함정 뒷부분에서 케이블로 예인하면서 사용깊이를 조절할 수 있는 가변심도 소나, 대잠헬리콥터에서 운용하는 디핑소나 등이 있다.

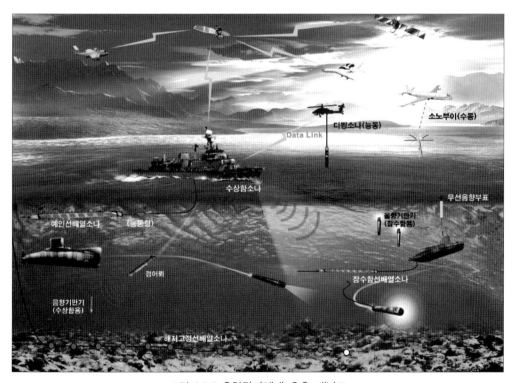

그림 8.5.7 음향탐지체계 운용 개념도

2) 수중감시체계

수중감시체계는 협의로는 해저 고정형으로서 원거리 수중세력 탐지가 가능한 음향/비음향 센서체계를 의미하나, 체계 특성 및 운용 개념의 범위에 따라 그 정의가 달라진다. 일반적으로 광의의 수중감시체계는 수중세력의 활동을 탐지할 수 있는 모든 음향/비음향 센서체계를 망라하며, 따라서 단일 무기체계가 아닌 복합적 개념의 전술운용체계이다. 광의의 수중감시체계는 항공기, 함정 등에 탑재하여 운용되는 이동형 감시체계와 해저에 고정 설치하여 운용하는 고정형 감시체계로 구성된다.

이동형 감시체계는 작전해역에 투입되어 근거리 잠수함 활동을 감시하는 전술적 운용에 중점을 둔 체계이며, 고정형 감시체계는 통과 항로 및 주요 핵심 해역에 대한 조기경보 및 상시 감시에 중점을 둔 체계이다. 고정형 수중감시체계는 운용 해역 특성 및 체계 구성에 따라 수중감시가 가능한 해역이 달라지고, 항만보호를 위한 근거리 항만/부두 방어체계와 적 잠수함이 자국영해를 침투하기 전에 이를 조기경보를 위한 중·장거리용 수중조기경보체계로 구분된다. 수중감시체계는 운용효과의 제고를 위하여 이동형과 고정형 체계를 복합적으로 운용한다.

3) 음향대항체계

수상함이나 잠수함에 있어서 아직까지도 어뢰는 가장 위협적인 존재이다. 비록 수상함에서 대함미사일이 최대 위협이라고는 하지만 피격 시 입는 손상면에서는 어뢰가 미사일에 비해 훨씬 치명적이다. 성능이 날로 고도화되고 있는 어뢰에 대한 효과적인 방어 수단 역시 만만치 않다. 음향대항체계는 적의 어뢰공격을 조기에 탐지·식별하여 어뢰를 음향적으로 교란 또는 기만함으로써 아군 함정을 보호하는 체계이다. 일반적으로 음향대항체계는 어뢰를 기만하는 소프트킬(soft kill), 어뢰를 파괴하는 하드킬(hard kill), 함의 소음을 감소하는 대책 등으로 구성된다.

함정 분류기준

함정의 분류기준은 적어도 워싱턴, 런던조약이 유효했던 제2차 세계대전까지는 탑재 무기체계와 배수량에 의한 구분이 가능하였다. 그러나 현재는 기능의 다양화, 톤수의 변화와 함정 복잡화로 전통적인 분류는 의미가 퇴색되었고, 국가별 기준도 상이하게 적용되고 있다. 이러한 이유로 한 · 미 해군은 톤수, 무기체계, 추진방식, 기능 등을 혼용한 NATO 기준을 적용하고 있다.

함정분류	함정 약어		비 고
잠수함/정	SS	Submarine	• 150톤 이상은 잠수함, 이하는 잠수정으로 분류 • 핵추진 여부에 따라 능력 구분(SS+N)
항공모함	CV	Multi-Purpose Aircraft Carrier	• 항공기를 탑재하고 이 · 착함시킬 수 있는 군함 • 대형(7~10만톤), 중형(4~6만톤), 경(1~3만톤) • 핵추진 여부에 따라 능력 구분(CV+N)
순양함	C	Cruiser	• 지휘/통제능력 보유(8000톤 이상) • 구축함에 비하여 중무장
구축함	DD	Destroyer	• 대공, 대함, 대잠작전을 독자적으로 수행가능한 다목적 전투함(3000~7000톤)
호위함	FF	Frigate	• 특정 임무 수행에 중점(1500~3000톤) * 한국(대함전), 미국(대잠전), 영국(대공전)
초계함	P	Patrol, Corvette	• 연안 경비용(400~1500톤)
고속정	P	Patrol Boat	• 연안 경비용(통상 200톤 이하)
상륙함	L	Amphibious Ship	• 상륙군, 장비 및 물자 수송
기뢰전함	M	Minewarefare Ship	• 기뢰부설, 탐색 및 소해
지원함	A	Auxiliary Ship	• 군수보급, 구조, 해양정보수집 임무

해군 함정 명명법

함형, 톤수 및 기능이 비슷하며 연속적으로 건조된 함정의 경우, 전체를 망라하여 1번함 함명에 급(CLASS)을 붙여 명명(命名)한다. 예를 들어, KDX-1 3척의 구축함은 각각 광개토대 왕함, 을지문덕함, 양만춘함 등 고유 함명을 가지지만 전체를 광개토대왕함급으로 분류한다.

□ 한국 해군의 함정명칭(艦艇名稱) 제정기준

구 분	함명 제정 기준	함 명
잠수함	• 통일신라~조선시대 말까지 바다에서 큰 공을 남긴 인물 • 독립운동 공헌인물 및 광복 후 국가발전에 기여한 인물	• KSS-1(209급) : 장보고, 이천, 최무선, 박위, 이종무, 정운, 이순신, 나대용, 이억기 • KSS-2(214급) : 손원일, 정지, 안중근 김좌진
구축함	• 과거부터 현대까지 국민들로부터 영웅으로 추앙받는 역사적 인물 (왕, 장수)과 호국인물 * 민족간의 전투에서 승리한 장수는 배제	• KDX-1 : 광개토대왕, 을지문덕, 양만춘 • KDX-2 : 충무공 이순신, 문무대왕, 대조영, 왕건, 강감찬, 최영 • KDX-3 : 세종대왕, 율곡이이, 서애 류성룡
호위함	• 도, 광역시, 도청 소재지	• 울산, 서울, 충남, 마산, 경북, 전남, 제주, 부산, 청주
초계함	• 시 단위급 중/소도시	• 동해, 수원, 강릉, 안양, 포항 등
유도탄 고속함	• 해군 창설 이후 전투 및 해전의 귀감인물	• PKG : 윤영하, 한상국, 조천형, 황도현, 서후원, 박동혁, 현시학
고속정	• 조류명	• 참수리
상륙함	• 한국 해역 최외곽 도서 • 지명도가 높은 산봉우리	• LPH : 독도 • LST : 고준봉, 비로봉, 향로봉, 성인봉
고속 상륙정	• 조류명	• 솔개
기뢰전함	• 한국전쟁 시 기뢰전 관련 지역명 • 해군기지가 있거나, 해군기지에 인접한 군·읍 이름 * 과거 소해정에 사용한 함명 재사용	• 원산 • 양양, 옹진, 해남 • 강경, 강진, 고령, 김포, 고창, 금화
군수 지원함	• 담수량이 큰 호수 명칭	• 천지, 대청, 화천
수상함 구조함	• 공업도시 명칭	• 평택, 광양
잠수함 구조함	• 해양력 확보와 관련된 역사적 지명	• 청해진
정보함	• 창조·개척의 의미 추상명사	• 신천지, 신세기

해군 편성

해군에서 주로 행정 및 군수지원 목적으로 함정 – 편대/분대/단대 – 전대 – 전단/함대로 구성되며, 같은 유형의 함정들로 조직된다.

- 편대(編隊, Formation) : 2척(대) 이상의 고속정(항공기)으로 구성된 기본 전술단위
- 단대(單隊, Element, Subdivision) : 해군에 있어서 기동전대 예하의 구성단위(Task Element)
- 분대(分隊, Division) : 해군의 분대는 두 척 이상 함정의 행정 또는 전술조직으로서 전술목적에 따라 단대로 더 세분할 수 있음.
- 전대(戰隊, Squadron) : 2개 분대 이상의 함정이나 둘 이상의 비행편대로 구성되는 편성체, 통상 동일형의 함정이나 항공기로 구성
- 전단(戰團, Flotilla) : 둘 이상의 구축함 전대 또는 기타 함정의 전대로 구성되는 행정 또는 전술편성
- 함대(艦隊, Fleet) : 행정 또는 작전통제권을 행사하는 사령관의 지휘 하에 있는 함정, 항공기 및 육상 관할부서의 한 조직

AIP : Air Independent Propulsion, 공기불요 추진장치

ASuW : Anti Surface Warfare, 대수상함전

ASW : Anti Submarine Warfare, 대잠수함전

CEC : Cooperative Engagement Capability, 협동교전능력

CIWS : Close In Weapon System, 근접방어무기체계

CMS : Combat Management SYstem, 전투관리시스템

CODAG : Combined Operation Diesel And Gasturbine, 디젤 및 가스터빈 조합운전

CODOG : Combined Operation Diesel Or Gasturbine, 디젤 또는 가스터빈 조합운전

COGAG : Combined Operation Gasturbine And Gasturbine, 가스터빈 및 가스터빈 조합운전

COGOG : Combined Operation Gasturbine Or Gasturbine, 가스터빈 또는 가스터빈 조합운전

DDS : Deep Diving System, 심해잠수장치

DSRV : Deep Submergence Rescue Vehicle, 심해잠수구조정

EMI : Electro Magnetic Interference, 전자파 간섭

FRP : Fiber Reinforced Plastic, 강화섬유 플라스틱

GPS : Global Positioning System, 위성위치추적 시스템

IR : Infra Red, 적외선

IRSS : Infra Red Suppression System, 적외선 감소장치

LCS : Littoral Combat Ship, 연안전투함

LMRS : Long-Term Mine Reconnaissance System, 장기 기뢰 정찰시스템

LOS : Line Of Sight 가시선

MCM : Mine Counter Measure, 대기뢰정

MTV : MANTA Test Vehicle, MANTA 시험정

NCW : Network Centric Warfare, 네트워크 중심전

OPV : Offshore Patrol Vessel, 연안경비함

OTH : Over-The-Horizon, 초수평선

RCS : Radar Cross Section, 레이더 반사면적

ROV : Remotely Operated Vehicle, 원격조정 무인잠수정

SLBM : Submarine Launched Ballistic Missile, 잠수함 발사 탄도미사일

SLCM : Submarine Launched Cruise Missile, 잠수함 발사 순항미사일

SSGN : Guided Missile Submarine, 유도미사일 탑재 잠수함

SSM : Surface to Surface Missile, 함대함 유도탄

SSN : Submarine Nuclear, 원자력 추진 잠수함

USV : Unmanned Surface Vehicle, 무인수상정

UUV : Unmanned Underwater(or Undersea) Vehicle, 무인잠수정

참고문헌

1. 국방기술품질원, 2007년 국방과학기술조사서, 5권 함정 무기체계, 2008.
2. 최석철, 무기체계@현대·미래전, 21세기군사연구소, 2003.
3. 조영갑 외 2, 현대무기체계론, 선학사, 2009.
4. 해군교육사령부, 최신 해군 무기체계 발전추세, 2009.
5. 최성규, 재미있는 잠수함 이야기, 양서각, 2000.
6. 허홍범譯, 군함의 역사, 한국해양전략연구소, 2004.
7. 해군본부, 해군군사용어사전, 2007.
8. 합동참모본부 인트라넷 홈페이지.
9. 해군전투발전단, 해군상식100문100답, 2004.
10. 군사정보, 2000 한국군 장비연감, 1999.
11. 권재상譯, 대양함대, 최첨단 무기시리즈, 이성과 현실사, 1993.
12. 해군전투발전단, 현대해군무기체계, 2003.

제 9 장 공군 무기체계

　　하늘은 자연공간 가운데서도 물리적 제약이 가장 적으며, 2차원인 육지와 바다로 직접 연결될 수 있는 3차원의 공간이다. 하늘에서 활동하는 항공기는 육지나 바다를 활동공간으로 하는 전차, 장갑차, 화포, 군함 등 지상·해상전력과는 다른 몇 가지 특성을 가진다.

　　첫째, 항공전력은 고도를 활용할 수 있다. 고도를 활용할 수 있음으로써 확대된 관찰력, 화력 및 사정거리 증대, 중력 활용 등 수많은 군사적 이점을 획득할 수 있다. 지상이나 해상에서는 산지 등의 장애물에 의해 제한된 시계만을 확보하는 반면, 공중에서는 이러한 장애물에 의한 시계 제한을 받지 않고 한눈에 적의 영역 전반 및 전력을 관찰할 수 있다. 둘째, 항공전력은 빠른 속도로 작전을 수행할 수 있다. 항공기는 지면·해수면과의 마찰, 지형, 각종 장애물 등으로부터 발생하는 감속 요인을 회피할 수 있기 때문에 지상·해상 기동체계보다 보다 더 빠른 속도로 기동이 가능하다. 최신 전차의 최대 속도가 60~70 km/h 수준이며, 구축함의 속도가 약 30~40노트[1](=55~74 km/h) 정도에 불구한 반면, 최신 전투기는 마하 2.5(=3060 km/h)에 육박하는 최고속도를 낼 수 있다. 이렇게 높은 속도는 제한된 시간 내에 더 많은 임무를 수행할 수 있게 하며, 적 화력 위협에 대한 생존성을 높여 준다. 셋째, 항공전력은 넓은 작전반경[2]을 가진다. 속도와 고도가 병행됨으로써 항공기는 신속하게 먼 거리를 이동할 수 있다. 특히 공중급유기 등의 도움을 받을 경우 하루 안에 지구 반대편까지 도달할 수 있을 정도로 넓은 행동반경을 자랑한다. 이 같은 특성은 먼 곳에 있는 우군을 지원하거나 적군에 대응할 수 있게 하며, 항공전력이 단순 무기체계를 넘어서서 정치적 수단이 될 수 있게끔 한다. 즉, 항공전력이 존재한다는 사실만으로 언제든 적 영토 내의 종심 깊은 곳에 있는 중요시설을 공격할 수 있다는 위압감을 줄 수 있다.

　　제2차 세계대전 이후 항공력은 적 항공전력 및 지상·해상군 전력을 패퇴시키거나 저지시키는 것뿐 아니라 적의 심장부를 직접 타격함으로써 전쟁목표를 달성하는 전략적 군사수단으로 부상하였다. 특히 1990년대 이후 걸프전, 코소보전, 이라크전 등을 거치면서 전쟁의 승패를 좌우하는 결정적인 전력으로 부각되었다. 이처럼 현대전에서 항공전력은 전쟁을 억제할 뿐 아니라 전쟁의 주도권을 확보하기 위한 핵심적인 역할을 담당하고 있다. 전쟁의 양상은 점차 접적·선형 전투에서 비접적·비선형 전투로 변모되고 있으며, 대량파괴·대량살상에 의한 소모전적인 전쟁양상이 정밀파괴·정밀살상에 기반을 둔 인명중시, 최소파괴, 효과위주의 개념으로 전환되고 있다. 그 결과 하늘에 대한 군사적 통제권을 차지하고, 동시에 육지·바다를 겨냥하는 군사력 동원을 위해 하늘을 사용할 수 있는 제공권(command of the air)의 확보는 현재 뿐 아니라, 앞으로도 최우선적인 임무이자 전쟁에서의 승리를 위한 필수조건이 될 전망이다. 이런 관점에서 항공전력의 중요성은 나날이 커져간다고 해도 과언이 아

---

1) 1노트(knot) = 0.514 m/s = 1.852 km/h
2) 모기지에서 이륙하여 일련의 작전을 수행한 후 동력을 유지한 채 다시 모기지로 복귀할 수 있는 최대거리

닐 것이다.

이 장에서는 항공전력의 종류 및 특성, 운용개념 등에 대하여 알아보기로 한다. 일반적으로 항공기 분류는 국방획득관리규정에 의하면 용도 및 임무수행 측면에서 일반목적기, 특수목적기, 회전익기, 무인항공기 등 크게 네 가지 항공기로 분류된다. 이 중 회전익기와 무인항공기는 5장 항공 무기체계에서 다루었으므로, 이장에서는 일반목적기, 특수목적기와 항공기에 탑재되는 무장 체계로 범위를 한정하기로 한다.

9.2   일반목적기

9.2.1 체계 특성 및 분류 기준

1) 체계특성

전투기로 대표되는 일반목적기(또는 작전기)는 첨단기술의 집약체이며, 동시에 현대전의 필수요건인 공중우세의 주요 관건이기 때문에 세계 각국은 항상 한 단계 성능이 향상된 신형기 개발에 노력을 집중하고 있다. 즉, 기동력을 바탕으로 공대공, 공대지 능력을 동시에 필요로 하며, 첨단 항전장비 및 센서, 고기동성, 자동지형추적능력, 피탐지율 저하에 필요한 형상을 구비하는 방향으로 발전되고 있다.

일반적으로 항공기를 이용하는 전투 임무는 실제 전투가 벌어지는 공간을 기준으로 각각 공대공, 공대지 작전으로 운용한다. 먼저 하늘에서 이루어지는 공대공 작전은 구체적으로 다음과 같다. 첫째는 평시 영공과 국경지역, 주요 분쟁지역 이내를 대상으로 비행을 실시하는 '정찰 및 초계(Reconnaissance and Patrol)'작전이며, 둘째는 영공을 침범하려는 적 항공기와 맞서 교전하는 '요격(Intercept)'작전이고, 셋째는 적진으로 침투한 후 적 전투기들을 유인 및 격멸하는 '소탕(Sweep)'작전이며, 넷째는 공대공 교전능력이 미약하거나 거의 없는 공격기와 전투기, 비전투 지원기를 방어하는 '호위(Escort)'작전이다.

하늘에서 지상의 표적을 공격하는 공대지 작전은 다음과 같이 운용하고 있다. 첫째는 지상전에서 적의 보병, 기동전력, 포병부대를 제압하기 위해 화력을 제공하는 '근접항공지원(CAS: Close Air Support)'작전이며, 둘째는 적 공군의 활주로와 비행기지를 공격하여 공군력을 근원적으로 제거하는 '공세제공(OCA:Offensive Counter-Air)'작전이며, 셋째는 적의 지상 방공자산(대공포, 지대공미사일, 레이더)을 파괴하여 지대공 위협을 감소시키는 '대공제압(SEAD: Suppression of Enemy Air Defense)'작전이고, 넷째는 전후방 사이로 연결되는 교통로, 보급 지원시설을 무력화하여 적의 작전수행 유지능역을 저하시키는 '항공차단(AI: Air Interdiction)'작전이다. 다섯째는 적 영토 내부의 정치·경제·사회·군사적인 핵심표적을 직접 공격하여 전쟁수행을 위한 역량, 의지를 총체적으로 좌절시키는 '전략폭격(Strategic

Bombing)'이다.

2) 일반목적기 분류

일반목적기는 관점에 따라 다양한 분류가 가능하며 임무 개념에 따라 분류하면 전투기, 공격기, 폭격기로 분류가 가능하다.

일반적으로 수행하는 임무기능에 따라 분류하면 표 9.2.1과 같이 분류한다.

9.2.2 전투기

1) 체계 특성 및 운용 개념

전투기(Air Combat Aircraft)는 원래 전쟁에서 조기에 적의 전투기를 제압하여 공중우세(air superiority)를 달성하는 순수 제공작전용 항공기를 의미하였다. 전쟁에서 공중우세가 중요한 이유는 적이 자유롭게 항공력을 운용하지 못하게 하고, 동시에 아군은 항공력을 자유롭게 운영할 수 있도록 하여 공군은 물론 지상·해상군의 작전성공 보장을 위한 선결조건이기 때문이다. 공중우세를 달성하고 유지하는 것은 전투기가 군사적 목적으로 사용되기 시작한 이래로 지금까지 최우선적으로 달성해야 할 임무로 존재해 왔다.

전투기는 현대로 오면서 공중우세를 달성하기 위한 공대공 전투능력뿐 아니라 공대지 공격능력까지 겸비한 항공기를 총칭하는 개념으로 발전하고 있다. 따라서 전투기의 임무 또한 전략폭격, 항공차단, 근접항공지원까지 확장되고 있다.

전투기 중 공중작전에서 아군의 공중우세를 달성하기 위한 목적으로 사용되는 전투기를 공중우세 전투기라고 하며, 제공전투기, 공중전투기, 호위전투기, 침투전투기로 세분화된다. 다목적 전투기는 복수의 임무를 하나의 기종으로 수행할 수 있는 전투기로서, 공대지, 공대함 전투까지 다양한 임무에 걸쳐 고른 전투 성능을 보이는 특징이 있다.

50년대 초음속 전투기와 공대공 미사일의 등장은 공대공 요격 및 폭격기 엄호를 주임무

표 9.2.1 일반목적기의 분류

일반목적기		임무 / 기능	예
전투기 (Air Combat Aircraft)	공중우세 전투기 (Air Superiority Fighter)	공대공 전투	MiG-29, F-22
	다목적 전투기 (Multi Role Fighter)	공대공 전투, 공대지 공격	F-15E, F-16, F/A-18, F-35
공격기(Attacker)		후방차단, 전장차단, 근접지원	A-10, Su-25
폭격기(Bomber)		전술 및 전략 폭격	B-1, B-2, B-52

로 하는 공중 우세기의 획기적인 발전에 기여하였다. 60년대 팬텀기(F-4)의 등장은 전투기의 공대공 전투뿐 아니라 공대지 공격임무까지 다양하게 전환수행할 수 있는 다목적 전투기 시대의 시작을 알렸다. 현용 대부분의 신예 전투기는 다목적 전투기이며, 개발단계부터 다목적으로 설계된 미국의 F-16, F-18, 영국의 Tornado, 스웨덴의 JAS-39 등과 최초 공중우세기로 개발되었다가 무장과 탑재장비를 개량하여 공대지 공격능력을 추가시킨 F-4E, F-14, F-15E 등의 유형이 있다.

일반적인 전투기의 특성은 기체를 가볍게 하고, 고성능 엔진을 채택하여 기동성과 가속성을 향상시키고, 무장적재량과 연료적재량을 증대시켜 장거리 항속능력을 갖추게 하는 것이다. 탑재장비로 공대공 전투 및 공대지 공격임무 겸용 다기능 레이더와 장거리 항법 및 공격장비를 갖추고 있으며, 자체 생존성 증대를 위해 전자전 장비를 탑재하고 있다. 기본무장으로는 파괴력이 강한 기관포와 단거리 공대공 미사일을 장착하고 있으며, 임무에 따라 공대공 또는 공대지 공격용 무장을 운용할 수 있도록 설계되어 있다. 또한 전투기는 필요에 따라 정찰 또는 전자전 장비를 탑재하여 정찰, 전자교란 또는 대공제압 임무도 수행할 수 있도록 설계되었다.

전투기는 스텔스 설계와 항공전자 통합, 성공적인 접근과 임무완료 후 신속한 이탈을 위해 초음속 순항능력을 갖추도록 개발되고 있으며 개념설계부터 전방위 스텔스(stealth) 기술을 완전히 적용하여 동체 내부에 공대공 및 공대지 무장을 탑재하고, 항공전자장비와 센서무장이 완전히 통합되어 운용될 것으로 예상된다.

2) 개발 현황

제2차 세계대전 이후 1950년대 중반까지 등장한 기종은 제1세대 전투기로서 프로펠러 방식보다는 비행속도가 빨랐지만, 기관포 위주의 무장과 조종사의 육안에 의존한 비행방식을 채택하였다. 제1세대 전투기는 미국의 F-86, 러시아의 MiG-15 등이 대표적이다. 제2세대 전투기는 1960년대 이후에 개발된 마하 1을 넘는 초음속 비행능력을 갖춘 전투기로 공중에서 전천후 교전이 가능하였다. 미국의 F-8 '크루세이더', 러시아의 MiG-19, 프랑스의 Mirage-III 등이 대표적이다. 제3세대 전투기는 1970년대 등장한 전투기로 최고속도 마하 2 수준으로 공대지 무장을 본격적으로 탑재하기 시작하여 다목적 전투기로 활용되기 시작한 것이 특징이다. 제3세대 전투기에 해당하는 것은 미국의 F-4, 러시아의 MiG-23 등이 대표적이다. 오늘날 세계 각국 공군의 주력 기종은 대부분 1980년부터 전력화되기 시작하여 현재까지 사용되고 있는 제4세대 전투기이다. 제4세대 전투기는 자동유도 방식의 중·장거리 공대공 미사일을 탑재하였고, 컴퓨터에 의한 비행과 사격통제 기능이 대폭 자동화되었다. 진정한 의미에서 전천후, 다목적 전투기로 개발된 것이다. 대표적인 기종으로는 미국의 F-15, F-16, 러시아의 MiG-29, SU-27/30, 영국/독일/이탈리아/스페인의 EF-2000 등이 있다. 제4세대 전투기에서 성능이 진보되었지만, 하나의 세대로 보기에 어려운 기종들을 제4.5세대 전투기로 분류한다. 제4.5세대 전투기는 스텔스 성능과 초음속 순항성능을 제한적으로나마 갖추고 있으며, 기동성이 한층 향상되었다. 제4.5세대 전투기로는 F/A-18E/F, F-16E/F, 라팔 등이 있다. 최근 항공선진국에서는 경쟁하듯 차세대급 전투기를 개발하고 전력화하기 위한 노력을 기울이고 있는데, 이들 전투기를 제5세대로 분류한다. 제5세대 전투기는 스텔스 기술이 완벽하게 적용되어 있으며, 초음속 순항능력과 추력편향제어를 통해 초기동성을 달성한다. 제5세대 전투기에는 미국의 F-22, F-35, 러시아의 Su-47 등이 해당된다.

표 9.2.2 주요 국가 전투기

국가	구 분	주요 제원				주요 무장
		비행속도[a] (마하)	항속거리[b] (km)	작전반경 (km)	무장탑재량 (kg)	
미국	F-15E	2.5 이상	3900	1760	10400	• M61A1(20 mm 발칸기관포) • AIM-9/120 • AGM-65/88 • GBU-10/12/24(LGBs[c]) • JDAM
	F-16E/F	2.02	4220	1500 이상	7700	• M61(20 mm 기관포) • AIM-9/120 • AGB-65/84 • GBU-10/12/24 • JDAM
	F-22A	2.5 이상	3219	2177	10432	• M61A2(20 mm 기관포) • AIM-9/120 • JDAM
러시아	MiG-31	2.35	3300	1450	미확인	• GSh-6-23(23 mm 기관포) • AA-9/13
	Su-30	2.35	3000	1500	미확인	• GSh-30(30 mm 기관포) • AA-10/11/12 • Kh-31
영국 독일	EF-2000	2	2900	1389	6500	• BK-27(27 mm 기관포) • AIM-9/120/132 • GBU-12/24 • JDAM
한국	F-15K	2.3	3900	1800	10400	• M61A1(20 mm 발칸기관포) • AIM-9/120 • AGM-84 • JDAM

a) 최대속도(maximum speed) 기준
b) 항공기가 특정 조건에서 이륙순간부터 탑재된 연료를 전부 사용할 때까지의 비행거리
c) LGBs = Laser Guided Bombs

F－15K(한)   F－16E/F(미)   F－22A(미)

MiG－29(러)   Su－30(러)   EF－2000(EU)

그림 9.2.1 주요 국가의 전투기

일부 국가에서는 해군 및 해병대에서도 전투기를 보유하는 경우가 있는데 이들은 대부분 항공모함 탑재용으로 운용된다. 기술적인 특징이나 무장능력 등에서는 공군 소속 전투기와 큰 차이가 없지만, 항공모함의 갑판에 설치되는 짧은 활주로에서 이착륙이 가능하도록 상대적으로 기체가 작은 편이다. 대표적인 기종으로는 미국의 F/A-18, 영국의 Harrier, 프랑스의 Rafale(해군형) 등이 있다.

9.2.3 공격기

1) 체계 특성 및 운용 개념

공격기(Attacker)는 아군 또는 우방의 지상군에 대한 화력지원과 지상이나 해상에 위치하고 있는 적 표적을 우선적으로 공격 및 제압하는 것을 주요 임무로 하는 항공기이다. 구체적으로 전선에서 작전 중인 지상군을 화력지원하는 근접항공지원, 적 지상군 추가투입을 거부하기 위한 전장항공차단, 적 후방지역 공격임무인 항공후방차단, 적 해상전력에 대한 대함공

F/A－18(미)   Harrier(영)   Rafale(프)

그림 9.2.2 주요 국가 해군/해병대 보유 전투기

격임무 등을 수행한다. 공격기는 전투기가 다목적형으로 발전하면서 전투기와의 구분이 다소 모호해졌다. 하지만 전투기가 공중우세 달성을 주 임무로 하는 것과 달리 근접항공지원과 전장항공차단 등을 주 임무로 하는 대지/대함공격 전용 항공기라고 특정 지을 수 있다. 공대공 무장능력은 자체 방어를 위한 기관포와 소수의 단거리 공대공 미사일 등으로 제한되며, 대부분의 무장은 공대지 임무를 위한 일반폭탄, 로켓포, 공대지 미사일 등으로 구성되어 있다. 특히 지상에서의 근거리 화력지원을 제공하기 위해서 단거리 공대지 미사일을 주로 사용한다.

2) 개발 현황

공격기는 전차 위협에 대응하기 위해 1950년대 후반 NATO에서 표준기를 개발한 것을 토대로, 영국의 수직이착륙기인 해리어가 1969년에 등장하였고, 미국에서는 대전차 대량공격이 가능한 A-10A, F-117을 개발하였다. A-10A 항공기는 근접항공지원이라는 단일 목적에 주안을 두고 대규모 기갑부대의 파상공세에 대비하여 적 전차파괴용으로 개발된 전차킬러이다. 근접항공지원임무에서 요구되는 공격기의 요건을 완벽하게 갖추고 있다. 미국 록히드마틴사에서는 스텔스 기술을 접목한 스텔스공격기 F-117을 개발하기도 하였는데, 코소보전에서 뛰어난 임무수행능력을 보여주기도 하였다. 하지만 F-22 및 F-35의 개발로 인해 현재는 퇴역하여 운용되지 않고 있다. 한국에서는 A-37 Black Eagle을 운용하고 있고, 이를 대체하기 위해 FA-50 경공격기를 개발하였다.

표 9.2.3 주요 국가 공격기 현황

국가	구 분	주요 제원				주요 무장
		비행속도 (마하)	항속거리 (km)	작전반경 (km)	무장탑재량 (kg)	
미국	A-10C	0.6	4150	460	7200	• AGB-65 • Mk80 • GBU-10/12 • JDAM
	AV-8B+	0.88	3300	556	6003	• AGM-65 • Mk80 • GBU-10/12 • JDAM
러시아	Su-25T	0.82	미확인	375	4400	• AS-14 공대지 미사일 • FAB-250/500 • 500 kg LGBs
한국	FA-50	1.5	2592	444	5400	• M61A2(20 mm 기관포) • AGM-65 • Mk84 • GBU-10/12 • JDAM

A-37 항공기는 T-37 훈련기에 F-5 엔진을 개량 탑재한 후 대지공격용 무장을 장착하여 경공격기로 개량한 것으로, 국지적으로 근접항공지원, 항공정찰, 공중전방통제 임무를 수행하고 있다. FA-50은 국산 기술로 개발한 전술입문훈련기인 TA-50의 공대공 및 공대지 작전 능력을 향상시킨 기체로, 2011년 초도비행에 성공했다. FA-50은 AGM-65 매버릭 공대지 미사일과 스마트폭탄인 JDAM를 탑재할 수 있으며, 이외에도 각종 폭탄 및 로켓을 장착하여 공대지 임무를 수행하게 된다. FA-50은 2014년까지 공군에 20대가 도입될 예정이다.

A - 10C(미)　　　　　　　　Su - 25(러시아)　　　　　　　　FA - 50(한)

그림 9.2.3 주요 국가 공격기

9.2.3 폭격기

1) 체계 특성 및 운용 개념

폭격기(Bomber)는 적국의 군사목표는 물론 전선 전후방에 위치한 전략적 목표 및 산업기반 자체를 초토화시켜, 전쟁 의지를 무력화시키는 역할을 주 임무로 하는 항공기를 말한다. 이 점에서 항공모함에 버금가는 무력시위 수단으로 이용되기도 한다. 무장탑재 규모가 전투기, 공격기보다 월등하며, 일반폭탄 및 정밀유도폭탄과 공대지 미사일 등 공대지 임무를 위한 무장만을 대량 탑재하는 것이 일반적이다. 폭격기는 수십톤의 무장을 탑재하기 때문에 기동성이 떨어지며 상대적으로 월등한 기동성을 보유한 현대의 초음속 전투기들에 취약한 존재이다. 그래서 폭격기는 아군 전투기의 호위 하에 임무를 수행해 왔다. 근래에는 이러한 취약점을 자체적으로 극복하기 위하여, 러시아에서는 마하 2.0에 가까운 속도를 내는 고기동성을 갖춘 폭격기인 Tu-22M, Tu-160 등을 개발하여 운용하고 있고, 미국의 B-2와 같이 스텔스 기술이 접목된 폭격기가 개발되어 운용되고 있다.

폭격기가 공중에서 폭격하는 방식은 적지침투 후 다량의 재래식 폭탄(무유도폭탄; 일반폭탄)을 투하하거나, 재래식 폭탄에 화력통제장비를 연동 또는 유도장치를 장착하여 정밀도를 높인 폭탄(정밀유도폭탄)을 투하하거나, 아니면 고도의 정밀도를 가진 공중발사미사일을 발사하는 방식 등이다. 현대의 폭격기는 이와 같은 방식 모두를 다 활용할 수 있는데, 이 가운데 공중발사 순항미사일(ALCM: Air Launched Cruise Missile)을 고고도에서 발사할 수 있는 능력을 갖춘 미국의 B-52, B-1B, B-2A 등과 러시아의 Tu-22M, Tu-95, Tu-160 등이 상당히 위협적인 존재로 인식되고 있다.

폭격기는 군사적 요구에 따라 전략적 또는 전술적 목적으로 운용된다. 전술적 목적은 전장의 특정 지역 내에 있는 적 병력, 장비 및 시설 등 군사력을 파괴하는 것이고, 전략적 목적은 적 군사시설, 산업시설, 정치 및 경제상의 핵심요소를 파괴하는 것이다.

현대의 전략폭격기는 대륙간탄도미사일(ICBM) 및 잠수함발사탄도미사일(SLBM)과 더불어 초강대국간의 전쟁억제력으로 운용되고 있다. 전략폭격기에서 발사하는 대륙간탄도미사일은 잠수함발사탄도미사일에 비해 목표도달시간이 길고, 적의 방공망에 취약하다는 약점을 가지고 있지만, 전쟁억제력을 갖는 이유는 운용상의 융통성과 유사 시 핵탄두를 장착한 폭탄이나 순항미사일을 탑재하여 핵 보복전력으로 활용할 수 있기 때문이다.

폭격기는 정밀도가 높아진 순항미사일을 포함한 공중발사 미사일을 탑재하는 방식으로 변화되고 있다. 또한 장거리 저공침투를 위해서 저고도 초음속폭격기나, 순항미사일 및 다량의 재래식 폭탄을 탑재한 채로 고고도에서 은밀하게 침투 가능한 스텔스기를 개발시켜 나가고 있다.

2) 개발 현황

미국은 제2차 세계대전 이후 재래식 폭탄, 순항미사일, 전략 핵폭탄 등을 탑재하고 대륙간을 고공 침투하여 폭격하는 것이 전략 운용상 효율성이 있고, 평시 전략적 억제 역할을 할 수 있다고 판단하고 B-52 폭격기 연구개발에 착수하게 된다. B-52 폭격기는 전략무기 투발능력을 보유하여 전략적 전쟁억제 역할을 수행하며, 대륙간 고고도 침투비행 및 폭격임무를 수행한다. 걸프전에서 B-52 폭격기는 총 1624회의 임무 출격을 통해 25700톤에 달하는 무장을 이라크 산업시설 및 병력 등에 투하하였고, 이후 아프간 대테러전쟁에서는 탈레반 잔당의 거점 폭격 및 정밀유도폭탄을 활용한 근접지원임무를 수행하는 데 운용되기도 하였다.

미국은 전략폭격기 B-52 폭격기를 대체하기 위해 B-1B 폭격기를 개발하였는데, B-1 폭격기는 제한적인 스텔스성을 갖춘 항공기로서 핵폭발로 발생하는 폭풍, 고열, 압력, 전자기펄스(EMP) 등에 견딜 수 있도록 제작되었으며, 저고도 비행능력을 갖추어 평원 상공을 비행할 때 고도를 60 m까지 낮출 수 있다. B-1B 폭격기는 '사막의 여우' 작전에서 최초로 실전투입되어 코소보전, 아프간 대테러전쟁, 2차 걸프전 등에서 다양한 정밀유도폭탄을 투하하며 임무를 수행하였다.

B-2 폭격기는 레이더, 적외선 및 시각에 의한 탐지를 최소화할 수 있는 스텔스 개념의 폭격기 개발에 의해 제작된 항공기로, 그 당위성은 당시 구 소련의 방공망의 지속적인 개량을 감안할 때 1990년 이후 B-1 폭격기로는 구소련 방공망 돌파가 곤란하다는 데 있다. 가장 큰 특징은 동체 및 꼬리날개가 따로 없는 독특한 구조가 스텔스 기술과 절묘한 접합을 이루었다는 것이다. B-2 폭격기의 본래 임무는 구 소련의 이동식 전략미사일을 격파하는 것이었으나, 현재는 코소보전에서 보여 주었듯이 장거리를 기동하여 고고도 및 저고도 침투 공격임무를 수행한다. 또한 최근 한미연합훈련에서 보여 주었듯이 핵무장을 통해 전쟁 억제를 위한 전략무기로 활용하고 있다.

Tu-95 폭격기는 1955년 최초로 공개된 구 소련의 폭격기로 지속적인 개량을 거쳐 현재 러시아 공군에서 사용되고 있는 장수 기체이다. 터보프롭 방식으로 동력을 발생시킴에도 아음속 제트기와 비슷한 수준의 속도성능을 보유한다. Tu-95 폭격기의 최신형은 핵탄두 순항미사일을 탑재하여 운용할 수 있다.

구 소련에서는 미국의 B-1 폭격기에 대항하고자 Tu-160 폭격기를 개발하였는데, 소련이 해체된 후에도 현재까지도 러시아 공군에서 운용하고 있다. 개발 당시 소련 본토에서 발진하여 미국 본토를 폭격할 수 있는 성능을 보유한 것으로 평가받았다. Tu-160 폭격기는 마하 2가 넘는 고기동성을 보유하고 있는 것이 특징이며, 현용 폭격기 중 가장 큰 기체이다.

표 9.2.4 주요 국가 폭격기 현황

국가	구 분	주요 제원				주요무장
		비행속도 (마하)	항속거리 (km)	작전반경 (km)	무장탑재량 (kg)	
미국	B-1	1.2	11998	5544	57000	• JSOW • JASSM • Mk82/84 • JDAM
	B-2	0.85	10400	5880	18144	• JSOW • JASSM • Mk82/84 • JDAM • B61/83(핵폭탄)
러시아	Tu-22M	1.88	6800	2410	24000	• Kh-15/22 • FAB-250/1500
	Tu-160	2.05	14000	7300	40000	• AS-15 순항미사일 • JSOW • JASSM

B-1(미)

B-2(미)

Tu-160(러)

그림 9.2.4 주요 국가 폭격기

9.2.4 발전 추세

1) 경량화, 고성능화 및 기민성 향상

21세기에는 공중우세 확보를 위해 공중전투능력 극대화, 생존성 증대, 침투능력 극대화, 파괴력 증가를 위해 소량/정밀화된 무장을 탑재하는 등 공대공 및 공대지 임무를 복합적으로 수행할 수 있도록 점차 다목적화되고 있다. 이러한 항공기의 성공가능성은 기동성, 제어성능, 항속거리, 탑재능력, 시계, 화력 및 은밀성 등에 의해 결정된다. 특히 다목적 전투기에서는 앞의 조건들을 종합한 기민성이 가장 중요한 성능이 된다. 따라서 선진 각국들은 우수한 기민성을 보장하기 위해서 첨단의 항공역학, 우수한 제어성능의 엔진 그리고 항공기의 특성을 최대한 이용할 수 있게 해주는 비행조정시스템 등을 통합적으로 연구하고 있다.

특히 엔진의 경우 경량·소형화 등 전통적인 엔진기술의 발전추세의 범주 안에서 기술발전이 이루어지고 있으면서 선진국을 중심으로 추력편향기술에 대한 개발을 활발하게 진행하고 있다. 추력편향기술이 적용될 경우 모든 비행조건에서 항공기가 최대의 성능을 발휘할 수 있을 것으로 기대된다.

앞서 언급한 분야 외에도 선진 각국들은 기체 소재의 경량화, 고강도화를 위하여 신소재의 개발과 적용을 지속적으로 추진해 왔다. 티타늄 합금, 탄소섬유 복합재, 세라믹 합금 등의 신소재/복합재료의 발전을 통해 경량화, 고강도화를 달성하고 있다. 이를 통해 고기동성을 확보하는 것뿐 아니라 연료소모를 줄이고, 장비와 무장 등의 탑재중량을 증가시키는 것이 가능해지고 있다.

2) 스텔스 기술

공중에서 성공적으로 임무를 수행하기 위해서는 기습을 달성해야 한다. 이를 위해서는 적을 먼저 발견하고 선제공격하는 것뿐 아니라, 임무를 성공적으로 수행하고 생존하기 위해서는 적에게 탐지되는 것을 회피하는 것이 필수적이다. 1980년대 후반부터 출현하는 전투기, 공격기, 폭격기는 대부분 생존성을 높이기 위해 전체적 혹은 부분적으로 스텔스 기술을 적용하는 추세에 있다. 또한 적용범위도 항공기 기체뿐 아니라 레이더 및 적외선의 신호를 줄이는 데까지 다양하게 적용되고 있다. 예를 들어, F-117, B-2, F-22, F-35 등은 스텔스 기술을 최우선적으로 고려하여 제작되었다. 걸프전과 발칸전 등에서 F-117, B-2 등 스텔스 항공기는 전쟁의 일방적인 종결을 안겨주었고, 이로 인해 미군은 스텔스 항공기를 중심으로 공군력을 재편하고 있다. 스텔스 기술에서 가장 앞서 있는 미국뿐 아니라 여타 많은 국가들에서 스텔스 기술에 대한 가치를 높게 평가하며 활발한 연구를 하고 있다.

수동적 기법으로 기체 주위에 플라즈마를 형성시켜 레이더파를 흡수하는 기술 및 기체도색을 전자적으로 제어할 수 있는 필름 기술 등이 활발하게 개발되고 있다. 스텔스 기술의 개발에 발맞추어 대스텔스 기술 또한 활발하게 개발되고 있는데, 레이더 반사파를 제거하는 능동소거 등의 기술이 연구되고 있다.

3) 지향성 에너지 무기 탑재

미래의 항공기 탑재 무기로는 레이저 등 지향성 에너지 무기가 각광받을 것으로 예상된다. 지향성 에너지 무기란 전자기파 또는 입자빔을 한곳에 집중시켜 고출력을 생성/조사하여 표적을 파괴 또는 무력화시킬 수 있는 새로운 부류의 무기체계이다. 이 무기체계는 고도의 정확성과 국부적 파괴력을 가지며, 지상에 설치되거나 항공기 및 위성에 탑재되어 원하는 표적에 대한 정밀공격, 대륙간탄도탄 및 순항미사일에 대한 요격 및 항공기나 함정의 자체방어 등에 이용될 것이다.

9.3   특수목적기

9.3.1 체계 특성 및 분류 기준

특수목적기란 공중에서 특화된 임무를 수행하기 위해 제작, 운용되는 군용항공기를 뜻한다. 구체적으로는 수송기, 공중급유기, 해상초계기, 정찰기, 공중조기경보통제기, 훈련기 등으로 나뉜다.

특수목적기는 일반적으로 수행하는 임무기능에 따라 분류하면 표 9.3.1과 같이 분류한다.

9.3.2 수송기

1) 체계 특성 및 운용 개념

수송기(Transport Aircraft)란 군용물자 및 탄약과 병력을 전장으로 직접 운반하거나, 낙하산을 통해 공중에서 투하하는 등의 기능을 수행하는 항공기이다. 필요에 따라서는 부상당한

표 9.3.1 **특수목적기 분류**

특수목적기	임무 / 기능	예
수송기(Transport Aircraft)	병력 및 장비수송	C-130, C-17
공중급유기(Tanker)	공중급유	KC-135, IL-78
해상초계기(Maritime Patrol Aircraft)	해상감시 및 통제	P-3C
정찰기(Reconnaissance Aircraft)	광학 및 전자정찰	RF-4, U-2, E-8
공중조기경보통제기(AWACS)	조기경보 및 통제	E-3, A-50, E-737
훈련기(Training Aircraft)	조종사 훈련	T-50, KT-1

표 9.3.2 항속거리에 따른 수송기 분류

분 류	항속거리(km)
단거리 수송기	1200 미만
중거리 수송기	1200～3500
장거리 수송기	3500 이상

장병들의 후송, 간단한 무장탑재를 통한 제한적인 공격임무 수행도 가능하다.

1930년대 등장한 초기 군용수송기의 임무는 후방에서 연락임무를 수행하거나 병력 및 장비의 소규모 수송에 그쳤으나, 항공기의 발달과 그에 따른 작전운용개념 발전과 더불어 오늘날의 수송기는 전략 및 전술적으로 매우 중요한 역할을 하고 있다. 즉, 평시에는 국제평화 유지활동, 재해/재난지원, 인도주의 활동지원 등의 임무를 수행하며, 전시에는 병력 및 물자를 전투지역으로 수송하여 작전지속능력을 보장하는 임무를 수행한다.

수송기는 일반적으로 전략물자를 대양 너머로 수송할 수 있는 능력의 유무에 따라 전략수송기와 전술수송기로 구분하는데, 현재 전략수송기를 운용하고 있는 국가는 미국과 러시아뿐이며, 대부분 전술수송기를 운용한다. 전략수송기는 대량살상무기, 재래식 무기 및 이들과 관련된 제반물자를 수송한다. 반면 전술수송기는 전투지역 내에서 다양하게 군사작전을 지원하는 역할을 하는데, 공정부대의 침투, 특수전부대의 투입 및 철수, 부상자 후송, 보급물자의 공중투하 등이 포함된다.

수송기의 성능을 결정짓는 두 개의 기준은 수송규모와 비행거리이다. 이들은 엔진의 성능이나 기체 크기를 통해서도 평가될 수 있는데, 서로 정비례하는 것이 일반적이다.

수송기는 항속거리에 따라 표 9.3.2와 같이 단거리 수송기, 중거리 수송기, 장거리 수송기 등으로 분류되기도 한다.

2) 개발 현황

대표적인 수송기로는 미국의 C-17과 C-130, 러시아의 IL-78 등이 있다. 이들 중 전 세계에서 가장 많은 활약을 하는 수송기는 1954년에 처녀비행 후 현재까지 운용되는 C-130 중거리 대형수송기로, 계속 성능이 개량되어 현재 C-130J 모델이 있다. 한국은 대형수송기 운용의 필요성에 따라 탐색 및 기상레이더와 항법장비가 장착된 C-130H 수송기와 장거리항법장치, 피아식별기, 레이더경보기를 장착한 CN-235 전천후 중형수송기를 각각 1988년과 1994년에 도입하여 운용 중이다. 또한 2014년부터 C-130J를 4대 인수할 예정이다. 실전배치된 수송기 중 항공기술의 집약체로 불리는 미국의 최신 C-17은 약 78톤의 화물 또는 102명의 강하병력을 적재하고, 7630 km를 최대 907 km/h의 속도로 비행할 수 있어 전략 및 전술수송능력을 겸비한 것으로 평가받고 있다.

최근의 수송기는 병력 및 장비 등을 장거리로 대량수송하기 위한 전략수송과 전투지역

표 9.3.3 주요 국가 수송기 현황

국 가	구 분	주요 제원			
		비행속도(km/h)	항속거리(km)	화물탑재량(kg)	탑재능력
미국	C-17	907	7630	77519	463 L 팔레트[3] 18개 비무장병력 158명/강하병 102명
	C-130H	602	7876	19090	463 L 팔레트 6개 비무장병력 92명/강하병 64명
스페인	CN-235M	430	4440	6,000	비무장병력 48명/강하병 46명

C-17(미)   C-130H(미)   CN-235M(스)

그림 9.3.1 주요 국가 수송기

내에서 작전을 지원하는 전술수송을 동시에 달성할 수 있는 혼합형 수송기가 선호되고 있다. 특히 적 근접 임무지역 작전 시 위성항법장치, 자체방어시스템 등의 첨단 항공전자장비를 탑재하여 높은 위협상황 하에서도 주야간 공수임무가 가능하고, 초대형 탑재능력 및 저고도 물자투하 능력, 단거리 이착륙 및 고속비행능력을 구비하는 추세로 발전하고 있다.

9.3.3 공중급유기

1) 체계 특성 및 운용 개념

장거리 이동이나 공격작전, 항속거리 연장, 항공기의 체공시간 연장을 위하여 임무항공기에 공중에서 연료를 재공급할 필요가 있는데, 공중급유기(Tanker)는 대량의 연료를 탑재하고 재급유장치를 갖추고 있으며, 전술기를 중심으로 각종 군용기의 비행 중 연료 재공급을 통해 항속거리를 연장시킴으로써 작전행동반경을 증가시키는 역할을 수행한다. 전술폭격기는 공중급유를 통해 대양횡단이 가능하고, 전투기, 공격기의 경우도 공중급유를 통해 항속거리 및 체공시간 연장으로 임무를 계속 수행할 수 있으며, 공중전으로 연료를 모두 소모하더라도 무장이 남아있는 경우 중도에 착륙하지 않고 공중 재급유를 통해 계속 작전을 수행할 수 있다. 공중급유가 가능한 상황에서는 연료탑재량을 줄이고 대신 무장탑재량을 증가시킬

---

3) 화물의 하역, 운송, 보관 등을 용이하게 하기 위해 단위수량을 적재할 수 있는 하역대.
463 L 팔레트는 2.2×2.7m^2 규격임.

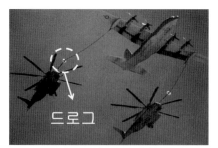

| 플라잉붐 방식 | 프로브앤드로그 방식 |

그림 9.3.2 **공중급유 방식**

수 있는 이점도 있다.

공중급유 방법은 크게 플라잉붐(Flying Boom) 방식과 프로브앤드로그(Probe & Drogue) 방식이 있다. 플라잉붐 방식은 급유기의 긴 급유호스에 장착된 급유 호스(Boom)를 접근해 오는 수유기의 수유구에 삽입하여 급유하는 방식으로, 수유기의 설계 시부터 수유구를 설치 해야 하며, 전 세계적으로 미 공군 운용 항공기에서만 사용되고 있다. 프로브앤드로그 방식 은 급유기에서 나온 급유호스의 끝에 있는 삼각플라스크 모양의 드로그(Drogue)에 수유기에 기 장착된 프로브(Probe) 끝을 집어넣어 급유를 하는 방식으로 항공기 제작 후에도 급유장치 의 추가 설치가 가능하여, 미 해군, 영국, 프랑스, 러시아, 이스라엘 등 여러 국가에서 사용하 고 있다. 프로브앤드로그 방식은 급유 체계가 상대적으로 간단하므로, 전용 공중급유기를 개 발하지 않더라도 수송기를 개조해서 사용할 수 있으며, 전투기 등에 급유포드를 장착하면 전 투기끼리도 공중급유를 할 수 있다. 또한 동시에 다수의 항공기에 동시 급유가 가능하다. 한 편 플라잉붐 방식은 프로브앤드로그 방식에 비해 단시간에 상대적으로 많은 연료를 급유할 수 있다는 장점이 있으나, 1기의 항공기에만 급유가 가능하다.

2) 개발 현황

제1차 세계대전 이후 항공기의 항속거리를 늘리기 위한 시도로 시작되었던 공중급유는, 제2차 세계대전 당시까지는 공중급유의 위험성 때문에 잘 사용되지 않다가 종전 이후 군용기 에 공중급유를 점차 적용하기 시작하였다. 냉전이 시작되면서 많은 군용기들이 제트엔진기관 을 사용하기 시작했다. 전략폭격기를 구 소련 본토까지 보내고자 미국은 1948년 B-29를 급유 기로 개조하여 운용하였고, 1957년 여객기를 개조해 공중급유 전용기인 KC-135를 전력화하 였다. 이후 KC-135와 같은 전용급유기와 KC-10A와 같이 화물을 동시 적재하여 해외전개 시 인원 및 물자수송과 급유를 동시에 해결할 수 있는 혼합형을 개발하여 운용해오고 있다. 미 국의 공중급유기 외에 현재 세계적으로 운용되는 주요 공중급유기로는 러시아의 IL-78, 프랑 스의 VC-10K3, 일본의 KC-767 등이 있다.

미 공군에서 도입 예정 중인 차세대 공중급유기 KC-46A는 기존 KC-135보다 다양한 용

표 9.3.4 주요 국가 공중급유기 현황

국 가	구 분	주요 제원				
		비행속도 (km/h)	항속거리 (km)	연료탑재량 (갤런)	화물탑재량 (kg)	급유방식
미국	KC-135R	933	5550	31275	37648	붐
	KC-10A	996	7032	54490	76560	붐/프로브
러시아	IL-78M	850	7300	35674	48000	프로브

KC - 135R(미)   KC - 10A(미)   IL - 78(러)

그림 9.3.3 주요 국가 공중급유기

도로 수송 및 공중급유 임무가 가능하고, 통신중계기와 지휘통제 장비를 탑재할 수 있는 기체가 될 것으로 전망되고 있다. 이 공중급유기는 2가지 연료공급 형태를 모두 사용 가능하고, 다수의 항공기에 동시에 공중급유가 가능한 것으로 알려져 있다.

향후 공중급유기는 장기체공 무인항공기에 대한 공중급유가 가능하고, 전장환경에서의 급유가 가능하도록 자체방어 시스템을 보유할 것으로 예상된다.

9.3.4 해상초계기

1) 체계 특성 및 운용 개념

해상초계기(Maritime Patrol Aircraft)는 넓은 해역에 대하여 적 해군의 수상·수중전력 침범을 정찰, 추격 그리고 필요할 경우에 파괴하는 임무를 수행하는 항공기라고 정의할 수 있다.

자국의 영토에서 바다와 인접하는 면적이 넓거나, 해양활동에 대한 국가경제활동의 비중이 큰 국가라면 영해 및 주변 해역에 대한 방어를 전적으로 군함에게 의존하기는 곤란하다. 특히 수중에서의 활동을 통한 높은 생존성, 치명적인 기습 효과를 발휘하는 잠수함의 위협에 대응하기에는 더욱 큰 문제가 따를 수밖에 없다.

이 점에서 짧은 시간 이내에 군함보다 우월한 기동속도, 항속거리, 작전행동반경으로 움직일 수 있는 항공기는 훌륭한 해상 광역초계용 무기가 될 수 있는 것이다. 바다에서 해상초계기의 상대는 적의 군함, 그 가운데서도 특히 수중에서 활동하는 잠수함이다.

해상초계기는 잠수함을 탐지하기 위한 자기변환탐지장치, 수중에 투하하여 음향을 측정하는 해저음향부표, 행상 목표물 탐색을 위한 탐색레이더, 야간작전을 위한 적외선 탐지장치 및 이들 정보를 처리하는 컴퓨터를 장착하고, 기뢰, 어뢰, 미사일 등의 공격무기를 탑재하여 적을 직접 공격할 수 있는 능력도 보유하고 있다.

2) 개발 현황

전 세계적으로 미국의 P-3 Orion 계열, 영국의 Nimrod MR2 그리고 프랑스의 Atlantique 계열 등이 널리 운용되고 있다. 미국의 P-3 Orion 계열은 대잠전 능력, 대양에서의 대함전 능력, 장거리 미사일 공격능력, 수평선 밖에서의 표적조준 및 통신중계능력을 모두 갖춘 유일한 해상초계기로 걸프전 이후부터 그 우수성을 인정받고 있다. 현재 한국 해군, 일본, 노르웨이, 캐나다 등에서 운용되고 있다.

프랑스의 Atlantique 계열은 주익 하단의 무장장착대(hardpoint)에 잠수함과 수상함 공격을 위한 장비와 여러 가지 해상작전에 필요한 각종 장비들을 장착하고 있으며, 해상 비행안전을 위하여 비행안정 시스템을 장착하였고, 대잠작전을 위해 8개의 어뢰와 자기탐지장치를 장착하고 있다. Atlantique 계열은 프랑스, 독일, 이탈리아 등에서 운용되고 있다.

해상초계기는 제한된 시간에 광대한 해역을 효과적으로 초계하기 위하여 고속화, 체공시간 증대, 임무의 다양성 추구, 무장능력의 향상, 탑재장비의 성능향상을 목표로 개발이 이루어질 것으로 예상된다.

표 9.3.5 주요 국가 해상초계기 현황

국 가	구 분	주요 제원				
		비행 속도 (km/h)	항속 거리 (km)	작전 반경 (km)	무장탑재량 (kg)	주요 무장
미국	P-3C	761	8944	4407	9072	· AGM-65 · AGM-84 · Mk62/65(기뢰)
프랑스	Atlantique-2	648	8000	3000	3500	· AGM-84 · AM39 Exocet · Torpedos

P-3C(미)

Atlantique(프)

그림 9.3.4 주요 국가 해상초계기

9.3.5 정찰기

1) 체계 특성 및 운용 개념

　정찰기(Reconnaissance Aircraft)란 적의 군사적 동향이나 능력을 판단하는데 필요한 각종 정보들을 수집, 확보하기 위한 임무를 수행하는 군용항공기로 정의한다. 정찰기는 특화된 임무를 위해 무장을 최소화하고 전자광학장비, 적외선장비, 고해상도 카메라, 위성수신기 등 정보수집장비들을 탑재한다. 항공기가 전쟁에 동원되었던 초기에는 주로 정보수집 임무만을 수행했다. 따라서 정찰기는 군용항공기들 가운데서도 그 역사가 가장 오래되었다고 할 수 있다. 현대전에서는 과거와 달리 전쟁 초기에 최첨단 정밀무기를 사용하여 적의 전략 및 작전 중심을 파괴함으로써 적의 전쟁수행의지와 능력을 분쇄하는 양상을 보이고 있다. 이와 같은 경향은 적의 상황을 훤히 알 수 있는 정보수집체계를 구비했을 때 비로소 가능하다고 할 수 있다. 이러한 측면에서 첩보위성 등 대체수단이 많음에도 항공기에 의한 정찰은 여전히 그 중요성을 인정받고 있다.

　정찰기는 크게 두 가지 종류로 분류된다. 전방과 그 주변의 좁은 범위의 전술목표에 대한 정보를 수집하는 전술정찰기, 적의 후방지역이나 지속적인 경계가 요구되는 총체적인 정치·경제·군사역량 평가와 직결되는, 특정 중요 목표를 대상으로 정보수집 임무를 수행하는 전략정찰기가 있다. 전술정찰기는 주로 저고도에서 비행하며, 기체의 크기나 비행범위가 작으므로 중소형 민간항공기, 전투기를 약간 개조하는 경우가 많다. 반면에 전략 정찰기는 적의 요격 위협을 최소화할 수 있도록 중·고고도에서 장시간 동안, 넓은 범위에서의 비행이 요구됨에 따라 설계 및 제조상 보다 특화될 수밖에 없다.

2) 개발 현황

　현용 전술정찰기는 미국의 RF-4, 프랑스의 Mirage-3R 등이 있으며, 전략정찰기로는 미국의 U-2, RC-135 등이 있다. 최근 전술정찰기는 저가소형의 안전한 무인항공기로 대체되는 추세이고, 전략정찰기는 첨단 전자광학장비 및 사진판독장비의 발달로 인해 첩보 및 정찰위성에 그 자리를 점점 내어주고 있는 실정이다. 그러나 정찰기는 기동성이 뛰어난 전투기, 공격기, 폭격기를 개조하여 운영될 것으로 예상되며, 정보수집 대상에 관한 운용상의 융통성, 접근성이 높으며, 유지비용이 인공위성에 비해 저렴한 편이어서 앞으로도 중요한 정보수집 자산으로 쓰일 전망이다. 한편 정찰기는 기존의 임무에 더해 미국의 E-8 JSTARS(Joint Surveillance and Target Attack Radar System)와 같이 멀리 떨어진 전투지역의 감시, 목표탐지 및 추적, 공격 유도까지 담당하는 지상 C4I 체계의 핵심으로 변모하며 그 중요성을 더해 가고 있다.

표 9.3.6 주요 국가 정찰기 현황

국 가	구 분	주요 제원			
		비행속도(km/h)	항속거리(km)	상승고도(m)	탐지거리(km)
미국	RF-4C	1200	3500	18105	휴전선 이북 40 km
	U-2S	805	4830	27000	162
	E-8 JSTARS	973	9270	13000	300

RF-4(미)

U-2(미)

E-8(미)

그림 9.3.5 주요 국가 정찰기

9.3.6 공중조기경보통제기

1) 체계 특성 및 운용 개념

공중조기경보통제기(AWACS: Airborne Warning and Control System)는 적 징후 조기경보 및 항공통제를 용이하게 할 목적으로 제작되었다. 공중조기경보통제기는 육해공 합동작전 및 다국적 연합작전을 지원하고, 전장정보 수집, 전장상황 평가, 공중통제 및 지휘조치를 통한 전시 및 평시 전략/전술부대의 통합 전투능력을 극대화시키기 위한 지휘통제 체계이다.

공중 조기경보통제기는 조기경보기와 조기경보통제기로 나뉜다.

조기경보기는 주로 탑재된 장거리 레이더를 통하여 수집한 적 항공표적에 대한 탐지, 추적 정보를 지상의 관제, 지휘통제기지로 전달하는 소극적 기능을 담당한다. 조기경보통제기는 기체 내부에 상당 규모의 항공 지휘통제시설과 관련 요원들을 탑승시켜서, 독자적으로 한 개 비행대대(항공기 10여대) 규모의 아군 항공기들에게 임무까지 하달하여 하늘의 관제탑 역할까지 수행하는 적극적 기능을 담당한다.

공중조기경보통제기는 전시에 공중전 및 대공제압에 가장 중요한 요소인 지상방공통제 체계 기능 저하 시, 공중조기경보통제기가 지상체계의 예비역할을 수행하게 된다. 자체 이동능력을 활용하여 방공식별구역은 물론 공해상까지 진출함으로써 불특정환경에서도 아군전력에 대한 통제임무 수행능력을 제공할 수 있다. 공중조기경보통제기는 지상레이더보다 우수한 수색, 탐지능력을 가져 지상레이더망으로 잡히지 않는 저고도 침투 항공기 및 미사일을 원거리에서 포착할 수 있다. 또한 360° 전방위 수색능력과 아군 항공기의 효과적인 통제가 가능하여, 현대전에 필수적인 무기체계로 여겨진다. 미국의 정찰기인 E-8 JSTARS가 지상 C4I 체계의 핵심이라면 공중조기경보통제기는 공중 C4I 체계의 핵심이라고 할 수 있다.

2) 개발 현황

미국은 제2차 세계대전 말 일본 특공대에 대비하여 레이더를 비행기에 탑재한 TBM-3W 라는 조기경보기를 처음 운용하였는데, 이후 레이더와 컴퓨터 및 전시기술의 발전으로 지휘 와 통제기능이 추가된 오늘날의 공중조기경보통제기가 등장하게 되었다. 현재 공중조기경보 통제기를 운용하고 있는 나라는 13개국으로 주요 공중조기경보통제기로는 미국의 E-3C, 러 시아의 A-50, 일본의 E-767, 이스라엘의 Phalcon-767, 스웨덴의 SAAB-2000 등이 있다.

E-3C는 B707을 기본 모델로 개발하였으나, 1998년 B767에 E-3C와 동일한 성능의 장비를 탑재한 E-767이 생산 및 판매되고 있다. E-767의 특징은 AN/APY-2 레이더를 장착하고 14 km 고도로 비행하며, 800 km 떨어진 목표물을 360° 전방위로 탐지하는 능력을 지니고 있다.

대형항공기 기반의 조기경보통제기는 마치 항공모함처럼 소수 강대국만의 전유물로만 인식되어 왔으며, 경제력이 부족한 중소국가는 단순히 정보수집 기능만을 보유하는 조기경 보기로 만족할 수밖에 없었다. 그러나 1990년대 들어서는 상대적으로 저렴한 중형항공기를 기반으로 조기경보통제기를 개발하는 사례가 나타나고 있어, 보다 많은 나라에서 조기경보 통제기를 운용할 수 있을 것으로 예상된다. 대한민국 공군에서도 보잉사의 E-737(Peace Eye) 4대를 도입하여 운용하고 있다.

최근의 또 다른 추세는 지상에서 조기경보 임무를 담당하는 지상 조기경보(통제)기의 개 발이다. 강력한 지상전력을 갖춘 적과 상대해야 하는 국가라면 적의 공군력뿐 아니라 고성능 의 장거리 지상감시 레이더와 자체 지휘통제시설 탑재 항공자산을 통해 기갑, 기계화보병, 포병 등 지상전력의 동향을 실시간으로 탐지, 추적함으로써, 필요한 시간과 공간에서 효과적 으로 대응할 수 있는 능력을 요구받게 된다.

표 9.3.7 주요 국가 조기경보기 현황

국 가	구 분	주요 제원			
		비행속도(km)	항속거리(km)	비행고도(m)	탐지거리(km)
미국	E-3	853	6400	8839	400(저고도) 800(수평선상)
러시아	A-50	900	6700	15500	800
일본	E-767	800	10370	12222	800
한국	E-737	853	7040	12496	481

| E-3(미) | A-50(러) | E-737(한) |

그림 9.3.6 주요 국가 조기경보기

9.3.7 훈련기

1) 체계 특성 및 운용 개념

조종사를 양성하고 조종사의 전술연마를 위해 조종훈련이 용이하고, 교육단계별 기종전환이 가능토록 설계된 항공기가 훈련기이다. 훈련기는 직접적인 전투임무를 수행하는 기종은 아니지만 그 존재의의는 전투기 등에 필적한다. 왜냐하면 훈련기 없이는 전투기 등의 조종사를 양성할 수 없기 때문이다. 훈련기는 조종사를 양성해야 하는 고유의 특성상 조종이 너무 어려워서는 곤란하고, 너무 쉬워도 조종사의 기량 향상이 어려워 조종사의 전술기로의 전환을 어렵게 만든다. 따라서 훈련기는 교육목표를 달성할 수 있으면서 다음 훈련단계로 용이하게 나아갈 수 있고, 훈련기간을 단축시켜 최대의 경제효과를 얻을 수 있어야 한다.

초등 및 중등 비행교육과정에서는 비행적성훈련 및 기본비행훈련을 목표로 하므로, 속도가 빠르지 않고 경제적이며, 안전한 저속프롭이나 터보프롭 항공기를 주로 사용하며, 고등과정에서는 공중사격, 공중전투 기동훈련을 위해 터보제트나 초음속 항공기를 사용하고 있다. 최근에는 지상모의 훈련장비의 발달로 초·중·고등훈련의 3단계에서 기본 및 고등훈련의 2단계 형태가 주류를 이루고 있다.

2) 개발 현황

기본훈련의 대표적인 저속프롭 훈련기는 한국의 KT-1과 미국의 T-6A가 있고, 고등훈련 과정의 초음속 훈련기는 미국의 T-38, 프랑스/영국의 Jaguar, 일본의 T-2 등이 있다.

한국의 KT-1 훈련기는 전술통제용으로의 운용을 위하여 저위협 지역에서의 근접지원항공기 유도통제, 저공저속에 의한 전장감시, 공중 통신중계 임무수행능력을 부가하였으며, 외부에도 무장장착이 가능하여 제한적인 근접항공지원 임무도 수행할 수 있도록 하였다.

최근에는 터보팬 엔진을 장착한 초음속 고등훈련기가 개발되어 운용되고 있다. 이는 필요시 무장 및 항공전자장비를 탑재하여 전술기로의 임무전환을 꾀하기 위함이다. 한국 공군의 T-50 고등훈련기는 바로 이러한 목적으로 개발된 국산 초음속 항공기이다. 고등훈련기는 F-16, F-15, F-22, F-35 등 세계 최고성능의 첨단 전투기 조종훈련을 위하여 전술입문 훈련기로의 확장성과 미래 전투기를 고려한 최신 디지털 기기를 채택하여, 경제적인 운용이 가능하도록 개발되었다.

| KT-1(한) | T-50(한) | T-6A(미) |

그림 9.3.7 주요 국가 훈련기 전투기

9.4 무장 체계

9.4.1 체계 특성 및 분류 기준

항공기는 초계, 요격 등 공대공 임무와 근접항공지원, 대공제압, 전략폭격 등 공대지 임무를 수행하기 위해 다양한 종류의 무장을 탑재한다. 항공기의 성능과 더불어 어떤 무장을 탑재하여 사용하는가에 따라 임무수행의 성공여부가 달려있다고 해도 과언이 아니다. 항공기 탑재 무장 체계는 여러 가지 기준으로 분류할 수 있는데, 이 중 무장의 종류에 따라 구분하면 기총, 로켓, 미사일, 폭탄으로 분류할 수 있다. 이 절에서는 이들 무장 체계의 특성과 운용 개념, 개발 현황 등에 대하여 알아보기로 한다.

9.4.2 기총

1) 체계 특성 및 운용 개념

기총(Gun)은 군용기에 탑재되는 무장 중 가장 기본이 되는 무장 체계로, 전투임무를 수행하는 거의 모든 항공기에 공통적으로 탑재하고 있다. 제1차 세계대전 당시 정찰임무를 수행하는 군용기에 일반 소총을 임시적으로 장착하여 사용하던 것을 시작으로, 제2차 세계대전에서는 전투기의 기본무장으로 장착되어 사용되었다. 1960년대 미사일 기술이 급격하게 발전하면서 나타난 미사일 만능주의로 인해, 한때 기총 없이 미사일만을 탑재하던 시기도 있었지만, 베트남전을 통해 기총 없이 근접전투를 수행하는 것이 어렵다는 점이 판명되어 기총의 가치가 재조명되게 되었다. 현대의 군용기에 탑재되는 기총은 구경이 20~40 mm로 엄밀하게는 '총(machine gun)'이 아닌 '기관포(cannon)'라 불러야 하지만, 보편적으로는 구분짓지 않고 모두 '기총'으로 부른다. 따라서 이 책에서도 기총, 기관포로 분류하지 않고 모두 기총으로 기술한다.

기총은 미사일의 성능이 매우 발전한 현재에도 미사일을 보조하는 무장으로, 단거리 공대공 미사일의 운용이 제한되는 근접공중전(dogfighting)의 필수무기로서 운용되고 있다. 최신 전투기 등에 탑재되는 기총은 미사일에 비해 상대적으로 빠른 반응속도와 우수한 파괴력을 갖추어 근접전에서 유효한 공격수단이 됨과 동시에 미사일을 전부 소진했을 때 최종적으로 사용되고 있다. 기총은 공중전뿐 아니라 지상의 노출된 보병병력, 장갑차, 경장갑 차량 및 레이더장비 등 지상표적에 대한 공격에도 사용된다. 공격기나 최근에 개발되고 있는 전투기들은 27 mm, 30 mm 등 대구경 기총을 장착하여 지상공격을 위해 운용하고 있다.

기총은 공대공, 공대지 임무에 활용할 수 있다는 범용성 외에도 미사일, 폭탄 등 다른 무장 체계에 비해 저렴한 비용으로 운용할 수 있다는 장점을 가진다. 또한 미사일에 비해 구조적으로 단순하기 때문에 신뢰성이 높고, 기총의 사정거리 안에서는 장갑을 두텁게 하는 것 외에는 기총에 대한 방어수단이 존재하지 않는다는 장점을 가지고 있다.

기총은 작동방식에 따라 크게 리볼버(revolver)식과 개틀링(gatling)식으로 분류한다. 리볼버식은 리볼버 권총처럼 하나의 총열과 여러 개의 약실로 구성된 회전하는 드럼(drum)을 사용하는 방식이고, 개틀링식은 여러 개의 총열이 차례로 탄을 공급받아 발사하는 방식이다. 리볼버식 기총은 대략 분당 2000발 이하의 발사속도를 가져 개틀링식 기총(대략 분당 6000발)과 비교하여 상대적으로 발사율이 낮은 편이지만, 보통 개틀링식 기총보다 큰 구경을 가진 탄을 사용하여 상대적으로 파괴력이 높은 편이다.

2) 개발 현황

전투기에는 전 세계적으로 7.7 mm부터 12.7 mm, 20 mm, 23 mm, 25 mm, 27 mm, 30 mm, 37 mm 등 다양한 구경의 기총이 탑재되어 왔다.

리볼버식 기총은 1945년 독일에서 개발된 30 mm 마우저 MG213을 기본형으로 하여 세계 각국에서 개발되어 왔으며, 현재 미국의 20 mm M39, 영국의 30 mm ADEN, 프랑스의 30 mm DEFA, 러시아의 30 mm NR-30 등이 운용되고 있다. 세계적으로 운용되는 리볼버식 기총의 구경은 대부분 30 mm이다. 개틀링식 기총은 대표적으로 미국의 20 mm M61과 러시아의 23 mm GSh-6-23 등이 운용되고 있다.

최근에는 소구경의 높은 발사율과 대구경의 높은 파괴력을 동시에 추구하기 위하여 25 mm, 27 mm 등의 중간 구경을 채택하여 개발하고 있다. 대표적으로 독일의 27 mm Mauser BK-27이 있다.

M61(미)

Mauser BK-27(독)

그림 9.4.1 주요 국가 기총

9.4.3 로켓

1) 체계 특성 및 운용 개념

로켓(Rocket)은 2장에서 언급했듯이 내부에 탑재된 연료를 소진하면서 발생한 추진가스를 외부로 배출하면서 얻는 힘으로 추진되는 무장 체계이다. 항공기에 탑재되는 로켓은 그 특성 측면에서 기본적으로는 지상 무기체계에 탑재되는 로켓과 같다. 로켓은 20세기 초부터 항공기에 탑재되어 지상, 해상, 공중의 표적을 파괴하기 위하여 사용되기 시작하였으며, 제2차 세계대전에서는 주로 공대지 임무를 수행하면서 폭격기를 요격하는 임무 등에도 활발하게 사용되었다. 현재는 미사일 기술의 발달로 인해 공대공 임무수행 역할은 대부분 미사일에 넘겨주었지만, 근거리 전투임무, 특히 근접공중지원(CAS) 임무 등에서는 여전히 유용하게 사용되고 있다.

항공기에서는 다양한 구경의 로켓을 운용한다. 미국의 경우 2.75인치, 5인치 구경 로켓 등을 운용하고, 러시아에서는 57 mm, 160 mm, 190 mm, 220 mm, 240 mm 구경 로켓 등을 운용한다. 한편 로켓의 운용 목적에 따라 다양한 탄두와 신관을 조합해서 사용한다. 탄두는 대인살상용 고폭탄두, 자탄형 탄두, 대전차 고폭탄두, 이중목적 고폭탄두 등 다양한 형태로 개발되고 있다. 신관 또한 근접신관, 공중폭발신관, 착발신관, 지연신관 등 다양한 방식을 사용한다.

항공기 탑재 로켓은 화력통제장치의 발달과 근접신관기술의 발달로 정확도, 명중률 등이 향상되고 있어 그 역할과 가치가 증대되고 있으며, 미사일에 비해 상대적으로 저렴한 비용으로 운용할 수 있는 효과적인 무기체계이다. 또한 최근에는 미국 등 선진국을 중심으로 로켓의 단점인 낮은 정확도를 획기적으로 개선하기 위하여 로켓에 유도키트(kit)를 장착하여 운용하는 시험을 진행하고 있어, 향후 로켓은 보다 높은 정확도를 가진 무장체계로 거듭날 것으로 전망된다.

2) 개발 현황

미국에서는 2.75인치(70 mm), 5인치(127 mm) 등 두 가지 구경의 로켓을 운용하고 있다. 미국의 Hydra 70(2.75인치)과 Zuni(5인치)은 미 공군, 해군, 해병대에서 가장 널리 사용되고

Hydra 70(미)   57mm S-5(러)

그림 9.4.2 주요 국가 항공기 탑재 로켓

있는 로켓체계들이다. Hydra 70은 사용하기 편리하며, 비용 대 효과면에서 우수하지만 파괴력이 부족한 편이기 때문에 강화된 구조물 파괴 등 중화력 지원이 필요할 때는 Zuni를 사용한다. 이들은 레이저 유도키트를 부착하여 정확도를 높이려는 시도가 이루어졌으며, 각각 2009년, 2013년에 운용시험에 성공하였다.

러시아에서는 미국의 2.75인치 로켓에 대응되는 57 mm 구경 로켓을 가장 널리 사용하고 있다. 미국의 로켓과 마찬가지로 소구경이기 때문에 사용하기 편리하고, 저렴하지만 위력이 작아 보다 강력한 화력을 지원할 때에는 160 mm, 190 mm, 240 mm 구경 로켓 등을 운용한다.

이외에 프랑스의 68 mm SNEB, 캐나다의 70 mm CRV-7, 스웨덴의 80 mm SURA 및 81 mm SNORA 등 각국에서는 다양한 구경의 로켓을 개발하여 운용하고 있다.

9.4.4 미사일

1) 체계 특성 및 운용 개념

항공기 탑재 미사일은 일반적으로 발사 플랫폼과 표적에 따라서 공대공 미사일과 공대지 미사일로 분류할 수 있다. 또한 이들은 다시 운용거리에 따라 장거리, 중거리, 단거리 등으로 분류할 수 있다. 최신의 미사일이 유도되는 방식에는 적외선 유도, 레이더 유도, GPS 유도, 관성유도 방식 등이 있다.

공대공 미사일은 현대 공중전에서 매우 중요한 무장체계로, 1982년 포클랜드 전쟁(Falklands war)과 레바논 전투 등에서 그 중요성이 입증되었다. 공대공 미사일의 출현 이후 공중전 전술에는 커다란 변화가 생겼을 뿐 아니라 미사일을 탑재하는 항공기의 설계 및 성능 개량에도 많은 영향을 주었다.

공대공 미사일은 다양한 유도방식으로 표적에 도달한다. 단거리 공대공 미사일은 일반적으로 크기가 작고 기동성이 매우 우수하며, 근거리에서 발사하기 때문에 주로 전방위 적외선 유도방식을 사용한다. 표적과의 거리가 멀수록 미사일은 먼 거리의 표적을 향해 유도되어야 하고, 따라서 장거리 표적의 추적에 제한이 있는 적외선 유도방식보다는 반능동/능동레이더 유도방식을 사용한다. 주로 중거리 공대공 미사일에는 반능동레이더 유도방식을, 장거리 공대공 미사일에는 능동레이더 유도방식을 사용한다.

적외선 유도 공대공 미사일은 사정거리가 짧은 반면 미사일을 발사 후 유도되는 과정에서 항공기에 의한 유도가 필요하지 않아서 발사 후 바로 회피기동을 할 수 있다. 반능동레이더 유도 공대공 미사일은 적외선 방식에 비해 더 먼거리의 표적을 공격할 수 있지만, 미사일이 표적에 유도될 때까지 항공기가 유도를 해주어야 하므로 생존성 측면에서 단점이 있다. 능동레이더 유도 미사일은 사정거리가 짧은 적외선 유도 미사일과 전파를 계속 조사해주어야 하는 반능동레이더 유도 미사일의 단점을 모두 극복할 수 있어 최신 공대공 미사일들의 유도방식으로 주로 사용되고 있다. 최근에는 시계 밖 전투능력의 향상을 위해 미사일의 사정거리 증대와 명중률 향상에 대한 요구가 증대됨에 따라 개량된 추진기관을 개발하는 것과 동시에 관성유도 및 위성항법방식과 적외선 영상방식을 병행한 복합 유도방식을 미사일에 적용하고 있다.

공대지 미사일은 항공기에 탑재하여 지상으로 발사하는 미사일이라는 것 외에는 기본적으로 공대공 미사일과 다른 특성이 없다. 공대지 미사일은 공격하는 표적에 따라 크게 네 가지 정도로 세분화할 수 있는데, 공대함 미사일, 공대지 미사일, 대방사 미사일, 순항미사일이 있다.

공대함 미사일은 해상의 함정이나 수면 아래의 잠수함을 표적으로 하는 미사일로, 목표 함정의 레이더를 회피하기 위해 저고도로 접근하여 발사하거나, 해상초계기의 지원을 받아 운용한다. 공대지 미사일은 활주로나 격납고에 있는 적 항공기, 전차, 교량 등 다양한 전술 목표를 공격하기 위해 운용한다. 사거리에 따른 운용을 살펴보면 사거리 50 km 이하의 단거리 공대지 미사일은 주로 지상의 화력지원을 위해 사용되며, 사거리 100 km 이상의 장거리 공대지 미사일은 보다 원거리에 위치하는 적의 핵심표적을 공격하는데 사용된다. 대방사 미사일 (Anti-Radiation Missile)은 적 레이더에서 방사되는 전파를 추적하여 레이더 설비를 파괴하는 역할을 한다. 순항미사일은 지상 및 해상의 표적을 정밀하게 파괴할 목적으로 운용한다. 이를 위해 관성항법장치를 이용하여 비행하고, TERCOM과 DSMAC 유도방식을 이용한다

2) 공대공 미사일 개발 현황

공대공 미사일로는 미국의 AIM-9, AIM-120, 영국의 AIM-132, METEOR, 이스라엘의 Python-5, Derby, 러시아의 R-73, R-77, 프랑스의 MICA 등이 개발되어 운용되고 있다.

AIM-9 Sidewinder는 적외선 영상방식을 적용한 단거리 공대공 미사일로, 최신 개량형인 AIM-9X는 조준선 밖의 표적에 대한 탐지능력을 갖추었으며, 조종사의 헬멧에 장착된 자동 조준장치와 연동되어 조종사가 눈으로 보는 표적을 공격하여 파괴할 수 있다.

AIM-120 AMRAAM(Advanced Medium-Range Air-to-Air Missle)은 복합 유도방식을 적용한 중거리 공대공 미사일로, 전방향·전고도용 미사일로서 적의 대량공격에 대응해 동시 다수 목표 공격이 가능하다. AIM-120은 저고도 목표에 대한 탐지 및 공격 성능이 우수하고, 전자방해책(ECM)에 대한 대응책을 갖추고 있다. 미국 공군의 F-15, F-16, F-22, 미국 해군의 F-14, F/A-18 등에 탑재되고 있다.

영국의 AIM-132 ASRAAM(Advanced Short Range Air-to-Air Missile)은 적외선 영상 방식의 차세대 단거리 공대공 미사일로 우수한 기동성을 보유하였으며, 가시권 밖의 표적도 파괴할 수 있는 능력을 구비하였다.

이스라엘 라파엘(Rafael)사에서 독자적으로 개발하여 운용 중인 Python-5 공대공 유도 미사일은 적외선 추적(IR) 방식의 신형 단거리 공대공 미사일이다. 기동능력이 기존 유도탄보다 탁월하여 급기동으로 회피하는 표적도 추적가능하다. 탐지기는 다소자(Multi Element)로 구성된 독자적인 방식의 신호처리기법 적용으로 표적 획득능력이 향상되었고, 표적이 선회 외측으로 벗어난 후에도 표적을 계속 추적할 수 있다.

AIM-120(미)

Python-5(이)

그림 9.4.3 주요 공대공 유도무기

3) 공대지 미사일 개발 현황

공대함 미사일은 대표적으로 미국의 AGM-84, 프랑스의 AM.39 등이 있다. AGM-84 Harpoon
은 관성항법 및 능동레이더 유도방식을 적용한 중거리 공대함 미사일로 운용된다. AGM-84
는 500파운드급 탄두를 장착하고 있어 함정뿐 아니라 항만 및 산업시설에 대한 공격능력까지
갖추고 있다.

순항미사일은 미국의 AGM-84E, AGM-86, AGM-158, 프랑스·이탈리아·영국의 Storm
Shadow, 독일·스웨덴의 TAURUS 등이 개발되어 운용되고 있다. 대표적으로 미국의 AGM-84E
SLAM(Stand-off Land Attack Missile)은 AGM-84의 파생형으로 적외선 영상 방식과 위성항법장
치를 적용한 중거리 공대지(함) 순항미사일이다. 주·야간 운용이 가능하며 정밀공격능력을 보
유하고 있어 적의 지상 고정표적 등에 위협적인 존재이다. AGM-84E를 성능 개량한 AGM-84H
SLAM-ER 또한 개발되어 운용되고 있다.

대방사 미사일은 미국의 AGM-88, 영국의 ALARM 등이 개발되어 운용되고 있다. 대표
적으로 AGM-88 HARM(High-Speed Anti-Radar Missile)은 적의 레이더 신호를 역추적하는
방식으로 적 방공체계를 타격하는 대방사 미사일이다. AGM-88은 적 레이더가 미사일에 의
한 파괴를 의식하여 레이더 작동을 멈추더라도 경로를 기억하여 레이더 신호 발생지로 미사
일을 유도시키는 기능을 보유하고 있다.

마지막으로 공대지 미사일은 미국의 AGM-65, 프랑스의 AS.30, 러시아의 Kh-29 등이 개
발되어 사용되고 있다. AGM-65 Maverick은 1968년 개발되어 미국을 비롯한 20개국에서 널
리 사용되고 있는 베스트셀러이다. AGM-65는 근접항공지원, 적군에 대한 저지, 공격억제 등

AGM-65(미)

AGM-84E(미)

AGM-88(미)

그림 9.4.4 주요 공대지 유도무기

의 역할을 수행하도록 설계된 공대지 전술 미사일로, 표적에서 발산되는 열을 감지하여 TV 화면을 통해 표적영상을 포착한 후 표적을 추적하여 격추한다.

9.4.5 폭탄

1) 체계 특성 및 운용 개념

항공폭탄은 항공기에 탑재하여 중력을 이용하여 목표물로 투하하며, 폭발 시 초음속으로 전파되는 충격파(blast)와 파편효과로 목표를 파괴하는 무장체계이다. 전통적으로 폭격기나 공격기에 다량 탑재하여 적 지상표적을 폭격하는데 사용해 왔으며, 전투기가 다목적화되면서 전투기에도 탑재되기 시작하였다. 항공폭탄은 매우 광범위한 형태를 아우르며 크게 일반폭탄, 확산탄, 정밀유도폭탄으로 분류한다.

일반폭탄(Unguided Bomb; General Purpose Bomb)은 폭탄이라는 무기가 처음 운용되기 시작한 1912년 이래로 현재까지도 항공폭탄의 주종을 이루며, 널리 사용되어온 무장 체계이다. 일반폭탄은 일반적으로 폭탄 전체 중량의 50% 정도를 폭발작약이 점유하고 있어, 목표에 명중할 경우 파괴효과가 상당히 강력하다. 일반폭탄은 무게에 따라 100파운드(lb)급, 250파운드급, 500파운드급, 1000파운드급, 2000파운드급 등으로 구분한다. 일반폭탄은 항공기에 탑재되는 다른 무장 체계에 비해 명중률이 떨어지는 단점이 있다. 하지만 특별한 추진기관을 탑재하지 않은 채 중력만을 이용하여 일정 궤적을 따라 적에게 도달하는 방식이므로 비교적 손쉽게 제작이 가능하며, 비용이 상대적으로 저렴하여 대량으로 사용할 수 있다는 장점이 있다. 일반폭탄은 적의 병력, 산업시설, 도로, 교량, 활주로, 방호시설 등 광범위한 표적에 대한 공격에 사용하고 있다.

확산탄(Cluster Bomb)은 일반폭탄이 강력한 파괴력을 집중하여 견고한 목표물을 파괴하는 데 효과적이지만, 파괴력이 미치는 범위가 좁다는 단점을 극복하기 위해 탄체 안에 수십~수백개의 자탄(bomblet)을 탑재한 폭탄이다. 확산탄은 파괴력 자체는 일반폭탄에 못 미치지만 터지는 순간 자탄이 넓은 지역으로 산개하여 보다 넓은 지역에 산재된 병력, 차량, 보급소 등에 피해를 준다. 확산탄은 제1차 세계대전 중 독일군이 가장 먼저 사용하기 시작하여 제2차 세계대전 이후 현대전에 이르기까지 지상공격용 폭탄으로 운용되고 있다. 확산탄 내부에 탑재하는 자탄은 대인용 소폭탄, 대인지뢰, 대전차지뢰, 대전차 성형장약탄 등이 있다.

정밀유도폭탄(PGM: Precision Guided Munition)은 정밀도를 향상시키기 위하여 기존 항공폭탄에 TV, 적외선 레이저 등의 감지기 및 유도키트를 부착한 폭탄이다. 제2차 세계대전 후 유도무기의 효과가 입증되며, 세계 각국은 일반폭탄의 성능을 개량하기 시작하였고, 혁신적인 전자광학기술을 폭탄에 적용하기 시작하였다. 이렇게 탄생한 유도폭탄은 재래식 폭탄에 비해 엄청난 양의 화약을 보다 정확하게, 효율적으로 목표지점에 투하할 수 있게 되었다. 걸프전 당시 7~8%에 불과했던 정밀유도폭탄 투하비율은 이라크전에서 68%까지 높아지는 등 현대전에서 정밀유도폭탄은 점차 그 중요성을 더해가고 있다. 정밀유도폭탄에는 크게 레이저 유도, 전자광학 유도, GPS/INS 유도방식을 적용하고 있다. 레이저 유도폭탄은 항공기에서 목표물에 레이저를 발사하고, 폭탄의 전단에 탑재된 레이저 수신 센서가 반사파를 추적하여 목표물로 유도된다. 전자광학 유도방식은 폭탄의 탄두에 TV나 적외선 카메라를 부착시켜 목표지역의 영상자료를 데이터링크로 전송받아 유도하는 방식이다. GPS/INS 유도방식은 폭탄을 투하하는 항공기의 추가적인 유도지원 없이 유도되는 방식으로, 발사 후 망각(Fire & Forget) 개념이 구현된 것이다.

2) 개발 현황

대표적인 일반폭탄으로는 미국의 Mk(Mark)81~84 시리즈, 러시아에서는 FAB 계열이 있다. FAB 계열은 FAB 다음에 중량 숫자를 덧붙여 FAB-100 kg, FAB-250 kg 등으로 표시한다. Mk 시리즈는 총 무게의 약 45% 정도를 폭약으로 충진하고 있으며, 기본적인 폭발효과를 내도록 사용하거나 관통능력을 갖추어 두꺼운 콘크리트를 파괴하는 데 사용한다. 일반폭탄의 변형으로 Mk84를 기반으로 개발한 관통형 일반폭탄인 BLU-109는 투하 후 0.45초 후 추진로켓이 점화되고, 낙하속도가 증속되어 콘크리트를 관통한 후 지연폭발하여 주변 지역을 마비시킨다.

확산탄으로는 미국의 Mk20, CBU-8, CBU-89, CBU-97, CBU-103/104/105 등이 있다. Mk20 Rock eye는 1968년부터 사용된 폭탄으로 내부에 247발의 대전차 성형장약탄을 탑재하고 있다. CBU-87은 소이효과 및 파편효과로서 인마를 살상할 수 있는 자탄을 탑재하고 있다. CBU-97은 정확도를 높이기 위해 종말유도형 자탄을 탑재하여 전차나 장갑차 표적에 대해 적외선을 감지하여 표적의 상부를 공격하는 진화된 형태의 폭탄이다.

정밀유도폭탄은 미국의 AGM-154, GBU-24, GBU-28, GBU-31/32/35/38 등이 개발되어 운용되고 있다. AGM-154 JSOW(Joint Stand-Off Weapon)는 위성항법장치와 관성항법장치를 조합한 유도방식을 사용하며, 항공기에서 투하되면 날개를 펴서 활공함으로써 적 방공망 사거리 밖(stand-off)에서 원거리 표적을 공격할 수 있도록 설계된 폭탄이다. GBU-31/32/35/38은 미 공군과 해군의 공동프로그램에 의해 개발된 전천후 정밀 유도키트 JDAM(Joint Direct Attack Munition)을 부착하여 만들어진 유도폭탄 시리즈이다. JDAM은 명중오차가 약 10 m 이내이며, GPS/INS 유도방식을 통해 주야간 및 전천후 정밀공격이 가능한 무기이다.

Mk84(미)   JSOW(미)   JDAM(미)

그림 9.4.5 주요 폭탄

공군 항공기 명명법

한국 공군 항공기들은 대부분 미국으로부터 도입하여 사용해 왔다. 그래서 일부 차이는 있지만 일반적으로 미군 군용기 명명체계를 그대로 차용하고 있다.

미군 군용기 명명체계는 알파벳과 숫자의 조합으로 구성된다. 원래 이 명명체계는 군용기 제작사, 애칭 등까지 포함하지만 여기에서는 생략하기로 한다. 일반적인 군용기 명명법은 다음과 같다.

K C-135 A
(1) (2) (3) (4)

- (1)은 개량임무부호를 나타내며, 기존 기체를 이용하여 다른 용도(목적)로 사용하기 위해 개량하는 경우 기본임무부호((2)번) 앞에 붙여 개량된 임무를 나타낸다. 개량임무부호는 알파벳으로 표기한다. 대표적인 개량임무부호는 다음과 같다.

임무	부호	임무	부호
공격기(Attacker)	A	관측기(Observation)	O
수송기(Cargo)	C	정찰기(Reconnaissance)	R
전자장비장착(Electronics)	E	훈련기(Trainer)	T
공중급유기(Tanker)	K	다목적기(Utility)	U

- (2)는 기본임무부호를 나타내며 군용기의 1차적 임무를 나타낸다. 알파벳으로 표기하며, 대표적인 기본임무부호는 다음과 같다.

임무	부호	임무	부호
공격기(Attacker)	A	헬리콥터(Helicopter)	H
폭격기(Bomber)	B	관측기(Observation)	O
수송기(Cargo)	C	초계기(Patrol)	P
특수전자전기 (Electronics Surveillance)	E	전략정찰기 (Strategic Reconnaissance)	SR
전투기(Fighter)	F	훈련기(Trainer)	T
전폭기(Fighter-Bomber)	FB	다목적기(Utility)	U

- (3)은 군용기 일련번호로, 국방부에서 개발이 채택된 순서로 1부터 부여한다.
- (4)는 개량부호로 기본임무를 유지한채 장비의 일부나 내부 구조 일부를 약간 변화시켰을 경우에 부여한다. 알파벳으로 표기하며, 일반적으로 'A'부터 시작한다.

한국군 군용기는 일반적으로 앞서 기술한 미군 군용기 명명법을 그대로 사용하고 있으나, 예외도 있다.

한국 공군의 F-15K는 F-15의 개량형이 아닌 F-15의 한국 운용형을 의미한다. 또한 도입하는 무기체계의 국산화에 따라 한국(Korea)을 의미하는 알파벳 'K'를 무기체계 명칭 앞에 덧붙여 사용하기도 한다. 예를 들면, 미군의 F-16기를 국산화하여 사용하는 것이 한국 공군의 KF-16기이다. 이외에 한국군에서 독자적으로 개발한 무기체계의 경우 앞서 설명한 체계를 따르지 않고 독자적으로 명명하기도 한다. 공군 초등훈련기인 KT-1이 이에 해당하는 경우이다.

한국의 항공기 현황

구 분	도 입 경 과	보유 항공기
전투기	• 1950년 P/F-51 무스탕 도입 • 1955년부터 F-86 보유로 공중전 능력 보유 • 1965년 초음속 전투기 F-5A 도입 • 1986년부터 F-16 및 개량형 모델 및 F-15K 슬램이글 도입	• F-5 • F-16, KF-16 • F-15K
공격기	• A-37 공격기를 대체하기 위하여 T-50을 경공격기로 개량하였으며, 2011년 초도비행 성공 • 2013년 8월 실전배치	• A-37 • FA-50 골든이글 경공격기
수송기	• 1965년 C-54(미)와 1973년 C-123(미) 도입 • 1990년부터 후속기종으로 미국과 스페인제 중·소형 수송기 도입 • 한국군의 해외군사활동 및 특수전부대의 기동력 향상을 효과적으로 지원할 수 있는 신형 수송기 도입추진	• C-130H 허큘리스 • CN-235 • C-130J 슈퍼 허큘리스 2014년 인수 예정
정찰기	• F-4 전투기를 개조한 형태로 전선에서 영상정보 수집을 담당하는 단거리 전술용으로 운용	• RF-4 • 호커800 금강·백두 정찰기
해상 초계기	• 1996년 도입 이래 해군의 수상, 수중, 항공 입체화된 작전수행능력 향상에 기여	• P-3 오라이언
공중조기 경보기	• 한국군 전시작전통제권 전환을 위한 정보 능력 자립화의 핵심전력으로 2012년까지 4대 도입 완료	• E-737 피스아이
공중급 유기	• 공군 전투기의 작전능력 확대뿐 아니라 필요한 경우 대형 수송기의 역할까지 병행하도록 운용 전망	• 2014년 도입예정이었으 나 예산문제로 연기
훈련기	• 기존 훈련기의 수명 한계 도달에 따라 노후 기종 대체와 항공기 개발기술 확보를 목적으로 업체주도 국제협력 연구개발로 공동제작 추진	• KT-1 웅비 • T-50 골든이글

공군의 편제

공군에서 주로 비행임무를 목적으로 편대-대대-전대-비행단을 구성하고 있으며, 같은 유형의 항공기들로 조직된다.
• 편대(編隊, Formation) : 2~4대의 항공기로 구성된 공군의 기본적인 전술단위
• 대대(大隊, Squadron) : 공군의 단위 전투부대. 공군의 전투비행대대는 통상 2개 이상의 비행편대로 구성된다.
• 전대(戰隊, Squadron) : 비행단보다 작고 비행대대보다 큰 단위부대
• 비행단(飛行團, Air Wing) : 주로 비행임무를 수행하는 수 개의 비행대대와 지원조직으로 구성된 공군부대. 지원 편성체는 비행대대에 요구되는 보급, 정비, 의료 및 기타 지원부대로 되어 있음.
• 혼성비행단(混成飛行團, Composite Wing) : 전투기, 폭격기, 훈련기 등의 기능이 다른 비행기를 한 데 섞어 편성한 비행단

AGM : Air-to-Ground Missile, 공대지 미사일

AI : Air Interdiction, 항공차단

AIM : Air Interceptor Missile, 공대공 요격 미사일

ALCM : Air Launched Cruise Missile, 공중발사 순항미사일

ARM : Anti-Radiation Missile, 대방사 미사일

AWACS : Airbone Warning and Control System, 공중조기경보통제기

CAS : Close Air Support, 근접항공지원

CBU : Cluster Bomb Unit, 확산형 폭탄

GBU : Guided Bomb Unit, 항공유도 폭탄

JASSM : Joint Air-to-Surface Standoff Missil, 합동 공대지 장거리 미사일

JDAM : Joint Direct Attack Munition, 합동직접공격폭탄

JSOW : Joint Stand Off Weapon, 합동원거리 공격무기

LGBs : Laser Guided Bombs, 레이저 유도 폭탄

OCA : Offensive Counter Air, 공세제공

SEAD : Suppression of Enemy Air Defense, 대공제압

참고문헌

1. 국방기술품질원, 2010년 국방과학기술조사서, 5권 항공 무기체계, 2012.
2. 최석철, 무기체계@현대·미래전, 21세기군사연구소, 2003.
3. 조영갑 외 2, 현대무기체계론, 선학사, 2009.
4. 류태규, 미래 무기체계/기술조사 연구, 2005.
5. 육군본부, 쉽게 풀어 쓴 지상무기체계 원리(Ⅱ), 2002.
6. 임상민, 전투기의 이해, 플래닛미디어, 2012.
7. 인텔엣지(주), KODEF 군용기 연감 2012~2013, 플래닛미디어, 2011
8. DEFENSE TIMES, 2012-2013 한국군 무기연감, 2012.
9. 공군본부, 최신 항공우주무기 편람, 2008.
10. 합동참모본부 무기체계소개, http://www.jcs.mil(국방망)
11. 유용원의 군사세계, http:/bemil.chosun.com(인터넷)
12. 공군홈페이지 무기체계 자료실, http://www.airforce.mil.kr(인터넷)

제 10 장 무기체계 소요제기 절차

10.1 　서론

　　무기체계의 획득 절차에 관한 내용은 수시로 변경되고 있다. 보다 효율적이고 투명한 획득을 위하여 필요에 따라 절차를 간소화하거나, 소요제기, 개발, 획득, 시험절차의 정립과 관련기관의 역할을 명확하게 부여하는 방법에 대한 꾸준한 연구가 수행되고 있다. 최근 들어 소요제기와 개발 및 획득의 분리가 강조되고, 군의 입장에서는 소요제기의 활성화와 명확한 소요제기의 중요성이 강조되고 있다. 이 장에서는 무기체계의 획득에 대한 전반적인 절차와 업무체계를 먼저 소개하고, 무기체계 획득 절차 중에서 군의 고유 업무영역이며, 모든 획득 과정의 기준을 제시하는 소요제기 절차와 소요제기 방법 및 선진국의 소요제기 절차 위주로 소개한다.

10.2 　무기체계 획득 절차

　　무기체계의 획득 절차를 이해하기 위해서는 국방기획 관리제도, 무기체계 획득업무 체계 등과 같은 개념을 이해해야 한다. 국방기획 관리제도는 현존 군사력의 좌표를 분석하여 국방목표를 설계하고, 국방목표 달성을 위하여 군사력 건설, 유지, 운영방향을 종합적이고, 체계적으로 모색하여 최선의 방안을 선택하여, 제한된 국방자원을 보다 합리적으로 배분 및 관리하기 위한 국방의 통합적 자원관리 및 업무체계이다. 이러한 과정은 기획, 계획, 예산, 집행, 평가체계(PPBEES : Planning, Programming, Budgeting, Execution, Evaluation and Analysis System)로 이루어진다.

　　그림 10.2.1에서는 국방기획 관리제도의 업무체계 및 관련 문서체계를 보여 주고 있다. 업무단계별로 업무체계는 좌측에, 업무체계와 연관된 문서체계는 우측에 나타나 있다. 예를 들면, 위협분석의 결과는 매 3년마다 발간되는 국방정보판단서에 실리고, 계획 요구 및 조정은 국방 획득개발계획서에 실리며, 이를 근거로 국방중기계획서가 작성되어 매년 12월 대통령의 재가를 받는다. 국방 획득업무는 이러한 국방기획 관리제도의 업무체계 내에서 이루어지며, 국방 획득업무 수행체계는 그림 10.2.2와 같다. 소요제기는 기획단계에서 이루어지는 업무이며, 소요제기는 장기, 중기전력, 중장기전력 소요서의 형태로 합참에 제출되며, 합참은 각 군의 요구를 조정하고 통합하여, 소요를 결정하고 중기전력 소요조정서 및 합동 군사전력서에 수록한다.

　　사업관리 제도는 관련 부서들의 업무담당이 조정될 수 있으나 소요제기에 관한 업무는 군과 합참에 의하여 수행된다. 따라서 이 장에서는 군의 고유업무 분야인 소요제기 업무에 대하여 주로 기술한다.

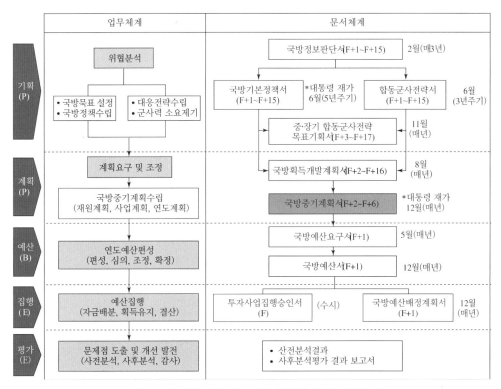

그림 10.2.1 국방기획 관리제도 업무체계 및 문서체계

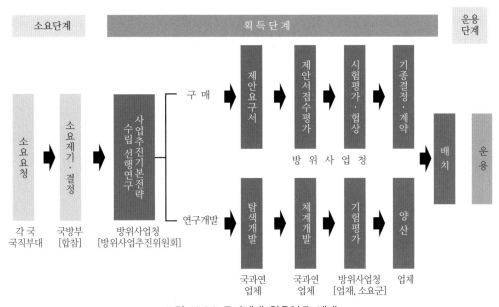

그림 10.2.2 무기체계 획득업무 체계

군의 소요제기 업무는 모든 무기체계 획득의 시발점이며, 획득과정의 전반을 지배하는 안내서 역할을 수행할 뿐만 아니라, 획득기준을 제시하며, 획득의 성공여부를 결정하는 시험 및 평가의 표준으로 사용된다.

10.3 무기체계 소요제기 정의 및 절차

10.3.1 무기체계 소요제기 정의

무기체계의 소요제기는 전투발전 업무로부터 시작된다. 전투발전은 미래전의 승리를 보장하기 위하여 '현존전력을 극대화하고 미래전력을 창출'해 나가는 과정이다. 현재 전력의 극대화는 육군이 현재 구비하고 있는 구조 및 편성, 무기, 장비, 물자, 인적자원을 가장 효과적으로 활용할 수 있는 개념과 방법을 정립하고, 교육훈련을 통하여 이들을 실제적인 전투력으로 구체화하거나 통합해 나가는 것이다. 미래전력의 창출은 미래에 어떠한 구조 및 편성, 무기, 장비, 물자, 인적자원의 군대를 가져야 할 것인가를 식별하여 추진하는 노력이지만, 미래에 관한 모든 사항은 근본적으로 불확실하기 때문에 쉽지 않은 과정이다.

현재 전력의 극대화와 미래전력의 창출은 동전의 양면과 같은 관계이지만, 현존 전력의 극대화보다는 미래전력에 중점을 둔 전투발전은 장기적인 관점에서 보면 현존 전력의 극대화와 미래전력의 창출을 동시에 충족시킬 수 있다. 따라서 각국의 군은 바람직한 미래 군사력의 모습을 설정하고 구현하는데 가장 우선적인 비중을 두고 있고, 이를 위한 비전의 제시와 그 구현을 위한 체계와 절차의 발전에 노력하고 있다.

소요제기를 창출하는 방법은 보통 세 가지가 있다. 전통적으로 사용하는 방법은 위협에 근거한 소요창출 체계(TBRS : Threat Based Requirement System)이며, 새로운 전투 개념을 발전시키고 그 개념을 달성하기 위한 개념에 의한 소요창출 체계(CBRS : Concept-Based Requirements System), 미래전 능력을 설정하고 그 능력을 확보하기 위한 능력에 의한 소요창출 체계(CBRS : Capability-Based Requirements System) 등이다. 위협에 근거한 소요창출 체계는 냉전시대에 사용하던 방법으로 적 위협의 변화에 대하여 아군의 현존능력에 취약성이 발견되면 이를 해결하기 위하여 소요를 제기하는 방법이며, 냉전 이후 미래전에 대비한 전투개념을 설정하고 개념을 수행하기 위한 무기체계의 소요를 제기하는 방법이다. 이러한 개념에 의한 소요제기 방법은 능력에 근거한 소요제기 방법으로 발전되고 있다. 이러한 변화의 근거는 미래전에 대비하기 위한 필수조건은 무기체계의 소요제기보다 중요한 것이 핵심

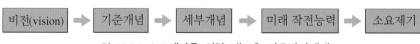

그림 10.3.1 소요제기를 위한 새로운 전투발전체계

기술의 획득이라는 개념이 등장하고, 미래전의 개념을 설정하고, 이러한 미래전을 수행하는 데 필수적인 무기체계의 개념과 능력을 설정하고, 그러한 무기체계의 개발을 위한 핵심기술을 도출하고, 핵심기술의 개발을 통하여 미래전 무기체계의 획득을 보장하기 위한 개념이다.

10.3.2 육군 소요제기 절차

육군의 소요제기 절차를 요약하면 그림 10.3.1과 같다. 이는 '비전-기준개념-세부개념-미래작전능력-소요'의 흐름을 통하여 미래전에서 '어떻게 싸워야 할 것인가'와 '어떻게 대비해야 할 것인가'의 논리적 연결을 제시하고 있다. 이는 능력과 개념에 근거한 소요제기 절차이다. 즉, 육군의 미래지향적 발전목표와 방향을 제시하고(비전), 비전의 효과적인 구현을 보장할 수 있도록 미래전 수행 및 대비에 관한 기본적인 방향을 제시함으로써 제반 전투발전에 대하여 일관성을 보장함과 동시에 다양하고 분권적인 세부개념 발전에 대하여 통일된 방향을 제공한다.

기준개념서에 제시된 내용을 기초로 하여 미래전 수행과 대비에 관한 다양한 개념들과 발전과제들을 더욱 구체적으로 발전시키고(세부개념서), 세부개념에서 제시된 결론들을 종합하여 미래에 육군이 구비해야 할 능력들을 제시하며(미래 작전능력 요구서), 최종적으로는 제시된 미래작전능력을 충족시킬 수 있도록 전투발전 분야별 소요를 도출하는 방법이다.

이러한 소요제기를 위한 일련의 체계를 전투발전체계라고 한다. 이러한 체계를 구성하는 전투발전 분야(Combat Development Domain)는 교리, 구조 및 편성, 무기, 장비, 물자, 교육훈련, 인적자원(DTLOMS : Doctrine, Training, Logistics, Organization, Material, Soldier)으로 구성된다.

10.3.3 전투발전의 기본 내용

1) 전투발전의 성격

무기체계 소요제기를 위한 전투발전은 국방기획 관리제도에 근거하며, 이를 육군 차원에서 실현하는 절차이다. 국방기획 관리제도의 출발점은 기획체계로서, 예상되는 위협을 분석하여 국방목표를 설정하고, 국방정책과 대응전략 수립 및 군사력 소요를 제기하며, 적정 수준의 군사력을 효과적으로 건설하기 위한 제반정책을 수립하는 과정이다. 즉, 기획체계를 통하여 미래전 대비의 개략적인 방향이 결정된다고 할 수 있다.

육군은 국방부에서 작성하는 각종기획문서에 육군의 의견을 반영하고, 『육군 기본정책서』, 『육군 전략목표기획서』, 『육군 전력소요서』, 『육군 경상비 중·장기 소요서』 등을 작성하여 미래전에 대비한 방향을 정립하고 구현한다. 기획체계 중에서 가장 핵심적인 사항은 미래전의 승리를 보장하기 위하여 '무엇을 대비해야 할 것인가', 즉 미래전 대비에 관한 소요를 창출하는 것이다. 그림 10.3.2는 육군의 기획체계와 전투발전체계의 관계를 보여 준다. 육군의 전투발전체계로부터 도출된 소요들은 육군 기획체계의 관련 문서들에 수록되어 국방 중기 계획에 반영되게 된다.

소요는 국방기획 관리체계를 시작하는 출발점이기 때문에 소요창출이 잘못되면 후속되어 수행되는 모든 노력들이 시행착오나 낭비가 될 수 있다. 따라서 육군은 현존 전력의 극대화와 미래전력의 창출을 위한 다양한 소요를 종합적으로 도출하고 있고, 이 중에서 미래전의 대비와 관련해서는 '개념에 의한 소요창출체계'를 적용하여 미래전에서 '어떻게 싸워야 할 것인가'에 근거하여 논리적 소요창출에 최선의 노력을 경주하고 있다.

특히 육군에서는 미래전 대비에 관한 핵심적인 소요를 논리적으로 창출하는 과정을 '전투발전'으로 명명하고, 교육사령부가 중심이 되어 이를 집중적으로 추진하고 있다. 전투발전은 '미래전 대비를 위한 육군의 대비 노력에 있어서 합리적이고 정확한 소요를 창출하기 위한 집중적인 과정과 활동이다.

2) 전투발전의 범위

전투발전은 미래지향적 소요의 창출뿐만 아니라 이를 계획화하거나 전력화하는 사항도 포함하지만, 전투발전의 범위를 확대하면 전력발전, 전력증강, 기획관리 등과 구분이 모호해진다. 따라서 전투발전은 미래전에 대비한 과정과 활동 중에서 소요를 창출하는 데 관련된 것으로 국한하는 것이 타당하다.

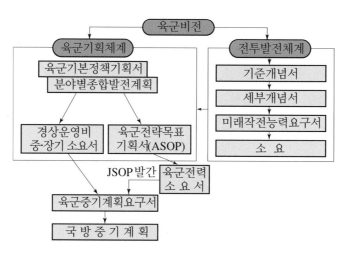

그림 10.3.2 육군 기획체계와 전투발전체계

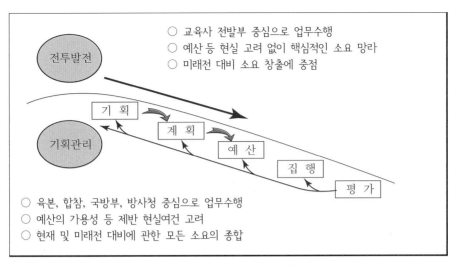

그림 10.3.3 **전투발전의 범위**

그림 10.3.3에서 보듯이 전투발전은 교육사령부가 중심이 되어, 예산의 가용성이나 기술적 발전 정도 등 소요의 전력화와 관련된 현실적 여건에 대한 고려는 최소화한 상태에서, 미래전에서 승리에 필요한 핵심적인 소요를 망라하여 제시하는데 중점을 둔다. 반면에 기획관리체계는 국방부와 육군본부가 중심이 되어 예산의 가용성을 포함한 다양한 제반요소를 고려한 상태에서, 각 군에서 건의한 소요를 비롯한 현재 및 미래전에 관한 모든 소요들의 우선순위를 결정하고, 복잡한 절차를 통하여 이를 전력화한다.

미래전 대비 소요창출의 중요성으로 인하여 전투발전이라는 용어가 생성되었고, 미군들의 경우도 전투발전을 '개념, 미래작전능력, 구조와 물자 등에 관한 소요를 분석, 결정, 문서화하고, 승인을 획득하는 과정'으로 정의하고 있다.

이러한 전투발전을 육군은 다음과 같이 정의하고 있다. 전투발전이란 미래전에서 승리를 보장하기 위하여 미래 지상작전 수행개념을 발전시키고, 요구되는 미래작전능력을 식별하여 제시하며, 이를 구비하는데 필요한 핵심적인 소요를 창출하여, 기획관리체계에 반영하고 상호협조 및 구현해 나가는 과정이다.

전투발전의 목적은 미래전에서 승리를 보장하기 위한 것이며, 전투발전에 있어서 가장 우선적인 사항은 미래 지상작전 수행개념을 발전시키는 것이다. 이는 개념에 의한 소요창출 체계의 근간이다. 미래전 수행에 관한 다양한 개념들을 발전시킨 이후에는 이를 구현하는데 요구되는 미래작전능력을 식별하고 제시하기 위하여, 요구되는 미래작전능력을 식별하여 제시해야 하며, 전투발전의 최종적인 산물은 이를 구비하는데 필요한 핵심적인 소요를 창출하는 것이다. 전투발전을 통하여 창출된 소요는 기획관리체계에 반영하고 상호협조 및 구현 되어야 한다. 또한 전투발전은 몇 권의 문서나 수회의 집중적인 노력으로 완성되거나 특정한 목표를 달성함으로써 종료되는 것이 아니라, 군대가 존재하는 한 지속되어야 하는 과정이다. 이러한 전투발전의 단계는 그림 10.3.4에서 보는 바와 같다.

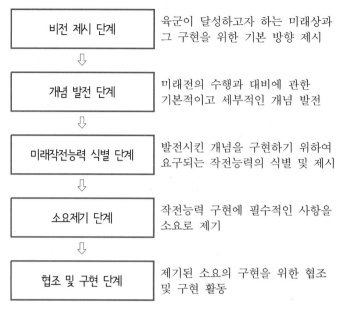

비전 제시 단계	육군이 달성하고자 하는 미래상과 그 구현을 위한 기본 방향 제시
개념 발전 단계	미래전의 수행과 대비에 관한 기본적이고 세부적인 개념 발전
미래작전능력 식별 단계	발전시킨 개념을 구현하기 위하여 요구되는 작전능력의 식별 및 제시
소요제기 단계	작전능력 구현에 필수적인 사항을 소요로 제기
협조 및 구현 단계	제기된 소요의 구현을 위한 협조 및 구현 활동

그림 10.3.4 전투발전 단계

3) 전투발전의 분야

전투발전의 효과적인 추진을 위해서 필요한 핵심분야들을 선정하여 전투발전 노력을 집중할 필요가 있다. 육군은『육군 비전 2025』에서 그림 10.3.5와 같은 전투발전 분야를 선정하였다. 이러한 분야들은 독자적으로 발전되는 것이 아니라 긴밀한 연계 하에 상호보완적으로 발전된다.

전투발전은 육군의 구조, 교리, 교육훈련, 인적자원, 무기/장비 등의 요소와 임무의 변화, 미래 지상작전 수행개념의 발전, 무기/장비/물자의 발전추세, 상대국의 구조 및 편성 발전동향 그리고 작전지역의 특징 등을 종합적으로 고려하여 발전되어야 한다.

전투발전에 관련된 문서는 국방부와 합참의 기획문서로서 국방 정보 판단서, 국방 기본정책서, 합동 군사전략서, 장기 군구조 발전 방향을 다루고 있는 합동군사전략서 중의 부록 1

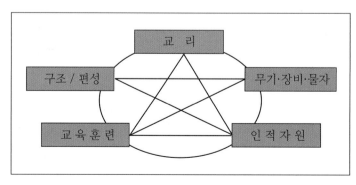

그림 10.3.5 전투발전 분야

이 있다. 이를 기초로 육군이 작성하는 기획문서는 육군 기본정책 기획서와 육군 전략목표 기획서가 있다.

10.3.4 단계별 검증활동

1) 개념발전 단계

기준개념 및 세부개념의 발전, 미래작전능력의 식별을 위하여, 관련 부서에서 타당한 결론을 도출하기 위한 관련 문헌 자료를 검토하고, 전쟁사례 또는 훈련 사후평가 자료를 분석하는 노력을 기울여야 한다. 때로는 새로운 개념을 발전시키기 위해 비교적 장기간 대규모의 실험을 실시할 수 있다. 통상의 검증활동은 관련 부서나 통합개념팀의 주관으로 수행되며, 대규모의 실험이 필요할 경우에는 전투실험 조직을 운용하여 실시하게 된다.

2) 미래작전능력 검증단계 : 전투실험

(1) 전투실험 수행체계

무기체계 획득관리 업무절차상 미래작전능력을 검증하여 전투발전 분야별 소요와 전투수행 방법 변화에 따른 문제해결 방안을 도출하는 과정을 전투실험이란 명칭으로 업무를 수행하고 있다. 전투실험 업무의 효율적인 수행을 위하여 교육사령부 전력발전부 예하에 전투실험처를 편성하고, 전투발전 업무를 수행하는 병과학교 및 교육기관에 전투실험소를 설치해 운용하며, 체계분석실, 시험평가단, 전투지휘 훈련단, 과학화전투훈련단 등 M&S(Modelling & Simulation) 기법을 활용하는 각 부서들과 상호지원 하에 전투실험 기술과 환경 등을 제공받고, 실험결과를 제공한다. 군 자체의 능력만으로 충분한 실험이 제한되므로 국방과학연구소, 한국국방연구원 등의 군관련 연구기관과 민간부문의 연구인력을 활용하는 협력체계를 구축한다.

(2) 전투실험의 종류

전투실험 담당부서에 따라 전투실험소 실험과 부대실험으로 구분한다. 전투실험소 실험은 각 병과학교 및 교육기관에 설치된 전투실험소에서 실시하며, 부대실험은 교육사령부 전투실험처에서 직접 주관하여 실시한다. 전투실험소 실험은 대체로 단일 병과에 한정된 과제 또는 부대실험의 하위 과제를 수행하는 소규모의 실험이며, 부대실험은 제 전장기능을 통합하여 전투효율성을 검증하기 위해 장기간 실시하는 대규모의 실험이다.

전투실험의 규모 및 방법에 따라 유한실험, 개념실험, 부대실험, 기술시범으로 구분한다. 유한실험은 단일한 제안사항에 대한 타당성을 입증하거나 문제점 해결방안을 검증하는 간단한 실험이고, 개념실험은 전투발전 분야별 개념이나 미래작전능력을 구체화하기 위하여 대안의 적합성을 검증하는 실험으로 통상 1년 단위로 수행된다. 부대실험은 인공합성전장

(STOW : Synthetic Theater Of War)을 조성하여 대규모적으로 실시되는 실험이다. 기술시범은 연구개발간 발생할 수 있는 비용증가, 기간연장, 실패 등의 위험성을 감소시키고, 군사활동간 발견되는 결함사항을 해소하기 위하여 민간부문에서 발전시킨 기술을 적용하여, 제시된 해결방안(방법이나 실험적으로 제작한 장비 등)의 군사적 유용성을 평가하는 활동이다.

(3) 전투실험 방법

전투실험의 수단으로 제시된 과학적인 방법에는 실병력이나 실장비를 활용하는 실제 모의(live simulation), 시뮬레이터와 같은 가상현실 기법을 활용하는 가상모의(virtual simulation), 전산 프로그램을 활용하는 구성모의(constructive simulation) 등의 방법이 있다. 구성모의 방법은 워게임 모델이나 분석목적으로 제작된 각종 소프트웨어를 이용하여 모의를 실시하는 방법이다. 주로 제대별 편성 및 무기체계의 전술적 운용실험을 실시할 때 사용하는 방법이다. 가상모의 방법은 시뮬레이터 등과 같이 가상상황을 연출하는 장치를 이용한 실험방법으로서, 실제 장비의 투입이 곤란하거나 아직 생산되지 않은 장비의 운용실험 시 모의장비를 이용하거나 컴퓨터상에서 가상의 장비로 동작을 분석하는 방법이다. 실제 모의방법은 실험조건을 설정하고 이에 따라 실제의 병력과 장비를 직접 운용하여 실시하는 방법이다.

이러한 방법으로도 효과적인 실험결과 획득이 곤란한 경우에는 작전경험을 활용하는데, 전문가나 전쟁 경험자들의 의견을 수렴 통계처리하는 방법을 활용한다. 실제의 실험 수행간에는 두 가지 이상의 방법을 혼합사용함으로써 신뢰성 있는 결론을 도출하기 위해 노력한다.

3) 소요제기 이후의 검증활동

육군본부와 합동참모본부는 소요제기 내용을 검토 심의하고, 사업을 추진하는 각 단계에서 사전분석을 실시하게 된다. 사전분석의 중점은 사업의 필요성, 타당성, 효율성, 정책의 부합성에 초점을 맞추고 있다. 연구개발간 작전요구성능을 수정할 필요가 있을 경우 소요제기를 위한 전투실험과 유사한 방법으로 검증활동을 실시하게 된다.

10.4   통합개념팀 운영

전투발전에 있어서 개념부터 소요제기까지를 효과적으로 연결하는 것이 가장 중요하기 때문에, 특정한 개념이나 소요를 발전시킬 경우에 관련되는 요원들로 통합팀을 구성함으로써 개념발전과 소요제기 간의 효과적 연결을 보장하고, 최선의 결론을 도출하며, 실질적인 구현을 보장할 필요가 있다.

관련된 요원들을 통합적으로 운용함으로써 이들 간의 인식과 시각을 통일시키고, 개념발전부터 소요제기에 이르는 시간을 최소화할 수 있다. 특히 새로운 개념의 작전이 대두되어 신속하게 이에 대한 개념을 발전시키고, 필요한 소요를 식별해야 할 경우에는 적극적으로 통합개념팀을 운영해야 한다. 이로써 전문요원들의 통합된 노력을 통하여 최선의 해결책을 모색하고, 그 개념의 개발과 구현에 관한 시간적 지체를 줄일 수 있다.

10.4.1 통합개념팀의 구성

통합개념팀은 주로 교육사령부에서 설치하여 운영한다. 그러나 연구과제의 성격에 따라 병과학교에도 설치할 수 있다. 통합개념팀의 구성원은 기관의 대표성과 함께 개인적인 전문성을 동시에 고려해야 하지만, 고정된 편성이 되어서는 곤란하고 연구과제에 따라 가장 적절한 대상과 규모로 융통성 있게 편성된다. 따라서 과제에 따라 과제 책임자와 개발자는 물론 육군본부, 민간업체, 필요시에는 민간전문가들도 포함시킬 수 있다.

10.4.2 통합개념팀의 운영

통합개념팀은 과제의 성격과 중요성에 따라 일정기간을 설정하여 부여된 과제만 전문적으로 수행하는 전담기구로 운영될 수도 있으나, 통상은 본연의 임무를 수행하면서 주기적인 토의나 회의를 통하여 임무를 수행하게 된다. 전담기구로 운영하면 특정 과제에 대한 개념을 조기에 발전시키는데는 편리하나, 기본 업무수행에 차질이 초래될 수 있다. 또 전투발전은 장기적인 업무이기 때문에 각자의 담당업무에 대한 전문성에 따라 과제를 분담 수행하면서, 주기적인 토의와 회의를 통하여 그 결과를 통합하는 것이 더욱 효과적일 수 있다. 통합개념팀에 편성된 인원들은 스스로의 전문지식을 기초로 참여하게 되지만, 동시에 원래 소속된 부서의 견해를 수렴하여 반영하는 역할을 수행한다. 즉, 각 부서가 수행하고 있는 업무를 기준으로 분담된 과제에 대하여 그 부서에서는 자체적으로 충분히 토의하고, 책임자의 승인을 받아서 내용을 작성한 후에 통합개념팀의 일원으로서 전체적인 내용으로 통합하게 된다.

비전, 기준개념서, 미래작전능력요구서 등 미래 육군의 발전에 중대한 영향을 미칠 수 있고 다양한 요소에 대한 고려와 의견의 수렴이 필수적인 문서의 작성을 위해서는 통합개념팀을 활용하는 것이 효과적이다. 통합개념팀을 활용함으로써 특정한 견해의 독주를 예방할 수 있고, 현실성과 실현가능성을 높일 수 있기 때문이다. 그리고 새로운 개념이나 형태의 작전에 관한 세부개념의 연구가 필요할 경우에도 통합개념팀을 운영하는 것이 효과적이다. 불확실한 분야일수록 다양한 인원들이 모여서 토의함으로써 나름대로의 방향을 정립할 수 있기 때문이다.

10.5 소요제기 관련 문서의 내용

10.5.1 육군의 기획문서

1) 육군 기본정책서

육군 기본정책서의 문서 성격은 육군 목표 달성을 위해 육군정책의 목표와 방향을 정립하여 목표지향적 군사력 건설 및 유지를 위한 분야별 정책지침을 제시한다. 주요 내용은 다음과 같다.

1) 국가안보전략 및 국방정책
2) 육군정책에 미치는 영향요인
3) 육군정책 기본방향
4) 육군 정책지침
    ① 부대구조 및 편성
    ② 전력증강
    ③ 정보화 · 과학화
    ④ 정보 · 작전지원 / 교리 / 교육훈련
    ⑤ 예비전력
    ⑥ 인력 및 인사관리
    ⑦ 사기 및 복지
    ⑧ 군수지원
    ⑨ 지식경영 개념의 군 운영
    ⑩ 국익 및 국민편익 증진

2) 육군 전략서

합동군사전략 목표구현을 위한 육군의 전략기획서로서 육군 기본정책 지침 및 전력구조 혁신 목표 달성을 위한 미래 육군건설 및 유지 방향을 제시한다. 육군의 중 · 장기 부대/전력구조 발전을 위한 중 · 장기 전력 및 운영유지 소요와 소요요청 대상전력과 우선순위 판단의 기준문서로서 전력유지, 전환 및 도태계획 등을 포함한 전력화 지침을 제공한다. 주요 내용은 다음과 같다.

1) 전략평가
2) 군사전략 및 지상전 개념
3) 미래 육군의 모습 및 요구능력
4) 부대/전력구조 발전방향

5) 부대구조 발전소요

6) 무기체계 소요

7) 전력운영비(운영유지) 소요

8) 전력화 추진

3) 육군 전력소요서

육군 전력소요서는 육군 중기(F+3 ~ F+7) 군사력 건설소요 및 전력화 우선순위 등이 종합된 문서로서, 합동군사전략목표기획서 작성에 필요한 기초 자료를 제공한다. 주요 내용은 다음과 같다.

1) 지상군 건설방향

2) 전장인식

3) 지휘통제

4) 지상전력

5) 방호 및 기타

6) 장비도태계획

10.5.2 육군의 계획문서

1) 육군 중기계획요구서

대상기간(F+2 ~ F+3) 중 육군정책과 전략을 구현하기 위하여 제기된 군사력 건설과 운영유지, 부대 창설·해체·개편, 복지소요를 연도별 방위력개선 및 전력운영사업, 부대계획, 복지계획으로 구체화하여 종합된 문서로서, 국방중기계획 작성에 필요한 기초 자료를 제공한다. 주요 내용은 다음과 같다.

1) 방위력개선사업

2) 전력운영사업

3) 부대계획

4) 복지기금

2) 전력운영사업 육군 중기계획서

국방중기계획서의 육군사업을 세부적으로 발전시키고 육군기본정책서와 육군 전력운영비 중·장기 소요서 구현을 위한 중기 대상기간 중의 통합적인 전력운영사업계획을 제시하며, 육군 전력운영사업 예산요구서 작성에 필요한 기준과 지침을 제공한다. 주요 내용은 다음과 같다.

1) 인력운영

2) 부대활동 지원

3) 교육훈련

4) 장비유지 및 운영

5) 물자획득

6) 시설운용 및 건설

7) 예비전력 관리

8) 장비유지

9) 편제장비 보강

10.5.3 소요 관련 심의회의

소요 관련 심의회의는 합참이 주관하는 심의회의(표 10.5.1)와 육본이 주관하는 심의회의(표 10.5.2)가 있으며, 표에서는 참석 대상과 심의회의의 기능을 보여 주고 있다.

표 10.5.1 **합참 주관 심의회의**

구분	참 석 인 원	기 능
합동 참모 회의	의　장 : 합동참모의장 위　원 : 육해공군 참모총장 배　석 : 연합사부사령관, 합참차장, 　　　　해병대사령관, 합참관련부장, 　　　　각군 관련 참모부장	• 각종 기획문서 확정 　− 합동장기군사전략기획서 　− 합동중기군사전략목표기획서 　− 합동중장기 무기체계기획서 　− 합동중기부대기획서 　− 합동군사전략능력기획서 • 기타 군령에 관한 주요 사항
합동 전략 회의	위원장 : 합참관련 참모본부장 위　원 : 합참 각 참모본부(참모부) 관련 　　　　본부(참모부)장 　　　　각군 관련 참모부장 　　　　연합사 관련 참모부장 　　　　각 작전사 관련 참모(필요시)	• 각종 기획문서 확정 　− 합동장기군사전략기획서(안) 　− 합동중기군사전략목표기획서(안) 　− 합동중장기 무기체계기획서(안) 　− 합동중기부대기획서(안) 　− 합동군사전략능력기획서(안) • 기타 군령에 관한 주요 사항
합동 전략 실무 회의	위원장 : 합참 전략기획참모부 관련 차장 위　원 : 합참 각 참모부(실) 관련 과장 　　　　각군 전력처(과)장 　　　　연합사 기획참모부 관련 처장	• 각종 기획문서 확정 　− 합동장기군사전략기획서(안) 　− 합동중기군사전략목표기획서(안) 　− 합동중장기 무기체계기획서(안) 　− 합동중기부대기획서(안) 　− 합동군사전략능력기획서(안) • 기타 군령에 관한 주요 사항

표 10.5.2 육본 주관 심의회의

구 분	참 석 인 원	기 능
정책 회의	의　장 : 참모차장 위　원 : 일반 참모부장, 비서실장	• 육군 장·중·단기 기획 및 계획 심의 • 주요 군사력 건설 및 운영 등
방위력 개선사업 심의회	위원장 : 기획관리참모부장 위　원 : 일반 참모부 관련 처장 　　　　필요시 의제와 관련된 　　　　부·실, 단	• 방위력개선사업 전력화지원요소 분야의 　기획 및 계획, 예산편성 심의 • 전력소요제기, 무기체계 기종결정 등 　획득관련사항 심의 • 방위력개선사업 전력화지원요소 관련 　주요제도 및 방침 변경사항
전력운영 심의회	위원장 : 전력기획참모부장 위　원 : 일반 참모부 기획처장 　　　　교육사 기획실장(관련 부장)	• 전력운영사업 분야 제기소요 심의 • 육군 전력운영사업 중·장기 소요서 심의
전력지원체계 (비무기체계) 심의회 (갑반)	위원장 : 군수참모부장 위　원 : 전력부 전력기획처장 　　　　정작부 계획편제처장 　　　　전력지원체계사업단장 　　　　군참부 장비정비처장 　　　　정보화기획실 기획처장 　　　　군수사 지원처장 　　　　교육사 전개부 차장	• 기타 전력지원체계 소요결정 및 소요제기 　심의 • 군사요구도 결정 및 수정 심의

10.6　미군의 요구사항 결정과정

10.6.1 요구사항 결정과정

1) 새로운 요구사항 결정방법

　미 육군의 새로운 요구사항 결정방법은 취약점과 육군 및 합동군의 능력을 비교하여 조직적인 요구사항을 결정하는 것인데, 그것은 과거의 약점을 완벽하게 보완하려는 것이 아니라, 미래에 요구되는 능력을 예측하려는 것을 의미한다.

　요구사항 결정과정의 시작은 미래의 전투개념으로부터 시작된다. 전투개념은 국가의 안보, 군사전략, 각종 전쟁으로부터의 교훈, 미래전쟁의 시나리오 등 광범위한 부분으로부터 입력된다. 이러한 개념은 전투시험소(battle lab)에서 여러 가지의 전투실험을 거쳐 입증되어야 분석을 거쳐 요구사항으로 제기된다. 추가적으로 개념은 미래 과학기술의 적용 가능성에 영향을 받는다. 이렇게 결정된 개념은 육군의 작전과 기능 개념의 기초가 된다. 요구사항들은 교리, 훈련, 군수, 편성, 무기/장비, 전투원(DTLOMS : Doctrine, Training, Logistics, Organization, Material, Soldiers) 측면의 요구사항으로 세분화시켜 검토된다.

따라서 모든 요구사항은 장기계획과 같은 청사진의 형태로 제공되며, 이 청사진에 연관되지 않은 어떠한 요구사항도 조달은 불가능하며, 어떠한 요구사항도 독립적으로 결정되지는 않는다. 요구사항을 결정하는 결정권자는 요구사항의 가능성, 비용목표 그리고 전투력의 효과들에 대한 충분한 검토와 이해가 된 이후에 요구사항을 확정한다. 비용이 많이 들더라도 우수한 성능만을 고집할 수는 없으며, 비용은 앞에서 언급한 모든 사항들과는 독립적으로 고려되어야 하고, 해결방안은 적절한 수명비용 내에서 이루어져야 한다.

2) 개념발전(concept development)

군대사회에서는 종종 비전(vision)과 개념(concept) 그리고 교리(doctrine)라는 말을 혼동하여 사용하지만 이러한 용어들은 동의어는 아니다.

비전은 요망하는 최종단계의 관념적 표현이며, 개념은 비전을 좀 더 자세히 표현하는 것이지만 아직도 최종단계나 미래활동의 관념적 표현을 가지고 있다. 교리는 목표를 이루기 위하여 군사력이 행하여야 하는 방향을 지시하는 기본 원리와 사고의 요체이다. 교리는 어떻게 육군이 작전을 수행해야 하는가에 대한 합의를 기술한다. 교리가 현재에 대한 해답을 제공하는데 반하여 비전과 개념은 미래에 대한 질문을 만들어 낸다.

개념의 발전단계는 여러 가지 분야의 전문가들로 구성된 통합개념팀에 의하여 개략적인 미래작전개념이 만들어지고, 검증된 개념들은 미래작전개념(Force XXI)에 수록되며, 미래 작전개념을 실현할 수 있는 미래작전능력(FOC : Future Operational Capability)으로 발전하게 된다. 이 단계에서도 교리, 훈련, 군수, 편성, 무기/장비, 전투원(DTLOMS : Doctrine, Training, Logistics, Organization, Material, Soldiers) 등의 요구사항들은 미래전투개념을 발전시키는 데 검토요소로 지원한다.

미군도 교육사령부가 주관하여 육군의 미래전투능력을 발전시킨다. 현재 미국은 명확하게 정의된 적이 존재하지 않으므로 개념 발전은 전투경험, 국가안보, 군사전략, 과학기술 가능성에 의해 영향을 받는다. 포괄적 전투개념은 군사전략, 연합작전능력, 육군 장기 계획, 육군 현대화계획 등과 더욱 밀접한 관계를 갖게 된다. 포괄적인 육군전투개념은 미래 육군의 광범위한 범위의 내용을 모든 육군의 미래작전능력과 관련되었거나 독립적인 작전적·기능적 개념을 자세하게 기술한다. 예를 들면, 병과작전, 정보작전, 전장 가시화, 비살상무기, 공지작전 등이 포함된다. 교육사는 미래전력 개념과 설계의 검증을 실시하며, 전체 육군 전투력 평가를 위한 일련의 구조적인 시뮬레이션에 의하여 새로운 개념들 중에서 불필요한 개념을 가려낸다. 전투발전은 통상 과학기술 연구와 실험을 필요로 한다. 요구사항 결정과정의 궁극적인 목적은 가능한 빠르고 정확하게 요구사항들을 정의하는 것이다.

3) 미래작전능력

교육사령관에 의하여 승인된 미래작전능력에 대한 요약은 '미래작전능력'에 수록된다.

이 문서는 요구사항 결정과정의 활동을 통제하고, 미래능력 획득전략을 결정하는 기본이 되며, 원하는 능력과 능력을 달성하기 위한 방법들에 관하여 확신을 갖기 위한 연구개발 또는 전투실험을 수행할 수 있는 권한을 부여한다.

4) 요구사항 결정에 과학기술 지원

육군 과학기술 프로그램은 개발시간을 단축할 수 있는 모든 과학기술을 식별함으로써 요구사항 결정과정 시간을 단축하는 역할을 한다. 현존하는 과학기술에 관한 검토와 미래능력으로의 적용 가능성을 점검한다.

과학기술 지원 프로그램으로 인하여 육군의 능력을 달성하기 위한 여러 가지 새롭고 다양한 아이디어와 정보들을 풍부하게 확보할 수 있다. 육군은 또한 이러한 아이디어와 정보를 방산업계와 공유하며, 진보된 개념과 기술 프로그램(ACT : Advanced Concept and Technology)으로 여러 가지 아이디어의 실증을 위한 공개 실연을 실시한다. 과학기술도 미래전투개념과 마찬가지로 요구사항으로 결정되기 전에 여러 가지 전투실험을 통하여 검증되어야 한다.

5) 전투실험(war-fighting experiment)

전투실험은 새로운 요구사항 결정과정의 요체이다. 정밀하게 묘사되는 컴퓨터에 의한 워게임, 가상 또는 실제 전술 시나리오에 의한 야지전술훈련 등의 방법을 혼합하여 전투실험이 수행된다. 전투실험은 시험과 평가(test and evaluation)와는 다르다. 시험과 평가는 물자나 장비, 편제나 기구, 새로운 교리 또는 훈련의 성능을 측정하는 것이지만 전투실험은 미래전투의 실상에 관한 이해를 증진하기 위하여 수행하는 것이다.

모든 전투실험은 현재의 전술적 운용, 전투개념 혹은 과학기술 연구들로부터 도출된 가정에서 시작하며, 전투실험소(battle lab)에서 수행한다. 개념의 발의자, 교육사 분석센터(TRAC : TRADOC Analysis Center), 전투실험소 등이 연합하여 가정을 발전시키고, 자세한 실험계획을 수립한다. 실험계획에는 목표, 성능의 측정, 효과도 측정, 참여자, 시간계획, 자료수집 방법 그리고 실험비용에 대한 자세한 내용이 포함된다.

최근 들어 전투실험은 실제 야전실험(live experiment)을 많이 실시하지만, 비용이 많이 들고, 새로 개발되는 장비에 대한 실제 실험이라면 신형 무기 또는 장비의 개발기간을 연장시키는 문제를 유발한다. 따라서 시뮬레이터나 컴퓨터 시뮬레이션을 병행하여 실시하고 있다. 미래의 전투실험은 모든 DTLOMS 영역에서 고비용의 실제 야전실험보다는 저비용 모델의 전투실험이 각광을 받게 될 것이다. 전투실험은 육군에 미래전투 요구사항을 이해하는 탁월한 방법을 제공한다. 전투실험 결과는 전문가들의 통찰력으로 계속 투자, 포기, 계속적 실험으로 결정되어 요구사항 및 미래전투 개념으로 발전 여부를 판단한다.

6) 현 작전 시 문제점 고려방법

작전을 수행하면서 발생한 문제점은 모든 요구사항 결정과정을 대신하는 만큼 항상 모든 요구사항 결정절차와 병행하여 수행된다. 지구의 어느 곳에선가 일어나고 있는 전쟁으로부터 도출된 현용 작전 시 문제점은 모든 미래 요구사항을 선도하여 간다. 야전사령관은 병사들의 생명을 위협하거나 부대의 임무수행을 위협하는 작전상의 요구사항을 파악한 후 작전요구문서(ONS : Operational Need Statement)를 작성하여 육군본부로 발송한다. 육군은 이러한 사항을 통보받으면 가능한 모든 해결방안을 제시해야 한다. 현용 작전 시 발견된 명백한 문제점은 모든 요구사항 결정의 최우선 순위를 갖는다.

7) 통찰력으로부터 요구사항 결정

개념발전, 과학기술개발, 전투실험, 현용 작전 시 문제점 해결 등의 사항은 궁극적으로 DTLOMS의 통찰력을 제공한다. 개발된 개념들이 앞에서 수행한 모든 단계를 거쳐서 검증을 받았다 하더라도 요구사항으로 확정되기 전에 반드시 개념 제안자에 의하여 분석되고, 다른 영역과의 통합에 대한 검토과정을 거쳐야만 한다. 이러한 분석 및 검토 과정의 목적은 미래 작전능력을 성취하기 위한 가장 효과적이고 비용이 절감되며, 획득시간이 줄어드는 방법들을 결정하는 것이다. 미래작전능력이 교리, 훈련, 지휘자 개발, 편제 설계 그리고 물자/장비 등의 영역에 영향을 미치는지 여부를 검토한다. 비용의 문제는 독립적으로 고려되며, 비용이 가장 적게 들고 빠른 변화를 줄 수 있는 요구사항이 제일 먼저 고려된다. 또한 한 영역에서뿐 아니라 여러 영역에 영향을 줄 수 있어야 한다.

8) 전투 요구사항

요구사항은 육군의 모든 영역(교리, 훈련, 지휘자 개발, 물자/장비, 편제, 병사)에서 발생한다. 이러한 요구사항들은 다음과 같이 문서화된다. 교리 요구사항 관련 문서는 전술, 기술, 절차(TTP : Tactics, Techniques and Procedures) 또는 야전교범(FM : Field Manual)이며 대표적인 교범은 지상작전이다. 요구사항의 결정은 교육사에서, 해결방안은 육본에서 작성한다.

훈련과 지휘자 개발 요구사항은 교육사 예하 교육기관의 교육으로부터 개인적인 자기 개발 교육 그리고 야전훈련 관련 문서로 제공된다. 편제 요구사항은 육군의 인원/장비편제표(TOE : Tables of Organization and Equipment)에 반영하며, 물자/장비 요구사항은 작전요구능력서(ORD : Operational Requirement Document)의 형태로 작성되며, 승인된 작전요구능력서는 승인된 요구문서 카탈로그 (CARD : Catalog of Approved Requirements Document)에 수록되어 육군의 개발 및 획득 계획 연구에 의하여 우선순위가 결정되고 투자된다.

병사 요구사항은 육군의 군사주특기(MOS : Military Occupational Specialty) 형태로 발간되며, 필요시 군사주특기의 구조를 변경하거나 추가한다. 이러한 모든 요구사항들은 상호간에 많은 요소들로 연결되어 있으므로 독자적으로 결정될 수 없다.

9) 요구사항 결정절차 관리

이러한 요구사항 개발과정은 통합개념팀(ICT : Integrated Concept Team)에 의해 관리된다. 통합개념팀은 육군의 모든 부서를 대표하는 적절한 합동 전력 부서, 업계, 학계 등이 참여한다. 통합개념팀은 학문 분야의 전문가들이 모인 집단이며, 새로운 개념을 개발하고, 요구능력과 요구사항을 개발하는 목적을 가지고 있으며, 접근방법에는 어떠한 제한을 두지 않는다. 생산단계에서는 획득 본부에서 주관하는 통합생산팀(IPT : Integrated Product Team)에 의해 관리되어 야전에 배치된다.

10.6.2 육군의 요구사항 개발

미 육군은 미래전투능력을 확보하기 위하여 미래의 작전 특성을 다음과 같은 다섯 가지로 표현하고 있다.

1) 미래의 작전 특성

(1) 다차원적 전투공간

다차원적 전투공간이란 종전의 전투공간이 3차원(폭, 종심, 높이)으로 표현되는데 반하여, 미래의 전투공간은 시간 및 우주 공간을 포함하며, 전자기에 의한 정보수집 및 전자전도 또 다른 차원으로 등장하고 있다는 것이다. 따라서 물질적 공간뿐만 아니라 다른 모든 차원을 고려해야만 한다.

(2) 작전의 정밀성 필요

작전에서의 정밀도는 부대의 편성 및 전개단계부터 작전, 전력보호 및 유지단계에 이르기까지 모든 시스템의 정밀도가 전쟁의 승패를 결정하므로 더욱 강조된다. 부대의 편성 및 전개 단계에서는 전략/작전 정보에 의해 사전에 유사 지형과 적전술에 대응하여 잘 훈련된 부대를 편성하여 정확한 위치에 투사하는 것이 중요하다. 작전을 수행하는 단계에서는 정밀작전이 수행되어야 하는데 이는 정밀사격, 정밀기동, 정밀시스템에 의한 정확한 화력의 사용 및 정밀정보를 이용한 지능 포탄의 사용으로 적의 중요한 군사시설만을 타격함으로써 적의 전투의지를 사전에 격멸할 수 있다. 이러한 정밀작전은 이미 걸프전에서 미국이 이라크를 상대로 보여 준 바 있다.

(3) 비선형작전

종전의 전투형태는 선형작전이라고 규정할 수 있다. 선형작전이란 적과 일정한 전선을 형성하고, 전선에 따라 아군을 배치한 후에 전투를 수행한다. 하지만 미래의 전쟁 형태는 비선형성을 띠게 될 것이다. 적과 아군이 전선이 존재하지 않고 혼재되어서 전쟁을 수행하게 된다. 이는 기동력의 발달과 정보력의 발달로 가능해지는데, 공중조기경보기와 인공위성을 이용한 정보수집, 각종 지상 레이더의 사용으로 비록 전선이 형성되지 않더라도 정확한 적의 위치를 파악함으로써 성공적인 작전이 수행될 수 있다. 개별전투 단위에도 우수한 정보 및 지휘통제시스템을 장비함으로써 어느 곳에서든 임무수행이 가능하다.

(4) 분산작전

미래작전 특성이 비선형성을 보이므로 작전의 경향도 중앙 집중식 작전에서 분산작전 (distributed operation)으로 변하게 된다. 중앙작전은 병력을 집중하여 운영하지만 분산작전에서는 병력을 분산하여 운영하게 된다. 공격 또는 방어작전은 종전에는 순차적으로 진행되었지만, 앞으로는 동시다발적으로 진행될 것이다. 중앙작전을 수행하려면 구조적인 계급체계가 유지되어야 하지만 분산작전에서는 우수한 C4I 체계로 상호연결되어 모든 정보를 실시간으로 공유하여 작전 수행시간이 단축된다. 따라서 중앙작전을 수행하던 지금까지의 군대조직은 고정된 구조를 가지고 있지만, 미래의 군대조직은 유동적인 형태를 가지게 된다. 지금까지의 작전이 정적이었다면 미래의 작전은 동적이라고 할 수 있다. 이러한 분산작전의 장점을 극대화시키기 위하여 우수한 정보획득능력과 뛰어난 병사와 지휘자를 필요로 한다. 가장 효과적인 작전형태는 작전 의지와 개념 수립은 집중작전의 형태로, 작전계획은 중앙작전과 분산작전을 병행하고, 작전수행은 분산작전으로 실시하는 것이 이상적인 작전이 될 것이다.

(5) 동시작전 수행

미래의 작전 특성은 동시성을 가지게 된다. 작전에 투입되는 부대들의 출발지는 각각 다르더라도 작전지역에는 동시에 투입되는 것은 물론, 전투력이 투사되고 방호, 유지 및 결정적 동시전투가 한순간에 이루어지게 된다. 이를 위하여 우수한 기동력과 사전에 충분한 훈련 및 장비의 준비가 요구된다.

2) 작전형태

미래의 작전 특성에 맞는 작전을 수행하기 위하여 미 육군은 미래의 작전형태를 여섯 가지 형태로 분류하고 있다. 그것은 전투력 투사, 병력보호, 정보 주도권 장악, 전투공간 구성, 결정적 작전 그리고 전력유지 작전이다. 작전의 형태를 분류하고 각 작전의 개념을 도출한 다음, 작전수행능력을 결정하고, 이에 필요한 시스템을 선정한 후 이러한 시스템을 획득하기 위한 핵심기술을 도출하여, 도출된 기술 획득에 노력을 집중하고 있다. 이러한 사항을 요구사항으로 결정한다. 각 작전의 개념, 수행요구능력, 요구시스템 및 요구기술은 다음과 같다. 전투력 투사작전에 대한 예를 보면 그림 10.6.1과 같다.

전투력 투사작전의 개념은 급속 편성에 의한 급속 전개작전을 의미하며, 이를 위하여 장비와 무기를 미리 배치하여 전개 후 즉시 전장에 투입하도록 한다. 이러한 작전을 수행하기 위한 능력으로는 모듈화 편제로 급속 편성 가능, 장비를 사전 적재할 수 있는 능력과 사전에 임무 및 작전연습을 할 수 있어야 하며, 통합 주력군을 조기에 투입할 수 있는 능력을 갖추어야 한다. 이러한 능력을 구비하기 위한 시스템으로는 공중 정밀 전개 체계, 자동 적재 하역 화물선, 헬기, 미사일 및 대전차 무기체계가 필요하다. 이러한 시스템을 구비하기 위하여 도출된 기술은 정밀탄약, 정밀 목표 탐지, 전투근무지원 신속전개 및 다목적 무기기술이 필요하다. 이러한 전투력 투사작전의 목적은 융통성, 민첩성 및 치명성을 확보하여 템포를 유지하도록 하는 것이다.

그림 10.6.1에서와 같이 앞에서 언급한 모든 형태의 작전에 대하여 작전개념, 수행요구 능력, 시스템, 달성 가능 기술들에 대하여 검토하고, 검증하여 미래작전개념과 미래작전능력 및 무기체계의 소요제기를 실시한다.

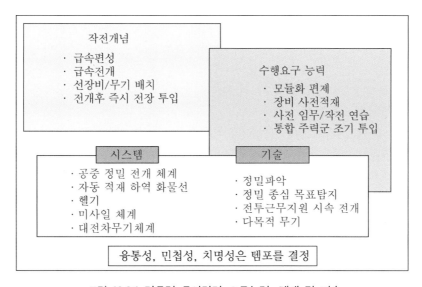

그림 10.6.1 전투력 투사작전 요구능력, 체계 및 기술

개념과 교리의 관계 : 군대에 있어서 교리는 군사행동에 적용하는 기본원칙으로서, 현재의 구조 및 편성, 무기/장비/물자를 바탕으로 이들을 효과적으로 운용하는 방법을 체계화한 내용이다. 교리는 그 자체가 최선이라기보다는 그것을 적용함으로써 최선의 결과를 산출하는 데 중점을 둔다. 예를 들면, A지점에서 B지점으로 이동하는 경우, 최단거리로 이동하는 것이 가장 효율적이더라도 사람에 따라서 이동로 식별에 어려움이 있을 가능성이 높아서, C지점을 경유하여 우회하도록 통일함으로써 전체적인 착오의 가능성을 줄이는 것이 효과적일 수 있고, 다양한 검증노력을 통하여 그것이 더욱 효과적이라고 입증되었을 경우에 A−C−B의 순서로 이동하는 것을 교리화하게 된다. 따라서 교리에 있어서 가장 중요한 것은 전체적인 효과를 높일 수 있도록 통일하는 것과 객관적인 자료와 방법에 의하여 검증되었다는 것이다. 이에 반해서 전투발전에 있어서 개념은 미래지향적인 활동에 대한 기본방향을 탐구하는 것이기 때문에, 모든 조건이 갖추어진 상태에서 발전되는 것이 아니고 완벽하게 검증된 것도 아니다. 개념은 제반조건이 불확실한 가운데서 효과적이라고 생각하는 기본적인 방향을 탐구하여 제시하는 것이기 때문에 나중에 달라질 가능성이 있고, 추가적인 발전의 소지도 많다.

개념에 의한 소요창출 체계(CBRS : Concept-Based Requirements System) : 1970년대에 미 육군 교육사령부에서 발전시킨 개념으로, 미래전장에서 '어떻게 싸워야 할 것인가'를 먼저 정립한 다음 이를 구현하기 위한 세부적인 방법과 소요를 도출하여 미래전에 대비하는 접근방식을 말한다. 이로써 미래전 수행의 방향과 대비의 방향을 일치시키고 효율성을 향상시킨다는 것이다.

계획체계 : 기획체계에서 설정된 국방목표를 달성하기 위한 제반 중·장기 정책 구현에 소요되는 재원 및 획득 가능한 재원을 판단하고, 연도별, 사업별로 추진계획을 구체적으로 수립하는 과정이다. 계획단계의 문서로는 국방연구개발계획서, 국방중기계획서 등이 있다.

국방기획 관리체계(PPBEES) : 국방기획 관리체계는 현존전력을 극대화하고 미래전력을 창출하기 위한 우리 군의 기본적인 업무수행체계이다. 우리 군은 미래전 대비노력의 합동성을 강화하기 위하여 국방부 차원에서 이러한 체계를 운영하고 있다. 국방기획 관리체계는 "현존 군사력의 좌표를 분석하여 새로운 군의 목표를 설계하고, 국방목표 달성을 위하여 군사력의 건설과 유지 및 운영방향을 종합적이고 체계적으로 모색, 최선의 방안을 선택하여 제한된 국방재원을 보다 합리적으로 배분 및 관리하기 위한 국방의 통합적 자원관리 및 업무체계이다. 기획(Planning), 계획(Programming), 예산(Budgeting), 집행(Execution), 분석평가(Evaluation and Analysis)의 단계로 추진되고 있다.

기준개념서 : 육군의 미래전 수행 및 대비에 관한 기본적인 방향을 정립하여 제시하는 문서이다. 미래지향적 소요창출을 위해서는 다양한 개념들을 발전시켜야 하는데, 기준이 되는 개념이 정립

되지 않으면 이들간의 일관성이나 체계적인 발전을 보장하기가 어렵기 때문이다. 기준개념서는 문서의 제목이 아니라 내용의 성격이 기준이 되는 문서라는 것으로서, 그 제목은 다양하게 붙일 수 있다. 육군은 『육군 비전 2025』를 구현하는 과정에서 『미래지상작전 및 전투발전』이라는 제목으로 기준개념서를 발간하였다.

기획체계 : 예상되는 위협을 분석하여 국방목표를 설정하고, 국방정책과 대응전략 수립 및 군사력 소요를 제기하며, 적정수준의 군사력을 효과적으로 건설하기 위한 제반정책을 수립하는 과정이다. 기획단계의 문서로는 국방정보판단서, 국방기본정책서, 국방연구개발정책서, 합동군사전략서, 합동군사전략목표기획서, 합동군사전략능력기획서 등이 있다.

미래작전능력 : 미래전에서 '어떻게 싸워야 할 것인가'를 구현하기 위하여 육군이 구비해야만 하는 능력을 열거한 사항이다. 소요도출을 위한 가장 직접적이고 논리적인 근거라고 할 수 있다. 미래작전능력은 개념발전의 결론들을 종합하여 제시하는 것이기 때문에 이를 통하여 개념과 소요가 연결되게 된다. 육군에서는 『미래작전능력 요구서』라는 제목으로 미래작전능력을 제시하고 있다.

미래 지상작전 수행개념 : 미래전에서 육군이 '어떻게 싸워야 할 것인가'에 대한 기본적인 방향이다. 미래 지상작전 수행개념의 설정은 '개념에 의한 소요창출체계'의 가장 기본적인 사항이다. 미래에 육군이 싸워야 하는 개념이 설정되어야 이에 부합되는 방향으로 대비할 것이기 때문이다. 따라서 육군은 세계적으로 대두되고 있는 새로운 전쟁수행방식, 최근의 전쟁 사례, 군사과학기술 발전 등의 성과를 참고하여 가장 효과적인 미래 지상작전 수행개념을 정립하기 위해 노력하고 있다. 이를 통하여 육군 군사력 건설의 방향을 제시하고, 필요한 군사과학기술의 발전에 대한 소요를 제기한다. 육군은 『육군 비전 2010』을 발간하면서 '다차원 동시·통합전투'를 미래 지상작전 수행개념으로 설정하였으나, 기준개념서인 『미래 지상작전 및 전투발전』을 발간하면서 '多점·多정면 동시 공세적 기동전'을 미래 지상작전수행 개념으로 설정하였다. '多점 多정면 동시 공세적 기동전'은 다차원으로 확대된 전장공간에서 적의 전략적, 작전적 중심(Center of Gravity)을 식별한 다음, 공세적인 작전수행개념과 군사적 태세를 기초로, 가용 전투력을 동시 통합하여 여러 지점 및 방향에서 타격 및 기동한다는 방식이다. 미래 지상작전 수행개념은 현재의 지상작전 수행개념과 구별하여 인식할 필요가 있다. 현재 육군의 지상작전 수행개념은 '공세적 동시통합 전투'이다.

분석평가체계 : 기획단계부터 집행 및 운용에 이르기까지 전 단계에 걸쳐 각종 의사결정을 지원하기 위해 실시하는 분석과정으로서, 사전분석, 사후분석으로 구분된다. 사전분석은 기획, 계획, 예산단계 및 집행승인 전에 실시하는 분석을 말하고, 사후분석은 집행승인 이후 실시하는 분석을 말한다. 분석평가단계의 문서로는 사전분석 결과보고서, 집행단계분석 결과보고서, 전력운영분석 결과보고서, 전력화평가 결과보고서 등이 있다.

세부개념서 : 미래전 수행과 대비에 관한 실질적이고 다양한 개념을 발전시킨 문서이다. 세부개념서는 기준개념서와 구별하기 위하여 편의상 분류한 것일 뿐 그것이 세부적이거나 기준개념서

보다 중요하지 않다는 것은 아니다. 오히려 세부개념서들이 중심이고, 기준개념서는 그들의 발전 방향에 일관성을 부여하기 위하여 편의상 작성하는 문서라고 이해하는 것이 더 타당할 것이다. 세부개념서는 다양한 분야에 걸쳐 다양한 형태로 작성될 수 있다. 미래지향적인 개념의 구체적인 발전에 관한 모든 사항은 모두 세부개념서라고 할 수 있다.

소요 : 통상적으로 소요는 '무엇을 대비해야 할 것인가', 즉 미래지향적 육군 건설을 위하여 증강해 나가야 할 내용을 말한다. 이러한 소요는 무기/장비/물자 등의 유형적인 내용뿐만 아니라 무형적인 사항도 포함하며, 육군에서는 전투발전 분야별로 해당되는 사항을 모두 망라한다.

수명주기비용(LCC : Life Cycle Cost) : 하나의 장비를 개발, 획득하여 도태까지에 소요되는 전체 비용을 말하며, 여기에는 연구개발비, 투자비, 운영유지비 등이 포함된다.

시험평가(T&E : Test and Evaluation) : 특정 무기체계가 기술적 측면 또는 운용관리적 측면에서 소요제기서에 명시된 제반 요구조건을 충족하는가 여부를 확인, 검증 및 실험하는 절차이다. 시험평가의 종류에는 요구성능에 대한 기술적 도달 정도에 중점을 두는 기술시험평가(DT : Development Test)와 요구성능 및 운용상의 적합성과 연동성에 중점을 두는 운용시험평가(OT : Operationl Test)가 있다.

예산편성체계 : 회계연도에 소요되는 재원(예산)의 사용을 국회로부터 승인받기 위한 절차로서, 국방중기계획의 기준연도 사업과 예산소요를 구체화하는 과정이다. 예산편성 단계의 문서로는 국방예산요구서, 국방예산서, 연도 국방예산편성 지침 등이 있다.

작전운용성능(ROC : Required Operational Capability) : 무기체계의 운용개념을 충족시킬 수 있는 성능과 능력을 제시한 것으로서, 무기체계의 개발 및 획득에 있어서 가장 중요한 요소이다. 연구개발 또는 국외도입 무기체계 획득을 위한 시험평가의 기준으로 활용된다. 이는 주요 작전 운용 성능과 기술적·부수적 작전 운용성능으로 구별된다.

전력화 지원 업무 : 소요제기, 계획 및 예산편성, 집행 등 전 획득단계에 걸쳐 인력과 장비의 편성, 교리, 운용자 교육훈련 및 종합군수지원 요소를 통합적으로 준비함으로써, 야전에 장비됨과 동시에 완전한 전력발휘가 가능하도록 지원하는 업무를 말한다.

전력화 평가(IOC : Initial Operational Capability) : 투자사업 집행 후 1년 이내 소요군에서 각종 작전 환경 하에서의 전술적 운용을 통해, 최초 기획단계에서 설정된 수준의 작전 운용성능을 포함한 제반 종합군수지원요소를 분석평가하여 전력발휘 극대화 방안을 도출하는 과정이다.

전장기능 : 전장기능이란 작전부대가 전투공간 내에서 부여된 임무완수를 위하여 수행해야 할 제반 역할 및 활동, 즉 전장에서 수행되는 제반과업을 체계적으로 분류한 내용이다. 전장기능은 각

국 군대 나름의 기준에 의하여 다양하게 분류될 수 있고, 전장환경의 변화, 과학기술 발달에 따른 무기체계의 변화 그리고 용병술의 개념변화 등에 적응하기 위하여 점진적으로 수정된다. 육군은 1994년까지는 병과개념 위주의 10대 전장기능(지휘·통제·통신, 정보 및 전자전, 기동, 화력, 이동성, 생존성, 항공, 방공, 공병, 특수전, 전투근무지원)으로 분류하여 적용했으나, 1995년 이후에는 병과개념을 과감하게 탈피하고 동일 및 유사개념을 최대한 통합하여 7대 전장기능(지휘/통제/통신, 정보 및 전자전, 기동, 화력, 방공, 이동성/생존성, 전투근무지원)으로 분류하였고, 1998년 이후에는 『육군 비전 2010』에서 6대 전장기능(지휘/통제/통신, 정보, 기동, 화력, 방호, 지원)으로 다시 분류하였으나, 현재는 지휘통제, 정보, 기동, 화력, 방호, 전투근무지원, 사이버전 등 7대 기능으로 조정하였다.

종합군수지원(ILS : Integrated Logistics Support) : 장비의 효율적이고 경제적인 군수지원을 보장하기 위하여 무기체계의 기획단계부터 설계, 개발, 획득, 운영 및 폐기까지 전 과정에 걸쳐 제반 군수지원요소를 종합관리하는 활동이다.

집행체계 : 예산편성 후 계획된 사업을 최소의 자원으로 추진하기 위해 제반조치를 시행하는 과정이다. 집행단계의 문서로는 국방투자사업 집행승인서, 국방예산 배정계획서, 세입·세출 예산 결산보고서, 전력투자 사업별 집행 결산보고서 등이 있다.

체계개발 : 설계도 및 시제품을 제작하고 기술시험평가와 운용시험평가를 거쳐 무기체계를 개발해 나가는 과정이다. 이는 '개념연구－탐색개발－체계개발' 단계로 진행되는데, 개념연구를 통하여 개략적인 작전 운용성능에 대한 기술조사 및 분석을 실시하고, 탐색개발을 통하여 체계개념에 대한 핵심요소 기술연구와 필요시 1 : 1 모형을 제작하여 비교검토함으로써 체계개발 단계로의 전환 여부를 결정하게 된다.

체계개발동의서(LOA : Letter Of Agreement) : 연구개발 사업에 대하여 체계개발 착수에 소요군과 주계약자가 운영개념, 요구제원, 성능, 소요시기, 기술적 접근방법, 개발 일정계획 및 전력화 지원요소와 비용분석 등에 대하여 합의하여 공동 작성하는 문서로서, 체계개발계획서 작성을 위한 근거가 된다.

최초운영능력(IOC : Initial Operational Capability) 확인 : 신규 획득되어 야전에 배치된 무기체계에 대하여 운영개념, 요구운영능력의 달성 정도, 발전된 전력화 지원요소의 완전성을 확인하고 평가하는 것을 말한다.

참고문헌

1. 국방부, 무기체계획득 관리규정, 1996.
2. 국방부, 무기체계획득 관리의 최적화 연구, 1976.
3. 국방과학연구소, 현대무기획득의 경제분석
4. 권태영, 무기체계 비용분석 방법론, 한국과학원, 1975.
5. 이희각 외, 무기체계학, 육군사관학교 편저, 교문사, 1997. 6.
6. 육군교육사, 무기체계 획득절차, 2005. 3.
7. 육군교육사, 전장기능별 운용 개념, 2005. 3.
8. 육군교육사, 전투실험의 주요 성과 및 추진 방향, 전투발전소식 제11호, 2005. 3.
9. 육군본부, 전투발전 순회 교육자료, 2005.
10. 육군본부, 미래 지상작전 및 전투발전, 2004. 2.
11. 육군본부, 전투발전업무, 개념 550-1, 2004. 7.
12. 방위사업청, 방위사업법령 소개자료, 2009.

찾아보기

저자 약력

■ **정동윤**
- 육군사관학교
- 고려대학교, 기계공학 석사
- 미 Georgia 공대, 기계공학 박사
- 현 육군사관학교 무기기계공학과 교수

■ **김건인**
- 육군사관학교
- 연세대학교, 기계공학 석사
- 미 Washington대, 기계공학 박사
- 현 육군사관학교 무기기계공학과 교수

■ **조성식**
- 육군사관학교
- 미 Auburn대, 기계공학 석사
- 고려대, 산업공학 박사
- 현 육군사관학교 무기기계공학과 부교수

■ **황은성**
- 육군사관학교
- 고려대학교, 산업공학 석사
- 광운대학교, 방위사업학 박사과정
- 현 육군사관학교 무기기계공학과 강사

■ **이장형**
- 육군사관학교
- KAIST, 산업공학 석사
- 광운대학교, 방위사업학 박사과정
- 현 육군사관학교 무기기계공학과 강사

■ **유상준**
- 육군사관학교
- KAIST, 기계공학 석사
- 현 육군사관학교 무기기계공학과 강사

■ **백승원**
- 육군사관학교
- 서울대학교, 산업공학 석사
- 현 육군사관학교 무기기계공학과 강사

■ **김제용**
- 한양대학교
- 서울대학교, 산업공학 석사
- 현 육군사관학교 무기기계공학과 강사

최신 무기체계학

2014년 2월 5일 1판 1쇄 펴냄 | 2021년 2월 1일 1판 4쇄 펴냄
지은이 정동윤 · 김건인 · 조성식 · 황은성 · 이장형 · 유상준 · 백승원 · 김제용
펴낸이 류원식 | **펴낸곳 교문사**

편집팀장 모은영
제작 김선형 | **홍보** 김은주 | **영업** 함승형 · 박현수 · 이훈섭

주소 (10881) 경기도 파주시 문발로 116(문발동 536-2)
전화 031-955-6111~4 | **팩스** 031-955-0955
등록 1968. 10. 28. 제406-2006-000035호
홈페이지 www.gyomoon.com | E-mail genie@gyomoon.com
ISBN 978-89-6364-189-8 (93550) | **값** 30,000원